Einheiten

Wir werden in diesem Buch stets SI-Einheiten benutzen. Dieses Einheitensystem baut auf vier Basiseinheiten auf: Meter, Kilogramm, Sekunde und Ampere. Einen Überblick über die daraus abgeleiteten Einheiten gibt die nebenstehende Tabelle. Sie enthält auch die Umrechnungsfaktoren in CGS-Einheiten, in denen es nur drei Basiseinheiten, Gramm, Zentimeter und Sekunde gibt. Die Einheit der Ladung wird hier über das Coulombsche Gesetz als abgeleitete Einheit definiert.

Es ist oft zweckmäßig, Vielfache der Einheiten zu verwenden. Wir können Längen beispielsweise in Metern, Kilometern (10^3 m), Zentimetern (10^{-2} m), Millimetern (10^{-3} m), Mikrometern (10^{-6} m) oder Nanometern (10^{-9} m) ausdrücken. Die Tabelle zeigt, wie derartige Vielfache der Basiseinheiten mit Hilfe von Vorsätzen gebildet werden.

Dezimalvorsätze

Zehnerpotenz	Vorsatz	Abkürzung	Beispiele
10^{12}	Tera-	T	
10^9	Giga-	G	Gigahertz (GHz)
10^6	Mega-	M	Megahertz (MHz)
			Megohm (MΩ), Megawatt (MW)
10^3	Kilo-	k	Kilovolt (kV), Kilowatt (kW)
10^{-2}	Zenti-	c	Zentimeter (cm)
10^{-3}	Milli-	m	Milliampere (mA), Millihenry (mH)
10^{-6}	Micro-	μ	Microvolt (μV), Microfarad (μF)
10^{-9}	Nano-	n	Nanosekunde (ns)
10^{-12}	Pico-	p	Picofarad (pF), Picosekunde (ps)

Einheiten

Physikalische Größe	SI-Einheit	Abkürzung	CGS-Einheit
Länge	Meter	m	cm $= 10^{-2}$ m
Masse	Kilogramm	kg	g $= 10^{-3}$ kg
Zeit	Sekunde	s	s
Kraft	Newton	N $=$ kg $\cdot$ m/s^2	dyn $= 10^{-5}$ N
Energie	Joule	J $=$ Nm	erg $= 10^{-7}$ J
Leistung	Watt	W $=$ J/s	erg/s $= 10^{-7}$ W
elektrische Ladung	Coulomb	C $=$ As	$(10^{-9}/2{,}998)$ C
elektrischer Strom	Ampere	A	10 A
Spannung	Volt	V $=$ W/A	299,8 V
elektrisches Feld	Volt/Meter	V/m $=$ N/C	
Magnetfeld [1])	Tesla	T $=$ Wb/m^2	Gauß $= 10^{-4}$ T
Widerstand	Ohm	$\Omega =$ V/A	
Kapazität	Farad	F $=$ C/V	
Induktivität	Henry	H $=$ Vs/A	

[1]) Unter „Magnetfeld" verstehen wir hier, ebenso wie in Band 2 des Berkeley Physik Kurses das Feld B, das oft als „magnetische Induktion" oder „magnetische Flußdichte" bezeichnet wird. Unglücklicherweise wurde nämlich bei der Schaffung der SI-Einheiten das Hilfsfeld H als „Magnetfeld" bezeichnet; dieses Feld werden wir hier nicht benötigen. (A.d.Ü.)

Berkeley Physik Kurs

Band 6

PHYSIK IM EXPERIMENT

Berkeley Physik Kurs

Band 6

Band 1 Mechanik

Band 2 Elektrizität und Magnetismus

Band 3 Schwingungen und Wellen

Band 4 Quantenphysik

Band 5 Statistische Physik

Band 6 Physik im Experiment

Alan M. Portis   Hugh D. Young

PHYSIK IM EXPERIMENT

Mit 307 Bildern

Friedr. Vieweg + Sohn · Braunschweig

Originalausgabe

Alan M. Portis, Hugh D. Young
Berkeley Physics Laboratory, 2nd Edition

Copyright © 1971 by McGraw-Hill, Inc.

Die 1. Auflage der Originalausgabe, Copyright © 1963, 1964, 1965 by Education Development Center, wurde durch die finanzielle Unterstützung der National Science Foundation an Education Development Center ermöglicht.

Deutsche Ausgabe

Wissenschaftliche Beratung:
Prof. Dr. *Roman Sexl,* Wien

Übersetzung aus dem Englischen:
Prof. Dr. *Theodor Duenbostl,* Prof. Dr. *Roman Sexl*

Verlagsredaktion: *Alfred Schubert*

CIP-Kurztitelaufnahme der Deutschen Bibliothek

Berkeley-Physik-Kurs. – Braunschweig: Vieweg.
   Einheitssacht.. Berkeley physics cours ⟨dt.⟩
NE: EST.
Bd. 6. → Portis, Alan M.: Physik im Experiment

Portis, Alan M.
Physik im Experiment / Alan M. Portis; Hugh D.
Young. – 1. Aufl. – Braunschweig: Vieweg, 1978.
   (Berkeley-Physik-Kurs; Bd. 6)
   Einheitssacht.: Berkeley physics laboratory ⟨dt.⟩
ISBN 978-3-322-83216-0   ISBN 978-3-322-83215-3 (eBook)
DOI 10.1007/978-3-322-83215-3
NE: Young, Hugh D.:

1978
© der deutschen Ausgabe Friedr. Vieweg + Sohn Verlagsgesellschaft mbH, Braunschweig 1978
Softcover reprint of the hardcover 2nd edition 1978

Satz: Friedr. Vieweg + Sohn, Braunschweig

Umschlaggestaltung: Peter Morys, Wolfenbüttel

ISBN 978-3-322-83216-0

Vorwort zur deutschen Ausgabe

,,Physik im Experiment'' ist die deutschsprachige Ausgabe des ,,Berkeley Physics Laboratory''. Der deutsche Titel soll andeuten, daß das vorliegende Buch weit über den Inhalt der üblichen Bücher zu physikalischen Praktika hinausgeht: ,,Physik im Experiment'' ist ein ausgereiftes Lehrbuch der Experimentalphysik und des Experimentierens.

Die Experimente umfassen dabei einen unüblich großen Ausschnitt aus dem Gesamtgebiet der Physik. Beginnend mit der Statistik, über elektronische Instrumente reicht das Spektrum bis zur Atomphysik, Kernphysik und Halbleiterelektronik. Dabei werden alle benötigten Begriffe, wie z. B. die Grundideen der Statistik oder der Feldbegriff, anhand von Versuchen entwickelt. So steht eine in sich abgeschlossene Darstellung der Experimentiertechnik zur Verfügung, die der Student bereits in den ersten Semestern benutzen kann.

Für die Versuche werden die gängigen Experimentiergeräte oft in überraschend neuer Weise benutzt. Beispielsweise wird die Luftkissenfahrbahn zur systematischen Erforschung von Reibungseffekten herangezogen, die oft nur als unerwünschte Störungen betrachtet werden, hier aber neue physikalische Einsichten vermitteln.

Ein separat erhältliches Manual gibt dem Praktikumsbetreuer Hinweise für den Einsatz leicht erhältlicher Standardbauteile zum Aufbau des Praktikums.

An jede der 60 Gruppen zusammengehöriger Experimente schließt sich eine Reihe von Fragen an, die den Stoff wiederholen und vertiefen, aber auch zu neuen Experimenten anregen.

,,Physik im Experiment'' bietet dem zukünftigen Physiker eine solide Grundlage der Experimentiertechnik, die für Schule, Industrie und Forschung unerläßlich ist.

Wien, im Januar 1978

Theodor Duenbostl
Roman Sexl

Aus dem Vorwort zur englischen Ausgabe

Die Experimente sind in zwölf Gruppen zusammengefaßt, wobei jede Gruppe vier bis sechs Experimente umfaßt, deren Schwierigkeitsgrade sich jeweils steigern. Meist wird dieselbe Laborausrüstung für alle Experimente einer Einheit benützt, wobei kleine Änderungen des Zubehörs für die einzelnen Experimente notwendig sind. Dies hat den pädagogischen Vorteil, daß sich der Student nicht für jedes Experiment mit einem vollständig neuen Versuchsaufbau vertraut machen muß. Die Experimente sind in Abschnitte unterteilt, welche durchnumeriert sind. So kann auch ein Teil eines Experiments als Aufgabe gestellt werden.

Wir hoffen, daß dieses Schema hinreichend flexibel ist, um einen individuellen Kursaufbau für verschiedene Zwecke zu ermöglichen. Es ist dabei nicht notwendig, sämtliche Experimente der Reihe nach durchzuführen. Für einige Versuche sind aber Vorkenntnisse wünschenswert. Beispielsweise sollte ein Student die Experimente über elektronische Instrumente kennenlernen, bevor er sich mit elektrischen Schaltungen oder Elektronen und Feldern beschäftigt.

Die Experimente können zumeist von einem Durchschnittsstudenten mit hinreichender Genauigkeit innerhalb von drei Stunden ausgeführt werden. Manchmal wird es allerdings wünschenswert sein, einige Abschnitte auszulassen oder zwei Übungstage darauf zu verwenden. Die Stoffanordnung ist, wie wir hoffen, so gewählt, daß die Studenten jeweils ihren eigenen Fähigkeiten und Motivationen gemäß arbeiten können.

Bei der Überarbeitung des Lehrganges wurden durchgehend SI-Einheiten gewählt, da sie bei elektrischen Messungen in der Praxis stets üblich sind. Außerdem benützen nunmehr die meisten neuen Lehrbücher ausschließlich SI-Einheiten.

Abschließend möchten wir die Feststellung zum Vorwort der ersten Auflage wiederholen, nämlich daß dieser Kurs dem Studenten vielleicht mehr abverlangt, als konventionell aufgebaute Praktika. Wir haben uns bemüht, „Kochrezepte" zu vermeiden, und es ist uns bewußt, daß für manchen Studenten größere Anstrengungen erforderlich sind. Diese Anstrengungen sind aber ein wesentlicher Teil des Lernprozesses und Vorbedingung eines vertieften Verständnisses physikalischer Vorgänge.

Alan M. Portis
Hugh D. Young

Inhaltsverzeichnis

1. Mathematik und Statistik (MS)

1.1. Einleitung

Die ersten beiden Experimente dieses Abschnitts veranschaulichen einige mathematische Grundbegriffe, die im Einführungskurs in die Physik wiederholt verwendet werden. Anhand von Laboratoriumsversuchen sollen verschiedene Beziehungen experimentell erarbeitet werden. Wir beginnen mit der Analysis und führen die Differentiation und Integration an praktischen Beispielen ein. Danach betrachten wir einige spezielle Funktionen, nämlich die trigonometrischen Funktionen und die Exponentialfunktion, die in der Physik besonders nützlich sind.

Die anderen Experimente dieses Abschnitts fassen einige grundlegende Begriffe über Wahrscheinlichkeit und Statistik zusammen und erklären die Anwendung dieser Begriffe auf physikalische Messungen. (Die entsprechenden Experimente müssen nicht am Anfang des Praktikums ausgeführt werden, sondern können auch später folgen.) Statistische Überlegungen sind wegen der zentralen Rolle der Messung in allen Naturwissenschaften von Bedeutung, haben wir es doch stets mit Zahlen zu tun, die aus experimentellen Beobachtungen stammen. Tatsächlich ist es ein wesentliches Ziel naturwissenschaftlicher Untersuchungen, Zusammenhänge zwischen quantitativen Beobachtungen physikalischer Phänomene zu entdecken und zu verwenden.

Dabei sind statistische Betrachtungen aus zwei Gründen erforderlich. Erstens sind Messungen nie ganz genau und die erhaltenen Zahlen sind von geringem Wert, wenn keine Fehlerschätzung vorliegt. Werden verschiedene Zahlen zum Berechnen eines Ergebnisses verwendet, so müssen wir wissen, wie die Fehler der einzelnen Meßwerte den Fehler des Endresultates beeinflussen. Wird eine theoretische Vorhersage mit einem experimentellen Ergebnis verglichen, so müssen wir die Fehler beider Resultate kennen, um eine Aussage über ihre Übereinstimmung machen zu können. Die Betrachtung des statistischen Verhaltens von Beobachtungsfehlern erlaubt es, diese Probleme systematisch zu behandeln und die bestmöglichen Ergebnisse einschließlich ihrer Fehlergrenzen herzuleiten.

Ein zweiter Grund für die Bedeutung statistischer Begriffe ist die statistische Natur einiger physikalischer Gesetze. Betrachten wir beispielsweise den radioaktiven Zerfall instabiler Kerne. Wir haben dabei keine Möglichkeit vorherzusagen, wann irgendein individueller Kern zerfallen wird. Die Statistik erlaubt aber Aussagen darüber, wie viele Atomkerne wahrscheinlich in einem gegebenen Zeitintervall zerfallen werden und wie viele voraussichtlich nach einer bestimmten Zeit noch übrig sind. In diesem Fall haben wir es also nicht mit der genauen Vorhersage von Einzelereignissen, sondern mit der Wahrscheinlichkeit verschiedener Kombinationen von Ereignissen zu tun. Für das Verständnis der Quantentheorie ist die Wahrscheinlichkeitsrechnung sogar noch von grundlegenderer Bedeutung.

1.2. Experiment MS-1: Ableitungen und Integrale

1.2.1. Einleitung

Obwohl die Grundbegriffe der Analysis auch ohne Bezug auf irgendwelche physikalische Gegebenheiten eingeführt werden können, ziehen wir es vor, ihre Bedeutung für die Physik anhand spezieller Versuchsanordnungen zu erläutern.

1.2.2. Experiment

Wir betrachten die Bewegung eines Wagens auf einer geraden Bahn. Die Lage des Wagens wird zu jedem Zeitpunkt durch die Angabe seiner Entfernung von einem Bezugspunkt auf der Bahn beschrieben. Dieser Abstand x ändert sich mit der Zeit t, wenn sich der Wagen bewegt, so daß x eine *Funktion* von t ist.

Neigen wir die Bahn ein wenig und lassen den Wagen zur Zeit $t = 0$ vom Bezugspunkt $x = 0$ los, den wir nahe dem obersten Punkt der Bahn wählen. Mit Hilfe mehrerer Blitzlichtaufnahmen oder eines elektrischen Zeitgebers messen wir die Lage des Wagens zu verschiedenen Zeitpunkten. Der elektrische Zeitgeber, der im Experiment M-1 genauer besprochen wird, verwendet Hochspannungsimpulse, die in gleichen Zeitintervallen das Überspringen von Funken vom Wagen auf die Bahn bewirken. Die Lage der Funken wird durch Löcher in einem längs der Bahn aufgelegten Papierstreifen festgehalten, der eine dauerhafte Aufzeichnung der aufeinanderfolgenden Positionen des Wagens darstellt.

Bei einem derartigen Experiment wurden die in Tabelle 1.1 angegebenen Zahlen ermittelt (diese Tabelle enthält zusätzliche Kolonnen für spätere Berechnungen). Zeichnen Sie die in Tabelle 1.1 angegebenen Werte zunächst auf einem Blatt Millimeterpapier ein, wobei Sie die Zeit entlang der längeren Seite, den Abstand längs der kürzeren Seite auftragen. Zeichnen Sie eine glatte Kurve durch diese Meßpunkte.

Mittlere Geschwindigkeit. Die mittlere Geschwindigkeit während des Zeitintervalls zwischen t_1 und t_2, in dem sich die Lage des Wagens von x_1 auf x_2 verändert, ist *definiert* durch

$$\bar{v} \equiv \frac{x_2 - x_1}{t_2 - t_1} \ . \tag{1.1}$$

Berechnen Sie nun für die in Tabelle 1.1 angegebenen Werte die mittlere Geschwindigkeit während der ersten Sekunde; während des ersten 10-s-Intervalls; während des ersten 20-s-Intervalls und während des zweiten 10-s-Intervalls.

Augenblickliche Geschwindigkeit. Die augenblickliche Geschwindigkeit kann als Grenzwert der mittleren Geschwindigkeit für den Fall aufgefaßt werden, daß das Zeitintervall außerordentlich kurz wird. Als Beispiel wollen wir versuchen, aus den Werten in Tabelle 1.1 die augenblickliche Geschwindigkeit zur Zeit $t = 10$ s zu bestimmen.

Tabelle 1.1

Zeit t, s	Verschiebung x, m	Δx, m	Geschwindig-keit v, m/s	Beschleunigung a, m/s^2
0,000	0,000 0			
1,000	0,006 4			
2,000	0,024 9			
3,000	0,054 4			
4,000	0,093 7			
5,000	0,142 0			
6,000	0,198 4			
7,000	0,262 1			
8,000	0,332 4			
9,000	0,408 8			
10,000	0,490 5			
11,000	0,577 2			
12,000	0,668 3			
13,000	0,763 3			
14,000	0,862 1			
15,000	0,964 1			
16,000	1,068 0			
17,000	1,176 9			
18,000	1,287 1			
19,000	1,399 4			
20,000	1,513 7			

Dabei verwenden wir die Abkürzungen $\Delta x = x_2 - x_1$ und $\Delta t = t_2 - t_1$. Darin bedeutet das Symbol Δ den griechischen Buchstaben „Delta". Das Symbol Δx kann auch „Änderung von x" genannt werden und ist *nicht* etwa das Produkt von Δ und x. Tragen Sie die Werte von $\bar{v}$ in Tabelle 1.2 ein.

Tabelle 1.2

t_1	t_2	Δt	Δx	$\bar{v}$	$\bar{a}$
0	20				
5	15				
8	12				
9	11				

Stellen Sie nun die mittlere Geschwindigkeit $\bar{v}$ als Funktion des Zeitintervalls Δt graphisch dar. Die Momentangeschwindigkeit zur Zeit $t = 10$ s erhalten Sie daraus durch Extrapolation von $\bar{v}$ nach $\Delta t = 0$. Damit haben wir den *Grenzwert* von $\bar{v}$ für Δt gegen 0 ermittelt, also die Momentangeschwindigkeit. Ihre mathematische Definition ist durch die folgende Gleichung gegeben:

$$v = \lim_{\Delta t \to 0} \frac{\Delta x}{\Delta t} \; . \qquad (1.2)$$

Dieser Ausdruck wird auch die *Ableitung* von x bezüglich t genannt.

Es erscheint zunächst sonderbar, daß wir die über bestimmte Zeitintervalle gemittelte Geschwindigkeit v verwendet haben, um die Momentangeschwindigkeit in einem Zeitpunkt zu definieren, wobei keinerlei Zeitintervall mehr auftritt. Wir wissen jedoch aus der Anschauung, daß die augenblickliche Geschwindigkeit zu einem bestimmten Zeitpunkt ein sinnvoller Begriff ist. Die oben eingeführte Ableitung stellt die mathematische Grundlage des Konzeptes der augenblicklichen Geschwindigkeit dar. In analoger Weise kann jede andere zeitliche Änderung beschrieben werden. Dies ist eine der grundlegendsten Bedeutungen der Ableitung.

Da die Geschwindigkeit sich langsam ändert, sollten die mittlere Geschwindigkeit für ein Intervall $\Delta t = 1$ s und die augenblickliche Geschwindigkeit im Mittelpunkt des Intervalls nahezu übereinstimmen. Um dies zu überprüfen tragen Sie die für das Zeitintervall $\Delta t = 1$ s ermittelte Geschwindigkeit zu den Zeiten $t = 0{,}500 \ldots 19{,}500$ s in die entsprechende Spalte von Tabelle 1.1 ein.

Die Steigung der Sehne ihrer Kurve zu Tabelle 1.1, die durch die Entfernungspunkte bei $t = 0$ s und 20 s geht, ist gerade die mittlere Geschwindigkeit zwischen 0 s und 20 s. Ihre Steigung ist *nicht* gleich dem Tangens des Winkels den die Linie mit der Horizontalen einschließt. Dies ist nur der Fall, wenn die horizontale und die vertikale Skala gleich sind. Hier sind die Skalen verschieden und haben verschiedene Einheiten. Um die Steigung zu finden, wählen wir zwei Punkte, bestimmen die Differenzen $x_2 - x_1$ und $t_2 - t_1$ und bilden ihren Quotienten. Zeichnen Sie diese Sehne und auch die Sehnen für die anderen Intervalle, die in Tabelle 1.2 gegeben sind. Zeichnen Sie die Tangente zu ihrer Kurve bei $t = 10$ s und berechnen Sie die Steigung der Tangente. Vergleichen Sie das Ergebnis mit dem Wert, der sich durch Extrapolation der mittleren Geschwindigkeit im Limes Δt gleich Null ergeben hat. Wie lautet die Beziehung zwischen der augenblicklichen Geschwindigkeit und der Steigung der Tangente?

Beschleunigung. Tragen Sie mittels einer neuen Vertikalskala auf der rechten Seite des Papiers auch die Geschwindigkeitswerte in dieselbe Zeichnung ein, in der sich bereits die Entfernungswerte von Tabelle 1.1 befinden. Was können Sie über die Geschwindigkeit als Funktion der Zeit sagen? Die zeitliche Änderung der Geschwindigkeit wird Beschleunigung genannt. Ändert sich die Geschwindigkeit im Zeitintervall $\Delta t = t_2 - t_1$ um den Betrag $\Delta v = v_2 - v_1$, so ist die mittlere Beschleunigung durch die Gleichung

$$\bar{a} = \frac{\Delta v}{\Delta t} = \frac{v_2 - v_1}{t_2 - t_1} \tag{1.3}$$

definiert.

Wie groß ist die mittlere Beschleunigung im Intervall zwischen $t = 0$ s und 20 s? Tragen Sie die Werte für $\bar{a}$ in Tabelle 1.2 ein. Die augenblickliche Beschleunigung ist als Grenzwert der mittleren Geschwindigkeit definiert, wenn das Zeitintervall Δt gegen Null geht.

$$a = \lim_{\Delta t \to 0} \frac{\Delta v}{\Delta t} \, . \tag{1.4}$$

Vollenden Sie Tabelle 1.1 für $t = 1{,}000$ s bis 19,000 s unter der Annahme, daß ein Intervall von 1 s genügend kurz ist, um eine gute Näherung für die augenblickliche Beschleunigung a zu liefern. Dabei ist die *mittlere* Beschleunigung zwischen $t = 0$ s und 20 s gerade durch die Steigung der Sehne gegeben, die durch diese Geschwindigkeitswerte verläuft. Zeichnen Sie die Sehnen durch die Geschwindigkeitswerte für die anderen Zeitintervalle in Tabelle 1.2. Es zeigt sich, daß sich die Steigung der Sehne an die Steigung der Geschwindigkeitskurve annähert, wenn das Zeitintervall kürzer wird. Welche Beziehung besteht zwischen der Steigung der Tangente und der augenblicklichen Geschwindigkeit?

Tragen Sie Ihre Beschleunigungswerte auf demselben Bogen Millimeterpapier unter Verwendung einer neuen Skala für die Beschleunigung ein.

Differentiation. Der in Gl. (1.2) verwendete Grenzwert wird die *Ableitung von x bezüglich der Zeit* genannt. Die mathematische Operation, mit der die Geschwindigkeit aus x bestimmt wird, heißt *Differentiation*. Hierzu muß x

als Funktion der Zeit für alle Zeiten bekannt sein. Symbolisch wird diese Operation in der folgenden Form geschrieben:

$$\frac{dx}{dt} = \lim_{\Delta t \to 0} \frac{\Delta x}{\Delta t} = v \, . \tag{1.5}$$

Analog wird die augenblickliche Beschleunigung durch

$$\frac{dv}{dt} = \lim_{\Delta t \to 0} \frac{\Delta v}{\Delta t} = a \tag{1.6}$$

ausgedrückt.

Beschleunigungswerte. Den Prozeß der *Integration* führen wir wieder durch Betrachtung eines Wagens auf einer schiefen Bahn ein. Stellen wir uns vor, daß auf dem Wagen ein Beschleunigungsmesser[1] angebracht ist. Dieser ermöglicht uns, direkt die Werte der Momentanbeschleunigung des Wagens abzulesen. Wir werden jetzt sehen, wie es möglich ist, aus der Beschleunigung die Geschwindigkeit als Funktion der Zeit zu bestimmen. Als Anfangsbedingungen wissen wir, daß der Wagen zur Zeit $t = 0$ bei $x = 0$ in Ruhe ist. Die Angaben des Beschleunigungsmesser auf dem Wagen sind in Tabelle 1.3 enthalten. Diese Tabelle enthält auch zusätzliche Kolonnen für spätere Berechnungen. Tragen Sie die Werte der Beschleunigung als Funktion der Zeit auf einem neuen Bogen Millimeterpapier auf.

Geschwindigkeit. Wir können Gl. (1.3) verwenden, um die Änderung der Geschwindigkeit während irgendeines Zeitintervalls zu finden:

$$v_2 = v_1 + \bar{a}(t_2 - t_1). \tag{1.7}$$

Die Geschwindigkeit v_2 am Ende des Zeitintervalls $(t_2 - t_1)$ ist gleich der Geschwindigkeit v_1 zu Anfang des Intervalls plus der über das Intervall gemittelten Beschleunigung $\bar{a}$ multipliziert mit dem Zeitintervall $(t_2 - t_1)$. Wie können wir die Werte von Tabelle 1.3 verwenden, um die Geschwindigkeit zu bestimmen? Man beachte, daß diese Tabelle nicht die mittlere Beschleunigung, sondern die *augenblickliche* Beschleunigung angibt. Wir haben aber gesehen, daß die *mittlere* Beschleunigung und die *augenblickliche* Beschleunigung in der Mitte des Intervalls ungefähr gleich sind, wenn das Zeitintervall genügend kurz ist.

Bestimmen Sie als Beispiel die Geschwindigkeitsänderung im Intervall von $t = 0{,}500 \dots 1{,}500$ s. Wir nehmen für die mittlere Beschleunigung $\bar{a}$ in diesem Intervall den Wert der augenblicklichen Beschleunigung in der Mitte $(t = 1{,}000$ s$)$, der $0{,}012\,06$ m/s^2 ist, an. Nach Gl. (1.7) ist die Geschwindigkeitsänderung in diesem Intervall daher gerade $0{,}012\,06$ m/s. Analog ist die Geschwindigkeitsänderung im Intervall von $1{,}500 \dots 2{,}500$ s gleich $0{,}011\,92$ m/s und so weiter.

---

[1] Eine Vorrichtung zur Messung der Momentanbeschleunigung.

Tabelle 1.3

Zeit t, s	Beschleunigung a m/s²	$a\,\Delta t$, m/s	Geschwindig- keit v, m/s	Verschiebung x, m
0,000	0,013 33			0,000 00
1,000	0,012 06			
2,000	0,011 92			
3,000	0,009 88			
4,000	0,008 94			
5,000	0,008 09			
6,000	0,007 32			
7,000	0,006 62			
8,000	0,005 99			
9,000	0,005 42			
10,000	0,004 90			
11,000	0,004 44			
12,000	0,004 02			
13,000	0,003 63			
14,000	0,003 29			
15,000	0,002 98			
16,000	0,002 68			
17,000	0,002 44			
18,000	0,002 20			
19,000	0,002 00			
20,000	0,001 80			

Das erste Intervall ($t = 0{,}000 \ldots 0{,}500$ s) erfordert eine getrennte Behandlung, da es nur halb so lange wie die anderen ist. Die augenblickliche Beschleunigung bei $t = 0{,}500$ s ist annähernd gleich dem Mittelwert der Werte bei 0,000 s und 1,000 s. Das ist

$$\frac{1}{2}\,(0{,}013\,33 \text{ m/s}^2 + 0{,}012\,06 \text{ m/s}^2).$$

Als Endergebnis erhalten wir für das erste Intervall

$$\bar{a} \approx \frac{3}{4} \cdot 0{,}013\,33 \text{ m/s}^2 + \frac{1}{4} \cdot 0{,}012\,6 \text{ m/s}^2$$
$$= 0{,}013\,02 \text{ m/s}^2.$$

Dies entspricht einem gewichteten Mittelwert der Werte von a bei 0,000 s und 1,000 s. Dabei erhält der Wert bei 0,000 s einen dreimal größeren Gewichtsfaktor als der bei 1,000 s, da der Mittelpunkt des Intervalls (0,250 s) dem ersteren „dreimal näher liegt" als dem letzteren.

Auf diese Weise finden wir, daß die Geschwindigkeitsänderung von $0{,}000 \ldots 0{,}500$ s $= 0{,}006\,51$ m/s beträgt. Dies ist auch die tatsächliche Geschwindigkeit bei 0,500 s, da $v = 0$ bei $t = 0$ gilt. Unter Verwendung der aufeinanderfolgenden Änderungen von v können wir nun die Werte bei $t = 1{,}500$ s, 2,500 s und so weiter berechnen. Das letzte Intervall zwischen 19,500 s und 20,000 s wird in der gleichen Weise behandelt wie das erste. Berechnen Sie

diese Geschwindigkeiten und halten Sie das Ergebnis in Tabelle 1.3 fest. Zeichnen Sie die Geschwindigkeitswerte auf demselben Bogen Millimeterpapier wie die Werte des Beschleunigungsmessers ein. Vergleichen Sie diese Zeichnung mit der früheren, bei der die Geschwindigkeitswerte aus der Lageänderung bestimmt wurden. Es sei darauf hingewiesen, daß die Geschwindigkeit des Wagens zu jeder gegebenen Zeit t gerade der *Fläche* unter der Beschleunigungskurve zwischen $t = 0$ und der Zeit t entspricht. Wenn die Geschwindigkeit bei $t = 0{,}000$ s nicht Null ist, sondern den Anfangswert v_0 hat, entspricht diese Fläche immer noch der gesamten *Änderung* von v während des betrachteten Zeitintervalls. Die Gesamtgeschwindigkeit zur Zeit t ist dann die Summe von v_0 und dieser Änderung.

Lageänderung. Aus Gl. (1.1) finden wir für die Lageänderung

$$x_2 = x_1 + \bar{v}\,(t_2 - t_1). \tag{1.8}$$

Diese Gleichung ist analog zu Gl. (1.7). Sie sagt aus, daß die Lageänderung am Ende eines Intervalls durch die Summe der Lageänderung zu Beginn des Intervalls und dem Produkt der über das Intervall gemittelten Geschwindigkeit mit der Dauer des Zeitintervalls ist. Wenn das Intervall genügend kurz ist, sollte die mittlere Geschwindigkeit etwa gleich der Geschwindigkeit im Mittelpunkt des Intervalls sein. Als Beispiel wollen wir die Lageänderung bei

$t = 1{,}000$ s berechnen. Wir nehmen für die mittlere Geschwindigkeit zwischen $t = 0{,}000$ und $1{,}000$ s den bei $t = 0{,}500$ s berechneten Wert, nämlich $v = 0{,}006\ 51$ m/s. Die Lageänderung bei $t = 1{,}000$ s ist dann gerade $0{,}006\ 51$ m. Ähnlich berechnet man die Lageänderung für $t = 2{,}000$ s

$$x = 0{,}006\ 51 \text{ m/s} + 0{,}018\ 57\ \Delta t = 0{,}025\ 08 \text{ m}.$$

Auf diesem Wege bestimme man die Lageänderung als Funktion der Zeit. Es sei bemerkt, daß die Lageänderung zur Zeit t durch die *Fläche* unter der Geschwindigkeitskurve zwischen $t = 0$ und der Zeit t gegeben ist. Vergleichen Sie die so berechneten Werte der Lageänderung mit den Werten in Tabelle 1.1.

Integration. Wie wir aus der obigen Erörterung ersehen, kann die gesamte Geschwindigkeitsänderung während eines beliebigen Zeitintervalls durch Unterteilung des Intervalls in viele kleinere Intervalle ermittelt werden, die wir Δt_i nennen wollen. Hierzu multipliziert man jedes Intervall mit dem Mittelwert von a in diesem Intervall, den wir mit $\bar{a}_i$ bezeichnen, und bildet die Summe dieser Produkte. Symbolisch:

$$v_t = v_0 + \sum_{i=1}^{N} \bar{a}_i \, \Delta t_i . \tag{1.9}$$

Wenn die Beschleunigung kontinuierlich für jeden Zeitpunkt bekannt ist, kann man die Zeitintervalle beliebig klein machen. Wir sprechen dann vom *Grenzwert* dieses Ausdrucks, wenn alle $\Delta t_i \to 0$ und $N \to \infty$. Die übliche Bezeichnung ist

$$\lim_{\substack{\Delta t_i \to 0 \\ N \to \infty}} \sum_{i=1}^{N} \bar{a}_i \, \Delta t_i = \int_0^t a \, dt; \tag{1.10}$$

der Ausdruck wird das Integral von a genannt. Es gilt also:

$$v_t = v_0 + \int_0^t a \, dt \tag{1.11}$$

und analog

$$x_t = x_0 + \int_0^t v \, dt .$$

1.2.3. Fragen

1. Obwohl die Lageänderungswerte und die berechneten Geschwindigkeitswerte auf einer glatten Kurve liegen, zeigen die Beschleunigungswerte eine gewisse Streuung. Erklären Sie den Ursprung dieser Streuung.

2. Wie würden sich die berechneten Geschwindigkeitswerte ändern, wenn man größere Zeitintervalle nimmt? Wie würden sich die berechneten Beschleunigungen verhalten?

3. Wie würde sich bei der Bestimmung der Geschwindigkeit aus der Beschleunigung die Abweichung der berechneten Geschwindigkeitswerte ändern, wenn man größere Intervalle nimmt? Wie groß wäre die Abweichung der berechneten Lageänderung? Sind daraus etwaige Unterschiede, die sich zwischen den direkt gemessenen Lageänderungswerten und denjenigen, die aus den Beschleunigungsmesserwerten berechnet wurden, ergeben, erklärbar?

1.3. Experiment MS-2: Trigonometrische und Exponentialfunktionen

1.3.1. Einleitung

In diesem Experiment führen wir die trigonometrischen Funktionen und die Exponentialfunktionen sowie deren Ableitung und Integrale ein. Als Anwendung der Exponentialfunktionen besprechen wir die Arbeitsweise eines Rechenstabes. Wir werden zeigen, daß ein Rechenstab aus logarithmischem Papier angefertigt werden kann.

1.3.2. Experiment

Trigonometrische Funktionen. Bild 1.1 zeigt ein x, y-Koordinatensystem, in dem ein Kreis vom Radius r um den Ursprung gezeichnet ist. Den Winkel zwischen der in die Horizontale gelegten x-Achse und der eingezeichneten Diagonale bezeichnen wir mit θ. Ist s die Länge des gezeigten Kreisbogensegments, kann der Winkel θ wie folgt in Radian ausgedrückt werden

$$\theta = \frac{s}{r} . \tag{1.12}$$

Wie groß ist der Winkel zwischen der x- und der y-Achse in Radian? Wie groß ist der Winkel zwischen der $+x$- und der $-x$-Achse? Wie groß ist der Winkel, wenn man den Ursprung einmal umkreist? Wir definieren die trigonometrischen Funktionen Sinus (abgekürzt sin) und Kosinus (abgekürzt cos) von θ wie folgt:

$$\sin \theta = \frac{y}{r} , \qquad \cos \theta = \frac{x}{r} . \tag{1.13}$$

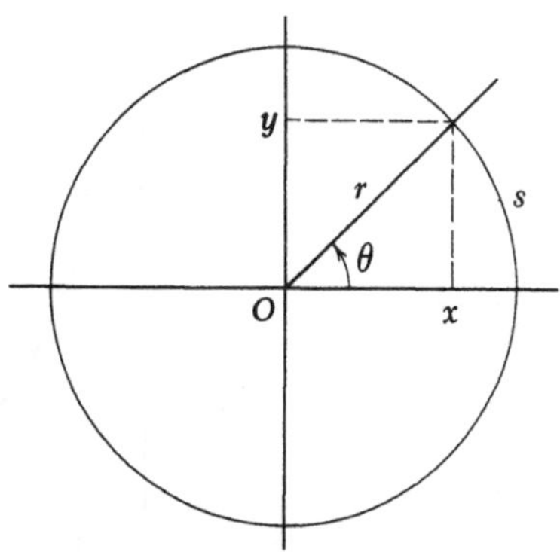

Bild 1.1

Nach dem pythagoräischen Lehrsatz ist das Quadrat der Hypotenuse gleich der Summe der Quadrate der beiden Katheten:

$$x^2 + y^2 = r^2. \tag{1.14}$$

Durch Einsetzen von Gl. (1.12) ergibt sich für $\sin\theta$ und $\cos\theta$ die folgende Beziehung:

$$\sin^2\theta + \cos^2\theta = 1. \tag{1.15}$$

Man beachte, daß θ und $\theta + 2\pi$ denselben Winkel darstellen, da $\theta = 2\pi$ einem kompletten Umlauf entspricht. Folglich gilt

$$\sin(\theta + 2\pi) = \sin\theta \quad \text{und} \quad \cos(\theta + 2\pi) = \cos\theta. \tag{1.16}$$

Ferner kann $\sin\theta$ für jeden beliebigen Winkel in den anderen Quadranten berechnet werden, wenn er im ersten Quadranten (0 bis $\pi/2$) bekannt ist. Die entsprechende Beziehung wird aus Bild 1.1 erhalten. So gilt zum Beispiel $\sin(\pi - \theta) = \sin\theta$, $\sin(-\theta) = -\sin\theta$ und so weiter. Ähnliche Beziehungen können für die Kosinusfunktion abgeleitet werden. Diese Beziehungen sind auch aus den Zeichnungen von $\sin\theta$ und $\cos\theta$ für alle Winkel von 0 bis 2π in Bild 1.2 ersichtlich.

Differentiation der trigonometrischen Funktionen. In groben Zügen kann das Verhalten der Ableitung von $\sin\theta$ bezüglich θ aus Bild 1.2 abgelesen werden. Hierzu betrachten wir die *Steigung* der Kurve in verschiedenen Punkten. Man beachte, daß die maximale Steigung bei $\theta = 0$ auftritt, wo die Funktion selbst Null ist. Die Steigung nimmt dann ab, bis sie bei $\theta = \pi/2$ (wo die Funktion selbst den Wert eins hat) Null wird. Dann wird sie immer negativer bis $\theta = \pi$ und so weiter. Kurz gesagt: Die Maxima und Minima der Ableitung von $\sin\theta$ entsprechen den Werten von $\cos\theta$. Dies legt die Beziehung nahe:

$$\frac{d}{d\theta}\sin\theta = \cos\theta. \tag{1.17}$$

Eine ähnliche Betrachtung zeigt, daß die Gestalt der Ableitung von $\cos\theta$ bis auf einen Vorzeichenwechsel ähnlich der von $\sin\theta$ ist.

Die Ableitungen von $\sin\theta$ und $\cos\theta$ können durch numerische Rechnung mit einer Tabelle genauer behandelt werden. Zu diesem Zweck sind die Werte von $\sin\theta$ und $\cos\theta$ in Tabelle 1.4 angegeben. Die Differenz der Werte von $\sin\theta$ für benachbarte Werte von θ, dividiert durch die Differenz von θ, ergibt einen genäherten Wert für die Ableitung. In unserem Fall ist die Differenz von θ in jedem Intervall 0,01. Vollenden Sie die vierte Spalte in der Tabelle und vergleichen Sie die Werte mit den entsprechenden Werten von $\cos\theta$. Berechnen Sie ebenso die Werte der Ableitung von $\cos\theta$, indem Sie die fünfte Kolonne der Tabelle ausfüllen. Vergleichen Sie das Ergebnis mit den entsprechenden Werten von $\sin\theta$.

Durch Umkehrung der obigen Vorgangsweise können wir die Fläche unter der Kurve von $\sin\theta$ zwischen $\theta = 0$ und einem vorgegebenen Wert von θ finden. Das Flächenelement, das einem Intervall $\Delta\theta$ entspricht, ist durch $\sin\theta\,\Delta\theta$ gegeben. Die Gesamtfläche ist die Summe der Werte von $\sin\theta$ in den aufeinanderfolgenden Intervallen, jedes mit $\Delta\theta$, das den Wert 0,01 hat, multipliziert. Das erste Intervall bildet eine Ausnahme. Da jeder Wert von θ den Mittelpunkt des Intervalls darstellt, erstreckt sich das erste Intervall nur von 0,00 ... 0,005. Tragen Sie die Werte in die sechste Spalte der Tabelle 1.4 ein und vergleichen Sie diese mit der zweiten Spalte. Was schließen Sie daraus für das Integral von $\cos\theta$?

Wiederholen Sie diese Berechnungen für die Fläche unter der Kurve von $\sin\theta$. Füllen Sie die letzte Spalte der Tabelle aus. Die Summe wird von eins abgezogen, um den Vergleich mit $\cos\theta$ zu erleichtern, da $\cos\theta = 1$ für $\theta = 0$.

Zum Abschluß leiten wir die Ergebnisse, die wir empirisch gefunden haben, analytisch ab.

Bild 1.3 zeigt unser ursprüngliches Dreieck und ein zweites Dreieck, dessen Winkel im Ursprung von θ auf $\theta + \Delta\theta$ vergrößert ist. Wir wollen annehmen, daß der Winkelzuwachs $\Delta\theta$ klein ist. Von Bild 1.3 lesen wir die folgenden Beziehungen ab:

$$\sin\theta = \frac{y}{r}, \quad \cos\theta = \frac{x}{r} \tag{1.18}$$

$$\sin(\theta + \Delta\theta) = \frac{y + b}{r}, \quad \cos(\theta + \Delta\theta) = \frac{x - a}{r}. \tag{1.19}$$

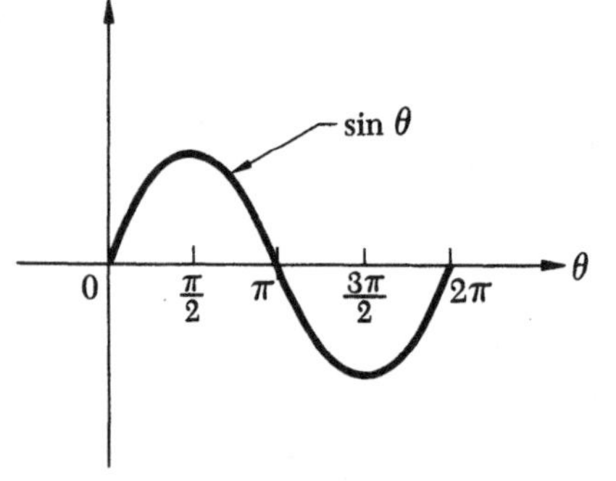

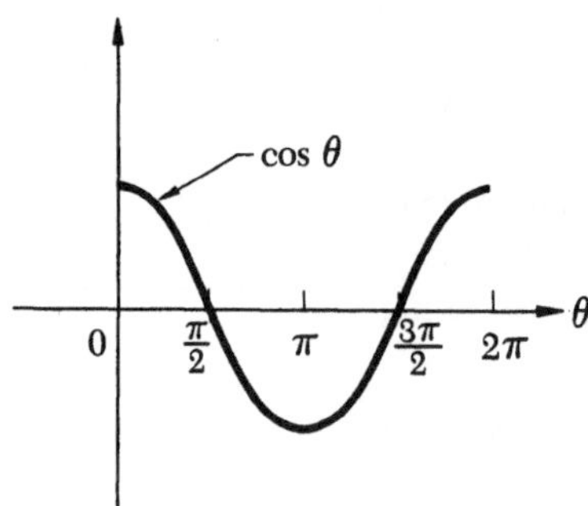

Bild 1.2

Tabelle 1.4

θ	$\sin\theta$	$\cos\theta$	$\dfrac{\Delta\sin\theta}{\Delta\theta}$	$-\dfrac{\Delta\cos\theta}{\Delta\theta}$	$\Sigma\cos\theta\cdot\Delta\theta$	$1-\Sigma\sin\theta\cdot\Delta\theta$
0,00	0,000 00	1,000 00				
0,01	0,010 00	0,999 95				
0,02	0,020 00	0,999 80				
0,03	0,030 00	0,999 55				
0,04	0,039 99	0,999 20				
0,05	0,049 98	0,998 75				
0,06	0,059 96	0,998 20				
0,07	0,069 94	0,997 55				
0,08	0,079 91	0,996 80				
0,09	0,089 88	0,995 95				
0,10	0,099 83	0,995 00				
0,11	0,109 78	0,993 96				
0,12	0,119 71	0,992 81				
0,13	0,129 63	0,991 56				
0,14	0,139 54	0,990 22				
0,15	0,149 44	0,988 77				
0,16	0,159 32	0,987 23				
0,17	0,169 19	0,985 58				
0,18	0,179 03	0,983 84				
0,19	0,188 86	0,982 00				
0,20	0,198 67	0,980 07				
0,21	0,208 46	0,978 03				
0,22	0,218 23	0,975 90				
0,23	0,227 98	0,973 67				
0,24	0,237 70	0,971 34				
0,25	0,247 40	0,968 91				

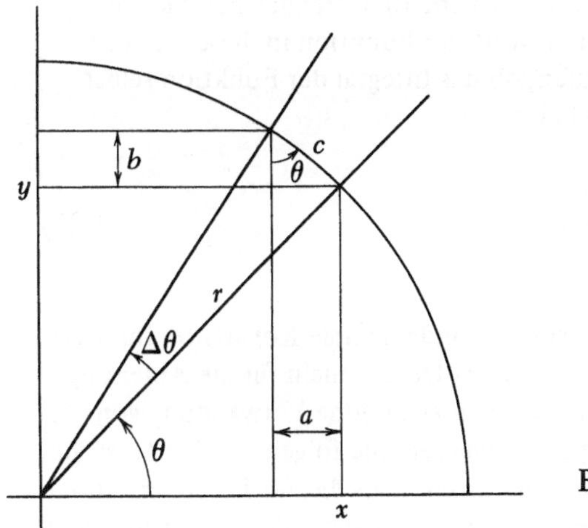

Bild 1.3

Ist der Winkelzuwachs $\Delta\theta$ klein, sind die Diagonale und die Bogenlänge s nahezu gleich. Wir können daher schreiben

$$\Delta\theta = \frac{c}{r}.$$

Überdies ist der Winkel zwischen c und b nahezu gleich θ. Es gilt also

$$b = c\cos\theta = r\,\Delta\theta\cos\theta$$
$$a = c\sin\theta = r\,\Delta\theta\sin\theta. \tag{1.20}$$

Durch Einsetzen der Gln. (1.20) in die Gln. (1.19) erhalten wir

$$\sin(\theta+\Delta\theta) = \sin\theta + \Delta\theta\cos\theta$$
$$\cos(\theta+\Delta\theta) = \cos\theta - \Delta\theta\sin\theta. \tag{1.21}$$

Aus den Gln. (1.21) ergeben sich die Änderungen der Funktionen dividiert durch die entsprechenden Änderungen näherungsweise zu

$$\frac{\Delta(\sin\theta)}{\Delta\theta} = \frac{\sin(\theta+\Delta\theta)-\sin\theta}{\Delta\theta} = \cos\theta$$
$$\frac{\Delta(\cos\theta)}{\Delta\theta} = \frac{\cos(\theta+\Delta\theta)-\cos\theta}{\Delta\theta} = -\sin\theta. \tag{1.22}$$

Im Grenzwert, wenn $\Delta\theta$ gegen Null geht, erhalten wir die Ableitungen

$$\frac{d(\sin\theta)}{d\theta} = \lim_{\Delta\theta\to 0}\frac{\Delta(\sin\theta)}{\Delta\theta} = \cos\theta$$

$$\frac{d(\cos\theta)}{d\theta} = \lim_{\Delta\theta\to 0}\frac{\Delta(\cos\theta)}{\Delta\theta} = -\sin\theta. \tag{1.23}$$

Andererseits können wir die Gln. (1.22) über die Zunahmen $\Delta\theta$ von 0 bis θ summieren und erhalten

$$\sin\theta = \Sigma\,\Delta(\sin\theta) = \Sigma\cos\theta\,\Delta\theta$$

$$\cos\theta = 1 + \Sigma\,\Delta(\cos\theta) = 1 - \Sigma\sin\theta\,\Delta\theta. \tag{1.24}$$

Für den Grenzwert erhalten wir, wenn die Winkelzunahme gegen Null geht, die Ausdrücke

$$\sin\theta = \int_0^\theta \cos\theta\,d\theta$$

$$\cos\theta = 1 - \int_0^\theta \sin\theta\,d\theta. \tag{1.25}$$

Exponentialfunktionen. Jede der trigonometrischen Funktionen $\sin\theta$ und $\cos\theta$ geht in das Negative der ursprünglichen Funktion über, wenn sie zweimal differenziert wird. Jetzt wollen wir eine Funktion untersuchen, die die Eigenschaft hat, bei der Differentiation für jeden Wert von x in sich selbst überzugehen. Das heißt, y ist eine Funktion von x mit der Eigenschaft

$$\frac{dy}{dx} = y. \tag{1.26}$$

Zusätzlich verlangen wir, daß die Funktion für $x = 0$ den Wert eins hat.

Die Funktion, die diese Forderungen erfüllt, können wir graphisch folgendermaßen konstruieren. Beginnen Sie beim Punkt $x = 0$, $y = 1$ und konstruieren Sie für das Intervall bis $x = 0{,}1$ eine Linie mit der Steigung eins. Lesen Sie von der Zeichnung den Wert von y bei $x = 0{,}1$ ab. Er ergibt sich zu 1,1. Die folgende Linie hat die Steigung 1,1 und soll vom Ende des vorhergehenden Intervalls bis $x = 0{,}2$ reichen. So bestimmt der Wert der Funktion am Ende eines Abschnitts jeweils die Steigung der Funktion im nächsten Abschnitt. Setzen Sie dieses Verfahren mindestens bis $x = 1{,}0$ fort. Wiederholen Sie die Konstruktion mit einer Intervallbreite von 0,01 im Bereich von 0 bis 0,1.

Diese Funktion wird gewöhnlich Exponentialfunktion $y = e^x$ genannt. Einige Werte sind in Tabelle 1.5 angegeben. Berechnen Sie die dritte Spalte dieser Tabelle. Analog wie für Sinus und Kosinus bestätigen Sie, daß die Ableitung in jedem Punkt dem Wert der Funktion in diesem Punkt gleich ist. Füllen Sie auch die letzte Spalte aus, um

Tabelle 1.5

x	e^x	$\Delta e^x/\Delta x$	$1 + \Sigma\,e^x\,\Delta x$
0,00	1,000 0		
0,01	1,010 1		
0,02	1,020 2		
0,03	1,030 5		
0,04	1,040 8		
0,05	1,051 5		
0,06	1,061 8		
0,07	1,072 5		
0,08	1,083 3		
0,09	1,094 2		
0,10	1,105 2		
0,11	1,116 3		
0,12	1,127 5		
0,13	1,138 8		
0,14	1,150 3		
0,15	1,161 8		
0,16	1,173 5		
0,17	1,185 3		
0,18	1,197 2		
0,19	1,209 2		
0,20	1,221 4		
0,21	1,233 7		
0,22	1,246 1		
0,23	1,258 6		
0,24	1,271 2		
0,25	1,284 0		

die Werte des Integrals von e^x von $x = 0$ bis zu einem beliebigen Wert von x zu erhalten. Vergleichen Sie das Resultat mit dem Wert der Funktion in diesem Punkt, um zu überprüfen, ob das Integral der Funktion selbst gleich ist. Das heißt

$$e^x = 1 + \int_0^x e^x\,dx. \tag{1.27}$$

Die Zahl e ist eine fundamentale Konstante. Ihr Wert ist annähernd 2,718 28. Die Formeln für die Ableitung und das Integral können auch ohne Verwendung von Gl. (1.26) abgeleitet werden. Sie folgen aus der Tatsache, daß die Exponentialfunktion als die zur Potenz x erhobene Zahl e definiert werden kann. Diese Ableitung ist in den meisten Einführungsbüchern in der Analysis wiedergegeben.

Logarithmus. Angenommen, wir wollen zwei Zahlen multiplizieren, die sich, wie folgt, ausdrücken lassen

$$a = e^x, \qquad b = e^y. \tag{1.28}$$

Unter Verwendung des Gesetzes für Exponenten können wir das Produkt schreiben als

$$a\,b = e^x e^y = e^{x+y}. \tag{1.29}$$

Wenn wir Tabelle 1.5 verwenden, ist es nicht mehr notwendig a und b direkt zu multiplizieren. Als Beispiel nehmen wir $a = 1{,}105\,2$ und $b = 1{,}161\,8$ (zwei Werte, die in der Tabelle enthalten sind). Diese Werte entsprechen $x = 0{,}10$ und $y = 0{,}15$. Das Produkt von a und b sollte dann $x + y = 0{,}25$ entsprechen, beziehungsweise $1{,}284\,0$ sein. Überprüfen Sie dies durch direkte Multiplikation.

Obwohl wir im obigen Beispiel die Zahl e als „Basis" verwendet haben, hätte auch eine andere Zahl als Basis dienen können. Aus Zweckmäßigkeit verwendet man gewöhnlich die Zahl 10. Schreiben wir

$$u = 10^x, \qquad v = 10^y,$$

gibt uns der *Logarithmus* die *inverse* Beziehung zwischen x und u oder y und v an. Sie lautet:

$$x = {}^{10}\lg u, \qquad y = {}^{10}\lg v,$$

wobei wir angedeutet haben, daß der Logarithmus zur Basis 10 genommen ist. Das Produkt

$$u v = 10^{x+y}$$

läßt schließen, daß

$${}^{10}\lg u v = \lg u v = x + y = \lg u + \lg v.$$

gilt.

Um das Produkt von u und v zu berechnen, bestimmen wir zuerst den Logarithmus von u und den Logarithmus von v. Dann addieren wir die beiden Logarithmen, um den Logarithmus von $u v$ zu erhalten. Anschließend verwenden wir wieder die Tabelle, um herauszufinden, welche Zahl als Logarithmus $x + y$ hat. Diese Zahl ist das Produkt von u und v.

Wegen der Einfachheit ihrer Ableitungen sind Logarithmen zur Basis e in der Analysis oft vorteilhaft. Die übliche Schreibweise ist $\ln u$. Wenn also $x = \ln u$ ist, so folgt $u = e^x$. Diese Beziehung kann verwendet werden, um die Ableitung von $\ln u$ zu berechnen. Aus Gl. (1.26) folgt

$$\frac{du}{dx} = u \quad \text{und} \quad \frac{dx}{du} = \frac{1}{u}.$$

Wir erhalten daher das einfache Resultat

$$\frac{d}{du} \ln u = \frac{1}{u}. \tag{1.30}$$

Weiterhin können wir die folgenden Beziehungen ableiten:

$$e^{\ln u} = \ln e^u = u. \tag{1.31}$$

Ihre Ableitung ist dem Leser als Übungsaufgabe überlassen.

Logarithmische Skala und der Rechenstab. Außer dem gewöhnlichen Millimeterpapier, das wir im Experiment MS-1 verwendet haben, gibt es auch graphisches Papier, das auf der einen Seite eine logarithmische Skala hat, während die Skala auf der zweiten Seite linear ist. Dies wird *halblogarithmisches* Papier genannt. Es gibt auch Papier, das zwei logarithmische Skalen hat. Dieses Papier nennt man auch *doppeltlogarithmisches* Papier oder log-log-Papier.

Das gebräuchliche halblogarithmische Papier hat A4-Format. Der Logarithmus (zur Basis 10) der links angegebenen Zahlen ist gerade gleich der Entfernung (in Zentimeter) längs der vertikalen Skala dividiert durch 10. Um dies zu überprüfen, zeichnen Sie unter einem Winkel von $45°$ von der linken unteren Ecke eine Diagonale. Verwenden Sie das halblogarithmische Papier, um Tabelle 1.6 auszufüllen. Vergleichen Sie diese Werte mit einer Logarithmenfolge. Was überprüfen Sie dabei?

Tabelle 1.6

N	$\lg N$	N	$\lg N$
1,00		3,00	
1,50		3,50	
2,00		4,00	
2,50		4,50	
		5,00	

Wenn Sie einen vertikalen Streifen auf der rechten Seite des Papiers abschneiden, können Sie damit einen Rechenstab anfertigen. Mit ihm können sie Multiplikationen und Divisionen ausführen. Wie würden Sie einen Rechenstab für Quadrate und Quadratwurzeln anfertigen? Wie für dritte Potenzen und dritte Wurzeln?

Halblogarithmisches Papier ist zur Untersuchung des Zusammenhangs zweier Veränderlicher nützlich, wenn zu vermuten ist, daß sie in logarithmischer oder exponentieller Beziehung stehen. So erwartet man zum Beispiel, daß sich die Spannung $U(t)$ eines sich entladenden Kondensators wie folgt ändert:

$$U(t) = U_0\, e^{-\lambda t}. \tag{1.32}$$

Hierin bedeutet U_0 die Anfangsspannung zur Zeit $t = 0$ und λ ist eine unbekannte Konstante. Wenn wir den natürlichen Logarithmus auf beiden Seiten der Gleichung bilden, erhalten wir:

$$\ln U(t) = \ln U_0 - \lambda t. \tag{1.33}$$

Offensichtlich ist $\ln U(t)$ direkt proportional zu t. Zeichnen wir die Werte auf halblogarithmischem Papier ein, sollte sich daher eine Gerade ergeben, vorausgesetzt wir verwenden die logarithmische Skala für $U(t)$ und die lineare Skala für t. Betrachten wir die t-Achse als horizontale Achse, so ist die Steigung der Geraden gleich der Konstanten λ (abgesehen von einem Vorzeichenwechsel). Der Schnittpunkt auf der logarithmischen Achse bei $t = 0$ gibt gerade den Wert von U_0. Auf diese Weise kann der exponentielle Zusammenhang verifiziert und die Konstanten in Gl. (1.32) können bestimmt werden, ohne daß man den Logarithmus oder die Exponentialfunktion in einer Tabelle nachschauen muß. Natürlich wird die Kurve auf dem halblogarithmischen Papier *keine* Gerade sein, wenn diese Gleichung *nicht* erfüllt ist.

In ähnlicher Weise findet doppeltlogarithmisches Papier zum Zeichnen von Kurven Verwendung. Bei ihm sind *beide* Skalen logarithmisch. Der Fall, in dem die eine Variable einer Potenz der anderen proportional ist,

$$y = A x^n \tag{1.34}$$

stellt eine häufige Anwendung dieses Papiers dar. A und n in Gl. (1.34) sind Konstanten. Bildet man den natürlichen Logarithmus von beiden Seiten der Gleichung und verwendet die Eigenschaften von Logarithmen, so erhält man

$$\ln y = \ln A + n \ln y. \tag{1.35}$$

Also ist $\ln y$ direkt proportional zu $\ln x$. Zeichnet man eine Kurve von $\ln y$ als Funktion von $\ln x$, so ergibt sich eine Gerade mit der Steigung n. Statt dessen kann man auch y als Funktion von x auf doppeltlogarithmischem Papier auftragen. Die Steigung der Geraden ergibt den Wert des Exponenten n in Gl. (1.34). In diesem Fall kann A nicht als Schnittpunkt der Geraden erhalten werden, da $\ln x$ für endliche Werte von x niemals Null wird. Hängen zwei Variable *nicht* durch ein Potenzgesetz wie in Gl. (1.34) zusammen, wird die Kurve auf doppeltlogarithmischem Papier keine gerade Linie sein.

1.3.3. Fragen

1. Um wieviel weicht der Näherungswert der Ableitung, der mit Hilfe der Differenzen berechnet wurde, für $\theta = 0{,}10$ vom wahren Wert ab? Nimmt der Fehler zu oder ab, wenn θ zunimmt? Ist der Fehler für $\theta = 0{,}20$, zum Beispiel, größer oder kleiner als der für $\theta = 0{,}10$?

2. Leiten Sie den Ausdruck für die Ableitung von $\sin a x$ bezüglich x ab!

3. Finden Sie eine zu Gl. (1.26) analoge Differentialgleichung, um die Funktion e^{-x} zu definieren. Wie lautet die Ableitung von e^{-x}?

4. Für welchen Wert von x gilt $e^x = 0$?

5. Leiten Sie Gl. (1.31) ab!

6. Wurde eine bestimmte Zahl als Basis des Logarithmus für die Skalen des logarithmischen Papiers gewählt? Erklären Sie dies!

1.4. Experiment MS-3: Der beladene Würfel

1.4.1. Einleitung

Die letzten vier Experimente in diesem Abschnitt behandeln Wahrscheinlichkeit und Statistik. Wie schon in der Einleitung zu diesem Abschnitt erwähnt wurde, gibt es zwei wichtige Gründe für die Bedeutung der Statistik in der Physik. Erstens hat man es mit der Auswertung physikalischer Messungen zu tun, die zufällige und unvorhersagbare experimentelle Fehler enthalten. Zweitens verwendet man für manche physikalische Systeme eine statistische Beschreibung. Ein solches System ist beispielsweise ein Gas, das eine sehr große Anzahl von Molekülen enthält. Weiterhin gibt es Phänomene, die prinzipiell statistischer Natur sind. Hierzu gehört der radioaktive Zerfall und die quantenmechanische Beschreibung von Systemen.

Das folgende Experiment wirft einige Fragen über ein einfaches physikalisches System auf. Dieses System steht zwar nicht in direktem Zusammenhang mit der Grundlagenphysik, aber es ist dennoch von praktischem Interesse. Wir werden nicht in der Lage sein, alle gestellten Fragen völlig zu beantworten. Einige der Antworten werden intuitiv und ungenau sein. Trotzdem wird uns dieser Anfang den Weg weisen, dem wir in den übrigen Experimenten folgen werden.

Im Experiment MS-3 verwenden wir ein Würfelpaar. In den einen der beiden Würfel sind Bleiklumpen eingesetzt, in den anderen nicht. Es ist herauszufinden, welcher Würfel das Blei enthält und auf welcher Seite. Wird eine solche Aufgabe einem Physiker gestellt, könnte er verschiedene Lösungsmethoden vorschlagen. Eine Methode wäre, eine Flüssigkeit mit etwa der Dichte des Würfels zu finden, so daß dieser darin schwimmt. Dann läßt sich feststellen, welche Seite des Würfels stets nach oben zeigt. Eine andere Methode könnte sein, den Würfel in einer zähen Flüssigkeit fallen zu lassen, deren Dichte geringer ist als die des Würfels. Eine weitere (wenn auch ungenauere) Methode wäre, den Würfel an Fäden, die an verschiedenen Punkten des Würfels befestigt sind, aufzuhängen und so seinen Schwerpunkt zu bestimmen.

In diesem Experiment werden wir den Weg des Glücksspielers beschreiten, der dem Physiker als die schlechteste Methode erscheinen mag. Wir werfen einfach jeden Würfel immer wieder und schreiben jedes Mal auf, welche Seite nach oben zu liegen kommt. Die Schwierigkeit bei dieser Methode ist, daß große Fehler zu erwarten sind. Welche Seite jeweils nach oben liegt, hängt von der Lage ab, in der der Würfel losgelassen wird, von seinem Drehimpuls, wie er auf den Tisch fällt und wie er mit Blei beladen ist. Wir wollen jedoch annehmen, daß alle diese Faktoren weitgehend dem Zufall überlassen sind. Unter dieser Voraussetzung können wir erwarten, daß es uns möglich sein wird herauszufinden, ob und wie der Würfel beladen ist, wenn wir nur oft genug würfeln.

Eine viel schwierigere Frage ist die folgende: Wie *sicher* sind wir, daß der Würfel unbeladen oder auf bestimmte Weise beladen ist? Bei der Behandlung dieses Experiments werden wir ohne Beweis die Ergebnisse von statistischen Untersuchungen über Probleme dieser Art anführen. In späteren Experimenten werden wir die Theorie, die für dieses Experiment nötig ist, entwickeln. Aber sie werden es interessanter finden, zuerst ein echtes Experiment zu machen!

1.4.2. Experiment

Sie sollten zwei Würfel verwenden, die mit 1 und 2 bezeichnet sind. N sei die Anzahl der Würfe in einem speziellen Experiment und n die jeweils gewürfelte Zahl. n kann also Werte zwischen 1 und 6 annehmen. Die Anzahl, wie oft jede einzelne Zahl erscheint, sei mit $F(n)$ bezeichnet und wird die *Häufigkeit* genannt. Wenn also in einem gegebenem Experiment 7mal die Zahl 1 erscheint, 5mal die Zahl 2 und so weiter, dann wäre $F(1) = 7$, $F(2) = 5$ und so weiter.

Werfen Sie jeden Würfel 10mal ($N = 10$) und vermerken Sie die *Häufigkeiten*, mit denen jede Zahl bei beiden Würfeln erscheint. Schätzen Sie die Wahrscheinlichkeit für jede Würfelseite, indem Sie $F(n)/N$ berechnen. Zeichnen Sie Histogramme der erhaltenen Werte, ähnlich den in Bild 1.4 gezeigten.

Wir können das Ergebnis nun mit der theoretischen Wahrscheinlichkeit vergleichen, die wir mit $f(n)$ bezeichnen wollen. Was würde man für $f(n)$ erwarten? Für einen unbeladenen Würfel gibt es sechs gleichwahrscheinliche Ereignisse, die den sechs Zahlen auf den Würfelflächen entsprechen. Wir erwarten daher $f(n) = \frac{1}{6} = 0{,}166\,6\,...$. Wenn wir Abweichungen von diesem Wert beobachten, kann das entweder daran liegen, daß N zu klein war und die zufälligen Schwankungen beträchtlich waren, oder daß ein systematischer Unterschied zwischen den einzelnen

Würfelseiten besteht (der Würfel war beladen). Das statistische Problem ist, durch eine Analyse der Werte zu bestimmen, ob die beobachtete Abweichung von $f(n) = \frac{1}{6}$ signifikant ist.

Für einen beladenen Würfel können wir aus physikalischen Gründen erwarten, daß die Bevorzugung einer bestimmten Seite auf Kosten der gegenüberliegenden Seite erfolgt. Wir können daher die Differenzen der Wahrscheinlichkeiten für entgegengesetzte Seiten betrachten. In Bild 1.5 ist das Histogramm von Bild 1.4 in dieser Weise neu gezeichnet. Können Sie aus ihren Werten schließen, welcher Würfel beladen ist und welches seine schwerere Seite ist? Treffen Sie eine vorläufige Entscheidung!

Würfeln Sie jetzt mit jedem Würfel 100mal und schreiben Sie die Häufigkeiten auf. Zeichnen Sie neue Wahrscheinlichkeitshistogramme ähnlich den Bildern 1.4 und 1.5. Welcher Würfel, glauben Sie jetzt, ist beladen? Welche ist die schwere Seite? Hatten Sie das erste Mal recht? Es ist wahrscheinlich, daß Sie falsch getippt haben.

Jetzt können wir die folgenden Fragen stellen:

- Wie sicher (auf Grund ihrer Daten) durften Sie das erste Mal sein — nach 10 Würfen?

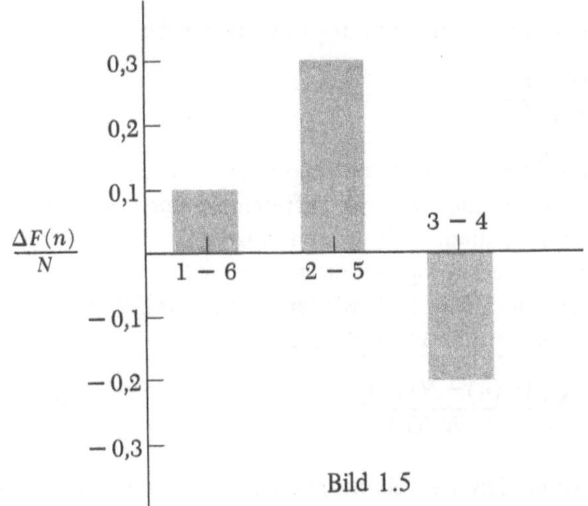

Bild 1.5

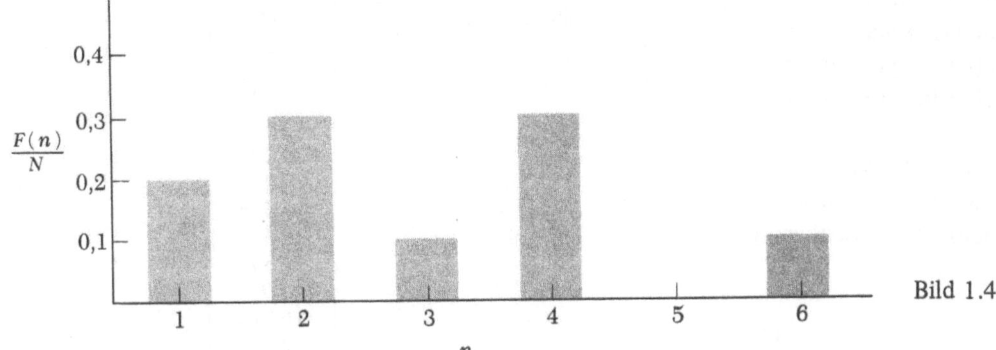

Bild 1.4

- Wie sicher durften Sie nach 100 Würfen sein?
- Wie viele Würfe müssen Sie machen, um signifikante Werte zu erhalten? Dies zu wissen ist natürlich sehr nützlich, denn es hat keinen Sinn weiterzuwürfeln, wenn Sie schon mit 95 % Sicherheit sagen können, welches die schwerere Seite ist.

Der Chi-Quadrat Test. Angenommen, wir machen N Beobachtungen und für jede von ihnen gibt es ν mögliche Ergebnisse ($\nu = 6$ für einen Würfel), dann können wir eine Vorhersage für die zu erwartende Abweichung der beobachteten Häufigkeit $F(n)$ für ein bestimmtes Ergebnis von der theoretischen Häufigkeit $Nf(n)$ machen. Für 60 Versuche könnte sich als Häufigkeit für ein gegebenes n der Werte 12 ergeben, anstatt 10 wie wir erwarten würden. Nach 600 Würfen könnten wir 94 anstatt, wie zu erwarten, 100 finden. Wichtig ist, daß bei wachsender Zahl N der Versuche die *Differenz* zwischen der vorhergesagten und der beobachteten Häufigkeit nicht so schnell wie die beobachtete Häufigkeit selbst wächst. Es gibt Grund zur Annahme, daß diese Differenz im Mittel nur wie die *Quadratwurzel* der vorhergesagten Häufigkeit anwächst. Wir sind jetzt noch nicht in der Lage, diese Behauptung zu rechtfertigen. In Erwartung einer genaueren Behandlung in späteren Experimenten wollen wir sie aber im Augenblick als gegeben annehmen.

Nach der obigen Behauptung muß die Größe

$$\frac{F(n) - Nf(n)}{[Nf(n)]^{1/2}}$$

für jeden gegebenen Wert von n von der Größenordnung eins sein. Damit auch negative Differenzen einen positiven Beitrag liefern, quadrieren wir den obigen Ausdruck. Dann addieren wir die Beiträge für die ν verschiedenen Werte von n (für einen Würfel gilt wieder $\nu = 6$). Das Ergebnis wird gewöhnlich mit χ^2 bezeichnet:

$$\chi^2 = \sum_n \frac{[F(n) - Nf(n)]^2}{Nf(n)}. \tag{1.36}$$

Wir erwarten, daß diese Summe von der Ordnung ν ist. Ist sie wesentlich *größer* als ν, d.h., wenn die beobachteten Häufigkeiten im Mittel von den vorhergesagten um einen unerwartet großen Betrag abweichen, vermuten wir, daß das betrachtete System die ideale Verteilung nicht befolgt, die wir vorhergesagt haben. Wenn das ideale System ein unbeladener Würfel ist, für den $f(n) = \frac{1}{6}$ gilt, dann zeigt ein Wert von χ^2, der viel größer als 6 ist, daß der Würfel beladen ist.

Für den Fall, in dem alle Ereignisse gleichwahrscheinlich sind, gilt $f(n) = 1/\nu$. Wir können auch die Tatsache, daß $\sum F(n) = N$ ist, verwenden. Mit Hilfe dieser Bedingungen vereinfacht sich Gl. (1.36) zu

$$\chi^2 = N\left\{\nu \sum \left[\frac{F(n)}{N}\right]^2 - 1\right\}. \tag{1.37}$$

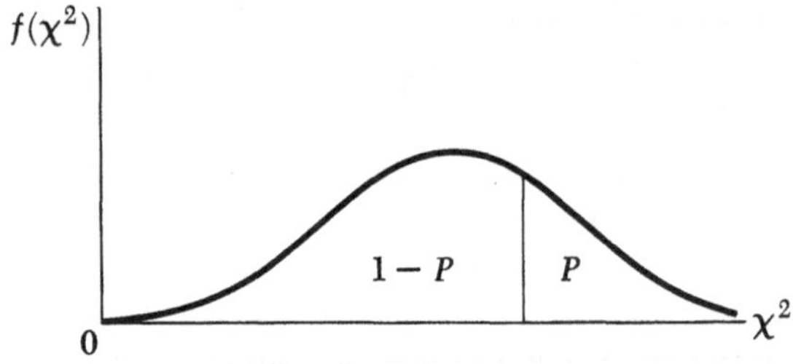

Bild 1.6

Für die in Bild 1.4 gezeigten Werte ergibt sich zum Beispiel

$$\chi^2 = 10\{6 \cdot 0{,}24 - 1\} = 4{,}4. \tag{1.38}$$

Da dies von der Ordnung ν ist, können wir annehmen, daß die beobachteten Abweichungen nicht signifikant sind.

Aber wie können wir die Signifikanz beurteilen? Angenommen, wir wiederholen die Folge von 10 Würfen sehr oft und berechnen für jeden Satz von 10 Würfen den Wert von Chi-Quadrat. Dann können wir eine normierte Verteilung für χ^2 erwarten, etwa wie die in Bild 1.6 gezeigte. Wir können einen gegebenen Wert von χ^2 durch die Wahrscheinlichkeit, daß er überschritten wird, charakterisieren. Diese Wahrscheinlichkeit ist gerade der Teil der Fläche unter der Kurve, für den die Werte von χ^2 größer sind als der gegebene Wert. Dies wird der *Grad der Verläßlichkeit P* genannt. Ein kleiner Verläßlichkeitsgrad bedeutet, daß es unwahrscheinlich ist, daß die ursprüngliche Verteilung der Ereignisse völlig willkürlich ist. In unserem Fall sollte ein beladener Würfel ein großes Chi-Quadrat und dementsprechend einen kleinen Verläßlichkeitsgrad haben. In Tabelle 1.7 sind die Werte von χ^2 bei verschiedenen Verläßlichkeitsgraden für die sechs Ereignisse angegeben. Wenn der Wert von Chi-Quadrat 4,4 ist, können wir mit nahezu 80 % sicher sein, daß die Verteilung willkürlich ist. Das soll nicht heißen, daß sich für größere N keine Abweichungen zeigen, sondern nur, daß bei 10 Würfen die Abweichungen nicht signifikant sind.

Tabelle 1.7

Verläßlichkeitsgrad P (%), $\nu = 6$	χ^2
99	0,872
98	1,134
95	1,635
90	2,204
80	3,070
20	8,558
10	10,645
5	12,592
2	15,033
1	16,812
0,1	22,457

Berechnen Sie Chi-Quadrat für 10 Würfe der Würfel 1 und 2 und dann für 100 Würfe. Welcher Würfel ist Ihrer Meinung nach beladen? Was ist ihr Verläßlichkeitsgrad (eine statistische Schwankung zu beobachten)?

Welche Seite (oder Seiten) halten Sie für beladen, wenn Sie für einen ihrer Würfel signifikante Abweichungen von der Zufallsverteilung beobachten?

Überprüfen Sie ihre Schlußfolgerung, indem Sie den Würfel nacheinander an drei orthogonalen Flächen an einem Faden aufhängen.

1.4.3. Fragen

1. Für einen unbeladenen Würfel müssen die theoretischen Wahrscheinlichkeiten die Relation

$$\sum_{n=1}^{6} f(n) = 1$$

erfüllen. Warum? Ist diese Gleichung noch erfüllt, wenn der Würfel beladen ist? Erklären Sie den Sachverhalt.

2. Angenommen, eine Münze wird 100 mal aufgeworfen, und es ergibt sich 54mal Kopf und 46mal Adler. Was können Sie zur Frage, ob die Münze einseitig schwerer ist, aussagen?

3. Wegen der in Frage 1 angegebenen Beziehung sind nicht alle sechs Werte von $f(n)$ unabhängig. Wenn fünf davon bekannt sind, kann der sechste berechnet werden. Legt das nahe, daß wir für den χ^2 Test $\nu = 5$ anstatt $\nu = 6$ nehmen sollten? Erklären Sie dies.

4. Wenn eine ideale (symmetrische) Münze sehr oft aufgeworfen wird, muß das Verhältnis von Kopf zu Adler sich dem Wert eins nähern. Heißt das auch, daß die *Differenz* zwischen der Anzahl der Köpfe und der Anzahl der Adler gegen Null gehen muß? In anderen Worten: Wäre ein Anwachsen dieser Differenz mit der Anzahl der Versuche mit einem Verhältnis, das gegen eins geht, verträglich? Geben Sie eine Erklärung.

5. Könnte der χ^2 Test oder eine Abwandlung dieses Tests verwendet werden, um zu bestimmen, welche Seite eines beladenen Würfels schwerer ist? Beschreiben Sie, wie das gemacht werden könnte.

1.5. Experiment MS-4: Wahrscheinlichkeitsverteilungen

1.5.1. Einleitung

Im Experiment MS-3 haben wir gesehen, wie Begriffe der Wahrscheinlichkeitsrechnung bei der Auswertung einfacher experimenteller Messungen verwendet werden können, und speziell, wie solche Begriffe bei der *Planung* von Experimenten verwendet werden können. In den verbleibenden Experimenten dieses Kapitels werden wir diese Begriffe etwas systematischer entwickeln.

Wir beginnen mit Wahrscheinlichkeitsbetrachtungen, die bei verschiedenen klassischen Glücksspielen auftreten. Obwohl diese Betrachtungen unmittelbar mit Wissenschaft sehr wenig zu tun haben, sind sie dennoch von beträchtlichem prinzipiellem (und vielleicht auch praktischem) Interesse. Darüber hinaus stellen sie einen geeigneten Rahmen für die Einführung der Grundbegriffe dar. Wir beginnen mit der Aufstellung einer Tabelle von Zufallszahlen, die wir dann in verschiedenen Experimenten verwenden werden.

In einer Liste einstelliger Zufallszahlen erscheinen die Zahlen 0 bis 9 mit gleicher Wahrscheinlichkeit. Das hat beispielsweise zur Folge, daß die Anzahl der 7 in einer sehr großen Liste nahezu ein Zehntel aller Zahlen in der Liste ausmacht. Wächst die Gesamtanzahl der Zahlen, so nähert sich das Verhältnis mehr und mehr dem Wert ein Zehntel. Das ist der Sinn der Aussage, daß die *Wahrscheinlichkeit* für das Auftreten einer 7 gerade $\frac{1}{10}$ ist. Wenn wir eine Münze aufwerfen, sagen wir analog, daß die Wahrscheinlichkeit für „Kopf" $\frac{1}{2}$ ist. Darunter verstehen wir, daß bei einer sehr großen Anzahl von Würfen das Verhältnis der Anzahl der Köpfe zur Gesamtanzahl der Aufwürfe $\frac{1}{2}$ ist (unter der Annahme, daß die Münze nicht auf einer Seite schwerer ist).

Wir werden unter Verwendung einer Serie von drei Ikosaeder- (zwanzigflächigen) Würfeln eine dreistellige Tabelle von Zufallszahlen herstellen. Wenn die Würfel symmetrisch sind und sie nicht manipuliert werden, sollte die Zahl, die auf jedem Würfel erscheint, zufällig sein. Später werden wir zu überprüfen lernen, ob diese Zahlen wirklich zufällig sind. Dazu werden wir eine ähnliche Technik wie in Experiment MS-3 verwenden. Die Tabelle der Zufallszahlen kann zur experimentellen Untersuchung verschiedener Wahrscheinlichkeitsverteilungen verwendet und die Ergebnisse der Experimente können mit den theoretischen Vorhersagen verglichen werden.

Bei der Charakterisierung einer Menge von Zahlen, besonders wenn diese Zahlen mit einem experimentellen Ergebnis, wie etwa einer Messung, oder mit einer Prüfungsnote, verknüpft sind, interessiert man sich für einige Eigenschaften der Menge. Die alleroffensichtlichste davon ist das *arithmetische Mittel*, üblicherweise einfach der Mittelwert genannt. Folgende Fragen hört man oft „Was ist der Prüfungsdurchschnitt? War meine Note unter oder über dem Durchschnitt?" Um den Mittelwert zu berechnen, addieren wir alle Zahlen und dividieren das Ergebnis durch die Anzahl der Zahlen. Wenn N Zahlen vorliegen, die mit n_1, $n_2, \ldots, n_N$ bezeichnet sind oder eine typische durch n_i, wobei $i = 1, 2, \ldots, N$, so gilt die Definition

$$\bar{n} = \frac{n_1 + n_2 + \ldots + n_N}{N} = \frac{1}{N} \sum_{i=1}^{N} n_i \, . \qquad (1.39)$$

Hierin ist der *Mittelwert* mit $\bar{n}$ bezeichnet.

Nachdem der Mittelwert bestimmt worden ist, stellt sich die Frage, um wieviel die einzelnen Zahlen im Durchschnitt vom Mittelwert abweichen. Ist der Prüfungsdurchschnitt 70 Punkte und fallen die meisten Punktezahlen in den Bereich zwischen 65 und 75, so ist die „Streuung" nicht sehr groß. Reichen die Punktezahlen aber von 20 bis 99, so ist die Streuung größer. Wir brauchen daher ein quantitatives Maß dieser *Streuung*.

Eine Möglichkeit ist, einfach die Differenz zwischen jeder Zahl und dem Mittelwert zu nehmen, und von diesen Differenzen den Mittelwert zu bilden. Das ist allerdings sinnlos, da einige Differenzen positiv sind und andere negativ und der *Mittelwert* der Differenzen *stets* Null ist. Um diese Schwierigkeit zu umgehen, *quadrieren* wir jede Differenz und erhalten dadurch lauter positive Zahlen. Dann mitteln wir über die Quadrate, indem wir sie addieren und durch N dividieren. Am Schluß ziehen wir noch die Quadratwurzel aus dem Ergebnis. Das Endresultat wird manchmal „mittlere quadratische Abweichung" genannt, sein üblicher Name ist aber *Standardabweichung*. Dieses Maß der Streuung wird gewöhnlich mit σ bezeichnet. Eine Übersetzung der obigen Definition in Symbole ergibt

$$\sigma^2 = \frac{(n_1 - \bar{n})^2 + (n_2 - \bar{n})^2 + ... + (n_N - n)^2}{N}$$

$$= \frac{1}{N} \sum_{i=1}^{N} (n_i - \bar{n})^2 . \tag{1.40}$$

Das Quadrat der Standardabweichung σ^2 wird oft *Varianz* genannt.

Wir müssen häufig zwischen dem Mittelwert und der Varianz einer *bestimmten* Menge von Zahlen und dem Mittelwert und der Varianz einer *hypothetischen*, sehr großen Menge von Zahlen unterscheiden, von der die erstere eine Untermenge ist. Als Beispiel sei angenommen, daß wir mit einem der Ikosaederwürfel sehr oft würfeln und den Mittelwert der erhaltenen Zahlen bilden. Es ist leicht zu sehen, daß dieser Mittelwert *genau* 4,50 sein sollte, wenn alle Zahlen wirklich gleichwahrscheinlich sind. Würfeln wir nur 36mal, so kann der daraus erhaltene Mittelwert etwas von 4,50 abweichen. Würfeln wir aber nur 9 mal, so ist es unwahrscheinlich, daß der Mittelwert sehr nahe bei 4,50 ist.

Wir unterscheiden daher zwischen der *Probeverteilung* – die Menge von Zahlen, die in einem speziellen Experiment erhalten wird – und der *erwarteten Verteilung*, der hypothetischen sehr großen Menge von Zahlen, aus der die Probe genommen wurde. Analog unterscheiden wir den *übergeordneten Mittelwert*, der in diesem Fall genau 4,50 ist, vom *Probemittelwert*, der im allgemeinen davon verschieden ist. In den meisten Fällen erwarten wir, daß der *Probemittelwert* nahezu gleich dem *erwarteten Mittelwert*

ist, wenn die Probe genügend groß ist. In ähnlicher Weise führen wir die Begriffe *Probevarianz* und *erwartete Varianz* ein.

1.5.2. Experiment

Stellen Sie mit Hilfe der drei Ikosaederwürfel eine 360-ziffrige Tabelle von Zufallszahlen her und tragen Sie die Ergebnisse in Tabelle 1.8 ein. Halten Sie beim Ablesen der Zahlen von den Würfeln stets die gleiche Reihenfolge ein (z.B.: rot, gelb, blau). Warum ist das wichtig? Ist es möglich, eine Tabelle von Zufallszahlen, die unter gleichzeitiger Verwendung von drei Würfeln aufgestellt wurde, wobei jeder Würfel jeweils eine Ziffer liefert, von einer mit nur einem Würfel zu unterscheiden?

Tragen Sie in Tabelle 1.9a ein, wie oft jede Zahl (von 0 bis 9) in Tabelle 1.8 vorkommt. Berechnen Sie aus dieser Zählung die Wahrscheinlichkeit für das Auftreten jeder Zahl. Wie stimmen Ihre Ergebnisse mit den Wahrscheinlichkeiten der erwarteten Verteilung überein?

Wählen Sie aus Tabelle 1.8 eine Untermenge von 36 Zahlen aus. Es ist am besten, eine Reihe von aufeinanderfolgenden Ziffern zu nehmen, um eine vorurteilslose Auswahl zu gewährleisten. Tragen Sie die sich ergebenden Häufigkeiten und die daraus berechneten Wahrscheinlichkeiten in die Tabelle 1.9b ein. Berechnen Sie den Probemittelwert und die Probevarianz dieser Zahlen. Vergleichen Sie ihre Ergebnisse mit dem weiter unten berechneten erwarteten Mittelwert und der Varianz. Berechnen Sie auch den Mittelwert und die Varianz für die gesamte Tabelle 1.8 und vergleichen Sie diese mit den erwarteten Werten. Die Rechnungen sind relativ einfach, wenn man nicht die einzelnen Zahlen, sondern die Häufigkeiten ihres Auftretens verwendet. Tritt zum Beispiel die Zahl n_i gerade F_i mal in der Probe auf, so ist der Probenmittelwert durch

$$\bar{n} = \frac{n_1 F_1 + n_2 F_2 + ...}{F_1 + F_2 + ...} = \frac{\Sigma n_i F_i}{\Sigma F_i} \tag{1.41}$$

gegeben. Die Summe enthält hier nur 10 Terme anstatt 36 oder 360. Analog ist die *Probenvarianz* durch

$$\sigma^2 = \frac{\Sigma F_i (n_i - \bar{n})^2}{\Sigma F_i} \tag{1.42}$$

gegeben. Man beachte, daß in jedem Fall ΣF_i der Anzahl der Ziffern N in der Probe gleich ist.

Im vorliegenden Fall erwarten wir für die *erwartete* Verteilung $F_i = N/10$ für alle i. Aus Gl. (1.41) folgt dann

$$\bar{n} = \frac{\Sigma n_i}{10} = 4,5$$

und Gl. (1.42) ergibt

$$\sigma^2 = \frac{\Sigma (n_i - \bar{n})^2}{10} = \frac{\Sigma n_i^2}{10}$$

$$= 28,50 - 20,25 = 8,25 . \tag{1.43}$$

Tabelle 1.8

Tabelle 1.9a

Zahl	Häufigkeit	Wahrscheinlichkeit
0		
1		
2		
3		
4		
5		
6		
7		
8		
9		

Tabelle 1.9b

Zahl	Häufigkeit	Wahrscheinlichkeit
0		
1		
2		
3		
4		
5		
6		
7		
8		
9		

Es wäre nicht überraschend, wenn sich für eine eingeschränkte Probe von 36 oder 120 Zahlen ein Mittelwert ergibt, der nicht genau 4,50 ist. Wir erwarten jedoch, daß die Übereinstimmung mit wachsender Probengröße besser wird. Versuchen Sie sich ein intuitives Urteil zu bilden, ob Ihre Ergebnisse vernünftig sind. Beachten Sie, ob die Übereinstimmung mit wachsender Probengröße besser wird. Was eine vernünftige Abweichung ist, wird in Experiment MS-5 behandelt.

Ziffernpaare. Wählen Sie nun 100 *Ziffernpaare* aus. Dazu nehmen Sie am einfachsten aus jeder Folge von drei Ziffern die zwei ersten Ziffern von links. Bilden Sie jetzt die *Summe* jedes Ziffernpaares, um Zahlen im Bereich zwischen 0 und 18 zu erhalten. Beachten Sie, daß die Summe der Ziffern nicht gleichwahrscheinlich sind, da die meisten von ihnen aus verschiedenen Ziffernpaaren gebildet werden können. Tabelle 1.10 zeigt eine unvollständige Zusammenstellung der verschiedenen Weisen, in der jede der Summen auftreten kann, und die entsprechenden Wahrscheinlichkeiten. Vervollständigen Sie diese Tabelle. Ist die Summe der Wahrscheinlichkeiten eins?

Tragen Sie in Tabelle 1.11 die Häufigkeit ein, mit der jeder Wert zwischen 0 und 18 in Ihrer Probe von 100 Zahlenpaaren auftritt. Dividieren Sie diese durch die An-

Tabelle 1.10

Summe					Wahrscheinlichkeit
0	00				1/100 = 0,01
1	01	10			2/100 = 0,02
2	02	11	20		3/100 = 0,03
3	03	12	21	30	4/100 = 0,04
4	04	13	22	31	40	5/100 = 0,05
5					
6					
7					
8					
9					
10					
11					
12					
13					
14					
15					
16	79	88	97		3/100 = 0,03
17	89	98			2/100 = 0,02
18	99				1/100 = 0,01

Tabelle 1.11

Zahl	Häufigkeit	Wahrscheinlichkeit
0		
1		
2		
3		
4		
5		
6		
7		
8		
9		
10		
11		
12		
13		
14		
15		
16		
17		
18		

zahl der Paare, um die Probenwahrscheinlichkeit zu erhalten, und vergleichen Sie die Ergebnisse mit den in Tabelle 1.10 angegebenen erwarteten Werten. Vergleichen Sie den Mittelwert Ihrer Probe mit dem erwarteten Wert 9,00. Vergleichen Sie auch die Varianz für Ihre Probe mit dem erwarteten Wert 16,50. Dabei entspricht die für die Summe zweier Ziffern berechnete Varianz gerade zweimal der Varianz für eine einzelne Ziffer. Warum ist das so?

1.5.3. Fragen

1. Was meint ein Meteorologe, wenn er sagt, die Wahrscheinlichkeit von Regen ist 1 zu 10. Inwieweit ist diese Sachlage eine statistische?

2. Wie groß ist die Wahrscheinlichkeit, daß unter 5 Zufallsziffern (alle zwischen 0 und 9) *alle* 7er sind? Daß *keine* eine 7 ist? Daß genau eine eine 7 ist?

3. Beweisen Sie, daß für jede Menge von N Zahlen der *Mittelwert* der Abweichungen vom Zahlenmittel gleich Null ist.

4. Was für Quellen von Vorurteilen sind in Ihrer Tabelle der Zufallszahlen möglich, die sie nicht wirklich zufällig machen würde?

5. Beweisen Sie, daß die Varianz für jede Menge von N Zahlen n_i durch $\sigma^2 = \langle n^2 \rangle - (\bar{n})^2$ gegeben ist, worin $\langle n^2 \rangle$ den Mittelwert von n_i^2 bezeichnet.

6. Zeigen Sie, daß die Varianz der Summe von p Zahlen n_i gerade p mal die Varianz einer einzelnen Zahl n_i ist. Beachten Sie, daß die Standardabweichung nur wie die Quadratwurzel von p anwächst, wogegen der Mittelwert proportional zu p ist. Je mehr Terme die Summe also hat, um so schmaler ist ihre Verteilung, verglichen mit dem Mittelwert.

7. Zeigen Sie, daß die Summe der Wahrscheinlichkeiten in Tabelle 1.10 eins ergibt, ohne dieselben tatsächlich zu summieren. *Hinweis:* Die Summe der ersten N ganzen Zahlen ist $N(N + 1)/2$.

8. Leiten Sie für die Verteilung der Summen zweier Zufallszahlen die angegebenen Werte für den erwarteten Mittelwert und die erwartete Varianz ab.

9. Nehmen Sie an, eine Tabelle von Zufallszahlen mit oktaler Basis werde durch Würfeln mit einem oder mehreren Oktaederwürfeln hergestellt. Bestimmen Sie den Mittelwert und die Varianz für die Verteilung der Ziffern und für die Verteilung der Summen von zwei Ziffern.

1.6. Experiment MS-5: Binomialverteilung

1.6.1. Einleitung

In diesem Experiment werden Sie Zufallszahlentabellen und andere einfache experimentelle Hilfsmittel verwenden, um eine spezielle Wahrscheinlichkeitsverteilung zu studieren, die ein weites Anwendungsgebiet besitzt. Es ist dies die Binomialverteilung.

Zur Einführung der Binomialverteilung beginnen wir mit einigen einfachen Problemen, bei denen Münzen aufgeworfen werden. Wird eine symmetrische Münze aufgeworfen, so ist die Wahrscheinlichkeit, daß sich „Kopf" oder „Adler" ergibt, jeweils gleich $\frac{1}{2}$ (d.h.: 50 %). Wir haben keine Kontrolle darüber, wie die Münze fällt und jeder Wurf ist von allen früheren Würfen unabhängig. Hat sich also gerade Kopf ergeben, so ist die Wahrscheinlichkeit, wieder einen Kopf zu werfen, immer noch $\frac{1}{2}$. Die Münze „erinnert" sich nicht an die vorhergehenden Würfe.

Wie groß ist die Wahrscheinlichkeit, zweimal hintereinander Kopf zu werfen? Das ist eine andere Frage. Das Eintreten eines solchen Ereignisses ist vom Eintreten zweier unabhängiger Ereignisse abhängig, von denen jedes die Wahrscheinlichkeit $\frac{1}{2}$ besitzt. Die Wahrscheinlichkeit für das Eintreten eines solchen zusammengesetzten Ereignisses ist gleich dem Produkt der Wahrscheinlichkeiten für die Einzelereignisse, also im speziellen Fall gleich $\frac{1}{4}$. Ein anderer Weg dieses Ergebnis zu erhalten ist folgende Überlegung: Wirft man eine Münze zweimal hintereinander auf, so gibt es vier gleichwahrscheinliche Ergebnisse, nämlich

$$KK \quad KA \quad AK \quad AA.$$

Nur eine dieser vier Möglichkeiten ist das Ereignis, das wir wollen. Seine Wahrscheinlichkeit ist daher $\frac{1}{4}$. Wir hätten dasselbe Ergebnis erhalten, wenn wir zwei gleiche Münzen zur selben Zeit aufgeworfen hätten, anstatt eine Münze zweimal. Die zeitliche Reihenfolge ist nicht von Bedeutung.

Bei *drei* Würfen sind für jeden der drei jeweils zwei Ergebnisse möglich. Die Anzahl der gleichwahrscheinlichen Ereignisse ist daher 2^3 oder 8. Diese sind

$$KKK \quad KKA \quad KAK \quad KAA \quad AKK \quad AKA \quad AAK \quad AAA$$

Die Wahrscheinlichkeit, drei Adler hintereinander zu werfen, ist daher $\frac{1}{8}$. Tatsächlich ist die Wahrscheinlichkeit für jedes der obigen Ereignisse $(\frac{1}{2})^3$. Bei N Würfen ist die Wahrscheinlichkeit einer speziellen Anordnung von Köpfen und Adlern $(\frac{1}{2})^N$.

Wir stellen jetzt eine etwas andere Frage. Wie groß ist die Wahrscheinlichkeit, genau zwei Köpfe bei drei Würfen zu erhalten? Es gibt drei verschiedene Anordnungen, die dieses Ergebnis liefern, nämlich KKA, KAK und AKK. Jede von ihnen hat die Wahrscheinlichkeit $\frac{1}{8}$, was eine Gesamtwahrscheinlichkeit von $\frac{3}{8}$ liefert. Die Wahrscheinlichkeit, genau einen Kopf bei drei Würfen zu finden, ist ebenfalls $\frac{3}{8}$. Für die Wahrscheinlichkeit, irgendeine Anzahl von Köpfen zwischen Null und drei bei drei Würfen zu finden, ergibt sich $\frac{1}{8} + \frac{3}{8} + \frac{3}{8} + \frac{1}{8} = 1$, was nicht verwunderlich ist.

Wie groß ist die Wahrscheinlichkeit für n Köpfe bei N Würfen? Halten wir zuerst fest, daß die Wahrscheinlichkeit für irgendeine spezielle Anordnung von n Köpfen und $N - n$ Adlern gleich $(\frac{1}{2})^N$ ist. Aber wie viele verschiedene Anordnungen von n Köpfen sind möglich? Anders ausgedrückt: Wie viele Kombinationen, n Dinge aus der Gesamtmenge N herauszugreifen, gibt es? Um diese Frage zu beantworten, ist folgende Überlegung nützlich: Stellen Sie sich vor, wir haben N Münzen, von denen jede über einen eigenen Landeplatz verfügt. Bei der Verteilung der n Köpfe

haben wir für den ersten N Plätze zur Auswahl. Für den zweiten Kopf stehen die verbleibenden $N - 1$ Plätze zur Auswahl. Für den dritten Kopf sind es $N - 2$ und so geht es weiter, bis wir den n-ten Kopf auf einem der verbleibenden $(N - n + 1)$ Plätze untergebracht haben. Die Gesamtzahl der Anordnungen von n Köpfen wäre also bei N Würfen

$$N(N-1)(N-2)(N-3)\ldots(N-n+1). \qquad (1.44)$$

Das ist aber nicht richtig, da wir viele Anordnungen, die in Wirklichkeit äquivalent sind, getrennt gezählt haben. Es interessiert uns nicht, welcher der n Köpfe auf den einzelnen Plätzen ist; Kopf ist Kopf. Um also die richtige Anzahl der Anordnungen zu erhalten, müssen wir durch die Anzahl der Möglichkeiten, n Köpfe untereinander umzuordnen, dividieren. Zur Berechnung dieser Anzahl sei vermerkt, daß wir bei der Umordnung von n Gegenständen für den ersten irgendeinen der n Plätze wählen können, für den zweiten irgendeinen der $n - 1$ verbleibenden Plätze und so weiter, bis am Schluß nur noch einer übrig bleibt. Die Anzahl der Anordnungen von n Objekten, die gewöhnlich die Anzahl der Permutationen von n Objekten genannt wird, ist daher einfach

$$n(n-1)(n-2)\cdots 3\cdot 2\cdot 1 = n! \qquad (1.45)$$

Der Ausdruck $n!$ wird als „n Fakultät" gelesen und ist eine Abkürzung für das Produkt aller ganzen Zahlen von n bis 1. Laut Definition gilt: $0! = 1$.

Schließlich ergibt sich für die verschiedenen Anordnungen von n Köpfen bei N Würfen

$$\frac{N(N-1)(N-2)\cdots(N-n+1)}{n!}. \qquad (1.46)$$

(Diese Zahl wird gewöhnlich die Anzahl der Kombinationen von N Objekten zur Klasse n genannt.) Der obige Ausdruck wird gewöhnlich mit $\binom{N}{n}$ bezeichnet. Er kann durch Multiplikation mit $(N-n)!$ im Zähler und im Nenner vereinfacht werden. Es ergibt sich

$$\binom{N}{n} = \frac{N!}{(N-n)!\, n!}. \qquad (1.47)$$

Damit folgt für die Wahrscheinlichkeit für n Köpfe bei N Würfen, die wir mit $P_N(n)$ bezeichnen wollen,

$$P_N(n) = \left(\frac{1}{2}\right)^N \frac{N!}{(N-n)!\, n!} = \left(\frac{1}{2}\right)^N \binom{N}{n}. \qquad (1.48)$$

Zur Probe berechnen wir die Wahrscheinlichkeit für zwei Köpfe bei drei Würfen. Wir wissen bereits, daß diese $\frac{3}{8}$ ist. In diesem Fall ist $n = 2$ und $N = 3$. Wir erhalten

$$P_3(2) = \left(\frac{1}{2}\right)^3 \frac{3!}{(3-2)!\, 2!} = \frac{3}{8}.$$

Es funktioniert! Sie können auch noch andere Möglichkeiten überprüfen.

Jetzt wollen wir dies ein wenig verallgemeinern. Beim Münzenwerfen war die Wahrscheinlichkeit für jeden einzelnen Kopf $\frac{1}{2}$. Angenommen, wir betrachten wieder N unabhängige Ereignisse, aber die Wahrscheinlichkeit ist jetzt nicht $\frac{1}{2}$, sondern irgendeine andere Zahl p zwischen Null und eins. Wie groß ist jetzt die Wahrscheinlichkeit bei N Versuchen genau n mal zu gewinnen?

Bis auf eine einfache Änderung verläuft die Rechnung genau wie zuvor. Zuerst müssen wir die Wahrscheinlichkeit für eine spezielle Anordnung der n Gewinne finden. Diese multiplizieren wir dann mit der Anzahl der Möglichkeiten, n Gewinne auf N Versuche aufzuteilen. Letztere ist wieder durch Gl. (1.47) gegeben. Die Wahrscheinlichkeit einer speziellen Anordnung von n Gewinnen und $N-n$ Verlusten ist, wenn jeder Gewinn die Wahrscheinlichkeit p und jeder Verlust die Wahrscheinlichkeit $q = 1-p$ hat, durch

$$p^n q^{N-n} = p^n (1-p)^{N-n} \qquad (1.49)$$

gegeben. Die Wahrscheinlichkeit für genau n Gewinne bei N Versuchen, wobei jeder Versuch die Gewinnwahrscheinlichkeit p hat, ist daher

$$P_{N,p}(n) = p^n q^{N-n} \binom{N}{n}$$
$$= p^n q^{N-n} \frac{N!}{(N-n)!\, n!} . \qquad (1.50)$$

Das Münzaufwerfen ist ein Spezialfall, der sich für $p = q = \frac{1}{2}$ aus dem obigen Ausdruck ergibt.

Als einfache Anwendung der verallgemeinerten Wahrscheinlichkeitsformel betrachten wir das Würfeln mit mehreren Ikosaederwürfeln. Wie groß ist zum Beispiel die Wahrscheinlichkeit, mit drei Würfeln zweimal die 7 zu erhalten? In diesem Fall ist die Wahrscheinlichkeit p für das Einzelereignis $\frac{1}{10}$ und es gilt $N = 3$, $n = 2$. Damit ergibt sich für die Wahrscheinlichkeit

$$P_{3,\,1/10}(2) = \left(\frac{1}{10}\right)^2 \left(\frac{9}{10}\right)^{3-2} \frac{3!}{(3-2)!\,2!} = 0{,}027 .$$

Die Wahrscheinlichkeitsverteilung in Gl. (1.50) wird Binomialverteilung genannt, da in ihr die Entwicklungskoeffizienten der binomischen Reihe auftreten. Wie man leicht zeigen kann, gilt

$$(q + p)^N = \sum_{n=0}^{N} p^n q^{N-n} \binom{N}{n} \qquad (1.51)$$
$$= \binom{N}{0} q^N + \binom{N}{1} q^{N-1} p$$
$$+ \binom{N}{2} q^{N-2} p^2 + \dots + \binom{N}{N} p^N .$$

Wir sehen daher sofort, daß wie erwartet

$$\sum_{n=0}^{N} P_{N,p}(n) = 1 . \qquad (1.52)$$

(Warum ist das zu erwarten?)

Der Mittelwert von n interessiert uns für die Binomialverteilung. Kehren wir für einen Augenblick zum Aufwerfen von N Münzen zurück. Hier ist es offensichtlich, daß die mittlere Anzahl von Köpfen sich aus der Gesamtanzahl der Versuche N multipliziert mit der Wahrscheinlichkeit ($\frac{1}{2}$), bei einem Versuch Kopf zu werfen, ergibt. Das ist $N/2$. Es ist plausibel, wenn auch weniger offenkundig, daß selbst, wenn p nicht gleich $\frac{1}{2}$ ist, der Mittelwert $\bar{n}$ durch

$$\bar{n} = Np \qquad (1.53)$$

gegeben ist. Der Beweis dieser Gleichung ist etwas komplizierter und soll hier nicht wiedergegeben werden [1]. Auf ähnliche Weise kann man auch die Varianz dieser Verteilung berechnen [1], die ein Maß für die „Breite" der Verteilung darstellt. Es ergibt sich hierfür folgender einfacher Ausdruck

$$\sigma^2 = Npq . \qquad (1.54)$$

Poissonverteilung. Für große N wird die Binomialverteilung recht umständlich, da sie dann Faktorielle großer Zahlen enthält. Glücklicherweise kann man in diesem Fall Näherungsformeln anwenden, die viel leichter zu handhaben sind. Wir wollen hier jene zweckmäßige Näherung betrachten, wenn p für wachsendes N sehr klein wird. In diesem Fall bleibt der Mittelwert $\bar{n} = Np$ auch im Grenzwert $N \to \infty$ endlich und man erhält die *Poissonverteilung*. Eine andere Näherung, die angebracht ist, wenn p für anwachsendes N nicht klein wird, werden wir in Experiment MS-6 behandeln. In diesem Fall ergibt sich die sogenannte *Normal-* oder *Gaußverteilung*.

Für sehr große N und sehr kleine p haben nur Werte von n nicht vernachlässigbare Wahrscheinlichkeiten, die verglichen mit N sehr klein sind. Betrachten wir zuerst den Faktor

$$\frac{N!}{(N-n)!} = N(N-1) \cdots (N-n+1) . \qquad (1.55)$$

Er ist ein Produkt von n Faktoren, von denen sich keiner wesentlich von N unterscheidet. Wir setzen den Ausdruck in Gl. (1.55) daher gleich N^n. Zweitens schreiben wir den Faktor q^{N-n} in der Form

$$q^{N-n} = (1-p)^{N-n} = \frac{(1-p)^N}{(1-p)^n} . \qquad (1.56)$$

---

[1] Für Einzelheiten des Beweises siehe *H. D. Young*, „Statistical Treatment of Experimental Data", McGraw-Hill Book Company, New York 1962.

Im Nenner steht eine Zahl, die nahezu eins ist und die zu einer nicht sehr großen Potenz erhoben wird. Wir können den Nenner daher gleich eins setzen. Damit ergibt sich für die Wahrscheinlichkeit

$$P_{N,p}(n) \approx p^n (1-p)^N \frac{N^n}{n!} = \frac{(Np)^n (1-p)^N}{n!} \ . \qquad (1.57)$$

Um N zu eliminieren, führen wir jetzt die Abkürzung $a = Np$ ein und erhalten:

$$P_a(n) \approx \frac{a^n (1-p)^{a/p}}{n!} = \frac{a^n}{n!} \left[(1-p)^{1/p} \right]^a \ . \qquad (1.58)$$

Nun muß nur noch der Grenzwert

$$\lim_{p \to 0} (1-p)^{1/p}$$

berechnet werden. In allen Einführungsbüchern in die Analysis wird gezeigt, daß dieser Grenzwert $1/e$ ist, wobei e die Basis des natürlichen Logarithmus bedeutet. Wir erhalten schließlich die Wahrscheinlichkeitsverteilung

$$P_a(n) = \frac{a^n e^{-a}}{n!} \qquad (1.59)$$

die *Poissonverteilung* genannt wird. Sie enthält nur eine einzige Konstante a anstelle der zwei Konstanten N und p, die die ursprüngliche Binomialverteilung charakterisieren. Der Grund für diesen Unterschied ist: Wir haben den Grenzwert $N \to \infty$ und $p \to 0$ der Binomialverteilung so gebildet, daß das Produkt Np endlich bleibt.

Aus der Ableitung der Poissonverteilung ist klar, daß diese Verteilung anwendbar ist, wenn die Anzahl der Einzelereignisse sehr groß und die Gewinnwahrscheinlichkeit p für jedes Ereignis sehr klein ist. Zusätzlich soll das Produkt $a = Np$ im Extremfall endlich bleiben. Eine der gebräuchlichsten Anwendungen der Poissonverteilung ist die Theorie der Radioaktivität. Es mögen etwa 10^{20} radioaktive Kerne vorliegen, von denen jeder mit der Wahrscheinlichkeit 10^{-19} während eines gegebenen Zeitintervalls zerfällt. Die Gesamtanzahl der Zerfälle ist dann gemäß der Poissonverteilung über das Zeitintervall verteilt. Mit $N = 10^{20}$ und $p = 10^{-19}$ folgt $a = 10$. Wir können auch direkt aus den entsprechenden Größen für die Binomialverteilung in den Gln. (1.53) und (1.54) den Mittelwert $\bar{n}$ und die Varianz für die Poissonverteilung bestimmen. Da q nahezu eins ist, finden wir, durch den Parameter a ausgedrückt, die sehr einfachen Ergebnisse

$$\bar{n} = a \qquad\qquad \sigma^2 = a. \qquad (1.60)$$

1.6.2. Experiment

Die für das Experiment MS-4 angefertigte Tabelle von Zufallszahlen erlaubt eine Anzahl interessanter Anwendungen der Binomial- und der Poissonverteilung. Verwenden Sie die mit Hilfe von Würfeln erhaltenen dreistelligen Zufallszahlen, um die Häufigkeit der Zahl 7 in jeder Gruppe von drei Ziffern zu zählen. Das heißt, wie viele Gruppen von drei Ziffern enthalten keine 7, eine 7, zweimal die 7 oder dreimal die 7? Vergleichen Sie Ihre Ergebnisse mit den Vorhersagen der übergeordneten Binomialverteilung. Berechnen Sie den Probenmittelwert und die Varianz und vergleichen Sie diese mit den Werten der erwarteten Verteilung.

Betrachten Sie jetzt Gruppen von neun Ziffern in der Zufallszahlentabelle. Zählen Sie die Häufigkeit der Zahl 7 in jeder der quadratischen Anordnungen von 9 Ziffern. Es gibt genau 40 solche Gruppen in der Tabelle. Tragen Sie Ihre Ergebnisse in Tabelle 1.12 ein. Wiederholen Sie diese Zählung für jede der anderen Zahlen und addieren Sie die Häufigkeiten in jeder Zeile um eine Häufigkeitszählung für *alle* Zahlen zu erhalten. Die Division durch die Anzahl der Messungen ergibt schließlich die Wahrscheinlichkeiten. Bei 40 Gruppen und 10 Zahlen sind es 400 Messungen.

Tabelle 1.12

Zahl	Häufigkeit									
	1	2	3	4	5	6	7	8	9	0
0										
1										
2										
3										
4										
5										
6										
7										
8										
9										

Vergleichen Sie Ihre Ergebnisse mit den Werten der Binomialverteilung $P_{N, 1/10}(n)$. Durch Verwendung einer Rekursionsformel, die die Werte von $P(n + 1)$ durch die Werte von $P(n)$ ausdrückt, kann diese Verteilung zeitsparender berechnet werden. Für die Binomialverteilung ergibt sich aus Gl. (1.50) die folgende Formel

$$P_{N,p}(n+1) = \frac{p(N-n)}{q(n+1)} P_{N,p}(n). \qquad (1.61)$$

Es genügt daher, $P_{N,p}(0)$ zu berechnen und diese Rekursionsformel zu verwenden. Im allgemeinen ist dieses Verfahren etwas gewagt, da sich etwaige Fehler am Anfang durch die wiederholte Verwendung der Rekursionsformel fortpflanzen. In diesem Fall nehmen aber die Werte von P mit wachsendem n so schnell ab, daß keine derartigen Schwierigkeiten auftreten. Tatsächlich sollten sich für $n > 4$ Werte kleiner als 10^{-5} ergeben, so daß es nicht sinnvoll ist, weiter zu rechnen.

Betrachten Sie jetzt die Poissonänderung für die Verteilung von Zahlen auf Gruppen von 9 Zufallszahlen. Mit $N = 9$ und $p = \frac{1}{10}$ ergibt sich $a = Np = 0{,}9$. Berechnen Sie die Wahrscheinlichkeiten für die Werte von n von 0 bis 4 unter Verwendung der Poissonverteilung. Natürlich sollten Sie keine zu genaue Übereinstimmung erwarten, da $N = 9$ sehr weit von $N = \infty$ ist; dennoch ist der Vergleich interessant. Beachten Sie, daß die Binomialverteilung denselben Wert für $n = 0$ und $n = 1$ hat (das ist ein Zufall, der sich durch die Verwendung spezieller Werte für N und p ergibt). Die Poissonverteilung hingegen liefert für $P(0)$ einen etwa 5 % zu großen und für $P(1)$ einen eben soviel zu kleinen Wert. Wird die Genauigkeit der Näherung für große n besser oder schlechter?

1.6.3. Fragen

1. Leiten Sie die Rekursionsformel in Gl. (1.61) ab.

2. Leiten Sie die folgende Rekursionsformel für die Poissonverteilung ab:

$$P_a(n + 1) = \frac{a}{n + 1} P_a(n).$$

3. Von einer großen Anzahl von Eiern war 1 % verdorben. Wie groß ist die Wahrscheinlichkeit, daß in einer willkürlich herausgegriffenen Probe von einem Dutzend Eiern kein einziges verdorben ist? Eines? Mehr als eines?

4. Ein Mann beginnt am Sonntagnachmittag einen Spaziergang und spielt das folgende Spiel: An jeder Straßenecke, den Anfangspunkt eingeschlossen, wirft er eine Münze auf. Ergibt sich Kopf, geht er einen Häuserblock nach Norden, ergibt sich Adler, geht er einen Häuserblock nach Süden. Ermitteln Sie die Wahrscheinlichkeitsverteilung für alle nach N Würfen möglichen Entfernungen vom Anfangspunkt. Bestimmen Sie die mittlere Entfernung vom Anfangspunkt nach N Würfen unter der Annahme, daß der Mann dieses Spiel an einigen aufeinanderfolgenden Sonntagen spielt. Wie hängt dieser Mittelwert von N ab?

5. Angenommen die Zahl der Neugeborenen in einer Entbindungsanstalt folgt einer Poissonverteilung und die Wahrscheinlichkeit für Zwillinge ist $\frac{1}{100}$. Ermitteln Sie die Wahrscheinlichkeit für Fünflinge.

1.7. Experiment MS-6: Normalverteilung

1.7.1. Einleitung

Die Normal- oder Gaußverteilung ergibt sich als Grenzfall der Binomialverteilung, wenn N sehr groß wird und p endlich bleibt. (Zum Unterschied von der Poissonverteilung, bei der für stark anwachsendes N der Wert von p sehr klein wird, so daß das *Produkt* Np endlich bleibt.)

Aus verschiedenen Gründen ist die Normalverteilung wichtig. Sie ist eine nützliche Näherung für die Binomialverteilung, wenn große Zahlen auftreten und die Binomialverteilung unhandlich wird. Für die willkürlichen Fehler, die bei einer physikalischen Messung auftreten, findet man experimentell oft eine Normalverteilung. Dies ist daher von grundlegender Bedeutung bei der Behandlung experimenteller Fehler.

Bei der Ableitung der Normalverteilung aus der Binomialverteilung nehmen wir an, daß nur sehr große Werte von n von Bedeutung sind, so daß sich P um relativ wenig von einem Wert von n zum nächsten ändert. In diesem Fall können wir n anstatt als ganzzahlige als kontinuierliche Variable betrachten. Außerdem wollen wir von der Tatsache Gebrauch machen, daß die Binomialverteilung eine um so schmalere Spitze aufweist, je größer N ist. Das zeigt sich in der Tatsache, daß $\bar{n}$ proportional zu N ist, während σ, das ein Maß für die Breite der Verteilung darstellt, nur wie $\sqrt{N}$ anwächst. Daher haben nur Werte von n, die relativ nahe bei $\bar{n}$ liegen, ins Gewicht fallende Wahrscheinlichkeiten.

Wir beginnen mit der Rekursionsformel Gl. (1.61), die in Experiment MS-5 verwendet wurde. Wenn wir P als stetige Funktion der Variablen n betrachten, ist $P(n + 1) - P(n)$ eine Näherung für die Ableitung dieser Funktion mit $\Delta n = 1$. Das ergibt:

$$P'(n) \approx P(n + 1) - P(n) = \left[\frac{p(N - n)}{q(n + 1)} - 1 \right] P(n). \quad (1.62)$$

Da nur große Werte von n von Bedeutung sind, ersetzen wir $(n + 1)$ im Nenner durch n. Wir erhalten dann durch Umgruppieren und Verwendung von $p + q = 1$:

$$\frac{P'(n)}{P(n)} = \frac{Np - n}{qn} \; . \quad (1.63)$$

Da nur Werte von n, die nahe $\bar{n} = Np$ liegen, wichtig sind, ersetzen wir n im Nenner durch den Mittelwert Np. Dagegen wäre es keine sinnvolle Näherung, im Zähler n durch $\bar{n}$ zu ersetzen. Der Zähler enthält nämlich die *Differenz* von n und Np und hängt daher viel stärker von kleinen Änderungen von n ab als der Nenner. Damit erhalten wir die Gleichung

$$\frac{P'(n)}{P(n)} = \frac{Np - n}{Npq} \; . \quad (1.64)$$

Durch den Mittelwert $\bar{n} = Np$ und die Varianz $\sigma^2 = Npq$ (vgl. Gln. (1.53) und (1.54)) ausgedrückt ergibt sich:

$$\frac{P'(n)}{P(n)} = \frac{\bar{n} - n}{\sigma^2} \; . \quad (1.65)$$

Wir können jetzt beide Seiten integrieren, wobei wir die Integrationskonstante mit $\ln C$ bezeichnen:

$$\ln P(n) = \ln C - \frac{(n - \bar{n})^2}{2\,\sigma^2} \quad (1.66)$$

oder wenn wir beide Seiten entlogarithmieren:

$$P(n) = C\, e^{-(n-\bar{n})^2/2\sigma^2}. \tag{1.67}$$

Der Wert der Konstanten C folgt aus der Forderung, daß die Gesamtwahrscheinlichkeit für alle möglichen Werte von n eins sein muß. Anstatt zu summieren *integrieren* wir jetzt über n. C muß also so gewählt werden, daß die folgende Beziehung erfüllt ist

$$\int P(n)\,dn = 1. \tag{1.68}$$

Die Berechnung des Integrals erfordert einen Kunstgriff, C muß gleich $1/(2\pi\sigma)^{1/2}$ sein. Das Endergebnis für die Normalverteilungsfunktion ist also

$$P(n) = \frac{1}{(2\pi)^{1/2}(Npq)^{1/2}}\, e^{-(n-Np)^2/2Npq}$$

$$= \frac{1}{(2\pi\sigma)^{1/2}}\, e^{-(n-\bar{n})^2/2\sigma^2}. \tag{1.69}$$

Gewöhnlich wird die zweite Form verwendet. Wir haben beide Formen angegeben, um den Zusammenhang mit der Binomialverteilung mit gleichem Mittelwert und gleicher Varianz, aufzuzeigen.

In Bild 1.7 ist die Gl. (1.69) entsprechende Kurve aufgezeichnet. Sie zeigt die Bedeutung von $\bar{n}$ und σ. Die Kurve ist symmetrisch um $n = \bar{n}$ und σ ist immer charakteristisch für die „Breite" der Verteilung. Bei den Werten $n = \bar{n} \pm \sigma$ ist die Kurve auf das $e^{-1/2}$ fache ihres Maximalwertes bei $n = \bar{n}$ abgefallen. Es kann gezeigt werden, daß die Gesamtwahrscheinlichkeit für einen Wert von n zwischen diesen Grenzen ungefähr 0,683 ist. Diesen Wert erhält man durch Integration von Gl. (1.69) zwischen den

Grenzen $n = \bar{n} - \sigma$ und $n = \bar{n} + \sigma$, was numerische Näherungen erfordert. Analog ist die Wahrscheinlichkeit, daß n zwischen $\bar{n} - 2\sigma$ und $\bar{n} + 2\sigma$ fällt gleich 0,954. Für das Intervall $\bar{n} \pm 3\sigma$ ist sie 0,997, was heißt: Die Wahrscheinlichkeit, daß n um mehr als $\pm 3\sigma$ von $\bar{n}$ abweicht, nur 0,003 ist.

1.7.2. Experiment

Wir können jetzt einige Tests an unserer Zufallszahlentabelle ausführen, um zu überprüfen, ob die Zahlen wirklich zufällig sind. Betrachten wir zum Beispiel die in Experiment MS-4 erhaltene Häufigkeit der einzelnen Zahlen. Bei 360 Ziffern erwarten wir, daß jede Zahl zwischen 0 und 9 im Mittel 36 mal vorkommt. Angenommen, wir finden 39 mal die Zahl 7; bedeutet dies, daß die Zahlen nicht wirklich zufällig sind, oder liegt das im Bereich vernünftiger Wahrscheinlichkeit?

Zuerst sei festgestellt, daß die Wahrscheinlichkeit eine bestimmte Anzahl n von 7ern in einer 360-ziffrigen Zufallszahlentabelle zu finden, durch die Binomialverteilung mit $N = 360$ und $p = \frac{1}{10}$ gegeben ist. Wie wir gerade gesagt haben, ist der Mittelwert dieser Verteilung

$$\bar{n} = Np = 360 \cdot \frac{1}{10} = 36.$$

Die Standardabweichung ist durch

$$\sigma = (Npq)^{1/2} = \left(360 \cdot \frac{9}{100}\right)^{1/2} = 5,7 \approx 6$$

gegeben.

Wenn wir die Binomialverteilung durch eine Normalverteilung annähern, so liegt eine gegebene Ziffernhäufigkeit mit 68 % Sicherheit innerhalb einer Standardabweichung vom Mittelwert (d.h. zwischen 30 und 42). Nur mit 5 % Sicherheit liegt sie nicht innerhalb von zwei Standardabweichungen (d.h. zwischen 24 und 48). Es sei auch bemerkt, die Wahrscheinlichkeit, daß n genau 36 ist, ist sehr klein. Berechnen Sie diese Wahrscheinlichkeit.

Überprüfen Sie die Ziffernhäufigkeiten aus Experiment MS-4 unter Verwendung des obigen Kriteriums auf Abweichungen von der Zufälligkeit. Ein anderer etwas indirekterer Test nach demselben Prinzip besteht darin, zu untersuchen, ob die Zufallszahlen häufiger ungerade als gerade sind. In einer Tabelle von 360 Ziffern ist die Wahrscheinlichkeitsverteilung für die Anzahl der geraden Zahlen eine Binomialverteilung mit $N = 360$ und $p = \frac{1}{2}$ (da jede einzelne Zahl mit gleicher Wahrscheinlichkeit gerade oder ungerade ist). Berechnen Sie aus diesen Werten n und σ und bestimmen Sie die Fehlergrenzen für 65 % und 95 % Wahrscheinlichkeit. Zählen Sie die Anzahl der geraden Zahlen in Ihrer Tabelle. Finden Sie einen Anhaltspunkt für eine Abweichung von der Zufälligkeit?

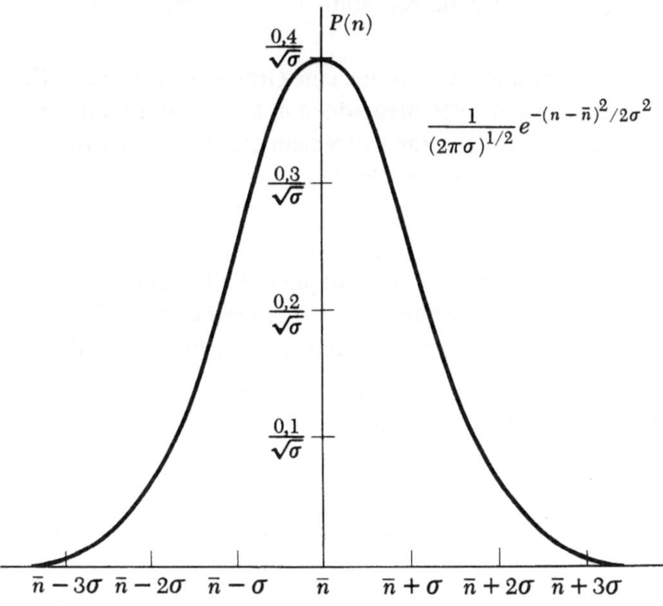

Bild 1.7

Mit dieser Methode können wir auch bestimmen, ob für eine Münze Kopf und Adler wirklich gleichwahrscheinlich sind. Angenommen, wir werfen eine Münze 100mal auf und finden 52mal Kopf und 48mal Adler. Ist die Münze auf einer Seite schwerer? Unter Verwendung der Normalnäherung für die Binomialverteilung können wir wiederum die Bereiche von n (mit dem Mittelwert 50), die verschiedenen Wahrscheinlichkeiten entsprechen, bestimmen. Wenn der beobachtete Wert von n außerhalb des 95-%-Bereiches liegt, vermuten wir, daß etwas nicht in Ordnung ist. Werfen Sie eine Münze 100mal auf, schreiben Sie die Ergebnisse auf und werten Sie diese Resultate aus.

Auswertung der zufälligen Fehler von Messungen. Eine der allerwichtigsten Anwendungen der Normalverteilungsfunktion ist die Auswertung zufälliger Fehler von Messungen. Für den Anfänger ist das ein gefährliches Gebiet. Ein unvoreingenommener Student könnte durch die Maschinerie der statistischen Datenauswertung so beeindruckt werden, daß er glaubt, in ihr liege das ganze Geheimnis für den Erfolg in der Behandlung experimenteller Fehler. Eine solche Einstellung kann zu gefährlichen Trugschlüssen führen.

Es ist zweckmäßig zwischen *systematischen* Fehlern und *zufälligen* Fehlern zu unterscheiden. Systematische Fehler sind, wie ihr Name sagt, durch die experimentelle Anordnung bedingt. Einfache Beispiele sind ein Voltmeter, das ohne Spannung nicht wirklich 0 zeigt, ein Meßstab, der wegen seiner Wärmeausdehnung ungenau ist, ein Thermometer, das nur genau anzeigt, wenn es ganz eingetaucht ist und so weiter. Systematische Fehler können sich im Laufe der Zeit entweder auf Grund irgend welcher Eigenschaften des Systems oder auf Grund äußerer Einflüsse ändern. Solche äußere Einflüsse sind zum Beispiel die Zimmertemperatur, die Netzspannung, Gebäudeschwingungen oder nicht abgeschirmte magnetische Felder.

Bei der experimentellen Arbeit sind die systematischen Fehler sehr oft wichtiger als die zufälligen Fehler. Es ist sehr schwer, sich vor ihnen zu schützen und sie auszuschalten. Es gibt keine allgemeinen Richtlinien um systematische Fehler zu vermeiden. Nur ein sehr erfahrener Experimentator kann Experimente so planen, daß systematische Fehler entweder vermieden oder aber festgestellt und korrigiert werden.

Zufällige Fehler entstehen durch eine große Anzahl unvorhersehbarer und unbekannter Änderungen der experimentellen Umstände. Sie können von Fehlern in der Beurteilung des Beobachters herrühren, beispielsweise von einer falschen Einschätzung von Bruchteilen der kleinsten Skalenunterteilung. Andere Ursachen sind alle unvorhersehbaren Schwankungen der experimentellen Bedingungen, falls diese Schwankungen wirklich zufällig sind. Empirisch findet man häufig, daß solche zufällige Fehler der Normalverteilungsfunktion entsprechend auf-

treten. Man kann diese Tatsache verwenden, um die Auswirkungen zufälliger Fehler auf ein Minimum zu reduzieren. Wir werden hier einige nützliche Ergebnisse anführen.

Wir messen beispielsweise eine bestimmte physikalische Größe einige Male und erhalten verschiedene Ergebnisse, wovon jedes etwas vom wahren Wert der Größe abweicht. Wir wollen annehmen, daß diese Abweichungen nur von zufälligen Fehlern stammen und daß diese Fehler der Normalverteilungsfunktion entsprechend aufgeteilt sind. Unter diesen Annahmen ergibt sich als beste Schätzung für den Wert der Größe das arithmetische Mittel oder der Mittelwert der verschiedenen Meßergebnisse. Dieses Ergebnis scheint sehr sinnvoll zu sein.

Wie verläßlich ist dieser Mittelwert? Man kann die Standardabweichung für Einzelmessungen berechnen, was ein Maß für ihre Reproduzierbarkeit darstellt. Wir erwarten, daß der *Mittelwert* verläßlicher ist als die einzelnen Messungen. Nehmen wir an, wir greifen einige Mengen von je N Beobachtungen heraus und berechnen für jede dieser Mengen den Mittelwert und die Standardabweichung. Als nächstes bestimmen wir die Standardabweichung für die *Mittelwerte*. Wir können leicht zeigen, daß diese um etwa einen Faktor $\sqrt{N}$ kleiner ist als die Standardabweichung der einzelnen Messungen in der Menge. Das heißt:

$$\sigma_{\text{mittel}} = \frac{\sigma}{\sqrt{N}} \ .$$

Die Standardabweichung des Mittelwerts nimmt man gewöhnlich als Maß für die Genauigkeit des Mittelwerts. Diese Schlußfolgerung ist jedoch nur gültig wenn man absolut sicher ist, daß die Fehler völlig zufällig sind. Es darf kein systematischer Fehler vorliegen. Ein solcher würde eine Ungenauigkeit beitragen, die größer als diejenige ist, die sich aus rein statistischen Betrachtungen ergibt.

Angenommen, wir wollen eine Größe Q berechnen, die durch eine Reihe von Meßgrößen a, b, c, ... bestimmt wird. Der Zusammenhang kann allgemein durch folgende Beziehung ausgedrückt werden

$$Q = f(a, b, c, \dots).$$

Weiter nehmen wir an, daß mit jeder der Größen a, b, ... eine Standardabweichung σ_a, σ_b, ... verknüpft ist. Wie groß ist die Standardabweichung des Ergebnisses für Q?

Man kann zeigen [1], daß die Standardabweichung von Q, die wir mit σ_Q bezeichnen wollen, nach der folgenden Vorschrift zu berechnen ist

$$\sigma_Q^2 = \left(\frac{\partial Q}{\partial a}\right)^2 \sigma_a^2 + \left(\frac{\partial Q}{\partial b}\right)^2 \sigma_b^2 + \dots .$$

---

[1] *H. D. Young*, „Statistical Treatment of Experimental Data", McGraw-Hill Book Company, New York 1962.

Das ist die grundlegende Formel für die Fehlerfortpflanzung. Darunter versteht man die Theorie der Auswirkung, die die Fehler einzelner Zahlen auf andere Zahlen haben, die aus ihnen berechnet werden.

1.7.3. Fragen

1. Die Normalverteilung sei als Näherung der Binomialverteilung betrachtet. Erwarten Sie dann, daß die Näherung für Werte von n nahe $\bar{n}$ oder für Werte, die weit von $\bar{n}$, am „Fuß" der Verteilung, liegen, am genauesten ist? Erklären Sie dies.

2. Der „wahrscheinliche Fehler" einer Verteilung ist so definiert, daß die Wahrscheinlichkeit für das Auftreten eines Fehlers, dessen Absolutbetrag kleiner ist als der des wahrscheinlichen Fehlers, $\frac{1}{2}$ ist. Bestimmen Sie den wahrscheinlichen Fehler der Normalverteilung unter Verwendung einer Tabelle des Wahrscheinlichkeitsintegrals und drücken Sie ihn in Vielfachen von σ aus. Ist dies der allerwahrscheinlichste Fehler? Wenn nicht, was ist er?

3. Bestimmen Sie die Varianz $\langle (n - \bar{n})^2 \rangle$ durch σ ausgedrückt für die Normalverteilung.

4. Bestimmen Sie den Abstand der Wendepunkte vom Mittelpunkt der Normalverteilung und drücken Sie ihn durch σ aus.

2. Mechanik (M)

2.1. Einleitung

In dieser Reihe von Experimenten lernen Sie einige grundlegende Erscheinungen der klassischen Mechanik kennen. An einer Anzahl von experimentellen Anordnungen werden Sie die Anwendung der Grundprinzipien der Mechanik auf die Beschreibung meßbarer Erscheinungen üben. Zu diesen Prinzipien gehören die Newtonschen Bewegungsgesetze sowie die Erhaltungssätze von Impuls und Energie.

Dabei werden Sie die Eigenschaften des betrachteten Systems meist durch einfache mathematische Beziehungen darstellen können. Ist zum Beispiel der Längenzuwachs einer Feder proportional der dehnenden Kraft, so können Sie dieses Verhalten durch die Gleichung $F = -kx$ beschreiben. Solche Beziehungen stellen allerdings nur selten das wahre Verhalten exakt dar. Sie sind vielmehr ein idealisiertes *Modell*, das man verwendet, um die Eigenschaften des Systems zu beschreiben. Viele wirkliche Federn verhalten sich annähernd entsprechend der obigen Gleichung. Bei großen Dehnungen treten aber Abweichungen auf und es kann auch nach Aussetzen der Kraft eine dauernde Verlängerung zurückbleiben.

Die mathematische Beschreibung eines physikalischen Systems beruht daher fast immer auf der Verwendung idealisierter Modelle, die eine näherungsweise Beschreibung der Eigenschaften des Systems darstellen. Dies muß man im Auge behalten, wenn man die berechneten Vorhersagen mit den Beobachtungen vergleicht; beide werden selten genau übereinstimmen. Der Unterschied kann entweder durch experimentelle Fehler (d.h. Meßfehler) oder durch mangelnde Genauigkeit des Modells, oder durch beides hervorgerufen werden. Es ist wichtig, diesen Unterschied zu verstehen.

Obwohl Ihre experimentelle Arbeit meistens aus *quantitativen* Messungen besteht, sollte die Bedeutung *qualitativer* Beobachtungen nicht übersehen werden. Oft läßt sich aus qualitativen Beobachtungen, z.B. den Auswirkungen einer Veränderung des experimentellen Aufbaus, zusätzliches Verständnis und einen Überblick über die physikalischen Zusammenhänge gewinnen. Es ist immer von Nutzen, diese qualitativen Beobachtungen und die Ergebnisse Ihrer quantitativen Messungen für spätere Verwendung aufzuzeichnen.

Bei allen Experimenten in dieser Reihe wird eine *Luftkissenfahrbahn* verwendet. Mit dieser einfachen, aber eleganten Vorrichtung können Beobachtungen der Bewegung unter nahezu vollständiger Ausschaltung der Reibung ausgeführt werden. Die Gleiter oder Schlitten werden auf einem Luftkissen, das etwa 0,1 mm dick ist, auf einer geraden Schiene getragen. Das Luftkissen wird erzeugt, indem Luft durch eine Reihe kleiner Löcher in der Schiene geblasen wird. Das Prinzip ist das gleiche wie das der sogenannten Hovercraft; nur die Viskosität der Luftschicht, auf der der Gleiter fährt, verursacht Reibung.

Außerdem benötigen wir Zeitnehmer, Puffer an den Enden der Gleiter für Zusammenstöße, sowie eine Vorrichtung zur Übertragung zeitabhängiger Kräfte auf die Gleiter. Diese Hilfsausrüstung wird in jedem einzelnen Experiment besprochen.

Die für das Studium der Bewegung benötigten Zeitmessungen können auf verschiedene Weise durchgeführt werden. Wir werden hier mit einer Stoppuhr und einer Anordnung zur Aufzeichnung von Funken arbeiten. Letztere besteht aus einem Streifen Wachspapier auf der Schiene und aus einer Elektrode, die am Gleiter befestigt ist. Eine Vorrichtung erzeugt in regelmäßigen Zeitintervallen Stromstöße und die dadurch erzeugten Funkenlöcher im Wachspapier stellen Aufzeichnungen der Lagen des Gleiters zu den entsprechenden Zeiten dar. Andere Methoden, die Sie ausprobieren könnten, sind die stroboskopische Photographie mit einem intermittierenden Blitzlicht oder mit einer rotierenden Schlitzblende, die Verwendung von Photozellen mit einem Lichtstrahl, der durch den Gleiter unterbrochen wird, oder ein Dauerstrich-Rader. Bei allen diesen Anordnungen wird die Bewegung des Gleiters beobachtet, ohne daß die Beobachtung die Bewegung beeinflußt.

Vorsicht!

Bei der Benützung der Luftschiene sollten einige allgemeine *Vorsichtsmaßnahmen* beachtet werden. Obwohl die Schienen relativ steif zu sein scheinen, sind sie im Gebrauch auf kleine Änderungen in der Adjustierung außerordentlich empfindlich.

Sie sollten die Gleiter nicht unnötig stoßen oder erschüttern. Oft sind sie schon unbrauchbar, wenn man sie aus einer Höhe von nur einigen Zentimetern fallen läßt. Lassen Sie die Gleiter nie über die Schiene laufen, wenn die Luftzufuhr ausgeschaltet ist, um eine Beschädigung der Oberfläche zu vermeiden. Achten Sie darauf, daß zusätzliche Gewichte stets symmetrisch auf dem Gleiter angebracht werden. Wird ein Gleiter einseitig belastet, reibt er auf der Schiene. **Berühren Sie den funkengebenden Draht nicht**, wenn der Funkenzeitnehmer verwendet wird. Schläge von Funken hoher Spannung sind nicht immer letal, aber sie können kleine, tiefe und außerordentlich schmerzende Löcher in Ihre Haut brennen.

2.2. Experiment M-1: Geschwindigkeit und Beschleunigung

2.2.1. Einleitung

Nach dem ersten Newtonschen Gesetz bewegt sich ein Körper, der auf einer völlig glatten, ebenen und reibungslosen Fläche in Bewegung gesetzt wird, mit konstanter

Geschwindigkeit längs einer geraden Linie. Durch Beobachtung, wie genau die Gleiter auf dem Luftkissen diese Vorhersage erfüllen, können Sie schließen, wie gerade und horizontal die Schiene ist. Weiterhin können Sie folgern, wie wichtig die Reibung ist, die durch die Viskosität der tragenden Luftschicht hervorgerufen wird.

Wirkt auf den Körper eine Kraft, so ist nach dem zweiten Newtonschen Gesetz die Beschleunigung des Körpers der wirkenden Kraft proportional. Diese Beziehung wird gewöhnlich wie folgt ausgedrückt

$$\Sigma \mathbf{F} = m\mathbf{a}. \tag{2.1}$$

Darin zeigt das Summenzeichen Σ an, daß die *Vektorsumme* der Kräfte zu verwenden ist, wenn mehr als eine Kraft auf den Körper wirkt. In diesem Experiment sind alle wesentlichen Kräfte konstant, das heißt, sie sind zeitunabhängig. Am einfachsten erhält man eine beschleunigende Kraft, indem man der Schiene eine bestimmte Neigung gibt. Die Beschleunigung kann aus dem Neigungswinkel vorhergesagt werden und sie kann auch experimentell durch Messungen der Orte des Körpers in aufeinanderfolgenden Zeitintervallen bestimmt werden.

2.2.2. Experiment

1. Arbeitsweise der Luftschiene. Machen Sie sich zuerst mit der Arbeitsweise der Luftschiene vertraut, indem Sie die Luftzufuhr einschalten und die Bewegung der Gleiter auf der Schiene beobachten. Beachten Sie die Zusammenstöße der Puffer auf den Gleitern mit den Federpuffern an den Enden der Schiene.

Setzen Sie einen Gleiter in die Mitte der Schiene und lassen sie ihn los, ohne ihm eine Anfangsgeschwindigkeit zu erteilen. Stellen Sie die Niveauschraube am Ende der Schiene so ein, daß der Gleiter weder nach rechts noch nach links beschleunigt wird. Bringen Sie den Gleiter auf der Schiene in andere Lagen und überprüfen Sie, ob die Schiene horizontal ist. Wenn die Schiene richtig justiert ist, sollte kein Punkt der Schiene mehr als 0,05 mm von einer geraden Linie abweichen. Vermeiden Sie ein Anstoßen der Schiene, nachdem sie eingerichtet worden ist, da kleine Unregelmäßigkeiten in der Tischoberfläche beachtliche Auswirkungen haben können, wenn die Schiene verschoben wird.

2. Konstante Geschwindigkeit. Befestigen Sie mit einem Stück Klebeband eine Druckfeder an einem der Endpuffer. Üben Sie, den Gleiter gegen die Feder zu drücken und anschließend loszulassen, bis Sie ihn mit einer Geschwindigkeit von ungefähr 10 ... 20 cm/s in Bewegung setzen können. Als Alternative können Sie auch ein Gummiband kurz vor dem Ende über die Schiene spannen. Sie können dann den Gleiter gegen das Gummiband drücken und loslassen.

Bringen Sie als nächstes einen Streifen Wachspapier zum Aufzeichnen der Funken an. Schalten Sie den Funkengeber ein und setzen Sie den Gleiter in Bewegung. Sobald er das andere Ende der Schiene erreicht, schalten Sie den Funkengeber aus, damit es zu keiner Verwechslung der Funkenaufzeichnung mit Funkenlöchern vom Rückweg kommt.

Entfernen Sie den Wachsstreifen und messen Sie die Lage der Funkenlöcher mit einem Meßstab. Bringen Sie das Ende des Meßstabes *nicht* mit dem ersten Funkenloch zur Deckung. (Warum?) Bestimmen Sie die Entfernung der Löcher, ohne den Meßstab zu bewegen. Bestimmen Sie auch die Funkenfrequenz. Tragen Sie die Lagen des Gleiters als Funktion der Zeit graphisch auf. Welche Gestalt sollte diese sich ergebende Kurve haben? Bestimmen Sie die Geschwindigkeit des Gleiters während des ersten und des letzten Intervalls, das Sie messen können. Achten Sie darauf, nicht das Intervall zu verwenden, in dem der Gleiter beschleunigt wurde. (Warum?) Ergibt sich innerhalb der experimentellen Fehler die Vorhersage des ersten Newtonschen Gesetzes? Wenn nicht, warum?

Wiederholen Sie das Experiment und drücken Sie die Startfeder jetzt nur halb so stark wie beim ersten Versuch zusammen. Wie groß ist die Geschwindigkeit verglichen mit derjenigen im ersten Versuch? Welche Beziehung zwischen Federdruck und Geschwindigkeit liegt dadurch nahe? Sind die Abweichungen vom ersten Newtonschen Gesetz mehr oder weniger ausgeprägt als beim ersten Versuch? Warum war dies zu erwarten? Berechnen Sie für jeden Versuch die Änderung der Geschwindigkeit längs einer gegebenen Schienenstrecke (zum Beispiel 50 cm) und vergleichen Sie die Ergebnisse. Was können Sie aus diesem Vergleich schließen?

Falls kein Funkenzeitnehmer zur Verfügung steht, sollten Sie die Zeit, die der Gleiter für zwei aufeinanderfolgende 50-cm-Intervalle benötigt, mit Stoppuhren messen.

3. Beschleunigte Bewegung. Wird ein Körper nahe der Erdoberfläche fallen gelassen, so bewegt er sich mit konstanter Beschleunigung nach unten, falls der Luftwiderstand vernachlässigbar und die Fallstrecke gegenüber dem Erdradius klein ist. Die Größe dieser Beschleunigung variiert um einige Zehntelprozent in Abhängigkeit von der geographischen Breite und ist ungefähr

$$g = 9{,}80 \text{ m/s}^2.$$

Statt diese Beschleunigung direkt zu messen, können wir die Schiene um einen bestimmten Betrag neigen, die Beschleunigung des Gleiters messen und daraus g berechnen. Ist α der Neigungswinkel der Schiene, so läuft der Gleiter die Schiene mit der Beschleunigung

$$a = g \cdot \sin \alpha \tag{2.2}$$

hinunter. Diese Gleichung können Sie als Übungsaufgabe ableiten.

Viele Luftschienen haben eine Niveauschraube mit acht Schraubengängen pro cm und eine Entfernung von genau 125 cm zwischen der Niveauschraube und der Auflage am entgegengesetzten Ende. Eine volle Umdrehung der Niveauschraube neigt die Schiene daher um einen Winkel, dessen Tangens gleich 0,125 cm/125 cm = 0,001 ist. Da dieser Winkel sehr klein ist, sind der Winkel (in Radian), sein Sinus und sein Tangens nahezu gleich. Bei jeder Umdrehung der Niveauschraube wird der Winkel der Schiene daher um 0,001 rad (Radian) oder 1 mrad (Milliradian) vergrößert.

Starten Sie den Gleiter mit der Anfangsgeschwindigkeit Null bei einer Schienenneigung von 2 mrad und registrieren Sie seine Lage als Funktion der Zeit mit Hilfe der Funken. Vermessen Sie die Lage jedes Funkenloches mit einem Meßstab (wie in Teil 2 dieses Experiments).

Die Beschleunigung kann aus den Meßwerten der Funken bestimmt werden. Für einen Körper, der zur Zeit $t = 0$ in der Lage s_0 aus dem Zustand der Ruhe startet und sich während der Zeit t mit konstanter Beschleunigung a bewegt, gilt:

$$s = s_0 + \frac{1}{2} a t^2. \tag{2.3}$$

Wird s nicht als Funktion von t sondern von t^2 aufgetragen, sollte das Ergebnis eine gerade Linie mit der Steigung $\frac{1}{2} a$ sein. Das Ergebnis für a kann mit der Vorhersage aus Gl. (2.2) verglichen werden.

Detailliertere Information erhält man, indem man aus den Differenzen zwischen aufeinanderfolgenden Lagen zunächst die mittlere Geschwindigkeit in jedem Zeitintervall bestimmt. Die mittlere Beschleunigung für jedes Paar von aufeinanderfolgenden Intervallen erhält man dann aus den Differenzen der aufeinanderfolgenden Geschwindigkeiten. Die Ergebnisse dieser Berechnung können wie in Experiment MS-1 in Tabellenform geschrieben werden. Es ist einfacher, die Geschwindigkeit zuerst in Zentimeter pro Intervall anstatt in Zentimeter pro Sekunde zu berechnen. Analog verfährt man mit der Beschleunigung und verwandelt das Ergebnis am Schluß in Zentimeter pro Sekunde zum Quadrat. Ist die Beschleunigung innerhalb der experimentellen Meßgenauigkeit konstant? Wenn nicht, warum? Stimmt der Wert der Beschleunigung innerhalb der Meßgenauigkeit mit der Vorhersage von Gl. (2.2) überein?

Ist kein Gerät zur Funkenzeitmessung vorhanden, können Sie die Laufzeit des Gleiters in zwei aufeinanderfolgenden Intervallen von je 50 cm mit zwei Stoppuhren bestimmen. Aus diesen Messungen können Sie die mittlere Geschwindigkeit in beiden Intervallen berechnen und daraus die mittlere Beschleunigung vom Mittelpunkt des ersten Intervalls bis zum Mittelpunkt des zweiten. Können Sie eine Methode angeben, mit der Sie die Genauigkeit Ihrer Stoppuhrzeiten durch wiederholte Messung an einem bekannten Intervall überprüfen können?

Dieses Experiment kann mit größerer Neigung der Schiene, zum Beispiel 10 mrad, wiederholt werden. Weicht das Meßergebnis mehr oder weniger als im vorhergehenden Fall von einer konstanten Beschleunigung ab? Warum?

4. Die Masse des Gleiters. Um die Masse des Gleiters zu bestimmen, läßt man eine bekannte Kraft auf den Gleiter wirken und mißt seine Beschleunigung. Bringen Sie die Schiene dazu wieder in horizontale Lage und überprüfen Sie, ob sie waagerecht ist. Befestigen Sie ein kleines Gewichtstück (etwa 5 g) an einem 0,625 cm breiten Stück Tonband, das Sie bis über das Ende des Luftkissens legen und dessen anderes Ende Sie am Gleiter befestigen.

Bezeichnen wir die Masse des Gleiters mit M und diejenige des Gewichtsstückes mit m. Die Spannung T des Bandes ist kleiner als das Gewicht von m, weil m nach unten beschleunigt wird, wenn man M beschleunigt. Die Bewegungsgleichung für m ist daher

$$mg - T = ma$$

und diejenige für M ist

$$T = Ma.$$

Wenn man aus diesen beiden Gleichungen T eliminiert, sie gleichsetzt und nach M auflöst, erhält man

$$M = \left(\frac{g}{a} - 1 \right) m. \tag{2.4}$$

Die Beschleunigung a kann mit irgendeiner der oben besprochenen Methoden gemessen werden. Sie können auch noch weitere Gewichtsstücke am Gleiter anbringen. Achten Sie aber darauf, den Gleiter nicht so schwer zu belasten, daß er nicht mehr reibungsfrei gleitet.

Wiederholen Sie jetzt andere Teile des Experiments mit einem belasteten Gleiter. Welchen systematischen Unterschied erwarten Sie?

2.2.3. Fragen

1. Um wieviel Prozent unterscheidet sich $\sin\alpha$ von α, wenn $\alpha = 1°$ oder $\alpha = 10°$ ist?

2. Wie groß ist der experimentelle Fehler bei der Messung der Lage der Funkenlöcher auf dem Wachspapierstreifen? Wie groß ist der Fehler des Beschleunigungswerts, der aus diesen Fehlern resultiert?

3. Sollte die Reibung, die von der Viskosität der Luftschicht, auf der sich der Gleiter bewegt, herrührt, bei kleinen oder bei großen Geschwindigkeiten mehr ins Gewicht fallen? Warum?

4. Verwenden Sie Ihre Messungen auf der ebenen Schiene, um die Größenordnung der von der Viskosität herrührenden Reibungskraft grob abzuschätzen. Bestimmen Sie näherungsweise die Verzögerung für das ebene Gleiten und verwenden Sie $F = ma$ zum Berechnen der Reibungskraft.

5. Welche Abhängigkeit der Reibungskraft von der Masse des Gleiters erwarten Sie? Warum? Wie läßt sich diese Vorhersage experimentell überprüfen?

6. Nehmen Sie an, die Schiene ist in Abschnitt 4 dieses Experiments nicht waagerecht, sondern um einen Winkel α geneigt. Leiten Sie eine Formel für die Beschleunigung ab. Zeigen Sie, daß die Beschleunigung je nachdem, wie die Werte von m, M und α sind, entweder in die eine oder in die andere Richtung erfolgt und daß es einen kritischen Winkel gibt, für den die Beschleunigung Null ist. Kann man aus einer Messung dieses Winkels M bestimmen? Wie? Welchen Vorteil hat diese Methode?

2.3. Experiment M-2: Stöße

2.3.1. Einleitung

In diesem Experiment werden Sie die Zusammenstöße zweier Gleiter auf einer Luftschiene untersuchen. Für diese Stöße gelten Newtons zweites und drittes Gesetz, aus denen man das *Prinzip der Erhaltung des Impulses* ableitet.

Es bewegen sich zwei Gleiter auf einer horizontalen Schiene. Außer den Kräften, die die Gleiter während eines Zusammenstoßes aufeinander ausüben, wirken auf sie keine horizontalen Kräfte. Die Massen der Gleiter seien m_1 und m_2 und ihre Geschwindigkeiten v_1 und v_2. Die Geschwindigkeit ist ein Vektor. Wir wollen v_1 als positiv annehmen, wenn sich m_1 nach rechts bewegt und negativ, wenn sich m_1 nach links bewegt. Das gleiche gilt für v_2. Sowohl v_1 als auch v_2 sind Funktionen der Zeit, da sie sich während des Stoßes ändern.

Während des Stoßes sind die Gleiter in Berührung. In dieser Zeit üben sie Kräfte aufeinander aus. Die Kräfte auf m_1 und m_2 seien F_1 und F_2 und es soll dieselbe Vorzeichenkonvention gelten wie für die Geschwindigkeiten. Nach dem *zweiten* Newtonschen Gesetz gilt

$$F_1 = m_1 \frac{dv_1}{dt} \quad \text{und} \quad F_2 = m_2 \frac{dv_2}{dt} \, . \tag{2.5}$$

Nach dem *dritten* Newtonschen Gesetz sind die zwei Wechselwirkungskräfte F_1 und F_2 dem Betrag nach gleich, aber sie wirken in entgegengesetzte Richtungen. Also gilt

$$F_1 = -F_2 \, . \tag{2.6}$$

Mit Gl. (2.5) folgt daraus

$$m_1 \frac{dv_1}{dt} + m_2 \frac{dv_2}{dt} = 0,$$

was folgendermaßen umgeformt werden kann

$$\frac{d}{dt}(m_1 v_1 + m_2 v_2) = 0 \, . \tag{2.7}$$

Der *Impuls* des ersten Gleiters ist durch $m_1 v_1$ definiert, und wird gewöhnlich mit p_1 bezeichnet. Analoges gilt für den zweiten Gleiter. Gl. (2.7) besagt, daß sich der Gesamtimpuls $p_1 + p_2$ während des Stoßes nicht verändert. Genauer gesagt, die Zeitableitung des Gesamtimpulses ist zu jedem Zeitpunkt während des Stoßes gleich Null.

$$m_1 v_1 + m_2 v_2 = \text{const.} \tag{2.8}$$

Dies ist ein wesentliches Ergebnis, da keine genaueren Annahmen über die Kräfte, die sich während des Stoßes in komplizierter Weise ändern können, gemacht wurden. Man sagt auch, der Impuls bleibt bei Stößen *erhalten*. Natürlich gilt dieses Prinzip nur, wenn außer den gegenseitigen Kräften keine horizontalen Kräfte auf die Gleiter wirken. (Warum?) Beachten Sie, daß wir *nicht* bewiesen haben, daß die kinetische Energie bei Stößen erhalten bleibt. Wie wir sehen werden, bleibt die kinetische Energie je nach Art des Stoßes entweder erhalten oder nicht.

Es ist üblich, die Stöße nach der *Relativgeschwindigkeit* der beiden Körper vor und nach dem Stoß zu klassifizieren. Man bezeichnet den Stoß als *vollkommen elastisch*, wenn die Beträge der Relativgeschwindigkeiten vor und nach dem Stoß gleich sind. *Halbelastisch* nennt man den Stoß, wenn der Betrag der Relativgeschwindigkeit nach dem Stoß kleiner ist als der vor dem Stoß. Wenn die Relativgeschwindigkeit nach dem Stoß Null ist (d.h., die beiden Körper kleben aneinander), bezeichnet man den Stoß als *vollkommen unelastisch*. Das Verhältnis der Relativgeschwindigkeiten vor und nach dem Stoß wird *Wiederherstellungskoeffizient* genannt und mit e bezeichnet. Für einen völlig elastischen Stoß gilt $e = 1$, für einen völlig unelastischen $e = 0$ und für einen halbelastischen Stoß liegt e zwischen 0 und 1.

In diesem Experiment erhält die Masse m_1 die Anfangsgeschwindigkeit v_0 und die Masse m_2 ist anfänglich in Ruhe. Die Geschwindigkeiten nach dem Stoß seien v_1 und v_2. Der Wiederherstellungskoeffizient ist dann

$$e = \frac{v_2 - v_1}{v_0} \, . \tag{2.9}$$

Ist m_2 größer als m_1, kann v_1 negativ sein. Die Relativgeschwindigkeit nach dem Stoß ist aber immer durch $v_2 - v_1$ gegeben.

Es ist interessant, die kinetische Energie am Anfang mit der am Ende zu vergleichen. Wir werden die entsprechende Beziehung nur für den Spezialfall gleicher Massen $m_1 = m_2$ ableiten. Die Gleichung für die Impulserhaltung

$$m_1 v_0 = m_1 v_1 + m_2 v_2 \tag{2.10}$$

erhält für diesen Fall die einfache Gestalt

$$v_0 = v_1 + v_2 \, . \tag{2.11}$$

Kombiniert man diese Gleichung mit Gl. (2.9), so kann man v_1 und v_2 durch v_0 und e ausdrücken. Es ergeben sich die Beziehungen

$$v_1 = \tfrac{1}{2}(1 - e)\, v_0$$
$$v_2 = \tfrac{1}{2}(1 + e)\, v_0 . \qquad (2.12)$$

Mit R wollen wir den Quotienten der kinetischen Energien nach und vor dem Stoß bezeichnen.

$$R = \frac{\tfrac{1}{2} m_1 v_1^2 + \tfrac{1}{2} m_2 v_2^2}{\tfrac{1}{2} m_1 v_0^2} . \qquad (2.13)$$

Für den Spezialfall gleicher Massen erhält man

$$R = \frac{v_1^2 + v_2^2}{v_0^2} . \qquad (2.14)$$

Setzt man die Gln. (2.12) ein, so folgt das einfache Resultat

$$R = \tfrac{1}{2}(1 + e^2). \qquad (2.15)$$

Man sieht, daß die kinetische Energie nach dem Stoß nur dann gleich derjenigen vor dem Stoß ist, wenn der Stoß vollkommen elastisch ist ($e = 1$). Andernfalls ist R kleiner als eins und die kinetische Energie am Ende kleiner als diejenige am Anfang. Beachten Sie, daß der kleinste Wert von R gleich $\tfrac{1}{2}$ ist.

Ein ähnlicher Ausdruck kann für den allgemeinen Fall ungleicher Massen abgeleitet werden. Die Ableitung ist etwas komplizierter und ergibt

$$R = \frac{m_1 + e^2 m_2}{m_1 + m_2} . \qquad (2.16)$$

Man sieht wieder, daß die kinetische Energie nur für $e = 1$ erhalten ist.

2.3.2. Experiment

1. Gleiche Massen. Legen Sie zwei gleiche Gleiter mit Federpuffern auf die Schiene. Der eine davon soll nahe der Mitte der Schiene ruhen, der andere soll mit einer Geschwindigkeit von etwa 20 cm/s auf ihn zulaufen. Um den Stoß genau studieren zu können, benötigt man die Geschwindigkeiten vor und nach dem Stoß. Sie können auf verschiedene Arten ermittelt werden. Eine Methode besteht darin, die Laufzeit des Gleiters längs einer festgelegten Strecke (z.B. 50 cm) mit zwei Stoppuhren zu messen. Bei einer anderen Methode wird die Geschwindigkeit eines Gleiters mit einem Funkenzeitnehmer gemessen. Sind zwei Funkenelektroden vorhanden, können die Geschwindigkeiten beider Gleiter gemessen werden.

Welche Schlüsse können Sie für die Impulsübertragung ziehen? Für die Energieübertragung? Für den Wiederherstellungskoeffizienten? Wiederholen Sie das Experiment einige Male, besonders wenn Sie Stoppuhren verwenden, und berechnen Sie den Mittelwert des Wiederherstellungskoeffizienten.

Für unelastische Stöße kann man an jedem Federpuffer ein kleines Stück auf beiden Seiten beschichtetes Klebeband anbringen. Das Klebeband sollte nicht mit den Fingern berührt werden, da seine Haftfähigkeit durch Fingerabdrücke herabgesetzt wird. Bestimmen Sie wieder die Anfangs- und Endgeschwindigkeiten. Bleibt der Impuls erhalten? Die Energie? Was geschieht mit der verlorenen kinetischen Energie?

2. Ungleiche Massen. Beschweren Sie einen Gleiter oder verwenden Sie einen schwereren Gleiter, um Stöße mit ungleichen Massen zu untersuchen. Machen Sie qualitative Beobachtungen sowohl für $m_1 > m_2$ als auch für $m_1 < m_2$ und notieren Sie die Ergebnisse. Führen Sie mit einer Anordnung quantitative Beobachtungen durch. Im allgemeinen muß man drei Geschwindigkeiten messen. Die Anfangs- und die Endgeschwindigkeiten von m_1 kann man mit dem Funkenzeitnehmer gewinnen und die Endgeschwindigkeit von m_2 entweder mit einer Stoppuhr oder mit einer zweiten Funkenelektrode. Untersuchen Sie die Erhaltung von Impuls und Energie. Wenn es die Zeit erlaubt, untersuchen Sie auch einen *unelastischen* Stoß mit ungleichen Massen.

3. Fernwirkung. In den Stoßexperimenten mit Federpuffern auf den Gleitern ist die Stoßzeit verschwindend klein, verglichen mit den anderen Zeitintervallen des Experiments. Wenn wir die Einzelheiten des Zusammenstoßes (z.B. durch Verwendung einer äußerst schnellen Filmkamera) beobachten könnten, fänden wir, daß die Federpuffer während des Stoßes zusammengestaucht werden. Während die Federn zusammengedrückt werden, wächst die Kraft zwischen den Gleitern bis auf einen Maximalwert an und nimmt dann wieder ab. Schließlich wird sie Null, sobald sich die Puffer voneinander entfernen.

Bringt man kleine Magnete an den Enden der Gleiter an, kann man einen „weichen" aber völlig elastischen Stoß erreichen. Achten Sie darauf, daß die Magnete so gerichtet sind, daß sie einander abstoßen. Die Magnete sollen nicht aufeinanderschlagen, da sie leicht zerbrechen können.

Entwerfen Sie ein Stoßexperiment mit keramischen Magneten als Puffer und führen Sie es aus.

Sind keine keramischen Magnete vorhanden, oder wenn Sie eine andere experimentelle Anordnung ausprobieren wollen, bei der der Stoß ebenfalls eine gewisse Zeit dauert, können Sie überdimensionierte Federpuffer verwenden. Machen Sie aus einer Uhrfeder eine Schleife von etwa 12 cm Durchmesser und befestigen Sie diese anstatt einer der üblichen Federn so, daß sie nach rückwärts gerichtet ist. Das ist möglich, da der Durchmesser der Feder größer ist als die Länge des Gleiters. Auf diese Weise bringt die

Feder den Gleiter nicht aus dem Gleichgewicht. Untersuchen Sie den Zusammenstoß zweier Gleiter, die mit diesen weichen Federn ausgestattet sind.

4. Magnetische Wechselwirkungskraft. Mit dieser Anordnung kann man die magnetische Wechselwirkungskraft genauer untersuchen, zum Beispiel ihre Abhängigkeit von der Entfernung der beiden Magnete. Heben Sie das eine Ende der Schiene an, wenn sich beide Gleiter am anderen Ende befinden und ihre Magnete gegeneinander gerichtet sind. Der weiter oben befindliche Gleiter wird eine Gleichgewichtslage einnehmen, in der die magnetische Kraft der Komponente der Schwerkraft $mg \sin \alpha$ in Richtung der Schiene gerade das Gleichgewicht hält. Messen Sie die Entfernung zwischen den Magneten sorgfältig und wiederholen Sie das Experiment für verschiedene Neigungswinkel der Schiene. Berechnen Sie die magnetische Kraft für jede Lage und zeichnen Sie mit Hilfe dieser Ergebnisse eine Kurve, die die magnetische Kraft als Funktion der Entfernung darstellt.

5. Messung der potentiellen Energie. Die potentielle Energie der magnetischen Wechselwirkung kann direkt gemessen werden. Bewegen Sie den oberen Gleiter bei gleicher Schienenneigung wie zuvor eine ausgemessene Strecke die Schiene hinauf und lassen Sie ihn ohne Anfangsgeschwindigkeit los. Er wird die Schiene hinunter laufen, bis ein minimaler Abstand zwischen den Magneten erreicht ist und er zurückreflektiert wird. Am Punkt größter Annäherung hat der Gleiter die Geschwindigkeit Null und daher ist auch die kinetische Energie Null. Die Zunahme der potentiellen Energie des Magnetfelds muß daher gleich der *Abnahme* der potentiellen Energie der Gravitation sein. Letztere ist $mgs \sin \alpha$, worin s die Strecke bedeutet, die der Gleiter die Schiene hinuntergelaufen ist. Verwenden Sie mehrere Werte von s und verändern Sie α wenn nötig. Durch Messung des minimalen Abstands für jede Versuchsanordnung ist es möglich, die potentielle Energie des Magnetfelds als Funktion der Entfernung zwischen den Magneten zu erhalten.

Zeichnen Sie eine Kurve, die die potentielle Energie als Funktion der Entfernung darstellt. Ermitteln Sie die Steigung der Kurve an verschiedenen Punkten und verwenden Sie die Beziehung

$$F = -\frac{dV}{dx} ,$$

um die Kraft zu bestimmen. Vergleichen Sie Ihre Ergebnisse mit den direkten Meßergebnissen von F. Umgekehrt können Sie V durch numerische Integration (z.B. Abzählen der Quadrate unter der Kurve) der Kraftfunktion erhalten.

2.3.3. Fragen

1. Angenommen, wir bringen eine kleine Menge Explosivstoff an einem der Puffer derart an, daß sie beim Zusammenstoß explodiert und die beiden Gleiter auseinandertreibt. Bleibt der Impuls dann noch erhalten? Erklären Sie dies. Ist die kinetische Energie erhalten? Welchen Wert hat der Wiederherstellungskoeffizient?

2. Müssen die Federkräfte der Entfernung proportional sein (d.h. $F = -kx$), damit der Stoß vollkommen elastisch ist? Wenn dem nicht so ist, welche Bedingung müssen die Kräfte erfüllen?

3. Welche Auswirkung auf die Erhaltung des Impulses hat die durch die Viskosität der tragenden Luftschicht bedingte Reibung?

4. Leiten Sie Gl. (2.16) für den allgemeinen Fall ungleicher Massen her.

5. Zeigen Sie, daß Gl. (2.16) für den Fall, daß beide Massen gleich werden, in Gl. (2.15) übergeht.

6. Verwenden Sie die Werte für die magnetische Kraft, um die Größenordnung der *Stoßzeit* bei magnetischer Wechselwirkung grob abzuschätzen.

2.4. Experiment M-3: Reibungskräfte

2.4.1. Einleitung

In diesem Experiment lernen wir *Reibungskräfte* kennen, die mechanische Energie in Wärme umwandeln. Diese Kräfte, die auch *Dämpfungskräfte* genannt werden, umfassen verschiedene Arten von Reibung, magnetische Dämpfung sowie Wechselwirkungskräfte bei Stößen, die nicht vollkommen elastisch sind. Achten Sie darauf, daß die Auflagepunkte der Luftschiene sich nicht auf der Tischoberfläche verschieben. Warum ist das wichtig? Wenn nötig, verhindern Sie ein Rutschen, indem Sie die Schiene mit einer Klemme befestigen. Sie mit Klebeband festmachen oder die Anfangsgeschwindigkeit des Gleiters verringern.

Sie haben bereits beobachtet, daß Gleiter auf einer Luftschiene nicht ganz reibungslos laufen. Der Hauptgrund für die Reibung ist die Viskosität der dünnen Luftschicht zwischen dem Gleiter und der Schiene. Man kann zeigen, daß die gesamte Viskositätskraft der Oberfläche A der Luftschicht und der Relativgeschwindigkeit v zwischen Gleiter und Schiene proportional ist. Weiterhin ist sie *umgekehrt* proportional der Dicke d der Luftschicht. Für die Reibungskraft der Viskosität gilt daher die Gleichung

$$F = -\frac{\eta A v}{d} , \tag{2.17}$$

worin η eine Konstante bedeutet, die für die Flüssigkeit (Luft) charakteristisch ist und *Viskosität* genannt wird.

Für unsere Zwecke ist am wichtigsten, daß diese Kraft der Geschwindigkeit proportional ist. Wir werden sie durch die einfache Gleichung

$$F = -bv \tag{2.18}$$

darstellen, worin b eine Konstante ist, deren Wert von der Größe der Anordnung und den Eigenschaften der Luft abhängt. Das negative Vorzeichen bedeutet, daß die Richtung von F der Richtung der Geschwindigkeit stets entgegengesetzt ist.

Wenn sich ein Gleiter auf einer ebenen Schiene bewegt und keine anderen Kräfte außer der viskosen Reibung auf ihn wirken, lautet seine Bewegungsgleichung

$$F = ma \quad \text{oder} \quad -bv = m\frac{dv}{dt}. \qquad (2.19)$$

Wie man sieht, ist die Abnahme der Geschwindigkeit zu jedem Zeitpunkt der Geschwindigkeit proportional. Bei gegebener Anfangsgeschwindigkeit verlangsamt sich die Bewegung des Gleiters am Anfang schneller als später.

Man kann leicht die Entfernung berechnen, die der Gleiter zurücklegt, bevor er zum Stillstand kommt. Hierzu drücken wir dv/dt mit Hilfe der Kettenregel durch dv/dx aus.

$$\frac{dv}{dt} = \frac{dv}{dx}\frac{dx}{dt} = \frac{dv}{dx}v.$$

Setzt man dieses Ergebnis in Gl. (2.19) ein und läßt den gemeinsamen Faktor v weg, so ergibt sich

$$\frac{dv}{dx} = -\frac{b}{m}.$$

Diese Differentialgleichung kann integriert werden und ergibt

$$v = -\frac{b}{m}x + C,$$

worin C eine Integrationskonstante ist. Wenn v_0 die Anfangsgeschwindigkeit im Punkt $x = 0$ ist, muß C den Wert v_0 haben und man erhält

$$v = v_0 - \frac{b}{m}x. \qquad (2.20)$$

Diese Gleichung zeigt, daß der Gleiter zur Ruhe kommt ($v = 0$), nachdem er die Entfernung x

$$x = \frac{mv_0}{b} \qquad (2.21)$$

zurückgelegt hat. Dieses Ergebnis kann auch abgeleitet werden, indem man das Integral der Kraft der gesamten Änderung des *Impulses* gleichsetzt.

$$\int F\,dt = \int -bv\,dt = \int -b\,dx = -bx = -mv_0.$$

Ein weiteres Beispiel für eine geschwindigkeitsabhängige Reibungskraft (*Dämpfungskraft*) bilden die Wirbelströme, die sich ausbilden, wenn sich ein Leiter in einem Magnetfeld bewegt. In diesem Fall induziert die Änderung des magnetischen Flusses im Leiter Ströme, die proportional

zur Änderung des Flusses und somit zur Geschwindigkeit sind. Diese Ströme erfahren wiederum eine Kraft, die dem jeweiligen Feld proportional ist. Die Kraft auf den Leiter ist immer so gerichtet, daß sie der Relativbewegung *entgegen* wirkt. Diese Kraft kann daher durch dieselbe Formel ($F = -bv$) dargestellt werden, wie die Kraft, die von der Viskosität der Luft herrührt. Im gegenwärtigen Fall ist die Konstante b proportional zur elektrischen Leitfähigkeit des Leiters, zur Fläche des Leiters, über die sich das magnetische Feld erstreckt, sowie zum Quadrat der magnetischen Feldstärke. (Warum?) Wenn sowohl magnetische als auch viskose Dämpfungskräfte vorhanden sind, ist die Gesamtkraft natürlich die Summe der einzelnen Beiträge.

Permanentmagnete auf dem Gleiter rufen magnetische Dämpfung durch Wirbelströme hervor, die *in der Schiene* infolge ihrer Bewegung *relativ zu den Magneten* induziert werden.

Die Federpuffer verursachen eine dritte Art der Reibungskraft. Stößt ein Gleiter mit einem anderen Gleiter oder mit dem Ende der Schiene zusammen, ist der Betrag der Relativgeschwindigkeit nach dem Stoß etwas kleiner als vorher. Das Verhältnis dieser beiden Relativgeschwindigkeiten wird (wie in Experiment M-2) *Wiederherstellungskoeffizient e* genannt. Erfahrungsgemäß ist e für gegebene Puffer von der Anfangsgeschwindigkeit nahezu unabhängig.

Eine interessante Anwendung aller dieser Arten von Reibungskräften stellt das Luftschienenanalogon eines springenden Balles dar. Bei unter einem Winkel α geneigter Schiene, wird ein ruhender Gleiter am oberen Ende losgelassen. Am unteren Ende angelangt, springt er zurück, aber erreicht nicht ganz seine ursprüngliche Höhe. Nach einer Reihe von Sprüngen mit stetig abnehmenden Sprunghöhen kommt der Gleiter schließlich am unteren Ende der geneigten Schiene zur Ruhe. War die Entfernung des Gleiters vom unteren Ende der Schiene am Anfang x_0, so erreicht er nach dem ersten Sprung nur mehr die Entfernung x_1, nach dem zweiten x_2 und so weiter. Diese Entfernungen können leicht gemessen werden, wenn auf der Schiene ein Meßstab angebracht ist.

Die Bewegungsgleichungen für dieses System, einschließlich viskose (oder magnetische) Reibung, Puffer und Schienenneigung können exakt gelöst werden. Die exakten Lösungen sind aber kompliziert und nicht sehr aufschlußreich, so daß ein Näherungsverfahren zweckmäßig ist. Wir können die beiden Effekte der viskosen und der Pufferreibung getrennt untersuchen und feststellen, welche davon dominierenden Einfluß auf die Bewegung des Gleiters hat.

Betrachten wir zuerst die Dämpfung durch die viskose Reibung. Am Anfang ist die potentielle Energie des Gleiters bezogen auf das untere Ende der Schiene gleich $mgx_0 \sin\alpha$, nach dem ersten Aufprall nur mehr $mgx_1 \sin\alpha$.

Bezeichnet man mit Δx die *Abnahme* der Höhe nach diesem Aufprall, so gilt $\Delta x = x_1 - x_0$. Der entsprechende Energieverlust ist

$$mg \sin \alpha \, \Delta x. \qquad (2.22)$$

Da die Gravitation eine konservative Kraft ist, rührt dieser Energieverlust vollständig von der Arbeit her, die gegen die Reibungskraft verrichtet wird. Wenn man annimmt, daß die Reibung verglichen mit der Gravitationskraft klein ist, so daß die Bewegung *nahezu* einer Bewegung ohne Reibung gleich ist, kann diese Arbeit näherungsweise berechnet werden. Die Arbeit, die beim ersten Hinuntergleiten aus der Anfangslage x_0 durch die Reibung verrichtet wird, ist

$$W = \int\limits_0^{x_0} F \, dy = \int\limits_0^{x_0} -b\upsilon \, dy, \qquad (2.23)$$

worin die Variable y den Abstand des Gleiters von *seinem Anfangspunkt* x_0 bezeichnet. Die Beschleunigung des Gleiters ist ungefähr $a = g \sin \alpha$, so daß die Geschwindigkeit υ in jeder Lage durch

$$\upsilon^2 = 2ay = 2g \sin \alpha y$$

gegeben ist. Setzt man diesen Ausdruck für y in Gl. (2.23) ein und integriert, so findet man

$$W = \int\limits_0^{x_0} -b(2ay)^{1/2} \, dy = -\frac{2b(2a)^{1/2}(x_0)^{3/2}}{3}. \quad (2.24)$$

Da am Rückweg ungefähr dieselbe Arbeit verrichtet wird, ist die durch viskose Reibung bedingte gesamte Energieänderung gleich $2W$. Vergleicht man dieses Ergebnis mit Gl. (2.22) so ergibt sich für Δx

$$\Delta x = -\frac{b(2x_0)^{3/2}}{3ma^{1/2}}. \qquad (2.25)$$

Die *Änderung* der Höhe nach dem ersten Aufprall ist daher proportional der Potenz $\frac{3}{2}$ der *ursprünglichen* Höhe. Die Änderung der Höhe nach dem zweiten Aufprall ist proportional $x_1^{3/2}$ mit der gleichen Proportionalitätskonstante. Analoges gilt für jeden weiteren Aufprall. Diese Beziehung kann experimentell überprüft werden.

Wie wir aus Experiment M-2 wissen, ist der Wiederherstellungskoeffizient e durch das Verhältnis der Relativgeschwindigkeiten nach und vor dem Stoß definiert. Da die kinetische Energie proportional υ^2 ist, ist das Verhältnis der kinetischen Energien unmittelbar nach und vor dem Stoß gleich e^2. Vernachlässigt man den Energieverlust durch viskose Reibung, so entspricht dies auch der maximalen potentiellen Energie vor und nach dem Auf-

prall. Da diese potentiellen Energien der Entfernung proportional sind finden wir

$$x_1 = e^2 x_0, \quad x_2 = e^2 x_1.$$

Die Differenz der Höhen nach und vor dem ersten Aufprall ist somit

$$\Delta x = x_1 - x_0 = -(1 - e^2) x_0 \qquad (2.26)$$

nach dem zweiten Aufprall

$$\Delta x = -(1 - e^2) x_1$$

und so weiter. Sind daher die Puffer die Hauptursache des Energieverlusts, so ist die Abnahme der Höhe nach jedem Aufprall der Höhe vor dem Aufprall direkt proportional, anstatt der Potenz $\frac{3}{2}$ dieser Höhe, wie dies bei viskoser Reibung der Fall ist.

2.4.2. Experiment

1. Viskose Dämpfung. Starten Sie einen Gleiter, nachdem Sie die Schiene waagerecht gestellt haben, messen Sie seine Anfangsgeschwindigkeit und die Entfernung, die er zurücklegt, bevor er zum Stillstand kommt. Für diese Messung können die Puffer als völlig elastisch angesehen werden. Bestimmen Sie aus diesen Meßwerten unter Verwendung von Gl. (2.21) die Dämpfungskonstante b.

Erhöhen Sie die Masse des Gleiters auf das Doppelte und wiederholen Sie die oben angegebenen Beobachtungen und Berechnungen. Wie verhält sich der neue Wert von b zum vorhergehenden? Warum?

2. Magnetische Dämpfung. Um die magnetische Dämpfung zu bestimmen, befestigt man vier keramische Magnete symmetrisch auf dem Gleiter. Dem zweiten Gleiter fügt man so viele Gewichtstücke zu, daß seine Masse der des Gleiters mit den Magneten gleich wird. Stellen Sie beide Gleiter auf die Schiene und geben Sie beiden die gleiche Anfangsgeschwindigkeit. Beachten Sie, daß der magnetisch gedämpfte Gleiter hinter dem anderen zunehmend zurückbleibt. Bestimmen Sie die Dämpfungskonstante b für den magnetisch gedämpften Gleiter mit derselben Methode wie oben. Die *Konstante* b, die Sie hier messen, umfaßt sowohl die magnetische als auch die viskose Dämpfung.

3. Springball. Für das „Springball"-Experiment neigen Sie die Schiene etwa 5 mrad (Milliradian) und notieren sich die Neigung. Starten Sie einen Gleiter vom oberen Ende der Schiene und zeichnen Sie seine maximale Höhe nach jedem Aufprall auf. Wenn sich der *Aufprallpunkt* nicht am Nullpunkt der Skala befindet, müssen die Meßwerte entsprechend korrigiert werden. Schreiben Sie zuerst die Entfernungen auf und bringen Sie dann die Korrekturen an. (Warum?)

4. Modifizierter Springball. Wiederholen Sie das Springballexperiment mit magnetischer Dämpfung. Sie können auch verschiedene Schienenneigungen verwenden. Der

Wiederherstellungskoeffizient des Puffers kann verändert werden, indem man ein Gummiband einige Male herumwickelt. Eine interessante Abwandlung des Versuchs entsteht, wenn man ein Stück Kitt am Puffer anbringt. Ändert sich der Wiederherstellungskoeffizient mit der Geschwindigkeit? Wie unterscheidet sich das Verhalten einer außerordentlich zähen Flüssigkeit wie Kitt von dem eines elastischen Festkörpers wie Gummi?

5. Auswertung. Eine genaue Auswertung des Springballexperiments erfolgt am einfachsten auf doppeltlogarithmischem Papier. Bei diesem speziellen Papier sind die beiden Skalen nicht wie bei gewöhnlichem Millimeterpapier linear, sondern *logarithmisch.* Trägt man zum Beispiel a als Funktion von b auf doppeltlogarithmischem Papier auf, so entspricht dies einer Kurve von $\lg a$ als Funktion von $\lg b$.

Aus Gl. (2.25) läßt sich die Nützlichkeit dieser Vorgangsweise ersehen. Logarithmiert man beide Seiten der Gleichung, so ergibt sich nach einfacher Umformung

$$\lg(-\Delta x) = \frac{3}{2}\lg x + \lg\frac{2^{3/2}b}{3ma^{1/2}} \ . \tag{2.27}$$

Gilt daher für den Springball diese Gleichung, so ist die Kurve von $-\Delta x$ als Funktion von x auf doppeltlogarithmischem Papier (was einer Kurve von $\lg(-\Delta x)$ als Funktion von $\lg x$ entspricht) eine gerade Linie mit der Steigung $\frac{3}{2}$. Ist das Verhalten andererseits durch Gl. (2.26) richtig beschrieben, so folgt

$$\lg(-\Delta x) = \lg x + \lg(1 - e^2). \tag{2.28}$$

Die Kurve von $\lg(-\Delta x)$ als Funktion von $\lg x$ ist wieder eine Gerade, aber diesmal mit der Steigung eins. Die *Steigung* der Kurve gibt daher an, welche Art der Dämpfung in dem entsprechenden Bereich vorherrscht.

Versuchen Sie die Gestalt der Kurven vorherzusagen, bevor Sie Ihre Meßwerte auf doppeltlogarithmischem Papier einzeichnen. Beachten Sie, daß die größten Geschwindigkeiten und die größten Dämpfungskräfte am Anfang der Bewegung auftreten und im weiteren Verlauf stetig abnehmen. Für große Geschwindigkeiten sind jedoch die Näherungen, die bei der Ableitung von Gl. (2.25) gemacht wurden, nicht mehr zutreffend und es sind Abweichungen von der vorhergesagten Steigung $\frac{3}{2}$ zu erwarten. In welcher Richtung wird die tatsächliche Steigung vom vorhergesagten Wert abweichen?

2.4.3. Fragen

1. Warum ist die magnetische Dämpfungskraft dem *Quadrat* der magnetischen Feldstärke proportional?

2. Zeigen Sie, daß die Größe b/m die Dimension einer *Zeit* hat. Was ist die Bedeutung dieser Zeit im Experiment? Wie hängt sie mit der Zeit zusammen, die der

Gleiter auf einer ebenen Schiene benötigt, um auf die Hälfte seiner Anfangsgeschwindigkeit verzögert zu werden?

3. Diskutieren Sie im Detail die Näherungen, die bei der Ableitung von Gl. (2.25) gemacht wurden.

4. Wie hängt der Wiederherstellungskoeffizient von der Relativgeschwindigkeit des Stoßes ab, wenn Kitt auf den Puffern angebracht ist? Ist er für Stöße sehr großer Geschwindigkeit oder für solche sehr kleiner Geschwindigkeit am größten? Können Sie dieses Verhalten auf Grund der Eigenschaften von Kitt erklären?

5. Wie ändert sich die Dämpfungskonstante b mit der Masse des Gleiters, wenn dessen Dämpfung nur von der Viskosität der Luft herrührt? Warum erwartet man eine solche Änderung?

6. Zeigen Sie, daß ein Gleiter, der auf einer sehr langen geneigten Schiene mit einer Anfangsgeschwindigkeit v_0 gestartet wird, eine Endgeschwindigkeit erreicht, die von der Anfangsgeschwindigkeit unabhängig ist. Geben Sie eine Formel für die Endgeschwindigkeit an.

7. Hat die den Gleiter umgebende Luft Auswirkungen, die mit der Reibungskraft der Luftschicht zwischen Gleiter und Schiene vergleichbar sind?

2.5. Experiment M-4: Periodische Bewegung

2.5.1. Einleitung

Jeder kennt Beispiele von oszillierenden oder *periodischen* Bewegungen. Eine besonders einfache Art der periodischen Bewegung stellt der *harmonische Oszillator* dar, der als idealisiertes Modell für die wichtigsten Eigenschaften anderer periodischer Bewegungen dient. Die wesentlichen Eigenschaften des harmonischen Oszillatormodells sind die folgenden:

- Auf eine Masse wirkt eine Kraft, die der Entfernung der Masse von der Gleichgewichtslage proportional ist und stets in Richtung der Gleichgewichtslage wirkt. Die *Beschleunigung* ist daher auch zur Entfernung von der Gleichgewichtslage proportional.

- Die Bewegung der Masse verläuft so, daß ihre Entfernung aus der Gleichgewichtslage eine *Sinusfunktion* der Zeit ist.

- Die Frequenz der Schwingungen ist von der Amplitude unabhängig.

Nur die erste dieser Bedingungen ist wirklich maßgebend, da die zweite und dritte, wie wir gleich zeigen werden, daraus folgen. Bezeichnet man die Entfernung der Masse m von der Gleichgewichtslage mit x, so ist die Kraft durch

$$F = -kx \tag{2.29}$$

gegeben. Die hierin auftretende Konstante k wird *Kraftkonstante* des Systems genannt. Eine solche Kraft kann durch eine Feder, für die das Hookesche Gesetz gilt, erzeugt werden. Nach dem zweiten Newtonschen Gesetz gilt

$$-kx = ma = m\,\frac{d^2x}{dt^2} \ . \tag{2.30}$$

Die Entfernung x muß durch eine Funktion der Zeit gegeben sein, die Gl. (2.30) erfüllt, das heißt eine *Lösung* dieser Differentialgleichung.

Es ist leicht nachzuprüfen, daß die Funktionen

$$\begin{aligned} x &= x_0 \cos \omega t \\ x &= x_0 \sin \omega t \end{aligned} \tag{2.31}$$

Lösungen sind. Die darin enthaltene Konstante x_0 wird *Amplitude* genannt und ω ist eine Abkürzung für die Größe $(k/m)^{1/2}$. Während x_0 dadurch bestimmt ist, wie die Bewegung beginnt, hängt ω nur von den Grundeigenschaften des Systems, den Konstanten k und m, ab.

Jedesmal, wenn die Größe ωt um 2π zunimmt, hat die Bewegung eine Periode durchlaufen. Die für einen Zyklus nötige Zeit heißt *Periode* und wird mit T bezeichnet. T ist durch

$$T = \frac{2\pi}{\omega} = 2\pi \left(\frac{m}{k}\right)^{1/2} \tag{2.32}$$

gegeben. Das Reziproke der Periode ist die Anzahl der Zyklen pro Zeiteinheit oder *Frequenz,* die mit f bezeichnet wird. Es gilt

$$\omega = 2\pi f = \frac{2\pi}{T} \ . \tag{2.33}$$

Da ωt die Rolle eines Winkels spielt, wird ω *Kreisfrequenz* genannt. Oft wird ω an Stelle von v einfach *Frequenz* genannt.

Das in Bild 2.1 gezeigte System hat näherungsweise die obigen Eigenschaften. Ein auf einer waagerechten Luftschiene befindlicher Gleiter ist an den Enden an zwei gleichen Federn befestigt. Jede Feder hat die Kraftkonstante k_0, so daß die Kraft $F = k_0 x$ nötig ist, um eine der Federn um x zu dehnen. In der Gleichgewichtslage sind beide Federn gleich stark gespannt, so daß die *Gesamtkraft* Null ist.

Wird die Masse um x nach rechts aus der Gleichgewichtslage verschoben, *wächst* die Kraft der linken Feder um $k_0 x$, während die der rechten Feder um den gleichen Be-

trag abnimmt. Es resultiert eine Kraft der Größe $2k_0 x$ nach links, so daß in den obigen Gleichungen als Kraftkonstante $k = 2k_0$ zu verwenden ist.

Da es sich um eine *konservative* Kraft handelt, ist die Gesamtenergie konstant. Erreicht die Masse die Endpunkte ihrer Bewegung und kommt zum Stillstand, hat sich die Energie vollständig in potentielle Energie (wie in einer gespannten Feder) umgewandelt. Beim Durchgang durch die Gleichgewichtslage ist hingegen die Energie vollständig in Form von kinetischer Energie. Während jeder Periode wird kinetische Energie in potentielle Energie umgewandelt und umgekehrt, aber die *Gesamtenergie* ist konstant. Man kann leicht zeigen, daß die *mittlere* potentielle Energie der *mittleren* kinetischen Energie gleich ist und jede von ihnen entspricht der *Hälfte* der Gesamtenergie.

Die Erfahrung zeigt, daß in der Praxis bei jedem mechanisch schwingenden System die Schwingungen im Laufe der Zeit abnehmen, so daß es schließlich in seiner Gleichgewichtslage zur Ruhe kommt. Die Lage der Masse als Funktion der Zeit wird daher nicht durch eine einfache Sinusfunktion beschrieben, sondern durch eine Funktion der in Bild 2.2 angegebenen Gestalt. Dieser Effekt folgt nicht aus dem einfachen Modell, das wir oben besprochen haben, sondern ist auf das Vorhandensein von Dämpfungskräften zurückzuführen, die zusätzlich zur rücktreibenden elastischen Kraft auftreten. Die viskose und magnetische Dämpfung, die wir in Experiment M-3 behandelt haben, und alle Arten von Reibungskräften sind Beispiele für die Dämpfung.

Die Dämpfung kann entsprechend den Ergebnissen von Experiment M-3 in unser Modell eingebaut werden. Hierzu nehmen wir an, daß die Dämpfungskraft, gleichgültig ob sie von viskoser Reibung oder von magnetischer Dämpfung herrührt, der Geschwindigkeit proportional ist, und durch die folgende Gleichung beschrieben wird.

$$F = -bv = -b\,\frac{dx}{dt} \ . \tag{2.34}$$

Darin ist b die Dämpfungskonstante, die für die Größe der Dämpfungskraft charakteristisch ist und bestimmt, wie schnell die Schwingungen abnehmen. Ein großer Wert von b bedeutet schnelles Abnehmen der Schwingungsamplitude, ein kleiner Wert von b das Gegenteil. Die durch Gl. (2.34) gegebene zusätzliche Kraft muß in die Differentialgleichung einbezogen werden. Das zweite Newtonsche Gesetz wird somit

$$m\,\frac{d^2x}{dt^2} + b\,\frac{bx}{dt} + kx = 0 \ . \tag{2.35}$$

Der Zusammenhang der Dämpfung mit den Eigenschaften des Systems (den Konstanten k, m und b) kann genauer untersucht werden. Dies kann auf zwei Arten geschehen. Entweder man verwendet Näherungen, die vom Energiesatz ausgehen, oder man nimmt die allgemeine

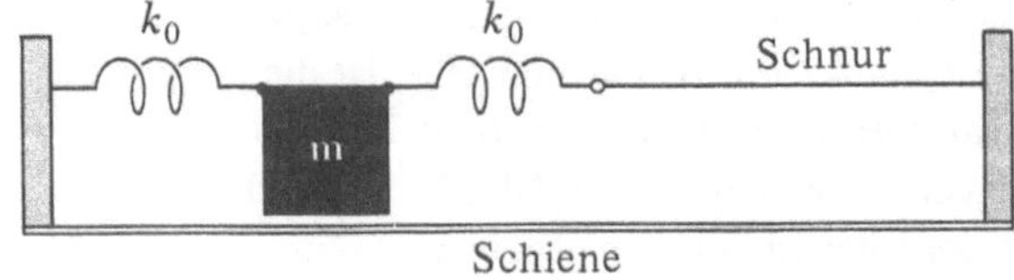

Bild 2.1

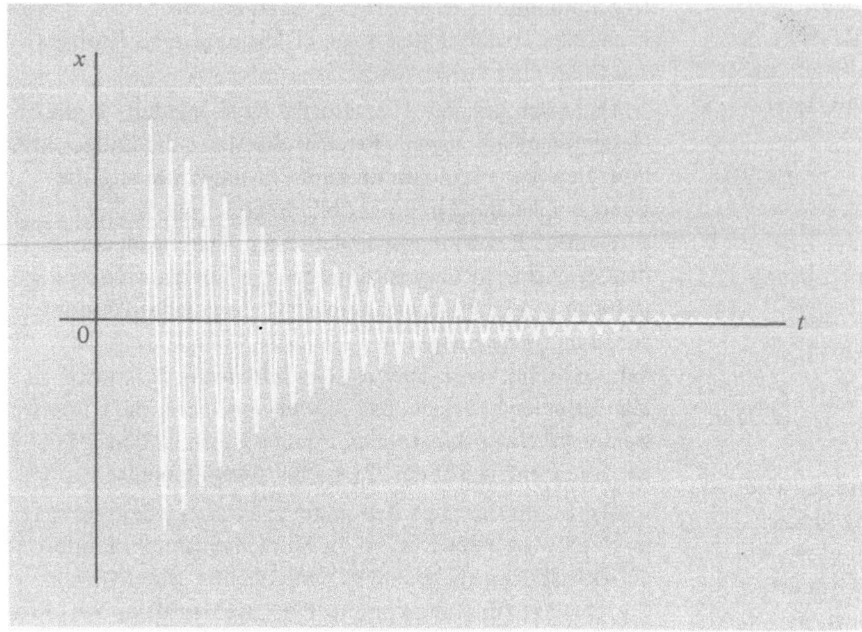

Bild 2.2

Lösung von Gl. (2.35) als Ausgangspunkt. Wir werden hier nur die erste Methode behandeln, da die zweite Methode komplizierter ist.

Stellen wir uns als erstes die folgende Frage: Wieviel Energie *verliert* das System während einer bestimmten Periode, wenn die maximale Auslenkung (Amplitude) für diese Periode x_0 ist? Der Energieverlust pro *Zeiteinheit* ist die Arbeit, die pro Zeiteinheit gegen die Dämpfungskräfte verrichtet wird. Sie ist einfach Dämpfungskraft (bv) mal Geschwindigkeit v oder bv^2. Diese Größe ändert sich während der Periode. Man erhält jedoch eine gute Näherung für den *gesamten* Energieverlust, wenn man den *mittleren* Energieverlust pro Sekunde während der Periode (den Mittelwert von bv^2) mit der Zeit multipliziert, die die Periode dauert.

$$T = \frac{1}{f} = \frac{2\pi}{\omega} = 2\pi \left(\frac{m}{k} \right)^{1/2} . \qquad (2.36)$$

Um den Mittelwert von v^2 zu bestimmen, gehen wir davon aus, daß die mittlere kinetische Energie $\langle \frac{1}{2} mv^2 \rangle$ für den harmonischen Oszillator gleich der mittleren potentiellen Energie $\langle \frac{1}{2} kx^2 \rangle$ ist. Jede dieser Größen ist wiederum gleich der halben Gesamtenergie E. Es gilt also $\frac{1}{2} m \langle v^2 \rangle = \frac{1}{2} E$. Der mittlere Energieverlust pro Zeiteinheit ist daher

$$\left\langle \frac{dE}{dt} \right\rangle = - \langle bv^2 \rangle = \frac{b}{m} E \qquad (2.37)$$

und der Energieverlust während einer Periode ist

$$\Delta E = - \left(\frac{b}{m} E \right) \left(\frac{2\pi}{\omega} \right) = - 2\pi \frac{b}{(km)^{1/2}} E . \qquad (2.38)$$

dE/dt ist im Verlauf einer Periode nicht konstant, sondern hat seinen größten Wert, wenn v am größten ist, und ist Null, wenn v Null ist. Wenn wir von dieser Änderung absehen und die *mittlere* Abnahme der Energie betrachten, so ist Gl. (2.37) eine Differentialgleichung für E. Ihre Lösung gibt die Energie als Funktion der Zeit an. Wie man leicht durch Einsetzen überprüfen kann, ist die Lösung von Gl. (2.37)

$$E = E_0 \, e^{-(b/m)t}, \qquad (2.39)$$

worin E_0 die Gesamtenergie zur Zeit $t = 0$ ist. Wie man sieht, nimmt die Energie des Oszillators exponentiell ab. Die Zeit (m/b), in der die Energie auf $1/e$ ihres Anfangswertes abnimmt, wird *Relaxationszeit* genannt.

Es ist zweckmäßig, die sogenannte *Güte Q* einzuführen. Das Verhältnis von maximal im System *gespeicherter* Energie zu der während einer Periode verlorengehenden Energie definiert diese Konstante. Aus Gl. (2.38) findet man für Q

$$Q = \frac{2\pi E}{\Delta E} = \frac{m\omega}{b} = \frac{(mk)^{1/2}}{b} . \qquad (2.40)$$

Da wir nun die zeitliche Abnahme der Energie des Systems kennen, fragen wir, wie die *Amplitude*, die oft unmittelbar beobachtet werden kann, mit der Zeit abnimmt. Da E mit dem *Quadrat* der Amplitude geht, ist die Amplitude der *Quadratwurzel* von E proportional. Die zeitliche Änderung von x_0 ist daher nach Gl. (2.39) durch eine Funktion der folgenden Form gegeben

$$(e^{-(b/m)t})^{1/2} = e^{-(b/2m)t} .$$

Die Zeitabhängigkeit der Amplitude lautet also

$$x_0(t) = x_0 e^{-(b/2m)t},\qquad(2.41)$$

worin x_0 die Amplitude zur Zeit $t = 0$ bedeutet.

Die Relaxationszeit für die *Schwingungsamplitude* (die Zeit, in der die Amplitude auf $1/e$ ihres ursprünglichen Wertes abfällt) ist daher

$$\tau = \frac{2m}{b}.\qquad(2.42)$$

Wir können auch die Halbwertszeit $T_{1/2}$ definieren. Das ist die Zeit, in der die Amplitude auf die *Hälfte* ihres ursprünglichen Werts abfällt. Sie ist

$$T_{1/2} = \tau \ln 2 = \frac{2m \ln 2}{b} = \frac{1{,}386\,m}{b}.\qquad(2.43)$$

Wenn man Gl. (2.42) oder Gl. (2.43) mit Gl. (2.40) kombiniert, ergibt sich

$$Q = \frac{1}{2}\,\omega\tau = \frac{1}{2}\left(\frac{2\pi}{T}\right)\left(\frac{T_{1/2}}{\ln 2}\right) = \frac{\pi}{\ln 2}\,\frac{T_{1/2}}{T}.\qquad(2.44)$$

Q kann also durch unmittelbar beobachtbare Eigenschaften der Bewegung ausgedrückt werden.

Zum Abschluß wollen wir kurz ein System, das zwei Massen enthält, betrachten. Das einfachste Beispiel eines solchen Systems ist in Bild 2.3 gezeigt. Wenn man eine der beiden Massen aus der Ruhelage bringt und dann losläßt, hat die resultierende Bewegung *nicht* die Form einer Sinusfunktion. Es gibt aber Bewegungsformen des Systems, bei denen jede Masse eine Sinusbewegung ausführt. Beispielsweise können sich die beiden Massen in gleicher Weise bewegen, so daß ihre gegenseitige Entfernung konstant bleibt. Eine genaue Betrachtung zeigt, daß die mittlere Feder bei dieser Bewegung für keine der beiden Massen einen Beitrag zur rücktreibenden Kraft liefert. Die effektive Kraftkonstante ist daher einfach k_0 und die Kreisfrequenz dieser Bewegung ist durch

$$\omega = \left(\frac{k_0}{m}\right)^{1/2}\qquad(2.45)$$

gegeben.

Andererseits können die beiden Massen genau entgegengesetzte Bewegungen ausführen. In diesem Fall bleibt der Mittelpunkt der mittleren Feder in Ruhe. Die Bewegung jeder der beiden Massen läuft so ab, als ob auf der einen Seite auf sie eine Feder mit der Federkonstante k_0 und auf der anderen Seite eine *halb so lange* Feder wirken

würde. Eine Feder der halben Länge hat eine doppelt so große Kraftkonstante. (Warum?) Die effektive Kraftkonstante ist daher für jede Masse $3k_0$ und somit ergibt sich für die Frequenz

$$\omega = \left(\frac{3k_0}{m}\right)^{1/2}.\qquad(2.46)$$

Diese Vorhersagen können experimentell überprüft werden. Desgleichen kann die Dämpfung untersucht werden und Halbwertszeit und Gütefaktor für jede Bewegung können bestimmt werden. Jede Bewegung des Systems von gekoppelten Oszillatoren, bei der alle Massen eine sinusförmige Bewegung der gleichen Frequenz ausführen, nennt man *Normalschwingung* des Systems. Bei jeder Normalschwingung besteht ein charakteristischer Zusammenhang zwischen den Frequenzen der Bewegungen der einzelnen Teile des Systems.

2.5.2. Experiment

1. Federkonstante. Um die obigen theoretischen Vorhersagen experimentell überprüfen zu können, müssen Masse und Federkonstante bekannt sein. Zur Messung der Federkonstante empfiehlt es sich, die in Bild 2.4 gezeigte Anordnung zu verwenden. Befestigen Sie das eine Ende der Feder an jenem Ende der Schiene, das der Luftkissenrolle gegenüberliegt. Das andere Ende der Feder wird am Gleiter festgeschraubt. Befestigen Sie ein Stück Magnetband mit einem Klebeband an der Oberseite des Gleiters. Dieses Magnetband wird dann über die Luftkissenrolle gelegt und an seinem anderen Ende eine Waagschale befestigt. Die Luftkissenrolle muß genügend Luftzufuhr haben, damit das Magnetband keine Reibung hat.

Notieren Sie die Gleichgewichtslage der Bezugslinie auf dem Gleiter, und legen Sie dann sukzessive Gewichtsstücke von 10 g auf die Waagschale. Notieren Sie jedesmal die Lage

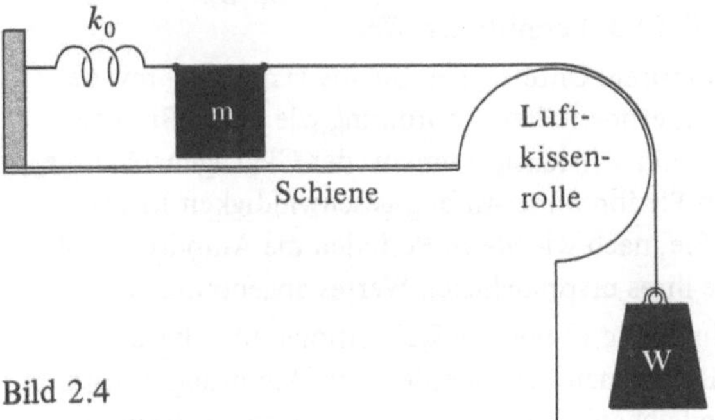

Bild 2.4

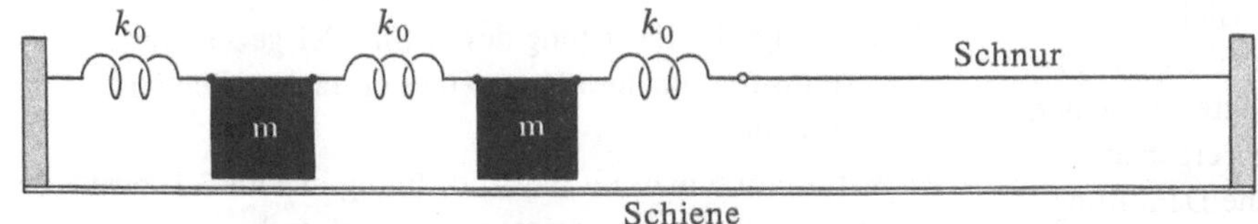

Bild 2.3

der Bezugslinie und setzen Sie diesen Vorgang fort, bis Sie 100 g erreichen. Dehnen Sie die Feder um nicht mehr als 20 cm, da sie sich sonst auf Dauer deformiert und, auch wenn die Gewichtsstücke entfernt worden sind, nicht mehr ihre ursprüngliche Länge annimmt.

Zeichnen Sie eine Kurve, die die Verlängerung der Feder als Funktion der angewandten Kraft darstellt. Die Kraft auf die Feder ist durch das *Gewicht (mg)* der gesamten Masse am Ende des Magnetbandes gegeben. Bestimmen Sie die Federkonstante k_0 aus dieser Kurve.

2. Einfache harmonische Bewegung. Entfernen Sie das Magnetband vom Gleiter und befestigen Sie an einer Stelle eine zweite mit der ersten identische Feder, um die einfache harmonische Bewegung zu untersuchen. Befestigen Sie ein Stück Schnur am freien Ende dieser Feder und spannen Sie die Schnur so, daß beide Federn um etwa 10 cm gedehnt werden. Dann binden Sie die Schnur am Ende der Schiene fest. Nun bringen Sie den Gleiter etwa 5 cm aus seiner Gleichgewichtslage und lassen ihn los. Beobachten Sie die Bewegung und beachten Sie den Übergang der kinetischen Energie des Gleiters in potentielle Energie der Federn und umgekehrt.

Messen Sie die für 10 Perioden der Bewegung erforderliche Zeit, und bestimmen Sie daraus die Schwingungsdauer T und die Frequenz f. Wiederholen Sie diese Messung mit kleineren und größeren Schwingungsamplituden. Stellen Sie eine Änderung der Frequenz fest? Berechnen Sie aus den Meßwerten von Frequenz und Kraftkonstante die Masse des Gleiters. Vergleichen Sie das Ergebnis mit der Messung der Masse in Experiment M-1. Steht Ihnen dieser Meßwert nicht zur Verfügung, so bestimmen Sie die Masse mit einer Waage. Berechnen Sie die Schwingungsdauer aus Gl. (2.32) und vergleichen Sie das Ergebnis mit dem Meßwert von T. Liegt der Unterschied innerhalb des experimentellen Fehlers? Erhöhen Sie die Masse des Gleiters durch Hinzufügen von Gewichtsstücken und vergleichen Sie auch für diesen Fall die Schwingungsdauer mit dem aus Gl. (2.32) ermittelten Wert.

3. Dämpfung. Untersuchen Sie die Dämpfung mit der gleichen experimentellen Anordnung wie oben. Bringen Sie den Gleiter vorsichtig 5 cm aus der Gleichgewichtslage, und lassen Sie ihn ohne Anfangsgeschwindigkeit los. Bestimmen Sie, nach wie vielen Perioden die Amplitude auf die Hälfte ihres ursprünglichen Wertes abgenommen hat.

Berechnen Sie Q und die Relaxationszeit τ für das System. Bestimmen Sie außerdem die Dämpfungskonstante b und vergleichen Sie diese mit den Werten aus Experiment M-3.

Bringen Sie jetzt Dämpfungsmagnete am Gleiter an und bestimmen Sie wiederum Q. Vergleichen Sie ihr Ergebnis mit den Werten von Q, die sich für einen Gleiter derselben Masse, der nur viskoser Dämpfung unterliegt, ergeben. Welchen Wert hätte Q, wenn nur magnetische Dämpfung vorläge?

Untersuchen Sie schließlich, wie sich Q als Funktion der Masse des Gleiters verändert. Anfänglich wächst Q mit der Masse, geht dann durch ein Maximum und fällt schließlich dann wieder ab. Warum hat Q diese Massenabhängigkeit?

4. Gekoppelte Oszillatoren. Zur Untersuchung gekoppelter Oszillatoren stellen Sie das in Bild 2.3 gezeigte System zusammen und spannen Sie die Schnur so fest, daß jede Feder ungefähr 10 cm gedehnt ist. Verschieben Sie eine Masse, während Sie die andere festhalten und lassen Sie dann beide gleichzeitig los. Es ergibt sich eine sehr komplizierte Bewegung. Jetzt versuchen Sie folgendes: Verschieben Sie beide Massen um den gleichen Betrag gegen die Mitte und lassen Sie sie dann gleichzeitig los. Ist die Bewegung jetzt sinusartig? Diese Schwingungsform, in der sich die Massen in entgegengesetzten Richtungen bewegen, wird symmetrisch genannt. Messen Sie die Zeit für 10 Schwingungen, bestimmen Sie daraus die Frequenz und vergleichen Sie diese mit der Vorhersage von Gl. (2.46).

Verschieben Sie beide Massen um den gleichen Betrag in dieselbe Richtung und lassen Sie sie los. Ist die Bewegung sinusförmig? Bestimmen Sie wieder die Frequenz und vergleichen Sie diese mit der theoretischen Vorhersage. Diese Schwingungsform nennt man antisymmetrisch.

5. Modifizierte Oszillatoren. Eine interessante Abänderung des Systems ergibt sich, indem man die mittlere Feder durch eine Feder sehr kleiner Kraftkonstante ersetzt. In diesem Fall haben die symmetrische und die antisymmetrische Schwingungsform nahezu die gleiche Frequenz. (Warum?) Hierzu koppelt man die Oszillatoren mit einer Feder der Federkonstante 0,05 N. Stellen Sie ein solches System zusammen und verschieben Sie eine Masse, während Sie die andere festhalten. Dann lassen Sie beide Massen gleichzeitig los. Was geschieht? Wie läßt sich dieses Verhalten durch die Normalschwingungen des Systems erklären?

Bestimmen Sie, nach wieviel Perioden die Amplitude auf die Hälfte ihres ursprünglichen Wertes abgefallen ist und berechnen Sie Q. Diese Größen können für die beiden Schwingungsformen verschieden sein. Vergleichen Sie diese beiden Q-Werte mit dem Q-Wert für eine einzelne Masse. Legen Sie einen Streifen Kitt über die mittlere Feder und wiederholen Sie die Bestimmung von Q. Was finden Sie? War ihr Resultat zu erwarten?

2.5.3. Fragen

1. Wie hängt die Bewegung des in Bild 2.1 gezeigten Systems mit der Bewegung eines einfachen Pendels zusammen?

2. Warum muß man für die Anordnung in Bild 2.1 zwei Federn verwenden anstatt einer einzigen?

3. Welche Federkonstante ergibt sich für die beiden Teile, wenn man eine Feder mit der Federkonstante k_0 in der Mitte durchschneidet?

4. Welche Federkonstante erhält man, wenn man zwei gleiche Federn der Federkonstante k_0 aneinander hängt? Was folgt, wenn sie parallel gespannt werden?

5. Ein harmonischer Oszillator, der nur viskos gedämpft ist, habe den Q-Wert Q_v, einer, der nur magnetisch gedämpft ist, den Q-Wert Q_m. Zeigen Sie, daß, wenn beide Dämpfungsarten wirken, der Gesamtwert Q_{tot} durch

$$\frac{1}{Q_{tot}} = \frac{1}{Q_v} + \frac{1}{Q_m}$$

gegeben ist.

6. Ist die Größe m, die in die Frequenz eingeht, die träge oder die schwere Masse des Gleiters? Spielt dies eine Rolle?

7. In der obigen Untersuchung harmonischer Oszillatoren wurden die Massen der Federn vernachlässigt. Würde eine Berücksichtigung der Federmassen die Frequenz erhöhen oder erniedrigen? Schätzen Sie die Größenordnung der Korrektur grob ab; ist sie 0,1 %, 1 %, 100 % oder?

8. Ist bei einem System gekoppelter Oszillatoren der Effekt der Federmasse für die symmetrische oder die antisymmetrische Schwingungsform wichtiger?

2.6. Experiment M-5: Erzwungene Schwingungen

2.6.1. Einleitung

In diesem Experiment untersuchen wir das Verhalten eines harmonischen Oszillators, auf dessen Masse zusätzlich zur Feder- und Dämpfungskraft von Experiment M-4 eine Kraft wirkt, die sich nach einem Sinus zeitlich ändert.

Diese Anordnung dient als Modell für eine Klasse von Systemen, bei denen ein mechanisch schwingendes System unter dem Einfluß einer periodischen äußeren Kraft steht. Ein solches System kann mit derselben Frequenz wie die äußere Kraft schwingen. Seine Amplitude hängt sowohl von der Stärke der Kraft als auch von ihrer Frequenz ab. Ist die Frequenz der Kraft nahe der natürlichen Schwingungsfrequenz des Systems, kann die Amplitude dieser „erzwungenen Schwingung" sehr groß werden. Dieses Phänomen ist als *Resonanz* bekannt.

Die experimentelle Anordnung ist derjenigen von Experiment M-4 sehr ähnlich. Der wesentliche Unterschied besteht darin, daß das eine Ende der Schnur jetzt nicht am Schienenende befestigt ist, sondern an einer Vorrichtung, mit der die Schnur in eine sinusförmige Bewegung mit regelbarer Amplitude und Frequenz versetzt werden

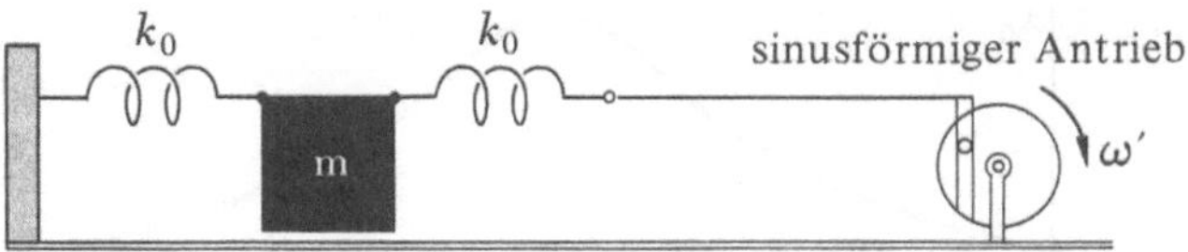

Bild 2.5

kann (Bild 2.5). Diese Bewegung erzeugt eine sinusförmige Änderung in der Ausdehnung der Feder, wodurch eine zusätzliche sinusförmige Kraft auf die Masse ausgeübt wird. Die Bewegung der Schnur wird durch $r \cos \omega' t$ beschrieben, worin r die Amplitude der Bewegung und ω' ihre Kreisfrequenz bedeuten. Wenn die Federkonstante k_0 ist, ergibt sich für die zusätzliche sinusförmige Kraft auf die Masse

$$F = k_0 x = k_0 r \cos \omega' t. \tag{2.47}$$

ω' ist natürlich nicht unbedingt gleich der natürlichen Frequenz $\omega = (k/m)^{1/2}$ des Systems, mit der das System in Abwesenheit der äußeren sinusförmigen Kraft schwingen würde.

Die sinusförmige Antriebskraft bewirkt eine sinusförmige Bewegung der Masse, die die gleiche Frequenz wie die treibende Kraft hat. Dies rührt vom Kraftterm her, der nun zusätzlich im zweiten Newtonschen Gesetz auftritt. Vernachlässigt man einstweilen die Dämpfung, so findet man als Analogon zu Gl. (2.30)

$$-kx + k_0 r \cos \omega' t = m \frac{d^2 x}{dt^2}. \tag{2.48}$$

Es stellt sich die Frage, ob diese Gleichung eine Lösung der Form

$$x = x_0 \cos \omega' t \tag{2.49}$$

hat, worin ω' dieselbe Frequenz wie in Gl. (2.47) und x_0 eine Konstante ist, die noch bestimmt werden muß. Setzt man diesen Lösungsansatz in Gl. (2.48) ein, so ergibt sich für x_0:

$$x_0 = \frac{1}{2} \frac{\omega^2}{\omega^2 - \omega'^2} r, \tag{2.50}$$

worin ω die natürliche Frequenz des Systems mit $k = 2k_0$ ist.

Es zeigt sich, daß Gl. (2.49) eine Lösung von Gl. (2.48) ist, falls die Schwingungsamplitude x_0 durch Gl. (2.50) gegeben ist. Ist die treibende Frequenz ω' *kleiner* als die natürliche Frequenz ω, so ist die Amplitude positiv und die erzwungene Schwingung hat die *gleiche Phase* wie die treibende Kraft. Für $\omega' > \omega$ ist die Schwingung um 180° (eine halbe Periode) gegenüber der treibenden Kraft phasenverschoben. Für $\omega' = \omega$ wird die Amplitude nach Gl. (2.50) unendlich, was auf die Vernachlässigung der Reibung zurückzuführen ist. Eine genauere Behandlung, die die Rei-

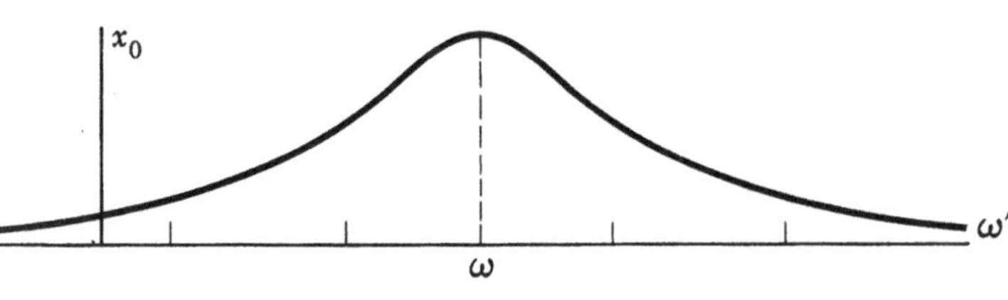

Bild 2.6

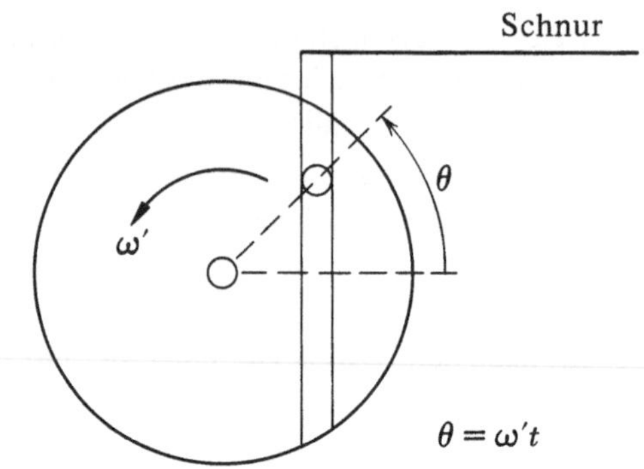

Bild 2.7

bung berücksichtigt, liefert eine Amplitudenfunktion, die für ω' gleich ω ein Maximum hat (Bild 2.6) und nicht eine Singularität. Wie erwähnt, ist dieses Maximum der Amplitude einer erzwungenen Schwingung als *Resonanz* bekannt.

Bei den erzwungenen Schwingungen eines gedämpften Oszillators wird durch die Dämpfungskraft ständig Energie in Wärme verwandelt, aber die treibende Kraft ersetzt diesen Energieverlust, indem sie am System Arbeit verrichtet. Die Amplitude der erzwungenen Schwingung ist durch die Forderung bestimmt, daß der mittlere Energieverlust auf Grund der Dämpfung der mittleren Arbeit, die durch die treibende Kraft verrichtet wird, gleich ist. Mit dieser Beziehung kann die Resonanzamplitude berechnet werden. Wir wollen hier nur in einfacher Weise das Prinzip dieses Ergebnisses behandeln.

Wie wir in Experiment M-4, Gl. (2.40), gezeigt haben, ist der mittlere Energieverlust pro Zeiteinheit proportional E/Q. Die Gesamtenergie E wiederum ist dem Quadrat der Amplitude x_0^2 proportional. Der Energieverlust pro Zeiteinheit ist daher proportional x_0^2/Q. Die Leistung der treibenden Kraft ist proportional der Geschwindigkeit und diese wieder proportional zu x_0. Die Leistung ist auch proportional der Amplitude der Kraftfunktion, die wiederum proportional r ist. Die Leistung ist daher proportional $x_0 r$. Insgesamt ergibt sich daraus für den Zusammenhang zwischen dem Energieverlust pro Zeiteinheit und der Leistung der treibenden Kraft die Beziehung:

$$\frac{x_0^2}{Q} = (\text{const.})\, x_0 r.$$

Dimensionsbetrachtungen zeigen, daß die Proportionalitätskonstante eine reine (dimensionslose) Zahl sein muß, da Q ein dimensionsloses Verhältnis ist. Eine genauere Rechnung zeigt, daß ihr Wert $\frac{1}{2}$ ist. Die richtige Beziehung ist somit

$$x_0 = \tfrac{1}{2} Q r. \qquad (2.51)$$

Es muß betont werden, daß Gl. (2.51) nur für die Resonanzamplitude gilt, da die treibende Kraft nur dann mit der Geschwindigkeit der Masse in *Phase* ist. Für andere Frequenzen sind die beiden nicht in Phase und die Leistung der Kraft ist nicht mehr proportional x_0 und r.

Die sinusförmige Verschiebung der Schnur wird durch eine mechanische Vorrichtung erzeugt, deren Wirkungs-

weise Bild 2.7 zeigt. Ein exzentrischer Stift wird von einem Gleichstrommotor angetrieben und rotiert mit gleichförmiger Geschwindigkeit. Er bewegt sich in einem vertikalen Spalt auf und ab. Wie das Bild zeigt, ergibt sich für die horizontale Verschiebung des Stiftes die Gleichung

$$x = r \cos \omega' t,$$

worin r den Abstand des Stiftes von der Drehachse und ω' die Winkelgeschwindigkeit der Rotation bedeutet. Durch Verändern von r kann die Amplitude der Verschiebung geändert werden.

Die Frequenz der Verschiebung wird durch die dem Motor zugeführte Spannung geregelt. Es gibt Motoren, deren Geschwindigkeit der angelegten Spannung nahezu proportional ist. Der Grund für diesen einfachen Zusammenhang liegt darin: Durch die Rotation des Ankers im stationären magnetischen Feld wird im Anker eine Gegenspannung induziert. Die Geschwindigkeit des Motors wächst solange, bis die induzierte Gegenspannung gleich der angelegten Spannung ist (unter Vernachlässigung des ohmschen Widerstands der Ankerwicklungen). Somit ist die Geschwindigkeit der Spannung proportional, da die Gegenspannung der Motorgeschwindigkeit direkt proportional ist. Diese Beziehung kann experimentell überprüft werden. Sobald dies geschehen ist, bestimmt man die Frequenz des Antriebsmechanismus am einfachsten, indem man die am Motor angelegte Spannung mißt und die eben erwähnte Beziehung verwendet, um die Frequenz zu berechnen.

2.6.2. Experiment

1. Eichung des Motors. Sobald der Motor und die Antriebsvorrichtung auf dem Träger der Luftschiene montiert sind, schließen Sie den Motor und ein Voltmeter an die Niederspannungsquelle an (Bild 2.8). Stellen Sie das Voltmeter auf den Bereich bis 30 V oder 50 V ein. Nun verbinden Sie Spannungsquelle, Motor und Voltmeter nach dem Schaltplan in Bild 2.8, schalten die Spannungsquelle ein und erhöhen die Spannung, bis der Motor zu laufen beginnt. Unterhalb einer bestimmten kritischen Spannung läuft der Motor nicht stabil und kann wieder

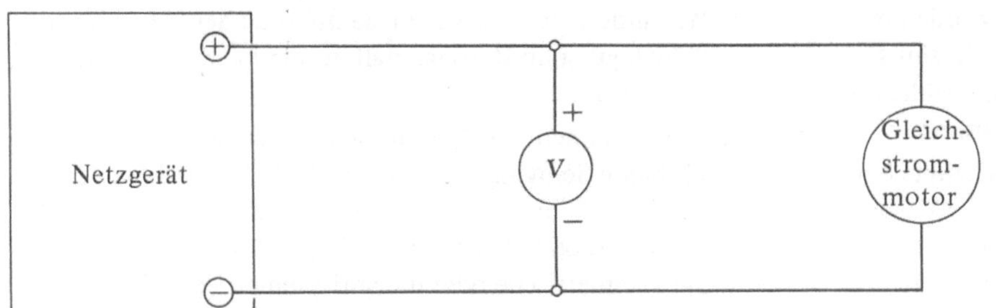

Bild 2.8

zum Stillstand kommen. Falls dies eintritt, erhöhen Sie die Spannung, bis er wieder läuft.

Messen Sie die Zeit, die der Motor für zehn Umdrehungen (oder eine größere Anzahl, wenn sie eine höhere Genauigkeit wünschen) benötigt, bei verschiedenen Spannungswerten bis zur maximalen Betriebsspannung des Motors. Berechnen Sie die Frequenz und zeichnen Sie die Frequenz als Funktion der Spannung auf. Dies ist Ihre Eichkurve für die folgenden Teile des Experiments. Ist sie eine Gerade? Wenn das nicht der Fall ist, geben Sie ein quantitatives Maß für die Abweichung von einer Geraden an. Geht die Kurve durch den Ursprung? Falls nicht, warum?

2. Resonanz. Ordnen Sie jetzt den harmonischen Oszillator und den sinusförmigen Antrieb wie in Bild 2.5 an. Stellen Sie die Antriebsvorrichtung so ein, daß die Amplitude r der Antriebsverschiebung zwischen 1 mm und 2 mm liegt. Verändern Sie die Motorgeschwindigkeit, um die Geschwindigkeit herauszufinden, bei der die größte Schwingung oder Resonanz auftritt. Bestimmen Sie die Resonanzfrequenz mit Hilfe ihrer Eichkurve oder indem sie die Motorgeschwindigkeit direkt messen. Vergleichen Sie das Ergebnis mit der natürlichen Frequenz des Systems, die in Experiment M-4 bestimmt wurde. Können Sie einen Grund dafür angeben, falls die beiden innerhalb der experimentellen Fehlergrenzen nicht übereinstimmen? Bestimmen Sie Q und vergleichen Sie ihr Ergebnis mit dem in Experiment M-4 erhaltenen Wert.

3. Magnetische Dämpfung. Bringen Sie Dämpfungsmagnete am Gleiter an und bestimmen Sie wieder die Resonanzfrequenz. Vergleichen Sie diese mit ihrem früheren Ergebnis. Vergleichen Sie auch den hier erhaltenen Wert von Q mit Experiment M-4.

4. Normalschwingungen. In Experiment M-4 haben wir die Normalschwingungen des in Bild 2.9 gezeigten Systems untersucht. Wir fanden, daß es zwei Normalschwingungsformen gibt. Für die symmetrische Form ist die Frequenz durch

$$\omega_s = \left(\frac{3k_0}{m}\right)^{1/2}$$

und für die antisymmetrische durch

$$\omega_a = \left(\frac{k_0}{m}\right)^{1/2}$$

gegeben.

Stellen Sie die Motorgeschwindigkeit so ein, daß die antisymmetrische Schwingungsform angeregt wird. Bestimmen Sie die Frequenz dieser Form und vergleichen Sie diese mit dem in Experiment M-4 für freie Schwingungen erhaltenen Ergebnis. Führen Sie die gleiche Untersuchung für die symmetrische Schwingungsform durch.

5. Zusätzliche Dämpfung. Sie können die symmetrische Schwingungsform dämpfen, indem Sie einen Streifen Kitt über die mittlere Feder legen, nicht aber die antisymmetrische. Warum? Bestimmen Sie die Resonanzamplituden der beiden Normalschwingungsformen unter diesen Umständen.

6. Zusätzliche Masse. Vergrößern Sie die Masse eines der beiden Gleiter und suchen Sie die beiden Normalschwingungsformen. Wie unterscheiden sich die Bewegungen der beiden Normalschwingungsformen vom Verhalten für gleiche Massen?

2.6.3. Fragen

1. Warum ist die Kurve, die die Motorgeschwindigkeit als Funktion der Spannung angibt, keine Gerade?

2. Warum geht die Kurve, die die Motorgeschwindigkeit als Funktion der Spannung angibt, nicht durch den Ursprung?

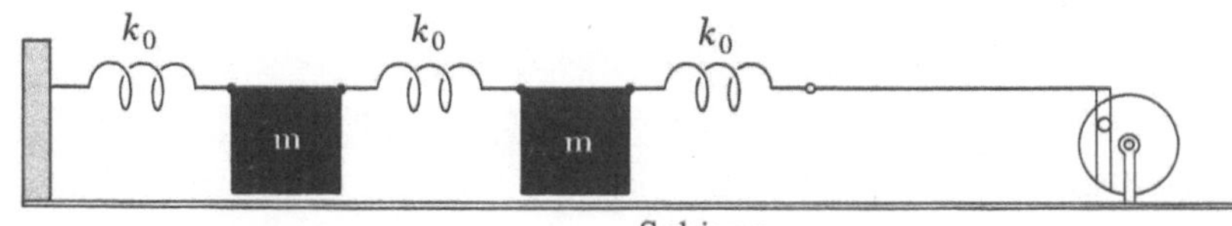

Schiene

Bild 2.9

3. Gleich nachdem der Motor eingeschaltet worden ist, scheint der Gleiter eine unregelmäßige, nicht sinusförmige Bewegung auszuführen, die erst allmählich in eine sinusförmige Bewegung übergeht. Warum?

4. Zeigen Sie, daß die Geschwindigkeit des Gleiters eine Sinusfunktion der Zeit ist, die gegenüber der Verschiebung des Gleiters um $90°$ ($\frac{1}{4}$ Periode oder $\pi/2$) phasenverschoben ist.

5. Zeigen Sie, daß die durch die Kraft am System verrichtete Arbeit im Mittel gleich Null ist, wenn die Geschwindigkeit relativ zur treibenden Kraft um $\pm\pi/2$ phasenverschoben ist.

6. Wie ändert sich die Maximalamplitude der erzwungenen Schwingung im Resonanzfall, wenn die Masse des Gleiters vermindert wird?

7. Angenommen, die Amplitude der treibenden Kraft ist für beide Schwingungsformen gleich. Würden Sie dann auf Grund der Ergebnisse von Experiment M-4 erwarten, daß die Maximalamplitude gekoppelter Oszillatoren für die symmetrische oder die antisymmetrische Schwingungsform größer ist? Geben Sie eine Erklärung.

3. Elektronische Instrumente (EI)

3.1. Einleitung

In der heutigen Wissenschaft und Technologie spielen
elektronische Instrumente eine zentrale und unentbehrliche Rolle. Nahezu jede Messung in der Physik, der Chemie
oder der Biologie erfordert ein kompliziertes, elektronisches
Gerät. Das Entwerfen elektronischer Meßgeräte ist zu einer
eigenen Spezialwissenschaft geworden. Dennoch braucht
jeder Wissenschaftler und Ingenieur gewisse elektronische
Kenntnisse, um die Anwendung elektronischer Geräte in
seinem Spezialgebiet zu verstehen.

In der folgenden Reihe von Experimenten werden wir
die Funktion einiger grundlegender Geräte, wie Meßgeräte,
Netzgeräte, Funktionsgeneratoren und Oszillographen untersuchen. Die Eignung jedes dieser Instrumente für bestimmte
Anwendungen ist von seinen Eigenarten und von seinen
Grenzen abhängig. Daher ist es wichtig, diese genau zu verstehen. Ebenso notwendig ist es, die Wechselwirkung zwischen Meßgerät und beobachtetem System zu kennen. Jede
Messung erfordert eine geringe Wechselwirkung mit dem zu
messenden System, und das Verhalten dieses Systems wird
durch das Meßinstrument immer ein wenig verändert.

Das Ziel dieser Experimente ist daher, die Eigenarten
einiger besonders wichtiger Geräte und ihre Grenzen bezüglich Stabilität, Empfindlichkeit und Genauigkeit kennen zu lernen, sowie ihre Wechselwirkungen mit den zu
untersuchenden Systemen zu überprüfen.

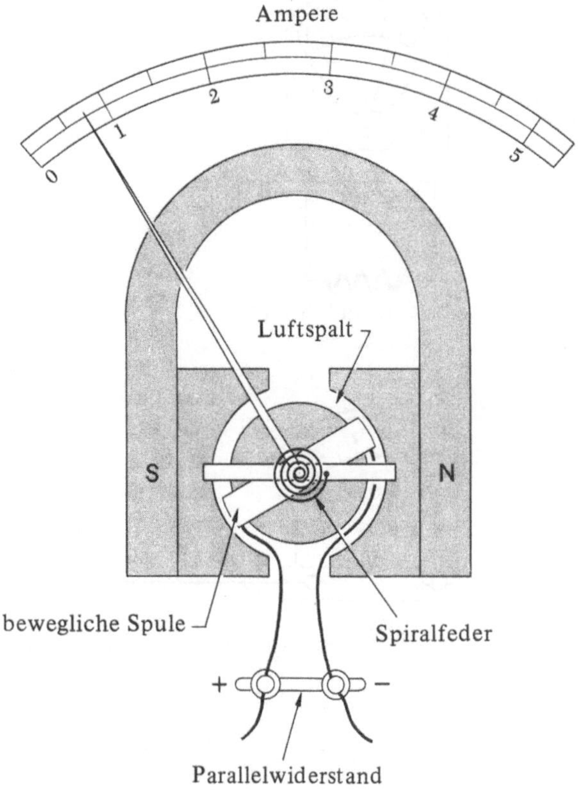

Bild 3.1

3.2. Experiment EI-1:
Spannungs-, Strom- und Widerstands-
messungen

3.2.1. Einleitung

Mit diesem Experiment wird mit einem gewöhnlichen
Röhrenvoltmeter (oft RVM abgekürzt) und dessen Verwendung bei der Messung von Spannung, Strom und
Widerstand vertraut gemacht. Dieses Gerät soll ferner als
einfaches Beispiel dienen, um die Funktion von Meßinstru-
menten kritisch zu durchleuchten. Dazu gehört es, ihre
Empfindlichkeit und Genauigkeit sowie die Art und Weise,
in der sie mit dem zu messenden System wechselwirken,
zu untersuchen.

Die gebräuchlichsten elektrischen Meßgeräte für Spannung und Strom sind Drehspulgalvanometer. Sie bestehen
aus einer in einem Magnetfeld drehbaren Spule, an der
eine Spiralfeder befestigt ist. Die Spiralfeder sucht die
Spule in eine Gleichgewichtslage zu drehen. Bild 3.1 zeigt
das Schema einer typischen Anordnung. Fließt durch die
Spule ein Strom, übt das magnetische Feld auf die Spule
ein Drehmoment aus, das dem Strom proportional ist.
Dadurch dreht sich die Spule so weit, bis dieses Drehmoment durch das rücktreibende Drehmoment der Feder
ausgeglichen wird. Letzteres ist dem Drehwinkel proportional. Daher ist der Drehwinkel der Spule dem Strom

direkt proportional. Bringt man einen Zeiger und eine
Skala an, so erhält man ein Strommeßgerät. Die üblichen
tragbaren Drehspulgalvanometer benötigen für einen Ausschlag über die ganze Skala einen Strom von 200 μA und
sie haben einen inneren Widerstand (der Widerstand der
Drehspule) von etwa 750 Ω.

Im einfachsten Fall läßt man den Strom direkt durch
das Amperemeter fließen. Natürlich darf der Strom die
maximale Anzeige der Skala nicht überschreiten; stärkere
Ströme können mechanischen Schaden an Spule und Zeiger verursachen oder sogar zum Durchbrennen der Spule
führen. Um größere Ströme messen zu können, wird dem
Amperemeter ein *Widerstand parallel* geschaltet, wie dies
in Bild 3.2 gezeigt ist. Auf diese Weise fließt nur ein Bruchteil des Gesamtstromes durch das Amperemeter. Ist zum
Beispiel die Maximalanzeige 2000 μA oder 2 mA und der
Innenwiderstand des Stromanzeigers 750 Ω, so verwendet
man einen Parallelwiderstand von 750 Ω/9. Dann entspricht
einer Stromanzeige von 200 μA ein Gesamtstrom von
2000 μA, da durch den Parallelwiderstand 9 · 200 μA
oder 1800 μA fließen. Der Gesamtwiderstand ist 75 Ω.
Beweisen Sie das.

Da jedes Amperemeter einen Innenwiderstand hat, entsteht bei einer Messung stets ein Spannungsabfall zwischen
den Eingängen des Gerätes. Manchmal betrachtet man ein

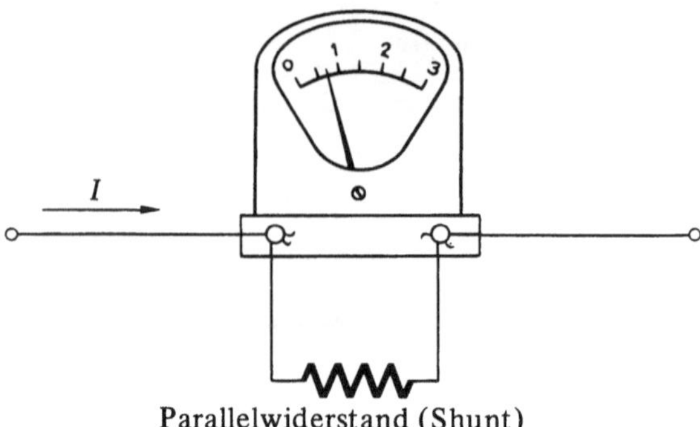

Parallelwiderstand (Shunt)

Bild 3.2

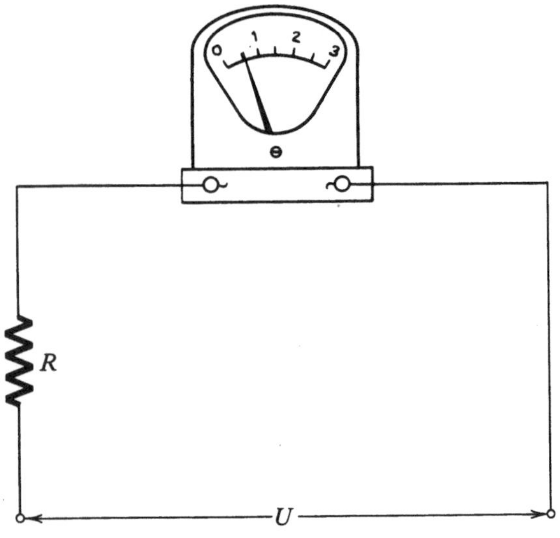

Bild 3.3

idealisiertes Amperemeter, das in den Stromkreis eingeschaltet werden kann, ohne daß ein Spannungsabfall entsteht. Ein derartiger idealisierter Stromanzeiger hätte den Innenwiderstand Null. Wirkliche Meßgeräte erreichen dieses Ideal nie, wenn auch in manchen Fällen der Innenwiderstand vernachlässigbar klein ist.

Um die Potentialdifferenz (Spannung) zwischen zwei Punkten eines Stromkreises mit einem Drehspulgalvanometer zu messen, schaltet man das Meßgerät wie in Bild 3.3. Der Strom, der durch das Meßgerät fließt, ist der Potentialdifferenz proportional. Verwendet man zum Beispiel das obige Meßgerät als Voltmeter mit einem Maximalausschlag von 50 V, so muß durch das Meßgerät und den in Serie geschalteten Widerstand bei einer Potentialdifferenz von 50 V ein Strom von 200 μA fließen. Offensichtlich muß der Gesamtwiderstand von Meßgerät und Vorschaltwiderstand 50 V/200 μA = 250 kΩ betragen. Der Vorschaltwiderstand muß daher 250 kΩ − 750 Ω haben. Man beachte, daß das Voltmeter dem Stromkreis, dessen Potentialdifferenz es mißt, immer ein wenig Strom entnimmt. Manchmal spricht man von einem idealisierten Voltmeter, das dem Stromkreis keinen Strom entnimmt und daher

einen unendlichen Innenwiderstand hat. Wie im Falle des idealisierten Amperemeters kann man ein solches Meßgerät in der Praxis nur näherungsweise verwirklichen.

Elektronische Verstärkung mit Elektronenröhren oder Transistoren wird oft verwendet, um den Bereich der Meßgeräte zu erweitern. So haben zum Beispiel Röhrenvoltmeter einen Innenwiderstand von etwa 10 MΩ und der niedrigste Spannungsbereich ist 0,01 V für den Maximalausschlag. Amperemeter, die mit einem Verstärker arbeiten können, können viel empfindlicher gemacht werden, als dies mit einem Drehspulgalvanometer allein möglich wäre. In einigen Fällen kann der Innenwiderstand des Meßgerätes bedeutend reduziert werden.

Zusätzlich wird in diesen Experimenten ein Netzgerät verwendet, das die 220 V Wechselspannung des Stromnetzes in Gleichspannung umwandelt. Die Ausgangsspannung des Netzgerätes ist regelbar. Ihr Maximum ist etwa 35 V und der maximale Strom etwa 200 mA. Die Spannung eines idealisierten Netzgerätes ist von der Stromabgabe unabhängig, genau so wie bei einer Batterie mit Innenwiderstand Null. In der Praxis kann ein solches Gerät nur näherungsweise realisiert werden. Es ist üblich, das Verhalten eines Netzgerätes durch ein idealisiertes Netzgerät, das mit einem Widerstand in Serie geschaltet ist, zu beschreiben. Der Widerstand ist analog zum Innenwiderstand einer Batterie und wird *Innenwiderstand* oder *Ausgangswiderstand* genannt. Für einige Netzgeräte ist der Ausgangswiderstand von der Ausgangsspannung abhängig.

Die einfachste Methode, den Widerstand eines Schaltelements zu messen, ist folgender: Man schickt einen Strom durch das Schaltelement, mißt seine Stärke und den Spannungsabfall im Schaltelement und bestimmt seinen Widerstand nach dem Ohmschen Gesetz $R = U/I$. Um die Widerstandsmessung zu vereinfachen, enthalten Mehrzweckmeßgeräte gewöhnlich eine innere Spannungsquelle, üblicherweise eine kleine Trockenbatterie, die nach dem Schaltplan in Bild 3.4 angeordnet ist. Der Wert des Widerstands R_0 hängt von dem mit dem Einstellknopf gewählten Widerstandsbereich ab. Ist der zu messende Widerstand gleich R_0, so registriert das Meßgerät den Spannungsabfall $U_0/2$. Die Mitte der Skala entspricht daher für jeden Widerstandsbereich dem Wert R_0. Natürlich kann das Meßgerät auch ein Röhrenvoltmeter sein.

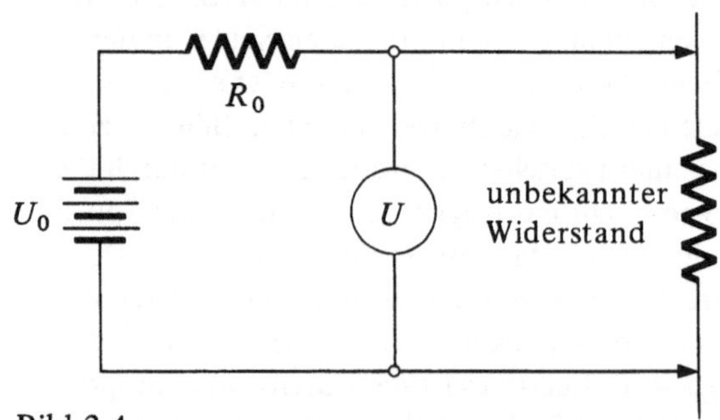

Bild 3.4

3.2.2. Experiment

Gewöhnliche Röhrenvoltmeter benötigen eine 220-V-Wechselstromquelle mit 50 Hz. Es sollte ein Schukoanschluß mit Erdung sein. Dadurch ist gewährleistet, daß das Gehäuse geerdet ist, wodurch die Gefahr, vom Gehäuse des Meßgeräts einen elektrischen Schlag zu bekommen, ausgeschaltet ist. Durch die Erdung ist das Gehäuse auf demselben Potential wie die Gas- und Wasserinstallationen sowie andere Metallteile des Gebäudes.

Nachdem das Gerät angeschlossen worden ist, schalten Sie es ein und warten eine Minute bis die Elektronenröhren oder Transistoren ihre Arbeitstemperatur erreicht haben und stabilisiert sind.

1. Messung der Spannung. Nachdem Sie das Voltmeter auf Gleichstrom (dc) gestellt und den Spannungsbereich 50 V gewählt haben, schließen Sie die Meßelektroden kurz und stellen das Meßgerät mit der Nullpunktskontrolle auf Null. (Verwenden Sie dazu nicht die Schraube am Drehspulgalvanometer.) Wenn die Meßelektrode umschaltbar ist, überzeugen Sie sich, daß sie auf Gleichstrom steht.

Stellen Sie den in Bild 3.5 gezeigten Stromkreis zusammen. Schließen Sie die Niederspannungsquelle an, stellen Sie den Spannungsregler auf Minimum und schalten Sie das Gerät ein. Lesen Sie die Spannung für jede Stellung des Spannungsreglers ab und notieren Sie die Werte. Für Spannungen unter 15 V wiederholen Sie die Ablesungen mit dem 15-V-Bereich des Meßgeräts. Falls ein Unterschied zwischen diesen Ablesungen und den vorhergehenden auftritt, ist dies höchstwahrscheinlich auf die Nullpunkteinstellung zurückzuführen. Jedesmal wenn der Meßbereich geändert wird, muß die Nullpunkteinstellung überprüft werden. Verbleiben dann immer noch Unterschiede, sind sie wahrscheinlich auf ein nichtlineares Verhalten des Meßkreises zurückzuführen. Drehen Sie das Netzgerät auf minimale Spannung und schalten Sie es aus, bevor Sie den Stromkreis wieder zerlegen.

Ersetzen Sie den 150-Ω-Widerstand durch einen 1500-Ω-Widerstand mit 1 W Belastbarkeit und wiederholen Sie die Spannungsmessung in einem mittleren Spannungsbereich. Ergibt sich eine andere Spannung als zuvor? Wie groß ist der Unterschied? Können Sie aus dieser Beobachtung den Innenwiderstand des Netzgeräts bestimmen?

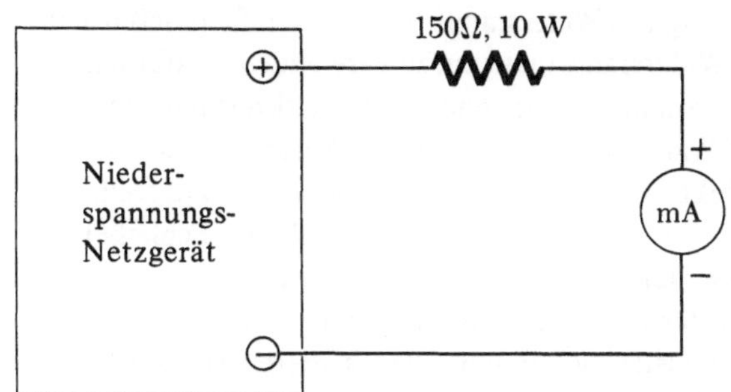

Bild 3.6

2. Messung der Stromstärke. Stellen Sie unter Verwendung eines Vielfachmeßinstruments oder eines speziellen Milliamperemeters den in Bild 3.6 gezeigten Schaltkreis zusammen. Falls Sie ein Vielfachmeßinstrument benutzen, schalten Sie es auf Strommessung und auf den 500-mA-Bereich und setzen Sie es in Betrieb. Überprüfen Sie die Nullpunktseinstellung und schalten Sie dann das Netzgerät ein. Lesen Sie die Stromstärke für jede Einstellung des Netzgeräts ab und notieren Sie diese. Wiederholen Sie die Messungen für Stromstärken unter 150 mA mit dem entsprechenden Meßbereich. Bei der niedrigsten Spannung des Netzgeräts kann ein beträchtlicher Unterschied zwischen den Ablesungen im 0,5-mA- und im 1,5-mA-Meßbereich auftreten. Können Sie diesen Unterschied durch den Innenwiderstand des Meßgeräts erklären? Dieser Widerstand ist gewöhnlich für die niedrigeren Meßbereiche größer. Warum?

Zeichnen Sie eine Kurve, die die Werte der Stromstärke für die verschiedenen Einstellungen als Funktion der entsprechenden Spannungen angibt. Liegen Ihre Werte auf einer Geraden? Worauf deutet das hin? Worauf führen Sie eventuelle Abweichungen von der Geraden zurück? Wie könnten Sie die Genauigkeit Ihrer Messungen erhöhen? Bestimmen Sie den Widerstand $R = U/I$ aus der Geraden, die am besten die Meßwerte beschreibt. Der Widerstand ist der reziproke Wert der Steigung dieser Geraden. Vergleichen Sie ihren Meßwert mit dem Nominalwert des Widerstands. Stimmen die beiden Werte innerhalb des vom Hersteller angegebenen Fehlers überein?

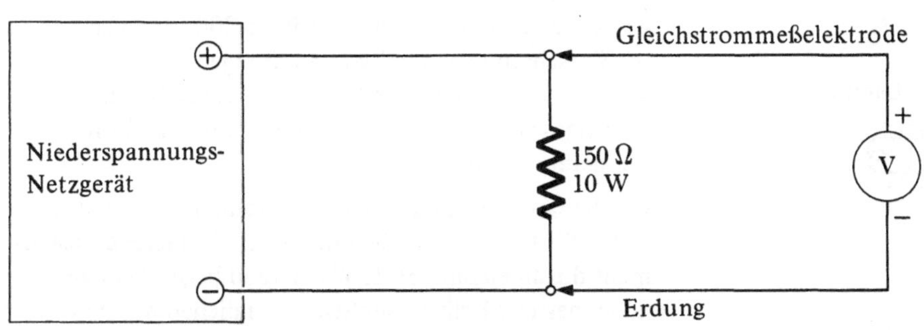

Bild 3.5

3. Messung des Widerstands. Um ihr Vielfachmeßinstrument zur Widerstandsmessung zu verwenden, entfernen Sie es aus dem bisher verwendeten Schaltkreis und stellen Sie es auf Widerstandsmessung um. Überprüfen Sie, ob die Meßelektrode in der richtigen Position ist und stellen Sie den mittleren Widerstandsmeßbereich ein. Schließen Sie nun die Meßelektroden kurz und justieren Sie den Nullpunkt der Widerstandsskala. Nehmen Sie die Meßelektroden wieder auseinander und justieren Sie den Nullpunkt der Spannungsskala. Überprüfen Sie nochmals die Widerstandsskala und wiederholen Sie diese Schritte, wenn dies nötig ist.

Um den Widerstand eines Schaltelements zu bestimmen, verbinden Sie dieses einfach mit den Meßelektroden. Vergleichen Sie das Ergebnis mit dem aus Strom- und Spannungsmessungen ermittelten Wert. Versuchen Sie den Widerstand auch mit dem nächst kleineren und dem nächst größeren Widerstandsmeßbereich zu bestimmen. Überzeugen Sie sich für jeden Meßbereich, daß Nullpunkt und Maximalausschlag richtig justiert sind. Wie stimmen die Meßwerte aus den verschiedenen Meßbereichen überein? Wie lassen sich die Unterschiede erklären?

4. Widerstand eines Glühfadens. Zur Bestimmung des Widerstands eines Glühfadens schaltet man den in Bild 3.7 gezeigten Stromkreis. Anstatt das Vielfachmeßinstrument getrennt als Voltmeter und als Amperemeter zu verwenden, kann man zwei Spannungsmessungen durchführen, wie dies in der Abbildung gezeigt ist. Die Stromstärke I wird aus dem Spannungsabfall $U_1 - U_2$ am Widerstand R_1 mit dem Ohmschen Gesetz

$$I = (U_1 - U_2)/R_1 \qquad (3.1)$$

berechnet. Im Prinzip könnte man die Spannung am Widerstand auch direkt messen. Dabei ist jedoch zu beachten, daß bei manchen Geräten sowohl beim Netzgerät als auch beim Meßgerät der negative Pol geerdet ist. Eine Seite jeder gemessenen Spannung ist daher auf Erdpotential. Eine gemeinsame Erdung für alle Instrumente bringt viele Vorteile. Einer davon ist, daß die Gefahr eines Stromschlages auf ein Minimum reduziert wird.

Messen Sie den Strom in Abhängigkeit von der Spannung für den Glühfaden einer 6,3-V-Glühlampe. Wenn U_2 größer als 8 V wird, brennt der Glühfaden durch. Der Widerstand R_1 hat 250 Ω und 10 W.

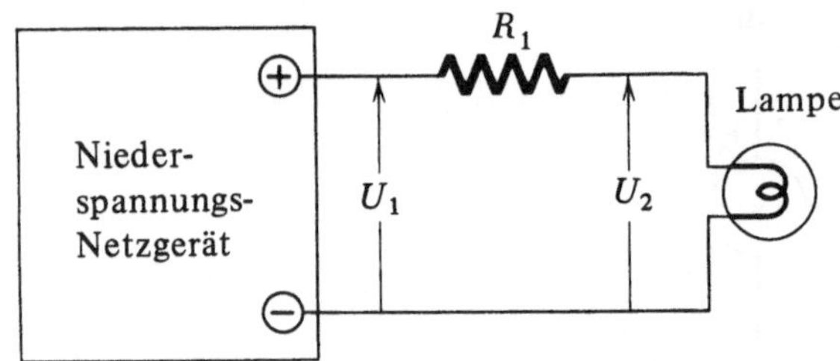

Bild 3.7

Zeichnen Sie eine Kurve, die den durch die Lampe fließenden Strom als Funktion der Spannung darstellt. Liegen die Meßwerte auf einer Geraden? Berechnen Sie aus ihren Meßwerten den Widerstand des Glühfadens für jeden Spannungswert.

Wie ist das Verhältnis des Widerstands bei maximaler Spannung zum Widerstand bei minimaler Spannung? Vergleichen Sie den Widerstand unter normalen Betriebsbedingungen mit dem Maximalwert, den Sie erhalten haben. Die normale Betriebstemperatur eines Glühfadens ist 2575 K (Kelvin). Das ist mehr als das achtfache der Zimmertemperatur von 293 K. Läßt sich aus ihren Messungen folgern, daß der Widerstand eines Glühfadens mit der Temperatur schneller oder langsamer als linear ansteigt? Stellen Sie das Meßgerät auf Widerstandsmessung und bestimmen Sie den Widerstand des Glühfadens. Wie groß ist der jetzt gemessene Wert verglichen mit den früheren Werten? Was folgt daraus für die Spannung U_0 in Bild 3.4? Überprüfen Sie Ihre Schlußfolgerung, indem Sie die Spannung an den Ausgangsklemmen Ihres Ohmmeters mit einem zweiten Gerät, das als Voltmeter arbeitet, messen.

5. Halbleiterdiode. Ersetzen Sie die Glühlampe in Bild 3.7 durch eine Halbleiterdiode. Ermitteln Sie die Spannung-Strom-Kurve für die Diode nach demselben Verfahren wie für die Glühlampe.

> **Achtung**
> Überschreiten Sie nicht den für die Diode zulässigen Maximalstrom, da sie sonst überhitzt wird und irreversible Veränderungen erfährt.

Polen Sie die Diode um (vertauschen Sie die Anschlüsse der beiden Diodenpole) und bestimmen Sie wieder die Spannungs- und Stromwerte. Zeichnen Sie die Werte für beide Polaritäten auf dasselbe Blatt Millimeterpapier, so daß eine stetige Kurve entsteht, die durch den Ursprung geht. Was für Eigenschaften hat eine Diode?

3.2.3. Fragen

1. Ein gewöhnliches Voltmeter besteht aus einem Mikroamperemeter und einem in Serie geschalteten Widerstand. Zeigen Sie, daß der erforderliche Widerstand der maximalen Spannung, des gewünschten Meßbereichs proportional ist. Im Speziellen zeigen Sie, daß für ein Amperemter, dessen Meßbereich bis 200 μA reicht, ein Vorschaltwiderstand von 5000 Ω je Volt des gewünschten Spannungsmeßbereichs erforderlich ist. Ein derartiges Gerät wird oft ein „5000-Ohm-pro-Volt-Meßgerät" genannt.

2. Welche Größenordnung hat der Strom, der durch das Meßgerät fließt, wenn Sie mit einem Vielfachmeßinstrument die an einem 150-Ω-Widerstand liegende Spannung messen? Fällt dieser Strom verglichen mit dem

Strom der durch den Widerstand fließt ins Gewicht? Wie würde sich die Sachlage ändern, wenn das Meßgerät ein billiges 100-Ohm-pro-Volt-Multimeter wäre?

3. Angenommen ein Widerstandsmeßgerät besteht aus einer 1,5-V-Batterie und einem Voltmeter mit einem Eingangswiderstand von 11 MΩ. Wie groß müßte R_0 (vgl. Bild 3.4) sein, damit die Mitte der Skala einem Widerstand von 50 Ω entspricht? Welcher Spannungsmeßbereich sollte verwendet werden?

4. Wie groß ist der Spannungsabfall am Meßgerät verglichen mit dem Spannungsabfall am Widerstand, wenn man ein Vielfachmeßinstrument verwendet, um den durch einen 150-Ω-Widerstand fließenden Strom zu messen?

5. Gilt für eine Glühlampe das Ohmsche Gesetz?

6. Ist der mit dem Vielfachmeßinstrument bestimmte Widerstand einer Glühlampe mit der Steigung der Kurve, die den Strom als Funktion der Spannung angibt, verknüpft?

7. Der Ausdruck „nichtlineares Gerät" wird für Geräte verwendet, bei denen der Zusammenhang zwischen Spannung und Strom nicht durch eine Gerade gegeben ist. Welche in diesem Experiment untersuchten Geräte sind nichtlinear? Kennen Sie andere nichtlineare Geräte?

3.3. Experiment EI-2:
Messung von Wechselspannung und Wechselstrom

3.3.1. Einleitung

Im Experiment EI-1 haben wir Spannungen und Ströme gemessen, deren Beträge und Polaritäten sich mit der Zeit nicht änderten. In diesem Experiment beschäftigten wir uns mit *Wechselspannungen* und *Wechselströmen*, deren Polarität und Betrag sich ja periodisch verändern.

Die gebräuchlichsten Wechselspannungen und -ströme sind *Sinusfunktionen* der Zeit. Diese Art von Strom wird von den üblichen Wechselstromgeneratoren erzeugt und steht für den Gebrauch in Haushalt und Gewerbe zur Ver-

fügung. Außerdem erzeugen viele (wenn auch nicht alle) elektronische Schwingkreise Wechselspannungen, die sinusförmig sind.

Eine sinusförmige Spannung kann durch die folgende Gleichung beschrieben werden

$$U(t) = U_0 \sin 2\pi f t. \tag{3.2}$$

In dieser Gleichung ist U_0 der Maximalwert von U. (Der Betrag der Sinusfunktion kann nicht größer als eins werden.) f ist die *Frequenz* der Amplitudenänderung. Sie ist der reziproke Wert der Zeit T, die für den Ablauf einer vollen Periode nötig ist. Während die Zeit t von Null bis zum Wert T oder $1/f$ zunimmt, wächst die Größe $2\pi f t$ um 2π, was einer vollen Periode entspricht. Dieser Zusammenhang ist in Bild 3.8 gezeigt. U ist als Funktion der Zeit entsprechend Gl. (3.2) dargestellt.

Die Größe einer Wechselspannung kann durch die Amplitude U_0 charakterisiert werden. Noch gebräuchlicher ist jedoch die effektive Spannung. Sie ist durch die Wurzel des über eine oder mehrere Perioden gemittelten Wertes von U^2 definiert. Der Grund für diese anscheinend willkürliche Wahl wird verständlich, wenn man die in einem Widerstand in Wärme umgewandelte Energie betrachtet. Eine momentane Spannung U bewirkt, daß durch einen Widerstand R ein momentaner Strom I fließt. Dadurch wird die momentane Leistung P, die durch

$$P = UI = \frac{U^2}{R} \tag{3.3}$$

gegeben ist, in Wärme umgesetzt. Wenn sich die Spannung zeitlich ändert, ist die mittlere Leistung $\overline{P}$ immer noch durch $1/R$ mal dem Mittelwert von U^2 gegeben, das ist U_{eff}^2.

Formal ist U_{eff} durch die folgende Gleichung definiert

$$U_{\text{eff}} = \left(\frac{1}{T} \int_0^T U^2 \, dt \right)^{1/2}. \tag{3.4}$$

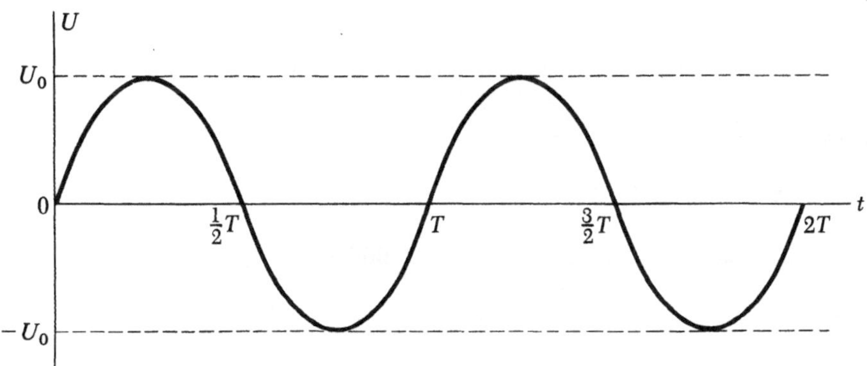

Bild 3.8

Für eine sinusförmige Spannung kann dieser Ausdruck, wenn nötig, unter Verwendung einer Integraltafel leicht berechnet werden. Es ergibt sich

$$U_{\text{eff}} = \left(\frac{1}{T} \int_0^T U_0^2 \sin^2 2\pi f t \, dt \right)^{1/2} = \frac{U_0}{\sqrt{2}} \, . \qquad (3.5)$$

Wenn wir sagen, daß die Wechselspannung 220 V beträgt, meinen wir die effektive Spannung. Eine 100-W-Glühlampe hat zum Beispiel eine mittlere Leistungsabgabe $\overline{P}$ von 100 W. Mit U_{eff} ist diese Leistung durch

$$\overline{P} = \frac{U_{\text{eff}}^2}{R} \qquad (3.6)$$

verknüpft, worin R der Widerstand der Glühlampe bei ihrer Betriebstemperatur ist. Für diese Glühlampe ergibt sich

$$R = \frac{(220 \text{ V})^2}{100 \text{ W}} = 484 \ \Omega.$$

Wie werden Wechselspannungen und Wechselströme gemessen? Die in Experiment EI-1 besprochenen Meßgeräte können nicht ohne Zusatz dazu verwendet werden. Ein gewöhnliches Drehspulgalvanometer würde während der ersten Hälfte der Periode eine Ablenkung in die eine Richtung erfahren und während der zweiten Hälfte der Periode in die andere. Tatsächlich kann die Bewegung des Meßgeräts wegen der mechanischen Trägheit der Änderung der Spannung nicht folgen, wenn deren Frequenz größer als einige Hertz (Schwingungen pro Sekunde) ist. Statt dessen zeigt das Meßgerät den *Mittelwert* des hindurchfließenden Stroms an. Für einen sinusförmigen Strom ist der Mittelwert gleich Null, da dieser während der ersten Hälfte der Periode positiv und während der zweiten Hälfte negativ ist.

Die einfachste Methode, einen Wechselstrom zu messen, ist ihn mit Hilfe eines Gleichrichters in gepulsten Gleichstrom zu verwandeln. Der Schaltkreis enthält dann eine oder mehrere *Dioden*. Eine ideale Diode hat die Eigenschaft, Strom in die eine Richtung ohne Widerstand zu leiten, wogegen sie Strom in die andere Richtung völlig blockiert (d.h. unendlichen Widerstand hat). In der Praxis erreichen Dioden dieses idealisierte Verhalten nicht (vgl. die in Experiment EI-1 untersuchte Diode), sondern der Widerstand in der „Gegenrichtung" ist um viele Größenordnungen höher als in der Durchlaßrichtung. Für Dioden ist das in Bild 3.9a gezeigte Symbol üblich. Das Symbol zeigt die Richtung kleineren Widerstandes, die „Durchlaßrichtung", an.

Wird eine Diode mit einem Meßgerät und einer Wechselstromquelle wie in Bild 3.9b in Serie geschaltet, so ist die zeitliche Änderung der am Meßgerät liegenden Spannung durch die in Bild 3.9c gezeigte Kurve gegeben. Der Mittelwert dieser Spannung ist nicht Null, da die negative Hälfte der Periode entfernt wurde. Der Mittelwert der positiven Hälfte der Periode ist durch

$$\overline{U} = \frac{1}{T/2} \int_0^{T/2} U_2 \sin 2\pi f t \, dt = \frac{2}{\pi} U_0 \qquad (3.7)$$

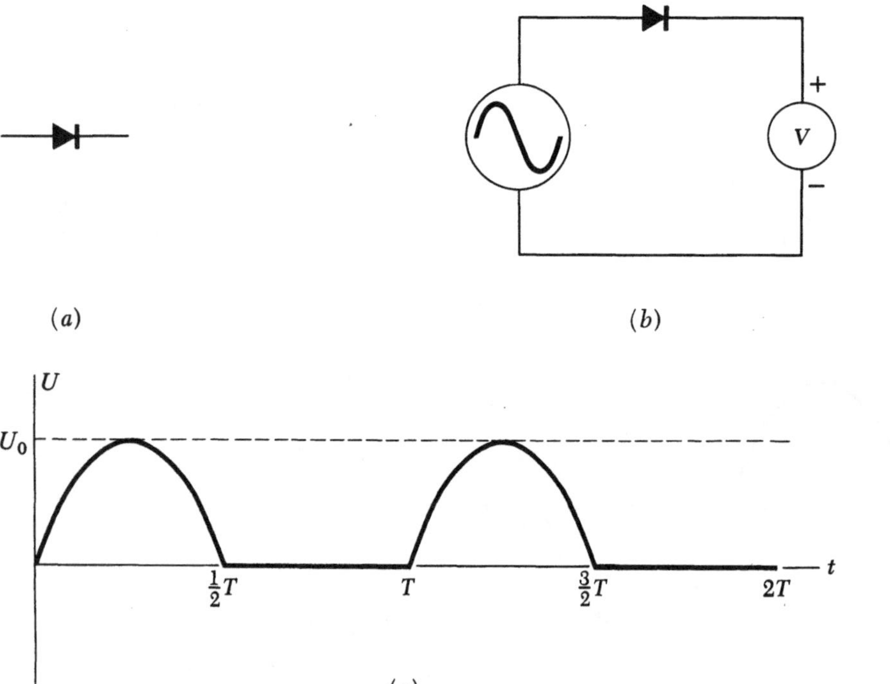

(a)

(b)

(c)

Bild 3.9

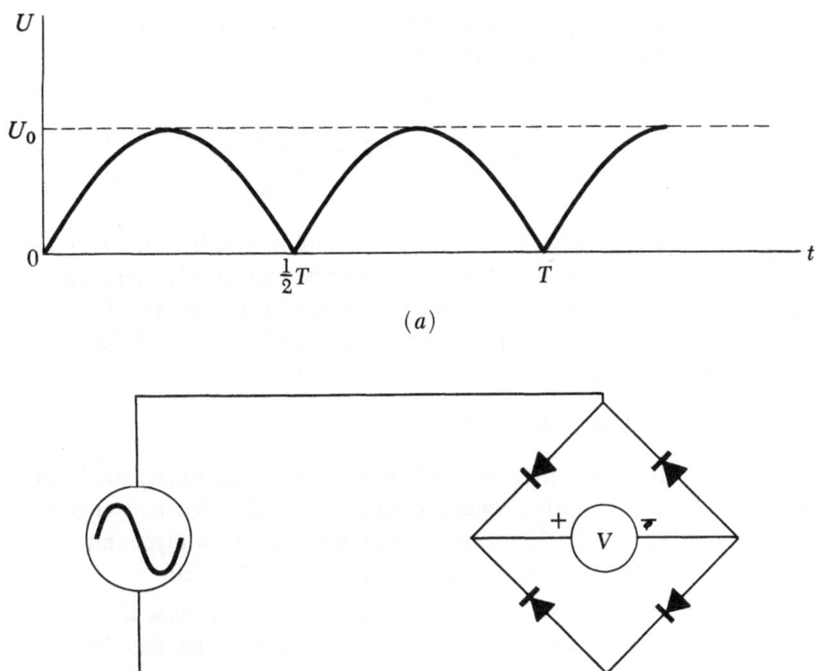

Bild 3.10

gegeben. Da der Mittelwert für die negative Hälfte Null ist, ergibt sich für den Mittelwert der ganzen Periode die Hälfte des Mittelwerts für den positiven Anteil oder

$$\overline{U} = \frac{1}{\pi}\, U_0 = 0{,}318\; U_0\,.$$

Eine gebräuchlichere Methode, die gleichzeitig die Empfindlichkeit des Meßgeräts erhöht, ist die Verwendung eines *Zweiweg-Gleichrichters*. Dieses Gerät verwendet eine Kombination mehrerer Dioden, die es gestattet, die negative Hälfte der Periode umzukehren, anstatt sie zu blockieren. Dadurch entsteht die in Bild 3.10a gezeigte Wellenform. Eine häufig benutzte Zweiweg-Gleichrichterschaltung verwendet vier Dioden, die wie in Bild 3.10b angeordnet sind. Die Stromrichtung durch das Meßgerät ist dann von der Polarität des Wechselstroms unabhängig. Verifizieren Sie das.

Bei Verwendung eines Zweiweg-Gleichrichters ist die mittlere Spannung am Meßgerät durch

$$\overline{U} = \frac{2}{\pi}\, U_0 = 0{,}637\; U_0$$

gegeben. Für ein Meßgerät mit einem Zweiweg-Gleichrichter ist daher der Effektivwert einer sinusförmigen Spannung um einen Faktor $2\sqrt{2}/\pi$ oder ungefähr 1,111mal größer als der gleichgerichtete Mittelwert. Um dies zu korrigieren, könnte man am Meßgerät für Wechselstrom eine andere Skala verwenden. Es ist aber gebräuchlicher, einen 1-MΩ-Widerstand mit dem inneren Widerstand des Meßinstruments, der 10 MΩ beträgt, in Serie zu schalten. Dieser zusätzliche Widerstand wird bei Messungen mit

Gleichstrom kurzgeschlossen. Daraus resultiert ein Umrechnungsfaktor von 1,100, der um weniger als 1 % vom richtigen Wert abweicht.

Es ist wichtig zu wissen, daß die obige Beziehung zwischen effektiver Spannung und gleichgerichteter mittlerer Spannung nur für sinusförmige Spannungen gilt. Für Wechselspannungen, die einen komplizierteren Verlauf haben, wie eine rechteckige Welle oder eine sägezahnförmige Welle, sind die effektive Spannung und die gleichgerichtete mittlere Spannung auf die gleiche Weise wie die sinusförmige Spannung definiert. Sie sind aber durch andere Beziehungen verknüpft. Das Meßgerät zeigt jedoch immer 1,100mal den gleichgerichteten Mittelwert an. Warum?

Die obige Darstellung der Wirkungsweise eines Wechselstromvoltmeters ist stark vereinfacht. Erstens haben die Dioden der Gleichrichterschaltung nie das oben verwendete idealisierte Verhalten, was zur Folge hat, daß die Anzeige des Meßgeräts nur für relativ hohe Spannungen der gleichgerichteten mittleren Spannung proportional ist. Bei niedrigeren Spannungen ist die Beziehung komplizierter. Die Meßgeräte müssen daher empirisch geeicht werden und jede Wechselstromskala ist von der entsprechenden Gleichstromskala etwas verschieden. Besonders groß ist der Unterschied nahe bei Null. Zweitens enthalten viele Gleichrichterschaltungen Kondensatoren. Diese Kondensatoren bewirken, daß die Ausgangsspannung näher bei der Spitzenspannung als bei der gleichgerichteten mittleren Spannung liegt. Bei sehr niedrigen Frequenzen liegt die Spannung aber noch nahe dem gleichgerichteten Mittelwert.

Für die obigen Beispiele von Wechselspannungen verschwindet der *Mittelwert* der Spannung (wohl zu unterscheiden vom gleichgerichteten Mittelwert) wegen der Symmetrie der Wellenform. So hat zum Beispiel eine sinusförmige Welle eine negative Halbperiode, die dieselbe Gestalt wie die positive Halbperiode hat, aber entgegengesetztes Vorzeichen. Nicht alle Wechselspannungen haben diese Eigenschaft. Bild 3.10 zeigt ein einfaches Beispiel einer Wechselspannung, deren Mittelwert von Null verschieden ist. Ganz allgemein ergibt sich für jede asymmetrische Spannung ein von Null verschiedener Mittelwert. Eine Spannung ist asymmetrisch, wenn ihre Kurve für die zweite Halbperiode nicht der an der Abszisse gespiegelten Kurve der ersten Halbperiode entspricht.

Dennoch kann jede Wechselspannung, ob sie symmetrisch ist oder nicht, durch die Summe von zwei Spannungen dargestellt werden. Die eine davon ist eine konstante Spannung und die zweite eine andere Wechselspannung, deren Mittelwert Null ist. Jede Wechselspannung $U(t)$ kann also in der folgenden Form geschrieben werden

$$U(t) = U_0 + U_1(t), \qquad (3.8)$$

worin U_0 eine Konstante ist und für U_1 gilt $\langle \overline{U_1} \rangle = 0$. Um dies zu beweisen, bringen wir U_0 auf die andere Seite von Gl. (3.8) und bilden auf beiden Seiten den Mittelwert über eine Periode. Das ergibt

$$U_1(t) = U(t) - U_0$$

$$\frac{1}{T} \int_0^T U_1(t)\,dt = \frac{1}{T} \int_0^T U(t)\,dt - \frac{1}{T} \int_0^T U_0\,dt$$

oder

$$\langle \overline{U_1} \rangle = \langle \overline{U} \rangle - U_0. \qquad (3.9)$$

Darin haben wir $\langle \overline{U_0} \rangle$ durch U_0 ersetzt, da U_0 konstant ist. Aus Gl. (3.9) ist ersichtlich, daß $\langle \overline{U_1} \rangle$ gleich Null stets erreicht werden kann, indem man U_0 gleich $\langle \overline{U} \rangle$ wählt.

Diese Darstellung einer asymmetrischen Wechselspannung ist oft sehr nützlich und man spricht von der Gleichspannungskomponente U_0 und der Wechselspannungskomponente U_1 einer zeitabhängigen Spannung. Die tatsächliche Spannung $U(t)$ ist zu jedem Zeitpunkt durch die Summe der Komponenten gegeben. Ähnliche Beziehungen wie für die Mittelwerte können für die Effektivwerte abgeleitet werden. Hierzu gehen wir von Gl. (3.8) aus

$$U^2 = (U_0 + U_1)^2 = U_0^2 + 2\,U_0\,U_1 + U_1^2.$$

Wir integrieren beide Seiten dieser Gleichung von 0 bis T und dividieren durch T

$$\frac{1}{T} \int_0^T U^2\,dt = \frac{1}{T} \int_0^T U_0^2\,dt + \frac{2\,U_0}{T} \int_0^T U_1\,dt + \frac{1}{T} \int_0^T U_1^2\,dt.$$

Der Ausdruck auf der linken Seite ist gleich U_{eff}^2. Der erste Ausdruck auf der rechten Seite ist einfach U_0^2, der zweite Ausdruck verschwindet, da er dem Mittelwert von U_1 proportional ist, und der letzte Ausdruck ist gleich $U_{1\,\text{eff}}^2$. Damit ergibt sich das einfache Resultat

$$U_{\text{eff}} = [U_0^2 + U_{1\,\text{eff}}^2]^{1/2}.$$

Bei der Untersuchung komplizierter Schaltungen von Transistoren, Elektronenröhren und ähnlichen Vorrichtungen ist es oft sehr nützlich, zeitabhängige Spannungen mit Hilfe ihrer beiden Komponenten zu behandeln.

Manchmal drückt man Spannungsverhältnisse durch *Dezibel* abgekürzt db aus. Hierzu nimmt man den dekadischen Logarithmus des Spannungsverhältnisses (was eine dimensionslose Zahl ergibt) und gibt dieser Zahl die Einheit *Bel*, die nach *Alexander Graham Bell* benannt ist. Ein Dezibel ist der zehnte Teil eines Bel. Wird etwa das Spannungsverhältnis 2 in Dezibel ausgedrückt, so ergibt sich

$$10 \lg 2 = 3{,}010\,3.$$

Angenommen der Hersteller eines Vielfachmeßinstruments gibt in den Spezifikationen an, daß der Ausschlag des Geräts bei einer Frequenz von 100 kHz um 2 db kleiner ist als bei mittlerer Frequenz, so heißt dies, daß das Meßgerät bei 100 kHz nur zwei drittel des wahren Wertes anzeigt.

$$10 \lg \frac{U_{100\,\text{kHz}}}{U_{\text{mitt}}} = -2 \qquad \frac{U_{100\,\text{kHz}}}{U_{\text{mitt}}} = 0{,}631.$$

Weiterhin sollen in diesem Experiment noch die Eigenschaften von Sinusgeneratoren untersucht werden, die eine sinusförmige Spannung mit regelbarer Amplitude und Frequenz erzeugen. Das Verhalten eines Sinusgenerators innerhalb eines Schaltkreises kann, wie in Bild 3.11 dargestellt ist, durch eine ideale Spannungsquelle mit dem Widerstand Null, die mit einem Widerstand in Serie geschaltet ist, beschrieben werden. Diese Größe wird *Innenwiderstand* genannt. Sie ist wichtig, da von ihr abhängt, wie sich die Leistung des Generators bei einer Änderung des Lastwiderstandes (des effektiven Widerstandes des äußeren Schaltkreises) verändert. Ist der Innenwiderstand groß im Vergleich zur Last, so hat eine Änderung der Last nur einen geringen Einfluß auf den Strom aber sie bewirkt eine beträchtliche Spannungsänderung. Ist umgekehrt der Innenwiderstand sehr klein verglichen mit der Last, so hat eine Änderung der Last nur geringe Auswirkungen auf die Spannung wogegen sich der Strom beträchtlich ändert.

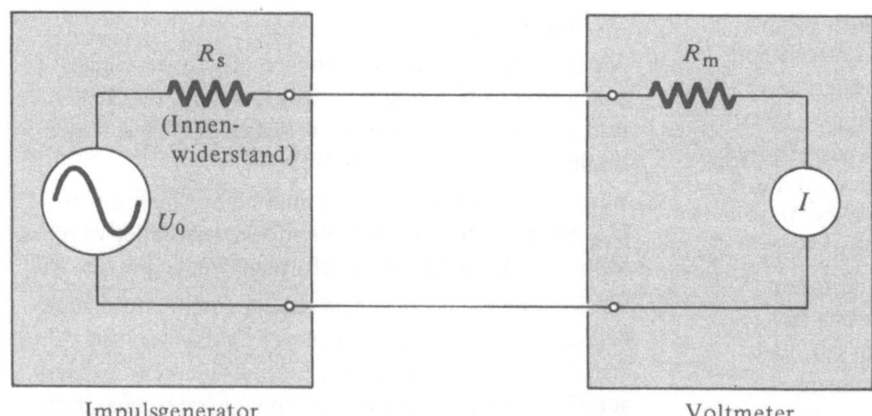

Bild 3.11

3.3.2. Experiment

1. Spannungsmessung. Schließen Sie das Vielfachmeßinstrument und den Sinusgenerator an das Stromnetz an und schalten Sie das Meßgerät auf Wechselspannung. Überprüfen Sie, ob die Meßelektrode richtig geschaltet ist und stellen Sie den 15-V-Meßbereich ein.

Schalten Sie die Frequenz des Generators auf 400 Hz. Stellen Sie die Amplitudenkontrolle auf MAX und den Bereich auf 10 V. Messen Sie die Ausgangsspannungen für den 10-V-, 1-V- und 0,1-V-Bereich des Generators, wobei Sie jedesmal das Meßgerät auf den entsprechenden Meßbereich umschalten. Welche Meßbereiche sollten verwendet werden? Wie verläßlich sind die am Generator angegebenen effektiven Spannungen?

2. Kontrolle der Ausgangsleistung. Um zu prüfen ob die Ausgangsleistung linear mit der Ausgangskontrolle ansteigt, messen Sie die Ausgangsspannung für jede Stellung des Ausgangskontrollschalters. Zeichnen Sie eine Kurve der gemessenen Spannung als Funktion der Stellung des Kontrollschalters. Was können Sie über die Genauigkeit dieses Schalters aussagen? Hängt sie vom gewählten Spannungsbereich ab?

3. Charakteristik des Gleichrichters. Wenn der Gleichrichter, die in der Einleitung 3.3.1 beschriebene ideale Charakteristik hätte, wäre die gleichgerichtete mittlere Spannung stets proportional der Amplitude der Wechselspannung. In diesem Fall würden sich die Gleich- und die Wechselspannungsskalen des Meßgeräts um einen konstanten Umrechnungsfaktor unterscheiden, wie bereits früher besprochen wurde. In der Praxis haben Gleichrichter nie genau dieses idealisierte Verhalten. In der Durchgangsrichtung ist der Strom für genügend hohe Spannungen nahezu proportional der Spannung. Für niedrige Spannungen ist er hingegen eher dem Quadrat der Spannung proportional. In diesem Bereich müssen die Wechselstromskalen des Meßgeräts entsprechend modifiziert werden, da die Ablenkung U_0^2 und nicht U_0 entspricht. Die Skalen

des Meßgeräts werden empirisch geeicht und stimmen nur für den speziellen Gleichrichter, der im Gerät eingebaut ist.

Um die Kennlinie des Gleichrichters zu untersuchen, lesen Sie von den Skalen einige Gleichstromwerte und die entsprechenden Wechselstromwerte ab. Zeichnen Sie den Gleichstromwert als Funktion des Wechselstromwerts auf und bestimmen Sie den Bereich, in dem die beiden einander proportional sind.

4. Doppeltlogarithmische Zeichnung der Kennlinie. Um den Zusammenhang genauer zu studieren, zeichnen Sie diese Meßwerte auf doppeltlogarithmisches Papier. Auf diesem Papier entspricht eine Gerade mit Steigung 1 direkter Proportionalität, während eine Gerade mit Steigung $\frac{1}{2}$ eine quadratische Abhängigkeit bedeutet. Bei welcher Spannung etwa erfolgt der Übergang von der quadratischen zur linearen Abhängigkeit? Die Übergangsspannung hängt von der Kennlinie des Gleichrichters ab.

5. Frequenzabhängigkeit. Die obigen Messungen wurden alle bei einer Frequenz von 400 Hz ausgeführt. In diesem Frequenzbereich sollte die gemessene Spannung gegen Frequenzänderung unempfindlich sein. Für Frequenzen, die viel größer oder viel kleiner als diese mittlere Frequenz sind, kann die Anzeige des Voltmeters jedoch kleiner werden. Stellen Sie die Sinuswelle auf den 10-V-Bereich und die Ausgangskontrolle auf MAX. Messen Sie die Ausgangsspannung als Funktion der Frequenz und wählen Sie die Schritte groß genug, um einen breiten Frequenzbereich ohne all zu viele Zwischenschritte zu überstreichen, z.B.: 100 Hz, 200 Hz, 500 Hz, 1000 Hz, 2000 Hz usw. Beachten Sie besonders den Frequenzbereich über 40 kHz, und machen Sie zusätzliche Messungen, wenn dies notwendig zu sein scheint. Tragen Sie die gemessene Spannung als Funktion der Frequenz auf doppeltlogarithmisches Papier auf. Bei welcher oberen beziehungsweise unteren Frequenz ist die gemessene Spannung um 2 db kleiner als die Spannung im mittleren Frequenzbereich? Wie gut stimmen die Messungen mit den Angaben des Herstellers überein?

6. Innenwiderstand. Stellen Sie den Generator wieder auf 400 Hz und schalten Sie die Amplitudenkontrolle auf MAX und 10 V, um den Ausgangsstrom zu messen und den Innenwiderstand des Generators zu bestimmen. Schalten Sie das Vielfachmeßinstrument auf Strommessung und wählen Sie den 50-mA-Meßbereich. Der Strom wird durch die Spannung des unbelasteten Generators, den das Voltmeter mit seinem überaus hohen Innenwiderstand mißt und den Gesamtwiderstand des Schaltkreises bestimmt. Der Gesamtwiderstand des Schaltkreises setzt sich aus dem Innenwiderstand des Generators und dem sehr kleinen Innenwiderstand des Amperemeters zusammen.

$$I = \frac{U_{\text{unbel}}}{R_{\text{inn}} + R_{\text{Meßg}}} \quad .$$

Der Innenwiderstand des Generators ist einfach der Quotient aus der Spannung des „unbelasteten" Generators (wobei nur das Voltmeter angeschlossen ist) und des „Kurzschlußstroms" (wobei der Außenwiderstand nur aus dem kleinen Widerstand des Amperemeters besteht). Diese Näherung gilt, wenn der Widerstand des Voltmeters als unendlich angenommen werden kann und der Widerstand des Amperemeters nahezu Null ist. Lesen Sie den Kurzschlußstrom ab und wiederholen Sie diese Messung im 1- und 0,1-V-Bereich des Generators. Verwenden Sie diese Meßwerte und die früher gemessenen Spannungen des unbelasteten Generators, um den Innenwiderstand für jeden Bereich zu berechnen. Untersuchen Sie auch, ob der Innenwiderstand von der Einstellung der Ausgangskontrolle abhängt.

3.3.3. Fragen

1. Wie lautet die Beziehung zwischen effektiver, gleichgerichteter mittlerer und Spitzenspannung für die in Bild 3.12 gezeigte rechteckige Wellenform? Wie lautet sie für die sägezahnförmige Welle?

2. Welcher Umrechnungsfaktor muß beim Ablesen von U_{eff} für eine rechteckige Wellenform verwendet werden, wenn das Meßgerät auf sinusförmige Wellen geeicht ist?

3. Wie können Sie bei der Messung der Frequenzabhängigkeit der Ausgangsspannung eines Impulsgenerators zwischen einer Abnahme der Empfindlichkeit des Meßgeräts und einer tatsächlichen Abnahme der Ausgangsspannung unterscheiden?

4. Nehmen wir an, eine bestimmte Spannung ändert sich proportional $1/f$, wenn die Frequenz verändert wird. Wie viele Dezibel pro Oktave würde das ausmachen? Eine Oktave entspricht einem Faktor 2 in der Frequenz. Dieser Ausdruck rührt von der diatonischen Tonleiter in der Musik her, bei der das Verhältnis der Frequenzen des ersten und des achten Tones gerade 2 beträgt.

5. Gibt es bei der Anordnung zur Messung des Innenwiderstands des Impulsgenerators eine Möglichkeit diese Größe und den Widerstand des Voltmeters getrennt zu bestimmen?

6. Ein idealisierter Stromgenerator ist eine Vorrichtung, die in einem Schaltkreis einen Strom erzeugt, der vom Widerstand des Schaltkreises völlig unabhängig ist. Zeigen Sie, daß eine derartige idealisierte Vorrichtung einen unendlichen Innenwiderstand haben müßte.

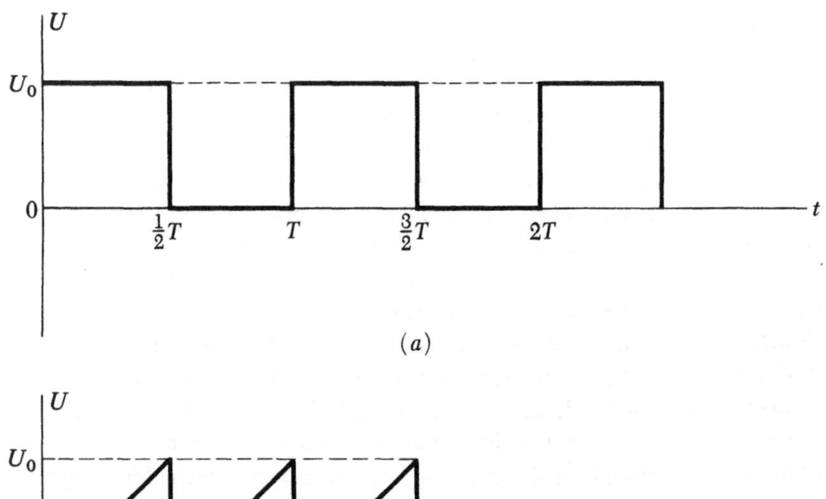

(a)

(b)

Bild 3.12

7. Ein idealisierter Spannungsgenerator ist eine Vorrichtung, die eine Ausgangsspannung erzeugt, deren Größe vom Widerstand des Schaltkreises, mit dem sie verbunden ist, völlig unabhängig ist. Zeigen Sie, daß eine solche idealisierte Vorrichtung den Widerstand Null haben müßte.

3.4. Experiment EI-3: Messung der Wellenform

3.4.1. Einleitung

In den Experimenten EI-1 und EI-2 haben wir mit Hilfe eines Volt-Ohm-Milliamperemeters die gemittelte Komponente einer Spannung oder eines Stroms sowie den Mittelwert der gleichgerichteten Wechselstromkomponente gemessen. Selbst wenn wir wissen, daß die Welle sinusförmig ist, reicht diese Information zur Bestimmung der *Frequenz* der Welle nicht aus. Für Wellen die nicht sinusförmig sind, gibt die durch das Meßgerät gelieferte Information wenig Aufschluß über die *Gestalt* der Welle.

Ändert sich die Spannung (im Verlauf von Sekunden oder Minuten) nur sehr langsam, könnten wir das Gleichstromvoltmeter verwenden, um die Spannung als Funktion der Zeit zu bestimmen. Ein Spannungsschreiber ist eine automatische Version einer solchen Vorrichtung. Sind aber die Spannungsänderungen schnell verglichen mit einem Bruchteil einer Sekunde, kann weder die Zeigerbewegung des Meßgeräts noch der Spannungsschreiber den Spannungsänderungen folgen. Der Kathodenstrahloszillograph ist aber ein Gerät, das auch schnellen Spannungsänderungen folgen kann.

Oszillographen sind nicht nur in der Physik sondern auch in Medizin und Biologie unentbehrliche Hilfsmittel. Bei allen Arten von elektronischen Schaltkreisen, insbesondere wenn Impulse oder nichtlineares Verhalten auftreten, liefert der Oszillograph Informationen, die anders schwer zugänglich sind. Zwei typische Anwendungen in der Medizin sind das Elektrokardiogramm (EKG) und das Elektroencephalogramm (EEG). Im Rhythmus der Bewegung des Herzmuskels erzeugen dessen Zellwände elektrische Potentiale, die mit Hilfe des Oszillographen gemessen werden können. Weiterhin kann mit dem Oszillographen in der Neurophysiologie die Reaktion von Muskeln beobachtet werden. Muskelbewegungen erzeugen kleine Spannungen, die mit Hilfe von Elektroden direkt vom Muskel abgenommen und am Oszillographen sichtbar gemacht werden können.

Die Anzeigevorrichtung des Oszillographen verwendet keine mechanisch bewegten Teile sondern einen Elektronenstrahl hoher Geschwindigkeit (von der Größenordnung 10^7 m/s) in einer Vakuumröhre, die *Kathodenstrahlrohr* genannt wird und gewöhnlich mit KSR abgekürzt wird. Die wichtigsten Bestandteile einer typischen KSR sind in Bild 3.13 gezeigt. Die von einer Glühkathode emittierten Elektronen werden durch eine Reihe von Elektroden beschleunigt und zu einem schmalen, wohl definierten Strahl fokussiert. Einzelheiten der Wirkungsweise der KSR werden in den Experimenten EF-1 bis EF-4 behandelt. Die Elektronen des Strahls bewegen sich in dem evakuierten Glasgefäß der Röhre frei bis sie auf den Schirm treffen. Der Schirm ist mit einem *Leuchtstoff* überzogen, der Licht abgibt, wenn er vom Elektronenstrahl getroffen wird. Dadurch erhält man einen kleinen hellen Fleck im Mittelpunkt des Schirms, der von außen sichtbar ist.

Der Strahl kann durch zwei Paare von Elektroden, die *Ablenkplatten* genannt werden und in Bild 3.13 gezeigt sind, abgelenkt werden. Eine Spannung zwischen den Ablenkplatten erzeugt senkrecht zur Strahlrichtung ein elektrisches Feld. Die daraus resultierende Kraft lenkt die Elektronen ab und bewirkt, daß der Strahl vom Mittelpunkt abweicht. Wie in Experiment EF-1 gezeigt wird, ist die Ablenkung der Elektronen nahezu der zwischen den

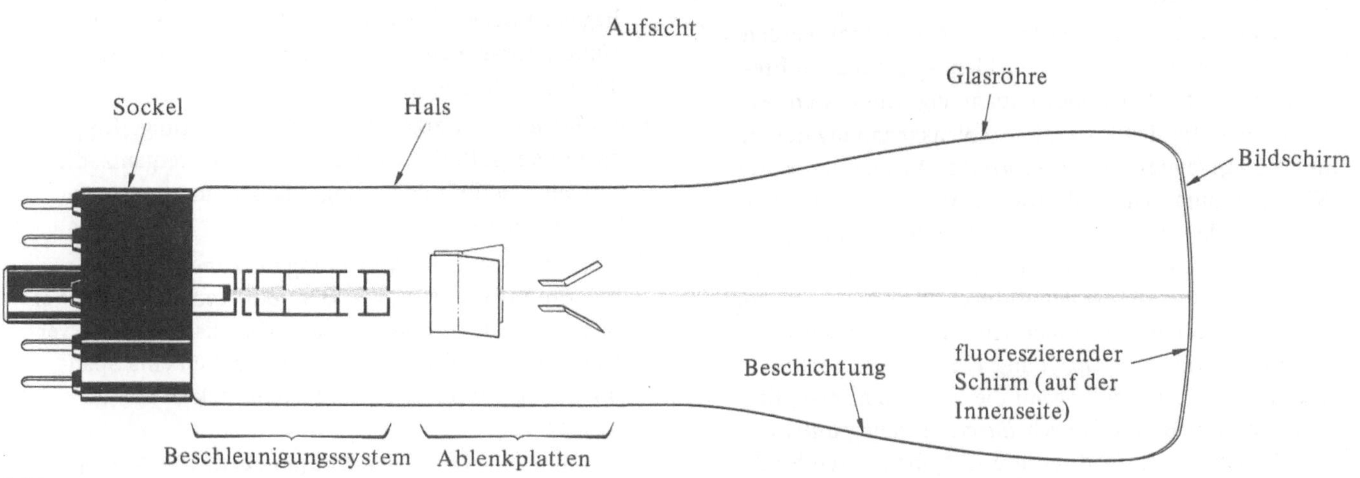

Bild 3.13

Ablenkplatten liegenden Spannung proportional, falls diese entsprechend geformt sind. Mit Hilfe der beiden Paare von Ablenkplatten, die in einem rechten Winkel zueinander angebracht sind, kann der Strahl zu jedem beliebigen Punkt am Schirm abgelenkt werden. Die x- und y-Koordinaten des Leuchtflecks sind zu jedem Zeitpunkt den an den entsprechenden Ablenkplatten angelegten Spannungen proportional. Eine Spannung von etwa 200 V ist nötig, um den Strahl bis an den Rand des Schirms abzulenken.

Die Wegstrecke, die die Elektronen zwischen jedem Plattenpaar zurücklegen, ist etwa 2 cm und die Gesamtlänge des Strahls etwa 30 cm. Ein Elektron verbringt also etwa $2 \cdot 10^{-9}$ s zwischen einem Paar von Ablenkplatten, und seine gesamte Flugzeit ist etwa $30 \cdot 10^{-9}$ s oder 30 ns (Nanosekunden). Dieses Gerät spricht daher auf sehr schnell veränderliche Spannungen an, bis zu Frequenzen von etwa 100 MHz. Das ist sieben bis acht Größenordnungen schneller als typische Zeigermeßgeräte.

Der Lichtfleck am Schirm ist ein Spannungsanzeiger, der auf eine Änderung des Ablenkpotentials außerordentlich schnell anspricht. Selbst das menschliche Auge kann so schnellen Bewegungen nicht folgen. Um diese Schwierigkeit zu vermeiden, verwendet man beide Paare von Ablenkplatten gleichzeitig. Auf die vertikalen Ablenkplatten wirkt die zu beobachtende Spannung $U(t)$ entweder direkt oder nach elektronischer Verstärkung. Auf die horizontalen Ablenkplatten wirkt eine Spannung, die mit der Zeit gleichförmig anwächst. Die vertikale Ablenkung des Strahls ist somit proportional zu $U(t)$, die horizontale Ablenkung ist proportional zu t. Der Leuchtfleck zeichnet daher eine Kurve der Spannung U als Funktion der Zeit t. Selbst wenn diese Aufzeichnung nur in einem sehr kurzen Zeitintervall erfolgt, bleibt das Bild am Schirm einige Zeit erhalten genauso wie eine Leuchtstoffröhre noch einen Bruchteil einer Sekunde weiterleuchtet, nachdem sie abgeschaltet ist. Das Bild am Schirm kann entweder mit den Augen ausgewertet oder für eine genauere Untersuchung fotografiert werden.

Soll eine periodische Wellenform beobachtet werden, wählt man für die horizontale Ablenkspannung die Frequenz der zu beobachtenden Spannung. Am besten verwendet man für die horizontale Ablenkspannung den in Bild 3.14 gezeigten *sägezahnförmigen* Spannungsverlauf (Kippspannung). Diese idealisierte Ablenkspannung bewirkt, daß der Strahl während einer Periode von $U(t)$ den Schirm in horizontaler Richtung gleichförmig überstreicht und am Anfang der nächsten Periode schnell zum Ausgangspunkt zurückspringt. Auf diese Weise wird das Bild einer Periode der Spannung U immer wieder aufgezeichnet. In Anwendung auf die KSR nennt man die Spannung von Bild 3.14 auch *lineare Ablenkspannung* oder *lineare Zeitbasis*, da es ihre Aufgabe ist, den Strahl immer wieder mit konstanter Geschwindigkeit in einer

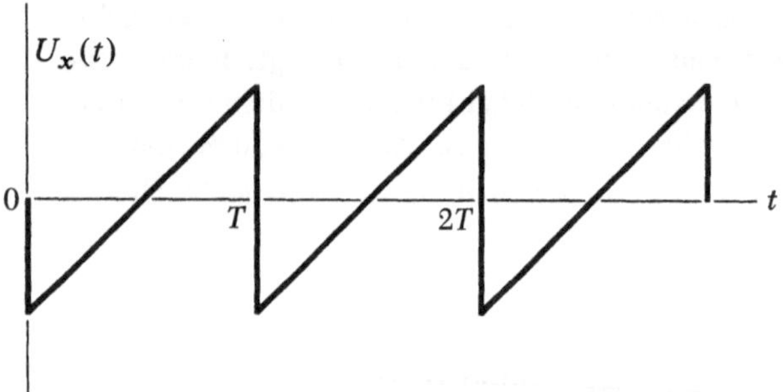

Bild 3.14

Richtung über den Schirm streichen zu lassen. Üblicherweise ist eine elektronische Vorrichtung, die diese Spannung erzeugt, im Oszillographen eingebaut. Sie heißt *Kippgenerator*. Die Frequenz der Kippspannung muß natürlich regelbar sein und die Elektronik erlaubt es, die Kippfrequenz genau mit der Frequenz der vertikalen Ablenkspannung zu *synchronisieren*.

Um eine genügend große Ablenkung zu erreichen und damit die Bildgröße auf die Größe des Schirms abzustimmen, wird die Spannung für die vertikale und auch die Spannung für die horizontale Ablenkung mit regelbaren Verstärkern angepaßt. Außerdem kann das ganze Bild am Schirm in der Höhe oder seitlich verschoben werden. Wenn nötig, kann sogar ein kleiner Ausschnitt des Bildes für genauere Messungen vergrößert werden.

Zusammenfassung. Der Kathodenstrahloszillograph besteht aus den folgenden Funktionseinheiten:

Kathodenstrahlröhre: Sie ist die Anzeigevorrichtung und besteht aus einer Elektronenquelle, einem Ablenksystem und einem Schirm, der den Elektronenstrahl sichtbar macht.

Spannungsquelle: Sie muß die zur Beschleunigung der Elektronen und zur Heizung der Glühkathode nötigen Spannungen erzeugen. Die Beschleunigungsspannungen liegen zwischen 2 000 V und 10 000 V. Fernsehbildröhren verwenden oft Beschleunigungsspannungen von 15 000 ... 20 000 V.

Kippgenerator: Er erzeugt eine sägezahnförmige Kippspannung (s. Bild 3.14) mit regelbarer Frequenz, die mit einer periodischen Eingangsspannung synchronisiert werden kann.

Signalverstärker: Eine Ablenkung bis zum Rand des Schirms erfordert etwa 200 V. Zur Anzeige schwacher Signale bis 0,1 V müssen beide Ablenkspannungen verstärkt werden. Diese Verstärker erlauben eine Spannungsvergrößerung (Vervielfachungsfaktor) bis zu einigen Tausend.

Ein Blockdiagramm der Wirkungsweise des Oszillographen zeigt Bild 3.15.

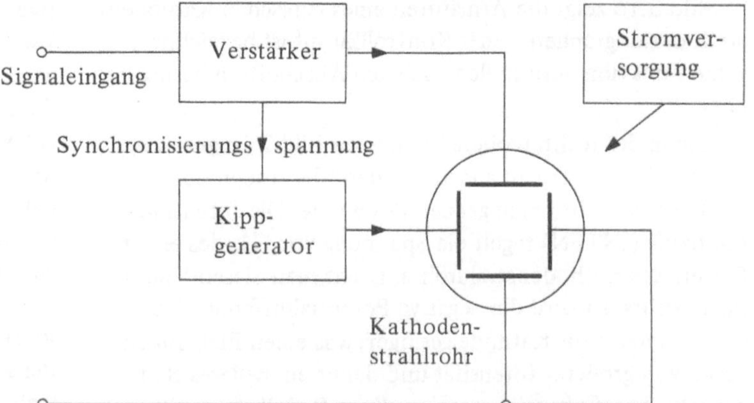

Bild 3.15

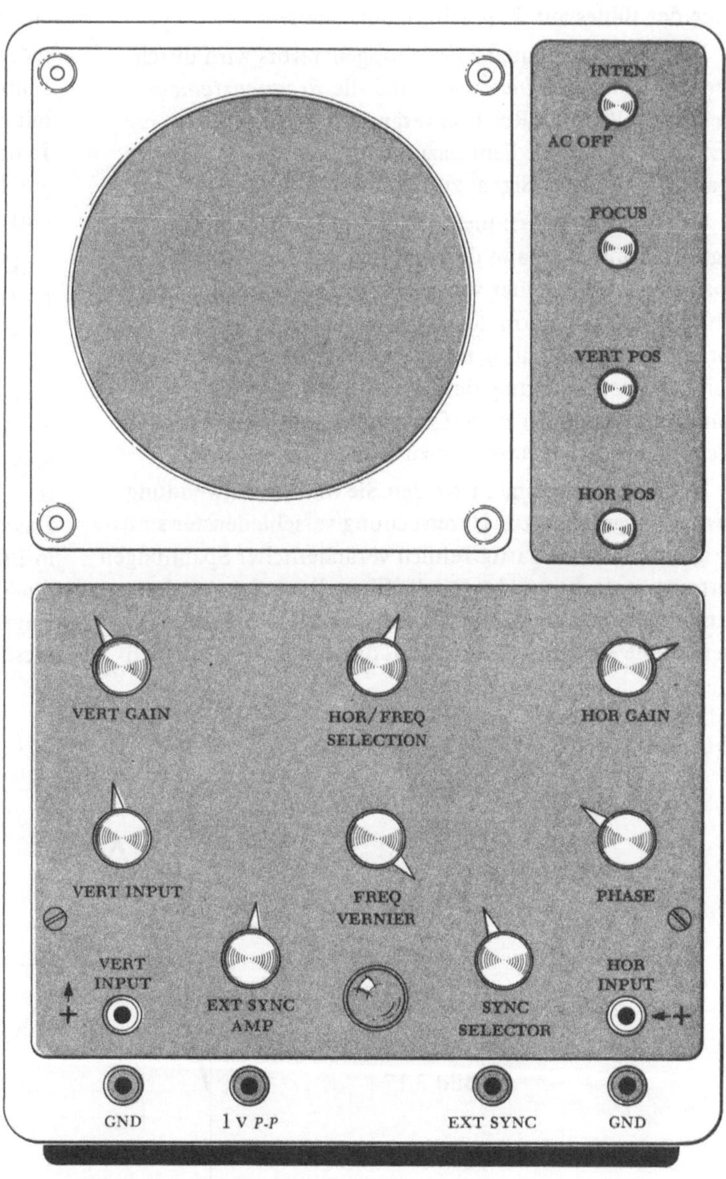

Bild 3.16

Bild 3.16 zeigt die Armaturen eines typischen Kathodenstrahloszillographen. Jeder Kontrollknopf ist bezeichnet, seine Funktion wird in den nächsten Abschnitten besprochen.

Die in der rechten oberen Ecke von Bild 3.16 gezeigten Kontrollknöpfe regeln alle die an den Elektroden des Kathodenstrahlrohrs liegenden Potentiale. Die *Intensitätskontrolle* (INTEN) regelt die Spannung von G1, des ersten Gitters des Kathodenstrahlrohrs. Dreht man diesen Knopf nach rechts, so wird die negative Potentialdifferenz des Gitters relativ zur Kathode geringer, was einen Elektronenstrahl von größerer Intensität und damit ein helleres Bild bewirkt. Die *Fokussierungseinstellung* (FOCUS) regelt das Potential von A1, der Fokussierungselektrode. Die Regelung der *vertikalen Lage* (VERT POS) und der *horizontalen Lage* (HOR POS) des Bildes verändert die Gleichspannungen der vertikalen und horizontalen Ablenkplatten. Diese Regler werden dazu verwendet, die Lage des Bildes auf dem Schirm einzustellen.

Die Sägezahnfrequenz des Kippgenerators wird durch den *Horizontalfrequenzregler* und die *Frequenzfeineinstellung* (FREQ VERNIER) verändert. Der SYNC SELECTOR Knopf dient dazu, die horizontale Ablenkspannung mit dem Signal zu synchronisieren.

Wegen der Proportionalität der Ablenkung zur angelegten Spannung, kann der Oszillograph zur *Messung* von Spannungen verwendet werden. Um zu bestimmen, welche Ablenkung am Schirm der Eingangspannung von 1 V entspricht, ist eine Eichung nötig. Der Eichfaktor verändert sich bei einer Änderung der Einstellung des Vertikalverstärkers. Es ist daher darauf zu achten, daß nach der Eichung dieser Verstärker nicht mehr verstellt wird.

In diesem Experiment werden Sie mit der Anwendung des Oszillographen zur Untersuchung verschiedenster sinusartig und nichtsinusartig zeitlich veränderlicher Spannungen vertraut gemacht und lernen die Einstellung der verschiedenen Regelknöpfe des Instruments kennen. Zusätzlich werden Sie drei Charakteristiken, deren Kenntnis zur richtigen Verwendung des Instruments nötig ist, untersuchen. Zwei davon, Eingangswiderstand und Frequenzgang, sind ganz analog den Eigenschaften gewöhnlicher Voltmeter, die in Experiment EI-2 behandelt wurden. Genauso wie ein Voltmeter entnimmt der Oszillograph der zu messenden Spannungsquelle Strom. Diese Eigenschaft kann man berücksichtigen, indem man den Eingangskontakten des Oszillographen einen *Eingangswiderstand* zuordnet. Ruft zum Beispiel eine Spannung von 1 V in den Zuführungsdrähten zum Oszillographen einen Strom von 1 μA hervor, so ist sein Eingangswiderstand 1 V pro 1 μA oder 1 MΩ. Bei sehr hohen Frequenzen verhält sich der Eingang nicht mehr wie ein reiner ohmscher Widerstand, sondern wird besser durch einen Widerstand mit einem parallel geschalteten Kondensator von der Größenordnung einiger Pikofarad beschrieben.

Auf Grund innerer Kapazitäten fällt die Empfindlichkeit des Oszillographen bei sehr hohen Frequenzen stets ab. Wie bei den im Experiment EI-2 behandelten Voltmetern ist es üblich, die Frequenz anzugeben, bei der die Empfindlichkeit um 2 db (ein Faktor 0,63) verglichen mit dem Wert bei mittleren Frequenzen abgefallen ist. Je nach dem vorgesehenen Verwendungszweck des Oszillographen liegt diese „Grenzfrequenz" zwischen 100 kHz und 100 MHz.

Eine andere wichtige dem Oszillographen eigene Charakteristik ist die Qualität der Linearität der Horizontalabweichung. Im Idealfall erzeugt der Kippgenerator die in Bild 3.14 gezeigte Spannung. Die daraus resultierende Horizontalablenkung wächst gleichförmig bis zum Ende des Bereichs und springt dann für die nächste Periode augenblicklich zum Anfang zurück. In der Praxis kann man dieses idealisierte Verhalten nur annähernd erreichen. Das reale Verhalten von Kippgeneratoren ist (übertrieben) in Bild 3.17 gezeigt. Gegen Ende des Bereichs ändert sich die Spannung langsamer als am Beginn, was sich in der geringeren Steigung der Kurve ausdrückt. Den Grund für dieses Verhalten bildet die Entladung eines Kondensators

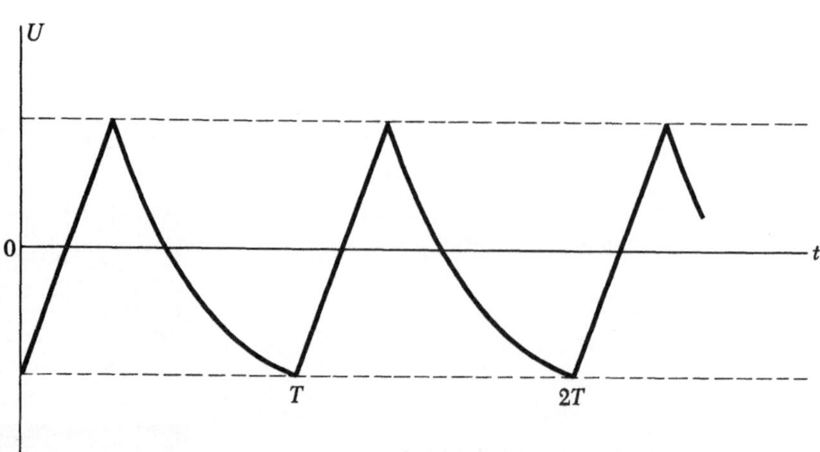

Bild 3.17

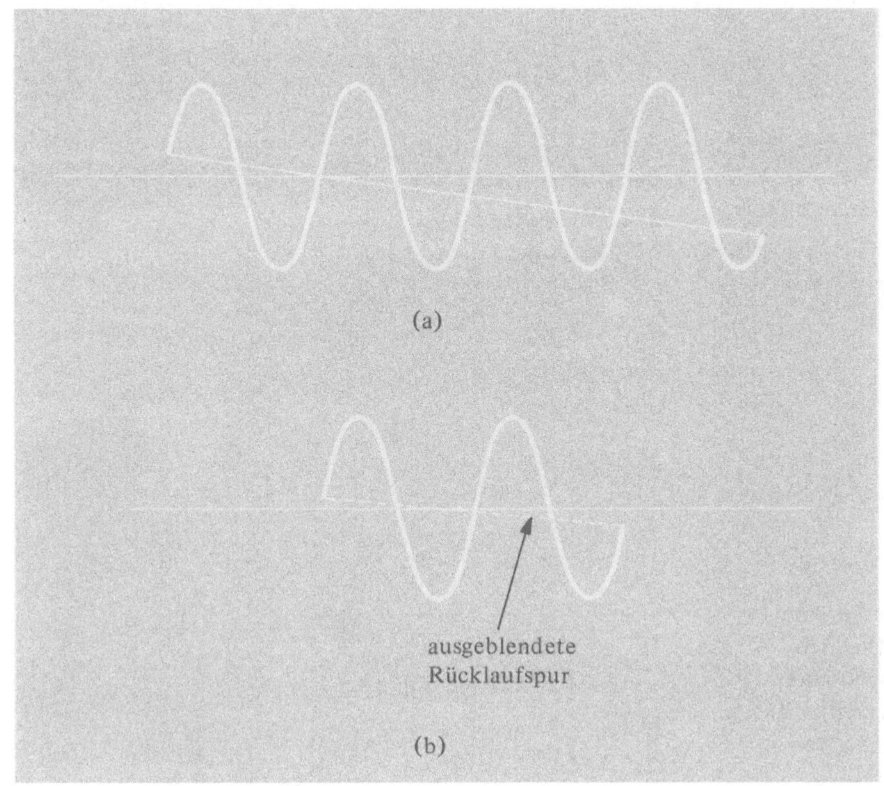

Bild 3.18

über einen Widerstand, die gewöhnlich im Schaltkreis des Generators erfolgt. Dieser Vorgang wird im Experiment ES-1 genau untersucht. Wenn Zeitmessungen in verschiedenen Teilen des Schirms durch Messung des Horizontalabstands erfolgen, ist eine genaue Kenntnis der Nichtlinearität der Ablenkung wesentlich.

Auch das „Zurückspringen" erfolgt nicht momentan, sondern erfordert endliche Zeit (wie in Bild 3.18a). Die meisten Oszillographen haben eine Vorrichtung, die den Strahl während des Zurückspringens abschaltet. Der entsprechende Teil der Periode wird am Schirm nicht abgebildet (wie in Bild 3.18b). Die zum Zurückspringen benötigte Zeit wirkt sich um so mehr aus, je höher die Frequenz ist. Warum?

3.4.2. Experiment

1. Wirkungsweise des Oszillographen. Um mit der Wirkungsweise des Oszillographen und des Sinusgenerators vertraut zu werden, verbinden Sie den Sinusausgang des Generators mit den Eingangsbuchsen der Vertikalablenkung des Oszillographen, wobei die beiden geerdeten Anschlüsse miteinander verbunden werden müssen. (Warum?) Schalten Sie den Oszillographen und den Generator ein und lassen Sie beide einige Minuten warm werden. Dann stellen Sie den Oszillographen so ein, daß Sie jedes der Bilder in Bild 3.19 erhalten. Verstellen Sie

auch die Amplitude und die Frequenz des Generators und beobachten Sie, welche Änderungen in der Einstellung des Oszillographen nötig sind, um dies auszugleichen. Wiederholen Sie diese Schritte mit der rechteckigen Wellenform des Generators.

> **Achtung**
> Wenn die Verstärker für die vertikale und die horizontale Ablenkung beide ausgeschaltet sind, bewegt sich der Leuchtfleck nicht. Wenn die Intensität des Strahls zu groß ist, bewirkt der Aufprall der Elektronen eine lokale Überhitzung, die den Leuchtstoff zerstört. Dadurch entsteht ein „blinder Fleck" am Schirm. Man soll den Strahl nie auf einem Punkt des Schirms ruhen lassen.

2. Eichung des Oszillographen. Zur Eichung des Oszillographen für Spannungsmessungen legen Sie an den Eingang der Vertikalablenkung eine Wechselspannung mit einer Spannungsdifferenz von 1 V zwischen Wellenberg und Wellental. Einige Oszillographen haben einen Eichspannungsanschluß, der mit der nicht geerdeten Seite der Vertikalablenkung verbunden werden sollte. Wenn Ihr Oszillograph keine Eichspannung besitzt, kann wie in Bild 3.20 aus einem 6,3-V-Transformator und zwei Widerständen eine einfache Eichspannungsquelle gebaut werden.

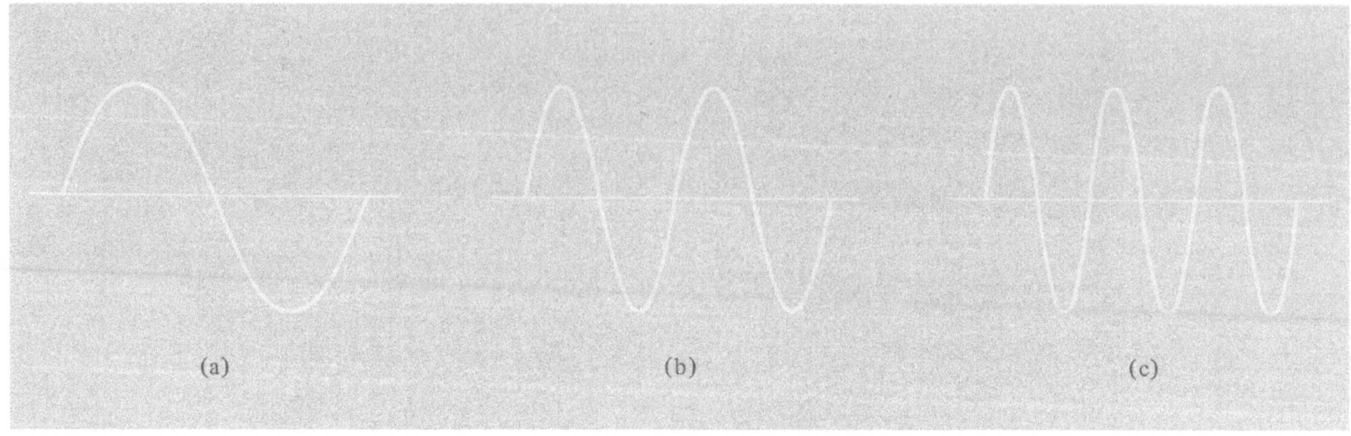

(a)   (b)   (c)

Bild 3.19

Der mittlere Anschluß des Transformators liefert eine effektive Spannung von $\frac{1}{2} \cdot 6{,}3\ \text{V} = 3{,}15\ \text{V}$. Die Eichspannung kann mit Hilfe eines Wechselstromvoltmeters überprüft werden. Welche effektive Spannung entspricht einer Spannungsdifferenz von $1\ \text{V}_{\text{W-W}}$ zwischen Wellenberg und Wellental?

Nachdem die Eichspannung an die Vertikalablenkung angeschlossen ist, stellen Sie den Verstärker der Vertikalablenkung so ein, daß die Maximalablenkung in Zentimetern gerade der Spannung entspricht. Jetzt kann die Amplitude jeder anderen Spannung bestimmt werden, indem man die Ablenkung am Schirm mißt. Für Spannungen, die wesentlich größer oder wesentlich kleiner als $1\ \text{V}_{\text{W-W}}$ sind, muß die Eichung entsprechend geändert werden. Ändert man die Einstellung des Verstärkers der Vertikalablenkung, so geht die Eichung verloren.

3. Spannungsmessung. Ersetzen Sie den 62-Ω-Widerstand in Bild 3.20 durch verschiedene andere Widerstände (z.B.: 22 Ω, 47 Ω, 100 Ω). Messen Sie die resultierenden Spannungen mit dem Oszillographen und mit einem gewöhnlichen Voltmeter und vergleichen Sie die Ergebnisse.

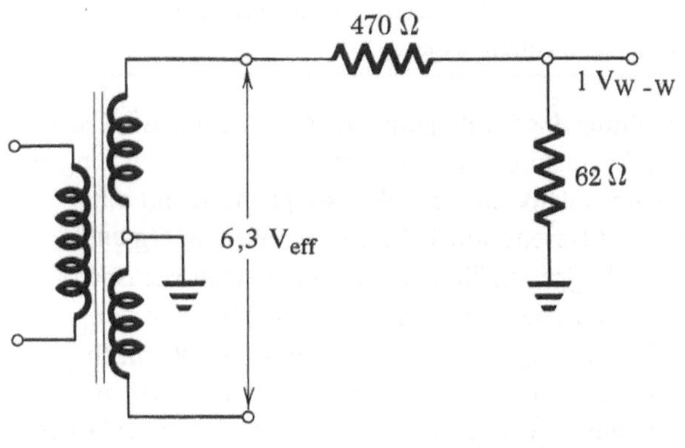

Bild 3.20

Bild 3.21

4. Gleichrichter. Ein interessantes Beispiel einer asymmetrischen nicht-sinusförmigen Spannung wird durch einen Halbwellengleichrichter erzeugt, dessen einfachste Form in Bild 3.21 gezeigt ist. Eichen Sie die vertikale Ablenkung wie zuvor. Verbinden Sie dann die 1-V-Spitzenspannung mit diesem Stromkreis und schalten Sie die Ausgänge des Stromkreises an diesen Oszillographen. Beobachten Sie die entstehende Wellenform und führen Sie alle nötigen Messungen am Schirm durch. Polen Sie die Diode um. Was für Veränderungen beobachten Sie?

In Experiment EI-2 haben wir die Dioden bereits kennengelernt. Eine idealisierte Diode leitet widerstandslos in der „Durchgangsrichtung", wogegen sie in der entgegengesetzten Richtung einen unendlichen Widerstand hat. Liegt im Schaltkreis Bild 3.21 eine positive Spannung vor, so ist der Spannungsabfall am 15-kΩ-Widerstand nahezu gleich der Spannung der Quelle, während an der Diode nur ein ganz geringer Spannungsabfall entsteht. Bei einer negativen Spannung verhält sich die Diode dagegen wie ein sehr hoher Widerstand, so daß auf sie fast der gesamte Spannungsabfall entfällt und nur ein kleiner Bruchteil auf den 15-kΩ-Widerstand.

5. Gleichgerichtete mittlere Spannung. Bestimmen Sie die Spitzenspannung in der Durchgangsrichtung, wobei die Vertikalablenkung auf 1 V/cm geeicht ist. Schalten Sie dem Oszillographen ein Voltmeter parallel und messen Sie die mittlere Spannung. Da dieser Schaltkreis als Halbwellengleichrichter wirkt (vgl. Experiment EI-2), sollte die mittlere Gleichspannung durch

$$\langle \overline{U} \rangle = \frac{1}{\pi} U_0 = 0{,}318\, U_0$$

gegeben sein. Darin bedeutet U_0 die Amplitude der sinusförmigen Eingangsspannung.

Wie gut stimmen Ihre experimentellen Ergebnisse mit dem zu erwartenden Verhältnis überein? Welche Gründe gibt es für eventuelle Abweichungen?

6. Eingangswiderstand. Eichen Sie zuerst die Vertikalablenkung auf 1 V/cm. Dann bauen Sie den in Bild 3.22 gezeigten Schaltkreis auf. Wenn die Widerstände viel größer als der Widerstand der zur Eichung verwendeten Spannungsquelle sind, ist die an die Vertikalablenkung des Oszillographen angelegte Spannung U_s mit der Eichspannung U_c durch

$$U_s = \frac{R_{in}}{R_{in} + R}\, U_c \qquad\qquad (3.10)$$

verknüpft, worin R_{in} den Eingangswiderstand des Oszillographen bedeutet.

Wechseln Sie den Widerstand R des Schaltkreises bis die Ablenkung auf die Hälfte des ursprünglichen Werts abnimmt und berechnen Sie den Eingangswiderstand des Oszillographen. Gegebenenfalls vergrößern Sie die Verstärkung der Vertikalablenkung, um ein größeres Bild zu erhalten und wiederholen die Messungen. Wie groß ist der Eingangswiderstand des Oszillographen verglichen mit dem in Experiment EI-2 verwendeten Voltmeter?

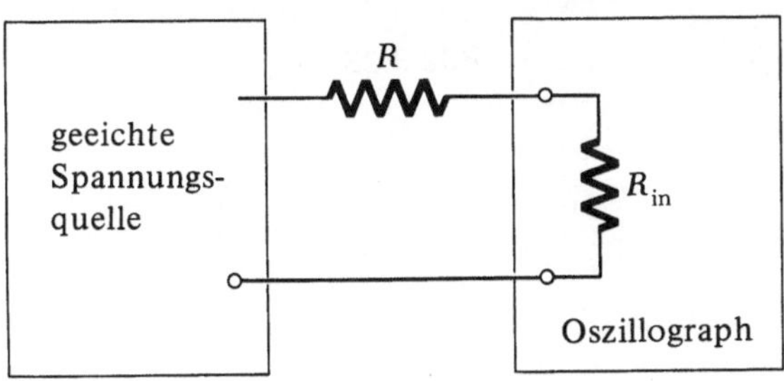

Bild 3.22

7. Frequenzgang. Um den Frequenzgang des Oszillographen zu untersuchen, würde man einen Sinusgenerator benötigen, dessen Frequenzbereich über die zu erwartende Grenzfrequenz des Oszillographen hinausreicht. Eine lehrreiche (und einfachere) Alternative ist es, mit Hilfe des Oszillographen den Frequenzgang der von dem zur Ver-fügung stehenden Generator erzeugten Sinuswelle zu untersuchen. Wir wollen *annehmen,* daß die Empfindlichkeit der Vertikalablenkung des Oszillographen bis zu Frequenzen von über 1 MHz gleich bleibt, so daß unter 1 MHz jeder beobachtete Abfall auf den Generator zurückzuführen ist und nicht auf den Oszillographen. Falls die Empfindlichkeit des Oszillographen jedoch schon unter 1 MHz abzunehmen beginnt, können die im Folgenden beschriebenen Messungen trotzdem ausgeführt werden. Die Messungen geben aber dann die Frequenzabhängigkeit des Oszillographen und nicht des Impulsgenerators wieder.

Schließen Sie eine sinusförmige Spannung von etwa 1 V zwischen Wellenberg und Wellental an die Vertikalablenkung des Oszillographen an. Messen Sie die maximale Ablenkung bei 50 Hz, 500 Hz, 5 kHz, 50 kHz, 500 kHz, 1 MHz und bei einigen weiteren Frequenzen, die Sie für günstig halten. Wie groß ist die beobachtete Abnahme der Ablenkung (in Dezibel) bei 1 MHz verglichen mit dem mittleren Frequenzbereich (etwa 500 Hz)? Bestimmen Sie die Frequenz bei der die Ablenkung um 2 db verglichen mit dem Wert bei mittleren Frequenzen abgenommen hat. Vergleichen Sie ihr Ergebnis mit den Angaben des Herstellers für den Oszillographen und den Sinusgenerator.

8. Anstiegszeit. Eine andere Eigenschaft, die mit der Frequenzempfindlichkeit eng zusammenhängt, ist die *Anstiegszeit* für die Stufe einer rechteckigen Wellenform sowohl beim Oszillographen als auch beim Generator. Von einem Schaltkreis, dessen Frequenzempfindlichkeit bei 1 MHz abnimmt, kann man nicht erwarten, daß er auf eine plötzliche stufenförmige Änderung, die innerhalb eines Zeitraums erfolgt, der kürzer ist als dieser Frequenz entspricht (im speziellen Fall 1 μs), reagiert. Aus ähnlichen Gründen haben die meisten Oszillographen eine untere Grenzfrequenz von etwa 10 Hz und sprechen auf Spannungsänderungen, deren Frequenz kleiner als dieser Wert ist, nicht an. Eine Ausnahme bilden Oszillographen mit *direkter Kopplung.* Sie haben keine untere Grenzfrequenz und sprechen auch auf Gleichspannungen an.

Legen Sie an die Vertikalablenkung eine rechteckige Welle mit einer Amplitude von 1 V. Beobachten Sie die Wellenform bei einer Frequenz von 50 Hz. Wenn Ihr Oszillograph eine Wechselstromkopplung hat, beobachten Sie ein graduelles Absinken der Spitzenspannung. Dies rührt vom Aufladen eines Kondensators im Eingangskreis her und hat denselben Ursprung wie die Nichtlinearität der Horizontalablenkung. Erhöhen Sie die Frequenz des Impulsgenerators und der Horizontalablenkung des Oszillographen um den Faktor 10. Die der Spitzenspannung entsprechenden Seiten sollten nun waagerecht sein. Erhöhen Sie beide Frequenzen noch einmal um einen Faktor 10. Sie beginnen nun eine Abrundung der Ecken zu sehen, die bei niedrigeren Frequenzen nicht auftrat. Was können Sie daraus für das Verhältnis von Anstiegszeit zur Verweilzeit folgern? Erhöhen Sie beide Frequenzen noch einmal um den Faktor 10. Bei 500 kHz und 1 MHz werden Sie schließlich eine noch abgerundetere Wellenform beobachten. Bei einer Rechteckswellenfrequenz von 1 MHz stellen Sie die Verstärkung der Horizontalablenkung so ein, daß die horizontale Skala 0,2 μs/cm entspricht.

Es ist zweckmäßig, die Anstiegzeit durch jene Zeit zu definieren, die die Spannung benötigt, um von 10 % ihres Spitzenwerts auf 90 % ihres Spitzenwertes anzusteigen. Bestimmen Sie die Anstiegzeit der Rechteckswelle und vergleichen Sie diese mit den Angaben des Herstellers.

9. Obere Grenzfrequenz. Die obere Grenzfrequenz des Oszillographen kann künstlich verändert werden, indem man den Impulsgenerator über den in Bild 3.23 gezeigten Schaltkreis mit dem Oszillographen verbindet. Für Frequenzen, die niedrig genug sind, tritt der Kondensator nicht in Erscheinung. Für genügend hohe Frequenzen schließt er aber den Schaltkreis kurz, so daß der größte Teil des Spannungsabfalls am 100-kΩ-Widerstand anstatt an den Eingängen des Oszillographen auftritt. Im Experiment ES-1 wird das Verhalten einer solchen Kombination von Widerstand und Kapazität genauer untersucht. Wir wollen die Frequenzabhängigkeit dieser Anordnung messen und davon ausgehen, daß sich Widerstand und Kondensator im Oszillographen befinden. Wiederholen Sie die obigen Messungen des Frequenzganges und bestimmen Sie jene Frequenz bei der die Ablenkung um 2 db gegenüber dem Wert bei mittleren Frequenzen abgesunken ist.

Messen Sie auch die Anstiegzeit für eine rechteckige Welle. Vergleichen Sie Ihre Ergebnisse mit denen von früher, als Generator und Oszillograph direkt verbunden waren.

10. Linearität der Horizontalablenkung. Abschließend wollen wir kurz die Linearität der Horizontalablenkung behandeln. Diese wird durch die Entladung eines Kondensators über einen Widerstand erzeugt. Anfänglich ist die Entladungsgeschwindigkeit konstant und die Ablenkung ziemlich linear. Die Entladungsgeschwindigkeit nimmt jedoch proportional der Entladung des Kondensators ab, wodurch eine Nichtlinearität in der Ablenkung entsteht. Stellen Sie die Ablenkfrequenz und die Feineinstellung so ein, daß etwa fünf Perioden der Testwelle auf dem Schirm sichtbar sind, wie dies in Bild 3.24 gezeigt ist. Wie groß muß die Ablenkfrequenz für eine Eingabefrequenz von 60 Hz sein? Das Bild flimmert ein wenig. Wodurch wird dieses Flimmern hervorgerufen? Warum tritt es nicht so in Erscheinung, wenn nur zwei Perioden abgebildet werden?

Justieren Sie die Sinuswelle symmetrisch und notieren Sie die Punkte, in denen die Vertikalablenkung Null ist. Die Zeit zwischen zwei benachbarten Punkten mit Vertikalablenkung Null ist 1/120 s. Berechnen Sie die mittlere Ablenkungsgeschwindigkeit zwischen zwei Nullstellen im Zentrum des Schirms und auf der rechten Seite des Schirms. Zeichnen Sie auf halblogarithmischem Papier die Geschwindigkeit als Funktion der Zeit auf. Die Kurve sollte eine Gerade sein.

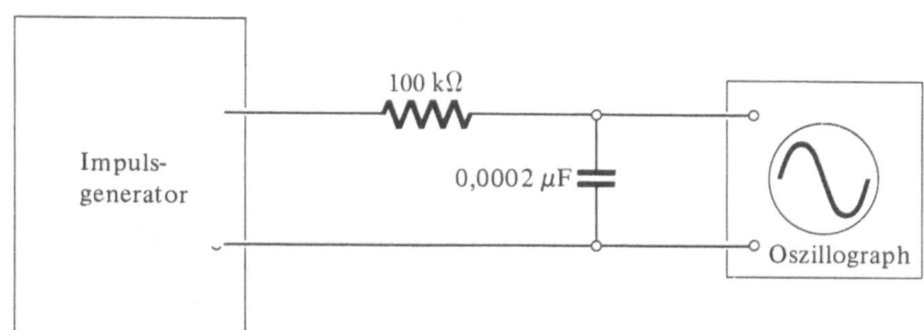

Bild 3.23

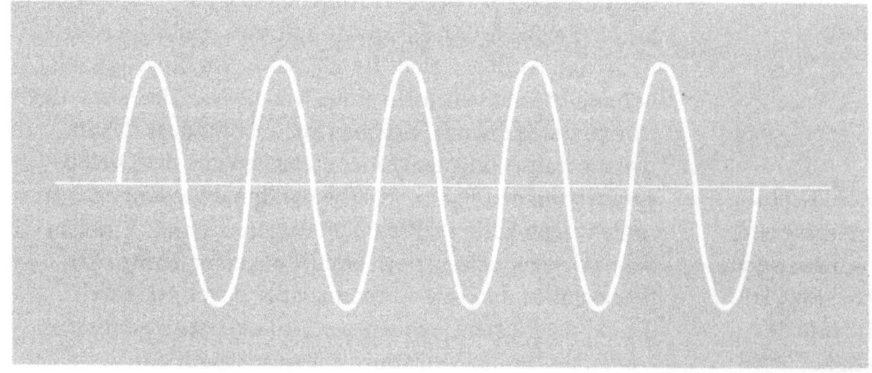

Bild 3.24

Wiederholen Sie diese Messungen bei einer Frequenz von 10 kHz. Welche Unterschiede stellen Sie fest? Besteht eine Beziehung zwischen dem Grad der Nichtlinearität und der gesamten Ablenkzeit?

Im Idealfall sollte die Ablenkzeit durch

$$v = v_0\, e^{-t/\tau} \qquad (3.11)$$

gegeben sein, worin v_0 die anfängliche Ablenkgeschwindigkeit auf der linken Seite des Schirms und τ die charakteristische Relaxationszeit bedeuten. Abweichungen von dieser Gleichung werden in Experiment ES-1 besprochen, wo Übergangserscheinungen genau untersucht werden. Berechnen Sie τ mit Hilfe Ihrer Zeichnung oder mit Hilfe einer Messung der Geschwindigkeit auf der linken und auf der rechten Seite des Schirms. Vergleichen Sie das Ergebnis mit der Ablenkdauer. Für quantitative Messungen verwendet man wegen der Nichtlinearität der Ablenkung im allgemeinen nur den Anfangsteil der Ablenkung.

3.4.3. Fragen

1. Welchem effektiven Wert entspricht eine Sinuswelle von 1 V Spitzenspannung? Welchem effektiven Wert entspricht eine Rechteckswelle von 1 V Spitzenspannung?

2. Zeigen Sie, daß der Schaltkreis in Bild 3.20 die richtige Eichspannung liefert.

3. Welche Vorteile hat ein Oszillograph bei der Messung von Spannungen verglichen mit einem der in Experiment EI-2 besprochenen konventionellen Voltmeter? Welche Nachteile?

4. Angenommen eine sinusförmige Spannung wird an die Vertikalablenkung des Oszillographen angelegt und die Frequenz der Horizontalablenkung ist auf 120 Hz eingestellt. Wie groß ist die Frequenz der Sinuswelle, wenn genau drei Perioden am Schirm sichtbar sind? Ist dies eine geeignete Methode zur Messung von Frequenzen?

5. Angenommen wir verwenden für die Horizontalablenkung anstatt der Sägezahnspannung eine sinusförmige Spannung, die die gleiche Frequenz wie die Sinuswelle an der Vertikalablenkung hat. Skizzieren Sie, wie die Kurve am Schirm aussehen könnte. Welche Bedeutung hat die relative Phase der beiden Wellen für die Gestalt der Kurve?

6. Leiten Sie Gl. (3.10) für den Eingangswiderstand ab, und geben Sie einen expliziten Ausdruck für R_{in} als Funktion von R, U_c und U_s an.

7. Bestimmen Sie bei der Messung der Anstiegszeit einer rechteckigen Welle die Charakteristik des Generators oder des Oszillographen. Wie können Sie die beiden unterscheiden?

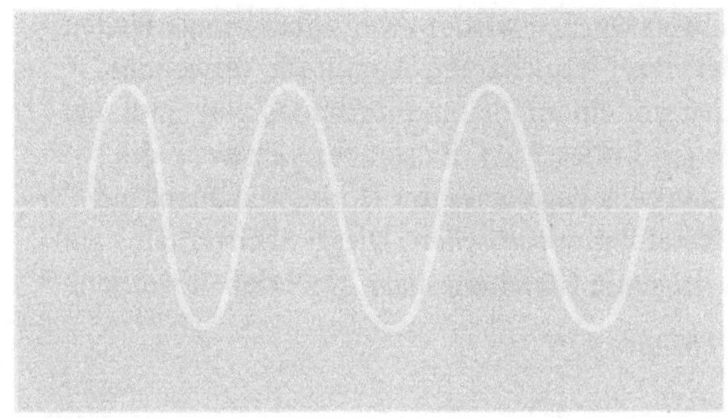

Bild 3.25

8. Angenommen an der Vertikalablenkung des Oszillographen liegt eine sinusförmige Spannung und Sie beobachten die in Bild 3.25 gezeigte Kurve? Wodurch wird diese Verzerrung hervorgerufen?

9. Was für eine Kurve ergibt sich, wenn die Frequenz der Horizontalablenkung doppelt so groß ist wie die Frequenz der zu beobachtenden sinusförmigen Spannung?

3.5. Experiment EI-4: Vergleich veränderlicher Spannungen

3.5.1. Einleitung

In Experiment EI-3 haben wir den Oszillographen verwendet, um die Wellenform einer veränderlichen Spannung zu beobachten bzw. die Spannung als Funktion der Zeit darzustellen. Die horizontale Ablenkung wurde durch den Kippgenerator erzeugt (*lineare Zeitbasis*).

Oft empfiehlt es sich, eine nicht-sägezahnförmige Horizontalablenkung zu verwenden. In diesem Experiment betrachten wir drei verschiedene Möglichkeiten für die vertikale und die horizontale Eingabe. Darunter sind zwei sinusförmige Spannungen mit verschiedenen Frequenzen, sinusförmige Spannungen mit der gleichen Frequenz aber verschiedenen Phasen und nicht-sinusförmige Spannungen.

Lissajous-Figuren. Darunter versteht man jede Überlagerung von zwei sinusförmigen (einfachen harmonischen) Bewegungen, die aufeinander senkrecht stehen. Das einfachste Beispiel ist eine Überlagerung von zwei Bewegungen mit gleicher Frequenz und Amplitude. Das liegt zum Beispiel vor, wenn dieselbe sinusförmige Spannung sowohl an den horizontalen als auch an den vertikalen Eingang angeschlossen wird und die Verstärker so eingestellt sind, daß die maximale horizontale und die maximale vertikale Ablenkung gleich groß sind. Dann ist zu jedem Zeitpunkt die x-Koordinate des Leuchtflecks gleich der y-Koordinate und die resultierende Kurve ist eine Gerade, die mit den Achsen einen Winkel von $45°$ einschließt. Die Gesamtlänge der Strecke ist $2\sqrt{2}$ mal der Amplitude der Ablenkung längs einer der Achsen (der horizontalen oder der vertikalen). Warum?

Als nächstes werden wieder zwei sinusförmige Wellen mit der gleichen Frequenz und Amplitude verwendet, aber diesmal mit einem Phasenunterschied von einer viertel Periode ($\pi/2$ oder $90°$). Es soll beispielsweise die Vertikalablenkung gegenüber der Horizontalablenkung um eine viertel Periode voreilen. Dieser Sachverhalt kann durch das folgende Gleichungspaar beschrieben werden

$$x = x_0 \cos \omega t$$

$$y = y_0 \cos \left(\omega t + \frac{\pi}{2}\right) = -y_0 \sin \omega t. \qquad (3.12)$$

Da die Amplituden gleich sind, gilt $x_0 = y_0$. Für diesen Fall läßt sich leicht zeigen, daß der Abstand des Lichtflecks vom Mittelpunkt des Schirms konstant bleibt und durch x_0 gegeben ist. Der Lichtfleck beschreibt daher einen Kreis, der mit konstanter Winkelgeschwindigkeit ω im Uhrzeigersinn durchlaufen wird.

Für den Fall, daß die Phasendifferenz von $\pi/2$ verschieden ist, läßt sich zeigen, daß es sich bei der Kurve stets um eine Ellipse handelt, deren Achsen gegenüber der horizontalen und vertikalen Achse des Schirms geneigt sind. Wie wir nun zeigen werden, stellt die Lage und die Gestalt der Ellipse eine Methode zur *Messung* der Phasenverschiebung der beiden Wellen dar.

Stehen die Frequenzen der beiden Sinuswellen in einem *rationalen* Verhältnis (d.h. dem Verhältnis zweier ganzer Zahlen), ist die Kurve stets geschlossen und wird immer wieder durchlaufen. Ist etwa das Verhältnis der Frequen-

zen 5 zu 13, dann benötigen 5 Perioden der niedrigeren Frequenz dieselbe Zeit wie 13 Perioden der höheren Frequenz. Nach dieser Zeitspanne haben daher *beide* Wellen eine ganze Zahl von Perioden durchlaufen und sind zum selben Punkt wie am Anfang des Intervalls zurückgekehrt. Ist aber das Verhältnis der beiden Frequenzen *nicht rational* (d.h. nicht durch das Verhältnis zweier ganzer Zahlen ausdrückbar) schließt sich die Kurve nicht. Sie füllt vielmehr das gesamte Rechteck, das durch die maximale horizontale und vertikale Ablenkung vorgegeben ist, aus. Bild 3.26 zeigt einige einfache Beispiele von Lissajous-Figuren. In jedem Fall ist das Verhältnis der Frequenzen ω_y/ω_x gleich dem Verhältnis der Gesamtanzahl der Maxima in vertikaler Richtung (oben oder unten) zur Gesamtanzahl der Maxima in horizontaler Richtung (links oder rechts). Gilt das für jedes rationale Verhältnis von Frequenzen?

Lissajous-Figuren stellen eine passende Methode dar, zwei Frequenzen miteinander zu vergleichen. Man kann sie daher dazu verwenden, die Frequenz einer unbekannten Welle durch Vergleich mit einer Welle bekannter Frequenz zu *messen*. Der einfachste Fall ist natürlich das Verhältnis 1:1, aber es gibt viele andere Möglichkeiten.

Messung der Phase. Eine wichtige Anwendung des Oszillographen stellt die Messung der *Phasenverschiebung* zweier sinusförmiger Wellen der gleichen Frequenz dar. Man kann verschiedene Methoden anwenden. Am einfachsten ist es, die Lissajous-Figur (stets eine Gerade, ein

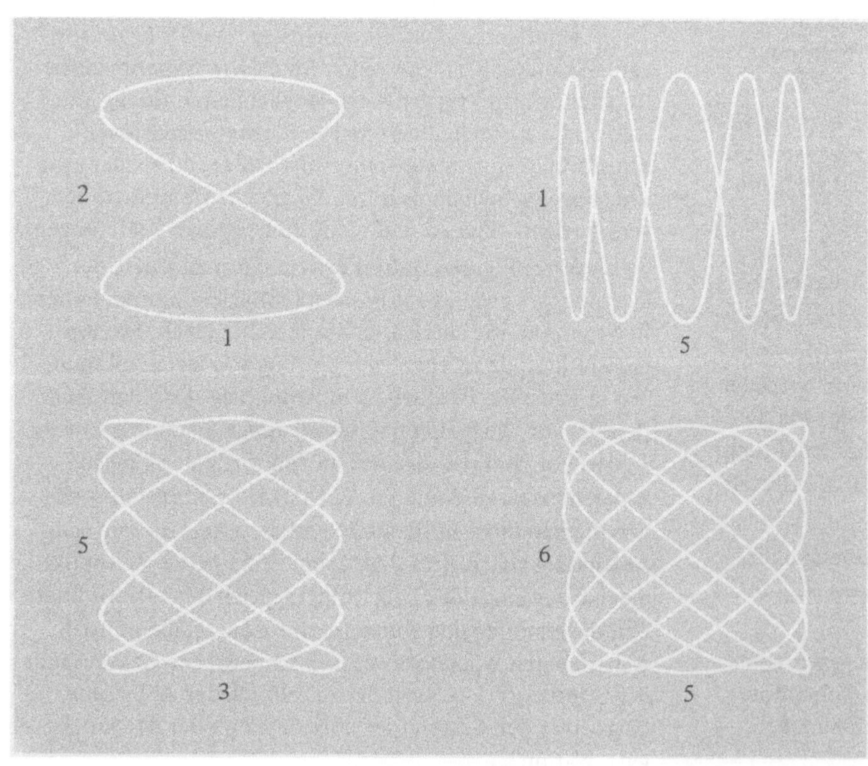

Bild 3.26

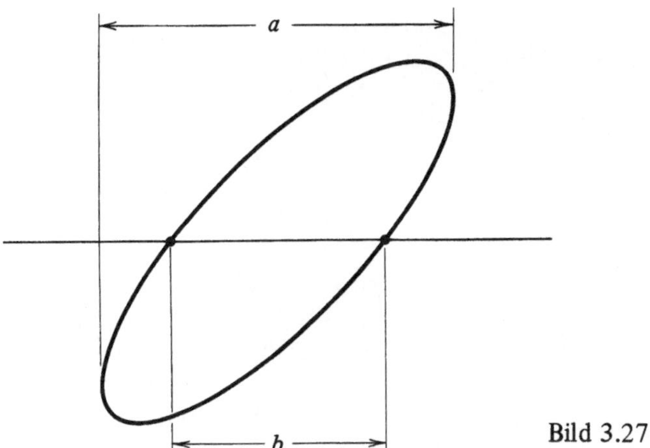

Bild 3.27

Kreis oder eine Ellipse), die entsteht, wenn jede der beiden Spannungen an einen Eingang des Oszillographen angeschlossen ist, zu messen.

Die Ablenkungen am Oszillographen seien durch die folgenden Gleichungen beschrieben

$$x = x_0 \cos \omega t, \quad y = y_0 \cos (\omega t + \varphi). \qquad (3.13)$$

Die Frequenzen von x und y sind also gleich, aber y ist um den Phasenwinkel φ, der positiv oder negativ sein kann, gegenüber x in der Phase *verschoben*. Für $\varphi = 0$ ist die Kurve eine Gerade, für $\varphi = \pi/2$ ein Kreis. Zeigen die positiven Richtungen am Schirm nach oben und nach rechts, so ist in Bild 3.27 der Fall dargestellt in dem φ zwischen 0 und $\pi/2$ liegt. Für $y = 0$ kreuzt die Kurve die horizontale Achse. Dies geschieht, wenn $\cos (\omega t + \varphi) = 0$, zum Beispiel zur Zeit $\omega t = \pm \pi/2 - \varphi$. Zu diesen Zeiten ist die Horizontalablenkung x durch

$$x = x_0 \cos \left(\pm \frac{\pi}{2} - \varphi \right) = \pm x_0 \sin \varphi \qquad (3.14)$$

gegeben, worin wir die Identitäten für den Kosinus einer Summe und einer Differenz verwendet haben. Der Abstand a in Bild 3.27 ist daher durch $2x_0 \sin \varphi$ und der Abstand b durch $2x_0$ gegeben. Wir erhalten also das einfache Ergebnis

$$\varphi = \arcsin \frac{b}{a} . \qquad (3.15)$$

Eine andere Methode zur Messung der Phase verwendet den im Oszillographen eingebauten Generator zusammen mit einer von außen gesteuerten Synchronisierung. Dazu schließt man eine der beiden Wellen an den Vertikaleingang an, schaltet die Horizontalablenkung auf die Kippspannung und den Synchronisationsregler auf extern. Die Vertikalspannung wird auch an den Eingang EXT SYNC angeschlossen. Wir halten die Lage der Kurve am Schirm fest. Dann schalten wir die andere Welle an den SYNC Eingang, wobei wir die ursprüngliche Welle am

Vertikaleingang belassen. Da diese Welle mit der ursprünglichen nicht in Phase ist, beginnt die Kurve an einer anderen Stelle der Periode der am Vertikaleingang liegenden Spannung. Das Bild erscheint um einen Bruchteil einer Periode nach rechts oder nach links verschoben, je nach der Phasendifferenz der beiden Wellen.

Es gibt Oszillographen, deren *Strahlintensität* durch eine äußere Welle moduliert werden kann. Dadurch erhält die bildliche Darstellung eine dritte Koordinate, die oft „z-Achse" oder treffender *Intensitätsmodulation* genannt wird. Besitzt der Oszillograph eine solche Vorrichtung, so kann die folgende Methode zur Messung der Phase verwendet werden. Schließen Sie die eine Spannung an den Vertikaleingang, die andere an die Eingabe für die z-Achse an. Wenn die beiden Wellen die gleiche Phase haben, stellt die positive Spitze den hellsten Teil der Kurve und die negative Spitze den lichtschwächsten Teil dar, wie dies in Bild 3.28a gezeigt ist. Der Kontrast kann durch Verstellen der Strahlintensität und der Amplitude der Spannung an der z-Achse verstärkt werden. Haben die beiden Wellen nicht die gleiche Phase, so ist der helle Teil um den entsprechenden Bruchteil einer Periode verschoben, wie dies in Bild 3.28b zu sehen ist.

Am praktischsten ist diese Methode, wenn eine rechteckige Welle, die mit einer der Sinuswellen synchronisiert ist, zur Verfügung steht, ähnlich dem Fall, wo ein Generator einer $\sin^2$-Welle für eine Eingabe verwendet wird. Hier tritt ein scharfer Helligkeitskontrast in jenen Punkten der Periode auf, die den stufenförmigen Übergängen der Rechteckswelle entsprechen. Bild 3.28c zeigt die entsprechenden Kurven für Phasendifferenzen von 0, $\pi/4$ und $\pi/2$.

Spannung-Strom-Charakteristik. Zu den vielen Anwendungen des Oszillographen gehört die Bestimmung der Spannung-Strom-Charakteristik von Geräten. Das einfachste Beispiel ist ein Widerstand, für den das Ohmsche Gesetz $U = IR$ gilt. Für ihn ist der Strom der Spannung direkt proportional. Folglich ist die Kurve, die I als Funktion von U darstellt, eine Gerade. Um dies am Oszillographen sichtbar zu machen, legen wir eine sinusförmige Spannung an einen Widerstand an. Parallel zum Widerstand schalten wir die Horizontalablenkung des Oszillographen. An die Vertikalablenkung legen wir eine Spannung, die dem durch den Widerstand fließenden *Strom* proportional ist.

In Anwendung auf den Widerstand ist diese Methode trivial. Aber es gibt viele Geräte, für die das Ohmsche Gesetz *nicht* gilt und für die die Stromstärke nicht nur vom Betrag der angelegten Spannung sondern auch von deren Vorzeichen abhängt. Die in Experiment EI-2 besprochene Halbleiterdiode ist ein einfaches Beispiel. Jedes Gerät, für das das Ohmsche Gesetz nicht gilt, heißt *nichtlineares Gerät*. Die typische Form der Spannung-Strom-Kurve für eine Halbleiterdiode ist in Bild 3.29 dargestellt.

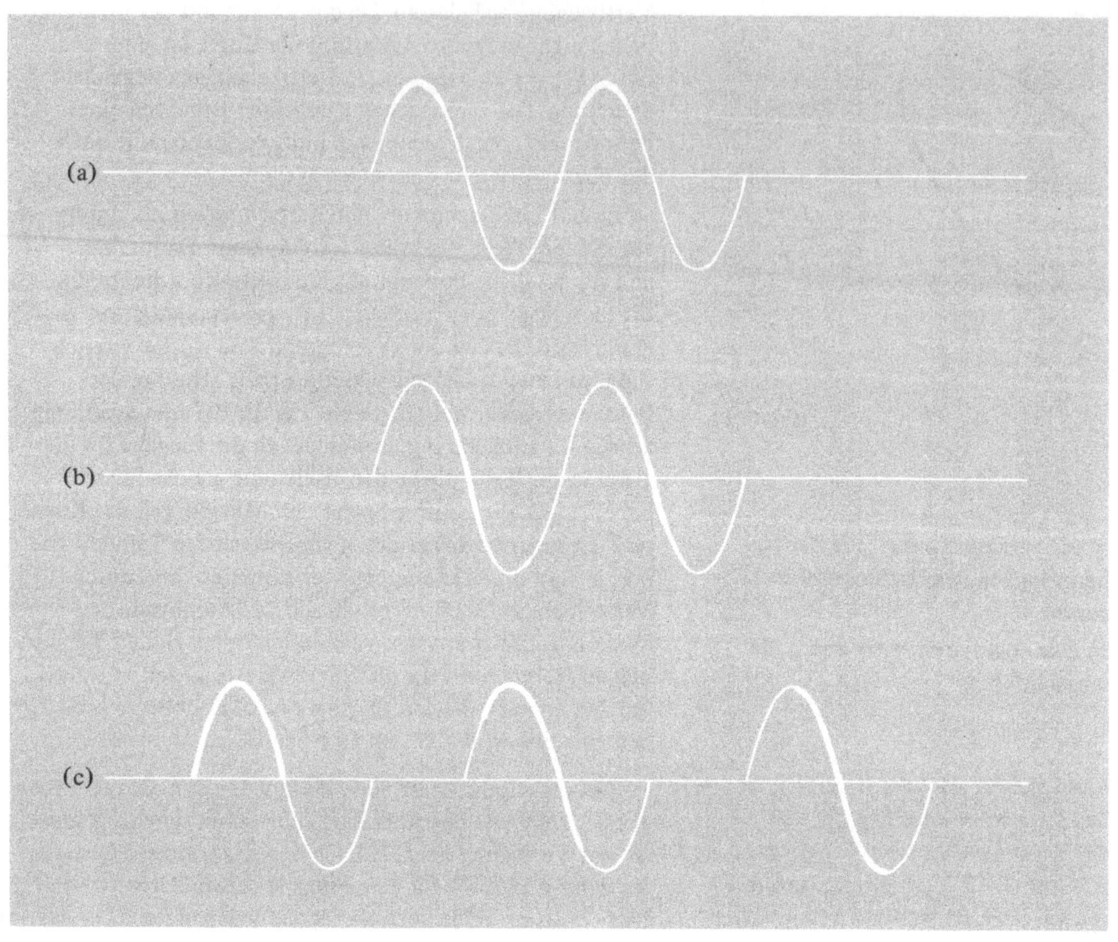

Bild 3.28

Die eben beschriebene Methode kann verwendet werden, um diese Kurve am Schirm des Oszillographen sichtbar zu machen.

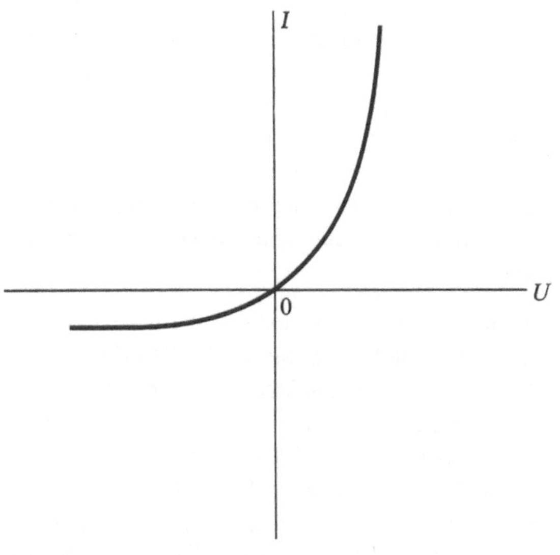

Bild 3.29

3.5.2. Experiment

Lissajous-Figuren. Um Lissajous-Figuren zu beobachten, schalten Sie an die Horizontaleingabe eine Stromquelle von 50 Hz und an die Vertikaleingabe einen Sinusgenerator. Bei den meisten Oszillographen läßt sich die Horizontalablenkung auf die Netzspannung umschalten. Wenn sich Ihr Oszillograph nicht umschalten läßt, verwenden Sie einen Transformator, der die Netzspannung in Niederspannung (6,3 V) umwandelt.

1. Gleiche Frequenzen. Stellen Sie die Frequenz des Generators sorgfältig ein, bis sich jede der in Bild 3.30 gezeigten Kurven ergeben hat. Wie genau ist die Frequenzskala des Generators geeicht? Wie muß die Skala eingestellt werden, damit sie einer tatsächlichen Frequenz von 50 Hz entspricht? Notieren Sie diesen Wert. Stellen Sie jetzt eine Frequenz ein, die ein wenig außerhalb des Werts für eine stabile Kurve liegt. Jetzt verändert sich die Kurve langsam und durchläuft alle in Bild 3.30 wiedergegebenen Formen.

2. Vielfache der Grundfrequenz. Schalten Sie die Frequenz des Generators auf 100 Hz und stellen Sie den Wert so ein, daß sich ein stationäres Bild ergibt. Lesen Sie den

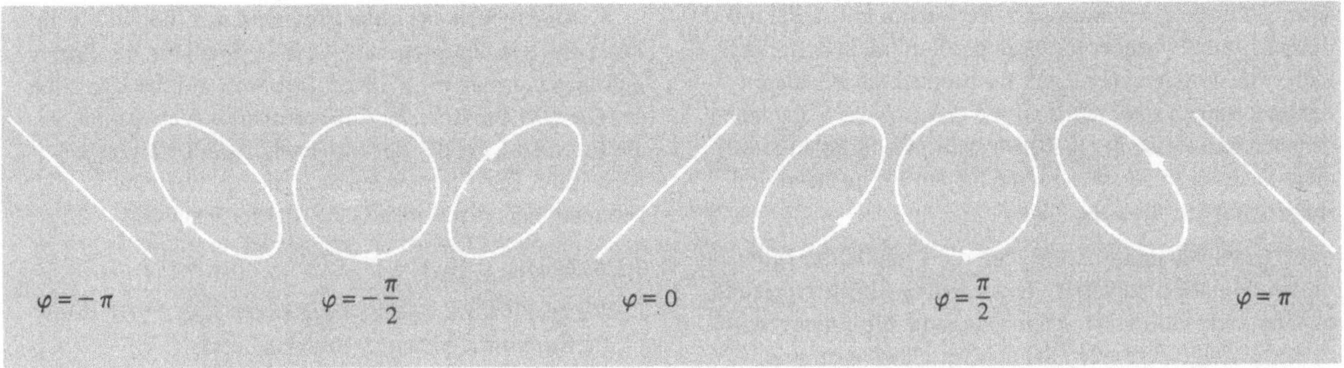

Bild 3.30

genauen Wert der Frequenz ab und notieren Sie das Ergebnis. Bestimmen Sie auf ähnliche Weise die Frequenzeinstellung für 25 Hz, 50 Hz, 100 Hz, 150 Hz, 200 Hz, 250 Hz, 300 Hz, 350 Hz, 400 Hz und 500 Hz. Zeichnen Sie eine Eichkurve (wirkliche Frequenz als Funktion der Skaleneinstellung) für diesen Frequenzbereich.

3. Nicht-Vielfache der Grundfrequenz. Suchen Sie nach anderen Lissajous-Figuren in der Nähe von 40 Hz und 75 Hz und bei anderen Frequenzen, die Ihnen interessant erscheinen. Wie unterscheiden sich diese Figuren von den früheren, bei denen jeweils die eine Frequenz ein ganzzahliges Vielfaches der anderen war.

Messung der Phase. Um Methoden zur Messung der Phasenverschiebung zu untersuchen, braucht man zwei Wellen mit veränderlicher Phasendifferenz. Bild 3.31 zeigt eine einfache Anordnung, um solche Spannungen zu erzeugen. Die Wirkungsweise solcher Schaltkreise wird im Experiment EF-1 genauer behandelt. Im Augenblick stellen wir nur fest, daß ein Strom durch einen Schaltkreis mit Widerstand und Kondensator Spannungen erzeugt, deren Phasendifferenz von nahezu $\pi/2$ für niedrige Frequenzen bis nahezu Null für hohe Frequenzen variiert.

4. Lissajous-Figuren. Verbinden Sie den Anschluß A des Stromkreises mit der Horizontalablenkung und den Anschluß B des Stromkreises mit der Vertikalablenkung des Oszillographen. Variieren Sie die Frequenz und beobachten Sie die dabei entstehenden Lissajous-Figuren. Dabei muß man die Vertikalverstärkung verändern, um die gleiche Vertikalamplitude beizubehalten. Verändern Sie die Frequenz bis sich eine Phasenverschiebung von etwa 45° ergibt und verwenden Sie die oben beschriebene Methode (Messung der Lissajous-Figur), um die Phasenverschiebung zu bestimmen. Wiederholen Sie diese Beobachtungen für eine höhere und eine niedrigere Frequenz. Kontrollieren Sie jedesmal, ob die beiden Amplituden gleich sind. Untersuchen Sie noch andere Frequenzen und zeichnen Sie eine Kurve, die die Phasenverschiebung als Funktion der Frequenz angibt. Tragen Sie dabei die Frequenz auf der logarithmischen Seite eines halblogarithmischen Papiers auf.

5. Äußere Synchronisation. Stellen Sie die Frequenz wieder auf den Wert der ersten Messung und verwenden Sie die weiter oben beschriebene Methode der „äußeren Synchronisation". Verbinden Sie den Anschluß A von Bild 3.31 mit der Vertikaleingabe und der Eingabe für die äußere Synchronisation. Justieren Sie den Regler der Frequenz der Horizontalablenkung bei ganz kleiner Synchronisierungsamplitude, bis genau eine Periode abgebildet wird, und schalten Sie die Synchronisierungsamplitude dann stärker, bis das Bild stabilisiert ist. Dabei müssen Sie möglicherweise die Frequenzfeineinstellung verwenden. Halten Sie die horizontale Lage eines markanten Punkts am Schirm fest. Hierzu empfiehlt es sich, die Figur in vertikaler Richtung zu zentrieren und dann die horizontale Lage jenes Punktes festzuhalten, in dem die Kurve die horizontale Achse schneidet. Messen Sie auch die horizontale Entfernung, die einer halben Periode entspricht. (Warum nicht einer ganzen Periode?) Trennen Sie nun den Anschluß A des Stromkreises von Bild 3.31

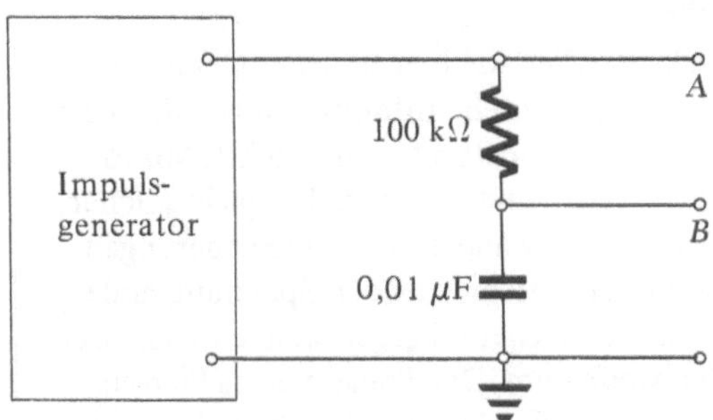

Bild 3.31

vom Oszillographen und verbinden Sie ihn mit Anschluß B. Beobachten Sie wieder die Lage des Punkts, in dem die Kurve die x-Achse schneidet. Bestimmen Sie aus diesen Beobachtungen sowohl die Größe als auch das Vorzeichen der relativen Phase der beiden Wellen. Wiederholen Sie diese Messungen für die anderen beiden Frequenzen und vergleichen Sie alle Ergebnisse.

6. Intensitätsmodulation. Um die Technik der Intensitätsmodulation zu verwenden, schalten Sie die Horizontalablenkung auf die Sägezahnspannung mit innerer Synchronisierung. Verbinden Sie den Anschluß A mit der Vertikalablenkung und die rechteckige Welle des Impulsgenerators mit dem Eingang der Amplitudenmodulation. Wählen Sie dieselbe Frequenz wie für die erste Messung bei den obigen Versuchen und prüfen Sie, ob die sinusförmige und die rechteckige Welle die gleiche Phase haben. Ersetzen Sie nun Anschluß A durch Anschluß B. Bestimmen Sie die relative Phase (Betrag und Vorzeichen) der Wellen von A und von B durch Messung des Horizontalabstands am Schirm. Wiederholen Sie diesen Vorgang mit den beiden anderen Frequenzen, die oben verwendet wurden und vergleichen Sie die Ergebnisse.

Spannung-Strom-Charakteristik. Die Spannung-Strom-Charakteristik nichtlinearer Geräte kann am Schirm des Oszillographen sichtbar gemacht werden. Als Beispiel betrachten wir eine Halbleiterdiode im Stromkreis von Bild 3.32. Der Spannungsabfall am 15-kΩ-Widerstand ist dem durch den Kreis fließenden Strom proportional. Wenn wir diese Spannung an die Vertikaleingabe und die Generatorspannung an die Horizontaleingabe legen, so erhalten wir eine Kurve des durch die Diode fließenden Stroms als Funktion der Spannung, die an der Serienschaltung von Diode und Widerstand liegt.

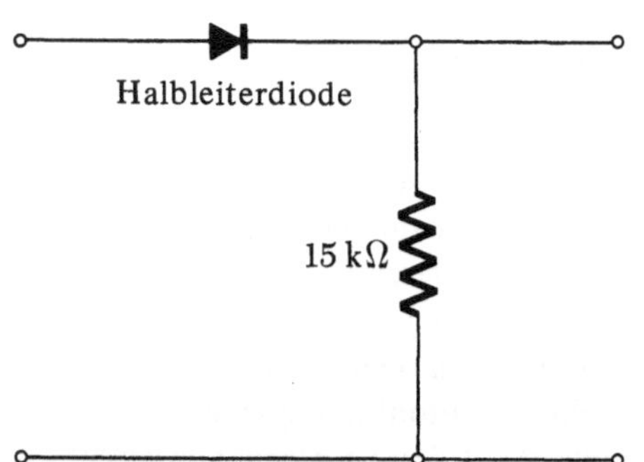

Bild 3.32

7. Kennlinie einer Diode. Schalten Sie die Frequenz des Generators auf etwa 100 Hz und zeichnen Sie die Spannung-Strom-Kurve mit Hilfe des Oszillographen auf. Wie ändert sich die Kurve in Abhängigkeit von der Spannung des Generators? Polen Sie die Diode um und wiederholen Sie diese Messung. In welcher Beziehung steht diese Kurve zur vorhergehenden?

8. Ansprechen auf hohe Frequenzen. Erhöhen Sie die Frequenz des Sinusgenerators bis ein Strom in der Sperrrichtung sichtbar wird. Dieser Strom ist auf die Kapazität der Gleichrichterschicht zurückzuführen. Vermerken Sie die Frequenz, bei der der durchgelassene Strom ins Gewicht fällt. Für Frequenzen über diesem Wert stellt die Diode keinen wirksamen Gleichrichter mehr dar.

3.5.3. Fragen

1. Wie groß ist die Vertikalfrequenz in Bild 3.26a, wenn die Horizontalfrequenz 1000 Hz beträgt?

2. Wodurch wird die Laufrichtung des Lichtflecks in der Lissajous-Figur von Bild 3.27 bestimmt?

3. Beweisen Sie die auf Gl. (3.12) folgenden Behauptungen.

4. Zeigen Sie, daß die im Text gemachte Behauptung über die Beziehung der Anzahl der horizontalen und der vertikalen Maxima der Lissajous-Figur zum Verhältnis der Frequenzen richtig ist.

5. Können Sie auf Grund dieser Experimente feststellen, ob eine positive Vertikalspannung eine Ablenkung nach oben oder nach unten bewirkt, ob eine positive Horizontalspannung eine Ablenkung nach links oder nach rechts hervorruft?

6. Leiten Sie eine Beziehung zwischen der Phasenverschiebung und dem Winkel, den die Hauptachse der Ellipse in Bild 3.27 mit der x-Achse einschließt, her.

7. Verschiebt sich die Kurve für einen positiven Wert von φ nach rechts oder nach links, wenn zur Phasenmessung die Methode der Synchronisation der Horizontalablenkung Verwendung findet?

8. Wie Sie bemerkt haben, ist die Lissajous-Figur der Frequenzen 50 Hz und 100 Hz ähnlich derjenigen für 50 Hz und 25 Hz. Geben Sie die Ähnlichkeiten und die Unterschiede an.

9. Welche der drei Methoden zur Messung der relativen Phase ist die beste? Warum?

3.6. Experiment EI-5: Wandler

3.6.1. Einleitung

Der Ausdruck *Wandler* soll hier für jedes Gerät verwendet werden, das elektrische Information in Information anderer Form umwandelt oder umgekehrt. Mikrophone und Lautsprecher sind bekannte Beispiele solcher Wandler. Ein Mikrophon wandelt die Druckänderungen von Schallwellen in die entsprechenden Spannungsänderungen um. Ein Lautsprecher hingegen wandelt elektrische Impulse in Schallwellen um. Der Tonarm eines Plattenspielers wiederum setzt die mechanischen Schwingungen in elektrische Impulse um.

In den meisten Anwendungen elektronischer Schaltkreise sind Wandler verschiedener Art von größter Bedeutung. Außer den elektroakustischen Wandlern kann man noch weitere Gruppen unterscheiden. Zu den elektrooptischen Wandlern gehören die verschiedenen Arten von Photozellen in Phototransistoren, Vakuumphotozellen, Kadmiumsulfidzellen und andere. In ihnen wird entweder durch das einfallende Licht ein elektrischer Impuls erzeugt oder das einfallende Licht steuert die Stärke des durchfließenden Stroms. Temperaturempfindliche Geräte wie Thermoelemente übertragen Temperaturschwankungen in elektrische Impulse. Auch mechanische Veränderungen von Materialien können in elektrische Impulse umgewandelt werden. Eine große Anzahl von Teilchendedektoren wie Geigerzähler, Proportionalkammern, Funkenkammern, und verschiedene Arten von Szintillationszählern zeigen durch elektrische Impulse an, daß ein geladenes Teilchen hindurch geht. In einigen Fällen steht die Amplitude des Impulses in unmittelbarer Beziehung zur Teilchenenergie.

In diesem Experiment wollen wir uns auf einen akustischen und einen thermischen Wandler beschränken.

Akustische Wandler. Der akustische Wandler erzeugt Ultraschallwellen. Diese haben so hohe Frequenzen, daß sie vom menschlichen Ohr nicht wahrgenommen werden. Die Frequenz f der Schallwellen ist durch die Beziehung $f = c/\lambda$ gegeben, worin c die Schallgeschwindigkeit bedeutet. In trockener Luft bei 20 °C beträgt die Schallgeschwindigkeit $c = 344$ m/s und einer Wellenlänge $\lambda = 1$ cm $= 0{,}01$ m entspricht die Frequenz

$$f = \frac{344 \text{ m/s}}{0{,}01 \text{ m}} = 34{,}4 \text{ kHz}.$$

Einen gebräuchlichen Ultraschallwandler zeigt Bild 3.33. Das Gerät besteht aus einem Bariumtitanatzylinder. Dieses Material kann unterhalb einer kritischen Temperatur ein permanentes elektrisches Dipolmoment haben. Das Bariumtitanat wird radial polarisiert, indem man es erhitzt, eine Spannung zwischen einer Elektrode an der inneren und einer an der äußeren Oberfläche anlegt und dann bis unter die kritische Temperatur von etwa 120 °C abkühlt. Die Polarisation ist dann „eingefroren" und hält auch nach Entfernen der äußeren Spannung an.

Der Bariumtitanatzylinder hat die Eigenschaft sich zu *verkürzen,* wenn eine Potentialdifferenz angelegt wird, die das gleiche Vorzeichen wie die Spannung bei der Polarisierung hat. Wird hingegen eine Potentialdifferenz von entgegengesetztem Vorzeichen angelegt, so *verlängert* sich der Zylinder. Läßt man eine Wechselspannung auf die innere und die äußere Elektrode des Zylinders wirken und verbindet das eine Ende mit einer Membran, so erhält man einen akustischen Sender.

Wird der Zylinder umgekehrt in longitudinaler Richtung komprimiert, so entsteht zwischen den Elektroden eine Spannung vom selben Vorzeichen wie die Polarisierungsspannung, wogegen eine longitudinale Dehnung eine Spannung von entgegengesetztem Vorzeichen erzeugt. Dasselbe Gerät kann daher auch als akustischer *Empfänger* verwendet werden. Solche Geräte sind erfolgreich bis zu Frequenzen von etwa 100 kHz verwendet worden.

Ein sehr einfacher und billiger scheibenförmiger Ultraschallwandler ist für die Fernsteuerung von Fernsehempfängern entwickelt worden. In Bild 3.34a ist ein solches Gerät skizziert. Es besteht aus einer Scheibe Bariumtitanat, die mit einer Aluminiumscheibe zusammengefügt ist. Auf das Bariumtitanat sind zwei Elektroden aufgedampft, die eine als Kreisscheibe in der Mitte, die andere als Ring am Rand. Diese Anordnung wird, wie oben beschrieben, bei angelegter Spannung unter die kritische Temperatur von 120 °C abgekühlt. Legt man nun eine Spannung an die Elektroden, so krümmt sich die Scheibe. Die Richtung der Krümmung hängt vom Vorzeichen der Spannung ab. Wird hingegen die Scheibe gekrümmt, so entsteht an den Elektroden die entsprechende Spannung.

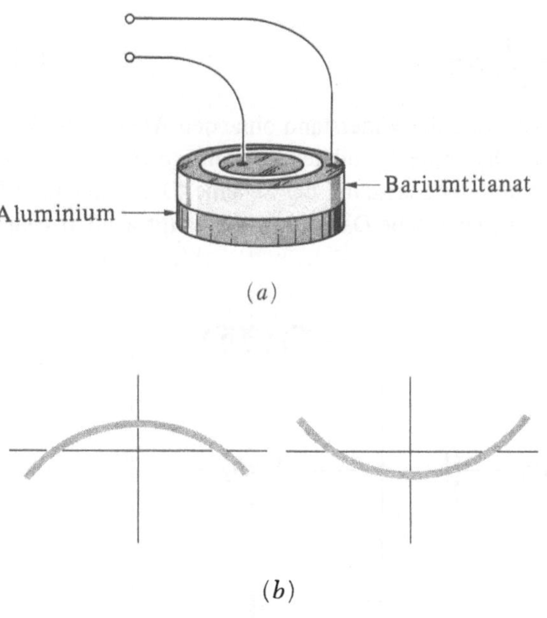

(a)

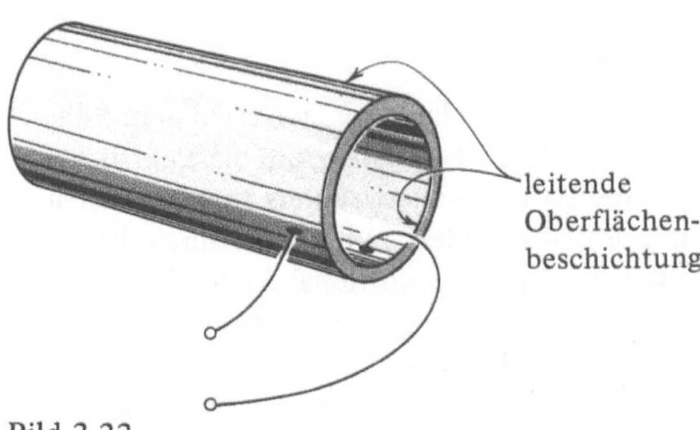

Bild 3.33

(b)

Bild 3.34

Eine interessante Eigenschaft dieses Wandlers ist, daß er eine sehr scharfe Resonanzfrequenz oder Eigenfrequenz besitzt. Sie entspricht der in Bild 3.34b gezeigten Schwingungsbewegung, bei der sich die Krümmung ständig umkehrt und Mitte und Rand der Scheibe sich in die entgegengesetzte Richtung bewegen. Man kann zeigen, daß die Frequenz dieser Bewegung durch

$$f = \frac{u\,d}{2\,a^2} \qquad (3.16)$$

gegeben ist, worin u die Schallgeschwindigkeit in Aluminium, etwa 6260 m/s, d die Dicke der Scheibe, etwa 0,1 cm, und a ihren Radius, etwa 1 cm, bedeuten. Man beachte, daß die Schwingungsfrequenz dem Quadrat des Radius *umgekehrt* proportional ist.

Die Resonanz der Scheibe verleiht diesem Gerät interessante elektrische Eigenschaften, die es nahelegen die Frequenzabhängigkeit seines elektrischen Widerstands zu untersuchen. Es stellt sich heraus, daß sein elektrisches Verhalten, dem Verhalten des in Bild 3.35 gezeigten Stromkreises, sehr ähnlich ist. Man nennt Bild 3.35 daher den zum Wandler *äquivalenten Stromkreis*. Bei sehr niedrigen Frequenzen bildet die Induktivität L eine Kurzschlußschaltung und der Haupteffekt kommt von dem in Serie geschalteten Kondensator c. Er entspricht der Kapazität der Elektroden an der Oberfläche des Bariumtitanats. Auf Grund der sehr großen Dielektrizitätskonstante dieses Materials (etwa 3000) ergibt sich eine ungewöhnlich hohe Kapazität von etwa 850 pF. Bei sehr hohen Frequenzen bilden die beiden Kondensatoren annähernd eine Kurzschlußschaltung und der in Serie geschalteten Widerstand r bestimmt das Verhalten. Er entspricht den elektrischen Verlusten im Bariumtitanat.

Bei der Resonanzfrequenz der L-C-Kombination, die durch

$$f = \frac{1}{2\pi(LC)^{1/2}} \qquad (3.17)$$

gegeben ist, wäre der Widerstand ohne den Widerstand R unendlich. Die Spule L und der Kondensator C entsprechen der Masse und der Elastizität der Scheibe. Der Widerstand R ersetzt die mechanische Dämpfung, die hauptsächlich vom

Abstrahlen akustischer Energie herrührt. Die scharfe Resonanz in der mechanischen Schwingung der Scheibe läßt ein entsprechend scharfes Maximum in der elektrischen Impedanz des Geräts bei der Resonanzfrequenz erwarten. Falls die Scheibe bei höheren Frequenzen noch andere Eigenschwingungen besitzt, sollte jede von einem entsprechenden Maximum in der Widerstandskurve begleitet sein. Diese Oberschwingungen werden durch das elektrische Analogon in Bild 3.35 nicht wiedergegeben. Sie könnten aber durch Hinzufügen weiterer L-C-Kombinationen berücksichtigt werden. Die Eigenschaften dieses Geräts können durch Messung seines Widerstands als Funktion der Frequenz untersucht werden.

Thermistor. Die Arbeitsweise des Thermistors ist relativ einfach. Der Thermistor besteht aus einem Halbleitermaterial, dessen Widerstand bei steigender Temperatur rasch abnimmt. Die Gründe für dieses Verhalten werden wir in den Experimenten über Halbleiterelektronik untersuchen. Der Thermistor wird in Verbindung mit dem einfachen in Bild 3.36 gezeigten Schaltkreis verwendet. Dieser Schaltkreis gestattet es, die Änderung des Thermistorwiderstandes zu beobachten. Ein typischer Thermistor hat bei 25 °C einen Widerstand von 135 kΩ und einen Temperaturkoeffizienten von −4,6 %/°C. Dieser Temperaturkoeffizient ist viel größer als derjenige gewöhnlicher Widerstände. Der Thermistor kann am Gefrierpunkt und am Siedepunkt des Wassers geeicht und im Zwischenbereich mit einem gewöhnlichen Quecksilberthermometer verglichen werden.

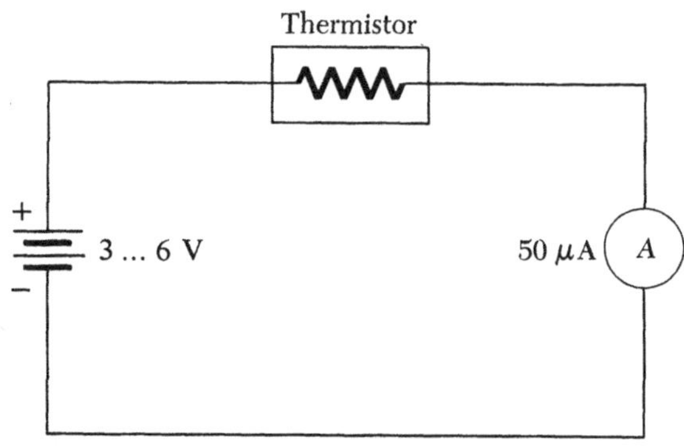

Bild 3.36

3.6.2. Experiment

1. Grundresonanz der Scheibe. Setzen Sie den in Bild 3.37 gezeigten Schaltkreis zusammen, um die elektrischen Eigenschaften des Bariumtitanatwandlers zu untersuchen. Die Spannung am 1-kΩ-Widerstand ist dem durch den Wandler fließenden Strom proportional. Unter der Annahme, daß die Impedanz des gesamten Stromkreises viel größer als 1 kΩ ist, ist dieser Strom der Widerstand des Wandlers umgekehrt proportional. Unter welchen Bedingungen ist diese Annahme gültig? Suchen Sie durch Ver-

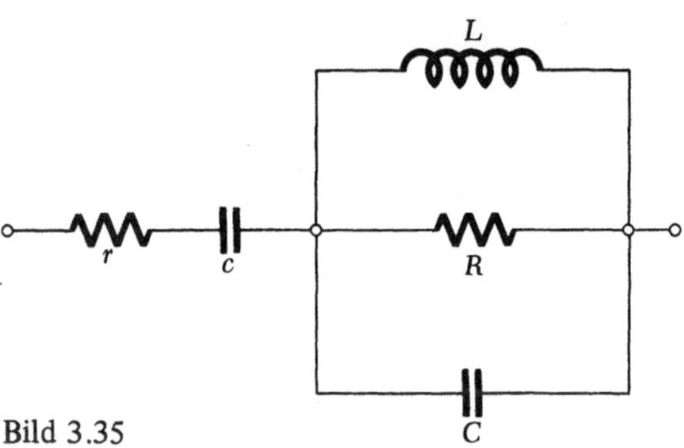

Bild 3.35

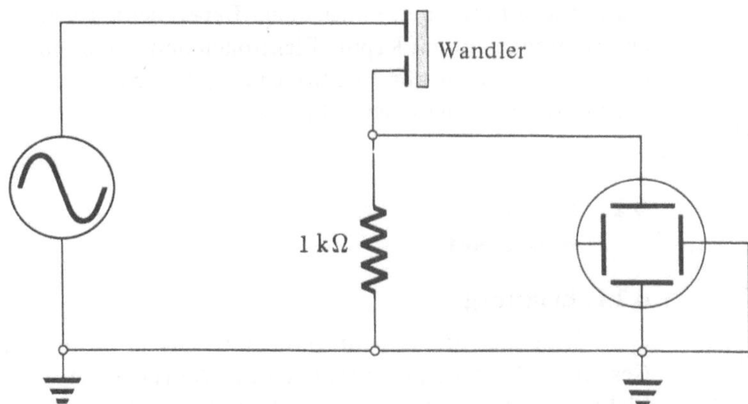

Bild 3.37

änderung der Frequenz des Sinusgenerators die niedrigste Resonanzfrequenz. Vergleichen Sie ihren Wert mit der Vorhersage von Gl. (3.16).

2. Höhere Resonanzen. Die zweite Resonanz hat eine etwa viermal so große Frequenz wie die erste. Dies ist die erste Oberschwingung. Ihre Schwingungsamplitude hat in radialer Richtung *zwei* Nullstellen. Im Frequenzbereich bis 1 MHz werden Sie noch bis zu einem Dutzend schwacher höherer Resonanzen finden. Messen Sie so viele Resonanzfrequenzen wie möglich.

3. Die Kennlinie des Thermistors. Die Kennlinie des Thermistors wird mit dem in Bild 3.36 gezeigten Schaltkreis beobachtet. Messen Sie die Stromstärke für verschiedene Temperaturen, die leicht zu erzeugen sind, wie Gefrierpunkt und Siedepunkt des Wassers sowie die menschliche Körpertemperatur. Zeichnen Sie mit Hilfe dieser Werte eine Kurve, die die Stromstärke als Funktion der Temperatur angibt.

4. Linearität der Temperaturabhängigkeit. Es ist interessant zu untersuchen, ob der Widerstand des Thermistors eine lineare oder eine kompliziertere Funktion der Temperatur ist. Tauchen Sie den Thermistor und ein gewöhnliches Quecksilberthermometer in ein Wasserbad. Verändern Sie die Wassertemperatur in Schritten von etwa 10 °C durch Erhitzen oder durch Hinzufügen von Eis und notieren Sie jedesmal den Widerstand des Thermistors als Funktion der am Quecksilberthermometer abgelesenen Temperatur. Zeichnen Sie eine Kurve, die den Widerstand als Funktion der Temperatur angibt. Ist die Beziehung zwischen den beiden linear?

5. Linearität zwischen Spannung und Strom. Viele Halbleiter sind nicht linear, darunter versteht man, daß der Strom der Spannung nicht proportional ist. Um das zu untersuchen, tauchen Sie den Thermistor in ein Temperaturbad, zum Beispiel Eiswasser, und messen Sie den Strom als Funktion der Spannung. Verwenden Sie nur

Spannungen bis zu 15 V. Auf welche Weise ergänzen die hier durchgeführten Messungen die in früheren Teilen des Experiments erhaltenen Werte für den Widerstand?

3.6.3. Fragen

1. Wie ändern sich die elektrischen Eigenschaften des akustischen Wandlers, wenn man am Bariumtitanatzylinder eine große Platte von der Form einer Lautsprechermembran befestigt?

2. Erwarten Sie, daß die Längenänderung des Bariumtitanatzylinders linear, d.h. proportional der angelegten Spannung ist? Können Sie eine Methode angeben, diese Linearität experimentell zu überprüfen?

3. Angenommen in einem bestimmten Experiment wird ein scheibenförmiger Wandler von der weiter oben beschriebenen Art benötigt und seine niedrigste Resonanzfrequenz soll 20 kHz sein. Wie groß muß der Radius der Scheibe sein, wenn ihre Dicke 0,1 cm beträgt?

4. Um den Zustand eines Thermistors zu beschreiben, sind drei Variable notwendig: Spannung, Strom und Temperatur. Die Kennlinien können auf verschiedene Weise gezeichnet werden: Eine Möglichkeit besteht darin, für verschiedene konstante Temperaturen die Kurven des Stroms als Funktion der Spannung aufzutragen. Skizzieren Sie die Gestalt, die eine solche Kurvenschar haben würde.

5. Eine andere der Frage 4 entsprechende Möglichkeit ist es, für verschiedene feste Spannungswerte den Strom, der durch den Thermistor fließt, als Funktion der Temperatur aufzutragen. Skizzieren Sie das Aussehen der entsprechenden Kurvenschar. Gibt es noch eine dritte Art, die Thermistorkennlinien zu zeichnen?

6. Welche Vorteile bietet ein Thermistor bei der Temperaturmessung, verglichen mit einem gewöhnlichen Quecksilberthermometer? Welche Nachteile? Ziehen Sie dabei Eigenschaften wie Größe, Temperaturbereich, Genauigkeit und ähnliches in Betracht.

4. Felder (F)

4.1. Einleitung

Bei der Beschreibung der Wechselwirkungen von Teilchen und größeren Körpern hat sich der Feldbegriff sehr bewährt. Die Gravitationswechselwirkung zweier Körper kann durch Kräfte beschrieben werden, aber oft ist es einfacher, das *Gravitationsfeld* zu verwenden. Jede Masse erzeugt in dem sie umgebenden Raum ein Gravitationsfeld, und jede andere Masse, die sich in diesem Feld befindet, erfährt eine Kraft, die dem Feld proportional ist. Wird das Feld durch eine auf kleinem Raum konzentrierte kugelsymmetrische Massenverteilung erzeugt, ist das Feld von deren Mittelpunkt radial nach außen gerichtet und fällt wie $1/r^2$ ab. Bei einer komplizierteren Massenverteilung ist auch das Feld entsprechend komplizierter. Der Wechselwirkung kann eine potentielle Energie zugeordnet werden. Die potentielle Energie pro Masseneinheit wird *Gravitationspotential* genannt.

In den folgenden Experimenten werden elektrische und magnetische Felder behandelt, die bei den Wechselwirkungen geladener Teilchen auftreten. Zur Beschreibung der Wechselwirkungen ruhender Ladungen genügt deren elektrisches Feld beziehungsweise deren elektrisches Potential. Im Vakuum sind diese Wechselwirkungen völlig analog der Gravitationswechselwirkung. In Gegenwart von dielektrischen Substanzen oder von Leitern müssen auch die Ladungsverteilungen in diesen Materialien in die Betrachtung einbezogen werden.

Die Kräfte zwischen bewegten Ladungen werden durch elektrische und magnetische Felder beschrieben. Jede Ladung, die relativ zu einem vorgegebenen Bezugssystem bewegt ist, und jeder Strom erzeugt ein magnetisches Feld. Auf eine Ladung, die sich durch dieses magnetische Feld bewegt, wirkt eine geschwindigkeitsabhängige Kraft. Eine Ladung Q, die sich mit der Geschwindigkeit $\mathbf{v}$ in einem elektrischen Feld $\mathbf{E}$ und einem magnetischen Feld $\mathbf{B}$ bewegt, erfährt insgesamt eine Kraft $\mathbf{F}$,

$$\mathbf{F} = Q(\mathbf{E} + \mathbf{v} \times \mathbf{B}), \qquad (4.1)$$

die Lorentzkraft genannt wird.

Ein zeitlich veränderliches Magnetfeld erzeugt ein elektrisches Feld. Diese Erscheinung wird elektromagnetische Induktion genannt und durch das Faradaysche Induktionsgesetz beschrieben. In ähnlicher Weise erzeugt ein zeitlich veränderliches elektrisches Feld ein magnetisches Feld. Alle diese zeitabhängigen Wechselwirkungen könnten auch durch die Kräfte zwischen den bewegten Teilchen ausgedrückt werden, aber die Beschreibung durch Felder ist viel einfacher.

In den ersten drei Experimenten untersuchen wir elektrostatische Felder und Potentiale. In den folgenden Experimenten behandeln wir magnetische Felder und die elektro-

magnetische Induktion. Einige dieser Experimente geben eine Vorschau auf das Kapitel Elektronen und Felder, in dem wir die Bahnen von Elektronen in elektrischen und magnetischen Feldern beobachten werden.

4.2. Experiment F-1: Radialfelder

4.2.1. Einleitung

In den ersten drei Experimenten untersuchen wir die Gestalt der Felder und der Potentiale in der Nähe von Elektroden. Jede leitende Elektrode stellt eine Äquipotentialfläche dar. Legt man an zwei Elektroden eine Potentialdifferenz, so entsteht zwischen ihnen eine elektrisches Feld. Es wäre interessant, das Feld zwischen zwei Elektroden im Vakuum zu messen, was aber relativ schwierig ist. Statt dessen werden wir das viel einfachere Problem des Potentials auf einer leitenden Platte für verschiedene Elektrodenkonfigurationen untersuchen. In diesen Experimenten werden wir dann eine Beziehung zwischen dem Potential und dem elektrischen Feld auf einer leitenden Fläche mit der Gestalt des Potentials beziehungsweise des Feldes einer dreidimensionalen Anordnung im Vakuum finden.

Wir verwenden dazu Bogen eines leitenden Papiers (*Teledeltospapier*). Dieses Papier wurde für Geräte zur elektrischen Informationsspeicherung entwickelt. Auf einer Seite ist es mit Graphit und Aluminiumstaub imprägniert. Mit Silberfarbe können auf dem Teledeltospapier Elektroden angebracht werden. Diese Farbe, die für gedruckte Schaltungen Verwendung findet, trocknet an der Luft zu einem guten elektrischen Leiter.

4.2.2. Experiment

Die Potentiale werden mit einem Röhrenvoltmeter gemessen. Es stellt sich die Frage, ob das Potential durch den Kontakt der Meßsonde des Voltmeters mit dem Teledeltospapier verändert wird. Für gewöhnliche Voltmeter ist dies der Fall. Röhrenvoltmeter benötigen aber nur so wenig Strom, daß die durch die Messung am Teledeltospapier entstehende Potentialänderung in den meisten Fällen vernachlässigbar ist. Wir beginnen mit einigen vorbereitenden Messungen, um mit der Wirkungsweise des Röhrenvoltmeters vertraut zu werden. Wenn Sie nicht schon Experiment EI-1 ausgeführt haben, sollten Sie sich zuerst mit der Wirkungsweise des Röhrenvoltmeters vertraut machen.

1. Kreisförmige Elektroden. Unsere ersten Experimente werden mit der in Bild 4.1 gezeigten Elektrodenanordnung durchgeführt. Legen Sie ein Stück Teledeltospapier mit dieser Elektrodenanordnung auf eine glatte harte Fläche. Verbinden Sie den positiven Pol einer 7,5-V-Batterie mit dem äußeren Ring und den negativen Pol der Batterie mit

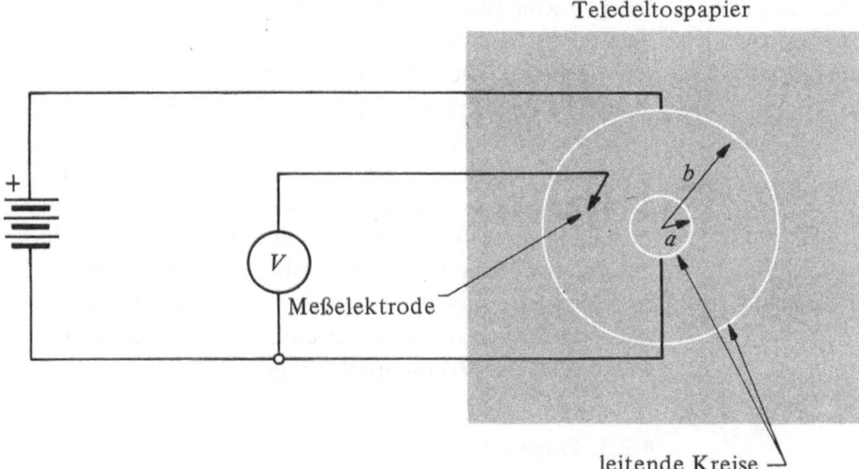

Bild 4.1

der mittleren Elektrode. Legen Sie einen Maßstab zwischen die Elektroden und messen Sie das Potential als Funktion des Radius in Intervallen von 0,5 cm. Welche Radialabhängigkeit des Potentials V erwarten Sie, wenn Sie vom Mittelpunkt aus in andere Richtungen messen? Messen Sie einige Punkte, um ihre Vorhersage zu überprüfen.

Können Sie auf Grund ihrer Potentialmessungen die Richtung des elektrischen Feldes angeben? Unter Verwendung des Potentials werden wir jetzt das elektrische Feld berechnen. Das elektrische Potential ist als potentielle Energie E_p pro Ladungseinheit

$$V = \frac{E_\mathrm{p}}{Q} \qquad (4.2)$$

und das elektrische Feld als Kraft pro Ladungseinheit

$$E = \frac{F}{Q} \qquad (4.3)$$

definiert. Aus der Definition der potentiellen Energie folgt für kleine Verschiebungen dr

$$dV = -E\,dr \qquad (4.4)$$

oder nach E aufgelöst

$$E = -\frac{dV}{dr}. \qquad (4.5)$$

Da wir das Potential in diskreten Punkten gemessen haben, können wir nur den Mittelwert des Feldes in aufeinanderfolgenden Intervallen berechnen. Berechnen Sie mit Hilfe der Gleichung

$$\bar{E} = -\frac{\Delta V}{\Delta r} \qquad (4.6)$$

den Mittelwert des Feldes für jedes Intervall, das Sie gemessen haben. Tragen Sie die für das mittlere Feld errechneten Werte als Funktion von $1/r$ auf. Welche Beziehung besteht zwischen E und r?

Um den Zusammenhang der eben beobachteten Beziehung zwischen E und r mit einem physikalischen Feld im Vakuum zu verstehen, müssen wir die Eigenschaften des obigen Systems genauer untersuchen.

2. Linienförmige Ladung. Es gibt zwei Betrachtungsweisen für dieses Problem. Die eine behandelt die Ladungen, die andere die Ströme. Beginnen wir mit der Betrachtung der Ladungen. Wir können nicht, wie bei den üblichen elektrostatischen Problemen, annehmen, daß der Raum zwischen der inneren und der äußeren Elektrode völlig ladungsfrei ist. Wovon können wir ausgehen? Wir können annehmen, daß das elektrische Feld innerhalb des Teledeltospapiers überall parallel zur Papierebene verläuft. Wäre das Feld nicht parallel, so würde sich an der Papieroberfläche solange Ladung ansammeln, bis es parallel wäre. Wir untersuchen also keine wirklich dreidimensionale, sondern eher eine *zweidimensionale* Feldverteilung, bei der das Feld auf das Innere des Papiers beschränkt ist. Das soll nicht heißen, daß es außerhalb des Papiers kein Feld vorhanden ist. Die Oberflächenladung, die das Feld im Inneren einschränkt, erzeugt auch ein äußeres Feld.

Für welche Elektrodenform liegen die Feldlinien alle in einer Ebene? Betrachten wir das Feld um eine *linienförmige* Ladung, wie in Bild 4.2 skizziert ist. Man kann

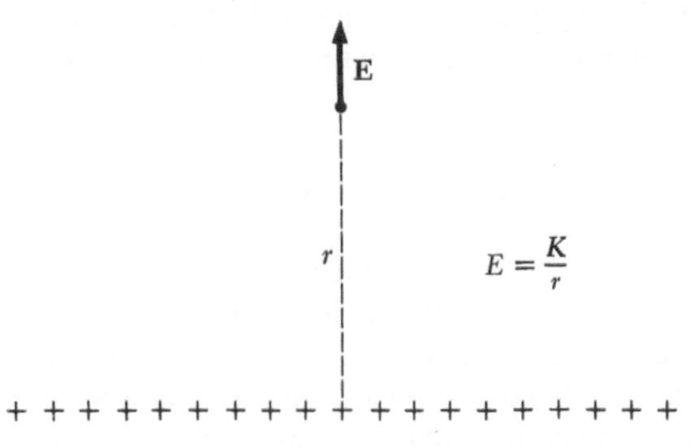

Bild 4.2

das Feld um eine linienförmige Ladung entweder durch Integration oder mit Hilfe des Gaußschen Satzes ermitteln. Es zeigt sich, daß das Feld nicht wie das Feld einer Punktladung mit $1/r^2$ sondern nur wie $1/r$ abfällt.

$$E = \frac{K}{r} . \qquad (4.7)$$

Die Konstante K hängt von der Ladungsdichte und von der Wahl der Einheiten ab. Kennt man das Potential für irgend einen Radius a, kann man das Potential für jeden anderen Radius durch

$$V = V_a - \int_a^r \frac{K}{r} dr = V_a - K \ln \frac{r}{a} \qquad (4.8)$$

ausdrücken.

Wie können wir erreichen, daß das Potential an allen Punkten mit $r = a$ gleich V_a ist? Am einfachsten bringt man an der Äquipotentialfläche $r = a$ einen Metallzylinder an, der auf das Potential V_a gebracht wird. Wie groß ist das Potential bei $r = b$, wobei wir annehmen, daß b größer als a ist? Aus Gl. (4.8) folgt

$$V_b = V_a - K \ln \frac{b}{a} \qquad (4.9)$$

oder wenn man nach K auflöst

$$K = \frac{V_a - V_b}{\ln (b/a)} . \qquad (4.10)$$

Eliminiert man K aus Gl. (4.8), so ergibt sich

$$V(r) = \frac{V_b \ln (r/a) - V_a \ln (r/b)}{\ln (b/a)} . \qquad (4.11)$$

Wenn wir V_a als Bezugspotential wählen, können wir $V_a = 0$, $V_b = V_0$ setzen und erhalten

$$V(r) = V_0 \frac{\ln (r/a)}{\ln (b/a)} . \qquad (4.12)$$

Stellt $r = a$ eine Äquipotentialfläche mit Potential Null und $r = b$ eine Äquipotentialfläche mit Potential V_0 dar, so ist das Potential für jeden Radius zwischen a und b durch Gl. (4.12) gegeben. Wir könnten das Potential V_0 auch mit einer Batterie erzeugen und die linienförmige Ladung weglassen.

Aus einem Vergleich des elektrischen Feldes zwischen einem Paar koaxialer Zylinder mit dem elektrischen Feld im Teledeltospapier sehen wir, daß Gl. (4.12) auch das Potential zwischen einem Paar konzentrischer Ringe, die auf Teledeltospapier gemalt sind, beschreibt. Am einfachsten behandelt man dieses Problem anhand der Ströme. Wir wissen, daß durch das Teledeltospapier ein Strom fließt, wenn an den Elektroden eine Spannung liegt. Da der Gesamtstrom, der durch einen beliebigen konzen-

trischen Ring fließt, von dessen Radius unabhängig ist, muß die Stromdichte (Ampere pro Quadratmeter) mit $1/r$ abnehmen. Wie wir später sehen werden, ist die Stromdichte für einen typischen Leiter dem Feld proportional. Daher nimmt das Feld genauso wie das Feld um einen Draht mit $1/r$ ab. Auch kompliziertere Elektrodenanordnungen, für die es nicht immer leicht ist, sich eine Ladungsverteilung vorzustellen, können mit Hilfe der Stromdichte behandelt werden. Wir werden daher in den folgenden Experimenten manchmal die Stromdichte in den Vordergrund stellen, obwohl unser eigentliches Interesse dem entsprechenden Vakuumproblem gilt.

4.2.3. Fragen

1. Warum fließt längs der Äquipotentiallinien kein Strom?

2. Eine Anordnung von zwei konzentrischen ringförmigen Elektroden auf Teledeltospapier entspricht zwei koaxialen Zylindern im Vakuum. Können Sie eine Anordnung angeben, die dem dreidimensionalen Problem von zwei konzentrischen Kugelschalen im Vakuum entspricht?

3. Würde sich das elektrische Feld ändern, wenn das Teledeltospapier mit einer Rasierklinge längs einer Radiallinie, die die beiden Elektroden verbindet, ein Stück aufgeschnitten wäre?

4. Ändert sich das elektrische Feld, wenn zwischen den beiden Elektroden konzentrisch ein dritter Ring mit leitender Farbe gemalt wird?

5. Was können Sie auf Grund der Antworten zu den Fragen 3 und 4 über die Auswirkung von Schnitten auf Feldlinien und über die Beziehung zwischen leitenden Linien und Äquipotentiallinien aussagen?

6. Wie ändert sich der Feldverlauf, wenn die Spannung der Batterie verdoppelt wird? Wie ändern sich die Potentiale?

7. Wie ändert sich der Feldverlauf, wenn man das Teledeltospapier entlang des Durchmessers der Anordnung in zwei Hälften schneidet?

4.3. Experiment F-2: Gespiegelte Ladungen

4.3.1. Einleitung

In diesem Experiment verwenden wir Elektroden auf Teledeltospapier um den Feld- und Potentialverlauf in der Nähe von zwei parallelen linienförmigen Ladungen zu untersuchen. Bild 4.3a zeigt zwei linienförmige Ladungen mit gleichen Vorzeichen und Bild 4.3b zwei linienförmige Ladungen mit entgegengesetzten Vorzeichen. In unmittelbarer Nähe jeder linienförmigen Ladung sind die Äquipotentialflächen Zylinder. Daher können wir die in Bild 4.3b gezeigte Anordnung durch zwei Zylinder

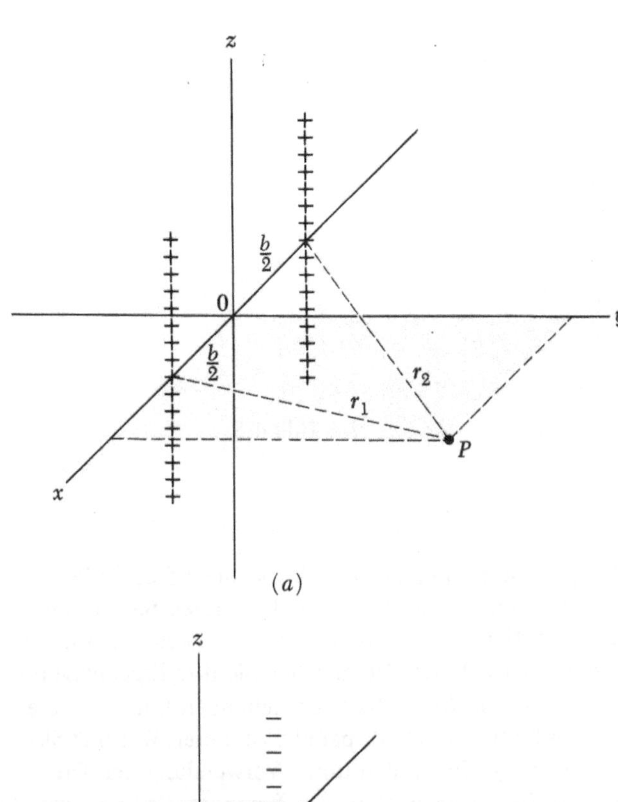

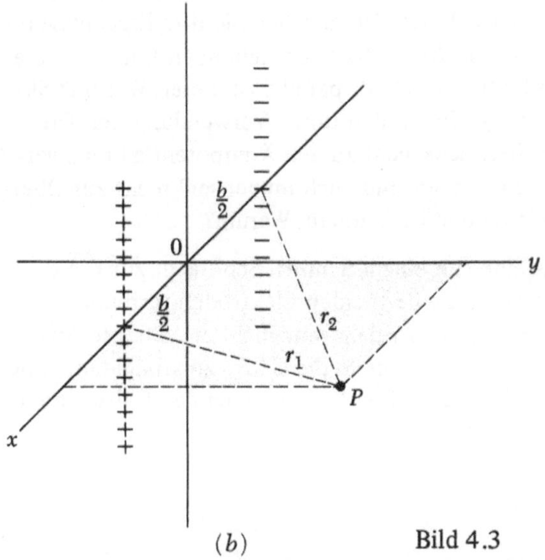

(a)

(b)   Bild 4.3

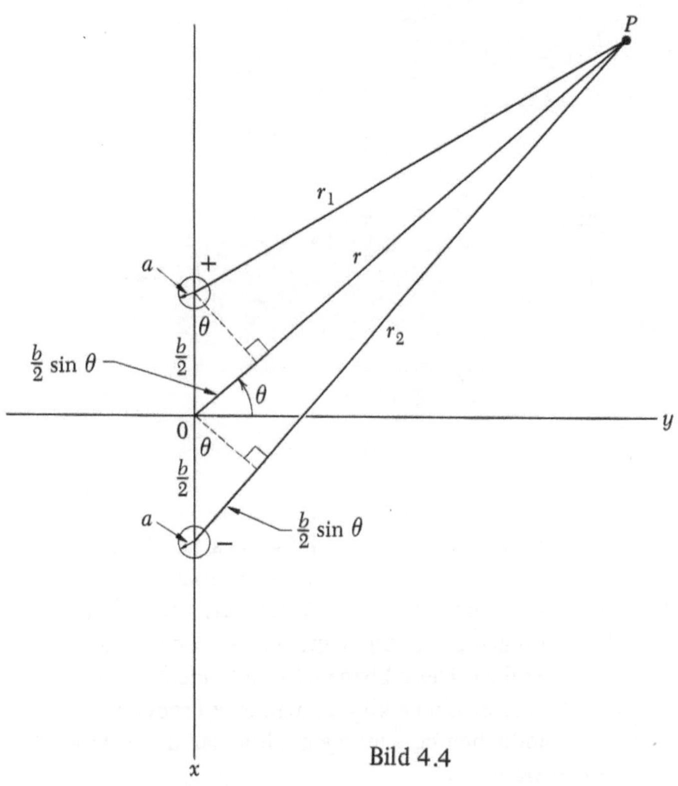

Bild 4.4

Das Gesamtpotential ergibt sich aus der Summe der Gln. (4.13) und (4.14):

$$V = V_0 \, \frac{\ln(r_2/r_1)}{\ln(b/a)} \, . \tag{4.15}$$

Für Punkte, die verglichen mit dem Abstand b zwischen den beiden linienförmigen Ladungen weit entfernt sind, kann dieser Ausdruck weiter vereinfacht werden, wie dies in Bild 4.4 angedeutet ist. Aus diesem Bild erhalten wir für die Entfernungen der beiden Punktladungen vom Aufpunkt näherungsweise

$$r_1 = r - \frac{1}{2}\, b \sin\theta, \quad r_2 = r + \frac{1}{2}\, b \sin\theta. \tag{4.16}$$

Setzt man diese Ausdrücke in Gl. (4.15) ein, so erhält man

$$V = \frac{V_0}{\ln(b/a)} \left[\ln\left(1 + \frac{b \sin\theta}{2r}\right) - \ln\left(1 - \frac{b \sin\theta}{2r}\right) \right] . \tag{4.17}$$

Für den Logarithmus verwenden wir die Reihenentwicklung

$$\ln(1 + \alpha) = \alpha + \frac{\alpha^2}{2} + \dots + , \tag{4.18}$$

worin α in unserem Fall durch $(b \sin\theta)/2r$ gegeben ist, was nach Voraussetzung klein ist. Damit erhalten wir schließlich

$$V = \frac{V_0\, b \sin\theta}{\ln(b/a)\, r} \, . \tag{4.19}$$

vom Radius a, die eine Potentialdifferenz $2V_0$ haben und sich im Abstand b voneinander befinden, simulieren. Wir wollen annehmen, daß b viel größer als a ist. Der positiv geladene Zylinder erzeugt dann das Potential

$$V_1 = -V_0 \, \frac{\ln(r_1/a)}{\ln(b/a)} \tag{4.13}$$

und der negativ geladene das Potential

$$V_2 = V_0 \, \frac{\ln(r_2/a)}{\ln(b/a)} \, . \tag{4.14}$$

Der Vorzeichenunterschied der beiden Ausdrücke spiegelt die Tatsache wieder, daß V für eine positive Ladung negativ ist, sofern $r > a$; für eine negative Ladung ist V für $r > a$ hingegen positiv. In jedem Fall gilt $V = 0$ für $r = a$.

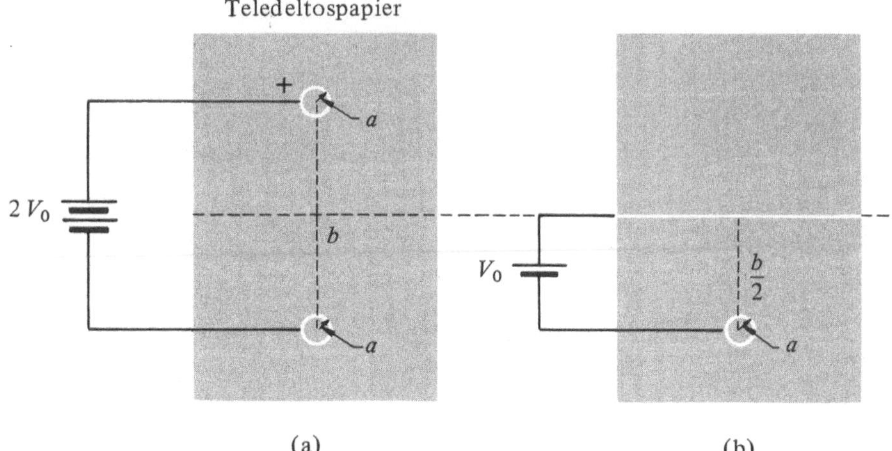

Sowohl aus der Näherung in Gl. (4.19) als auch aus dem allgemeineren Ausdruck in Gl. (4.15) folgt, daß das Potential in der Ebene, die in der Mitte zwischen den beiden linienförmigen Ladungen liegt, wo also $\theta = 0$ und $r_1 = r_2$ gilt, Null ist. Diese Ebene ist somit eine Äquipotentialfläche. In dieser Ebene könnte man eine Probeladung aus dem Unendlichen heranbringen, ohne daß dafür Arbeit erforderlich wäre.

In Bild 4.5a ist die äquivalente Anordnung mit Teledeltospapier gezeigt. Die Äquipotentialebene in der Mitte ist durch eine Linie dargestellt, die die dazu senkrechte Verbindungslinie der beiden kreisförmigen Elektroden in der Mitte schneidet. Da es sich um eine Äquipotentiallinie handelt, würde sich das elektrische Feld nicht ändern, falls sie mit leitender Farbe bemalt wäre. Wenn eine Hälfte ganz entfernt und die Batterie mit dieser Linie verbunden wäre, wie dies in Bild 4.5b angedeutet ist, würde sich das Feld und das Potential in der verbleibenden Hälfte nicht ändern. Anstatt das Feld und das Potential, das von einem leitenden Zylinder und einer leitenden Ebene sowie deren Flächenladung herrührt, zu bestimmen, kann man auch das äquivalente Problem mit zwei linienförmigen Ladungsverteilungen lösen. Die negative Ladungslinie hat die Lage des Spiegelbildes der positiven Ladungslinie und wird auch gespiegelte Ladung genannt. Das Verfahren der gespiegelten Ladung ist für zahlreiche Probleme in der Elektrostatik von Nutzen. Die obige Anordnung ist ein Beispiel dafür.

4.3.2. Experiment

1. Kreisförmige Elektroden. Es kann die gleiche experimentelle Anordnung wie für Experiment F-1 verwendet werden. Zeichnen Sie zwei kreisförmige Elektroden auf Teledeltospapier wie dies in Bild 4.5a gezeigt ist und messen Sie das Potential längs einer Radiallinie, die 45° mit der Linie, die die beiden Elektroden verbindet, einschließt. Tragen Sie V als Funktion von $1/r$ auf und vergleichen Sie ihre Ergebnisse mit Gl. (4.19). Zeichnen Sie einige Äquipotentiallinien in der einen Hälfte der Ebene.

2. Spiegelung an einer Linie. Verwenden Sie, die in Bild 4.5b gezeigte Anordnung, und zeichnen Sie für dieselben Potentialwerte wie im ersten Teil dieses Experiments die Äquipotentiallinien. Vergleichen Sie Ihre Ergebnisse mit denen von vorher. In der Nähe der leitenden Linie sind die Äquipotentiallinien nahezu parallel zu dieser. Warum? Skizzieren Sie einige Feldlinien unter Verwendung der Tatsache, daß diese senkrecht zu den Äquipotentiallinien verlaufen. Die Feldlinien sind auch immer senkrecht zur Oberfläche der leitenden Elektroden. Warum?

3. Spiegelung an einem Schnitt. Senkrecht zur Linie, die die Mittelpunkte der beiden Elektroden verbindet, fließt kein Strom. Es ist daher möglich. die gesamte Anordnung längs dieser Linie in die Hälfte zu schneiden, ohne daß sich der Feldverlauf in der verbleibenden Hälfte ändert. Probieren Sie das aus.

4.3.3. Fragen

1. Ist die Ebene, die in der Mitte von Bild 4.3b liegt, immer noch eine Äquipotentialfläche, wenn die beiden Ladungsverteilungen (Ladung pro Längeneinheit) verschieden sind?

2. Welche zweidimensionale Anordnung auf Teledeltospapier entspricht zwei völlig gleichen Ladungsverteilungen in Bild 4.3a?

3. Würde sich der Feldverlauf ändern, wenn man jede der in diesem Experiment bestimmten Äquipotentiallinien mit einem dünnen Strich leitender Farbe übermalte?

4. Welche zweidimensionale Anordnung entspricht einem System von zwei senkrechten leitenden Ebenen, denen gegenüber sich in einiger Entfernung eine linienförmige Ladungsverteilung befindet, die zur Schnittlinie der Ebenen parallel ist? Gibt es dazu eine äquivalente Anordnung mit gespiegelten Ladungen? *Hinweis:* Hierzu benötigt man drei linienförmige gespiegelte Ladungen.

4.4. Experiment F-3: Feldlinien und Reziprozität

4.4.1. Einleitung

Es gibt viele experimentelle Anordnungen, für die das elektrische Feld und das Potential nicht in geschlossener analytischer Form dargestellt werden können und für die auch eine numerische Berechnung des Feldes mühsam ist. Ist das Feld zweidimensional, kann man leitendes Papier oder einen elektrolytischen Tank verwenden, um den Feldverlauf zu bestimmen. Dies ist besonders nützlich, wenn man Elektronenstrahlgeräte entwirft, bei denen man die Auswirkungen kleiner Änderungen in der Form der Elektroden untersuchen möchte. In diesem Experiment behandeln wir die Elektrodenanordnung, die in Kathodenstrahlrohren Verwendung findet. Sie dient zur Ablenkung des Elektronenstrahls und besteht aus einem Paar paralleler Platten. Zuerst bestimmen wir die Äquipotentiallinien und konstruieren dann aus diesen die Feldlinien. Schließlich ermitteln wir unter Verwendung der Reziprozitätsbeziehungen die Feldlinien direkt aus einer neuen Anordnung.

In einem Kathodenstrahlrohr wird der Elektronenstrahl transversal abgelenkt, indem er zwischen zwei parallelen Platten hindurchgeht, die am abgewandten Ende, wie dies in Bild 4.6a gezeigt ist, ein wenig aufgebogen sind. Die Elektronen erfahren zwischen den Platten die transversale Kraft

$$F = -eE_y, \tag{4.20}$$

worin $-e$ die Ladung des Elektrons und E_y das vertikale Feld bedeuten. Der gesamte Transversalimpuls, den das Elektron erhält, ist durch

$$p = \int F\,dt = -\frac{e}{v} \int E_y\,dz \tag{4.21}$$

gegeben, worin v die Geschwindigkeit des Elektrons ist. Das Integral des transversalen Feldes längs der Bahn des Elektrons ist daher ein Maß für die Ablenkempfindlichkeit.

Wenn die Platten, verglichen mit ihrem Abstand a, eine sehr große Ausdehnung besitzen, können die Effekte an den Rändern vernachlässigt werden. Zwischen den Platten herrscht ein homogenes Feld, das durch die Gleichung

$$E_y = \frac{V_0}{a} \tag{4.22}$$

beschrieben wird, in der V_0 die Potentialdifferenz zwischen den Platten ist. In diesem Fall ist die Ablenkung proportional zu $1/a$ und zur Entfernung b, die die Elektronen zwischen den Platten zurücklegen. In der Praxis kann man die Randeffekte *nicht* vernachlässigen und man muß E längs der gesamten Elektronenbahn kennen. Daraus kann man die zur Elektronenablenkung proportionale Größe

$$\Phi = \int E_y\,dz \tag{4.23}$$

numerisch berechnen. Für den Idealfall sehr ausgedehnter paralleler Platten ergibt sich

$$\Phi = \frac{b}{a}\,V_0.$$

4.4.2. Experiment

1. Die Linie mit dem Potential Null. Verwenden Sie die in Bild 4.7 gezeigte Anordnung um die Linie mit dem Potential Null zu bestimmen. Messen Sie das Potential als Funktion von z längs einer Linie die sich 0,5 cm über der Linie mit dem Potential Null befindet. Berechnen Sie E als Funktion von z und führen Sie das in Gl. (4.23) angegebene Integral numerisch aus.

Vergleichen Sie Ihr Ergebnis mit demjenigen für ideale Platten. Um wieviel wäre die Ablenkung geringer, wenn der gebogene Teil der Platten weggelassen wäre? Welchen Wert finden Sie für $(b/a)_{\text{eff}}$ aus der Gleichung

$$\Phi = V_0 \left(\frac{b}{a} \right)_{\text{eff}}. \tag{4.24}$$

Zeichnen Sie in Abständen von einem halben Volt die Äquipotentiallinien.

2. Das elektrische Feld. Als Kraft pro Ladungseinheit ist das elektrische Feld eine Vektorgröße, die durch Betrag und Richtung festgelegt ist. In welche Richtung weist das Feld? Die Komponente des Feldes längs einer Äquipotentiallinie ist Null, da keine Arbeit verrichtet wird, wenn sich eine Ladung längs einer Linie von konstanter potentieller Energie bewegt. Daher steht das Feld senkrecht auf den Äquipotentiallinien. Der Betrag des Feldes ist durch

$$E = -\frac{dV}{ds} \tag{4.25}$$

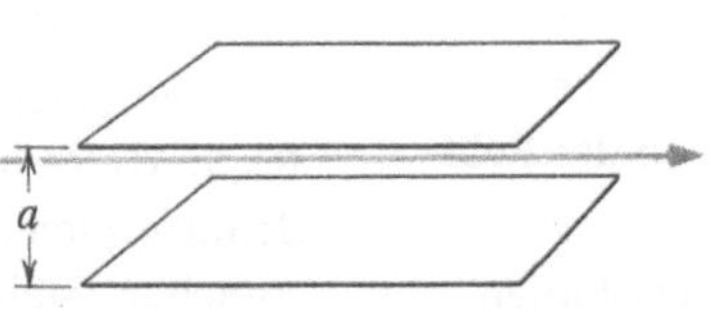

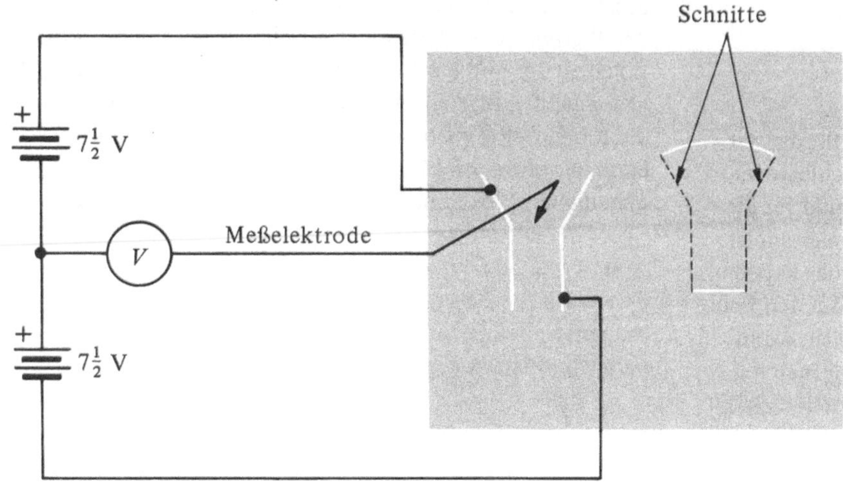

Bild 4.7

gegeben. Darin ist dV/ds der Gradient des Potentials, dessen Richtung senkrecht auf den Äquipotentiallinien steht. Mit Hilfe der diskreten Zahl von Äquipotentiallinien, die Sie gezeichnet haben, können Sie das mittlere Feld aus der Gleichung

$$\bar{E} = -\frac{\Delta V}{\Delta s} \qquad (4.26)$$

bestimmen. Darin ist Δs der Normalabstand zwischen zwei Äquipotentiallinien, deren Potential sich um ΔV unterscheidet.

Zeichnen Sie eine Linie, die unter 45° am oberen Ende der linken Elektrode in Bild 4.7 beginnt und im weiteren senkrecht zu allen Äquipotentiallinien verläuft. Zeichnen Sie auf ähnliche Weise Linien, die unter 30° und 60° vom Ende der Elektrode ausgehen. Es sind dies elektrische Feldlinien. Zeichnen Sie auch die Feldlinien, die vom unteren Ende der Elektrode ausgehen. Die Äquipotentiallinien und die Feldlinien stellen zwei aufeinander senkrechte Kurvenscharen dar.

Die Feldlinien besitzen noch eine weitere nützliche Eigenschaft. Um diese zu finden, berechnen Sie das Verhältnis des Abstands der Äquipotentiallinien zum Abstand der Feldlinien ($\Delta s/\Delta l$) in der Nähe der Elektrode, wie dies in Bild 4.8a angedeutet ist. Berechnen Sie dieses Verhältnis wie in Bild 4.8b auch in größerer Entfernung von der Elektrode. Die beiden Verhältnisse sind nahezu gleich. Ein ganz dichtes Netz von Äquipotentiallinien und Feldlinien ergäbe, daß das Verhältnis ds/dl eine *Invariante* ist. Da das elektrische Feld proportional $1/\Delta s$ ist, muß es auch proportional $1/\Delta l$ sein. Man kann die Größe des elektrischen Feldes daher auch durch die *Dichte* der Feldlinien darstellen.

Es sei nur noch erwähnt, daß die Äquipotentiallinien und die Feld- (oder Strom-)linien eine Art Koordinatensystem darstellen. Die Transformation von den üblichen

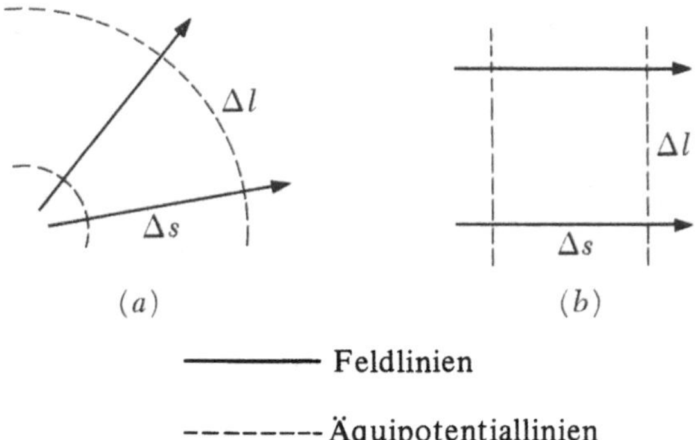

Bild 4.8

Orthogonalkoordinaten auf diese Koordinaten wird *konforme Abbildung* genannt und in der Funktionentheorie behandelt.

3. Reziprozitätsbeziehungen. Gibt es eine Methode die Feldlinien unmittelbar zu zeichnen? Die Feldlinien (die auch Stromlinien sind) verlaufen parallel zu Rändern und Schnitten (da der Strom Ränder und Schnitte nicht überbrücken kann) und senkrecht zu leitenden Linien. Ihr Verhalten ist dem der Äquipotentiallinien genau entgegengesetzt. Ersetzt man alle Ränder (oder Feldlinien) durch leitende Flächen und alle leitenden Flächen durch Ränder, so stellen die neuen *Äquipotentiallinien* die *Feldlinien* des alten Problems dar. Ist dieser Zusammenhang exakt? Der Beweis ist zwar etwas kompliziert, aber man kann tatsächlich zeigen, daß er exakt ist. Zeigen Sie dies experimentell an Hand der Ablenkplatten. Verwenden Sie hierzu Teledeltospapier wie in Bild 4.7 und schneiden Sie mit einer Rasierklinge das Papier auf der rechten Seite so auf, daß die Schnittlinien den leitenden Linien auf der linken Seite entsprechen. Malen Sie mit leitender Farbe am oberen und unteren Ende der Schnitte Linien, die dieselbe Gestalt haben, wie die Feldlinien auf der linken Seite. Verbinden

Sie schließlich die Batterien mit den beiden leitenden Linien und bestimmen Sie die neuen Äquipotentiallinien, die den Feldlinien auf der linken Seite entsprechen.

4.4.3. Fragen

1. Warum sind in dem Kathodenstrahlrohr gebogene Platten, anstatt einfacher paralleler Platten?

2. Können die Reziprozitätsbeziehungen auf dreidimensionale Probleme erweitert werden, oder sind sie nur auf zweidimensionale Anordnungen beschränkt?

3. Um wieviel unterscheidet sich das Feld längs einer Linie, die die beiden aufgebogenen Ränder der Ablenkplatten verbindet, vom Wert V_0/a für zwei Ebenen, die einen Abstand a haben?

4. Welche Anordnung entspricht nach den Reziprozitätsbeziehungen den zwei leitenden Kreisen, die in Experiment F-2 untersucht wurden?

4.5. Experiment F-4: Das magnetische Feld

4.5.1. Einleitung

In diesem Experiment behandeln wir das durch den Strom in einer Spule erzeugte Magnetfeld. Diese Untersuchungen werden uns als Leitfaden für den allgemeinen Zusammenhang zwischen Strömen und magnetischen Feldern dienen. Überdies befassen sich spätere Experimente besonders das Kapitel *Elektronen und Felder* mit der Bewegung von Elektronen in den magnetischen Feldern von Spulen.

Bei der Messung von Magnetfeldern werden uns zwei Probleme beschäftigen: Erstens die Änderung des Feldes längs der Achse des Solenoids, wie dies in Bild 4.9 angedeutet ist, und zweitens die Änderung senkrecht zu dieser Achse im Raum zwischen zwei Solenoiden. Dies ent-

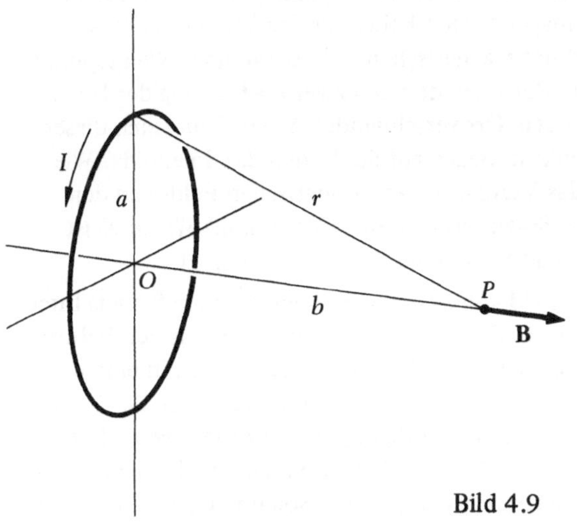

Bild 4.9

spricht zwei Experimenten aus dem Kapitel *Elektronen und Felder* bei denen der Elektronenstrahl einmal längs der Achse des Solenoids, das andere Mal senkrecht zu dieser gerichtet ist.

In späteren Experimenten werden wir ein konstantes magnetisches Feld erzeugen, indem wir eine Gleichspannung an das Solenoid anlegen. Für das vorliegende Experiment ist es praktischer, eine Wechselspannung zu verwenden, die ein wechselndes Magnetfeld erzeugt. Diese Anordnung hat den Vorteil, daß man das Wechselfeld leicht nachweisen kann, indem man eine kleine Spule, die *Suchspule* genannt wird, in das Feld bringt. Nach dem Faradayschen Induktionsgesetz wird in der Suchspule eine Spannung induziert, die der Änderung des magnetischen Flusses und daher der Amplitude des zeitlich veränderlichen Feldes proportional ist. Durch Messung dieser induzierten Spannung können daher die Feldstärken in verschiedenen Punkten verglichen werden. Um den Proportionalitätsfaktor zwischen Magnetfeld und induzierter Spannung zu erhalten, muß man den Betrag des Magnetfelds in einem Punkt messen und das Voltmeter damit eichen, was auf verschiedene Weise geschehen kann. Am einfachsten ist es, die Formel

$$B = \frac{\mu_0 \, N I \, a^2}{2 \, r^3} \qquad (4.27)$$

für das Feld längs der Achse einer zylindrischen Spule vom Radius a mit N Windungen zu verwenden. Darin bedeutet r, wie dies in Bild 4.9 gezeigt ist, den Abstand von der Spule zu dem Punkt, in dem das Feld gemessen wird. Mißt man den Strom in der Spule, so kann man das Feld B berechnen und die in der Suchspule induzierte Spannung damit eichen.

Um ein konstantes Magnetfeld zu messen, kann man eine der folgenden Methoden verwenden. Ein Umklappen der Suchspule bewirkt eine Änderung im Fluß, wodurch ein Spannungsstoß induziert wird. In einer rotierenden Spule entsteht eine Wechselspannung. Man kann auch die Änderung des Widerstands einzelner Stoffe unter der Einwirkung des Magnetfelds oder den Halleffekt ausnützen. Bei letzterem wird durch das magnetische Feld senkrecht zur Stromrichtung eine Spannung induziert.

4.5.2. Experiment

1. Messung des Feldes. Verbinden Sie das Solenoid mit einer sinusförmigen Stromquelle und die Suchspule mit dem Oszillographen (Bild 4.10). Eine 25-mH-Drosselspule ergibt eine gute Suchspule. Sie sollte so angebracht werden, daß sie in der Nähe des Solenoids leicht bewegt werden kann.

Bringen Sie die Suchspule in der Mitte des Solenoids an und stellen Sie den Sinusgenerator bei einer Frequenz von etwa 2 kHz auf maximale Leistung. Der Oszillograph sollte dann eine Spitzenspannung von etwa 1 V anzeigen. Drehen

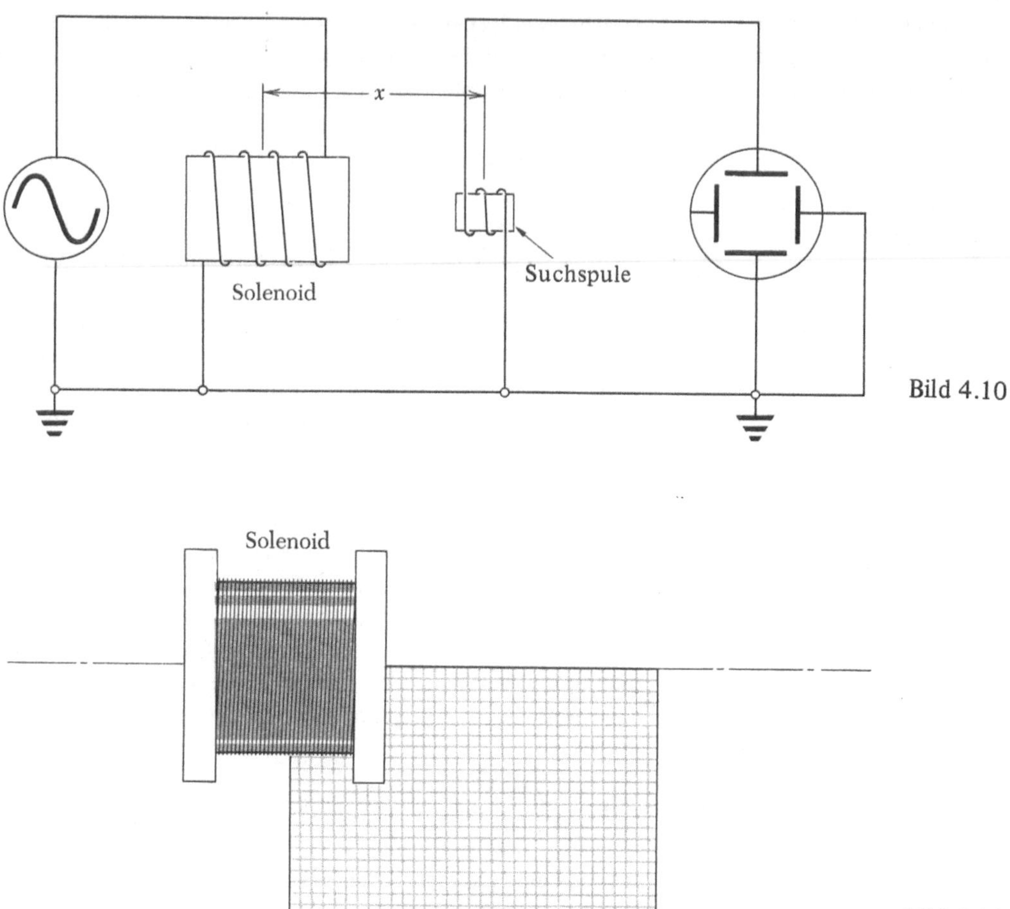

Sie die Suchspule vertikal um 90°, so daß die Anzeige am Oszillographen verschwindet. Wenn die Achse der Suchspule zum Magnetfeld senkrecht steht, ist der magnetische Fluß durch die Spule Null und es wird keine Spannung induziert. Steht die Spulenachse parallel zum magnetischen Feld, so ist der magnetische Fluß durch die Spule und die induzierte Spannung maximal. Aus der Stellung der Spule für maximale Anzeige oder für Anzeige Null, kann daher die *Richtung* des magnetischen Feldes bestimmt werden.

Legen Sie, wie in Bild 4.11 gezeigt, ein Blatt Millimeterpapier unter ein Viertel des Solenoids. Bestimmen Sie die Richtung des magnetischen Felds in verschiedenen Punkten auf dem Papier. Ziehen Sie in den entsprechenden Punkten einen kurzen Strich in Richtung des magnetischen Feldes. Die Linien des magnetischen Flusses sind überall parallel zum magnetischen Feld. Zusätzlich zur Richtung kann die Intensität des Magnetfelds durch die Flächendichte der Feldlinien dargestellt werden, genau wie man die Intensität des elektrischen Feldes durch die Dichte der elektrischen Feldlinien festhalten kann.

2. Das Feld längs der Achse. Bewegen Sie die Suchspule in der Achse des Solenoids längs eines Maßstabs und bestimmen Sie die relative Feldstärke als Funktion der Ent-

fernung vom Solenoid. Schreiben Sie die gemessene Spannung in Schritten von $\frac{1}{2}$ cm bis zu einer Entfernung von etwa 20 cm vom Mittelpunkt des Solenoids auf. (Es kann praktischer sein, die induzierte Spannung mit einem Wechselstromvoltmeter zu messen, anstatt mit einem Oszillographen.) Der Mittelpunkt des Solenoids kann auch aus dem Maximum des magnetischen Feldes bestimmt werden.

Zeichnen Sie auf Millimeterpapier eine Kurve der Intensität des magnetischen Feldes als Funktion des Ortes. Die Intensität des magnetischen Feldes hat einen Wendepunkt. Das ist ein Punkt, in dem die zweite Ableitung der Intensität nach dem Ort verschwindet. Wo befindet sich dieser Wendepunkt in Bezug auf die Enden des Solenoids? Wie groß ist das Verhältnis des magnetischen Feldes an den Enden des Solenoids zu dessen Maximum? Wie groß ist dieses Verhältnis für ein sehr langes Solenoid?

3. Das Feld von zwei Solenoiden. Können Sie aus Ihren Werten für das Feld eines einzelnen Solenoids den Feldverlauf für ein Paar koaxialer Solenoide, die sich in einem Abstand $2\,d$ (Bild 4.12) voneinander befinden, bestimmen? Machen Sie zuerst eine theoretische Vorhersage und bestimmen Sie das Feld der beiden Solenoide dann experimentell. Schalten Sie die beiden Solenoide parallel, so daß der Strom, der durch jedes der beiden Solenoide fließt, etwa dem Strom entspricht, wenn nur eine Spule angeschlossen ist.

4. Entgegengesetzte Felder. Welchen Verlauf hat das Feld, wenn die Felder der beiden Solenoide entgegengesetzt gerichtet sind? Diese Anordnung entsteht, wenn Sie die Anschlüsse eines der beiden Solenoide umpolen.

5. Abhängigkeit von der Entfernung senkrecht zur Achse. Um die Ablenkung eines senkrecht zur Spule laufenden Elektronenstrahls berechnen zu können, muß man das magnetische Feld senkrecht zur longitudinalen Achse der Solenoide kennen. Diese Richtung ist in Bild 4.12 durch die y-Achse gegeben. Ordnen Sie die Solenoide in einer Entfernung von etwa 10 cm voneinander längs einer gemeinsamen Achse an. Legen Sie einen Meßstab längs der y-Achse auf den Tisch und bringen Sie darauf die Suchspule so an, daß die Induktionsspannung ein Maximum ist. Schreiben Sie die Induktionsspannung in Schritten von $\frac{1}{2}$ cm bis zu einer Entfernung von 10 cm von der Spulenachse auf. Zeichnen Sie den Feldverlauf auf Millimeterpapier. Welcher Unterschied besteht zwischen dem Feldverlauf in transversaler und in longitudinaler Richtung?

6. Abhängigkeit von der Entfernung der Solenoide. Wiederholen Sie diese Messungen mit zwei Solenoiden für größere und kleinere Solenoidabstände. Welche Unterschiede stellen Sie fest?

7. Absolute Messungen des Feldes. Die obigen Messungen erlaubten nur eine relative Bestimmung des magnetischen Feldes, aber nicht eine Messung seines tatsächlichen Werts in einem gegebenen Punkt in Tesla-Einheiten.

Wie in der Einleitung (Gl. (4.27)) besprochen wurde, kann man die Suchspule mit dem bekannten Feld einer zylindrischen Spule eichen und auf diese Weise den absoluten Wert des magnetischen Feldes bestimmen. Eichen Sie Ihre Suchspule im Mittelpunkt einer Spule von 10 Windungen bei einer Frequenz von 2 kHz. Der Strom ist dabei im wesentlichen der Kurzschlußstrom des Impulsgenerators. Er kann entweder mit einem Wechselstrommilliamperemeter direkt gemessen oder aus der Spannung am offenen Stromkreis und dem Innenwiderstand des Generators, wie in Experiment EI-2, bestimmt werden.

8. Feld eines dicken Solenoids. Eine andere Methode, das magnetische Feldstärke absolut zu bestimmen, besteht darin, für eine geeignete Lage der Suchspule die Beiträge aller Stromschleifen des Solenoids nach Gl. (4.27) aufzusummieren. Entsprechend Bild 4.13 ist der zusätzliche Beitrag ΔB zur magnetischen Feldstärke der durch die im Querschnittselement $\Delta x\,\Delta y$ befindlichen Windungen hervorgerufen wird, durch

$$B = \frac{\mu_0}{2}NI\,\frac{\Delta x\,\Delta y}{2(b-a)c}\,\frac{y^2}{(x^2+y^2)^{3/2}} \tag{4.28}$$

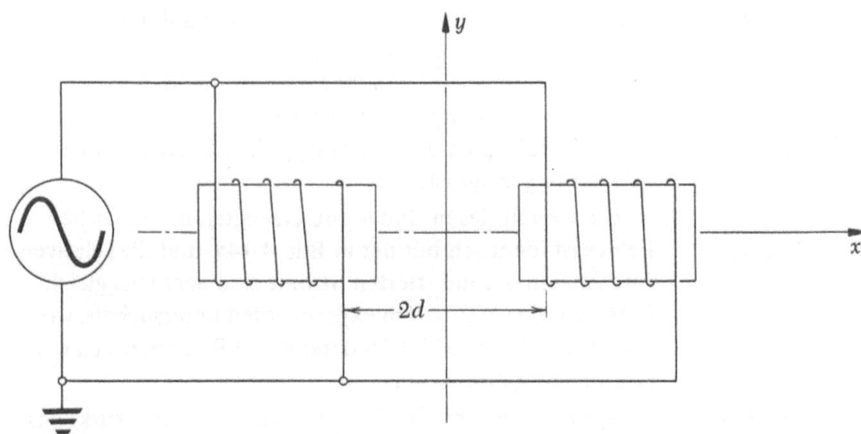

Bild 4.12

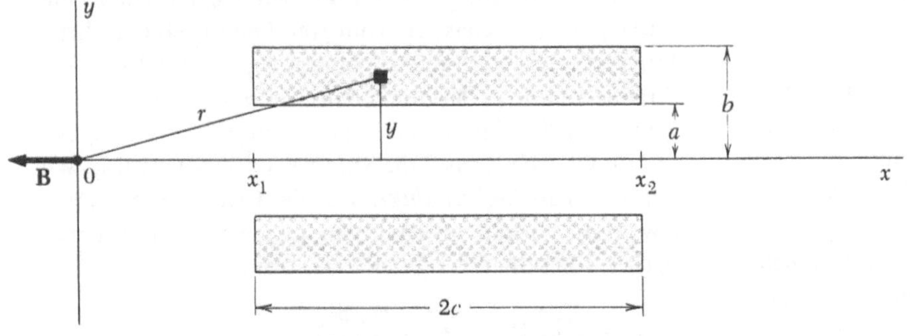

Bild 4.13

gegeben. Die Integration kann formal ausgeführt werden.

$$B = \frac{\mu_0 NI}{4(b-a)c} \int_a^b y^2\, dy \int_{x_1}^{x_2} \frac{dx}{(x^2 + y^2)^{3/2}} \,. \qquad (4.29)$$

Führt man zuerst die Integration über x aus, so ergibt sich

$$B = \frac{\mu_0 NI}{4(b-a)c} \int_a^b \left[\frac{x_2}{(x_2^2 + y^2)^{1/2}} - \frac{x_1}{(x_1^2 + y^2)^{1/2}} \right] dy. \qquad (4.30)$$

Verwendet man schließlich die Substitution $y = x \tan\theta$ und die Formel

$$\int \sec\theta\, d\theta = \frac{1}{2} \ln \frac{1 + \sin\theta}{1 - \sin\theta} \,, \qquad (4.31)$$

so erhält man die Lösung für B in geschlossener Form für jeden Punkt auf der Achse.

Um das Problem zu vereinfachen, beschränken wir uns auf den Mittelpunkt des Solenoids, für den $x_1 = -c$ und $x_2 = +c$ ist. Integration von Gl. (4.31) liefert dann

$$B = \frac{\mu_0 NI}{4(b-a)} \ln \frac{\{[1 + (c/b)^2]^{1/2} + 1\} \{[1 + (c/a)^2]^{1/2} - 1\}}{\{[1 + (c/b)^2]^{1/2} - 1\} \{[1 + (c/a)^2]^{1/2} + 1\}} \,. \qquad (4.32)$$

Im Limes c gegen unendlich geht Gl. (4.32) gegen den Wert für ein unendlich langes Solenoid:

$$B = \frac{\mu_0 NI}{2c} \,. \qquad (4.33)$$

Zeigen Sie, daß Gl. (4.32) tatsächlich diesem Grenzwert zustrebt.

Für ein Standardsolenoid mit $N = 3400$ Wicklungen und den Dimensionen

$$\begin{aligned} a &= 45 \text{ mm} = 0{,}045 \text{ m} \\ b &= 63 \text{ mm} = 0{,}063 \text{ m} \\ c &= 45 \text{ mm} = 0{,}045 \text{ m} \end{aligned} \qquad (4.34)$$

erhält man

$$\frac{B}{I} = 0{,}031 \text{ T/A}. \qquad (4.35)$$

Bestimmen Sie aus Gl. (4.32) mit Hilfe der Abmessungen Ihres Solenoids die Feldstärke im Mittelpunkt.

4.5.3. Fragen

1. Wie ändert sich die Spannung der Suchspule in einem gegebenen Punkt, wenn die Frequenz des Sinusgenerators bei gleicher Amplitude verdoppelt wird? Ist es notwendig, für alle Messungen dieselbe Frequenz zu verwenden?

2. Besteht die Impedanz des Solenoids bei einer Frequenz von 2000 Hz hauptsächlich aus ohmschem oder magnetischem Widerstand?

3. Wie wirkt sich die endliche Ausdehnung der Suchspule auf die Präzision Ihrer Messung der magnetischen Induktion aus? Ändert sich die Induktion längs einer Strecke von der Länge der Suchspule merklich?

4. Betrachten Sie zwei dünne Spulen vom Radius a mit je N Wicklungen, die einen Abstand b von einander haben. Berechnen Sie das gesamte Feld in den Punkten längs der Achse. Zeigen Sie, daß das Feld zwei Maxima längs der Achse besitzt, wenn b größer als ein bestimmter kritischer Wert ist. Ist b aber kleiner, so gibt es nur ein Maximum in der Mitte zwischen den beiden Spulen. Berechnen Sie den kritischen Wert für b.

5. Zeigen Sie, daß die Feldstärke auf der Achse am Ende des Solenoids für ein sehr langes und dünnes Solenoid genau die Hälfte der Feldstärke im Zentrum des Solenoids beträgt.

6. Geben Sie die Vor- und Nachteile des Oszillographen und des Röhrenvoltmeters bei der Messung der induzierten Spannung in der Suchspule an.

4.6. Experiment F-5: Magnetische Kopplung

4.6.1. Einleitung

In diesem Experiment werden wir einige bemerkenswerte Eigenschaften der magnetischen Kopplung zwischen zwei Spulen untersuchen. In Experiment F-4 haben wir durch ein großes Solenoid Wechselstrom hindurchgeschickt und wie in Bild 4.14a die in einer kleinen Suchspule induzierte Spannung gemessen. Wie groß ist die im Solenoid induzierte Spannung, wenn man den Strom anstatt durch das Solenoid durch die Suchspule schickt, wie dies in Bild 4.14b gezeigt ist?

Die Gestalt des in Bild 4.14b erzeugten magnetischen Feldes ist identisch mit der in Bild 4.14a, und die relativen Intensitäten der induzierten Ströme sind ebenfalls gleich. Bevor wir dieses Problem experimentell untersuchen, wollen wir die durch Bild 4.14 dargestellte Reziprozitätsbeziehung kurz diskutieren.

Beginnen wir mit der Behandlung der Wechselwirkungsenergie zwischen Strömen. Um das Problem zu vereinfachen, wollen wir wie in Bild 4.15 zwei stromführende Spulen betrachten. Bezeichnen wir mit Φ_{ij} den magnetischen Fluß durch den $i$ten Kreis, der vom $j$ten Leiterkreis herrührt. Der Fluß, der durch Kreis 1 hindurchgeht ist daher die Summe von Φ_{11} (der durch den Strom in Kreis 1 erzeugte Fluß) und Φ_{12} (der in Kreis 2 erzeugte Fluß). Analog ist der Fluß durch Kreis 2 die Summe von Φ_{22} und Φ_{21}. Wir definieren als *Selbstinduktionen* der Leiterkreise 1 und 2 jeweils die Anzahl der Drahtwindungen mal dem magnetischen Fluß dividiert durch den Strom:

$$L_1 = \frac{N_1 \Phi_{11}}{I_1} \,, \qquad L_2 = \frac{N_2 \Phi_{22}}{I_2} \,. \qquad (4.36)$$

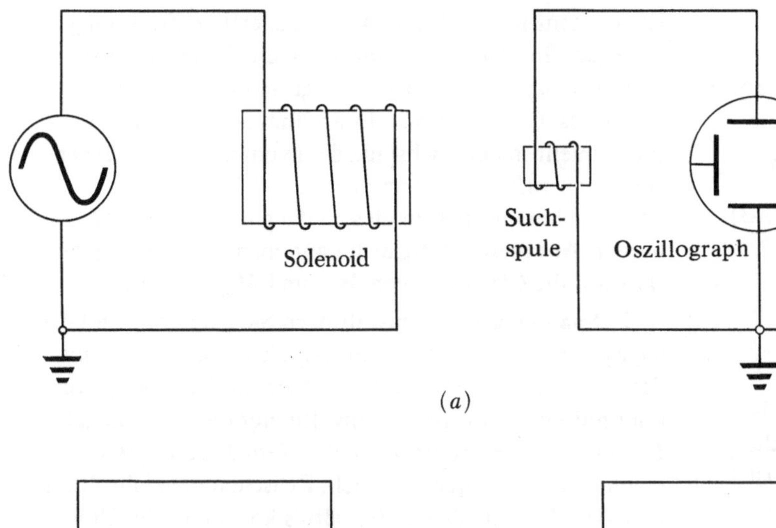

(a)

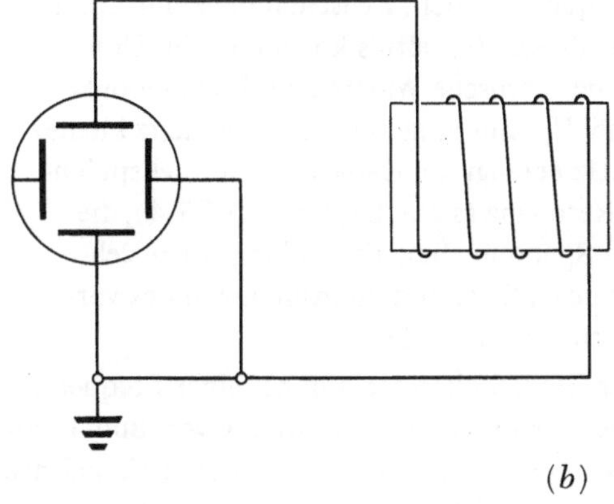

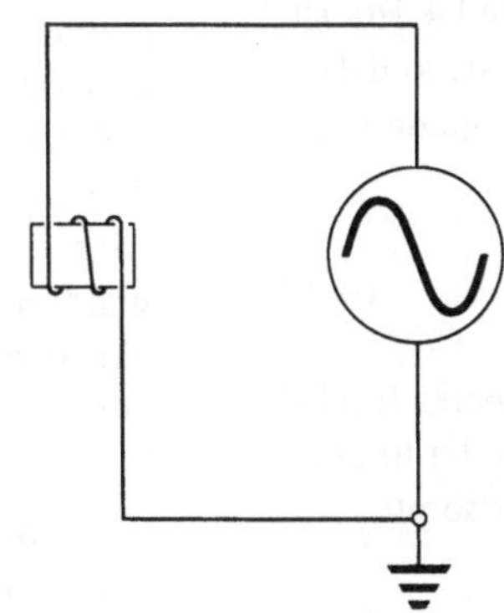

Bild 4.14

(b)

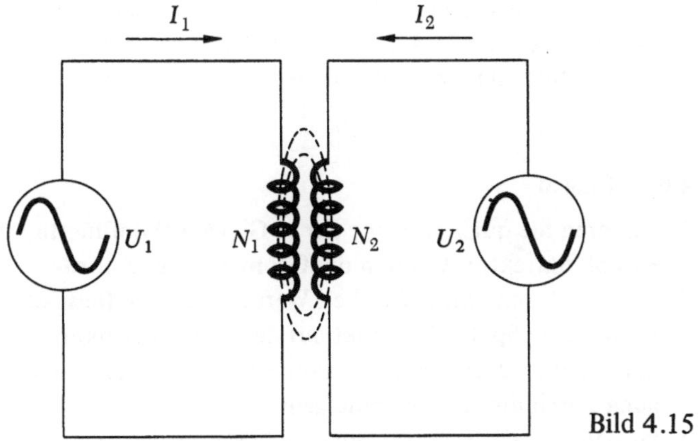

Bild 4.15

Analog definieren wir den Koeffizienten der *gegenseitigen Induktion* oder die *Gegeninduktivitäten* durch

$$M_{12} = \frac{N_1 \Phi_{12}}{I_2} \ , \quad M_{21} = \frac{N_2 \Phi_{21}}{I_1} \ . \tag{4.37}$$

Bei der Berechnung der magnetischen Energie treten die Selbstenergiebeiträge

$$U_1 - U_2 = \frac{1}{2} N_1 I_1 \Phi_{11} + \frac{1}{2} N_2 I_2 \Phi_{22} \tag{4.38}$$

auf.

Weiterhin gibt es die Energie der magnetischen Wechselwirkung die entweder als Produkt des durch Leiterkreis 1 fließenden Stroms mit dem durch Kreis 2 erzeugten magnetischen Fluß oder als Produkt des durch Leiterkreis 2 fließenden Stroms mit dem durch Kreis 1 erzeugten magnetischen Fluß geschrieben werden kann.

$$U_{12} = N_1 I_1 \Phi_{12} = N_2 I_2 \Phi_{21} \ . \tag{4.39}$$

Aus den Gln. (4.37) und (4.39) folgt durch Division durch $I_1 I_2$ die Gleichung

$$M_{12} = M_{21} = M \ . \tag{4.40}$$

Bei der Wechselwirkung zweier Leiterkreise, müssen wir daher nur eine einzige Gegeninduktivität betrachten.

Weiterhin wollen wir zeigen, daß die Gegeninduktivität von zwei Spulen als Produkt des geometrischen Mittels der Selbstinduktivitäten mit einem Kopplungsfaktor k, der vom Verhältnis der Kopplungen der magnetischen Flüsse abhängt, geschrieben werden kann. Hierzu bilden wir das Produkt der beiden Ausdrücke in Gl. (4.36) und erhalten

$$L_1 L_2 = \frac{N_1 N_2 \Phi_{11} \Phi_{22}}{I_1 I_2} \ . \tag{4.41}$$

Analog folgt aus Gl. (4.37)

$$M^2 = M_{12} M_{21} = \frac{N_1 N_2 \Phi_{12} \Phi_{21}}{I_1 I_2} \ . \qquad (4.42)$$

Durch Vergleich der Gln. (4.41) und (4.42) ergibt sich

$$M = k (L_1 L_2)^{1/2} , \qquad (4.43)$$

worin

$$k = \left(\frac{\Phi_{12} \Phi_{21}}{\Phi_{22} \Phi_{11}} \right)^{1/2} \ .$$

In der in Bild 4.14 gezeigten experimentellen Anordnung wollen wir das Solenoid mit L_1 und die Suchspule mit L_2 bezeichnen. In der Anordnung von Bild 4.14a ist der durch L_2 fließende Strom vernachlässigbar, so daß Φ_{12} und Φ_{22} Null sind. Die in L_2 induzierte Spannung ist durch

$$U_{21} = - N_2 \frac{d \Phi_{21}}{dt} \qquad (4.44)$$

gegeben. In einem entsprechenden Frequenzbereich rührt der Spannungsabfall in L_1 hauptsächlich von der in der Spule induzierten Gegenspannung her und ist somit

$$U_{11} = - N_1 \frac{d \Phi_{11}}{dt} \ . \qquad (4.45)$$

Da sich die Flüsse mit derselben Frequenz ändern, können wir

$$\frac{U_{21}}{U_{11}} = \frac{N_2 \Phi_{21}}{N_1 \Phi_{11}} \qquad (4.46)$$

schreiben. Vertauscht man wie in Bild 4.14b die Rollen der Spulen, so ergibt sich

$$U_{12} = - N_1 \frac{d \Phi_{12}}{dt} \qquad (4.47)$$

$$U_{22} = - N_2 \frac{d \Phi_{22}}{dt} \qquad (4.48)$$

$$\frac{U_{12}}{U_{22}} = \frac{N_1 \Phi_{12}}{N_2 \Phi_{22}} \ . \qquad (4.49)$$

Multipliziert man die Gln. (4.46) und (4.49) so kürzen sich N_1 und N_2 und man kann den Kopplungsfaktor durch die induzierten Spannungen ausdrücken

$$k = \left(\frac{U_{12}}{U_{22}} \cdot \frac{U_{21}}{U_{11}} \right)^{1/2} \ . \qquad (4.50)$$

4.6.2. Experiment

1. Beobachtung des Feldes. Stellen Sie den in Bild 4.14b gezeigten Kreis zusammen, und schalten Sie den Sinusgenerator auf 2 kHz und maximale Leistung. Legen Sie die in Experiment F-4 nach Bild 4.11 angefertigte Zeichnung unter das Solenoid und bringen Sie die Suchspule, die jetzt das magnetische Feld erzeugt, in die Nähe des Solenoids. Genau dieselbe Einstellung, die im vorigen Experiment in der Suchspule die maximale Spannung erzeugt hat, ruft jetzt, wenn man die Suchspule an das Solenoid heranbringt, in diesem die größte Spannung hervor. Aus diesem Vergleich kann man zumindest qualitativ auf die Gleichheit von M_{12} und M_{21} schließen.

2. Spannungsverhältnis. Bringen Sie bei der in Bild 4.14a angegebenen Schaltung die Suchspule in den Mittelpunkt des Solenoids und messen Sie mit einem Oszillographen oder mit einem Wechselstromvoltmeter die Spannungen U_{11} und U_{21}. Bestimmen Sie das Verhältnis U_{21}/U_{11} in einem breiten Frequenzbereich. Zwischen ungefähr 200 Hz und 20 kHz sollte dieses Verhältnis konstant sein. Unter 200 Hz begrenzt der ohmsche Widerstand des Solenoids den Strom, so daß U_{21} mit abnehmender Frequenz kleiner wird. Unter 20 kHz erzeugt die Kapazität der Suchspulenwindungen eine Resonanz (siehe Experiment ES-4), die ein Ansteigen der Spannung bewirkt. Solange man sich aber in diesen Grenzen hält, sind die Annahmen des vorhergehenden Abschnitts gut erfüllt.

3. Kopplungsfaktor. Stellen Sie nun bei einer Frequenz von 2 kHz auf die experimentelle Anordnung von Bild 4.14b um und bestimmen Sie U_{22} und U_{12} sowie deren Verhältnis. Berechnen Sie k aus Gl. (4.50).

4. Abhängigkeit von der Entfernung. Messen Sie mit der Anordnung von Bild 4.14b die im Solenoid induzierte Spannung für verschiedene Entfernungen der Suchspule längs der gemeinsamen Achse. Vergleichen Sie die Ergebnisse mit denen aus Experiment F-4.

4.6.3. Fragen

1. Erklären Sie qualitativ, wie der in Gl. (4.43) definierte Kopplungsfaktor k durch die Geometrie der Anordnung bestimmt wird. Welchen Wert hat k zum Beispiel, wenn beide Spulen kompakt auf denselben Eisenkern gewickelt sind, so daß der gesamte Fluß der einen Spule auch durch die andere Spule geht?

2. Der durch den ohmschen Widerstand der Spulenwindungen bedingte Spannungsabfall ist bei der Behandlung der Gegeninduktivität nicht berücksichtigt worden. Diskutieren Sie die Auswirkungen, die der Spulenwiderstand auf Ihre Messungen haben könnte.

3. Kann man an Stelle des Oszillographen zur Messung induzierter Spannungen auch ein Röhrenvoltmeter verwenden? Welche Vor- und Nachteile würde das haben?

4. Kann man den Wert von k in diesem Experiment mit Hilfe geometrischer Betrachtungen vorhersagen oder mindestens schätzen?

5. Elektronen und Felder (EF)

5.1. Einleitung

In dieser Gruppe von Experimenten werden wir die Bewegung geladener Teilchen (Elektronen) in elektrischen und magnetischen Feldern untersuchen. Dabei verhalten sich die Elektronen wie klassische Teilchen, für die die Newtonschen Bewegungsgesetze gelten: Die Geschwindigkeiten sind immer klein, verglichen mit der Lichtgeschwindigkeit ($3,00 \cdot 10^8$ m/s), so daß keine relativistischen Korrekturen erforderlich sind. Überdies sind die Dimensionen der Experimente groß, verglichen mit atomaren Dimensionen, so daß Quanteneffekte nicht betrachtet werden müssen.

Zusammenfassung: Die Fachgebiete der Experimente können wie folgt zusammengefaßt werden:

EF-1: Beschleunigung von Elektronen durch ein elektrisches Feld und Ablenkung eines Elektronenstrahls durch ein homogenes transversales elektrisches Feld.

EF-2: Fokussierung eines Elektronenstrahls durch ein inhomogenes elektrisches Feld und Kontrolle der Strahlintensität.

EF-3: Ablenkung eines Elektronenstrahls durch ein transversales magnetisches Feld.

EF-4: Schraubenbewegung eines Elektrons unter dem Einfluß eines axialen magnetischen Feldes.

EF-5: Bewegung von Elektronen in einem Magnetron unter dem Einfluß axialer magnetischer und radialer elektrischer Felder.

Das Hauptinstrument in diesen Experimenten ist eine Elektronenstrahlröhre, deren Wirkungsweise sehr ähnlich der einer Fernsehröhre ist. Eine solche Röhre nennt man gewöhnlich *Kathodenstrahlrohr* (abgekürzt KSR). Dieser Name hat seinen Ursprung in den im neunzehnten Jahrhundert durchgeführten Untersuchungen der elektrischen Leitfähigkeit von Gasen bei niedrigerem Druck. Dabei verursachte die durch Elektronenbeschuß hervorgerufene Anregung atomarer Energieniveaus die Emission bläulicher Strahlen in der Umgebung der Kathode, die ursprünglich „Kathodenstrahlen" genannt wurden.

Das Kathodenstrahlrohr stellt nicht nur eine geeignete experimentelle Anordnung für die Untersuchung der Bewegung von Elektronen dar, sondern es ist auch der allerwichtigste Bestandteil des Kathodenstrahloszillographen. Dieser ist ein unentbehrliches Instrument für viele Gebiete der Experimentalphysik und der Biologie. Die Untersuchung der Elektronenbewegung im Kathodenstrahlrohr trägt daher zum Verständnis des Oszillographen bei, der in vielen Experimenten verwendet wird.

Die Bewegung eines Elektrons im elektrischen Feld ist analog zur Bewegung eines Objekts im Schwerefeld. Bild 5.1 zeigt die Bewegung einer Masse im Schwerefeld der Erde und Bild 5.2 die analoge Bewegung eines Elektrons.

Ein Kathodenstrahlrohr enthält

1. ein Strahlerzeugungssystem, das Elektronen aussendet, sie auf eine bestimmte Geschwindigkeit beschleunigt und zu einem Strahl fokussiert;

2. ein Ablenkungssystem, das aus zwei Paaren von Platten besteht;

3. einen fluoreszierenden Schirm, um den Punkt anzuzeigen, auf dem der Elektronenstrahl am Ende der Röhre auftrifft.

Alles ist von einem evakuierten Glasgefäß umschlossen, um eine Streuung der Elektronen an Luftmolekülen zu vermeiden. Die Anordnung der Bestandteile ist in Bild 5.3 gezeigt. Damit jeglicher Zusammenstoß eines Elektrons während seines Weges durch die Röhre mit einem Gasmolekül sehr unwahrscheinlich ist, darf der Gasdruck in der Röhre nicht größer als ungefähr 10^{-6} bar sein. Gewöhnliche mechanische Pumpen können ein so hohes Vakuum nicht erreichen, man muß daher Diffusionspumpen verwenden.

Bild 5.4 zeigt das Schema des Strahlerzeugungssystems. Die Quelle der Elektronen ist die Kathode, die in dem Bild mit K bezeichnet ist. Ein dünner Zylinder wird auf etwa 1200 K erhitzt, indem ein Strom durch eine Heizspirale innerhalb des Zylinders fließt. Die Heizspirale ist vom Zylinder durch eine keramische Isolierung getrennt. Das Ende des Zylinders bildet die Kathode, die mit Barium- und Strontiumoxiden überzogen ist. Werden diese Materialien erhitzt, erhalten einige Elektronen darin genügend Energie, um die Oberfläche zu durchdringen und sich frei in dem die Kathode umgebenden Vakuum zu bewegen. Dieser Prozeß wird *Glühemission* genannt.

Koaxial zur Kathode sind vier zylindrische Elektroden angebracht, die Schutzschirme mit runden Öffnungen enthalten, wie dies im Querschnitt in Bild 5.4 gezeigt ist. Die Elektrode G_1, Schirmgitter genannt, arbeitet mit einer Spannung, die 5 ... 20 V *niedriger* ist als die Kathodenspannung. Dadurch entsteht ein elektrisches Feld, das die Elektronen zur Kathode zurücktreibt. Durch Verändern dieser Spannung kann die Anzahl der Elektronen, die durch die Öffnung in G_1 hindurchtreten, beschränkt werden. Auf diese Weise kann man die Intensität des Strahls regeln. Die Elektrode G_2 ist mit A_2 verbunden und beide arbeiten mit einer Spannung U_2, die einige hundert oder sogar einige tausend Volt *höher* ist als die Spannung von K. Das sich ergebende elektrische Feld beschleunigt die Elektronen längs der Röhrenachse. Die Spannung U_1 der Elektrode A_1 liegt zwischen der Spannung von K und derjenigen von G_2. Die sich zwischen G_2 und A_1 und zwischen A_1 und A_2 ergebenden elektrischen Felder dienen zur *Fokussierung* des Strahls. Die durch G_1 in verschiedene Richtungen austretenden Elektronen werden dadurch zu einem schmalen parallelen Strahl zusammengeführt, dessen Durchmesser hauptsächlich durch den

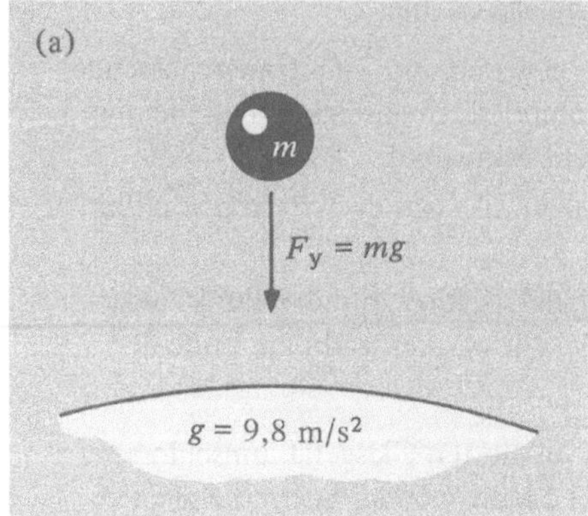

In der Umgebung der Erde wirkt auf eine Masse m die Gravitationskraft $F_y = mg$.

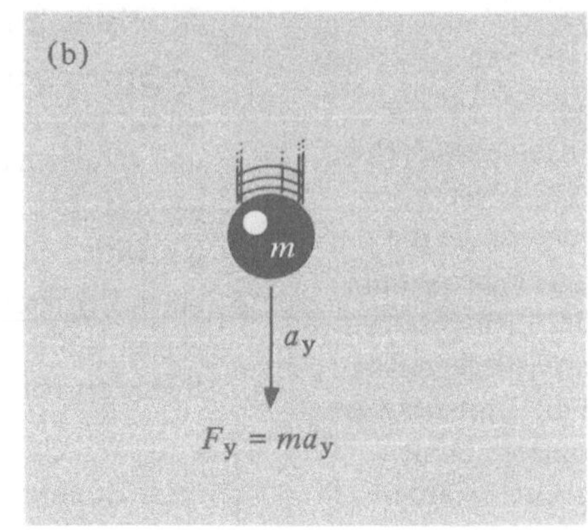

Die Masse startet aus der Ruhe und erfährt eine gleichförmige Beschleunigung.

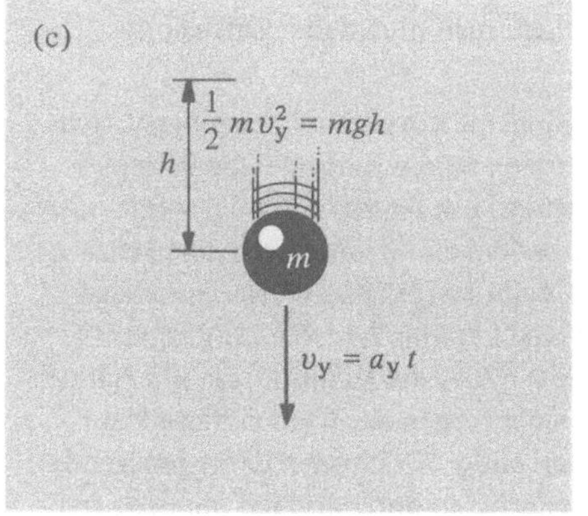

Nach der Fallzeit t beträgt der Impuls der Masse $m v_y = F_y t$ und ihre kinetische Energie $m v_y^2/2$ ist gleich der Arbeit mgh, die vom Gravitationsfeld verrichtet wurde.

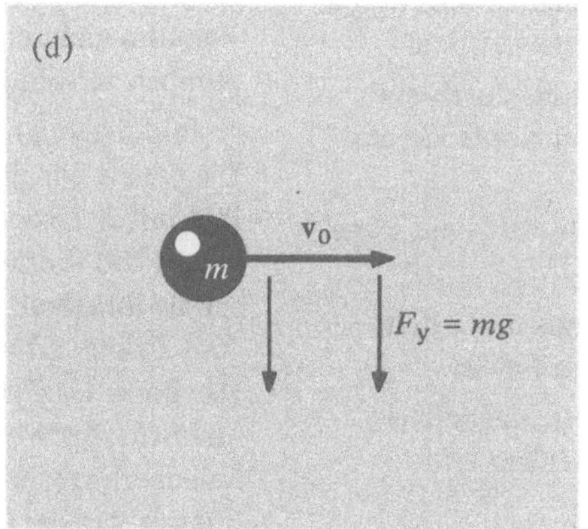

Hat die Masse eine horizontal gerichtete Anfangsgeschwindigkeit v_0,

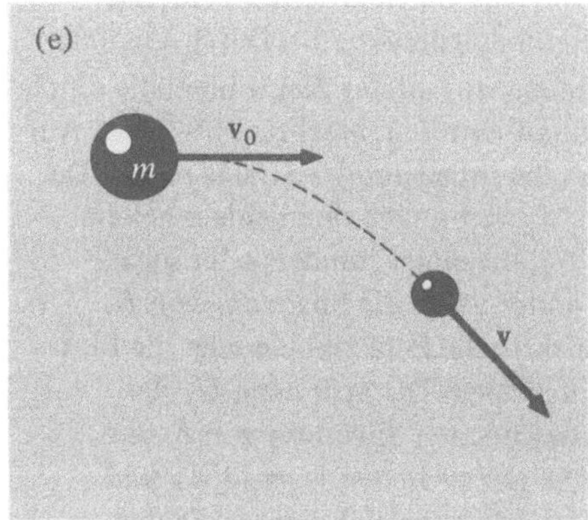

so wird sie von der Schwerkraft nach unten abgelenkt. Nach der Zeit t hat die Masse einen Impuls $m v_y = F_y t$ senkrecht zu ihrer ursprünglichen Bewegungsrichtung,

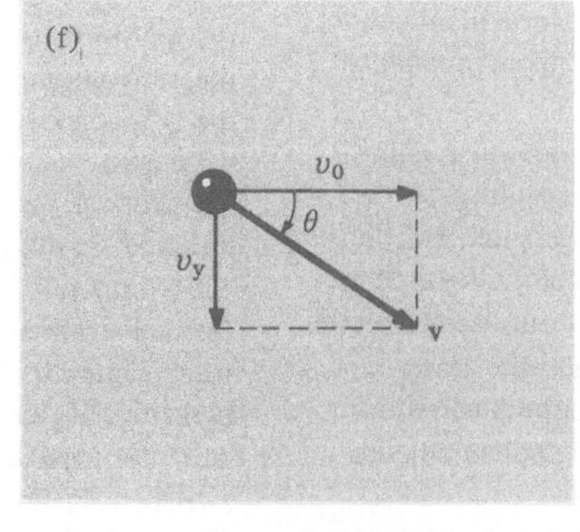

und die Richtung ihrer Geschwindigkeit ändert sich um den Winkel θ.

Bild 5.1

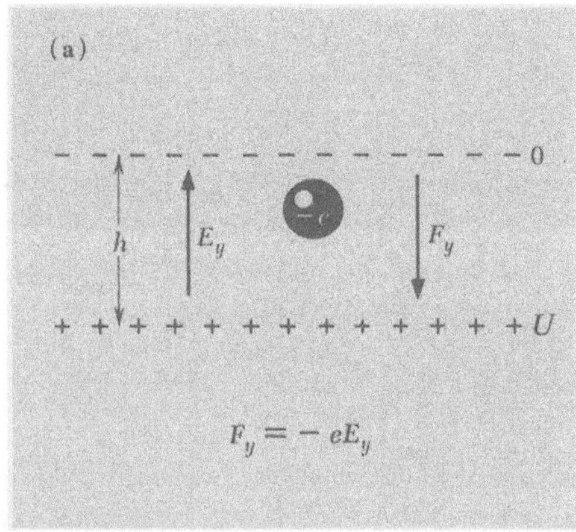

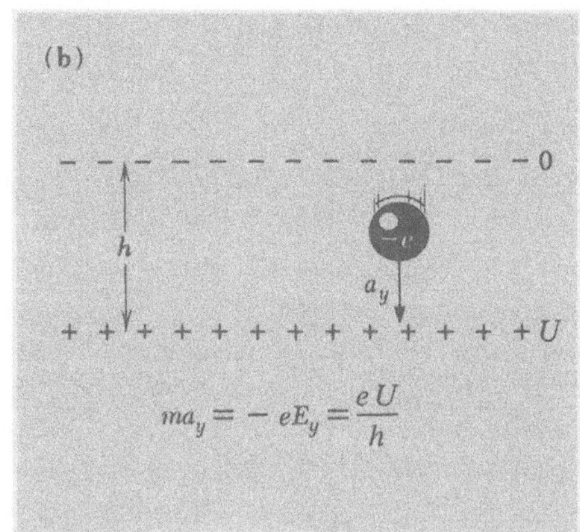

Auf ein Elektron mit Ladung e wirkt im Feld zweier geladener Platten die Kraft $F_y = -e E_y = e U/h$.

Ist die Spannung der unteren Platte positiv, dann wird das Elektron gleichförmig nach unten beschleunigt.

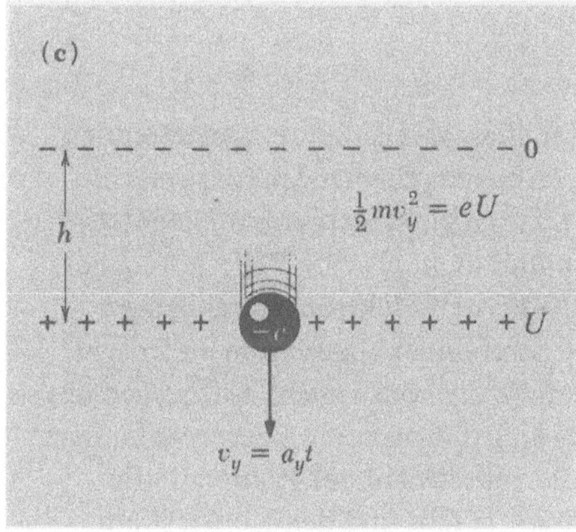

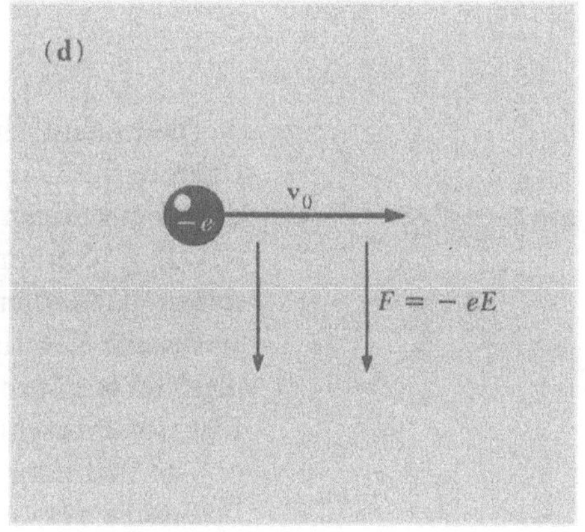

Nach der Beschleunigungszeit t hat das Elektron einen Impuls $m v_y = F_y t$ und die kinetische Energie $m v_y^2/2$, die gleich der Arbeit $-e E_y h = e U$ ist, die vom Feld verrichtet wurde.

Hat das Elektron eine horizontal gerichtete Anfangsgeschwindigkeit v_0,

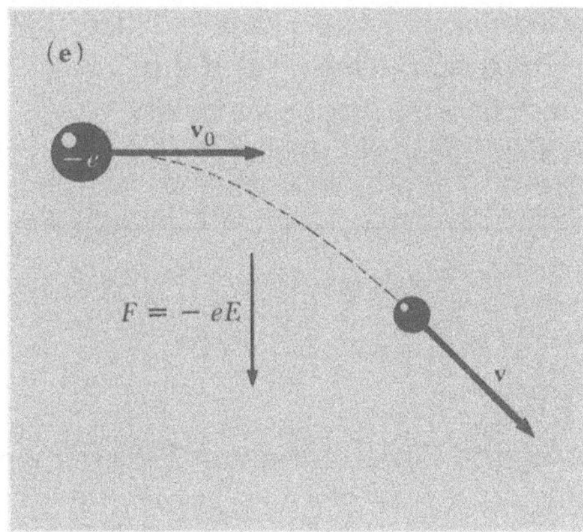

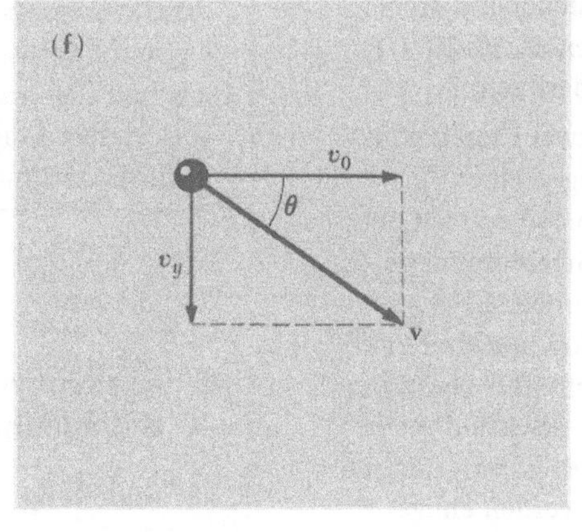

Bild 5.2

so wird es vom elektrischen Feld nach unten abgelenkt. Nach der Zeit t hat das Elektron den Impuls $m v_y = F_y t$ senkrecht zur ursprünglichen Bewegungsrichtung,

und die Richtung seiner Geschwindigkeit ändert sich um den Winkel θ.

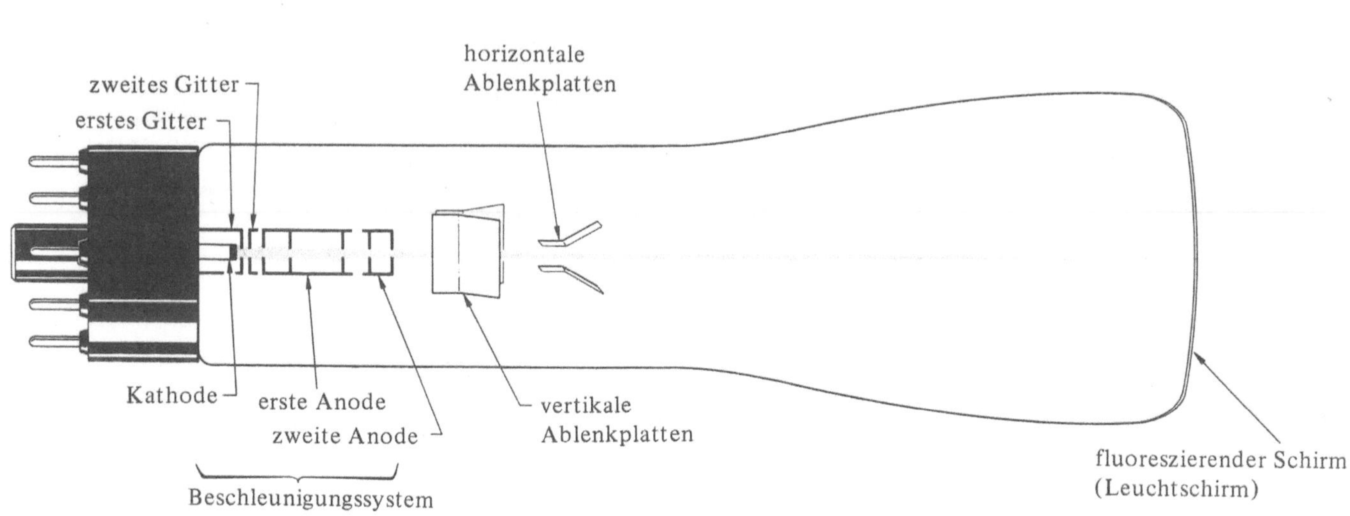

Bild 5.3

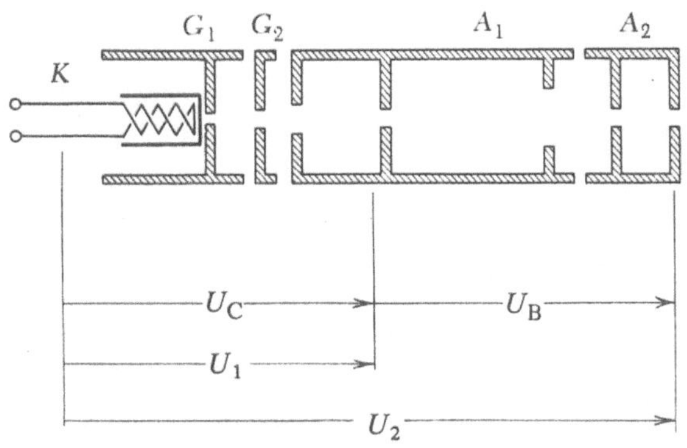

Bild 5.4

Durchmesser der Öffnung von G_1 bestimmt wird. Die richtige Fokussierung beruht im Wesentlichen auf einer geeigneten Wahl von U_1 und U_2. Ihr *Verhältnis U_1/U_2* muß einen bestimmten kritischen Wert besitzen.

Der Elektronenstrahl geht zwischen zwei Paaren von Ablenkplatten (Bild 5.3) hindurch. Anlegen einer Spannung an irgend eines der beiden Plattenpaare erzeugt ein transversales elektrisches Feld, das den Strahl seitwärts ablenkt. Diese Ablenkung wird in Experiment EF-1 genau untersucht. Schließlich fällt der Elektronenstrahl auf das Ende der Röhre, das mit einem Leuchtstoff überzogen ist. Dieser leuchtet, wenn er vom Elektronenstrahl getroffen wird infolge von Zusammenstößen der Elektronen mit den Atomen des Leuchtstoffs. Dadurch werden einige Atome auf angeregte Energiniveaus gebracht. Kehren die Atome in ihren „Grundzustand" zurück, in dem sie sich normalerweise befinden, senden sie Energie in Form von sichtbarem Licht aus.

Die Innenfläche der Glasröhre ist mit einem leitenden Überzug aus Graphit (Aquadag) überzogen, der verschiedene Funktionen hat. Er ist elektrisch mit der zweiten Anode A_2 verbunden und dient als eine Erweiterung derselben. Außerdem hilft er, den Elektronenstrahl gegen eventuelle elektrische Streufelder abzuschirmen. Er sammelt Sekundärelektronen, die vom Leuchtstoff wegen des Elektronenbeschusses emittiert werden. Ferner verhindert er, daß Licht durch die Seitenwand der Röhre auf die Innenseite des Leuchtstoffs fällt und den Kontrast auf dem Bildschirm verringert.

> **Achtung**
> Wegen des hohen Vakuums und der großen flachen Schirmoberfläche ist das Experimentieren mit der Röhre gefährlich. Jede Verletzung der Glashülle durch einen Schlag oder einen Kratzer kann zu einer ernsten Explosion (Implosion) führen. Die Röhre wird im Laboratorium stets mit einer Schutzhülle verwendet! Tragen Sie keinen Brilliantring er könnte das Glas zerkratzen.

5.2. Experiment EF-1: Beschleunigung und Ablenkung von Elektronen

5.2.1. Einleitung

In diesem Experiment werden wir die Beschleunigung und die Ablenkung von Elektronen durch elektrische Felder beobachten. Wir beschreiben diese Bewegung in kartesischen Koordinaten, deren z-Achse mit der Röhrenachse zusammenfällt, während die x-Achse waagerecht und die y-Achse senkrecht in der Ebene des Leuchtschirms liegen.

Die Elektronen werden von der Kathode emittiert, laufen durch die verschiedenen Blenden des Fokussierungssystems und treten bei der Anode A_2 mit einer Geschwindigkeit v_z in der z-Richtung aus. Der Betrag von v_z wird durch die Spannung $U_2 = U_B + U_C$ zwischen K und A_2 bestimmt. Auf seinem Weg von K nach A_2 verliert jedes Elektron die potentielle Energie eU_2. Wenn das Elektron von der Kathode mit vernachlässigbarer kinetischer Energie emittiert worden ist, so ist seine kinetische Energie $\frac{1}{2} mv_z^2$ nach passieren von A_2 durch

$$\frac{1}{2} mv_z^2 = eU_2 \qquad (5.1)$$

gegeben. Danach läuft das Elektron durch den Bereich zwischen den Ablenkplatten. Wenn an den Ablenkplatten keine Spannung liegt, so geht es gerade hindurch. Falls die Elektronenquelle gut zentriert ist, trifft das Elektron die Mitte des Leuchtschirms und erzeugt einen kleinen hellen Fleck. Nehmen wir nun an, zwischen den vertikalen Ablenkplatten liege eine Spannung U_d, die ein transversales Feld E_y zwischen den Platten hervorruft. Durch die daraus resultierende Kraft erhält das Elektron eine transversale Geschwindigkeit v_y, während die z-Komponente v_z unverändert bleibt. Beim Verlassen der Ablenkplatten schließt seine Geschwindigkeit daher einen Winkel θ mit der z-Achse ein, der aus Bild 5.5 abgelesen werden kann:

$$\tan\theta = \frac{v_y}{v_z} . \qquad (5.2)$$

Diese Größen können berechnet werden, wenn die Ablenkspannung und die Abmessungen der Ablenkplatten bekannt sind.

Eine Spannung U_d erzeugt zwischen den beiden Platten mit dem Abstand d ein transversales elektrisches Feld

$E_y = U_d/d$ und eine transversale Kraft vom Betrag $F_y = eE_y = eU_d/d$. Innerhalb des Zeitintervalls Δt, das das Elektron benötigt, um zwischen den Platten hindurchzufliegen, erhält es von dieser Kraft den Transversalimpuls:

$$mv_y = F_y \,\Delta t = eU_d \,\frac{\Delta t}{d} . \qquad (5.3)$$

Daraus folgt

$$v_y = \frac{e}{m}\frac{U_d}{d}\,\Delta t. \qquad (5.4)$$

In der Zeit Δt legt das Elektron auf Grund seiner Axialgeschwindigkeit v_z die Entfernung l, die der Länge der Platten entspricht, längs der z-Achse zurück und es gilt $l = v_z \,\Delta t$. Löst man diese Beziehung nach Δt auf und setzt das Ergebnis in Gl. (5.4) ein, so ergibt sich

$$v_y = \frac{e}{m}\frac{U_d}{d}\frac{l}{v_z} . \qquad (5.5)$$

Damit folgt für den Ablenkwinkel

$$\tan\theta = \frac{v_y}{v_z} = \frac{eU_d\,l}{dmv_z^2} . \qquad (5.6)$$

Unter der Verwendung der Energiebeziehung Gl. (5.1) erhält man schließlich

$$\tan\theta = \frac{U_d}{U_2}\frac{l}{2d} . \qquad (5.7)$$

Wie zu erwarten, ist die Ablenkung proportional zur Ablenkspannung U_d und wächst auch mit der Länge l der Platten. Je länger die Platten, um so länger wirkt das Ablenkfeld und um so größer ist die Ablenkung. Die Ablenkung ist *umgekehrt* proportional zu d. Je stärker sich die Platten annähern, um so größer ist bei gegebener Spannung das Ablenkfeld. Verringert man schließlich die Beschleunigungsspannung $U_2 = U_B + U_C$, so erhöht sich die Ablenkung, da die Elektronen aufgrund der geringeren Axialgeschwindigkeit für längere Zeit im Ablenkfeld verweilen.

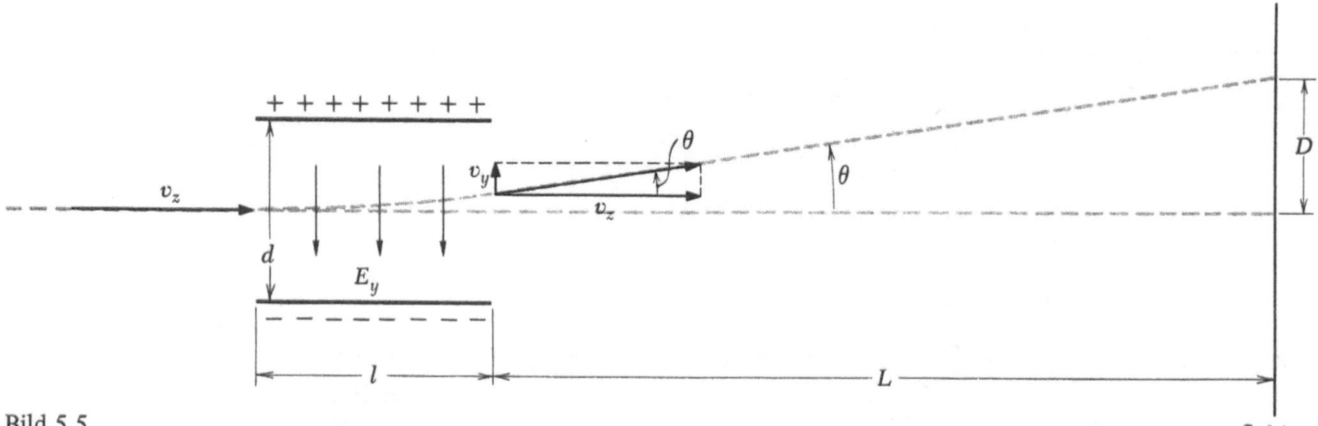

Bild 5.5

Schirm

Weiterhin ergibt sich bei kleinerer Axialgeschwindigkeit für die gleiche Transversalgeschwindigkeit ein größerer *Ablenkwinkel.*

Nachdem der Elektronenstrahl den Ablenkbereich verlassen hat, folgt er wieder einer Geraden. Dies ist die Tangente der Bahn in jenem Punkt, in dem der Strahl den Ablenkbereich verlassen hat. Die vertikale Ablenkung D des hellen Flecks am Schirm ist daher durch die Beziehung $D = L \tan \theta$ gegeben, worin L die Entfernung der Platten vom Schirm bedeutet. (Wir vernachlässigen die geringe Krümmung des Schirms.) Eine genauere Untersuchung der Bewegung zwischen den Platten zeigt, daß man für L die Entfernung von der *Mitte* der Platten zum Schirm verwenden sollte. Es gilt daher

$$D = L \, \frac{U_d}{U_2} \, \frac{l}{2d} \; . \tag{5.8}$$

5.2.2. Experiment

1. Elektrische Anschlüsse. Die zwischen der Spannungsquelle und dem KSR bestehenden elektrischen Anschlüsse sind in Bild 5.6 dargestellt. Zum leichteren Erkennen sind die Anschlüsse der Röhre durch Farben gekennzeichnet. Die Heizung der Kathode wird über die Anschlüsse $H - H$ mit 6,3 V Wechselspannung gespeist. Die Kathode wird an den negativen Pol von $C\,(C^-)$ angeschlossen. Der positive Pol von $C\,(C^+)$ wird mit der fokussierenden Anode verbunden und liefert die Spannung $U_1 = U_C$. Die fokussierende Anode wird auch an den negativen Pol von $B\,(B^-)$ angeschlossen, dessen positiver Pol (B^+) die Spannung für das Beschleunigungsgitter und die nächste Anode liefert. Die gesamte Beschleunigungsspannung U_2 zwischen K und A_2 ist daher $U_2 = U_C + U_B$, wie dies in Bild 5.4 gezeigt ist.

Die Spannung für das Kontrollgitter (G_1) wird mit Hilfe einer kleinen Batterie, wie in der Abbildung, von der Kathodenspannung abgezweigt, damit das Gitter relativ zur Kathode negativ ist. Für die in diesem Experiment verwendeten Beschleunigungspotentiale sollte eine Batteriespannung von 4,5 V ausreichend sein. Für niedrigere Beschleunigungspotentiale muß man die Batteriespannung verringern, damit der Leuchtfleck am Schirm hell genug ist.

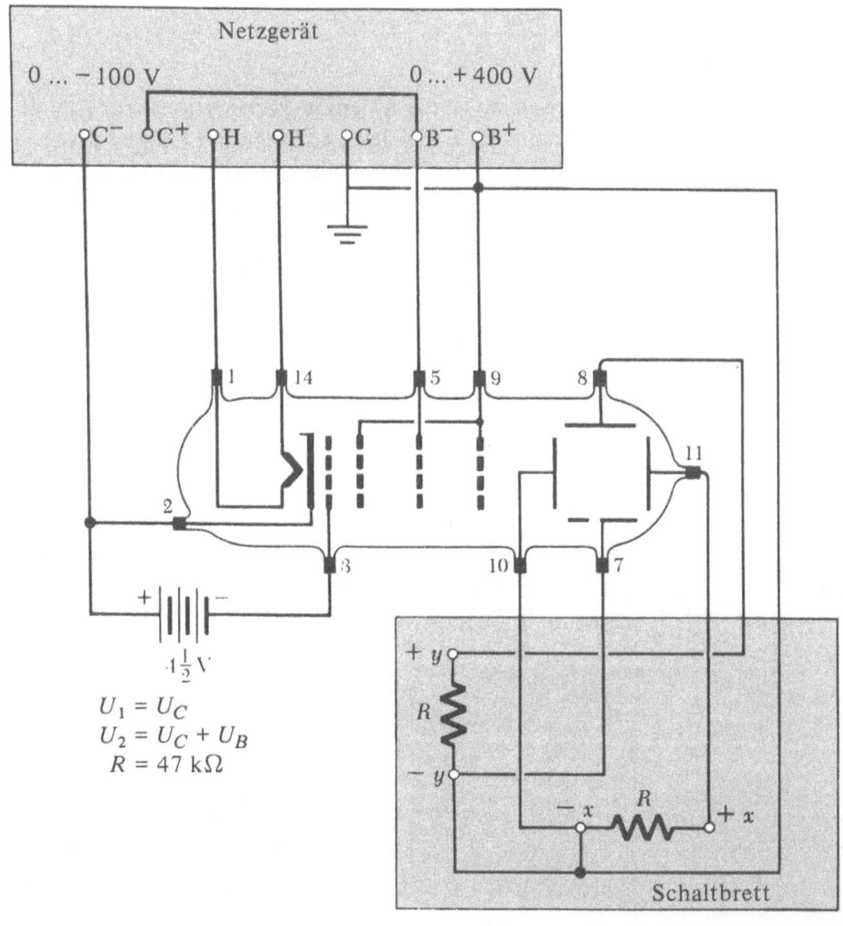

Bild 5.6

H Heizung

G Erdung

Achtung

Betreiben Sie G_1 nie mit der Relativspannung Null, denn ein zu heller Fleck bewirkt eine Überhitzung des Schirms, die den Leuchtstoff zerstört.

Als *Sicherheitsvorkehrung* sollte B^+ durch einen Draht mit dem Anschluß G der Stromquelle, die an das Metallgehäuse des Instruments angeschlossen ist, verbunden sein. G wiederum sollte an die Erdung des Arbeitsplatzes angeschlossen sein. Dadurch ist das Potential der Ablenkplatten nahe dem Potential der Erdung, wodurch die Gefahr von elektrischen Schlägen verringert wird. Bei dieser Anordnung liegt an der Batterie relativ zur Erdung ein *negatives Potential von einigen hundert Volt*. **Jede Berührung der Batterieanschlüsse kann zu einem lebensgefährlichen elektrischen Schlag führen.**

Die Anschlüsse zu den Ablenkplatten werden mit einer Stegleitung hergestellt, die mit Polyäthylen isoliert ist. Die in Bild 5.6 mit R bezeichneten Widerstände sind fest an den Anschlüssen der Ablenkplatten montiert. Eine veränderliche Spannung für die Ablenkplatten erhält man am einfachsten, indem man eine zweistufige 45-V-Batterie und ein Potentiometer verwendet, wie dies in Bild 5.7 gezeigt ist. Überlegen Sie, zwischen welchen Grenzen diese Spannung verändert werden kann. Die Spannung kann an dem im Bild gezeigten Voltmeter abgelesen werden.

Schalten Sie das Netzgerät auf Bereitschaft, nachdem Sie alle Anschlüsse überprüft haben. Dadurch wird die Heizung mit Strom versorgt, nicht aber die Hochspannung. Beachten Sie das rote Glühen der Kathodenheizung. Nach einer Minute schalten Sie das Netzgerät ganz ein. Stellen Sie die Spannung C so ein, daß sich ein kleiner gut fokussierter Fleck ergibt, während die Spannung B nahe dem oberen Ende ihres Regelbereichs ist. Jetzt ist das Gerät für eine Ablenkung des Strahls bereit.

2. Messung der Ablenkung. Messen Sie die Ablenkung D als Funktion der Ablenkspannung U_d und halten Sie dabei die Beschleunigungs- und Fokussierungsspannung konstant. Ermitteln Sie die Länge L vom Mittelpunkt der Ablenkplatten bis zum Schirm. Berechnen Sie $\tan\theta$ für jeden Wert von U_d und zeichnen Sie eine Kurve, die $\tan\theta$ als Funktion von U_d darstellt. Welche Gestalt sollte diese Kurve haben? Warum? Vergessen Sie nicht, die Werte von U_B und U_C aufzuschreiben.

3. Änderung der Beschleunigungsspannung. Ändern Sie U_B, stellen Sie U_C auf optimale Fokussierung und geben Sie wieder die Kurve von $\tan\theta$ als Funktion von U_d an. Wie sollte sich diese Kurve von der früheren unterscheiden? Wiederholen Sie diese Messungen für zwei weitere Werte von U_B.

4. Graphische Auswertung. Multiplizieren Sie jeden Wert von $\tan\theta$ für jede Meßreihe mit dem entsprechenden Wert von $U_2 = U_C + U_B$ und tragen Sie das Produkt $U_2\tan\theta$ als Funktion von U_d für alle Beobachtungen auf demselben Bogen Millimeterpapier auf. Können Sie aus Gl. (5.7) das zu erwartende Ergebnis vorhersagen?

5. Bestimmung von l/d. Bestimmen Sie aus der obigen Kurve das Verhältnis l/d. Wie unterscheidet sich dieses Ergebnis von dem durch direkte Messung der Platten erhaltenen Wert? Da die Felder an den Rändern weit über die geometrische Begrenzung der Platten hinausgehen, ist die effektive Plattenlänge viel größer als die tatsächliche. Vergleichen Sie Ihre Ergebnisse mit den Ergebnissen von Experiment F-3.

5.2.3. Fragen

1. Wie groß ist die *Spannungsempfindlichkeit* der Vertikalablenkung? Darunter versteht man jene Spannung, die nötig ist, um den Strahl um eine Längeneinheit abzulenken. Wie hängt diese von der Beschleunigungsspannung ab?

2. Erwarten Sie, daß die vertikale und die horizontale Spannungsempfindlichkeit gleich oder verschieden sind? Warum? Überprüfen Sie ihre Vorhersage.

3. Welchen Zweck erfüllen die in Bild 5.6 mit R bezeichneten Widerstände?

4. Wie groß ist die Geschwindigkeit der Elektronen im Strahl, wenn die Beschleunigungsspannung $U_2 = 500$ V beträgt? Wie lange braucht ein Elektron, um von der Kathode bis zum Schirm zu fliegen?

5. Was geschieht, wenn man eine Wechselspannung an die Ablenkplatten anschließt?

6. Warum sind die Enden der Ablenkplatten aufgebogen?

7. Wie beeinflußt die Schwerkraft die Bewegung des Elektrons?

8. Bei der Behandlung der Elektronenbewegung haben wir die Wechselwirkung der Elektronen im Strahl nicht berücksichtigt. Wie kann diese Vereinfachung gerechtfertigt werden?

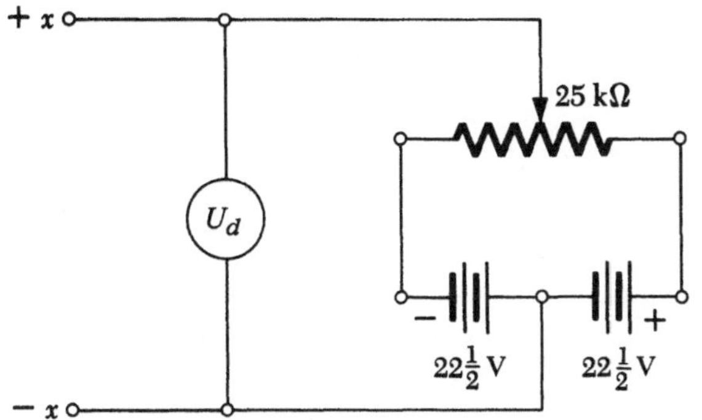

Bild 5.7

5.3. Experiment EF-2: Fokussierungs- und Intensitätsregelung

5.3.1. Einleitung

Das Experiment EF-1 befaßte sich mit der Ablenkung eines Elektronenstrahls durch ein *homogenes* elektrisches Feld. Hier untersuchen wir, wie die Intensität und die Fokussierung des Elektronenstrahls durch die Elektroden des Beschleunigungssystems des Kathodenstrahlrohrs geregelt wird. Die Wirkungsweise der fokussierenden Elektroden ist analog zur Wirkungsweise einer Linse bei der Fokussierung eines Lichtstrahls. Diese Analogie wird weiter unten genauer besprochen.

Grundsätzlich kann ein Elektronenstrahl durch das in Bild 5.8 gezeigte System erzeugt werden. Durch Verkleinern der Öffnungen wird der Strahl beliebig schmal gemacht. Die Elektronen verlassen die Glühkathode jedoch in verschiedenen Richtungen und nur ein sehr kleiner Bruchteil entfällt genau auf die Richtung durch die Öffnungen in den Anoden. Die meisten Elektronen treffen anstatt auf den Schirm auf die Anoden, wodurch der Leuchtfleck zu schwach wird, um gesehen zu werden.

Durch Verwendung eines geeigneten elektrischen Feldes gelingt es jedoch, die Elektronen, deren Anfangsgeschwindigkeit nicht in der Röhrenachse liegt, in diese umzulenken, so daß ein intensiverer Strahl und damit ein hellerer Leuchtfleck entsteht. Der Sachverhalt entspricht dem Kondensor und dem Spiegelsystem des in Bild 5.9 abgebildeten Projektors. Dieses System sammelt das Licht, das von der Projektorlampe in verschiedene Richtungen ausgestrahlt wird, und konzentriert es, so daß es durch das Diapositiv und die Projektionslinse (Objektiv) zur Leinwand gelangt. Entfernt man den Kondensor, so hat das Bild auf der Leinwand nur noch eine sehr geringe Lichtintensität.

Bild 5.10 zeigt die verschiedenen Elektroden im Querschnitt. Die beschleunigenden und fokussierenden Felder befinden sich hauptsächlich in den Bereichen zwischen den Elektroden. In den Innenräumen von A_1 und A_2 ist praktisch kein Feld, da diese Bereiche fast vollständig von Äquipotentialflächen umgeben sind. Um die Fokussierungswirkung der Felder an den beiden Enden von A_1 qualitativ zu verstehen, betrachten wir den Bereich zwischen A_1 und A_2. Eine vergrößerte Ansicht dieses Bereichs gibt Bild 5.11,

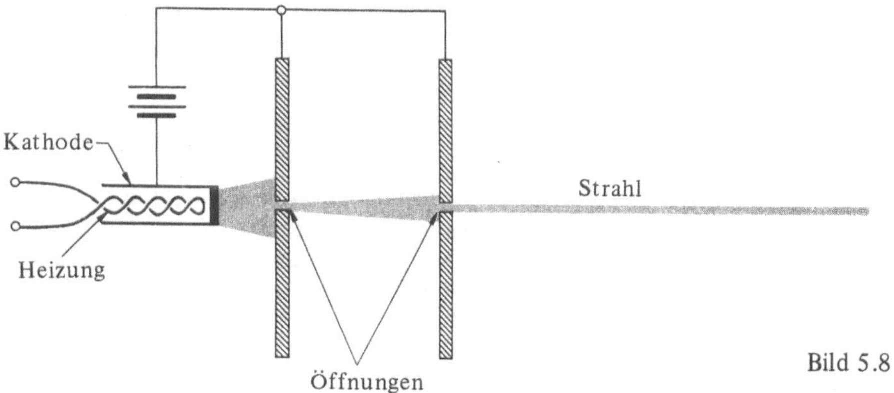

Bild 5.8

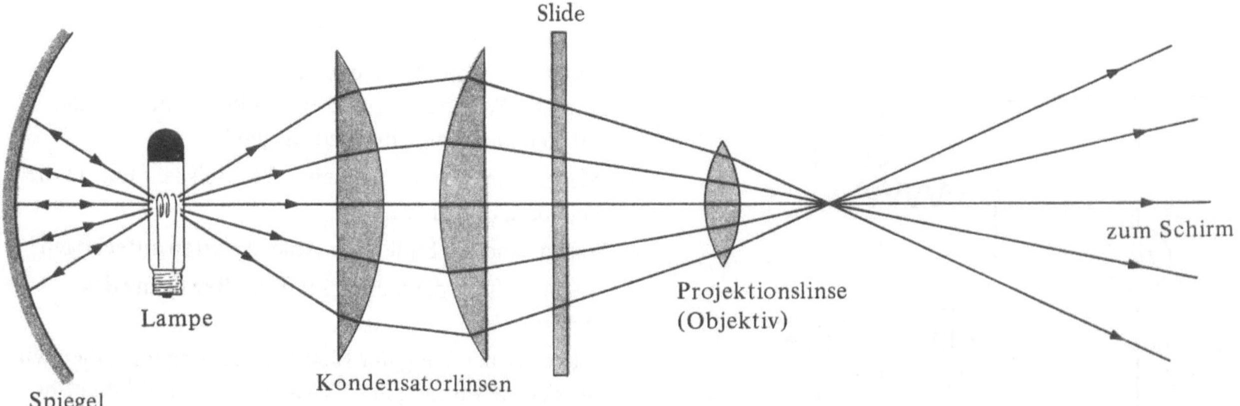

Bild 5.9

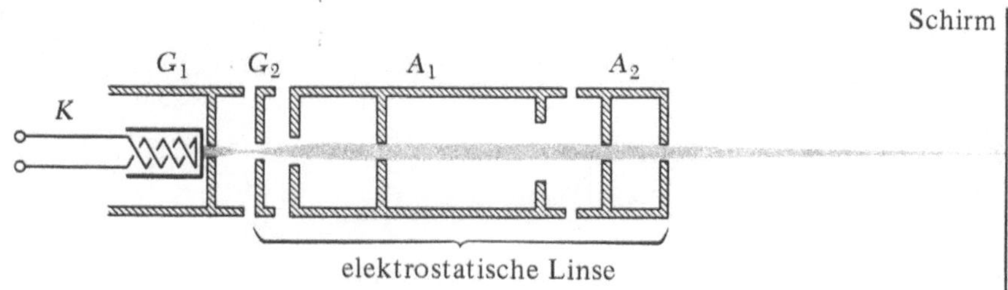

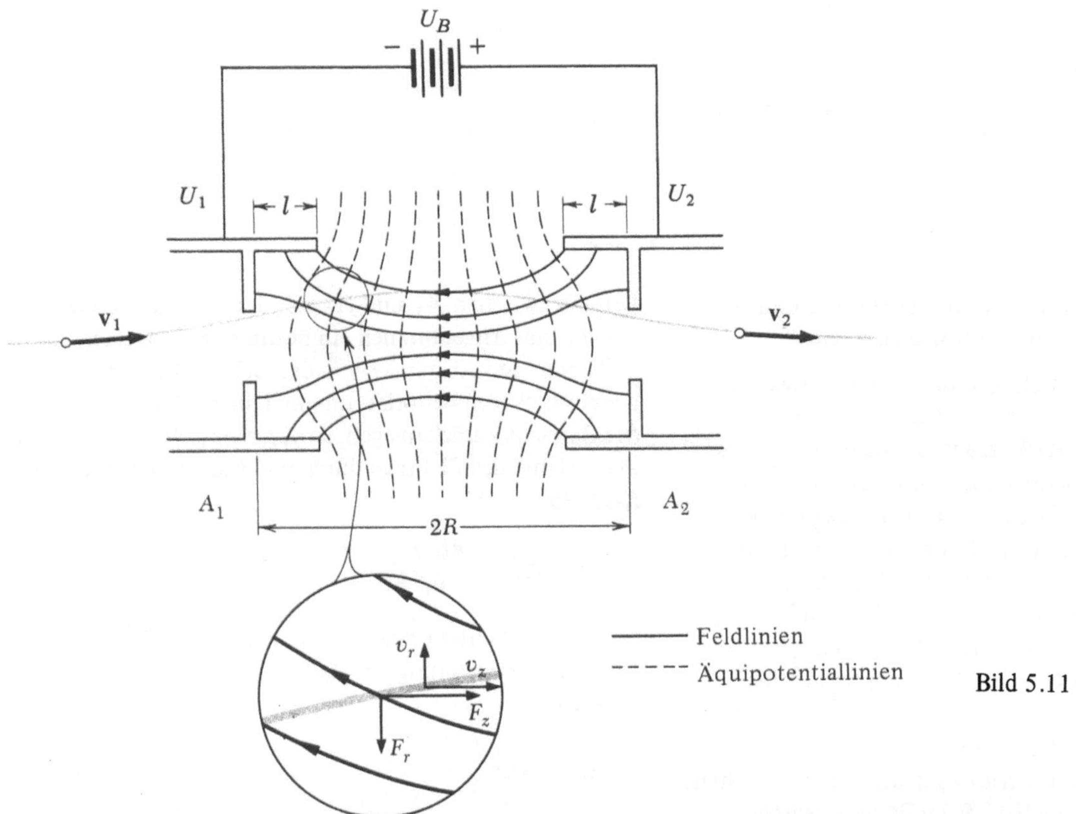

die auch den Querschnitt durch verschiedene Äquipotentialflächen und elektrische Feldlinien zeigt. Bewegt sich ein Elektron nach A_1 mit der transversalen Geschwindigkeitskomponente v_r von der Achse *weg*, kommt es in einen Bereich, in dem es von der transversalen Komponente des Feldes wieder zur Achse *zurück* gelenkt wird. Gleichzeitig wird das Elektron durch die Axialkomponente E_z von $\mathbf{E}$ beschleunigt. Dabei kommt es vor A_2 in einen Bereich, in dem es durch die Transversalkomponente E_r von der Achse abgelenkt wird. Weil es sich aber in diesem Bereich schneller bewegt, ist die Ablenkung nach außen *geringer* als die vorhergehende Ablenkung nach innen und die Gesamtablenkung des Elektrons ist somit zur Achse *hin* gerichtet.

Es ist interessant, daß die Fokussierung bestehen bleibt, wenn man die Potentialdifferenz umkehrt. In diesem Fall wird der Strahl zuerst nach *außen* abgelenkt, dann *abgebremst* und schließlich, wenn er sich A_2 nähert, wieder nach *innen* abgelenkt. Die Elektronen verbringen dann mehr Zeit im zweiten Bereich als im ersten und somit resultiert wieder eine Ablenkung der Elektronen nach innen.

Die Wirkungsweise der Fokussierung ist in Bild 5.12 schematisch dargestellt. Dieses Bild zeigt den gesamten Verlauf der Elektronenbahnen schematisch unter der vereinfachenden Annahme, daß die Entfernung zwischen den fokussierenden Elektroden verglichen mit der Länge der Bahn klein ist. Wir wollen annehmen, daß alle Elektronen die erste Beschleunigungselektrode G_2 mit nahezu der gleichen Axialgeschwindigkeit v_z, aber mit verschiedenen Radialgeschwindigkeiten v_r verlassen. Sie treffen dann im Fokussierungsbereich mit verschiedenen Abständen r von der z-Achse ein, die zu v_r proportional sind. Durch die Fokussierung werden die verschiedenen v_r so verändert,

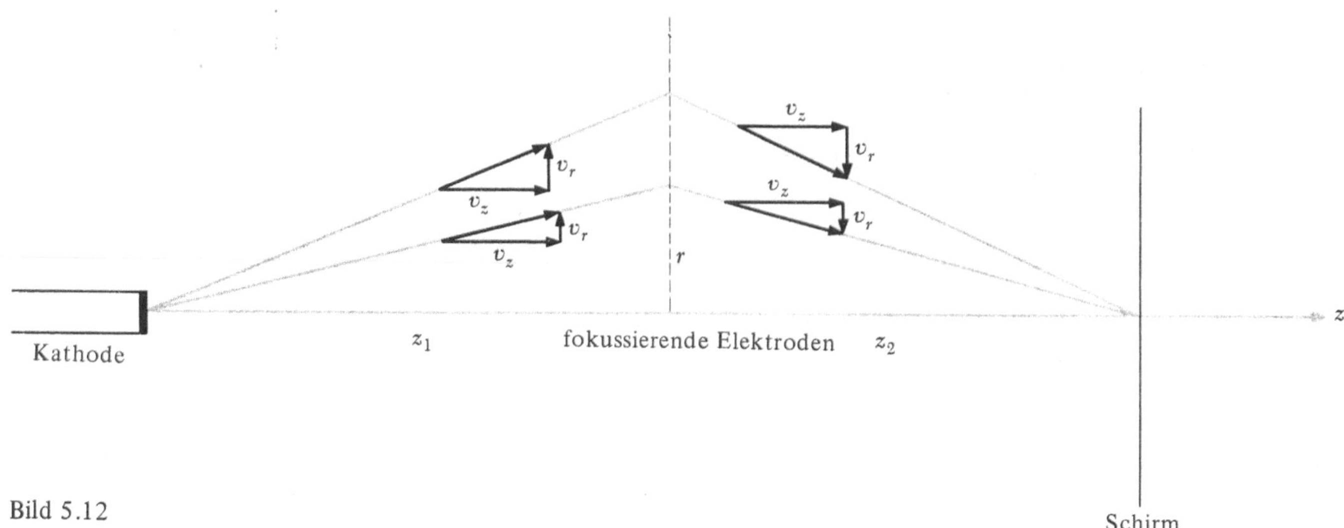

Bild 5.12

daß die Elektronen am Schirm konvergieren. Die Endwerte von v_r müssen daher auch proportional zu r sein.

Voraussetzung für die Fokussierung ist daher, daß die *Änderung* der Radialgeschwindigkeit Δv_r für jedes Elektron proportional r ist. Der Vorgang ist analog der Fokussierung divergierender Lichtstrahlen durch eine Linse. In der Praxis entspricht der Fokussierung der Elektronen eine dicke optische Linse, da die Länge des Fokussierungsbereichs gegenüber der Bahn *nicht* vernachlässigt werden kann. Diese Analogie wird in den Bildern 5.13 und 5.14 behandelt. Für die elektrostatische Fokussierung gilt eine Linsengleichung, die der entsprechenden optischen Beziehung sehr ähnlich ist, und es gibt für die elektrostatische Linse sogar einen „Brechungsindex".

Um die Bewegung des Elektrons genauer zu untersuchen, zerlegen wir das elektrische Feld $\mathbf{E}$ im Bereich zwischen A_1 und A_2, der in Bild 5.11 herausgezeichnet ist, in seine Axialkomponente E_z und in seine Radialkomponente E_r. Wir nehmen an, daß E_z außer im Randbereich annähernd homogen ist und daß E_r nur im Randbereich von Null verschieden ist. Diese beiden Komponenten sind aber voneinander nicht unabhängig. Ist E_z homogen, muß E_r proportional zum Abstand r von der z-Achse sein, genau wie dies für die Fokussierung notwendig ist. Auch die Elektronengeschwindigkeit $\mathbf{v}$ zerlegen wir in ihre Axialkomponente v_z und ihre Radialkomponente v_r.

U_1 sei die Spannung von A_1 und U_2 die Spannung von A_2 gegen die Kathode. Dann ergeben sich die Geschwindigkeiten der Elektronen in A_1 und in A_2 aus den entsprechenden Energiebeziehungen

$$\frac{1}{2} m v_1^2 = e U_1 \quad \text{und} \quad \frac{1}{2} m v_2^2 = e U_2 , \tag{5.9}$$

wenn die Elektronen die Kathode mit der Anfangsgeschwindigkeit Null verlassen. Die Elektronen treten also in den

Bereich zwischen A_1 und A_2 mit der Axialgeschwindigkeit v_1 ein. Angenommen ein bestimmtes Elektron hat zu Beginn den Abstand r von der Achse. Die Zeit Δt, die ein Elektron benötigt, um die Länge l bis zum Ende des Bereichs zurückzulegen, ist $\Delta t = l/v_1$. Während dieser Zeit erfährt das Elektron durch die Radialkraft $-eE_r$ den *Kraftstoß*

$$-eE_r \Delta t = -\frac{eE_r l}{v_1} . \tag{5.10}$$

Der Stoß entspricht einer Impulsänderung $m \Delta v_r$. Daraus folgt für die Änderung der Radialgeschwindigkeit des Elektrons

$$\Delta v_r = -\frac{e}{m} \frac{E_r l}{v_1} . \tag{5.11}$$

Im inneren Bereich wird das Elektron durch das homogene Axialfeld E_z

$$E_z = \frac{U_2 - U_1}{2R} \tag{5.12}$$

von der Axialgeschwindigkeit v_1 auf v_2 beschleunigt, ohne daß sich seine Radialgeschwindigkeit ändert. Am zweiten Ende des Bereichs ändert sich schließlich die Radialkomponente der Geschwindigkeit um den Betrag

$$\Delta v_r = +\frac{e}{m} \frac{E_r l}{v_2} , \tag{5.13}$$

den man aus Gl. (5.11) erhält, indem man v_1 durch v_2 ersetzt. Insgesamt ändert sich v_r daher um

$$\Delta v_r = -\frac{e}{m} E_r l \left(\frac{1}{v_1} - \frac{1}{v_2} \right) . \tag{5.14}$$

Wie wir oben erwähnt haben, hängt E_r mit der Axialkomponente E_z zusammen. Die einfachste Methode, diese

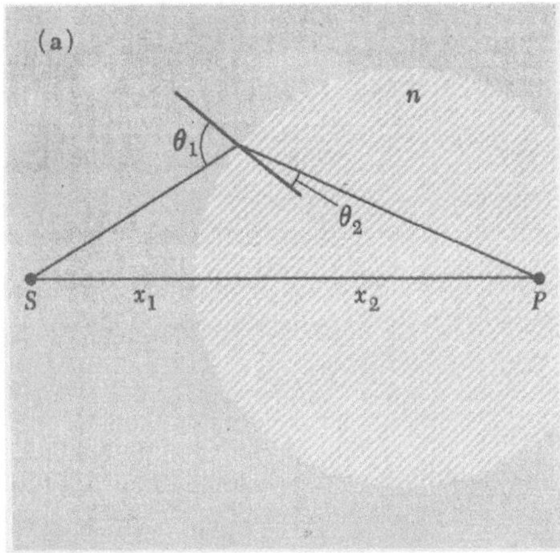

Ein Lichtstrahl wird im optisch dichteren
Medium zur Oberflächennormale gebrochen.

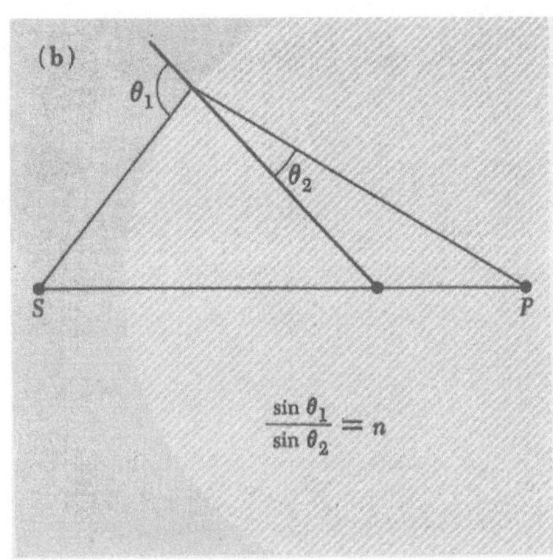

$$\frac{\sin \theta_1}{\sin \theta_2} = n$$

Für Einfalls- und Brechungswinkel gilt
das Brechungsgesetz.

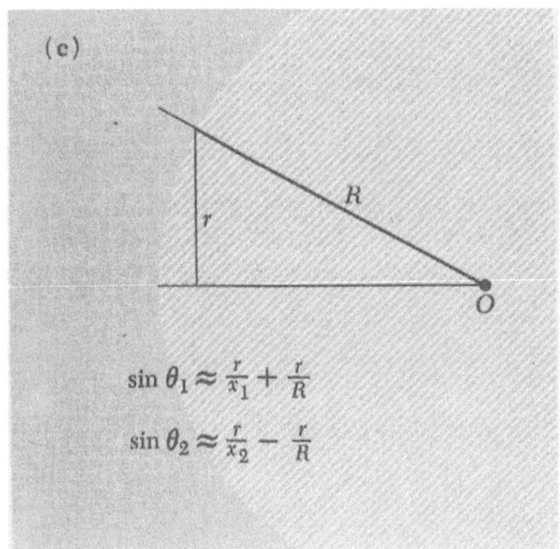

$$\sin \theta_1 \approx \frac{r}{x_1} + \frac{r}{R}$$

$$\sin \theta_2 \approx \frac{r}{x_2} - \frac{r}{R}$$

Für parallele Strahlen sind die gezeigten
Näherungen möglich.

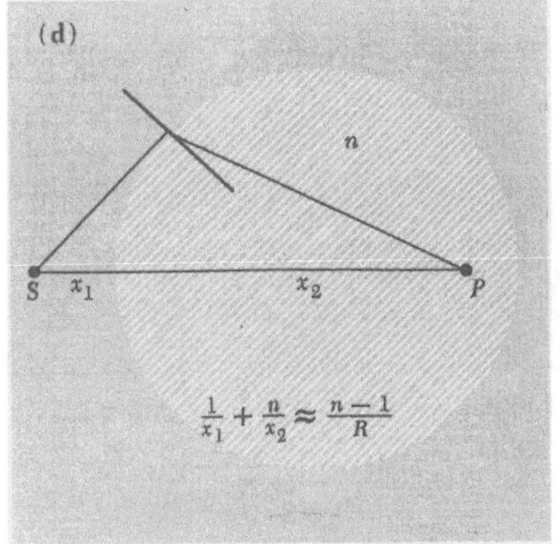

$$\frac{1}{x_1} + \frac{n}{x_2} \approx \frac{n-1}{R}$$

Aus dem Brechungsgesetz ergibt sich die
Linsenformel für eine brechende Oberfläche.

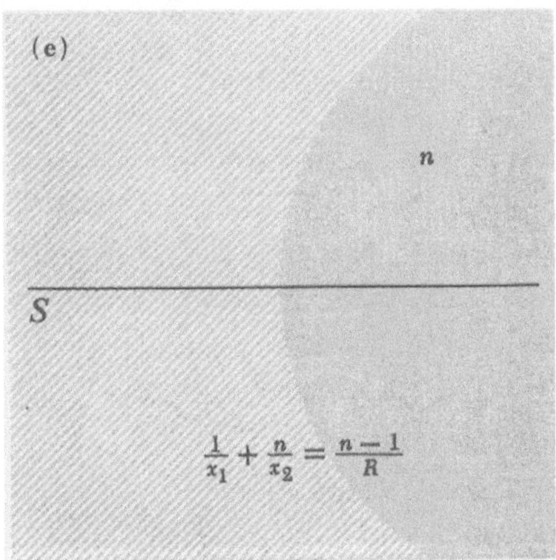

$$\frac{1}{x_1} + \frac{n}{x_2} = \frac{n-1}{R}$$

Für $n < 1$ oder ...

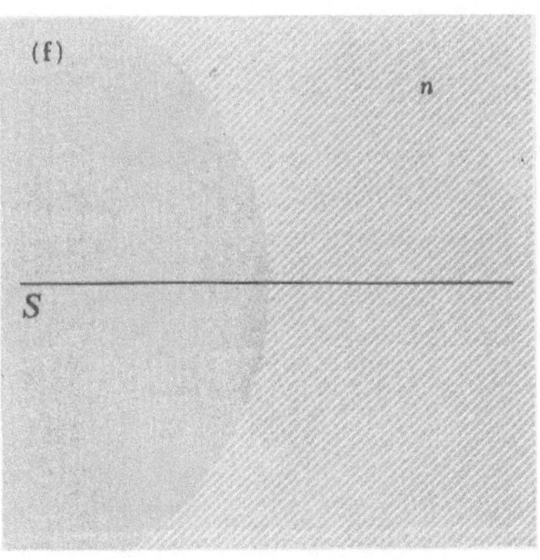

Bild 5.13

negative R ergibt sich eine Zerstreuungslinse.

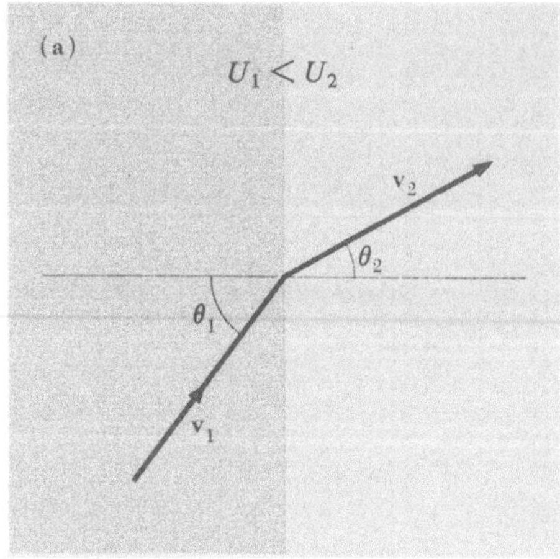

Ein Elektron, das in einen Bereich höherer elektrischer Spannung eindringt, wird *zur* Normale auf die Äquipotentialfläche abgelenkt.

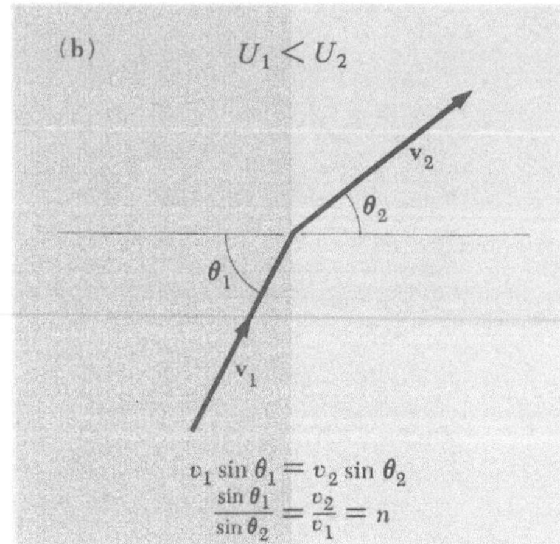

$$v_1 \sin \theta_1 = v_2 \sin \theta_2$$
$$\frac{\sin \theta_1}{\sin \theta_2} = \frac{v_2}{v_1} = n$$

Einfalls- und Brechungswinkel hängen wegen der Stetigkeit der transversalen Geschwindigkeit zusammen.

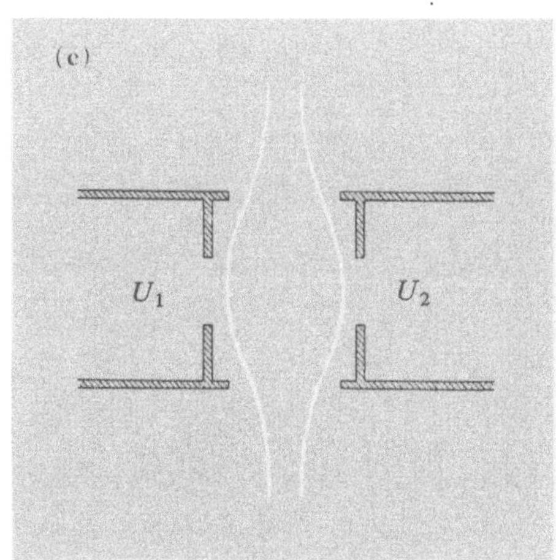

Zwei Bereiche *konstanter* Spannung werden durch einen komplizierten Zwischenbereich getrennt.

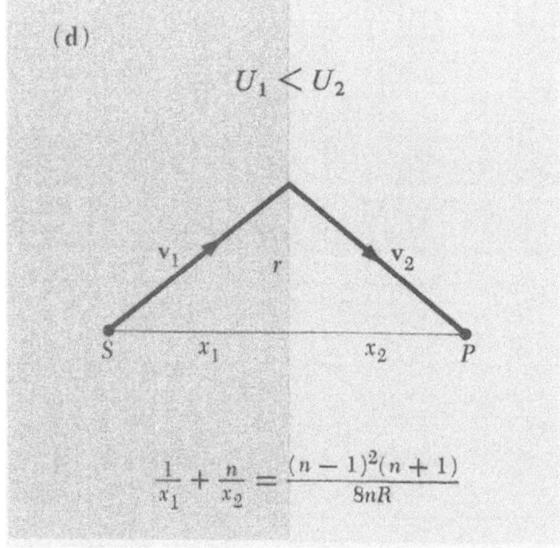

$$\frac{1}{x_1} + \frac{n}{x_2} = \frac{(n-1)^2(n+1)}{8nR}$$

Die Linsengleichung hat daher eine komplizierte Form.

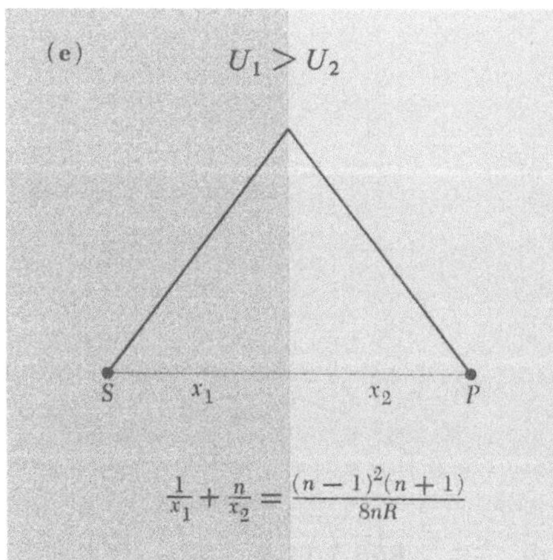

$$\frac{1}{x_1} + \frac{n}{x_2} = \frac{(n-1)^2(n+1)}{8nR}$$

Auch für $n < 1$ wirkt die Fläche als Konvexlinse.

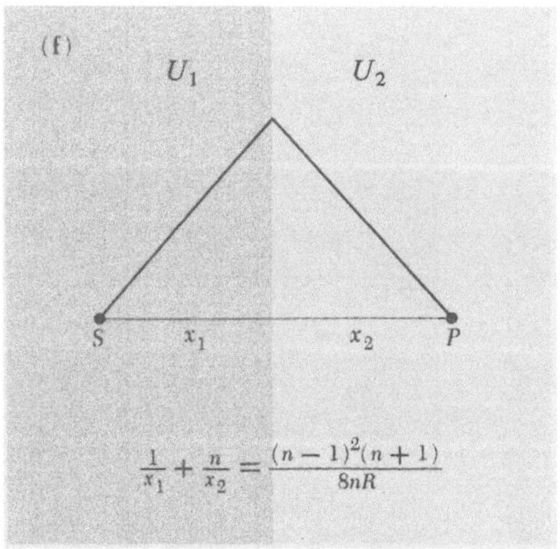

$$\frac{1}{x_1} + \frac{n}{x_2} = \frac{(n-1)^2(n+1)}{8nR}$$

Eine elektrostatische Linse im ladungsfreien Raum ist stets eine Konvexlinse.

Bild 5.14

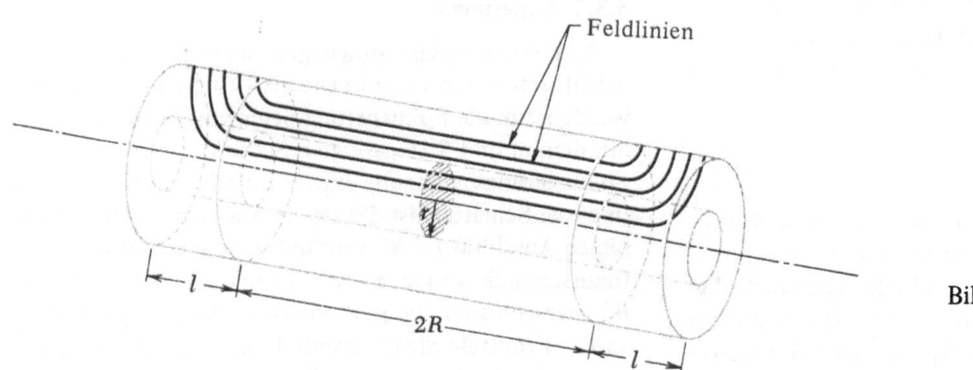

Bild 5.15

Beziehung herzuleiten, ist es, den Gaußschen Satz auf einen Zylinder vom Radius r anzuwenden, der zu den Elektroden koaxial ist. Wie in Bild 5.15 gezeigt ist, laufen die meisten elektrischen Flußlinien vom Inneren des Zylinders durch die Endbereiche der Länge l nach außen. Der Fluß durch einen Querschnitt vom Radius r im inneren dieses Zylinders ist durch $\pi r^2 E_z$ gegeben und der radiale Fluß durch die Endbereiche durch $2\pi r l E_r$. Da die beiden Flüsse gleich sein müssen folgt:

$$E_r = \frac{r}{2l} E_z = \frac{r}{2l} \frac{U_2 - U_1}{2R}, \qquad (5.15)$$

woraus ersichtlich ist, daß E_r proportional r ist. Aus den Gln. (5.14) und (5.15) ergibt sich

$$\Delta v_r = -\frac{e}{m} \frac{r}{4R} (U_2 - U_1) \left(\frac{1}{v_1} - \frac{1}{v_2} \right). \qquad (5.16)$$

Δv_r ist daher proportional zu r, wie es die Fokussierung verlangt. Mit Hilfe der Energiebeziehungen Gl. (5.9) kann man $U_2 - U_1$ durch die Geschwindigkeiten v_2 und v_1 ausdrücken:

$$(U_2 - U_1) = \frac{m}{2e} (v_2^2 - v_1^2). \qquad (5.17)$$

Damit wird Gl. (5.16) zu

$$\Delta v_r = -\frac{r}{8R} (v_2^2 - v_1^2) \left(\frac{1}{v_1} - \frac{1}{v_2} \right). \qquad (5.18)$$

Schließlich kann man Δv_r mit den in Bild 5.12 gezeigten Entfernungen der Kathode z_1 und des Schirms z_2 in Beziehung setzen: Der Anfangswert von v_r ist $r v_1/z_1$, der Endwert $-r v_2/z_2$, woraus sich

$$\Delta v_r = -r \left(\frac{v_1}{z_1} + \frac{v_2}{z_2} \right) \qquad (5.19)$$

ergibt. Mit der Abkürzung

$$n = \frac{v_2}{v_1} = \left(\frac{U_2}{U_1} \right)^{1/2} \qquad (5.20)$$

folgt aus den beiden vorhergehenden Gleichungen

$$\frac{1}{z_1} + \frac{n}{z_2} = \frac{(n-1)^2 (n+1)}{8 nR}. \qquad (5.21)$$

Diese Gleichung spiegelt die in den Bildern 5.13 und 5.14 angedeutete Analogie zur Abbildung durch die an einer Grenzfläche zwischen zwei Medien gebrochenen Lichtstrahlen wieder. Nur der Zusammenhang zwischen der „Brennweite" und n ist für die elektrostatische Linse komplizierter.

Genau dieselben Betrachtungen können für den Fokussierungsbereich zwischen G_2 und A_1 angestellt werden. Zusammen wirken die beiden Bereiche wie die beiden Flächen einer dicken Linse. Die gemeinsame Brennweite und die Lagen der beiden Hauptebenen können aus den einzelnen Brennweiten berechnet werden. In der Praxis wählt man die Anordnung so, daß die Elektronen in der fokussierenden Anode nahezu parallel zur Achse laufen. Der Bereich $A_1 - A_2$ bewirkt somit eine Fokussierung des Strahls am Schirm.

Das Strahlerzeugungssystem ist zumeist für das Verhältnis $U_1/U_2 = \frac{1}{4}$ oder einen Brechungsindex $n \approx 2$ eingerichtet. Setzt man diesen Wert zusammen mit $z_1 = \infty$ und $z_2 = 16$ cm (ungefährer Abstand zwischen A_2 und dem Schirm) in Gl. (5.21) ein, so ergibt sich für den effektiven Wert von R etwa 1,5 cm.

Damit die Brennweite des Bereichs $A_1 - A_2$ den erforderlichen Wert von 16 cm aufweist, muß n nach Gl. (5.21) die Beziehung

$$\frac{n}{16 \text{ cm}} = \frac{(n-1)^2 (n+1)}{8 n (1,5 \text{ cm})}$$

oder

$$(n-1)^2 (n+1) - \frac{3}{4} n^2 = 0 \qquad (5.22)$$

erfüllen. Dies ist eine Gleichung dritten Grades und hat daher drei Lösungen, wovon eine $n = 2$ ist. Diese Lösung kann verwendet werden, um die anderen Lösungen zu bestimmen. Dividiert man Gl. (5.22) durch $n - 2$, so erhält man eine quadratische Gleichung. Eine Lösung dieser Gleichung ist negativ und scheidet daher aus. (Warum?) Aus der anderen Lösung $n = 0{,}58$ ergibt sich für die Fokussierung das Spannungsverhältnis

$$U_1 = 3\,U_2.\tag{5.23}$$

Der durch die Öffnung der Elektrode G_1 hindurchtretende Elektronenfluß bestimmt die *Intensität* des Elektronenstrahls. Durch G_1 wird die Kathode fast vollständig gegen die Potentiale an den anderen Elektroden abgeschirmt. Gewöhnlich ist das Potential von G_1 gegenüber K negativ. Das entsprechende Feld sucht die Elektronen zur Kathode zurückzureflektieren. Einige Elektronen haben aus der thermischen Emission genügend Energie, um diese Schwelle zu überwinden. Je negativer aber G_1 ist, um so weniger Elektronen kommen durch. Dem Sprachgebrauch für Elektronenröhren folgend, nennt man G_1 gewöhnlich *Steuergitter*. Da die Abschirmung nicht vollkommen ist, hängt die Strahlintensität und die negative Spannung, die nötig ist, um den Strahl zu unterbinden, etwas von der Beschleunigungsspannung ab.

5.3.2. Experiment

1. Fokussierungsbedingungen. Man kann denselben Schaltkreis wie in Experiment EF-1 (siehe Bild 5.6) verwenden, um die Fokussierungsbedingungen zu überprüfen. Mit dem in Bild 5.16 gezeigten Schaltkreis kann die zweite Fokussierungsbedingung experimentell verifiziert werden. In dieser Schaltung ist die zweite Anode mit dem gemeinsamen Anschluß $C^+\text{-}B^-$ verbunden, der geerdet wird. Die fokussierende Anode A_1 ist über eine 180-V-Batterie an B^+ angeschlossen, die Kathode über eine analoge Batterie an C^-. Ermitteln Sie die zweite Fokussierungsbedingung, messen Sie die Spannung und vergleichen Sie Ihre Ergebnisse mit den theoretischen Überlegungen.

2. Steuergitter. Verwenden Sie den Schaltkreis von Bild 5.6, um die Wirkung der Elektrode G_1 zu untersuchen. Erhöhen Sie die negative Spannung am Gitter G_1 bis der Strahl völlig unterbunden ist und messen Sie die dazu nötige Spannung. Wiederholen Sie diese Messung bei veränderten Werten der Beschleunigungs- und Fokussierungsspannung. Wie hängt die zum Ausblenden des Strahls nötige Spannung von den anderen Spannungen ab?

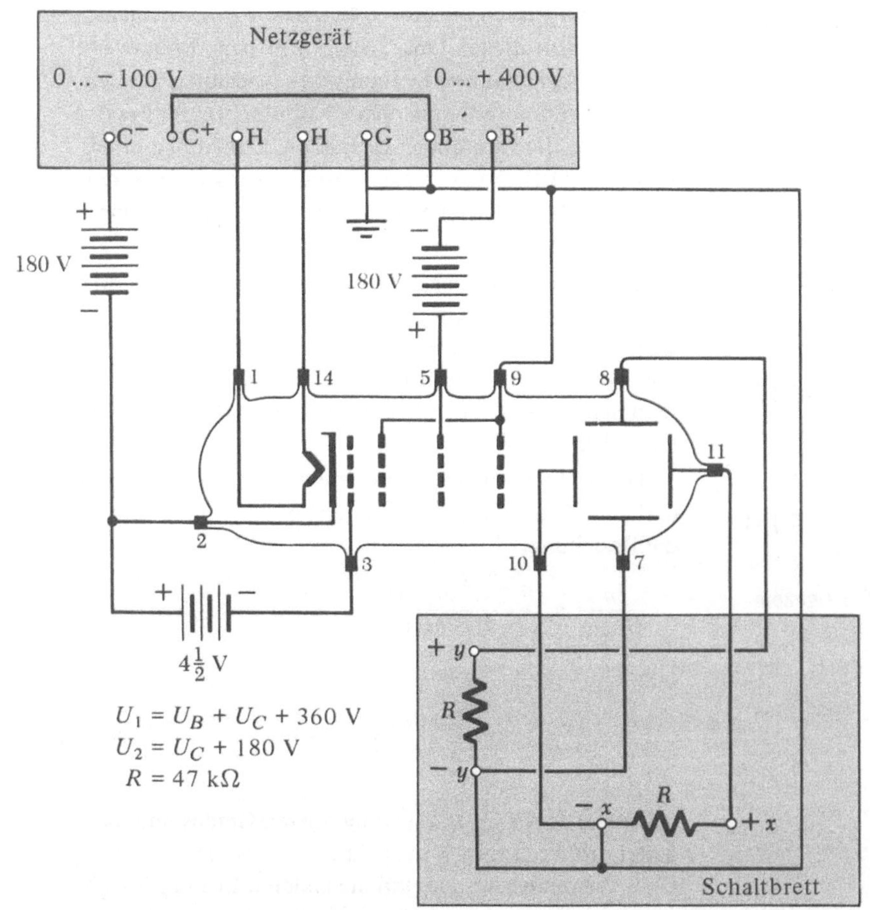

$$U_1 = U_B + U_C + 360 \text{ V}$$
$$U_2 = U_C + 180 \text{ V}$$
$$R = 47 \text{ k}\Omega$$

Bild 5.16

H Heizung

G Erdung

> **Achtung**
> Betreiben Sie die Röhre nicht ohne an G_1 eine negative Spannung anzulegen. Sonst wird der Elektronenstrahl so intensiv, daß der Schirm am Aufprallpunkt überhitzt wird. Dadurch wird der Leuchtstoff zerstört und es entsteht ein „blinder Fleck".

5.3.3. Fragen

1. Die elektrostatischen Linsen des Strahlerzeugungssystems projizieren ein Bild auf den Schirm der Röhre. Was *bilden* sie ab?

2. Warum hat die negative Lösung von Gl. (5.22) keine physikalische Bedeutung?

3. Warum verwendet man für den praktischen Betrieb der Röhre die Fokussierungsbedingung $n = 2$ anstatt der zweiten Lösung $n = 0{,}58$?

4. Wie läßt sich die in Bild 5.14a gezeigte Anordnung, bei der das Potential längs einer ebenen Grenzfläche einen Sprung aufweist, physikalisch verwirklichen?

5. Wie wirkt sich die Tatsache, daß nicht alle Elektronen mit derselben Geschwindigkeit aus G_1 austreten, auf die Fokussierungsbedingung aus?

6. Was würde man am Schirm beobachten, wenn an die vertikalen Ablenkplatten eine sinusförmige Spannung angelegt wäre und auch G_1 mit einer kleineren, ebenfalls sinusförmigen Spannung der gleichen Frequenz gespeist wäre?

5.4. Experiment EF-3:
Magnetische Ablenkung von Elektronen

5.4.1. Einleitung

Die beiden ersten Experimente aus dieser Reihe haben die Bewegung von Elektronen in elektrostatischen Feldern zum Inhalt gehabt, die durch elektrostatische Ladungen auf den Elektroden erzeugt wurden. In diesem Experiment untersuchen wir nun die Wirkung eines *magnetischen* Feldes auf die Bewegung der Elektronen.

Während das elektrische Feld die Wechselwirkung zweier ruhender geladener Teilchen darstellt, beschreibt das magnetische Feld die Wechselwirkung geladener Teilchen, die relativ zu einander in Bewegung sind. Das elektrische Feld wird als die Kraft auf eine Ladungseinheit definiert. Analog kann man das magnetische Feld durch die Kraft auf ein von der Stromeinheit durchflossenes Leiterelement definieren. Dieser Vergleich ist in Bild 5.17 illustriert.

Ein durch einen Leiter fließender Strom erzeugt ein Magnetfeld. In der Nähe eines langen geradlinigen Leiters sind die magnetischen Feldlinien konzentrische Kreise um den Leiter, wie dies in Bild 5.18 gezeigt ist, wo auch

der Betrag des Feldes in der Entfernung r vom Leiter angegeben ist. Die Kraft, die ein magnetisches Feld auf ein bewegtes geladenes Teilchen ausübt, heißt *Lorentzkraft*. Der Betrag dieser Kraft ist durch

$$F = QvB \sin \theta \qquad (5.24)$$

gegeben und die Richtung der Kraft verläuft, wie aus Bild 5.19 ersichtlich ist, senkrecht zu **B** und **v**. Diese Kraft kann auch durch das Vektorprodukt ausgedrückt werden

$$\mathbf{F} = Q\mathbf{v} \times \mathbf{B}. \qquad (5.25)$$

Das Vektorprodukt von zwei Vektoren **A** und **B** ist ein Vektor, dessen Betrag gleich $|\mathbf{A}|\,|\mathbf{B}| \sin \theta$ ist und dessen Richtung auf der von **A** und **B** gebildeten Ebene senkrecht steht. Er weist nach jener Seite, in die sich eine Rechtsschraube bewegt, wenn man sie von **A** nach **B** dreht.

Bewegt sich ein Elektron durch ein magnetisches Feld, so wird es durch eine Kraft beschleunigt, deren Betrag F proportional zur Geschwindigkeitskomponente senkrecht zum Feld ist und deren Richtung sowohl auf dem Feld **B** als auch auf der augenblicklichen Geschwindigkeit **v** senkrecht steht. Diese Beziehung zwischen den Richtungen von **F** und **v** hat eine wichtige Folge: Da sich das Teilchen immer senkrecht zur Kraft bewegt, verrichtet das magnetische Feld am Teilchen keine Arbeit. Bei der Bewegung eines Teilchens im magnetischen Feld ist daher die kinetische Energie und somit auch der Betrag seiner Geschwindigkeit konstant, während sich die Bewegungsrichtung ändert. In diesem Experiment beobachten wir die Ablenkung eines Elektronenstrahls durch ein magnetisches Feld, das zur Strahlrichtung senkrecht verläuft (Bild 5.20).

Die Elektronen kommen aus dem Strahlerzeugungssystem mit einer Geschwindigkeit v, die wie in Experiment EF-1, durch die Energiebeziehung

$$\frac{1}{2} mv^2 = eU_2 = e(U_B + U_C) \qquad (5.26)$$

bestimmt ist. Dann treten sie in einen Bereich der Länge l ein, in dem ein homogenes Magnetfeld **B** wirkt. Die Richtung des Magnetfelds ist senkrecht zur Zeichenebene und zeigt *aus* dem Papier heraus. Wie es erzeugt wird, besprechen wir später. Daraus resultiert eine *Kraft* vom Betrag $F = evB$ senkrecht zur Geschwindigkeit. Die durch diese Kraft erzeugte Beschleunigung ist stets senkrecht zu **v** gerichtet und ändert daher nur die Richtung von **v**, während sein Betrag konstant bleibt.

Unter den oben angegebenen Bedingungen bewegt sich ein Teilchen mit konstanter Geschwindigkeit auf einem Kreis. Bei einer gleichförmigen Kreisbewegung ist der Betrag der Beschleunigung konstant und ihre Richtung steht immer senkrecht auf der Geschwindigkeit und weist gegen den Mittelpunkt des Kreises (Bild 5.21). Unter dem Ein-

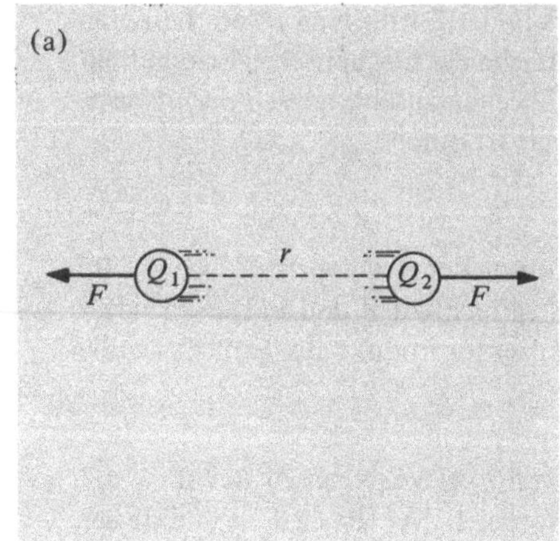

Gleichnamige Ladungen stoßen einander mit
der Kraft

$$F = \frac{1}{4\pi\epsilon_0}\ \frac{Q_1 Q_2}{r^2}$$

ab.

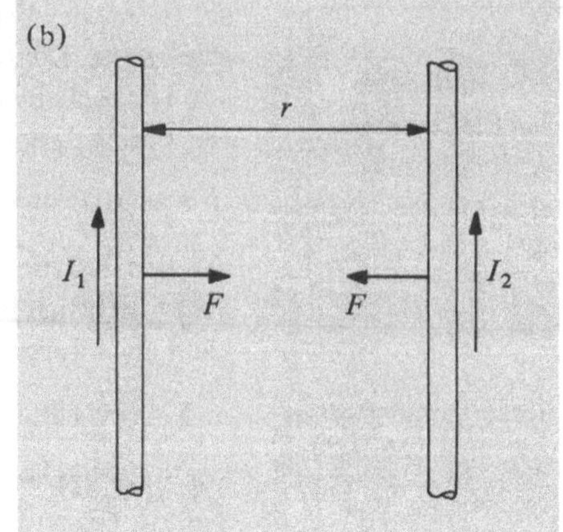

Parallele Ströme ziehen einander mit der
Kraft

$$F = \frac{\mu_0}{4\pi}\ \frac{2 I_1 I_2}{r}$$

an.

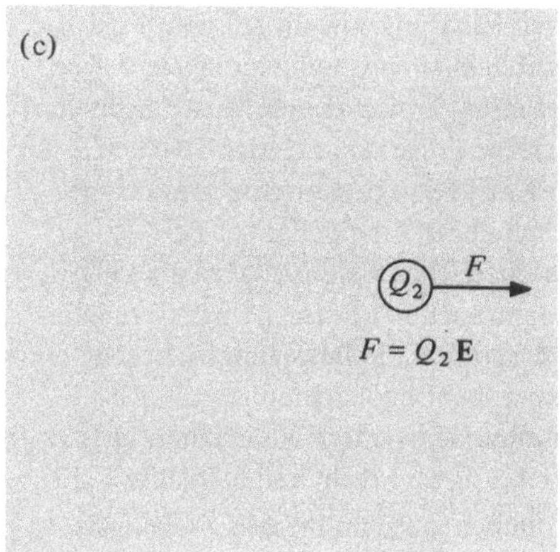

Das elektrische Feld gibt die Kraft auf die
Einheitsladung an.

$$F = Q_2\,\mathbf{E}$$

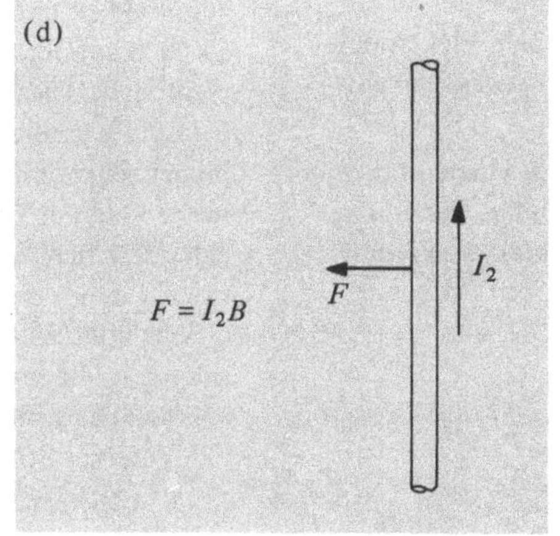

Das magnetische Feld gibt die Kraft pro
Längeneinheit auf die Stromeinheit an.

$$F = I_2 B$$

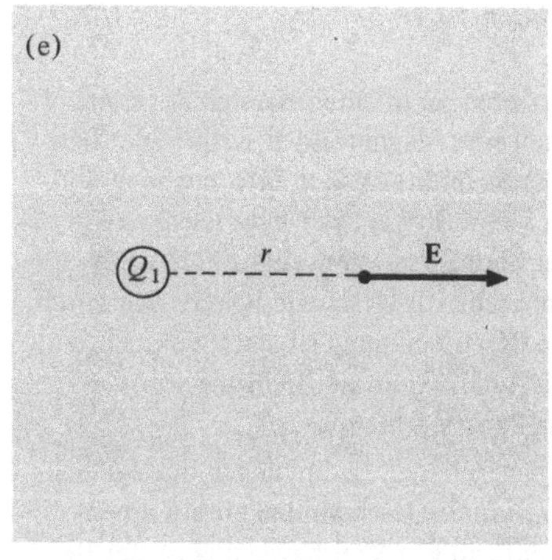

Das elektrische Feld nahe Q_1 ist

$$\mathbf{E} = \frac{1}{4\pi\epsilon_0}\ \frac{Q_1}{r^2}\ .$$

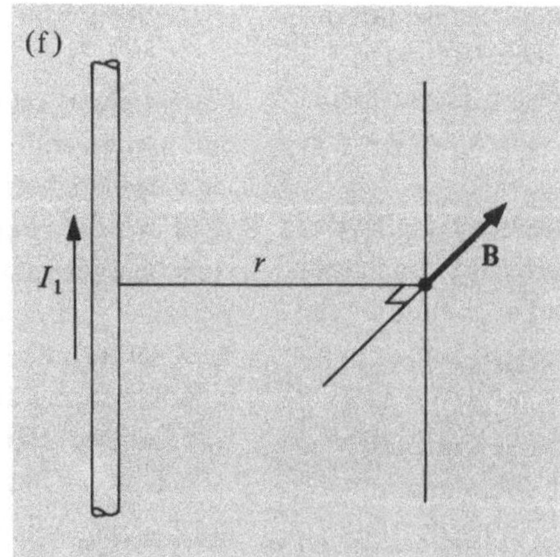

Das Magnetfeld nahe I_1 ist

$$\mathbf{B} = \frac{\mu_0}{4\pi}\ \frac{2 I_1}{r}\ .$$

Bild 5.17

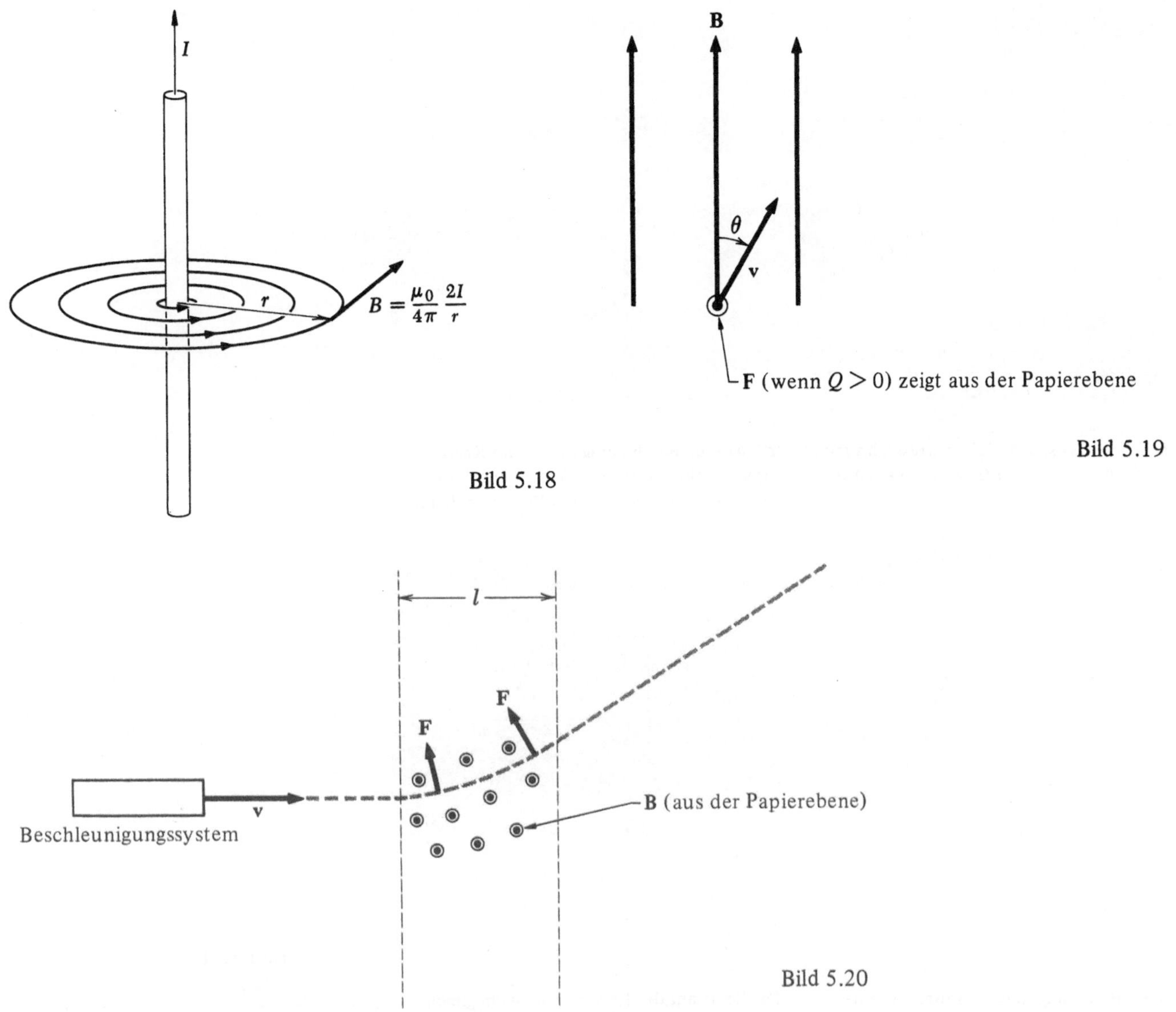

fluß des magnetischen Feldes bewegen sich die Elektronen daher auf einem Kreisbogen. Der *Radius R* des Kreisbogens ergibt sich, wenn man die Zentripetalkraft mv^2/R der Lorentzkraft evB gleich setzt:

$$\frac{mv^2}{R} = evB \quad \text{und} \quad R = \frac{mv}{eB}. \tag{5.27}$$

Nachdem das Elektron das magnetische Feld verlassen hat, folgt es wieder einer Geraden, die mit der ursprünglichen Geschwindigkeit den Winkel θ einschließt. Aus Bild 5.22 kann man ablesen, daß der Winkel durch

$$\sin \theta = \frac{l}{R} = \frac{leB}{mv} \tag{5.28}$$

gegeben ist und daß die transversale Entfernung a des Austrittpunkts aus dem Feldbereich

$$a = R - R\cos\theta = \frac{mv}{eB}(1 - \cos\theta) \tag{5.29}$$

beträgt. Die gesamte Entfernung D des Punktes, in dem der Strahl den Schirm trifft, vom Aufprallpunkt des unabgelenkten Strahls ist

$$D = L\tan\theta + a. \tag{5.30}$$

Setzt man die obigen Beziehungen für θ und a in diese Gleichung ein, so ergibt sich ein komplizierter Ausdruck. In diesem Experiment sind die Ablenkwinkel klein und man kann die Näherung $\sin\theta = \tan\theta = \theta$ und $\cos\theta = 1 - \frac{\theta^2}{2}$ verwenden. Dadurch erhält man für die Gesamtablenkung D

$$D = L\theta + R\left(\frac{1}{2}\theta^2\right) = \frac{leB}{mv}\left(L + \frac{1}{2}l\right). \tag{5.31}$$

Mit Gl. (5.26) folgt schließlich

$$D = \frac{leB}{(2\,me\,V_2)^{1/2}}\left(L + \frac{1}{2}l\right). \tag{5.32}$$

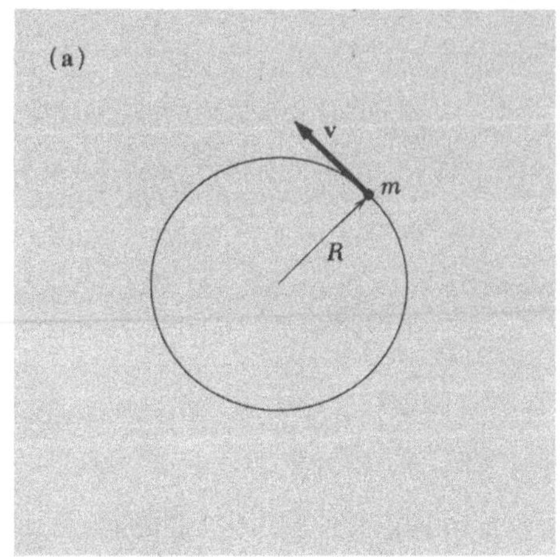

Ein Teilchen, das sich auf einer Kresibahn mit Radius R mit konstanter Geschwindigkeit v bewegt,

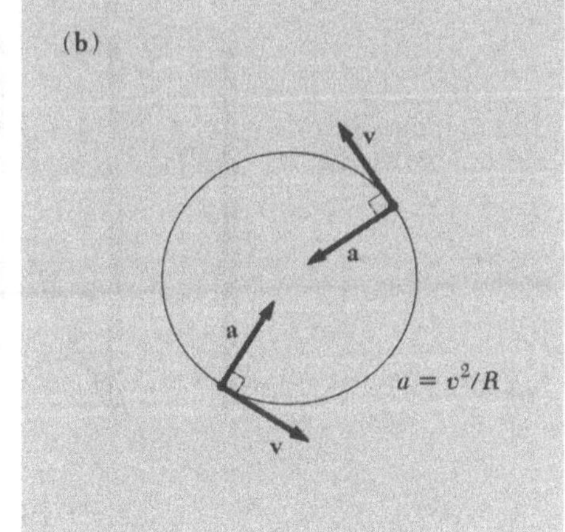

erfährt eine Beschleunigung **a** zum Kreismittelpunkt hin, die stets senkrecht auf der Geschwindigkeit **v** ist und den Betrag v^2/R hat.

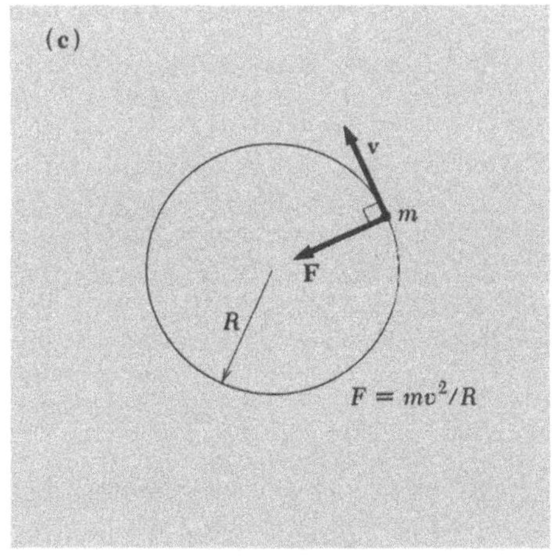

Um diese Bewegung hervorzurufen, ist eine Kraft erforderlich, die den konstanten Betrag mv^2/R hat und stets senkrecht zur Geschwindigkeit **v** gerichtet ist.

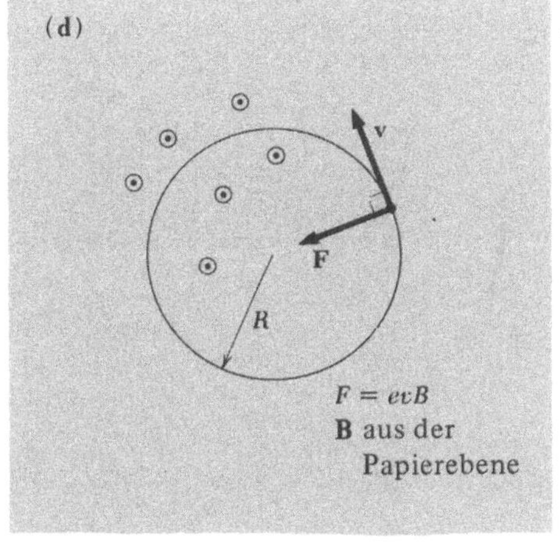

Die Kraft auf das Elektron in einem gleichförmigen Magnetfeld hat diese Eigenschaften. Ihr Betrag ist evB.

Bild 5.21

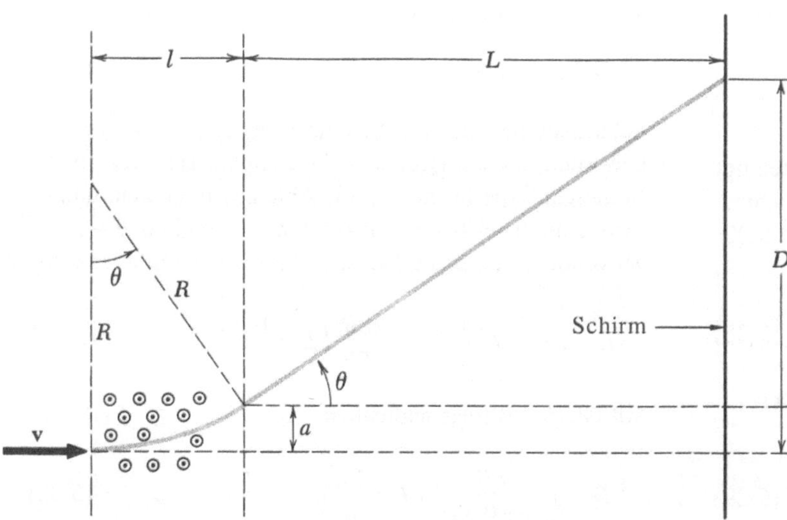

Bild 5.22

Wie zu erwarten, ist die Strahlablenkung dem magnetischen Feld B proportional. Dagegen nimmt sie nur mit der *Quadratwurzel* des Beschleunigungspotentials ab. Darin unterscheidet sich die magnetische Ablenkung von der elektrostatischen Ablenkung des Experiments EF-1, die proportional $1/U_2$ war. Dieser Unterschied ergibt sich, weil die Lorentzkraft von der Geschwindigkeit abhängt.

Wie erzeugt man ein magnetisches Feld, das in einem vorgegebenen Bereich homogen ist und außerhalb dieses Bereichs verschwindet? Offensichtlich erfüllt das Feld eines langen geraden Leiters diese Bedingung nicht. Bei einer kreisförmigen Leiterschleife haben die Feldlinien den in Bild 5.23 gezeigten Verlauf und das Feld im Innern der Leiterschleife ist viel stärker als außerhalb. Auf der Achse der Leiterschleife ist das magnetische Feld durch

$$B = \frac{\mu_0 I}{2a}\ \sin^3\theta \tag{5.33}$$

gegeben. Ordnet man mehrere Leiterschleifen wie in Bild 5.24 längs eines Zylinders an, so wird dieser Effekt verstärkt. Eine solche Anordnung nennt man *Solenoid*. Das Feld des Solenoids kann berechnet werden, indem man die Beiträge der einzelnen Stromschleifen addiert. Die Berechnung zeigt, daß das Feld im Innern eines Solenoids, dessen Länge verglichen mit seinem Durchmesser groß ist, nahezu homogen ist. Bezeichnet man mit N die Gesamt-

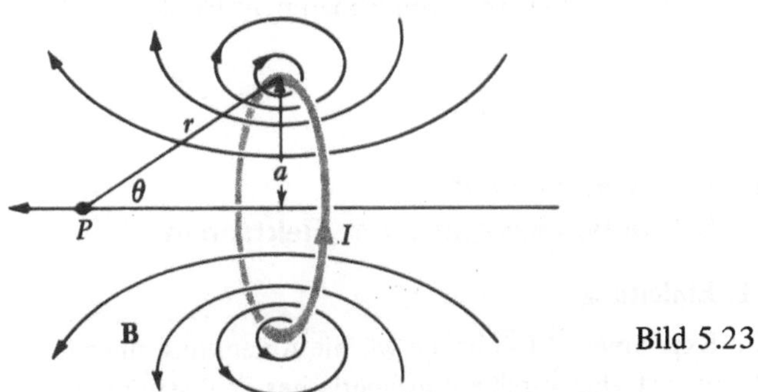

Bild 5.23

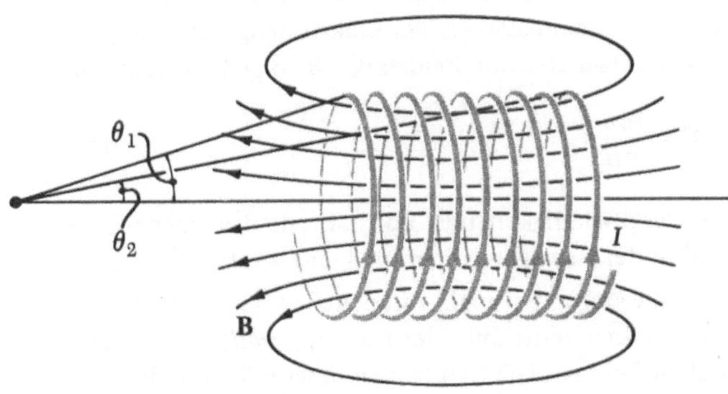

Bild 5.24

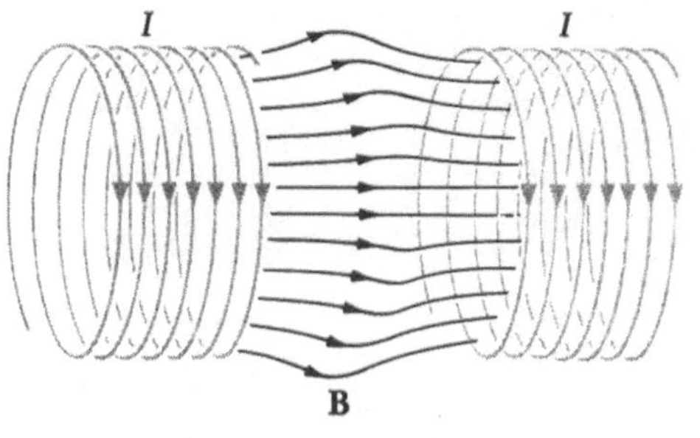

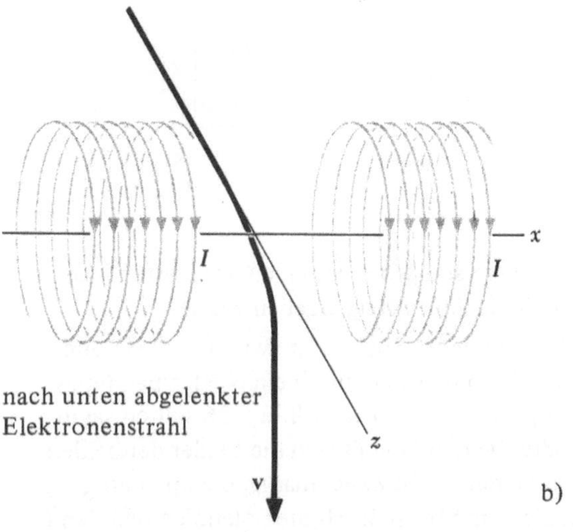

Bild 5.25

anzahl der Windungen und mit L die gesamte Länge des Solenoids, so gilt für die Feldstärke im Inneren

$$B = \frac{\mu_0 NI}{L}\ . \tag{5.34}$$

Ein langes Solenoid mit 1-A-Windung/cm erzeugt ein Feld von etwa 10^{-4} T genauer $1.26 \cdot 10^{-4}$ T.

Im Prinzip könnte man in das Kathodenstrahlrohr ein Solenoid einbauen, aber es ist einfacher und ebenso wirkungsvoll, die in Bild 5.25 gezeigte Anordnung mit zwei Solenoiden zu verwenden. In dieser breiten sich die Feldlinien etwas weiter aus und das Feld ist etwas schwächer als das durch Gl. (5.34) gegebene Feld eines einzigen großen Solenoids. Es ist daher keine zu genaue Übereinstimmung zwischen dem Experiment und der theoretischen Vorhersage zu erwarten. Die Abhängigkeit der Strahlablenkung vom Strom des Solenoids und von der Beschleunigungsspannung sollte davon aber nicht betroffen sein.

5.4.2. Experiment

1. Magnetische Ablenkung. Die Elektroden des Strahlerzeugungssystems sind wie in Bild 5.6 angeschlossen. Die Ablenkplatten werden in diesem Experiment nicht verwendet, aber sie sollten mit B^+ verbunden sein. Dadurch

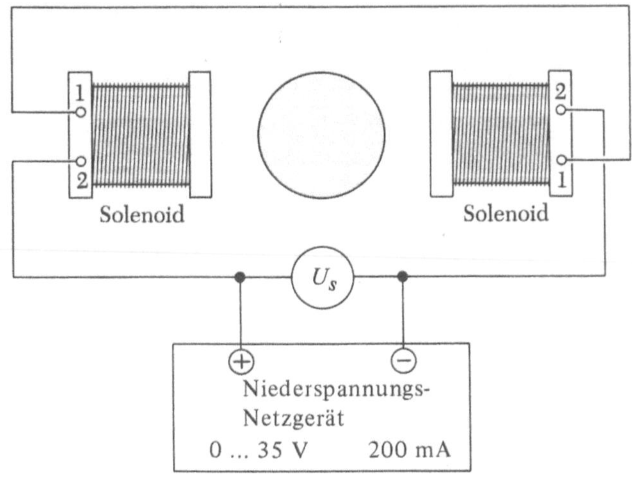

Bild 5.26

verhindert man ein statisches Aufladen der Platten, was eine unerwünschte Ablenkung ergeben würde.

Der Widerstand jeder Spule liegt zwischen 50 Ω und 100 Ω, so daß sie am besten durch ein Niederspannungsnetzgerät gespeist werden. Wie in Bild 5.26 sollten sie in Serie geschaltet werden, damit sich die Felder der beiden Solenoide addieren. Es ist zweckmäßig, die Spannung U_s zu messen, die dem Strom durch die Solenoide und damit dem magnetischen Feld proportional ist.

Messen Sie die Strahlablenkung als Funktion der Solenoidspannung für verschiedene Werte der Beschleunigungsspannung U_2 und zeichnen Sie eine Kurve. Können Sie die allgemeine Gestalt der Kurve vorhersagen? Dann tragen Sie die Ablenkungen als Funktion der Größe $U_s/U_2^{1/2}$ auf. Wie wird diese Kurve aussehen und wie ist sie zu erklären?

2. Magnetfeld der Erde. Wie Sie wahrscheinlich in diesem Experiment und in Experiment EF-1 beobachtet haben, verändert sich die Lage des Leuchtflecks am Schirm als Funktion der Beschleunigungsspannung auch in Abwesenheit jeglicher Ablenkfelder. Einer der Gründe für diesen Effekt ist das magnetische Feld der Erde. Markieren Sie die Lage des Leuchtflecks auf dem Schirm mit einem Wachsstift und bestimmen Sie die Lage der Röhre, in der *keine* Ablenkung stattfindet. Welche Richtung hat das Erdmagnetfeld in dieser Lage relativ zur Röhrenachse?

Bestimmen Sie dann jene Richtung, in der die Ablenkung *maximal* ist. Berechnen Sie das entsprechende B aus Gl. (5.32). Für diese Messung ist l der Gesamtabstand zwischen A_2 und dem Schirm und $L = 0$. Die Elektroden sind aus Nickel. Dieses ferromagnetische Material wirkt als magnetische Abschirmung. Der Strahl wird daher, bevor er A_2 verläßt, nicht merklich abgelenkt.

Vergleichen Sie die von Ihnen bestimmten Werte für Größe und Richtung des Erdfeldes mit den Werten in Handbüchern.

5.4.3. Fragen

1. Welche Veränderung müßte man an dem Kathodenstrahlrohr vornehmen, wenn die Elektronen positiv anstatt negativ geladen wären? Wie würde sich die Ablenkung des Strahls im magnetischen Feld ändern?

2. Warum wurde vorgeschlagen, eine Kurve der Ablenkdaten in Abhängigkeit von $U_s/U_2^{1/2}$ zu zeichnen?

3. Zeigen Sie, daß selbst für ein inhomogenes Magnetfeld die Ablenkung des Strahls dem Strom durch das Solenoid proportional ist, wenn der Ablenkwinkel klein ist.

4. Stimmen Ihre Werte für das Magnetfeld der Erde mit jenen in Handbüchern überein? Wie können Sie mögliche Abweichungen erklären?

5. Welche Ablenkung ergäbe sich, wenn das magnetische Feld *parallel* zur Achse des Kathodenstrahlrohrs wäre? Läßt sich die in diesem Experiment verwendete Anordnung so einrichten?

6. Können sich die beiden Ablenkungen aufheben, wenn man gleichzeitig magnetische und elektrische Felder wirken läßt? Welches Plattenpaar müßte man hierzu verwenden und wie müßten die Platten gepolt sein? Was geschieht, wenn man im Falle sich kompensierender magnetischer und elektrischer Ablenkung die Beschleunigungsspannung erhöht?

7. Könnte man zur *Fokussierung* des Elektronenstrahls auch ein magnetisches Feld verwenden? Geben Sie den Verlauf des Magnetfelds an, der analog der elektrostatischen Fokussierung von Experiment EF-2 wirken würde.

5.5. Experiment EF-4: Schraubenbewegung von Elektronen

5.5.1. Einleitung

Im Experiment EF-3 haben wir die Ablenkung eines Elektronenstrahls durch ein magnetisches Feld senkrecht zur Strahlrichtung beobachtet. In einem homogenen Feld bewegt sich der Strahl auf einem Kreisbogen. Der Radius R dieses Kreisbogens hängt von der Elektronenladung e, der Elektronenmasse m, der Elektronengeschwindigkeit v und der magnetischen Feldstärke B folgendermaßen ab

$$R = \frac{mv}{eB} \, . \tag{5.35}$$

Die Geschwindigkeit v ist konstant, da das magnetische Feld in der Bewegungsrichtung keine Kraft ausübt.

In diesem Experiment untersuchen wir die Bewegung eines Elektronenstrahls, der nahezu *parallel* zum magnetischen Feld ist. Die Elektronen beschreiben in diesem Fall eine Spiral- oder eine Schraubenbewegung um die Richtung von **B**. Eine derartige Bewegung wurde auch

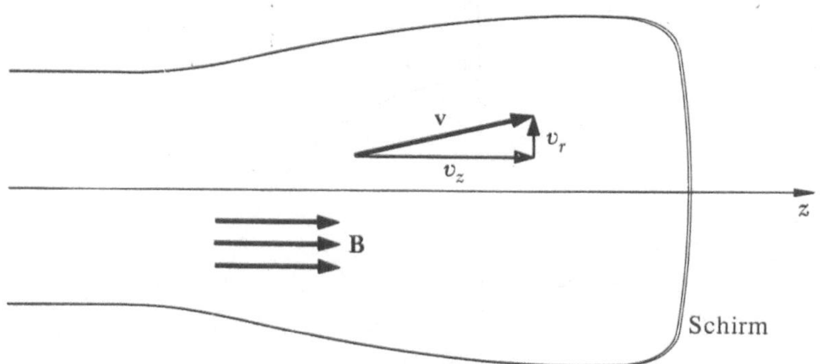

Bild 5.27

für eine sehr genaue Bestimmung des Ladungs- zu Masseverhältnisses (e/m) von Elektronen verwendet.

Ähnlich wie in Experiment EF-2 verwenden wir auch hier die in Bild 5.27 gezeigte Aufspaltung der Elektronengeschwindigkeit in eine Axialkomponente v_z und eine Radialkomponente v_r. Die z-Achse legen wir in die Richtung von **B**, die mit der Achse des Kathodenstrahlrohrs zusammenfallen soll. Ist die Elektronengeschwindigkeit parallel zu **B** (d.h., wenn $v_r = 0$), übt das magnetische Feld keine Kraft auf die Elektronen aus. Nur die zu **B** *senkrechte* Komponente von **v**, nämlich v_r, trägt zur Kraft auf das Elektron bei. Die Lorentzkraft ist gleich ev_rB. Die Richtung dieser Kraft ist sowohl zur Radialkomponente von **v** als auch zu **B** senkrecht und besitzt daher keine Komponente in Richtung von **B**. Wirken daher außer dem Magnetfeld keine anderen Kräfte, so ist v_z konstant.

Den Fall für $v_z = 0$ haben wir bereits in Experiment EF-3 behandelt. Hier bewegt sich das Elektron auf einem Kreis in der Ebene senkrecht zu **B**; dessen Radius R erhält man aus Gl. (5.35), wenn man v_r für v einsetzt. Die *Winkelgeschwindigkeit* dieser gleichförmigen Kreisbewegung nennt man *Zyklotronfrequenz*, weil die geladenen Teilchen in einem Zyklotron die gleiche Bewegung ausführen. Für diese Winkelgeschwindigkeit ergibt sich

$$\omega = \frac{v_r}{R} = \frac{eB}{m} \ . \tag{5.36}$$

Sie ist vom Radius des Kreises unabhängig. Die für einen vollen Umlauf benötigte Zeit T ist

$$T = \frac{2\pi}{\omega} = \frac{2\pi m}{eB} \ . \tag{5.37}$$

Besitzt das Elektron anfänglich neben der Radialgeschwindigkeit v_r auch eine Axialgeschwindigkeit v_z, so führt es zusätzlich zur kreisförmigen Bewegung senkrecht zu **B** auch noch eine gleichförmige Bewegung parallel zu **B** aus. Es beschreibt daher die in Bild 5.28 dargestellte Schraubenlinie auf der Oberfläche eines Zylinders vom Radius R.

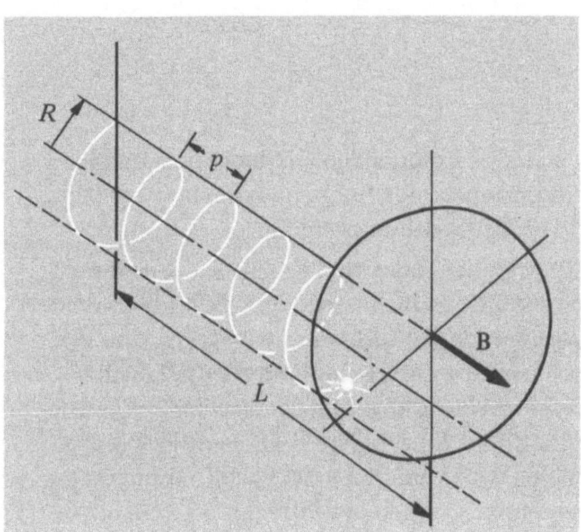

Bild 5.28

In der für einen Umlauf nötigen Zeit T legt das Elektron in axialer Richtung die Entfernung $v_z T$ zurück. Sie ist durch

$$p = v_z T = \frac{2\pi m v_z}{eB} \tag{5.38}$$

gegeben und wird auch Steigung der Schraubenlinie genannt. Die Elektronenbahn beschreibt daher insgesamt den durch

$$\phi = \omega \left(\frac{L}{v_z} \right) = \frac{eBL}{m v_z} \tag{5.39}$$

gegebenen Winkel ϕ während das Elektron in axialer Richtung die Entfernung L zurücklegt. Durch Vergleich der Gln. (5.38) und (5.39) findet man, daß ϕ und p durch die einfache Beziehung

$$\phi = \frac{2\pi L}{p} \tag{5.40}$$

verknüpft sind. Man kann diese Beziehung auch unmittelbar aus geometrischen Überlegungen herleiten. In diesem Experiment können ϕ und L direkt gemessen werden.

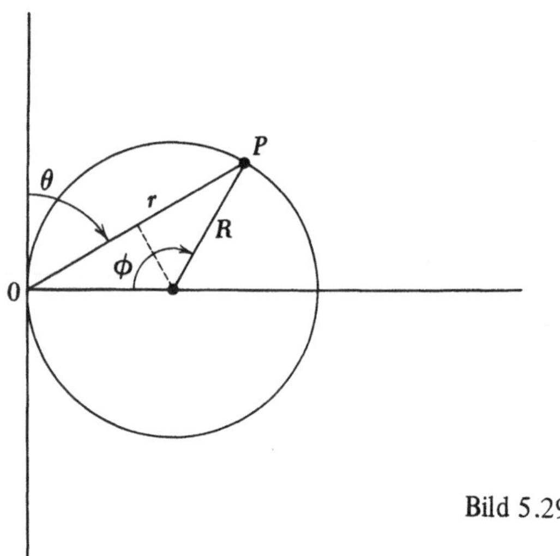

Bild 5.29

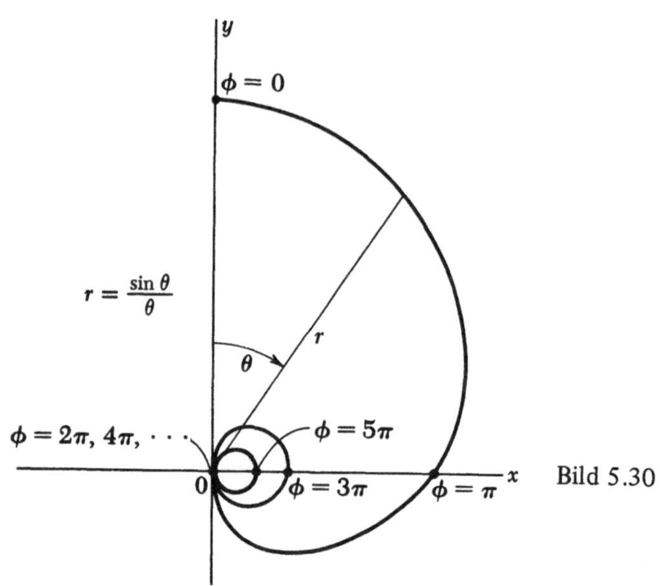

Bild 5.30

p entzieht sich der direkten Beobachtung, da der Elektronenstrahl im Innern der Röhre unsichtbar ist, es kann aber aus Gl. (5.40) bestimmt werden.

Bild 5.29 zeigt den Kreis vom Radius R, in dem der Zylinder der Elektronenbahn den Leuchtschirm schneidet. P ist die Lage des Leuchtflecks auf dem Schirm und der Koordinatenursprung entspricht der Lage des Leuchtflecks für $v_r = 0$. Wie bewegt sich der Leuchtfleck, wenn man v_r festhält und B verändert? Für dieses Problem ist es zweckmäßig, wie in Bild 5.29 die Polarkoordinaten r und θ einzuführen. θ ist so gewählt, daß $\theta = 0$ dem Anfangspunkt der Helix $\phi = 0$ entspricht. Aus dem Bild liest man die Beziehungen

$$r = 2R \sin \frac{\phi}{2} \quad \text{und} \quad \theta = \frac{\phi}{2} \tag{5.41}$$

ab. Der tatsächliche Umlaufwinkel der Elektronenbahn unterscheidet sich von dem in der Abbildung gezeigten Winkel ϕ um ein ganzzahliges Vielfaches von 2π, das der Anzahl der vollständigen Umläufe entspricht.

Sowohl R als auch ϕ hängen von B ab und somit sind r und θ Funktionen von B. Um die Kurve, die der Leuchtfleck am Schirm beschreibt, wenn B verändert wird, als Beziehung zwischen r und θ darzustellen, müssen wir die B-Abhängigkeit aus Gl. (5.41) eliminieren. Zuerst eliminieren wir ϕ

$$r = 2R \sin \theta. \tag{5.42}$$

Nun verwendet man die Gln. (5.36) und (5.39), um R durch ϕ oder θ auszudrücken, so daß B nicht explizit vorkommt.

$$\phi = \omega \frac{L}{v_z} = \frac{v_r L}{R v_z}$$

$$R = \frac{L v_r}{v_z \phi} = \frac{L v_r}{2 v_z \theta}. \tag{5.43}$$

Damit erhält man aus Gl. (5.42)

$$r = \frac{L v_r}{v_z} \frac{\sin \theta}{\theta}. \tag{5.44}$$

Dies ist die Gleichung einer *Spirale,* wie sie in Bild 5.30 abgebildet ist. Für verschiedene Punkte sind die Werte von ϕ angegeben. Jedesmal wenn θ ein ganzzahliges Vielfaches von π ist, was für ϕ einem ganzzahligen Vielfachen von 2π entspricht, wird r Null. Dabei kehrt der Strahl in die unabgelenkte Lage zurück. Wachsendes ϕ entspricht wachsendem B. Je größer ϕ wird, um so weniger entfernt sich der Strahl vom Ursprung (Bild 5.30).

Jetzt können wir e/m durch meßbare Größen ausdrücken. Löst man Gl. (5.38) nach e/m auf, so ergibt sich

$$\frac{e}{m} = \frac{2\pi v_z}{pB}. \tag{5.45}$$

Substituieren wir p aus Gl. (5.40) in Gl. (5.45):

$$\frac{e}{m} = \frac{v_z \phi}{BL}. \tag{5.46}$$

Die Axialgeschwindigkeit v_z hängt von der Beschleunigungsspannung U_2 genauso wie in Gl. (5.1) ab:

$$\frac{1}{2} m v_z^2 = e U_2. \tag{5.47}$$

Damit erhält man aus Gl. (5.46) nach einigen Umformungen

$$\frac{e}{m} = \frac{2\phi^2 U_2}{L^2 B^2} = 2 U_2 \left(\frac{\phi}{LB} \right)^2. \tag{5.48}$$

Die Größen ϕ, L und U_2 in dieser Gleichung können direkt gemessen werden und B kann aus den Abmessungen und dem Strom des Solenoids berechnet werden. Diese Berechnung wollen wir als nächstes besprechen.

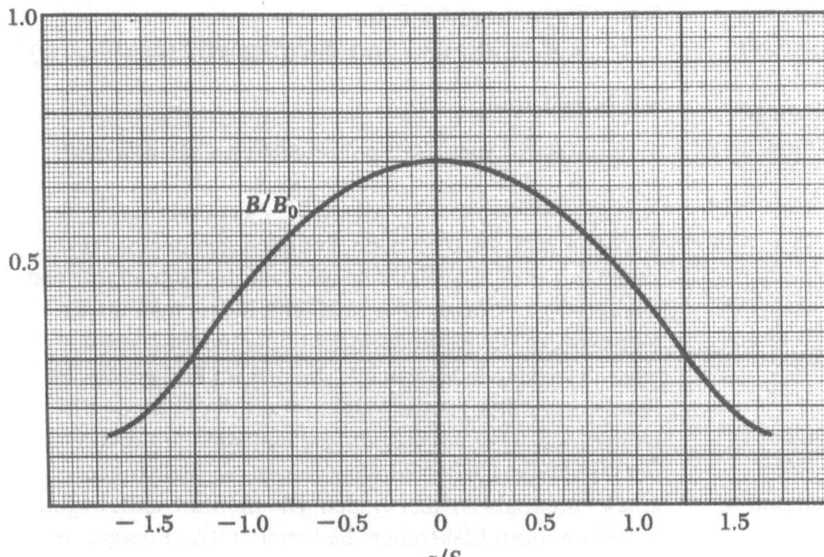

Bild 5.31

Aus denselben Überlegungen wie in Experiment EF-3 erhält man B. Für ein unendlich langes Solenoid wäre B im Querschnitt und in der Längsrichtung homogen und durch

$$B = \mu_0 N' I \qquad (5.49)$$

gegeben. Darin bedeutet I den Strom und N' die Anzahl der Wicklungen pro Längeneinheit. Das in diesem Experiment verwendete Solenoid ist aber nicht unendlich lang und daher muß die Änderung des Feldes in axialer Richtung berücksichtigt werden. Bild 5.31 zeigt den Feldverlauf für die in diesem Experiment verwendeten Spulen. Darin bedeutet B_0 das Gl. (5.49) entsprechende Feld, S die Länge jedes einzelnen Solenoids und z die längs der Achse gemessene Entfernung vom Mittelpunkt des Spulensystems. Aus dieser Kurve kann man einen *mittleren* Korrekturfaktor für das von den beiden Spulen erzeugte Feld angeben. Natürlich handelt es sich dabei nur um eine Näherung, aber die Bewegung eines Elektrons in einem inhomogenen Magnetfeld ist sehr kompliziert.

Die oben beschriebene experimentelle Anordnung wurde erstmals im Jahre 1922 von Prof. *H. Busch* aus Jena zur genauen Bestimmung des Verhältnisses e/m für Elektronen angewendet. Er benützte eine speziell für diesen Zweck angefertigte Röhre und erreichte eine Genauigkeit von einigen tausendstel Prozent. Er veröffentlichte dieses Experiment in der *Physikalischen Zeitschrift*, Band 23, Seite 438 (1922). Eine spätere Beschreibung der Buschröhre wurde von Prof. *H. V. Neher* im *American Journal of Physics*, Band 29, Seite 471 (1961) gegeben.

5.5.2. Experiment

1. Elektrische und magnetische Felder. Beginnen Sie die Untersuchung der Schraubenbewegung von Elektronen, indem Sie dieselben Beschleunigungspotentiale und dieselbe Anordnung wie in Bild 5.6 verwenden. Erzeugen Sie im Innern der Röhre ein axiales Magnetfeld, indem Sie am Röhrenhals zwei Spulen anbringen, die in Serie an eine Niederspannungsquelle angeschlossen sind. Kontrollieren Sie, daß sich die Magnetfelder der beiden Spulen addieren.

Schließen Sie an die vertikalen Ablenkplatten eine Spannung an und erhöhen Sie B stetig. Der Wert von B kann jederzeit aus der an den Spulen liegenden Spannung ermittelt werden. Verwenden Sie hierzu die Ergebnisse von Experiment EF-3 für die Beziehung zwischen Spannung und Strom sowie Gl. (5.49) und den oben besprochenen Korrekturfaktor. Fertigen Sie eine Tabelle an, in die Sie die beobachteten Werte von ϕ und die entsprechenden Werte des Spannungsabfalls am Solenoid eintragen. Berechnen Sie den Umrechnungsfaktor zwischen diesem Spannungsabfall und dem Wert von B. Mit seiner Hilfe berechnen Sie alle Werte von B und fügen diese zur Tabelle hinzu.

2. Bestimmung von e/m. Tragen Sie ϕ als Funktion von B auf und zeichnen Sie die Gerade, die die Meßpunkte am besten beschreibt. Bestimmen Sie die Steigung dieser Geraden und berechnen Sie aus Gl. (5.48) den Wert von e/m. Um wieviel Prozent weicht Ihr Meßwert vom Standardwert ab? Wo liegen bei Ihrer Messung die größten Fehlerquellen? Was müßten Sie ändern, um die Meßgenauigkeit zu erhöhen?

3. Magnetische Fokussierung. Der Leuchtfleck ist besonders scharf, wenn ϕ ein ganzzahliges Vielfaches von 2π ist, beziehungsweise L ein ganzzahliges Vielfaches von p. Offenbar kann ein homogenes Magnetfeld den Elektronenstrahl fokussieren. Schalten Sie die Ablenkspannung U_d ab und verringern Sie die Fokussierung des Elektronenstrahls ein wenig, indem Sie die Spannung U_1 der fokussierenden Anode verändern. Wenn Sie jetzt B

erhöhen, wird der Strahl periodisch fokussiert und defokussiert. Können Sie aus Bild 5.30 qualitativ erklären, wie das magnetische Feld den Elektronenstrahl fokussiert? Verwenden Sie die Fokussierungsbedingung um einen genaueren Wert von e/m zu erhalten. Welche Entfernung L sollte für diese Berechnung verwendet werden?

5.5.3. Fragen

1. Welche Richtung hat **B** in Bild 5.30?

2. Um wieviel Prozent ändert sich **B** ungefähr längs der Achse des Solenoids? Auf wieviel Prozent schätzen Sie den dadurch im Endergebnis bedingten Fehler?

3. Wie kann die Richtung von **B** in diesem Experiment aus den Wicklungen des Solenoids bestimmt werden? Wie kann man sie *ohne* Kenntnis der Wicklungen nur aus der Lage des Leuchtflecks bestimmen?

4. Welche Punkte bestimmen die Entfernung L?

5. Wie ändert sich die Schraubenlinie, wenn das magnetische Feld **B** konstant ist und die Ablenkspannung verändert wird? Wie ändern sich der Radius und die Steigung der Schraubenlinie?

6. Die Beschleunigungs- und Fokussierungselektroden im Kathodenstrahlrohr sind aus dem ferromagnetischen Metall Nickel. Wie wirkt sich das auf das Experiment aus?

7. In Experiment EF-3 wurde der Einfluß des magnetischen Feldes der Erde auf die Bewegung der Elektronen berücksichtigt. Ist dies auch in diesem Experiment notwendig?

8. Könnte das inhomogene Magnetfeld einer kurzen Spule oder einer Kombination kurzer Spulen ähnlich wie die elektrostatische Linse von Experiment EF-2 als „Linse" verwendet werden?

5.6. Experiment EF-5: Röhrendioden und die Magnetronbedingung

5.6.1. Einleitung

In diesem Experiment untersuchen wir die Bewegung von Elektronen in einer Röhrendiode. In Bild 5.32 ist eine Diode schematisch dargestellt. Zwei Elektroden, die *Kathode* und *Anode* heißen, befinden sich in einem evakuierten Gefäß. Die Kathode wird auf die Temperatur von etwa 2500 K erhitzt. Dies geschieht, indem man direkt Strom durch die Kathode schickt oder indem man eine eigene Heizspirale verwendet, wie dies im Bild gezeigt ist. Bei dieser hohen Temperatur emittiert die Kathode Elektronen, was *Thermoemission* genannt wird. Um sich von der Metalloberfläche zu lösen, müssen die Elektronen einen Potentialwall überwinden. Die thermische Bewegung verleiht einigen Elektronen die hierzu nötige Energie. Je heißer die Kathode ist, um so mehr Elektronen werden pro Zeiteinheit emittiert. Dieser Prozeß ist ganz analog dem Verdampfen von Wassermolekülen an der Wasseroberfläche. Je höher die Temperatur ist, um so schneller verdampft das Wasser.

Sobald sich die Elektronen von der Kathode gelöst haben, können sie sich frei im Vakuum bewegen. Legt man wie in Bild 5.32 eine Spannung an, so beschleunigt das zwischen Kathode und Anode entstehende elektrische Feld die Elektronen zur Anode. Von dieser fließen sie durch den äußeren Stromkreis wieder zur Kathode zurück. Dieser Strom kann gemessen und seine Abhängigkeit von verschiedenen Variablen untersucht werden.

Es gibt zwei Effekte, die die Größe des Stroms regeln. Wenn die Potentialdifferenz zwischen Kathode und Anode klein ist, sammeln sich die emittierten Elektronen in der Nähe der Kathode an und bilden die sogenannte *Raum-*

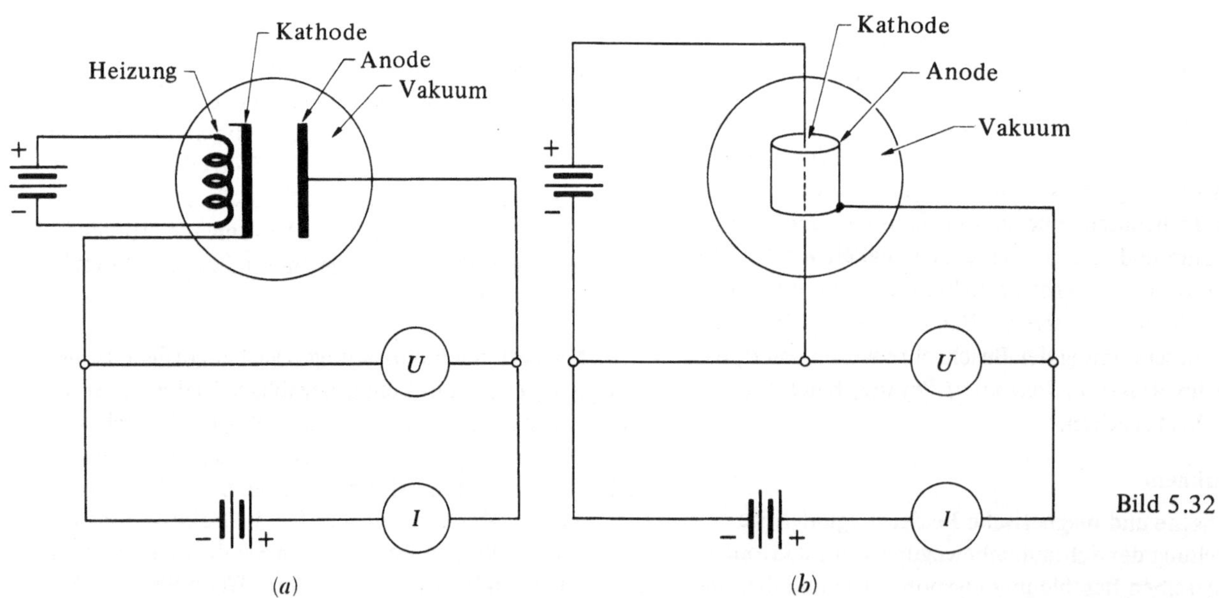

ladung. Diese negative Ladung ändert das elektrische Feld in der Nähe der Kathode so, daß ein gewisser Prozentsatz der emittierten Elektronen wieder zur Kathode zurückreflektiert wird. Erhöht man die Anodenspannung, so bewegen sich die Elektronen am Rande der Raumladung schneller gegen die Anode. Dadurch wird die Raumladung verringert und die höhere Spannung bewirkt einen größeren Strom. In diesem Fall sprechen wir von einem durch *Raumladung begrenzten Strom.* Wenn eine ebene Geometrie zugrunde gelegt wird und wenn Anode und Kathode koaxiale Zylinder sind, läßt sich zeigen, daß der Strom zur Wurzel der dritten Potenz der Spannung proportional ist. Für einen durch Raumladung begrenzten Strom gilt daher

$$I = (\text{const})\, U^{3/2} . \tag{5.50}$$

Diese wichtige Beziehung wird Langmuir-Child-Gesetz genannt.

Mit zunehmendem U nimmt die Raumladung ab, bis ein Punkt erreicht ist, an dem praktisch keine Raumladung mehr vorhanden ist. In diesem Fall werden keine Elektronen nach der Emission zur Kathode zurückreflektiert und die Anzahl der von der Kathode emittierten Elektronen bestimmt den Strom vollständig. Eine weitere Erhöhung von U, bewirkt dann kein Ansteigen von I mehr. Wie zu erwarten, wächst die maximale Emissionsleistung schnell mit der Kathodentemperatur. Bild 5.33 zeigt typische Diodenkennlinien, die den Strom als Funktion der Spannung für verschiedene Kathodentemperaturen angeben. Für jede Temperatur T ist I für kleine U durch Raumladung beschränkt und wird für größere Werte von U durch die Emissionsleistung begrenzt. Bei zunehmender Temperatur T erfolgt der Übergang zur Emissionsbegrenzung bei immer höheren Werten von U. Bei Begrenzung durch die Emissionsleistung ist der maximale Strom durch die Richardson-Dushman-Gleichung

$$I = A\,T^2\, e^{-\phi/kT} \tag{5.51}$$

gegeben. Darin ist A eine Konstante, T die absolute Temperatur, ϕ die Ablösungsarbeit für das betreffende Material (die Energie, die das Elektron benötigt, um sich von der Oberfläche zu lösen) und k die Boltzmannkonstante. Die Größe kT gibt die Größenordnung der mittleren kinetischen Energie der thermischen Bewegung an. Wie zu erwarten, hängt die Emission vom Verhältnis ϕ/kT ab.

Die Röhrendiode kann als Gleichrichter verwendet werden, da die Elektronen von der Kathode zur Anode fließen können aber nicht in umgekehrter Richtung. Mehr esoterisch ist die Anwendung als Hochfrequenzoszillator, dem sogenannten *Magnetron,* dessen Wirkungsweise hier untersucht wird. Bild 5.34 zeigt die Elektroden in schematischer Darstellung. Die Kathode ist ein Wolframdraht von etwa 0,1 mm Durchmesser, der direkt vom durchfließenden Strom erhitzt wird. Die Anode ist ein zur Kathode

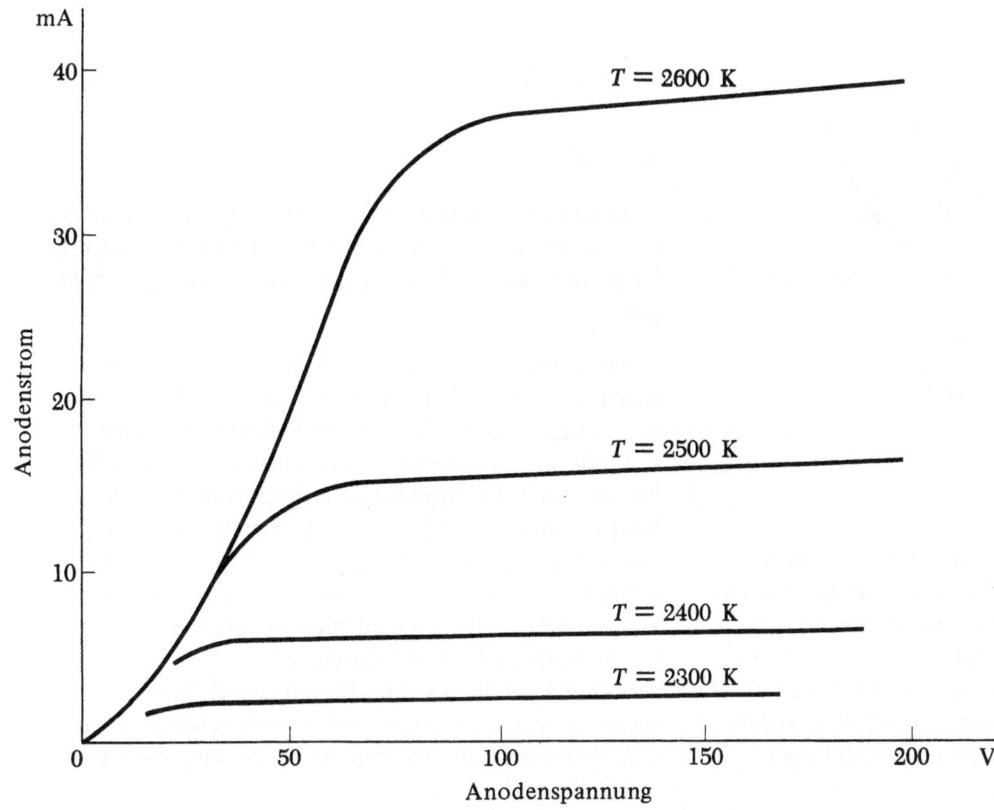

Bild 5.33

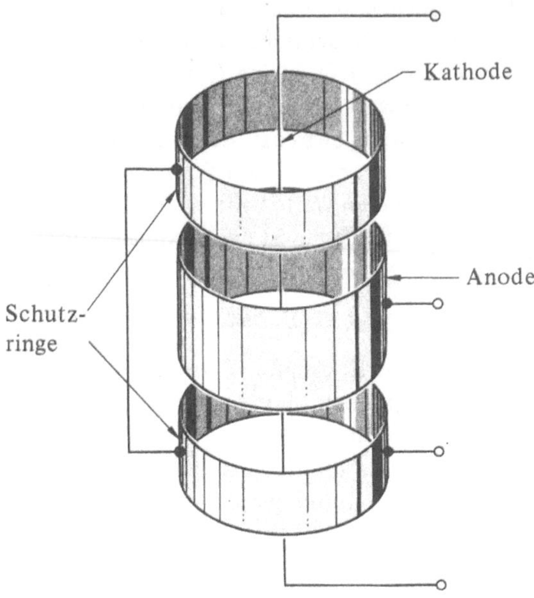

Bild 5.34

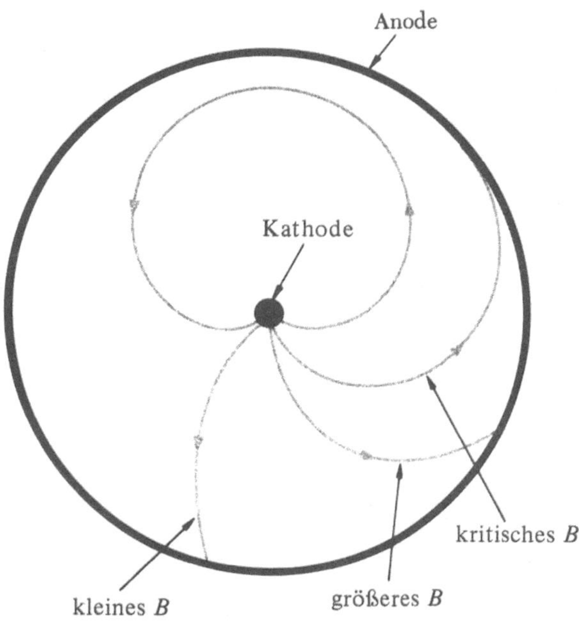

Bild 5.35

koaxialer Zylinder mit einem Innendurchmesser von rund 0,6 cm. Die beiden Zylinder an den Enden werden *Schutzringe* genannt. Sie befinden sich auf derselben Spannung, der Mittelteil ist aber mit diesem elektrisch nicht verbunden. Durch die Schutzringe sollen die Randeffekte an den Enden des Mittelteils möglichst verringert werden, so daß das Feld im Mittelteil dem Feld eines unendlich langen Zylinders und Drahtes ähnlich ist.

Nun wollen wir zusätzlich zum radialen elektrischen Feld, das durch die Spannung U zwischen Kathode und Anode hervorgerufen wird, ein homogenes magnetisches Feld B längs der Achse des Zylinders wirken lassen. Die Bewegung der Elektronen wird dadurch komplizierter. Sobald diese die Kathode verlassen haben und zur Anode beschleunigt werden, wirkt auf sie die Kraft des magnetischen Feldes $\mathbf{F} = -e\mathbf{v} \times \mathbf{B}$. Die Auswirkung dieser magnetischen Kraft ist in Bild 5.35 gezeigt. Die Elektronen durchlaufen die gezeichneten Kurven. Die Kraft wächst proportional zu $\mathbf{B}$ und die Krümmung der Elektronenbahnen nimmt zu. Schließlich wird ein kritischer Wert von $\mathbf{B}$ erreicht, bei dem die Elektronenbahnen wieder zur Kathode zurückführen, ohne die Anode zu erreichen. Ist dieser Wert erreicht, erfolgt ein starker Abfall im Anodenstrom.

Wir erwarten eine Änderung des kritischen Wertes von $\mathbf{B}$, wenn die Spannung erhöht wird. Eine Steigerung von U bewirkt eine Vergrößerung der elektrischen Kraft, die die Elektronen zur Anode beschleunigt. Gleichzeitig aber erhöht sich auch ihre Geschwindigkeit und damit die Lorentzkraft, die die Bahn der Elektronen gegen die Kathode krümmt. Das elektrische Feld wächst aber proportional U, wogegen die Elektronengeschwindigkeit nur wie $U^{1/2}$ anwächst, da die kinetische Energie $\frac{1}{2}mv^2$ proportional zu U ist. Wir erwarten, daß der kritische Wert von B zunimmt, wenn U wächst. Eine genauere Untersuchung bestätigt diesen Sachverhalt.

Zwischen den kritischen Werten von B und U gilt die Gleichung

$$B = \left(\frac{8\,m\,U}{e\,b^2}\right)^{1/2}, \tag{5.52}$$

worin b den Radius der Anode bedeutet.

Leider gibt es keine einfache Methode, diese Gleichung herzuleiten. Die folgende Ableitung von Gl. (5.52) ist für die Ausführung des Experiments nicht unbedingt erforderlich.

Die Ableitung von Gl. (5.52) ist ein Problem der klassichen Mechanik. Hierzu muß die maximale Entfernung ($r = a$) bestimmt werden, die die Elektronen von der Kathode aus erreichen, bevor sie wieder zu ihr zurückkehren. Am Umkehrpunkt ist $\dot{r}$ gleich Null. Der kritische Wert von B ergibt sich, wenn der Umkehrpunkt gerade bei der Oberfläche der Anode ($r = b$) liegt. Wir gehen folgendermaßen vor: Zuerst drücken wir die Tangentialkomponente der Geschwindigkeit mit Hilfe der Bewegungsgleichung $\Sigma\mathbf{F} = m\mathbf{a}$ durch den Radius r aus, dann verwenden wir den Energiesatz um eine Beziehung zwischen $\dot{r}$ und r herzustellen. Schließlich bestimmen wir den Wert von B, für den $\dot{r}$ in der Entfernung $r = b$ eine Nullstelle hat.

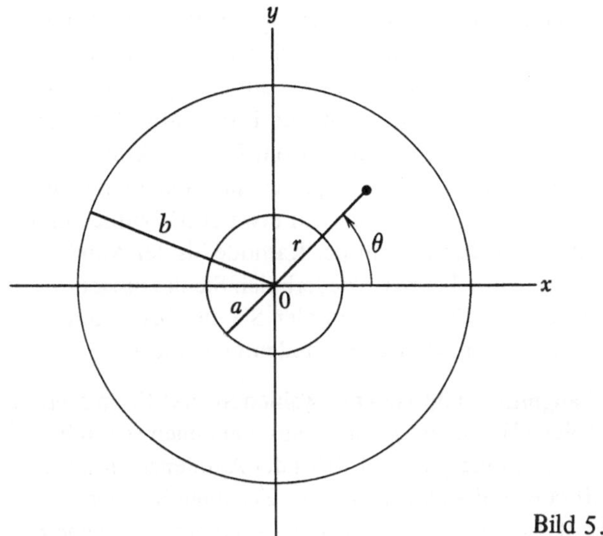

Bild 5.36

Den Ort des Elektrons geben wir, wie in Bild 5.36 gezeigt ist, in Zylinderkoordinaten r, θ und z an. Auch die Geschwindigkeit, die Beschleunigung und die verschiedenen Felder drücken wir durch ihre Komponenten in den Richtungen von r, θ und z aus. Die Komponenten der Geschwindigkeit und der Beschleunigung lauten in Zylinderkoordinaten

$$v_r = \dot{r} \qquad a_r = \ddot{r} - r\dot{\theta}^2$$
$$v_\theta = r\dot{\theta} \qquad a_\theta = r\ddot{\theta} + 2\dot{r}\dot{\theta} \qquad (5.53)$$
$$v_z = \dot{z} \qquad a_z = \ddot{z}.$$

Eine Ableitung dieser Gleichungen findet sich in den meisten Einführungen in die Mechanik. In z-Richtung liegt weder eine Anfangsgeschwindigkeit noch eine Kraft vor, weswegen v_z und a_z identisch verschwinden.

Da das magnetische Feld in der $+z$-Richtung liegt, ergeben sich für die Komponenten der Kraft des magnetischen Feldes

$$\mathbf{F} = -e\mathbf{v} \times \mathbf{B}$$

die folgenden Gleichungen

$$F_r = -ev_\theta B = -eBr\dot{\theta}$$
$$F_\theta = ev_r B = eB\dot{r} \qquad (5.54)$$
$$F_z = 0.$$

Die einzige Kraft in Richtung von θ, ist die Komponente der Kraft des magnetischen Feldes. Daher ergibt sich bezüglich θ für die Bewegungsgleichung $F_\theta = ma_\theta$

$$eB\dot{r} = m(r\ddot{\theta} + 2\dot{r}\dot{\theta}). \qquad (5.55)$$

Durch Multiplikation beider Seiten dieser Gleichung mit r und Umordnung ergibt sich

$$m(r^2\ddot{\theta} + 2r\dot{r}\dot{\theta}) - eBr\dot{r} = 0. \qquad (5.56)$$

Offensichtlich ist die linke Seite dieser Gleichung einfach die Ableitung von $(mr^2\dot{\theta} - \frac{1}{2}eBr^2)$ nach der Zeit. Da die Zeitableitung verschwindet, muß dieser Ausdruck konstant sein. Nennt man die Konstante L, so bedeutet dies

$$mr^2\dot{\theta} - \tfrac{1}{2}eBr^2 = L = \text{const.} \qquad (5.57)$$

Der erste Term dieses Ausdrucks ist der Drehimpuls des Elektrons um die z-Achse. Der Drehimpuls allein bleibt daher bei dieser Bewegung *nicht* erhalten sondern nur die Summe aus dem Drehimpuls und dem zweiten Term, der B enthält.

Da die Anfangsgeschwindigkeit der Elektronen beim Verlassen der Kathode ($r = a$) verschwindend klein ist ($\dot{\theta} = 0$), folgt aus Gl. (5.57)

$$L = -\tfrac{1}{2}eBa^2. \qquad (5.58)$$

Setzt man dies in Gl. (5.57) ein und löst nach $\dot{\theta}$ auf, so ergibt sich

$$\dot{\theta} = \frac{eB}{2m}\left(1 - \frac{a^2}{r^2}\right). \qquad (5.59)$$

Mit Hilfe des Energiesatzes kann man nun B berechnen. Mit Gl. (5.53) ergibt sich für die kinetische Energie $\frac{1}{2}m(\dot{r}^2 + r^2\dot{\theta}^2)$. Die *potentielle Energie* ist $-eU(r)$, worin $U(r)$ das elektrostatische Potential ist. Definiert man U so, daß es für $r = a$ verschwindet, so ist auch der Anfangswert der Gesamtenergie gleich Null und aus dem Energiesatz folgt

$$\tfrac{1}{2}m(\dot{r}^2 + r^2\dot{\theta}^2) - eU(r) = 0. \qquad (5.60)$$

Setzt man Gl. (5.59) in diese Gleichung ein, so erhält man

$$\frac{m}{2}\left[\dot{r}^2 + r^2\left(\frac{eB}{2m}\right)^2\left(1 - \frac{a^2}{r^2}\right)^2\right] - eU(r) = 0. \qquad (5.61)$$

Aus dieser Gleichung ergibt sich die kritische Feldstärke, wenn man $\dot{r} = 0$ und $r = b$ setzt. Wenn diese Bedingung erfüllt ist, erreichen die Elektronen die Anode gerade nicht mehr. Verwendet man weiter, daß $U(b)$ dem gesamten Potentialanstieg U zwischen Kathode und Anode entspricht, so folgt

$$\frac{m}{2}\left[0 + b^2\left(\frac{eB}{2m}\right)^2\left(1 - \frac{a^2}{b^2}\right)^2\right] - eU = 0. \qquad (5.62)$$

Da $a \ll b$, kann man a^2/b^2 vernachlässigen und erhält

$$\frac{b^2 m}{2}\left(\frac{eB}{2m}\right)^2 - eU = 0. \qquad (5.63)$$

Löst man diese Gleichung nach B auf, so ergibt sich für das kritische Feld, bei dem der Anodenstrom stark abfällt, in Übereinstimmung mit Gl. (5.52)

$$B = \left(\frac{8mU}{eb^2}\right)^{1/2}. \qquad (5.64)$$

Elektronenbewegung dieser Art wird in einem elektrischen Oszillator, der *Magnetron* genannt wird, verwendet. Das Magnetron dient zur Erzeugung elektromagnetischer Wellen äußerst hoher Frequenz (von der Größenordnung von 10^{10} Hz). Im Magnetron bilden die Elektroden eine Abgrenzung, die Hohlraumresonator genannt wird, und die rotierenden Elektronen induzieren elektromagnetische Schwingungen in diesem Hohlraum.

5.6.2. Experiment

1. Eigenschaften der Diode. Um die Eigenschaften der Diode zu untersuchen, ist das in Bild 5.37 gezeigte Schaltschema besonders geeignet. Die Glühkathode wird durch die 6,3-V-Stromquelle versorgt und ihre Temperatur kann durch den mit der Stromquelle in Serie geschalteten Regelwiderstand kontrolliert werden. Der Strom durch den mittleren Teil der Anode kann durch Messung des Spannungsabfalls am 100-Ω-Serienwiderstand bestimmt werden.

Achtung

Der Anschluß B^+ ist geerdet und das Voltmetergehäuse befindet sich daher auf Erdpotential. Dadurch befindet sich die Heizstromquelle und die entsprechenden Widerstände auf einer negativen Spannung von bis zu 300 V, also **Vorsicht!**

Wählen Sie eine Anodenspannung von etwa 100 V und erhöhen Sie die Temperatur der Glühkathode bis der Anodenstrom etwa 1 mA beträgt. Falls ein optisches Pyrometer vorhanden ist, messen Sie die Temperatur des Glühfadens. Messen Sie den Anodenstrom I als Funktion von U und tragen Sie die Werte graphisch auf. Stellen Sie die Anodenspannung dann wieder auf etwa 100 V zurück und erhöhen Sie die Temperatur der Kathode bis der Anodenstrom etwa 5 mA beträgt. Wiederholen Sie die obigen Messungen. Schließlich wiederholen Sie die Messungen noch einmal bei maximaler Kathodentemperatur.

2. Langmuir-Child-Gesetz. Wählen Sie aus Ihren Meßdaten solche Werte von I und U aus, bei denen schon bei mäßiger Spannung (100 ... 150 V) der Anodenstrom durch die Kathodenemission begrenzt ist. Zeichnen Sie diese Werte auf doppeltlogarithmischem Papier ein. In welchem Spannungsbereich, wenn überhaupt, ist Gl. (5.50) erfüllt?

3. Richardson-Dushman-Gleichung. Bestimmen Sie für jede Temperatur möglichst genau den maximalen durch die Kathodenemission begrenzten Strom. Zeichnen Sie eine Kurve von I_{max}/T^2 als Funktion von $1/T$ auf halblogarithmisches Papier, wobei Sie I_{max}/T^2 längs der logarithmischen Achse auftragen. Wenn kein optisches Pyrometer vorhanden ist, kann ein Näherungswert für die Kathodentemperatur mit Bild 5.38 aus der Kathodenspannung ermittelt werden. Sie sollten eine Gerade erhalten,

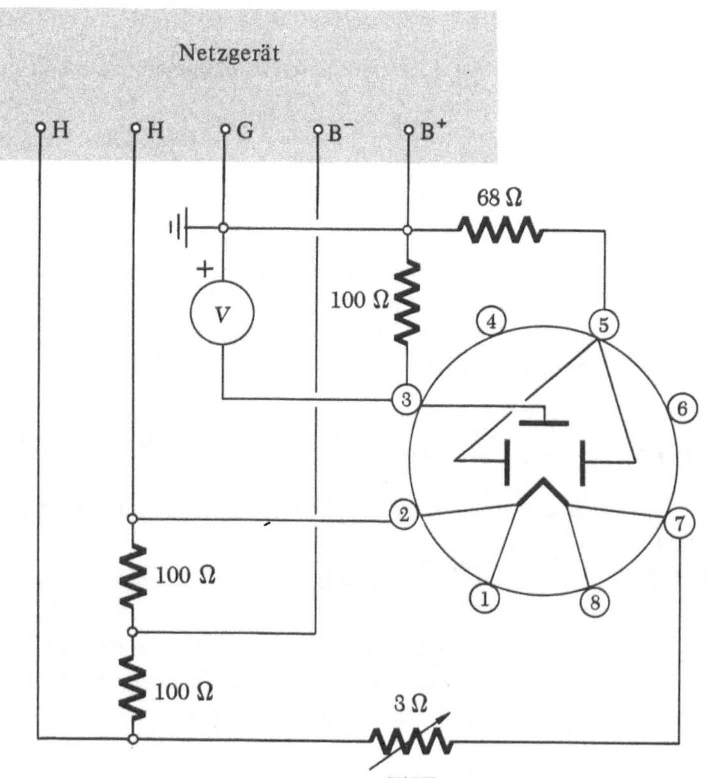

Bild 5.37

H Heizung
G Erdung
B regelbare Spannung
   0 ... 400 V

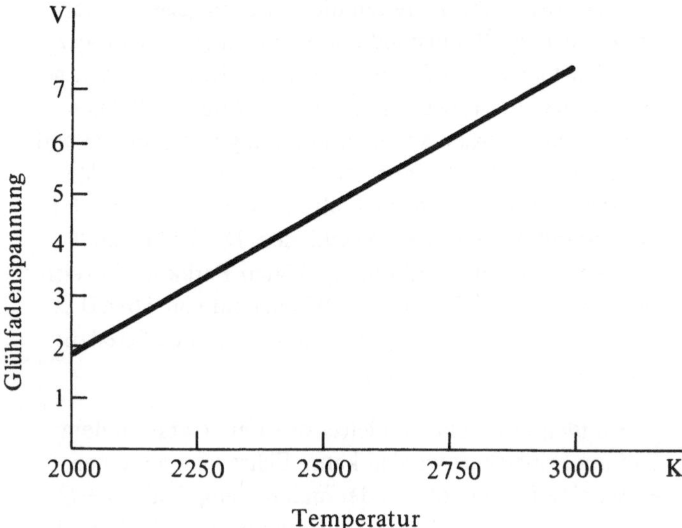

Bild 5.38

falls Gl. (5.51) erfüllt ist. Warum? Bestimmen Sie die Konstanten A und ϕ aus der Steigung und dem Schnittpunkt der Geraden mit der vertikalen Achse.

4. Magnetronbedingungen. Um die „Magnetronbewegung" und den Stromabfall zu beobachten, verwenden Sie denselben Schaltkreis wie oben, aber bringen Sie die Diode im Inneren eines Solenoids an. Schließen Sie das Solenoid wie in den Experimenten EF-3 und EF-4 an ein Transistornetzgerät an. Die Größe von B ergibt sich, wie in diesen Experimenten beschrieben ist, aus dem Solenoidstrom.

Für eine 10 cm lange Spule mit einem Innendurchmesser von 8 cm und einem Außendurchmesser von 12,5 cm ist das Feld im Mittelpunkt etwa 0,7 mal kleiner als das Feld einer idealen sehr langen Spule.

Bestimmen Sie das kritische magnetische Feld für mehrere Werte der Anodenspannung. Tragen Sie B^2 als Funktion von U zur Überprüfung von Gl. (5.52) auf. Verwenden Sie diese graphische Darstellung, um das Verhältnis e/m zu bestimmen.

5.6.3. Fragen

1. Gilt für eine Diode das Ohmsche Gesetz?
2. Gilt Gl. (5.50), wenn der Strom durch die Kathodenemission begrenzt ist?
3. Im Fall der Begrenzung durch die Kathodenemission ist das Potential zwischen den zylindrischen Elektroden der Diode durch

$$U(r) = U\frac{\ln(r/a)}{\ln(b/a)}$$

gegeben. Leiten Sie diese Formel ab. Gilt diese Gleichung noch, wenn der Strom durch die Raumladung begrenzt ist?
4. Welche Funktion haben die beiden 100-Ω-Widerstände im Heizstromkreis von Bild 5.37?
5. Was geschieht, wenn man das magnetische Feld in Bild 5.35 umkehrt?
6. Hängt die Gültigkeit von Gl. (5.64) davon ab, ob der Strom durch die Raumladung oder die Kathodenemission begrenzt ist?
7. Wie würde sich der Stromabfall im Magnetron ändern, wenn die Schutzringe entfernt wären?
8. Wie würde sich das Verhalten der Diode ändern, wenn in die Röhre etwas Luft eintreten könnte. Warum muß in der Röhre ein Vakuum sein? Bis zu welchem Gasdruck in der Röhre ist eine ordnungsgemäße Funktion gewährleistet?

6. Elektrische Schaltkreise (ES)

6.1. Einleitung

In dieser Reihe von Experimenten untersuchen wir das Verhalten verschiedener elektrischer Schaltkreise, in denen sich Spannung und Strom zeitlich ändern. Das wichtigste Instrument bei diesen Untersuchungen ist der Kathodenstrahloszillograph. Er enthält ein ähnliches Kathodenstrahlrohr, wie es im Kap. 5 zur Beobachtung der Elektronenbewegung verwendet wurde. Zur Aufzeichnung und Messung schnell veränderlicher Spannungen und Ströme in elektrischen Schaltkreisen ist der Oszillograph sehr gut geeignet.

Die hier betrachteten Schaltkreise werden verschiedene Kombinationen der folgenden Schaltelemente enthalten: Widerstände, Kondensatoren, Spulen, Batterien und Impulsgeneratoren für sinusförmige und rechteckige Wellen. Wir wollen nun die wichtigsten Eigenschaften dieser Geräte kurz wiederholen.

Legt man an einen idealen Widerstand eine Spannung U an, so fließt ein Strom, der zu U direkt proportional ist. Die mit R bezeichnete Proportionalitätskonstante heißt Widerstand. Das Ohmsche Gesetz lautet:

$$U = IR. \tag{6.1}$$

In SI-Einheiten wird U in Volt (V), I in Ampere (A) und der Widerstand in Ohm (Ω) gemessen. Die Einheiten $k\Omega$ ($10^3 \Omega$) und $M\Omega$ ($10^6 \Omega$) sind ebenfalls gebräuchlich. Zusätzlich trägt jeder Widerstand eine *Leistungsangabe*. Sie entspricht der maximalen Leistung (I^2R) bis zu der der Widerstand belastet werden kann, ohne überhitzt zu werden. Beim Überschreiten dieser Leistungsgrenze verändert sich der Widerstand und kann völlig zerstört werden. Die hier verwendeten Widerstände haben die sehr gebräuchliche Leistungsgrenze von 0,5 W oder 1 W. Diese Widerstände werden aus einer Mischung von Tonerde und Kohle hergestellt, die zu einem harten keramischen Material gebrannt wird. Je nach Mischungsverhältnis ist der Widerstand des Materials verschieden. Die Widerstände werden nach dem in Bild 6.1 gezeigten Farbkode bezeichnet. So trägt zum Beispiel ein Widerstand von 56 000 Ω ± 10 % vom Ende nach innen gelesen folgende Streifen: grün, blau, orange und silber.

Kondensator. Ein Kondensator ist ein Gerät, in dem Ladung gespeichert werden kann. Führt man der einen Platte eine Ladung Q und der anderen eine Ladung $-Q$ zu, so entsteht eine Spannung U, die proportional zu Q ist. Dies ergibt die Beziehung

$$Q = CU, \tag{6.2}$$

worin die Konstante C für das Gerät charakteristisch ist. Sie wird *Kapazität* genannt. In SI-Einheiten wird Q in Coulomb (C) und die Kapazität in Farad (F) gemessen. Da ein Farad eine außerordentlich große Einheit ist, werden meist die Einheiten μF (10^{-6} F) und pF (10^{-12} F) verwendet. Kondensatoren bestehen oft aus zwei langen schmalen Aluminiumfolien, zwischen denen sich eine isolierende Plastikschicht befindet. Das Ganze ist zu einem Zylinder aufgerollt und von einer Plastikhülle umgeben. Zusätzlich zur Kapazität ist auf den Kondensatoren noch

| | Kode | | | | Grundwerte | |
Farbe	1. Ziffer	2. Ziffer	Multiplikator	Wert	1. Farbe	2. Farbe
Silber			10^{-2}	10	Braun	Schwarz
Gold			10^{-1}	12	Braun	Rot
Schwarz		0	10^{0}	15	Braun	Grün
Braun	1	1	10^{1}	18	Braun	Grau
Rot	2	2	10^{2}	22	Rot	Rot
Orange	3	3	10^{3}	27	Rot	Violett
Gelb	4	4	10^{4}	33	Orange	Orange
Grün	5	5	10^{5}	39	Orange	Weiß
Blau	6	6	10^{6}	47	Gelb	Violett
Violett	7	7	10^{7}	56	Grün	Blau
Grau	8	8	10^{8}	68	Blau	Grau
Weiß	9	9	10^{9}	82	Grau	Rot

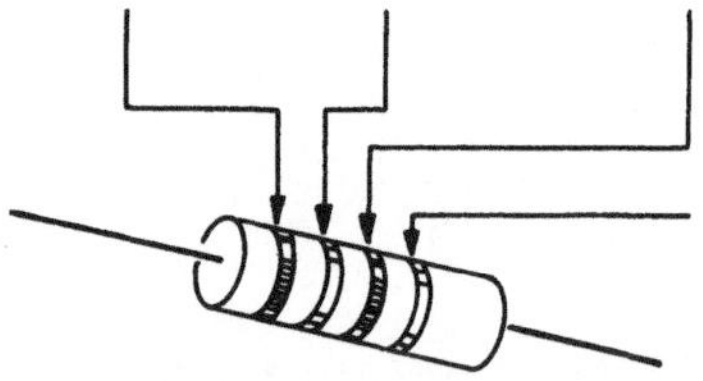

Bild 6.1

die maximal zulässige Spannung vermerkt. Überschreitet man diese Spannung, durchschlägt der Strom die Isolation, bewirkt einen Kurzschluß und das Gerät wird unbrauchbar. Eine Kunststoffisolation von 10 μm Dicke ist mit 100 V belastbar.

Spulen. Spulen haben oft einen Kern aus Eisenpulver oder Ferrit. Wechselstrom erzeugt in der Spule einen wechselnden magnetischen Fluß, der zwischen den Enden der Spule eine Spannung U induziert, die der zeitlichen Änderung dI/dt des Stroms proportional ist. Es gilt die Gleichung

$$U = L \frac{dI}{dt}, \tag{6.3}$$

worin L eine für das Gerät charakteristische Konstante ist, die (Selbst)Induktivität genannt wird. Die SI-Einheit für die Induktivität ist das Henry (H). Auch die Einheiten mH(10^{-3} H) und μH(10^{-6} H) sind gebräuchlich.

Batterie. Eine idealisierte Batterie ist ein Gerät, das zwischen seinen Ausgängen eine Spannung erzeugt, die konstant und von dem durch das Gerät fließenden Strom unabhängig ist. Die gebräuchlichsten Batterien enthalten dieselben Kohle-Zink-Elemente wie die Taschenlampenbatterien. Jede solche Zelle hat eine Spannung von etwa 1,5 V. In einer 45-V-Batterie sind daher 30 Zellen in Serie geschaltet. In Wirklichkeit ist die Spannung von Batterien vom Strom nicht ganz unabhängig. Ihr Verhalten kann durch eine idealisierte Batterie, die mit einem Widerstand in Serie geschaltet ist, dem Innenwiderstand, dargestellt werden. Der Innenwiderstand einer Zelle einer neuen Trockenbatterie beträgt etwa 0,1 Ω. Er erhöht sich mit dem Alter und Gebrauch der Batterie.

Die physikalischen Grundlagen für die Behandlung von Schaltkreisen bilden die Kirchhoffschen Gesetze :

1. Die Summe aller Spannungen in einem geschlossenen Leiterkreis muß gleich Null sein.

2. Die Summe aller Stromstärken der an einem Verzweigungspunkt zusammenfließende Ströme muß gleich Null sein, wenn man zufließende Ströme positiv und abfließende Ströme negativ zählt.

Zusammen mit den oben beschriebenen Eigenschaften der Schaltelemente, erlauben diese beiden Gesetze, das Verhalten von Schaltkreisen theoretisch zu beschreiben.

Zusätzlich zu den oben beschriebenen Geräten werden wir noch zwei weitere Instrumente verwenden, ein Voltmeter und einen Impulsgenerator. Mit dem Voltmeter wird die Spannung zwischen zwei Punkten im Schaltkreis gemessen. Schließt man ein Voltmeter an einen Schaltkreis an, so wird es ein Bestandteil des Schaltkreises und der durch das Voltmeter fließende Strom muß berücksichtigt werden. Die Stärke dieses Stromes bestimmt man aus dem Innenwiderstand des Voltmeters. Gewöhnliche Voltmeter haben je nach Konstruktion und Meßbereich

einen Innenwiderstand von $10^3 \ldots 10^5 \ \Omega$. Röhrenvoltmeter[1] erreichen durch elektronische Verstärkung einen viel höheren Innenwiderstand (10 ... 30 MΩ).

6.2. Experiment ES-1: Schaltkreise mit Widerständen und Kondensatoren

6.2.1. Einleitung

In diesem Experiment untersuchen wir das Verhalten von Schaltkreisen, die einen Widerstand und einen Kondensator enthalten, die in Serie geschaltet sind. Zuerst studieren wir das Verhalten bei einer konstanten Spannung und dann bei sinusförmiger Spannung.

Der in Bild 6.2 dargestellte Schaltkreis enthält eine Batterie, einen Widerstand, einen Kondensator, ein Voltmeter (mit V bezeichnet) und einen Schalter. Ist der Schalter geschlossen, so lädt sich der Kondensator schnell auf die Spannung U_0 der Batterie auf. Nach Gl. (6.2) beträgt die Ladung Q_0 auf jeder Platte

$$Q_0 = CU_0 \tag{6.4}$$

Bild 6.3 zeigt den Anfangszustand, wenn der Schalter geöffnet wird. Die Spannung am Kondensator bewirkt nun, daß durch Widerstand und Voltmeter ein Strom fließt. Dieser Strom verringert die Ladung am Kondensator. Dadurch nimmt dessen Spannung und damit auch der Strom ab.

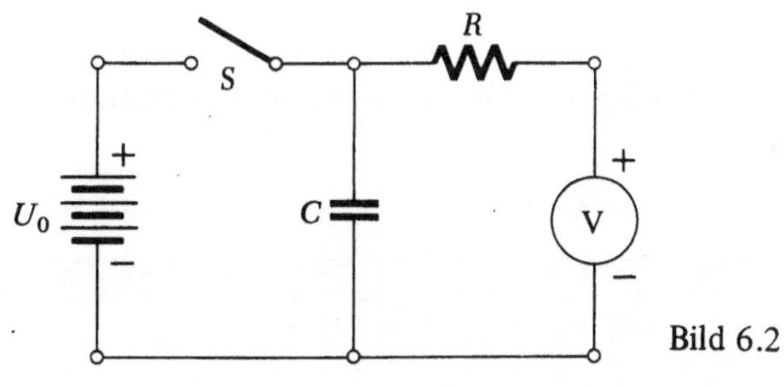

Bild 6.2

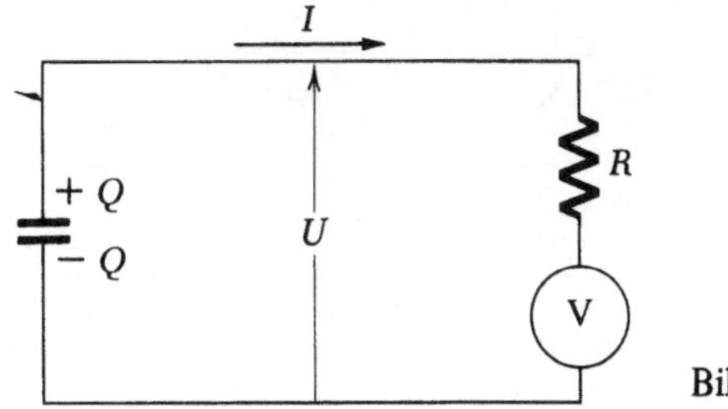

Bild 6.3

---

[1] Wir verwenden hier die Bezeichnung „Röhrenvoltmeter" für alle „aktive Voltmeter", also auch Transistorvoltmeter.

Die Ladung Q nimmt daher am Anfang schnell und später langsamer ab. Nachdem der Schalter geöffnet worden ist, hat der Strom dementsprechend einen relativ großen Anfangswert, fällt dann ab und nähert sich Null, wenn der Kondensator nahezu entladen ist. Bild 6.4 zeigt die zeitliche Änderung der Ladung am Kondensator.

Um den Vorgang quantitativ zu untersuchen, bezeichnen wir die augenblickliche Ladung mit Q, den Strom mit I und die Spannung mit U. Alle drei Größen verändern sich als Funktionen der Zeit. Der Strom I ist von der zeitlichen Abnahme der Ladung am Kondensator abhängig und es gilt

$$I = -\frac{dQ}{dt}. \tag{6.5}$$

Strom und Spannung wiederum hängen über den Widerstand des Schaltkreises zusammen. Bezeichnet man mit R den *Gesamtwiderstand* des Widerstands und Voltmeters, so folgt

$$I = \frac{U}{R}. \tag{6.6}$$

Zwischen der Spannung U und der Ladung Q am Kondensator gilt schließlich zu jedem Zeitpunkt die Beziehung

$$U = \frac{Q}{C}. \tag{6.7}$$

Setzt man die rechten Seiten von Gl. (6.5) und Gl. (6.6) einander gleich und substituiert U aus Gl. (6.7), so gilt

$$\frac{dQ}{dt} = -\frac{Q}{RC}. \tag{6.8}$$

Diese Gleichung zeigt, daß die zeitliche Abnahme der Ladung der jeweiligen Ladung des Kondensators proportional ist.

Nur die Ableitung der *Exponentialfunktion* ist der Funktion selbst proportional. Mit der Anfangsbedingung, daß die Ladung zur Zeit $t = 0$ den Anfangswert Q_0 hat, ist die Lösung von Gl. (6.8)

$$Q = Q_0 e^{-t/RC}. \tag{6.9}$$

Überprüfen Sie dies, indem Sie Gl. (6.9) differenzieren und in Gl. (6.8) einsetzen. Bild 6.4 zeigt die der Gl. (6.9) entsprechende Kurve, wobei längs der Achse die Verhältnisse Q/Q_0 und t/RC anstatt Q und t selbst aufgetragen sind. Diese Verhältnisse haben den Vorteil *dimensionslos* zu sein, d.h., sie hängen nicht von der Wahl der Einheiten ab.

Das Produkt RC wird *Zeitkonstante* des Schaltkreises genannt. In der Zeit RC fällt die Ladung auf den Bruchteil $Q/Q_0 = e^{-1} = 0{,}368$ oder 36,8 % ihres ursprünglichen Wertes ab. Experimentell leichter zu messen ist die Zeit, die Q benötigt um auf die Hälfte ihres ursprünglichen Wertes abzufallen. Bezeichnet man diese Zeit mit $T_{1/2}$ so folgt aus Gl. (6.9)

$$\frac{1}{2} = e^{-T_{1/2}/RC}. \tag{6.10}$$

Bildet man den natürlichen Logarithmus auf beiden Seiten dieser Gleichung, so ergibt sich

$$T_{1/2} = RC \ln 2 = 0{,}693\,RC. \tag{6.11}$$

Diese Zeit wird *Halbwertszeit* genannt, ein Ausdruck der auch bei der Beschreibung radioaktiver Zerfälle gebräuchlich ist.

Elektromechanische Analogien. Es gibt viele interessante Analogien zwischen elektrischen Schaltkreisen und mechanischen Systemen. Eine der einfachsten ist die Beziehung zwischen dem RC-Schaltkreis und dem in Bild 6.5

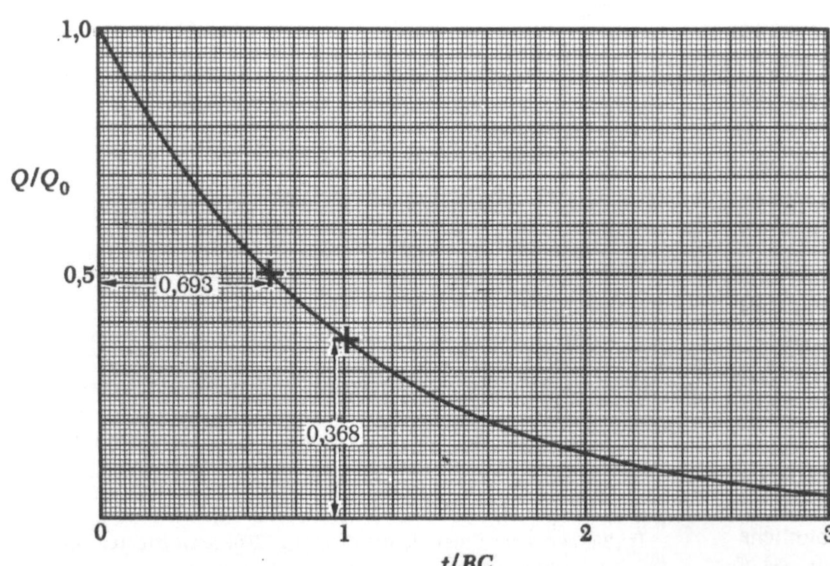

Bild 6.4

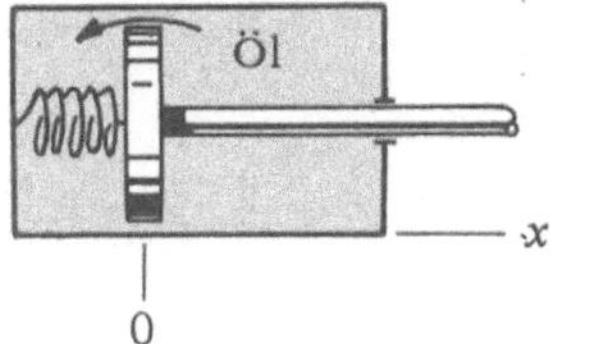 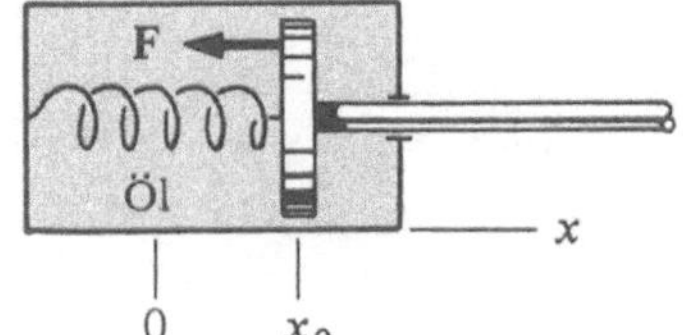

Bild 6.5

gezeigten mechanischen System. Letzteres ist eine vereinfachte Version eines Türschließers. Der Kolben ist perforiert, und das Öl muß durch die Löcher hindurchfließen, wenn sich der Kolben bewegt. Infolge der Viskosität des Öls entsteht eine geschwindigkeitsabhängige Reibungskraft. Für kleine Geschwindigkeiten ist die Kraft der Geschwindigkeit proportional. Sie kann in der Form $F = -bv$ angesetzt werden, worin das negative Vorzeichen vor der Proportionalitätskonstante b andeutet, daß die Kraft der Bewegung stets entgegenwirkt.

Die Feder übt auf den bewegten Kolben eine Kraft aus. Wird die Feder um die Entfernung x aus der Gleichgewichtslage gebracht, so übt sie eine Kraft $F = -kx$ aus, darin ist k die Federkonstante. Nach dem zweiten Newtonschen Gesetz muß die Summe dieser beiden Kräfte dem Produkt aus Masse mal Beschleunigung des Kolbens gleich sein. Kann die Masse des Kolbens vernachlässigt werden, so ist die Summe der beiden Kräfte gleich Null und es ergibt sich

$$-kx - bv = 0 \quad \text{oder} \quad \frac{dx}{dt} = -\frac{k}{b}x \, . \qquad (6.12)$$

Diese Differentialgleichung hat die gleiche *Gestalt*, wie die Gleichung für die Ladung des Kondensators, Gl. (6.8). Die Verschiebung x entspricht der Ladung Q und die Geschwindigkeit v dem Strom I. Ähnliche Beziehungen bestehen zwischen den Parametern der beiden Systeme. Die Dämpfungskonstante b entspricht dem Widerstand R und die Federkonstante k dem reziproken Wert der Kapazität C.

Ist der Türöffner anfänglich um die Entfernung x_0 aus dem Gleichgewicht verschoben, so nähert er sich dem Gleichgewicht exponentiell nach der Formel

$$x = x_0 e^{-(k/b)t} \qquad (6.13)$$

mit der Zeitkonstante b/k. Kommt zum Türschließermechanismus noch eine zeitabhängige Antriebskraft $F(t)$ hinzu, so entspricht diese Anordnung einem RC-Schaltkreis mit einer zeitabhängigen äußeren Spannung $U(t)$, wie dies in Bild 6.6 gezeigt ist.

Ist die Masse des Kolbens nicht vernachlässigbar, muß sie in die Untersuchung einbezogen werden. Aufgrund der Masse kann sich der Kolben über die Gleichgewichtslage hinausbewegen und eine gedämpfte Schwingung ausführen. Wie wir in Experiment ES-3 sehen werden, ist der

harmonische Oszillator einem elektrischen Schaltkreis, in dem ein Widerstand, ein Kondensator und eine Induktivität in Serie geschaltet sind, völlig analog.

Beträgt die Zeitkonstante RC einige Sekunden oder mehr, kann das Verhalten des oben beschriebenen RC-Schaltkreises, das auch *Ladungsrelaxation* genannt wird, mit einem Voltmeter beobachtet werden. Ist hingegen RC viel kürzer als eine Sekunde, so kann diese Methode nicht verwendet werden. Wegen der Trägheit und Dämpfung der Bewegung des Meßgeräts, kann es schnellen Änderungen von Strom und Spannung nicht folgen.

Der Oszillograph. Man braucht zur Beobachtung und Messung schnell veränderlicher Spannungen ein besseres Meßgerät. Der Oszillograph, dessen Wirkungsweise wir jetzt besprechen wollen, ist ein solches Gerät. Es verwendet die Ablenkung eines Elektronenstrahls in einem Kathodenstrahlrohr zur Spannungsanzeige. Aus Experiment EF-1 wissen wir, daß die Ablenkung des Leuchtflecks am Schirm der Ablenkspannung auf den Ablenkplatten proportional ist. Ein Elektron braucht etwa 10^{-8} s um durch die Röhre zu fliegen, und entsprechend schnell spricht der Elektronenstrahl auf eine Änderung der Ablenkspannung an. Das menschliche Auge kann jedoch dieser raschen Bewegung des Leuchtflecks am Schirm nicht folgen.

Diese Schwierigkeit überwindet man, indem man *beide* Paare der Ablenkplatten verwendet. Die zu beobachtende Spannung U wird entweder direkt oder nach elektronischer Verstärkung an die vertikalen Ablenkplatten angeschlossen. An die horizontalen Ablenkplatten legt man eine Spannung, die mit der Zeit linear anwächst. Die Vertikalablenkung des Strahls ist daher proportional zur angelegten Spannung, die Horizontalablenkung proportional zur Zeit und der Leuchtfleck zeichnet die Kurve von U als Funktion von t auf! Selbst wenn die Bewegung des Elektronenstrahls in einer sehr kurven Zeitspanne erfolgt, bleibt das Bild am Schirm einige Zeit sichtbar, genauso wie eine Fluoreszenzlampe Bruchteile einer Sekunde weiterleuchtet, nachdem der Strom ausgeschaltet worden ist. Die Spur auf dem Schirm kann mit dem Auge betrachtet oder für eine genauere Untersuchung fotografiert werden.

Diese Technik kann noch weiter ausgebaut werden. Anstatt eine einzige Entladung des Kondensators zu beobachten, können wir die Batterie mit einer bestimmten Frequenz periodisch ein und ausschalten. Die Spannung des Kondensators wird dann der Kurve in Bild 6.7 folgen, worin T die Zeit für eine Periode darstellt. Ähnlich kann die Spannung U_x, die auf die horizontalen Ablenkplatten wirkt, periodisch verändert werden, so daß sie während des Zeitintervalls T linear ansteigt, dann schnell zum Ausgangswert zurückkehrt und die Periode wiederholt. In Bild 6.8 ist diese Spannung als Funktion der Zeit gezeigt. Haben die beiden Ablenkspannungen genau die selbe Frequenz, so zeichnet der Elektronenstrahl immer wieder die Kurve für eine Periode auf den Schirm.

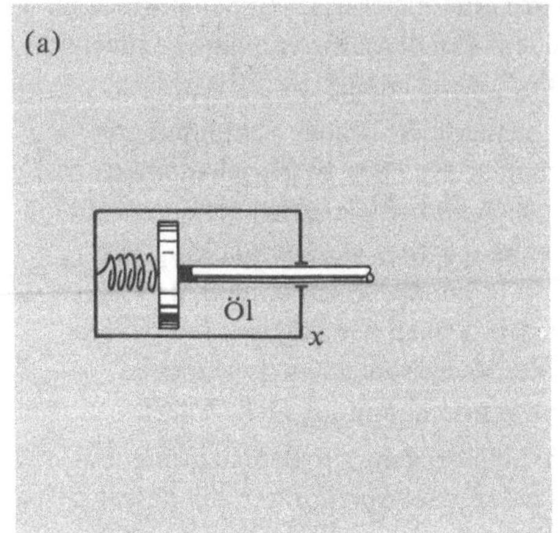

Ein mechanischer Türschließer ist wie ...

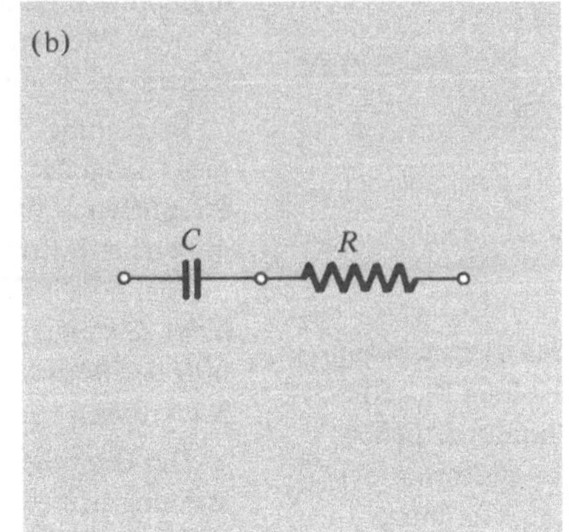

ein RC-Kreis.

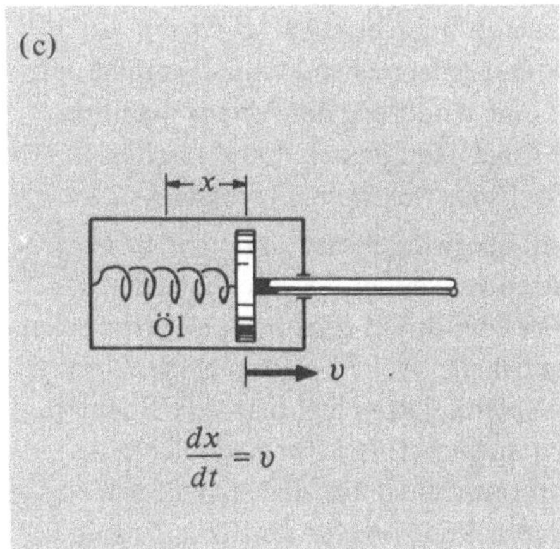

$$\frac{dx}{dt} = v$$

Verschiebung und Geschwindigkeit
entsprechen ...

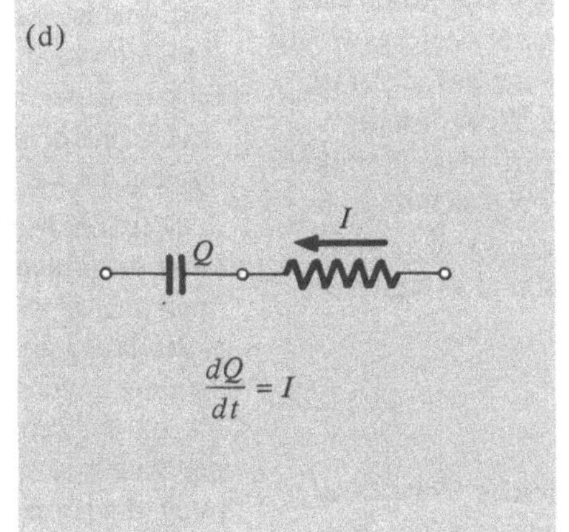

$$\frac{dQ}{dt} = I$$

Ladung und Strom.

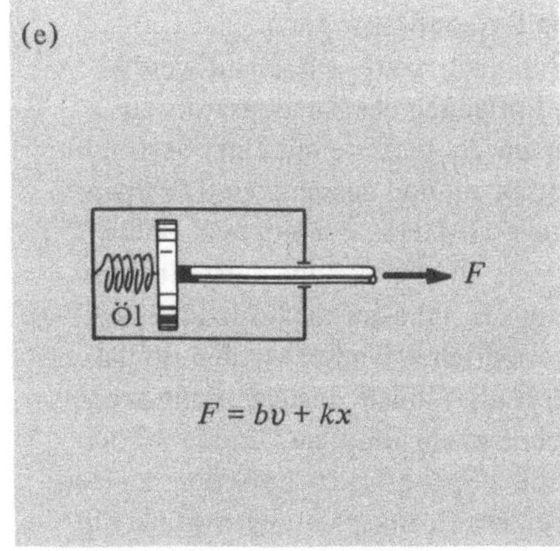

$$F = bv + kx$$

Die Kraft entspricht ...

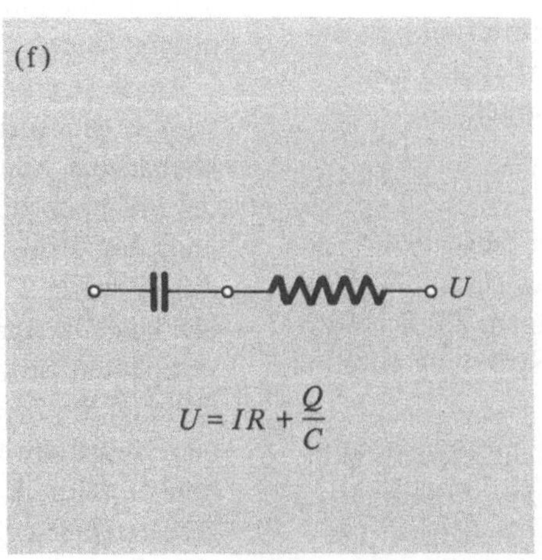

$$U = IR + \frac{Q}{C}$$

der Spannung.

Bild 6.6

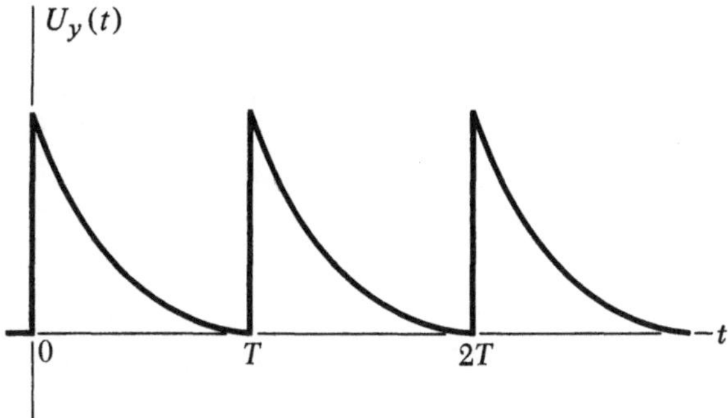

Bild 6.7

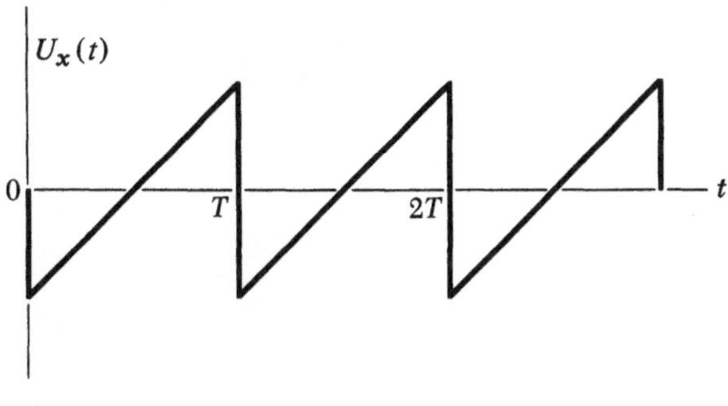

Bild 6.8

Die in Bild 6.8 gezeigte Spannung heißt *Sägezahnspannung*. Wenn sie die Horizontalablenkung in einem Kathodenstrahlrohr bewirkt, heißt sie auch *lineare Zeitablenkung*. Sie bewirkt, daß der Strahl in horizontaler Richtung mit konstanter Geschwindigkeit über den Schirm streicht. Ein Generator zur Erzeugung dieser Sägezahnspannung ist in den Oszillographen eingebaut. Er ist immer so konstruiert, daß die Zeitablenkung genau mit der Frequenz der Vertikalablenkung *synchronisiert* werden kann.

Zusammenfassung. Ein Kathodenstrahloszillograph hat folgende wesentlichen Bestandteile:

Kathodenstrahlrohr: Dies ist das Anzeigegerät. Wie in den Experimenten EF 1 bis 5 ausgeführt wurde, besteht es aus einem Strahlerzeugungssystem, einem Ablenksystem und einem Schirm, auf dem der Elektronenstrahl sichtbar gemacht wird.

Netzgerät: Das Netzgerät liefert sowohl den Strom zur Heizung der Glühkathode als auch die für die Gitter und die Anoden des Strahlerzeugungssystems nötigen Spannungen. Die Beschleunigungsspannung der zweiten Anode beträgt meist 2000 V, sie kann aber auch 10 000 V und mehr haben. (In Fernsehapparaten werden Beschleunigungsspannungen von 15 000 ... 20 000 V verwendet.)

Sägezahnspannungsgenerator (Kippgenerator): Die vom Sägezahnspannungsgenerator erzeugte Spannung (Kippspannung) verändert sich mit der Zeit, wie in Bild 6.8. Die Frequenz des Generators ist regelbar und kann mit einer periodischen Eingabespannung synchronisiert werden.

Eingangsverstärker: Um die Elektronen vertikal bis zum Rand des Schirms abzulenken, ist eine Spannung von etwa 200 V nötig. Will man Eingangsspannungen von nur 0,1 V sichtbar machen, so muß man sie mehrere tausendmal verstärken.

Ein Blockdiagramm der Elemente des Oszillographen ist in Bild 6.9 dargestellt und Bild 6.10 zeigt die Schalttafel eines Oszillographen (s. auch Bild 3.16 und die dortigen Erläuterungen).

Sinusförmige Spannung. Mit dem Oszillographen kann man das Verhalten von *RC*-Schaltkreisen beim Anlegen einer *sinusförmigen* Spannung untersuchen. Betrachten wir den in Bild 6.11 gezeigten Schaltkreis, auf den eine Spannung mit dem Maximalwert (Amplitude) U_0, die eine Sinusfunktion der Zeit ist und die Kreisfrequenz ω hat, wirkt. Wir erwarten, daß der Strom im Schaltkreis auch sinusförmig ist und seine Amplitude und Phase sich

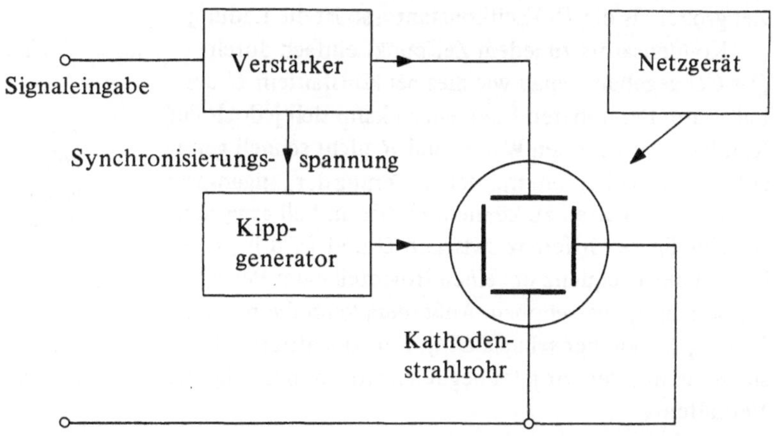

Bild 6.9

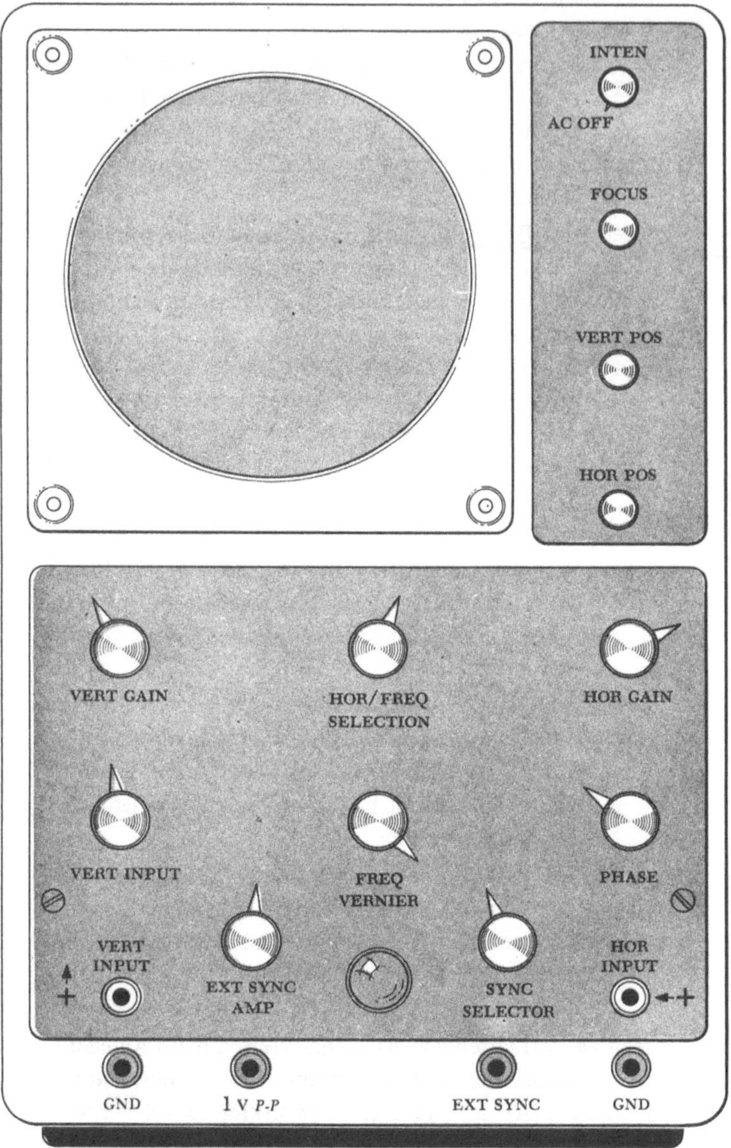

Bild 6.10

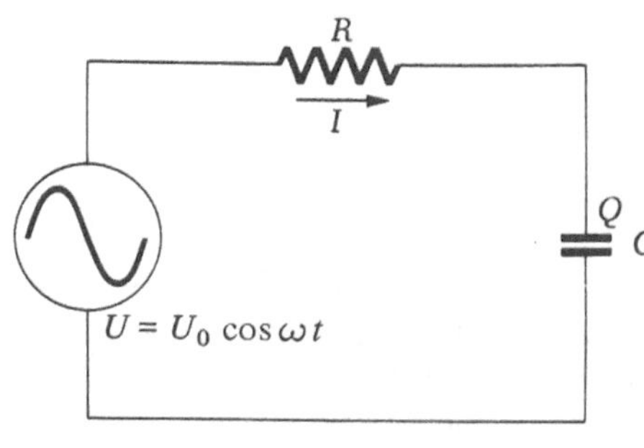

Bild 6.11

mit der Eingangsfrequenz ändert. Ändert sich die Eingangsspannung sehr langsam, ist also ihre *Schwingungsperiode*
viel größer als die *RC*-Zeitkonstante, so ist die Ladung
des Kondensators zu jedem Zeitpunkt einfach durch
$Q = CU$ gegeben, genau wie dies bei konstantem U der
Fall wäre. Bei höheren Frequenzen kann sich jedoch der
Kondensator über den Widerstand R nicht schnell genug
auf- und entladen, um mit der Änderung der Eingangsspannung Schritt halten zu können. In diesem Fall erwarten
wir eine Phasendifferenz zwischen Q und U, d.h., sie sind
je nach der Frequenz um einen Bruchteil einer Periode
gegeneinander verschoben. Außerdem kann die maximale
Ladung Q_0 kleiner sein als CU_0. Eine quantitative Untersuchung, mit der wir jetzt beginnen wollen, bestätigt dieses
Verhalten.

Anwendung des Kirchhoffschen Gesetzes auf die Spannung des Schaltkreises liefert

$$U_0 \cos \omega t = IR + \frac{Q}{C} = \frac{dQ}{dt} R + \frac{Q}{C}, \qquad (6.14)$$

wobei die Beziehung $I = dQ/dt$ verwendet wurde. Wir
nehmen an, daß Q eine Winkelfunktion der Zeit mit der
gleichen Frequenz wie die Spannung aber mit unterschiedlicher Phase ist.

$$Q = Q_0 \cos (\omega t + \varphi). \qquad (6.15)$$

Darin ist die Konstante Q_0 der Maximalwert von Q während einer Periode und φ heißt der Phasenwinkel. Beide
Größen sind aus Gl. (6.14) zu bestimmen. Im Laufe einer

vollen Periode erhöht sich ωt um 2π. Stellt sich heraus, daß die zeitliche Änderung von Q derjenigen von U um eine viertel Periode voraus ist, so entspricht dies $\varphi = \pi/2$. Eine entsprechende Beziehung gilt für alle anderen Phasenunterschiede.

Jetzt wollen wir Q_0 und φ bestimmen. Berechnet man dQ/dt aus Gl. (6.15) und setzt Q und dQ/dt in Gl. (6.14) ein, so ergibt sich

$$U_0 \cos \omega t = -\omega R Q_0 \sin (\omega t + \varphi) + \frac{Q_0}{C} \cos (\omega t + \varphi). \tag{6.16}$$

Als nächstes verwenden wir die trigonometrischen Formeln für den Sinus und den Cosinus einer Summe:

$$\sin (A + B) = \sin A \cos B + \cos A \sin B$$
$$\cos (A + B) = \cos A \cos B - \sin A \sin B.$$

Mit Hilfe dieser Formeln erhält man aus Gl. (6.16)

$$\cos \omega t \left(-\omega Q_0 R \sin \varphi + \frac{Q_0}{C} \cos \varphi - U_0 \right)$$
$$+ \sin \omega t \left(-\omega Q_0 R \cos \varphi - \frac{Q_0}{C} \sin \varphi \right) = 0. \tag{6.17}$$

Gl. (6.17) muß zu jedem Zeitpunkt gelten, insbesondere zu den Zeiten $\omega t = 0$ und $\omega t = \pi/2$. Im ersten Fall verschwindet der zweite Ausdruck und die Gleichung ist nur erfüllt, wenn die runde Klammer verschwindet. Analog muß für $\omega t = \pi/2$ die zweite runde Klammer verschwinden. Daraus folgt für den Phasenwinkel

$$\tan \varphi = -\omega R C. \tag{6.18}$$

Aus dem Verschwinden der ersten runden Klammer ergibt sich

$$Q_0 = \frac{U_0}{-\omega R \sin \varphi + (1/C) \cos \varphi} .$$

Multipliziert man Zähler und Nenner mit $C \cos \varphi$, so erhält man mit $\cos \varphi = 1/(\tan^2 \varphi + 1)^{1/2}$ und Gl. (6.18)

$$Q_0 = C U_0 \cos \varphi = \frac{C U_0}{(\tan^2 \varphi + 1)^{1/2}}$$
$$= \frac{C U_0}{[(\omega R C)^2 + 1]^{1/2}} . \tag{6.19}$$

Unsere qualitative Vorhersage wird also bestätigt. Da φ immer negativ ist, hinkt die Ladung um einen Phasenwinkel, der für kleine ω nahe Null und für sehr große ω nahe $\pi/2$ ist, hinter der Spannung her. Außerdem erreicht Q_0 für kleine ω und daher kleine φ nahezu den Wert $C U_0$, den es für konstante Spannung hätte. Wächst φ beziehungsweise ω, so wird Q_0 kleiner als $C U_0$. Für alle Frequenzen sind U_R und U_C um 90° in der Phase verschoben.

Es ist auch interessant zu untersuchen, wie sich der Strom I mit der Frequenz ändert. Leitet man Gl. (6.15) nach der Zeit ab und verwendet die Identität $\cos (A + \pi/2) = -\sin A$, so ergibt sich

$$I = \frac{dQ}{dt} = -\omega Q_0 \sin (\omega t + \varphi) = \omega Q_0 \cos \left(\omega t + \varphi + \frac{\pi}{2} \right).$$

Der Maximalwert von I, den wir mit I_0 bezeichnen wollen, ist ωQ_0. Unter Verwendung der Gln. (6.18) und (6.19) kann dies wie folgt geschrieben werden

$$I_0 = \omega Q_0 = \omega C U_0 \cos \varphi = -\frac{U_0}{R} \sin \varphi$$
$$= \frac{\omega C U_0}{[(\omega R C)^2 + 1]^{1/2}} = \frac{U_0}{[R^2 + (1/\omega C)^2]^{1/2}} . \tag{6.20}$$

Im Limes kleiner Frequenzen geht I_0 gegen 0 und die Phase von I gegen $\pi/2$. Im Limes hoher Frequenzen wird $\varphi = -\pi/2$ und der Strom ist mit der Spannung in Phase. Die Amplitude wird dabei U_0/R. Für sehr hohe Frequenzen (d.h. $\omega \gg 1/RC$) verhält sich der Schaltkreis genauso, als ob der Kondensator gar nicht vorhanden wäre. Umgekehrt entspricht das Verhalten des Schaltkreises bei niedrigen Frequenzen einem Fehlen von R. Bei hohen Frequenzen schließt ein Kondensator den Stromkreis kurz, während er bei niedrigen Frequenzen wie eine Unterbrechung wirkt.

6.2.2. Experiment

1. Ladungsrelaxation. Stellen Sie den in Bild 6.12 gezeigten Schaltkreis zusammen, um die einfachste Form von Ladungsrelaxation zu beobachten. Dieser Schaltkreis unterscheidet sich von Bild 6.2 nur durch Festlegung der Werte für die Komponenten. Wegen des sehr geringen Innenwiderstands der Batterie ist der Schalter nicht notwendig, sondern eine kurzzeitige Berührung mit der Batterie genügt, um den Kondensator voll aufzuladen.

> **Achtung**
> Eine Spannung von 45 V genügt für einen unangenehmen Stromschlag. Also **Vorsicht!**

Stellen Sie das Voltmeter auf den 15-V-Meßbereich. Warum wählt man den 15-V-Meßbereich, der nur ein drittel der Batteriespannung beträgt? (Der Spannungs-

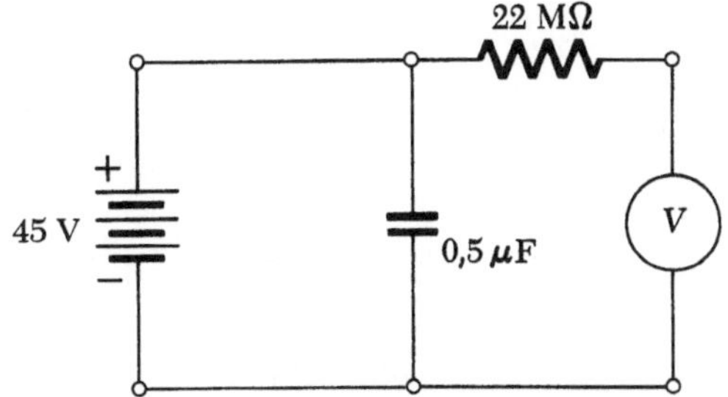

Bild 6.12

abfall am Voltmeter hängt von seinem Innenwiderstand ab.) Lösen Sie jetzt die Verbindung zur Batterie und beobachten Sie die Entladung des Kondensators. Messen Sie die Zeit, in der die Voltmeteranzeige auf die Hälfte ihres Anfangswertes abfällt. Berechnen Sie RC aus Gl. (6.11) und vergleichen Sie das Ergebnis mit dem erwarteten Wert. Vergessen Sie dabei nicht den Innenwiderstand R des Meßinstruments.

2. Exponentieller Abfall. Der Abfall kann länger beobachtet werden, wenn man das Meßgerät schrittweise auf niedrigere Meßbereiche umschaltet. Dabei kann sich der Nullpunkt etwas verschieben. Messen Sie die Spannung unter Verwendung einer Stopuhr zu Zeitpunkten, die 2 s oder 3 s auseinanderliegen, um den exponentiellen Abfall zu verifizieren. Schalten Sie dabei schrittweise bis zum niedrigsten Meßbereich herunter. Die Fehler, die von der Verschiebung des Nullpunkts herrühren, können korrigiert werden, indem man diese Verschiebung für jeden Meßbereich ermittelt. Zeichnen Sie U als Funktion von t auf halblogarithmisches Papier, wobei Sie U auf der logarithmischen Seite auftragen. Können Sie die Gestalt dieser Kurve vorhersagen? Warum ist halblogarithmisches Papier besonders zweckmäßig? Bestimmen Sie RC aus der Kurve und vergleichen Sie es mit dem aus den Komponenten des Schaltkreises ermittelten Wert.

3. Schnelle Relaxation. Wie in der Einleitung besprochen wurde, verwendet man zur Messung schnellerer Relaxation den Oszillographen. Man verwendet zum Aufladen eine Rechtecksspannung, wie sie in Bild 6.13 dargestellt ist, um periodische Relaxation zu erhalten. Der Funktionsgenerator erzeugt eine solche Spannung und erlaubt es, ihre Amplitude und ihre Frequenz $f = 1/T$ zu regeln.

Schließen Sie den Funktionsgenerator an die Vertikalablenkung des Oszillographen an, um mit dem Oszillographen und dem Rechteckwellengenerator vertraut zu werden.

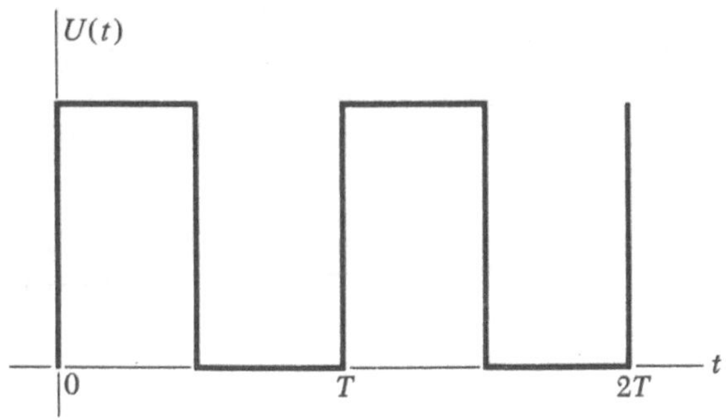

Bild 6.13

Stellen Sie den Oszillographen so ein, daß Sie jedes der in Bild 6.14 gezeigten Muster erhalten. Ändern Sie die Amplitude und die Frequenz des Generators und beobachten Sie, welche Änderungen der Oszillographeneinstellung dadurch nötig werden.

Bauen Sie einen Schaltkreis wie in Bild 6.15 auf. Dieser Schaltkreis unterscheidet sich von Bild 6.2, da der Kondensator über R sowohl aufgeladen als auch entladen wird. Welche Kurvenform wird am Oszillographen erscheinen?

Wählen Sie $R = 10\,\text{k}\Omega$, $C = 0,1\ \mu\text{F}$ und beobachten Sie das Auf- und Entladen des Kondensators. Man kann die Frequenz der Rechtecksspannung dazu verwenden, um die x-Achse des Oszillographen in Zeiteinheiten zu eichen. Messen Sie die Halbwertszeit und berechnen Sie mit Gl. (6.11) die Zeitkonstante RC. Beachten Sie, daß der Impulsgenerator einen Innenwiderstand hat. In der folgenden Tabelle sind typische Werte zusammengestellt:

Bereich in V	Innenwiderstand in Ω
0 … 0,1	52
0 … 1,0	52
0 … 10	0 … 220 je nach Einstellung

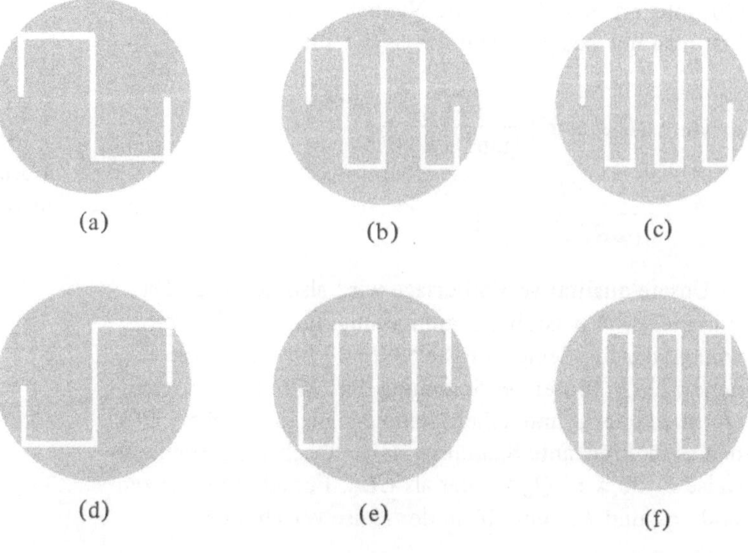

Bild 6.14

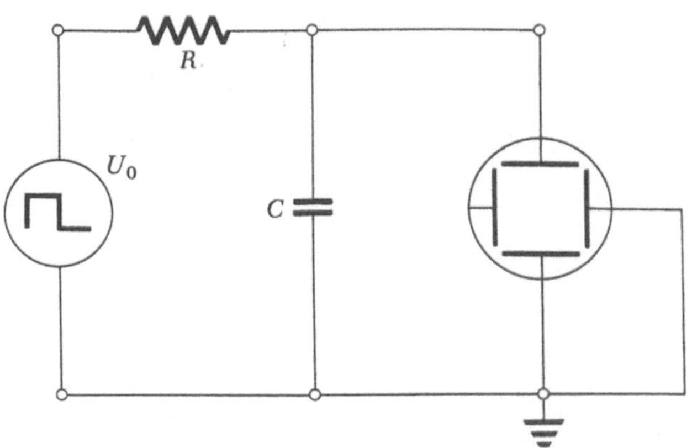

Bild 6.15

Außer wenn R viel größer ist als dieser Innenwiderstand, müssen die beiden Widerstandswerte zur Berechnung des Gesamtwiderstands addiert werden. Wiederholen Sie diese Messungen mit anderen Werten für R und C. Was geschieht, wenn RC viel *größer* ist als die Periode T der Rechteckspannung und was, wenn RC viel kleiner ist?

4. Sinusförmige Spannung. Dieselbe experimentelle Anordnung kann verwendet werden, um zu untersuchen, wie der RC-Schaltkreis auf eine sinusförmige Eingabespannung anspricht. Verwenden Sie hierzu die Sinuswelle des Funktionsgenerators. Überprüfen Sie die Gültigkeit der Gln. (6.18) und (6.19). Beachten Sie, daß der Oszillograph nicht die Ladung Q des Kondensators, sondern dessen Spannung Q/C mißt. Nach Gl. (6.19) ist die Spitzenspannung am Kondensator einfach durch $U_C = U_0 \cos\varphi$ gegeben. Das Verhältnis U_C/U_0 kann einfach gemessen werden, indem man die Vertikalablenkung des Oszillographen

zuerst an den Kondensator und dann an den Funktionsgenerator anschließt. Wählen Sie eine Frequenz, für die dieses Verhältnis etwa $\frac{1}{2}$ ist, messen Sie dieses Verhältnis am Oszillographen so genau wie möglich, und berechnen Sie den Phasenwinkel. Bestimmen Sie RC aus dem Phasenwinkel und der Frequenz des Funktionsgenerators. Vergleichen Sie dieses Ergebnis mit dem Wert, der sich aus den Komponenten des Schaltkreises ergibt. Beachten Sie, daß am Funktionsgenerator die gewöhnliche Frequenz f angegeben ist, während $\omega = 2\pi f$.

5. Phasenverschiebung. Drei mögliche Methoden, um die Phasenverschiebung zwischen der Spannung des Funktionsgenerators und der Spannung des Kondensators zu messen, wollen wir im folgenden besprechen.

Synchronisierung der Zeitablenkung. Ist die Sägezahnspannung der Horizontalablenkung jeweils mit der Spannung am Kondensator synchronisiert, so beginnt die Horizontalablenkung für alle Frequenzen am gleichen Punkt der Sinuswelle und es wird keine Phasenverschiebung beobachtet. Synchronisiert man die Horizontalablenkung jedoch mit der Spannung U des *Funktionsgenerators,* so beginnt die Horizontalablenkung für verschiedene Frequenzen an unterschiedlichen Punkten der Spannungsperiode des Kondensators, da zwischen den beiden eine Phasendifferenz besteht. Die Spannungskurven des Kondensators C am Oszillographen haben dann die in Bild 6.16 gezeigten Formen. Durch Messung der Verschiebung der Sinuswelle längs der horizontalen Achse kann die Phasendifferenz direkt bestimmt werden. Erhöht man die Frequenz, so nimmt die Amplitude der Kondensatorspannung ab, und die Kurve verschiebt sich nach rechts. Letzteres zeigt, daß die Maxima der Ladung *später* auftreten als die Maxima

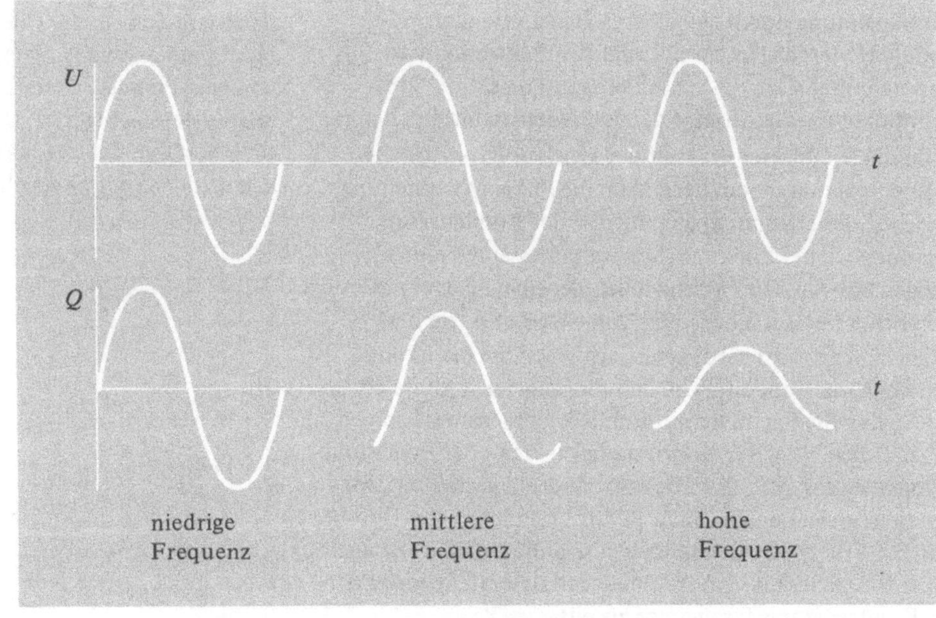

Bild 6.16

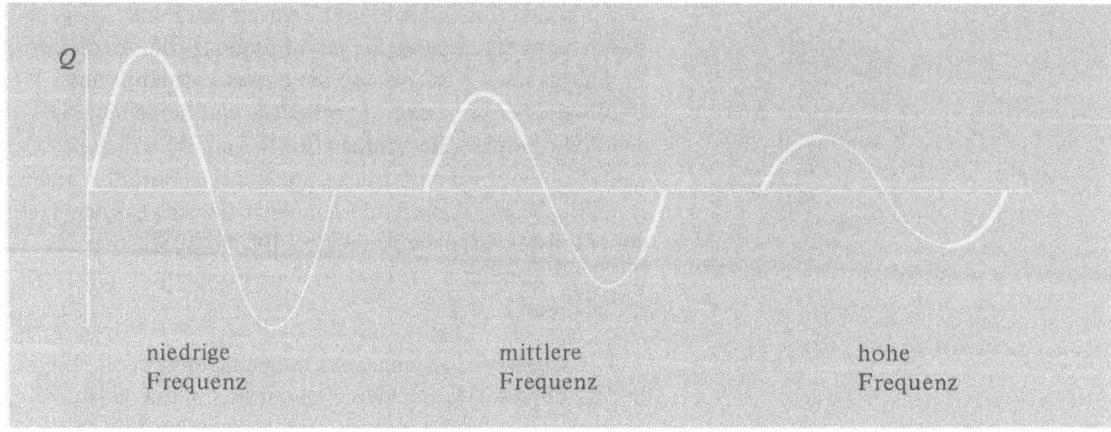

Bild 6.17

der äußeren Spannung. Dieses Verhalten entspricht einen negativen Phasenwinkel, was man auch *Phasenverzögerung* nennt.

Um die Zeitablenkung mit der äußeren Spannung zu synchronisieren, verwenden wir die Tatsache, daß die Sinuswelle und die Rechteckswelle des Funktionsgenerators für alle Frequenzen die gleiche Phase haben. Verbinden Sie den Rechteckswellenausgang des Funktionsgenerators mit dem Anschluß für *äußere* Synchronisation am Oszillographen und stellen Sie den Synchronisationsschalter auf extern. Drehen Sie den Regler der Synchronisationsamplitude voll auf und verringern Sie die Amplitude des Funktionsgenerators so weit, bis gerade noch gute Synchronisation besteht. Messen Sie den Phasenwinkel für verschiedene Frequenzen und vergleichen Sie die Ergebnisse mit den Vorhersagen aus Gl. (6.18).

Intensitätsmodulation. Wie in Experiment EF-1 besprochen wurde, wird die Intensität des Elektronenstrahls durch die Vorspannung am Steuergitter G_1 des Kathodenstrahlrohrs geregelt. Die Strahlintensität kann über diese Gitterspannung durch ein äußeres Signal verändert oder moduliert werden. In der Sprache der Elektronik wird die Strahlintensität „z-Achse" genannt, da sie eine dritte Koordinate für die Anzeige des Kathodenstrahlrohrs liefert.

Ist die Strahlintensität mit der gleichen Phase wie die äußere Spannung moduliert, kann die Phasenverschiebung zwischen der äußeren Spannung und der Kondensatorspannung wieder direkt am Schirm gemessen werden. Vergleichen Sie den Phasenwinkel, der sich dabei ergibt, wie vorhin mit der Vorhersage von Gl. (6.18). Um den Strahl synchron zu modulieren, schließen Sie die Rechteckswelle des Generators an den Eingang der z-Achse an und stellen Sie Strahlintensität und Rechteckswelle so ein, daß sich ein guter Kontrast ergibt. Wenn der Synchronisationsschalter auf *innere* Synchronisation gestellt ist, sollten die Kurven denjenigen in Bild 6.17 ähnlich sein. Erhöht man die Frequenz, so verschieben sich die hellen Teile nach links. Das bedeutet, daß die Phase der äußeren Spannung der Kondensatorspannung *voraus* eilt.

Die Intensitätsmodulation hat gegenüber der Zeitablenkungssynchronisation Vorteile, da die Synchronisationscharakteristik des Sägezahngenerators etwas frequenzabhängig ist, wodurch scheinbare Phasenverschiebungen entstehen können. Diese Schwierigkeit vermeidet man bei der Intensitätsmodulation, da hier das Ergebnis von der Art, in der die Zeitablenkung getriggert wird, unabhängig ist.

Lissajous-Figuren. Verwendet man die äußere Spannung zur Horizontalablenkung und die Kondensatorspannung zur Vertikalablenkung, wie dies in Bild 6.18 gezeigt ist, so kann der Phasenwinkel φ zwischen den beiden direkt aus der Figur am Schirm des Oszillographen bestimmt werden. Dabei verwendet man den Sägezahngenerator überhaupt *nicht*. Bei dieser Anordnung wird der Schalter für die Horizontalablenkung auf *externen Eingang* gestellt. Dadurch werden die Platten der Horizontalablenkung statt mit dem Ablenkgenerator mit den Buchsen der Horizontaleingabe verbunden.

Unter diesen Bedingungen ist die Bewegung des Leuchtflecks am Schirm die Überlagerung zweier einfacher harmonischer Schwingungen, die zueinander senkrecht stehen und eine Phasendifferenz φ haben. Diese Gebilde nennt man Lissajous-Figuren. Die Amplituden können so eingestellt werden, daß die maximalen horizontalen und vertikalen Ablenkungen gleich sind. Haben die beiden Span-

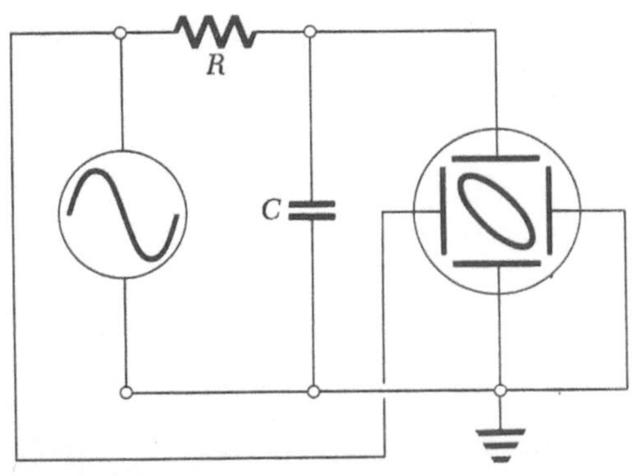

Bild 6.18

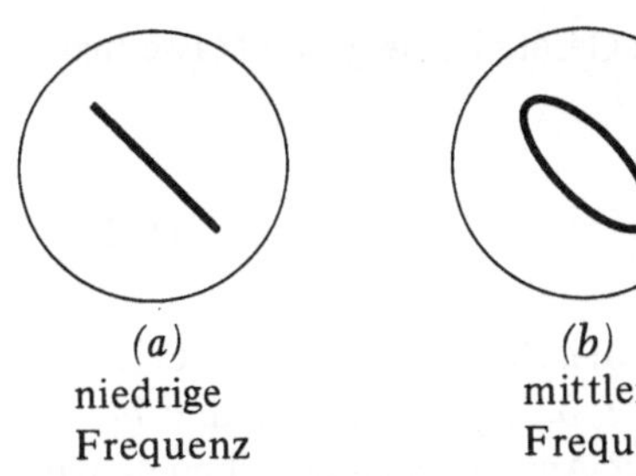

<table>
<tr><td align="center">(a)
niedrige
Frequenz</td><td align="center">(b)
mittlere
Frequenz</td><td align="center">(c)
hohe
Frequenz</td></tr>
</table>

Bild 6.19

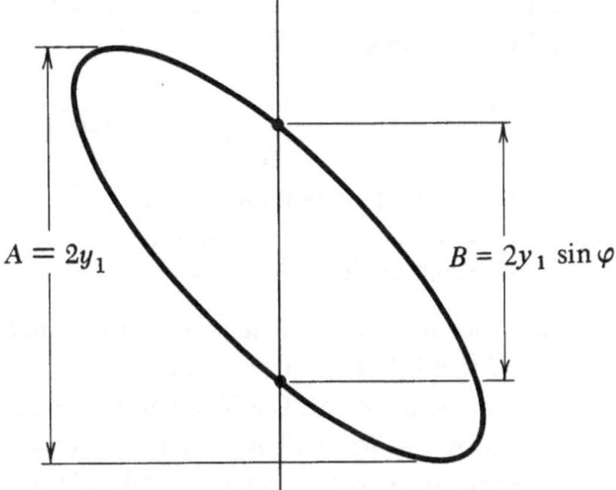

Bild 6.20

nungen die gleiche Phase, wie dies für niedrige Frequenzen der Fall ist, dann sollte die Kurve wie in Bild 6.19a eine unter 45° geneigte Gerade sein. Bei hohen Frequenzen ist der Phasenwinkel 90° und die Kurve sollte wie in Bild 6.19c durch einen Kreis gegeben sein. Im Frequenzbereich dazwischen ist sie eine Ellipse.

Die einfachste Methode zur Bestimmung der Phasenverschiebung aus der elliptischen Kurve ist: Die Amplituden werden so eingestellt, daß die maximalen vertikalen und horizontalen Ablenkungen gleich sind und dann die in Bild 6.20 gezeigten Messungen ausgeführt. Die x- und y-Koordinaten der Ellipse sind durch

$$x = x_1 \cos \omega t \quad \text{und} \quad y = y_1 \cos(\omega t + \varphi)$$

gegeben. Die Strecke B ist genau das Doppelte von y zum Zeitpunkt, in dem $x = 0$, d.h., wenn $\omega t = \pm \pi/2$ ist. Zu diesem Zeitpunkt gilt

$$y = y_1 \cos\left(\pm \frac{\pi}{2} + \varphi\right) = \pm y_1 \sin \varphi \,,$$

also ist $B = 2 y_1 \sin \varphi$, wie das Bild zeigt. Außerdem gilt $A = 2 y_1$; somit kann $\sin \varphi$ bestimmt werden.

Verwenden Sie diese Methode, um den Phasenwinkel als Funktion der Frequenz zu messen. Zeichnen Sie eine Kurve, die $\tan \varphi$ als Funktion von ω zeigt. Bestimmen Sie RC aus der Steigung dieser Kurve und vergleichen Sie das Ergebnis mit dem direkt aus den Komponenten des Schaltkreises ermittelten Wert.

6.2.3. Fragen

1. Verwenden Sie, daß R die Dimension Spannung pro Ladungseinheit und C die Dimension Ladung pro Spannungseinheit hat, um zu zeigen, daß RC die Dimension einer Zeit besitzt.

2. Geben Sie eine Kombination von Widerstand und Kondensator an, deren Ausgangsspannung das Zeitintegral der Eingangsspannung ist.

3. Wie kann der Innenwiderstand des Rechteckwellengenerators gemessen werden?

4. Wie groß ist die Phasenverschiebung, wenn der RC-Schaltkreis mit einer Sinusspannung, deren Frequenz ω gleich $1/RC$ ist gespeist wird? Wie groß ist das Verhältnis der Kondensatorspannung zu äußeren Spannung?

5. Leiten Sie aus den Gln. (6.18) und (6.19) einen Ausdruck für die maximale Ladung Q_0 ab, der φ nicht mehr enthält, sondern Q_0 als Funktion von ω angibt.

6. Warum ist die Gerade in Bild 6.19a nach links und nicht nach rechts geneigt?

7. Durchläuft der Leuchtfleck die Ellipse in Bild 6.20 im oder entgegen dem Uhrzeigersinn?

8. Welches Bild würde sich am Schirm ergeben, wenn in der Anordnung für die Lissajous-Figuren noch die Strahlintensität mit der Rechteckswelle des Generators moduliert wäre?

9. Skizzieren Sie die Lissajous-Figur, die sich ergibt, wenn sowohl die Vertikal- als auch die Horizontalablenkung des Oszillographen Sinusspannungen der gleichen Amplitude sind, aber die Vertikalablenkung die doppelte Frequenz der Horizontalablenkung hat.

6.3. Experiment ES-2: Schaltkreise mit Widerständen und Spulen

6.3.1. Einleitung

In Experiment ES-1 haben wir das Verhalten von Schaltkreisen, bei denen ein Widerstand und ein Kondensator in Serie geschaltet waren, untersucht. Bei der Entladung des Kondensators über den Widerstand fanden wir ein exponentielles Abklingen der Ladung. Weiterhin beobachteten wir das Ansprechen des Schaltkreises auf eine sinusförmige äußere Spannung. Im Experiment ES-2 führen wir eine ähnliche Untersuchung an einem Schaltkreis durch, der einen Widerstand und eine *Spule* enthält. Wir werden viele Ähnlichkeiten mit dem RC-Schaltkreis finden, aber auch wichtige Unterschiede.

Zuerst betrachten wir den Schaltkreis in Bild 6.21. Ist der Widerstand der Spule vernachlässigbar, so fließt ein konstanter Strom I_0 im Schaltkreis, der einfach durch

$$I_0 = \frac{U_0}{R} \tag{6.21}$$

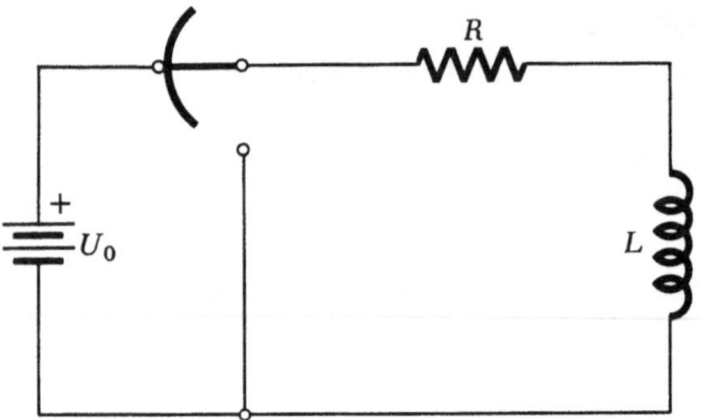

Bild 6.21

gegeben ist, worin U_0 die Spannung der Batterie bedeutet. Zu einer bestimmten Zeit, etwa $t = 0$, trennen wir die Batterie vom Schaltkreis. Was geschieht?

Erstens kann der Strom nicht unmittelbar aufhören zu fließen, denn die in L induzierte Spannung ist proportional dI/dt und bei einer diskontinuierlichen Änderung des Stroms würde die Spannung unendlich. Daher ist der Strom I eine Funktion von t, die stetig abfällt und die wir mit $I(t)$ bezeichnen wollen. Um diese Funktion zu bestimmen, verfahren wir genauso wie beim RC-Schaltkreis und wenden den Kirchhoffschen Satz auf die Spannung des RL-Kreises an. Aus dem Spannungsabfall IR in R und der Induktionsspannung $L\,dI/dt$ in L ergibt sich

$$RI + L\frac{dI}{dt} = 0. \qquad (6.22)$$

Die Ableitung der Funktion $I(t)$ muß daher gleich $-R/L$ mal der Funktion selbst sein. Da ihr Wert zur Zeit $t = 0$ I_0 sein muß, folgt

$$I(t) = I_0\,e^{-(R/L)t}. \qquad (6.23)$$

Dies ist die einzige Funktion, die diese beiden Bedingungen erfüllt.

Aus den Ausführungen in Experiment ES-1 geht hervor, daß die Zeitkonstante in diesem Fall durch L/R gegeben ist. In der Zeit L/R fällt der Strom auf das $1/e$-fache seines anfänglichen Wertes ab. Analog ergibt sich die in Experiment ES-1 definierte Halbwertszeit $T_{1/2}$ zu

$$T_{1/2} = (\ln 2)\frac{L}{R} = 0{,}693\,\frac{L}{R}. \qquad (6.24)$$

Wie beim RC-Schaltkreis können wir auch hier die Analogie zwischen Elektromagnetismus und Mechanik verwenden. Betrachten Sie wieder einen mit Öl gefüllten Zylinder, in dem sich ein perforierter Kolben bewegt. Diesmal wirkt keine Feder, dafür ist aber die Masse m des Kolbens nicht vernachlässigbar. Die einzige Kraft, die auf den Kolben wirkt, ist die viskose Reibungskraft $-b\,v$. Nach

dem zweiten Newtonschen Gesetz ist sie gleich Masse mal Beschleunigung $m\,dv/dt$.

$$bv + m\frac{dv}{dt} = 0. \qquad (6.25)$$

Diese Gleichung hat genau dieselbe Form wie Gl. (6.22). Hier spielt v die Rolle von I, b diejenige von R und m die von L. Die v-I- und b-R-Analogien entsprechen denen im RC-Schaltkreis. Zusätzlich ergibt sich, daß die Masse m der Induktivität L entspricht.

Verfolgt man diese Analogie weiter, so gilt für die Zeitabhängigkeit der Geschwindigkeit

$$v(t) = v_0\,e^{-(b/m)t}, \qquad (6.26)$$

wenn der Kolben die Anfangsgeschwindigkeit v_0 erhält und dann losgelassen wird. Darin ist die Zeitkonstante m/b und die Halbwertszeit der Bewegung $T_{1/2} = (\ln 2)\,m/b$.

Jetzt kehren wir wieder zum RL-Schaltkreis zurück und untersuchen an Hand von Bild 6.22, wie er auf eine sinusförmige äußere Spannung anspricht. Die Vorgangsweise ist dieselbe, wie beim RC-Kreis. Wir wollen mit einer qualitativen Erörterung beginnen. Ist die Frequenz ω sehr klein, ändert sich der Strom sehr langsam und daher ist auch der Spannungsabfall an L, der durch $L\,dI/dt$ gegeben ist, sehr klein. Der Schaltkreis sollte sich also so verhalten, als ob gar keine Spule vorhanden wäre. In diesem Fall hat der Strom die gleiche Phase wie die Spannung und seine Amplitude ist $I_0 = U_0/R$. Bei sehr hohen Frequenzen wird die Induktionsspannung in L viel größer als der Spannungsabfall an R und R kann daher vernachlässigt werden. In diesem Fall ist der maximale Strom viel kleiner als U_0/R und es besteht eine Phasendifferenz zwischen Spannung und Strom.

Die Gleichung für den Schaltkreis in Bild 6.22 erhält man aus Gl. (6.22), indem man die äußere Spannung hinzufügt. Ist diese durch $U(t) = U_0 \cos \omega t$ gegeben, so folgt

$$RI + L\frac{dI}{dt} = U_0 \cos \omega t. \qquad (6.27)$$

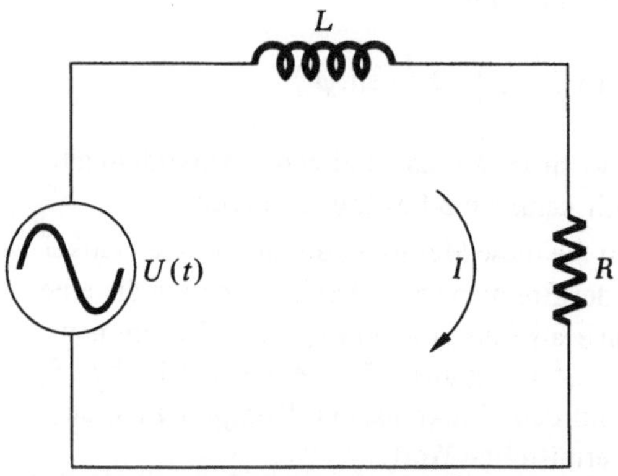

Bild 6.22

Wir suchen eine Lösung, die die gleiche Frequenz ω wie die äußere Spannung hat, aber phasenverschoben ist und machen daher den Ansatz

$$I(t) = I_0 \cos(\omega t + \varphi). \qquad (6.28)$$

Die Bestimmung von I_0 und φ ist ganz analog der entsprechenden Rechnung in Experiment ES-1 und sei dem Leser überlassen. Das Ergebnis

$$\tan \varphi = -\frac{\omega L}{R}$$
$$I_0 = \frac{U_0 \cos \varphi}{R} = \frac{U_0}{[R^2 + (\omega L)^2]^{1/2}} \qquad (6.29)$$

kann durch Einsetzen in die Gln. (6.28) und (6.27) überprüft werden. Dies entspricht genau unseren qualitativen Erwartungen. Bei sehr niedrigen Frequenzen (wo $\omega L \ll R$) ist φ nahezu Null und I_0 fast gleich U_0/R, genauso als ob die Spule kurzgeschlossen wäre. Bei sehr hohen Frequenzen ($\omega L \gg R$) nähert sich φ dem Wert $-\pi/2$ und I_0 dem Wert $U_0/\omega L$, genauso als ob der Widerstand kurzgeschlossen wäre. Bei mittleren Frequenzen liegt die Phasenverschiebung des Stroms gegenüber der Spannung zwischen Null und $-\pi/2$. Die Größe $[R^2 + (\omega L)^2]^{1/2}$ wird die Impedanz des Schaltkreises genannt und mit Z bezeichnet. Es gilt daher bei allen Frequenzen $I_0 = U_0/Z$.

Weiterhin kann man schließen, daß die Spannung an L gegenüber dem Spannungsabfall an R bei jeder Frequenz um eine Viertelperiode ($\pi/2$) vorauseilt, wenn durch beide der gleiche Strom fließt. Bei sehr niedrigen Frequenzen tritt L nicht in Erscheinung und bei sehr hohen Frequenzen wirkt es wie eine Unterbrechung des Stromkreises.

6.3.2. Experiment

1. Exponentielles Anwachsen. Der exponentielle Abfall des Stroms im RL-Schaltkreis kann nicht wie das Abklingen der Ladung im RC-Kreis mit einem gewöhnlichen

Voltmeter beobachtet werden, denn um eine genügend große Zeitkonstante zu erhalten, müßte L übermäßig groß sein. Wir können jedoch eine zu Bild 6.15 analoge Anordnung verwenden, wie sie in Bild 6.23 dargestellt ist. Dabei tritt sowohl ein exponentieller *Abfall* des Stroms im RL-Schaltkreis auf als auch ein exponentielles *Anwachsen*. Im letzteren Fall beginnt der Strom bei Null und wächst bis zu einem Endwert, der durch die Amplitude U_0 der Rechtecksspannung bestimmt ist. Die Zeitkonstante sollte in beiden Fällen die gleiche sein. Warum?

Beobachten Sie das exponentielle Anwachsen des Stroms über eine Periode mit den Schaltkomponenten $R = 1\,\text{k}\Omega$ und $L = 25\,\text{mH}$. Da die Frequenz der Rechteckwelle bekannt ist, kann die x-Achse des Oszillographen in Einheiten der Zeit geeicht werden. Messen Sie die Halbwertszeit und bestimmen Sie daraus die Zeitkonstante L/R. Wenn Sie dieses Ergebnis mit der aus den Werten von L und R berechneten Zeitkonstante vergleichen, müssen Sie wie in Experiment ES-1 den Innenwiderstand des Rechteckwellengenerators berücksichtigen.

Untersuchen Sie auch andere Werte von R und L. Was geschieht insbesondere, wenn L/R größer als die Periode T der Rechteckwelle ist? Was geschieht, wenn es viel kleiner ist?

2. Sinusförmige Anregung. Mit derselben experimentellen Anordnung kann man beobachten, wie der RL-Schaltkreis auf eine sinusförmige Eingabespannung anspricht, indem man die Sinuswelle des Generators verwendet. Dabei können die Vorhersagen der Gln. (6.29) überprüft werden. Der Oszillograph mißt den Spannungsabfall an R. Daraus ergibt sich der Strom aus dem Ohmschen Gesetz: $I_0 = U_R/R$. Eliminiert man mit Hilfe dieser Gleichung I_0 aus Gl. (6.29) so erhält man

$$\frac{U_R}{U_0} = \frac{R}{[R^2 + (\omega L)^2]^{1/2}} \; \cdot$$

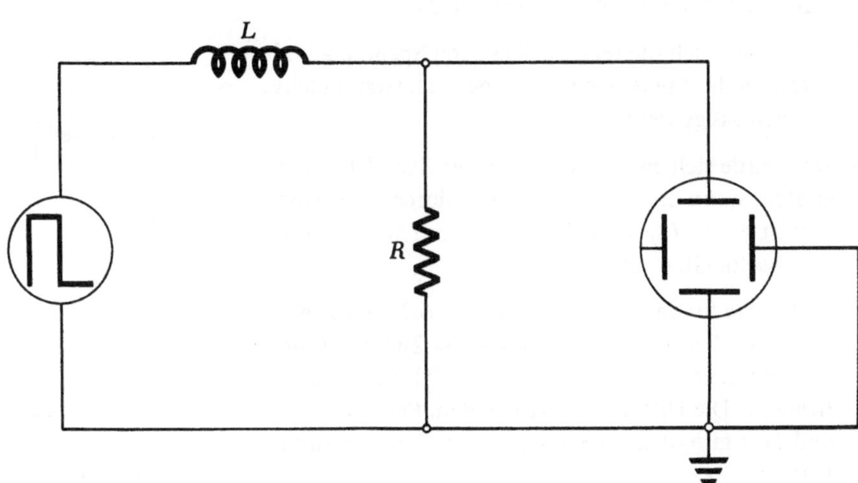

Bild 6.23

Das Spannungsverhältnis U_R/U_0 kann gemessen werden, indem man an die Vertikalablenkung des Oszillographen zuerst den Spannungsabfall von R und dann die Sinuswelle des Generators anschließt. Wählen Sie eine Frequenz, bei der dieses Verhältnis ungefähr $\frac{1}{2}$ ist. Messen Sie dieses Verhältnis dann so genau wie möglich und berechnen Sie daraus den Phasenverschiebungswinkel φ. Bestimmen Sie aus φ und der Frequenz der Sinuswelle den Wert von L/R. Beachten Sie dabei, daß am Generator die gewöhnliche Frequenz f angegeben ist, die zu ω in der Beziehung $\omega = 2\pi f$ steht.

3. Phasenverschiebung. Die Phasenverschiebung zwischen der Generatorspannung und dem Strom im Schaltkreis (oder dem Spannungsabfall am Widerstand) kann auf irgend eine der in den Experimenten EL-4 und ES-1 besprochenen Arten, gemessen werden. Messen Sie den Phasenwinkel bei verschiedenen Frequenzen oberhalb und unterhalb der Frequenz, bei der $U_R/U_0 = \frac{1}{2}$. Zeichnen Sie eine Kurve, die $\tan\varphi$ als Funktion von ω angibt. Bestimmen Sie L/R aus der Steigung dieser Kurve und vergleichen Sie das Ergebnis mit dem Wert, der sich aus den Komponenten des Schaltkreises ergibt.

6.3.3. Fragen

1. Zeigen Sie, daß die Größe L/R die Dimension einer Zeit hat.

2. Wie müßte eine RL-Kombination geschaltet werden, damit ihre Ausgangsspannung die Zeitableitung ihrer Eingangsspannung ist?

3. Wie groß ist die Phasenverschiebung, wenn der RL-Schaltkreis mit einer Sinusspannung, deren Frequenz $\omega = R/L$ ist, betrieben wird? Wie groß ist das Verhältnis von Induktorspannung zur äußeren Spannung?

4. Bildet man die Zeitableitung einer Sinusfunktion (wie z.B. $\cos(\omega t + \varphi)$) nach der Zeit, so erhöht sich dadurch die Phase um $\pi/2$. Zeigen Sie das.

5. Wie ändert sich die relative Phase von Spannung und Strom in der Spule, wenn ihr Innenwiderstand nicht vernachlässigt werden kann?

6. Was würde sich an den Ausführungen nach Gl. (6.27) ändern, wenn die äußere Spannung durch $U_0 \sin\omega t$ anstatt durch $U_0 \cos\omega t$ gegeben wäre? Wären die Ergebnisse in Gl. (6.29) die gleichen?

7. Leiten Sie für den Schaltkreis in Bild 6.21 einen Ausdruck für den Strom als Funktion der Zeit ab, wenn die Batterie erst zur Zeit $t = 0$ angeschlossen wird. *Hinweis:* Die Differenz zwischen dem Endstrom I_0 und $I(t)$ nimmt exponentiell mit der Zeitkonstante L/R ab.

6.4. Experiment ES-3: LRC-Schaltkreise und Schwingungen

6.4.1. Einleitung

In Experiment ES-1 haben wir die exponentielle Entladung eines Kondensators über einen Widerstand und das Verhalten einer Kombination aus Widerstand und Kondensator unter der Einwirkung einer sinusförmigen äußeren Spannung untersucht. Wir haben festgestellt, daß das Verhalten dieses Systems dem Verhalten eines mechanischen Türschließers analog ist.

In dem Experiment ES-3 wollen wir ein elektrisches System betrachten, daß das elektrische Analogon eines harmonischen Oszillators ist. Um mit dem Grundprinzip vertraut zu werden, behandeln wir zuerst den in Bild 6.24 gezeigten Schaltkreis. Man erhält ihn aus dem Schaltkreis in Bild 6.2 im Experiment ES-1, indem man den Widerstand durch eine Spule ersetzt und die Batterie anders anschließt. Durch kurzzeitiges Schließen von Schalter 1 erhält der Kondensator die Anfangsladung Q_0. Zur Zeit $t = 0$ wird dann Schalter 2 geschlossen und der Kondensator beginnt sich über die Spule zu entladen. Anders als bei der Entladung des Kondensators über einen Widerstand, kann sich der Strom hier beim Einschalten nicht sprunghaft ändern, da die Spannung von der Spule durch $I\,dI/dt$ gegeben ist. Die Änderung des Stroms ist vielmehr durch die Bedingung, daß die jeweilige Spannung am Kondensator der Spannung an der Spule gleich ist, bestimmt. Wenn man die Richtung des Stroms wie in Bild 6.24 festlegt, gelten die Beziehungen

$$I = -\frac{dQ}{dt} \quad \text{und} \quad \frac{Q}{C} = L\frac{dI}{dt}. \tag{6.30}$$

Beide Gleichungen zusammen ergeben

$$L\frac{d^2Q}{dt^2} = -\frac{Q}{C}. \tag{6.31}$$

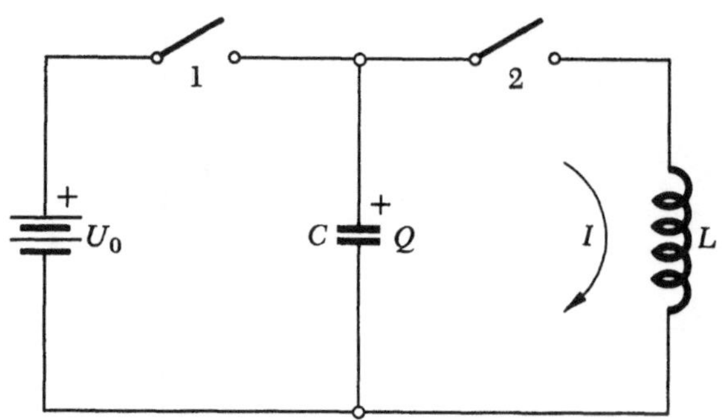

Bild 6.24

Diese Gleichung hat dieselbe Form wie die Bewegungsgleichung eines harmonischen Oszillators mit der *Masse m* und einer Federkonstante *k*.

$$m \frac{d^2 x}{dt^2} = -kx. \qquad (6.32)$$

Wie in Experiment ES-1 spielt $1/C$ die Rolle der Federkonstante k und die Induktivität L entspricht der Masse m des mechanischen Systems.

Gibt man dem harmonischen Oszillator am Anfang die Verschiebung x_0, so folgt seine Bewegung der Gleichung

$$x = x_0 \cos \omega_0 t,$$

darin ist die Kreisfrequenz ω_0 (gleich $2\pi f$, wobei f die Frequenz in Hertz oder die Anzahl der Perioden pro Sekunde bedeutet) durch

$$\omega = \left(\frac{k}{m} \right)^{1/2} \qquad (6.33)$$

gegeben.

Analog oszilliert auch die Ladung des Kondensators als Funktion der Zeit nach der Gleichung

$$Q = Q_0 \cos \omega_0 t$$

mit der Kreisfrequenz

$$\omega_0 = \frac{1}{(LC)^{1/2}} . \qquad (6.34)$$

Im harmonischen Oszillator geht die Energie während der Bewegung ständig von potentieller in kinetische Energie über und umgekehrt. An den Punkten maximaler Verschiebung ist die Geschwindigkeit des Oszillators Null und seine Energie ist vollständig potentielle Energie. In der Gleichgewichtslage ($x = 0$) ist die Geschwindigkeit ein Maximum und nur kinetische Energie vorhanden. Eine ähnliche Oszillation der Energie erfolgt im *LC*-Schaltkreis. Ist der Kondensator maximal geladen und der Strom gleich Null, so ist die gesamte Energie im Kondensator gespeichert. Ist hingegen die Ladung gleich Null und der Strom ein Maximum, so befindet sich die Energie im magnetischen Feld der Spule. Die elektrische Feldenergie des Kondensators ist daher analog der potentiellen Energie und die magnetische Feldenergie der Spule analog der kinetischen Energie. Diese Analogien sind in den Bildern 6.25 und 6.26 dargestellt.

Offenbar ist das elektrische Analogon eines gedämpften harmonischen Oszillators ein Schaltkreis, der einen Widerstand, eine Spule und einen Kondensator enthält. Zur Bewegungsgleichung des harmonischen Oszillators muß der Ausdruck $-b\, dx/dt$ für die Dämpfungskraft hinzugefügt werden. Sie ist proportional der Geschwindigkeit

und wirkt dieser entgegen. Somit ist die Bewegungsgleichung eines gedämpften harmonischen Oszillators

$$m \frac{d^2 x}{dt^2} + b \frac{dx}{dt} + kx = 0. \qquad (6.35)$$

Für den Schaltkreis in Bild 6.27 ergibt der Kirchoffsche Satz

$$\frac{Q}{C} - L \frac{dI}{dt} - IR = 0.$$

Verwendet man $I = -dQ/dt$, so kann diese Gleichung in

$$L \frac{d^2 Q}{dt^2} + R \frac{dQ}{dt} + \frac{Q}{C} = 0 \qquad (6.36)$$

umgeformt werden, was in der Form genau der Gl. (6.35) entspricht. Wie früher ist L zu m, $1/C$ zu k und der Widerstand R der Dämpfungskonstanten analog.

Auch an Hand des Energiesatzes läßt sich die Analogie der beiden Systeme weiter verfolgen. Die Gesamtenergie des ungedämpften harmonischen Oszillators ist konstant. Da die Richtung der Dämpfungskraft der Geschwindigkeit stets entgegengesetzt ist, verrichtet die Dämpfungskraft *negative* Arbeit und bewirkt eine stetige Abnahme der mechanischen Energie des Systems. Ebenso ist die Gesamtenergie eines *LC*-Schaltkreises ohne Widerstand konstant. Spule und Kondensator *speichern* Energie, aber sie verringern diese nicht. Fügt man jedoch einen Widerstand hinzu, so verliert das System pro Zeiteinheit die Energie $I^2 R$. Dadurch wird die elektrische Energie des Schaltkreises stetig vermindert und im Widerstand in Wärme umgewandelt.

Natürlich ist ein völlig ungedämpfter harmonischer Oszillator eine Idealisierung, die in der Praxis nicht verwirklicht werden kann. So fanden wir zum Beispiel auch in den Experimenten mit der Luftkissenfahrbahn eine kleine aber nicht vernachlässigbare Reibungskraft. Sie war durch die Viskosität der Luftschicht, die den Gleiter trägt, bedingt und ungefähr proportional der Geschwindigkeit. Genauso ist ein *LC*-Kreis ohne Widerstand eine Idealisierung. Auch in einem Schaltkreis ohne eigenem Widerstand ist der Widerstand der Spule und der Verbindungsdrähte nie ganz vernachlässigbar.

Die Erfahrung mit harmonischen Oszillatoren, sei es auf der Luftkissenfahrbahn oder mit einem einfachen Pendel, zeigt, daß der durch die Reibung bedingte Energieverlust eine ständige Abnahme der *Schwingungsamplitude* bewirkt. Die Verschiebung aus der Gleichgewichtslage wird immer kleiner, wie dies in Bild 6.28 dargestellt ist. Ähnlich erwarten wir, daß die elektrischen Schwingungen im *LRC*-Kreis ständig abnehmen, so daß die maximale Ladung am Kondensator von Periode zu Periode etwas kleiner wird. Das ist genau das, was man unter „gedämpfter Schwingung" versteht.

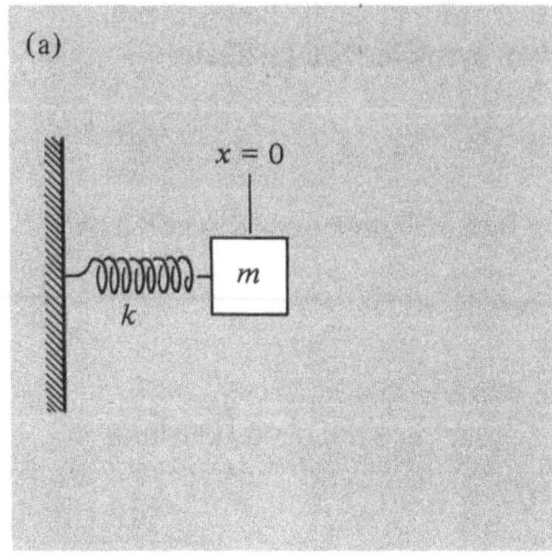

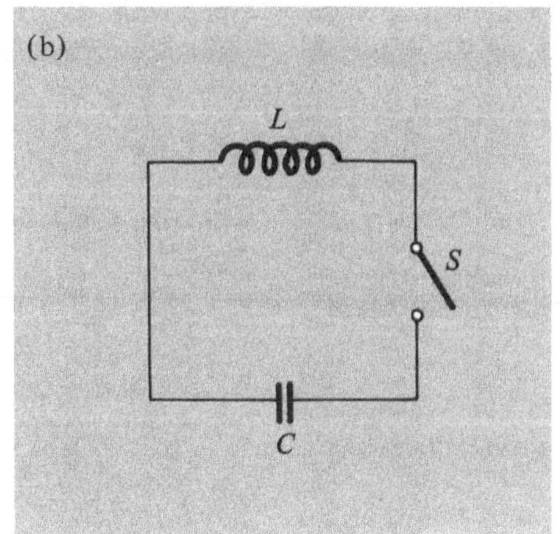

Man betrachte eine Masse am Ende einer Feder ...

und einen LC-Kreis.

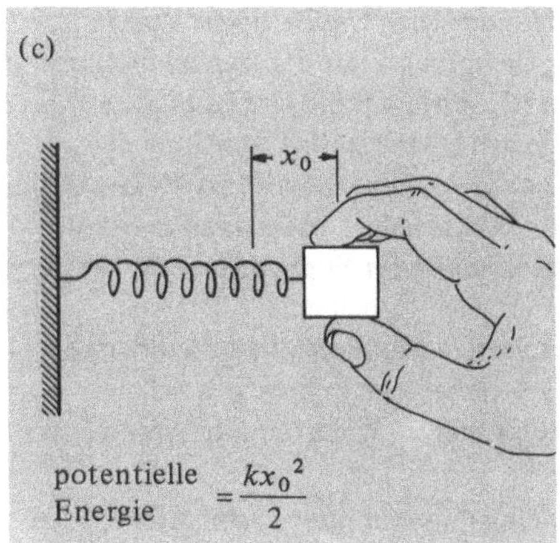

potentielle Energie $= \dfrac{kx_0{}^2}{2}$

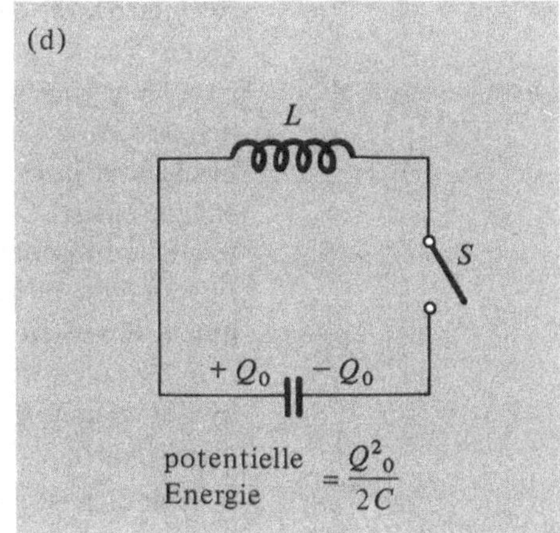

potentielle Energie $= \dfrac{Q_0^2}{2C}$

Dehnen der Feder entspricht ...

Aufladen des Kondensators.

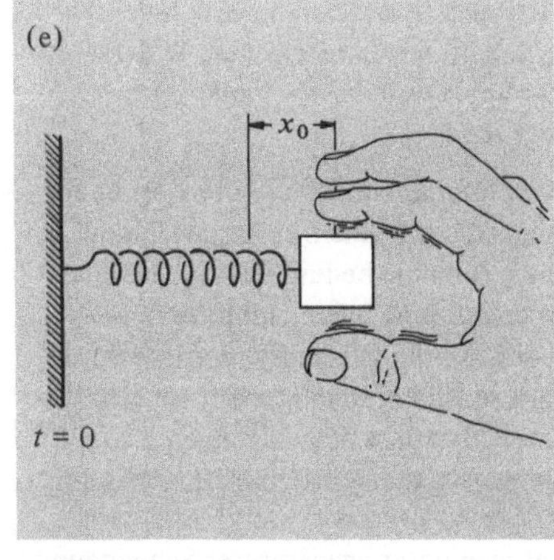

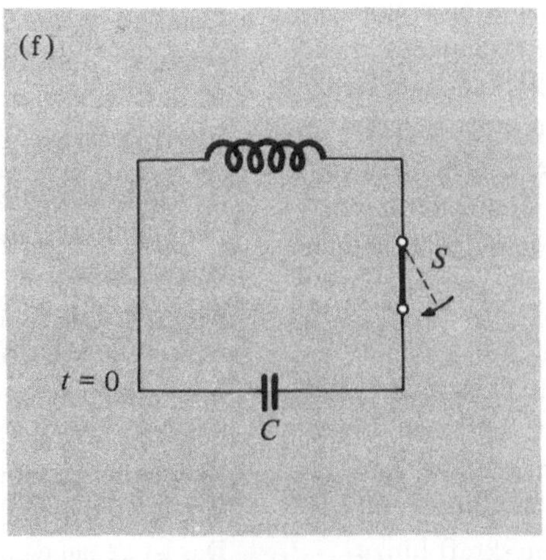

Loslassen der Feder ist wie ...

Schließen des Schalters.

Bild 6.25

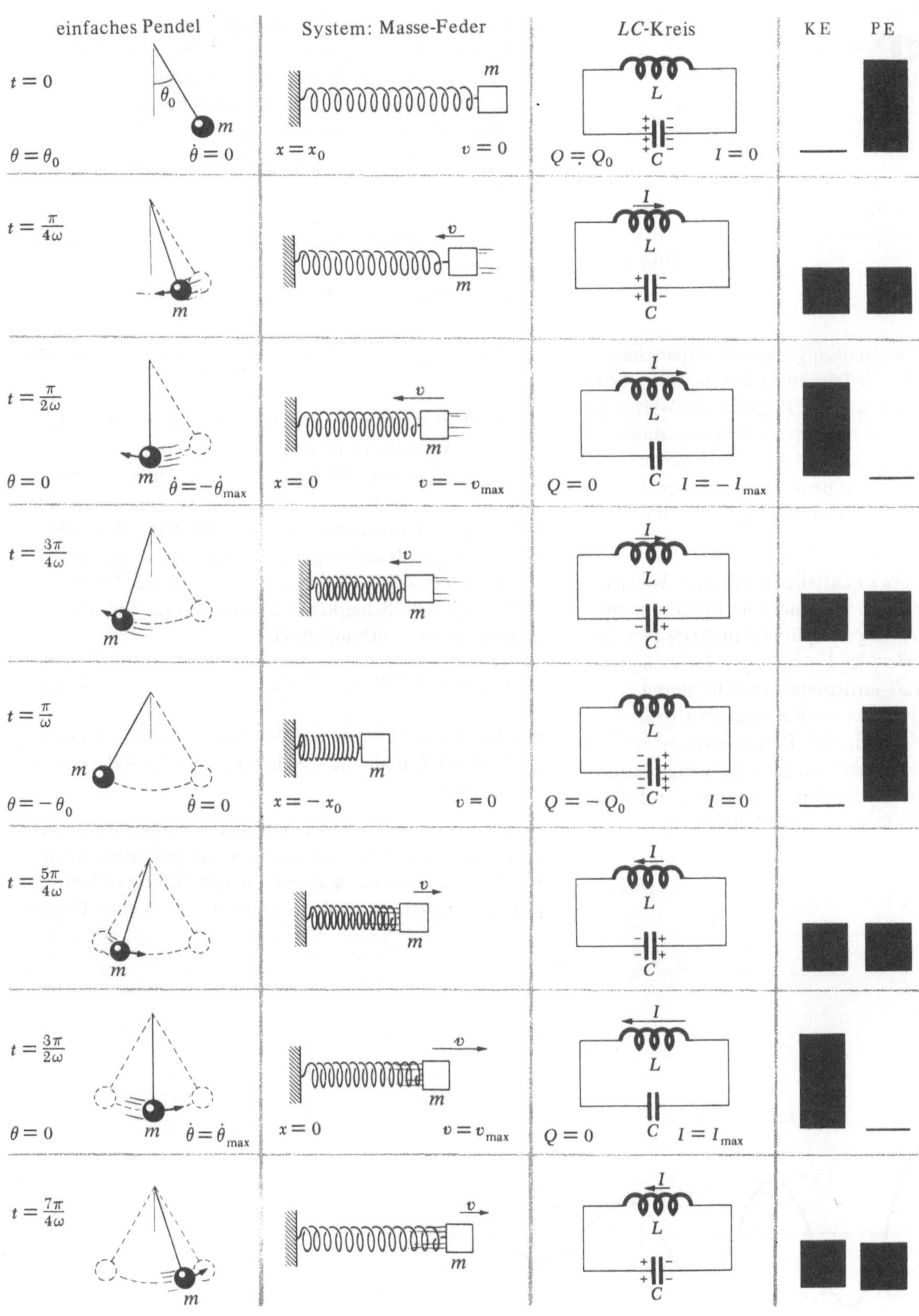

einfaches Pendel
System: Masse-Feder
LC-Kreis
KE PE
$t = 0$
θ_0
m
$\theta = \theta_0$
$\dot{\theta} = 0$
L
C
$Q = Q_0$
$I = 0$
$x = x_0$
$v = 0$
$t = \frac{\pi}{4\omega}$
v
m
I
L
C
$t = \frac{\pi}{2\omega}$
v
m
I
L
C
$\theta = 0$
m
$\dot{\theta} = -\dot{\theta}_{max}$
$x = 0$
$v = -v_{max}$
$Q = 0$
$I = -I_{max}$
$t = \frac{3\pi}{4\omega}$
v
m
I
L
C
m
$t = \frac{\pi}{\omega}$
m
L
C
$\theta = -\theta_0$
$\dot{\theta} = 0$
$x = -x_0$
$v = 0$
$Q = -Q_0$
$I = 0$
m
$t = \frac{5\pi}{4\omega}$
v
m
I
L
C
m
$t = \frac{3\pi}{2\omega}$
v
m
I
L
C
$\theta = 0$
m
$\dot{\theta} = \dot{\theta}_{max}$
$x = 0$
$v = v_{max}$
$Q = 0$
$I = I_{max}$
$t = \frac{7\pi}{4\omega}$
v
m
I
L
C
m

Bild 6.26

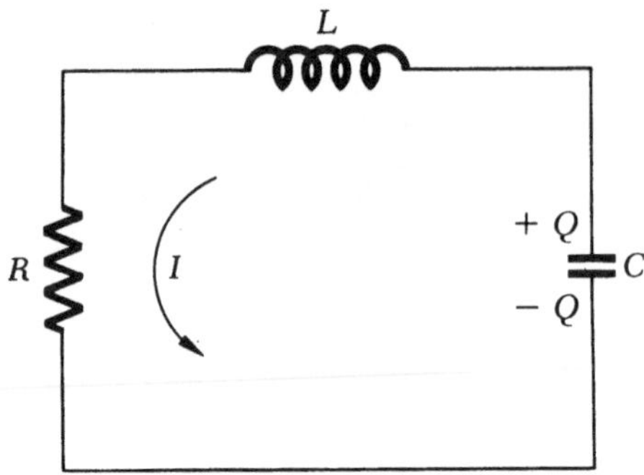

Bild 6.27

Wie schnell die Schwingungen gedämpft werden, hängt natürlich von der Größe der Dämpfungskonstante b beziehungsweise des Widerstands R ab. Je größer der Wert von b oder R ist, um so schneller nehmen die Schwingungen ab. Wir wollen diese Beziehung auf zwei Arten genauer studieren. Die eine beruht auf dem Energieprinzip, die zweite verwendet die allgemeinen Lösungen der Gln. (6.35) und (6.36).

Um die Energiebilanz aufzustellen fragen wir: Wieviel Energie *verliert* das System während einer Periode, wenn die maximale Verschiebung (Amplitude) in dieser Periode x_0 ist? Der *Energieverlust* ist durch die pro Zeiteinheit gegen die Reibungskraft verrichtete Arbeit bestimmt. Diese ist einfach das Produkt aus Reibungskraft (bv) und Geschwindigkeit v, d.h. bv^2. Diese Größe ändert sich während der Periode, aber der gesamte Energieverlust ergibt sich näherungsweise aus dem *Mittelwert* von bv^2 mal der Dauer einer Periode. Dieser Mittelwert ist

$$T = \frac{1}{f} = \frac{2\pi}{\omega} = 2\pi \left(\frac{m}{k}\right)^{1/2}. \tag{6.37}$$

Den Mittelwert von v^2 bestimmen wir aus dem Mittelwert der kinetischen Energie $\langle \frac{1}{2} mv^2 \rangle$. Für einen harmonischen Oszillator ist dieser gleich der mittleren potentiellen Energie $\langle \frac{1}{2} kx^2 \rangle$. Jede dieser Größen ist daher gleich der *Hälfte* der Gesamtenergie E. Somit ergibt sich $\langle v^2 \rangle = E/m$. Damit ist der mittlere Energieverlust pro Zeiteinheit

$$\left\langle \frac{dE}{dt} \right\rangle = -\langle bv^2 \rangle = -\frac{b}{m} E \tag{6.38}$$

und der Energieverlust während einer Periode

$$\Delta E = -\left(\frac{b}{m} E\right)\left(\frac{2\pi}{\omega}\right) = -2\pi \frac{b}{(km)^{1/2}} E. \tag{6.39}$$

Der Wert von dE/dt ist während einer Periode *nicht* konstant, vielmehr ist er am größten, wenn v am größten ist, und Null, wenn v Null ist. Wir wollen diese Änderung außer acht lassen und berechnen, wie sich die Energie *im Mittel* mit der Zeit ändert. Für diesen Fall ist Gl. (6.38) eine Differentialgleichung, mit der wir die Energie als Funktion der Zeit bestimmen können. Aus der Untersuchung der RC-Schaltkreise ist uns geläufig, daß die Lösung dieser Gleichung durch

$$E = E_0\, e^{-(b/m)t} \tag{6.40}$$

gegeben ist. Die Energie des Oszillators nimmt also exponentiell mit der Zeit ab und die charakteristische Relaxationszeit ist m/b.

Wie beim harmonischen Oszillator in Experiment M-5 ist es zweckmäßig den sogenannten *Gütefaktor* einzuführen. Er ist 2π mal der maximal im System *gespeicherten* Energie dividiert durch den *Energieverlust* in einer Periode.

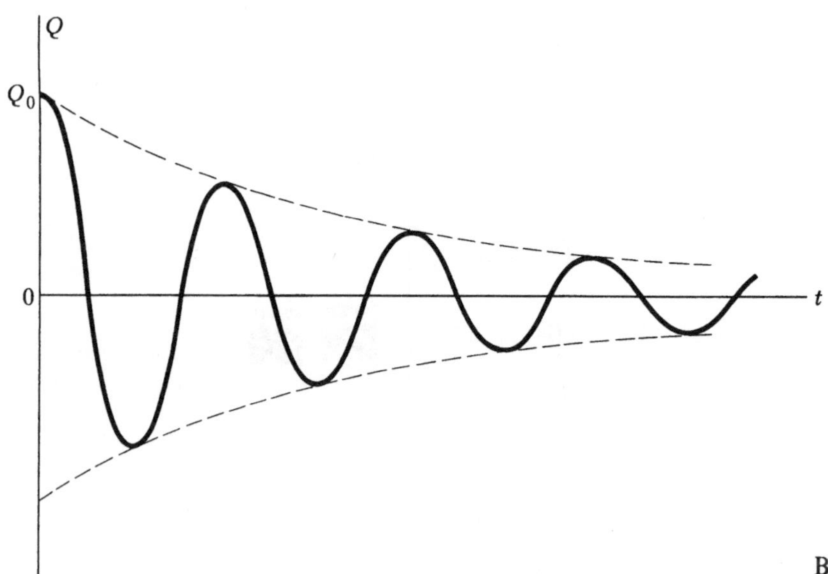

Bild 6.28

Wir wollen diese Größe hier mit QF bezeichnen und nicht wie in Experiment M-5 mit Q, um Verwechslungen mit der elektrischen Ladung zu vermeiden. Aus Gl. (6.39) erhält man

$$QF = \frac{2\pi E}{\Delta E} = \frac{m\omega}{b} = \frac{(mk)^{1/2}}{b} \; . \tag{6.41}$$

Oft ist die Amplitude der Beobachtung leichter zugänglich als die Energie. Wir wollen jetzt untersuchen, wie die *Amplitude* mit der Zeit abnimmt. E ist zu jedem Zeitpunkt dem Quadrat der Amplitude x_0 proportional. Die Änderung von x_0 ist daher durch die *Quadratwurzel* der Funktion, die die zeitliche Änderung von E angibt, bestimmt. Mit

$$(e^{-(b/m)t})^{1/2} = e^{-(b/2m)t}$$

ergibt sich für die Amplitude

$$x_0 = X_0\, e^{-(b/2m)t}, \tag{6.42}$$

worin X_0 die Anfangsamplitude zur Zeit $t = 0$ bedeutet.

Die Zeitkonstante für die *Schwingungsamplitude* ist daher

$$\tau = \frac{2m}{b} \; . \tag{6.43}$$

In dieser Zeit fällt die Amplitude auf das $1/e$-fache ihres ursprünglichen Wertes ab.

Genauso wie in Experiment ES-1 definiert man die Halbwertszeit $T_{1/2}$ durch

$$T_{1/2} = \tau \ln 2 = \frac{(\ln 2)\, 2m}{b} = \frac{1{,}386\, m}{b} \; . \tag{6.44}$$

Während der Zeit $T_{1/2}$ fällt die Amplitude auf die *Hälfte* ihres ursprünglichen Wertes ab. Wegen der Analogie zwischen dem gedämpften harmonischen Oszillator und dem *LRC*-Schaltkreis und da insbesondere die entsprechenden Differentialgleichungen, Gln. (6.35) und (6.36), genau dieselbe Form haben, können alle diese Überlegungen auf den *LRC*-Kreis übertragen werden. Ersetzt man m durch L, b durch R und k durch $1/C$ so erhält man für den *LRC*-Kreis die folgenden Ergebnisse:

$$\omega_0 = \frac{1}{(LC)^{1/2}} \; , \quad \tau = \frac{2L}{R} \; , \quad QF = \frac{1}{R}\left(\frac{L}{C}\right)^{1/2} \; . \tag{6.45}$$

Für den Gütefaktor ergibt sich $QF = \omega_0 \tau / 2$.

Diese Ergebnisse können aus der allgemeinen Lösung von Gl. (6.35) beziehungsweise Gl. (6.36) auch ohne die Verwendung von Näherungen abgeleitet werden. Ohne auf Details einzugehen, wollen wir die allgemeine Lösung von Gl. (6.36) angeben. Sie lautet

$$Q = Q_0\, e^{-t/\tau} \cos\left[\left(\omega_0^2 - \frac{1}{\tau^2}\right)^{1/2} t + \varphi\right]. \tag{6.46}$$

Den Wert von ω_0 erhält man aus Gl. (6.34) und τ aus Gl. (6.44). Mit etwas Rechenaufwand kann man durch Einsetzen von Gl. (6.46) in Gl. (6.36) zeigen, daß Gl. (6.46) eine Lösung dieser Differentialgleichung ist.

Gl. (6.46) ist unserer Näherungslösung sehr ähnlich, unterscheidet sich aber von dieser durch die Frequenz. Die Kreisfrequenz der exakten Lösung ist nicht durch ω_0, sondern durch $(\omega_0^{1/2} - 1/\tau^2)^{1/2}$ gegeben. Dieser Ausdruck ist stets *kleiner* als die Frequenz ω_0 der ungedämpften Schwingung. Im Grenzfall b beziehungsweise $R \to 0$ wird er gleich ω_0. Kann man die Dämpfung nicht vernachlässigen, so ist die Freqnez stets kleiner als ω_0 und die Schwingungen sind langsamer als im Fall ohne Dämpfung.

Für sehr große Dämpfung ist $\omega_0 \tau = 1$ und die Frequenz wird nach Gl. (6.46) gleich Null. Dann findet keine Schwingung mehr statt, sondern ein rein exponentieller Abfall. Die Bedingung $\omega_0 \tau = 1$ ist als *kritische Dämpfung* bekannt. Drückt man die Bedingung für die kritische Dämpfung durch die Parameter des Systems aus, so folgt für den gedämpften harmonischen Oszillator

$$\frac{2(mk)^{1/2}}{b} = 1 \tag{6.47}$$

und für den *LRC*-Schaltkreis

$$\frac{2}{R}\left(\frac{L}{C}\right)^{1/2} = 1 \; . \tag{6.48}$$

Anders ausgedrückt tritt die kritische Dämpfung dann ein, wenn die Zeitkonstante τ des exponentiellen Abfalls größer wird als $T_0/2\pi$, worin T_0 die Periode des entsprechenden ungedämpften Systems bedeutet. Unterhalb des kritischen Wertes bezeichnet man die Dämpfung als periodisch. Oberhalb des kritischen Wertes fällt die Amplitude schon in der ersten Periode exponentiell auf Null ab und man spricht von *aperiodischer Dämpfung*. Für *kritische Dämpfung* gilt $QF = \frac{1}{2}$.

Verhalten bei sinusförmiger äußeren Kraft. Genau wie bei dem in Experiment ES-1 behandelten *RC*-Kreis können wir unsere Untersuchung des *LRC*-Schaltkreises auf sein Verhalten bei einer sinusförmigen äußeren Spannung ausdehnen. Viele wichtige praktische Anwendungen des *LRC*-Kreises nützen sein Ansprechen auf äußere Frequenzen aus.

Der Schaltkreis in Bild 6,29 unterscheidet sich von dem in Bild 6.27 nur durch das Hinzufügen einer sinusförmigen Spannungsquelle, deren Spannung durch

$$U = U_0 \cos \omega t \tag{6.49}$$

gegeben ist. Die Kreisfrequenz ω ist im allgemeinen *nicht* gleich der Eigenfrequenz $\omega_0 = 1/(LC)^{1/2}$ des Schaltkreises, sondern ist durch die Eigenschaften der Spannungsquelle bestimmt.

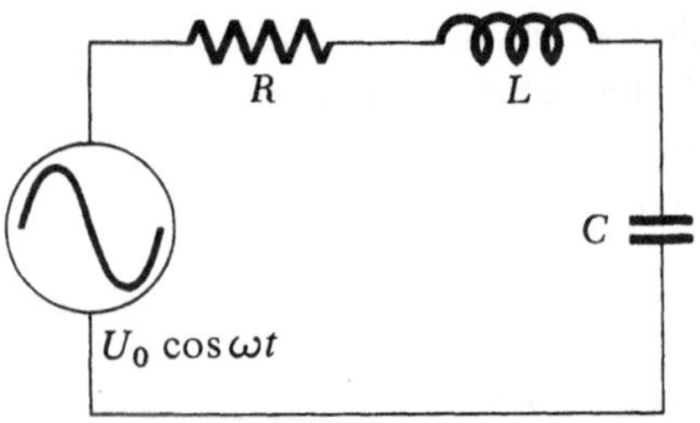
Bild 6.29

Wendet man den Kirchhoffschen Satz auf die Spannung des Schaltkreises in Bild 6.29 an, so genügt es, zu Gl. (6.36) den Ausdruck $U_0 \cos \omega t$ hinzuzufügen. Dabei sind die Vorzeichen der verschiedenen Spannungen zu berücksichtigen. Es ergibt sich die Differentialgleichung

$$L \frac{d^2 Q}{dt^2} + R \frac{dQ}{dt} + \frac{Q}{C} = U_0 \cos \omega t. \qquad (6.50)$$

Die Lösung von Gl. (6.50) gibt die Abhängigkeit der Ladung des Kondensators von der Zeit an. Um diese Lösung zu finden, gehen wir wie beim RC-Kreis in Experiment ES-1 vor. Wir setzen die Lösung als sinusförmige Funktion mit der gleichen Frequenz wie die äußere Spannung, aber gegenüber dieser in der Phase verschoben an.

$$Q = Q_0 \cos(\omega t + \varphi). \qquad (6.51)$$

Dann setzen wir diesen Ausdruck und die entsprechenden Ableitungen in Gl. (6.50) ein und bestimmen aus der Forderung, daß er eine Lösung dieser Gleichung sein soll, die Werte von Q_0 und φ. Wie früher verwenden wir für $\sin(\omega t + \varphi)$ und $\cos(\omega t + \varphi)$ die Summenformeln und sammeln alle Ausdrücke, die $\sin \omega t$ und $\cos \omega t$ enthalten. Dadurch läßt sich

$$- Q_0 \omega^2 L \cos(\omega t + \varphi) - Q_0 \omega R \sin(\omega t + \varphi)$$
$$+ \frac{Q_0}{C} \cos(\omega t + \varphi) = U_0 \cos \omega t$$

in

$$Q_0 \left[\left(\frac{1}{C} - L \omega^2 \right) (\cos \omega t \cos \varphi - \sin \omega t \sin \varphi) \right.$$
$$\left. - \omega R (\sin \omega t \cos \varphi + \cos \omega t \sin \varphi) \right] = U_0 \cos \omega t$$

umformen. Wie in Experiment ES-1 müssen die Koeffizienten von $\cos \omega t$ und von $\sin \omega t$ Null sein. Daraus ergeben sich die Gleichungen

$$Q_0 \left[\left(\frac{1}{C} - L \omega^2 \right) \cos \varphi - R \omega \sin \varphi \right] = U_0 \qquad (6.52a)$$

$$Q_0 \left[- \left(\frac{1}{C} - L \omega^2 \right) \sin \varphi - R \omega \cos \varphi \right] = 0. \qquad (6.52b)$$

Aus Gl. (6.52b) folgt

$$\tan \varphi = \frac{R}{\omega L - 1/\omega C} \;. \qquad (6.53)$$

Setzt man Gl. (6.53) in Gl. (6.52a) ein und multipliziert die Gleichung mit $\sin \varphi$, so erhält man für Q_0

$$Q_0 = - \frac{U_0}{\omega R} \sin \varphi. \qquad (6.54)$$

Verwendet man Gl. (6.53) nochmals, um φ zu eliminieren, so ergibt sich

$$Q_0 = \frac{U_0/\omega}{[R^2 + (\omega L - 1/\omega C)^2]^{1/2}} \;. \qquad (6.55)$$

Die Gln. (6.53) und (6.55) sind in Bild 6.30 graphisch dargestellt. Die Kurven geben Q_0 und φ als Funktionen der Frequenz ω der äußeren Spannung an. Bei sehr niedrigen Frequenzen ist der Phasenwinkel Null. Die Ladung und die treibende Spannung sind daher genau wie beim RC-Kreis *in Phase*. Bei höheren Frequenzen nimmt φ immer größere negative Werte an. Im Grenzfall sehr hoher Frequenzen hinkt Q eine halbe Periode hinter U nach ($\varphi = -\pi$).

Die Amplitude Q_0 erreicht als Funktion von ω ihren Maximalwert

$$(Q_0)_{\max} = \frac{U_0}{\omega R} \qquad (6.56)$$

für $\omega L - 1/\omega C = 0$, was auch die Bedingung für $\varphi = -\pi/2$ ist. Dies tritt für $\omega = (1/LC)^{1/2}$ ein, was der Frequenz ω_0 des ungedämpften Schaltkreises entspricht. Die gedämpfte

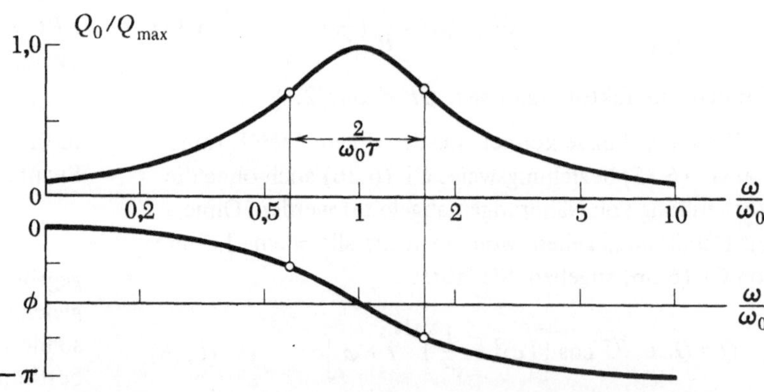
Bild 6.30

Schwingung hat daher ein Maximum, wenn die äußere Frequenz mit der Frequenz des ungedämpften Schaltkreises übereinstimmt. Dieses Maximum der Schwingungsamplitude bei einer bestimmten Frequenz wird *Resonanz* genannt. Ähnliche Resonanzerscheinungen gibt es fast in allen Gebieten der Physik.

Es ist interessant, wie stark die *Spitze* in Q_0 als Funktion von ω ausgeprägt ist. Aus Gl. (6.55) sieht man, daß Q_0 für $\omega L - 1/\omega C = \pm R$ auf das $1/\sqrt{2}$ fache seines Maximalwertes gefallen ist. Für dieselben Werte von ω gilt $\varphi = -\pi/4$ oder $-3\pi/4$. Um wieviel unterscheidet sich ω von ω_0, wenn die Amplitude das $1/\sqrt{2}$ fache ihres Maximalwertes beträgt? Um diese Frage zu beantworten, stellen wir ω durch $\omega_0 + \Delta\omega$ dar und fragen für welchen Wert von $\Delta\omega$

$$(\omega_0 + \Delta\omega)L - \frac{1}{(\omega_0 + \Delta\omega)C} = \pm R \qquad (6.57)$$

gilt.

Diese Gleichung für $\Delta\omega$ kann exakt gelöst werden, aber es ist einfacher und illustrativer, eine Näherung zu verwenden. Sie benutzt die Tatsache, daß die Kurve für genügend kleine Dämpfung eine recht ausgeprägte Spitze aufweist und $\Delta\omega \ll \omega_0$ gilt. Unter dieser Annahme kann man die Näherung

$$\frac{1}{\omega_0 + \Delta\omega} \cong \frac{1}{\omega_0} - \frac{\Delta\omega}{\omega_0^2}$$

verwenden. Setzt man dies zusammen mit $\omega_0 = (1/LC)^{1/2}$ in Gl. (6.57) ein, so ergibt sich

$$\Delta\omega = \pm \frac{R}{2L} = \pm \frac{1}{\tau}. \qquad (6.58)$$

Gl. (6.58) zeigt, daß für kleine R auch $\Delta\omega$ klein ist und die Kurve der Amplitude daher auf beiden Seiten der Spitze steil abfällt. Für größere Werte von R erhält man eine flachere und breitere Spitze. Die Breite der Kurve steht in unmittelbarem Zusammenhang mit dem *Gütefaktor*. Aus den Gln. (6.45) und (6.58) erhält man

$$QF = \frac{\omega_0}{2\,\Delta\omega}. \qquad (6.59)$$

Die Dämpfungseigenschaften des Schaltkreises bestimmen daher, wie er auf eine äußere Frequenz anspricht. Ein hoher Gütefaktor bedeutet kleine Dämpfung, hohe Zeitkonstante und eine scharfe Spitze in der Amplitude.

Der *Strom I* im Schaltkreis ist einfach die Zeitableitung von Gl. (6.51). Seine Phase ist derjenigen von Q um $\pi/2$ *voraus*. Bei Resonanz hat I daher *dieselbe Phase* wie U und der durch R fließende Strom ist genauso groß als ob L und C kurzgeschlossen wären! Daher wird bei der Frequenz ω_0 auch am meisten elektrische Energie in R in Wärme verwandelt. Man kann leicht zeigen, daß bei den Frequenzen $\omega = \omega_0 \pm \Delta\omega$ nur halb soviel Energie in R in Wärme umgewandelt wird.

6.4.2. Experiment

1. Schwingungen. Um die exponentiell abklingenden Schwingungen im *LRC*-Kreis zu beobachten, kann man dieselbe Methode wie in Experiment ES-1 verwenden. Bei dieser erzeugt ein Rechteckgenerator denselben Effekt, wie wenn eine Batterie periodisch ein- und ausgeschaltet würde. Diese Möglichkeit bietet der Schaltkreis in Bild 6.31. Der Oszillograph mißt die an C liegende Spannung. Die Zeitablenkung ist mit der Rechteckwelle synchronisiert.

Messen Sie die Frequenz und die Halbwertszeit der abklingenden Schwingung, berechnen Sie ω_0 und τ und vergleichen Sie die Werte mit den Vorhersagen aus den Gln. (6.44) und (6.45). In diesem Schaltkreis ist R der Widerstand der Spule, der mit einem Röhrenvoltmeter gemessen werden kann und der Innnenwiderstand des Rechteckgenerators, der in Experiment ES-1 besprochen wurde.

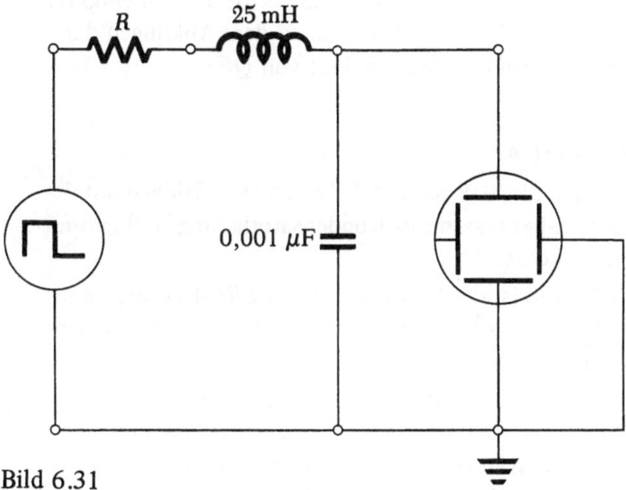

Bild 6.31

2. Kritische Dämpfung. Fügen Sie einen 25-kΩ-Regelwiderstand zum festen Widerstand R hinzu, damit Sie die kritische Dämpfung und die aperiodische Dämpfung untersuchen können. Beginnen Sie mit einem kleinen Wert von R und erhöhen Sie diesen bis die kritische Dämpfung erreicht ist. Messen Sie R und vergleichen Sie den Widerstand bei kritischer Dämpfung mit der Vorhersage von Gl. (6.48). Was geschieht, wenn der Widerstand größer als bei kritischer Dämpfung ist?

3. Ansprechen auf Frequenzen. Die Frequenzabhängigkeit bei einer sinusförmigen treibenden Spannung untersuchen wir am selben Schaltkreis mit einem Sinusgenerator (Bild 6.32). Verwenden Sie die Methode der Intensitätsmodulation, die in Experiment ES-1 besprochen wurde, um die Amplitude und die Phase von Q als Funktion der Frequenz zu messen. Stellen Sie die Meßwerte graphisch dar. Vergleichen Sie die beobachtete Resonanzfrequenz mit dem vorhergesagten Wert.

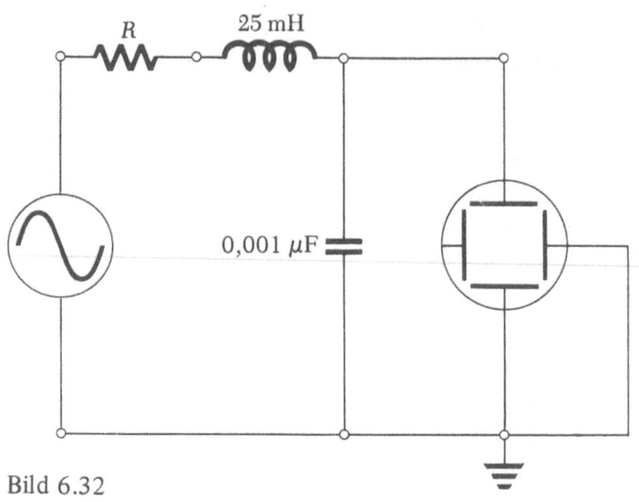

Bild 6.32

4. Gütefaktor. Bestimmen Sie die Breite $\Delta\omega$ der Resonanz und berechnen Sie den Gütefaktor des Schwingkreises. Vergleichen Sie diesen mit dem aus dem Abklingen der Schwingungen bestimmten Wert von QF.

6.4.3. Fragen

1. Zeigen Sie, daß für den LC-Kreis ohne Widerstand der Strom bei maximaler Kondensatorladung Null ist und umgekehrt.

2. Wie groß ist der Gütefaktor Ihres LRC-Kreises, wenn der äußere Widerstand Null ist und R nur den Widerstand der Spule enthält?

3. Zeigen Sie, daß das Maximum von Q_0 nur im Grenzfall von kleinem R genau bei ω_0 liegt, indem Sie die Ableitung von Gl. (6.55) bezüglich ω Null setzen. Bei größerem R verschiebt sich die Resonanz zu etwas kleineren Frequenzen. Zeigen Sie auch, daß die Kurve für genügend große R kein Maximum mehr hat, sondern eine monoton abnehmende Funktion von ω darstellt. Berechnen Sie den kritischen Wert von R und den entsprechenden Gütefaktor QF. *Hinweis:* Die Rechnung vereinfacht sich, wenn Gl. (6.55) so umgeformt wird, daß nur mehr ω^2 auftritt, für das man das Symbol y einführt. Dann differenziert man die Größe $1/Q_0^2$ nach y.

4. Welche Beziehung besteht zwischen den Phasen des Spannungsabfalls an C und an L, wenn die äußere Spannung sinusförmig ist? Wie lautet die Phasenbeziehung zwischen dem Spannungsabfall an C und dem an R?

5. Zeigen Sie, daß die Spannungen an L und an C bei der Resonanzfrequenz gleich groß sind, sich aber in der Phase um eine halbe Periode unterscheiden, so daß die *Gesamtspannung* an L und an C gleich Null ist.

6. Welchen Schwierigkeiten begegnet man bei der Planung eines LC-Schaltkreises, dessen Resonanzfrequenz (a) 10^{-2} Hz oder (b) 10^{10} Hz ist?

7. Zeigen Sie, daß die Resonanzamplitude U_C der Spannung am Kondensator viel größer sein kann als die Amplitude U_0 der treibenden Spannung und daß $U_C = (QF)\,U_0$ gilt.

6.5. Experiment ES-4: Gekoppelte Oszillatoren

6.5.1. Einleitung

In diesem Experiment untersuchen wir das Verhalten von zwei Oszillatorsystemen, mechanischen harmonischen Oszillatoren oder LC-Schaltkreisen, zwischen denen eine Wechselwirkung besteht. Obwohl die Experimente mit elektrischen Schaltkreisen durchgeführt werden, wollen wir die Grundprinzipien an den vertrauteren mechanischen Systemen erläutern.

Betrachten wir das in Bild 6.33 gezeigte System. Die Massen bewegen sich reibungsfrei auf einer horizontalen Geraden, ähnlich wie auf einer Luftkissenfahrbahn. In den Experimenten M-4 und M-5 wurde dieses System besprochen. Ohne die Feder k' wären dies zwei gleiche harmonische Oszillatoren. Beide haben die Kreisfrequenz

$$\omega = \left(\frac{k}{m}\right)^{1/2} \tag{6.60}$$

und ihre Amplituden sind voneinander unabhängig. Über die Feder k' stehen die beiden Oszillatoren in Wechselwirkung, wodurch sich ihr Verhalten in interessanter Weise ändert.

Zuerst stellen wir die Bewegungsgleichung ($\Sigma\mathbf{F} = m\mathbf{a}$) für jede Masse auf. Für das dabei erhaltene System gekoppelter Gleichungen suchen wir dann die Lösungen. Die Koordinaten x_1 und x_2 stellen die Verschiebungen der Massen aus ihren Gleichgewichtslagen dar. Die Kräfte auf die erste Masse sind $-kx_1$ von der linken Feder und $k'(x_2 - x_1)$ von der mittleren Feder. Für $x_1 = x_2$ ist die

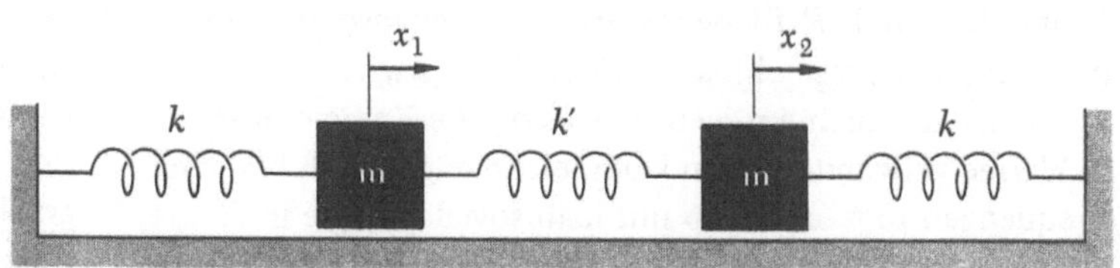

Bild 6.33

mittlere Feder weder gespannt noch gedrückt und sie übt daher keine Kraft aus. Für die erste Masse ergibt sich daher

$$m \frac{d^2 x_1}{dt^2} = -kx_1 + k'(x_2 - x_1). \tag{6.61a}$$

Die Bewegungsgleichung der zweiten Masse ist

$$m \frac{d^2 x_2}{dt^2} = -kx_2 - k'(x_2 - x_1) \tag{6.61b}$$

Mit der Abkürzung $\ddot{x}_1 = d^2 x_1 / dt^2$ lassen sich diese beiden Gleichungen auch in der Form

$$\begin{aligned} m\ddot{x}_1 &= -(k + k')x_1 + k'x_2 \\ m\ddot{x}_2 &= k'x_1 - (k + k')x_2 \end{aligned} \tag{6.62}$$

schreiben. Wir stellen fest, daß die Gleichungen für die beiden Massen genau dieselbe *Form* haben, nur x_1 und x_2 sind vertauscht. Diese Symmetrie ist natürlich durch die Symmetrie der physikalischen Anordnung bedingt.

Beim Auffinden der Lösungen lassen wir uns durch die physikalische Intuition leiten. Eine mögliche Bewegung besteht darin, daß beide Massen mit gleicher Amplitude und gleicher Phase schwingen. In diesem Fall übt die Feder k' überhaupt keine Kraft aus und beide Massen folgen einer einfachen harmonischen Schwingung mit der Frequenz $\omega = (k/m)^{1/2}$. Gibt es noch andere Bewegungsformen, bei denen sich beide Massen mit der gleichen Frequenz, die aber nicht gleich $(k/m)^{1/2}$ sein muß, sinusförmig bewegen? Um diese Frage zu beantworten, setzen wir die Lösungen in der Form

$$\begin{aligned} x_1 &= A_1 \cos \omega t \\ x_2 &= A_2 \cos \omega t \end{aligned} \tag{6.63}$$

an. Dann prüfen wir, ob dieser Ansatz eine Lösung der Bewegungsgleichungen darstellt, indem wir ihn und die entsprechenden Ableitungen in die Gln. (6.62) einsetzen. Ohne den gemeinsamen Faktor $\cos \omega t$ erhält man dabei

$$\begin{aligned} -m\omega^2 A_1 &= -kA_1 + k'(A_2 - A_1) \\ -m\omega^2 A_2 &= -kA_2 - k'(A_2 - A_1). \end{aligned}$$

Faßt man die Ausdrücke mit A_1 und mit A_2 zusammen, so folgt

$$\begin{aligned} \left(\omega^2 - \frac{k + k'}{m}\right) A_1 + \frac{k'}{m} A_2 &= 0 \\ \frac{k'}{m} A_1 + \left(\omega^2 - \frac{k + k'}{m}\right) A_2 &= 0. \end{aligned} \tag{6.64}$$

Die Gln. (6.63) sind also Lösungen der Gln. (6.62), wenn die Amplituden A_1 und A_2 die Gln. (6.64) erfüllen.

Die Gln. (6.64) bilden ein homogenes lineares Gleichungssystem. Für ein solches System gibt es entweder gar keine Lösung oder eine unendliche Schar von Lösungen.

Letzteres ist nur möglich, wenn die Gleichungen *konsistent* sind. Um dies zu überprüfen, werden beide Gleichungen nach A_1 aufgelöst und die Ergebnisse verglichen:

$$\begin{aligned} A_1 &= -\frac{k'/m}{\omega^2 - (k + k')/m} A_2 \\ A_1 &= -\frac{\omega^2 - (k + k')/m}{k'/m} A_2. \end{aligned} \tag{6.65}$$

Bei Konsistenz müssen die beiden Koeffizienten von A_2 gleich sein:

$$\frac{k'/m}{\omega^2 - (k + k')/m} = \frac{\omega^2 - (k + k')/m}{k'/m}.$$

Dies ist eine Bedingung für ω. Sie lautet in übersichtlicher Form

$$\left(\omega^2 - \frac{k + k'}{m}\right)^2 = \left(\frac{k'}{m}\right)^2.$$

Die beiden Wurzeln dieser Gleichung sind

$$\omega^2 - \frac{k + k'}{m} = \pm \frac{k'}{m}$$

$$\omega^2 = \frac{k}{m}, \quad \omega^2 = \frac{k + 2k'}{m}.$$

Dies ergibt für ω

$$\omega = \left(\frac{k}{m}\right)^{1/2}, \quad \omega = \left(\frac{k + 2k'}{m}\right)^{1/2}. \tag{6.66}$$

Im letzten Schritt haben wir die negativen Wurzeln weggelassen. Da $\cos(-\omega t) = \cos \omega t$ liefern die negativen Wurzeln keine zusätzlichen Lösungen. Mit der Bezeichnung ω_+ für die größere und ω_- für die kleinere der beiden Lösungen, kann man

$$\omega_+ = \left(\frac{k + 2k'}{m}\right)^{1/2}, \quad \omega_- = \left(\frac{k}{m}\right)^{1/2}$$

schreiben.

Die beiden Massen *können* also nur dann eine sinusförmige Schwingung mit der gleichen Frequenz ausführen, wenn ω einen der in Gl. (6.66) gegebenen Werte annimmt. Für jede der beiden Lösungen ω_+ und ω_- folgt aus den Gln. (6.65) eine bestimmte Beziehung zwischen den Amplituden der beiden Massenpunkte. Setzt man ω_+ in die erste der beiden Gln. (6.65) ein, so ergibt sich

$$A_1 = -\frac{k'/m}{(k + 2k')/m - (k + k')/m} A_2 = -A_2.$$

Für ω_- findet man

$$A_1 = A_2.$$

Die Lösung ω_- entspricht offensichtlich dem oben behandelten Fall, bei dem beide Massen mit der gleichen Amplitude und derselben Frequenz wie die ungekoppelten

Oszillatoren schwingen. Hier wirkt sich die Feder k' gar nicht aus. Im zweiten Fall haben die beiden Amplituden entgegengesetztes Vorzeichen. Der Betrag der Verschiebungen der beiden Massen ist daher stets gleich, aber ihre Phasen unterscheiden sich um eine halbe Periode. Die Frequenz ist größer als diejenige der ungekoppelten Oszillatoren, da die mittlere Feder jetzt eine zusätzliche rücktreibende Kraft beisteuert.

Da die Bewegungsgleichungen *lineare* Differentialgleichungen sind, ist jede Summe von Lösungen wieder eine Lösung. Wir können daher die allgemeine Lösung der Bewegungsgleichungen, die alle physikalisch möglichen Bewegungen des Systems beinhaltet, wie folgt als Linearkombination der beiden oben besprochenen Lösungen ansetzen

$$x_1 = A \cos \omega_- t + B \cos \omega_+ t$$
$$x_2 = A \cos \omega_- t - B \cos \omega_+ t. \tag{6.67}$$

Darin sind A und B willkürliche Konstanten, die durch die Anfangsbedingungen bestimmt werden.

Jede Bewegung, in der nur eine einzige Frequenz auftritt, wird *Normalschwingung* genannt. Im allgemeinen ist die Bewegung eine Überlagerung der Normalschwingungen. Nur wenn aufgrund der Anfangsbedingungen eine der Amplituden A oder B Null ist, führt das System eine Normalschwingung aus, bei der sich beide Massen mit der gleichen Frequenz bewegen. Die beiden *Normalschwingungen* sind in Bild 6.34 dargestellt.

Der Fall, in dem die beiden Amplituden A und B gleich sind, ist von besonderem Interesse, wenn die Kopplungsfeder k' viel schwächer als die beiden anderen Federn ($k' \ll k$) ist. Dann nehmen die Gln. (6.67) eine besonders einprägsame Form an. Die Frequenzen der Normalschwingungen ω_+ und ω_- sind nahezu gleich, was die Schreibweise

$$\omega_0 = \frac{\omega^+ + \omega^-}{2}, \qquad \Delta\omega = \frac{\omega^+ - \omega^-}{2}$$

oder $\hfill (6.68)$

$$\omega_- = \omega_0 - \Delta\omega, \qquad \omega_+ = \omega_0 + \Delta\omega$$

nahelegt, worin ω_0 den Mittelwert der beiden Normalfrequenzen und $\Delta\omega$ den Betrag, um den jede einzelne vom Mittelwert abweicht, bedeuten. Offensichtlich gilt $\Delta\omega \ll \omega_0$ wenn $k' \ll k$.

Mit der Annahme $A = B$, den Abkürzungen in Gl. (6.68) und der Formel

$$\cos(a \pm b) = \cos a \cos b \pm \sin a \sin b$$

erhält man aus den Gln. (6.67)

$$\begin{aligned}
x_1 &= A \cos(\omega_0 - \Delta\omega)t + A \cos(\omega_0 + \Delta\omega)t \\
&= A (\cos \omega_0 t \cos \Delta\omega t + \sin \omega_0 t \sin \Delta\omega t \\
&\quad + \cos \omega_0 t \cos \Delta\omega t - \sin \omega_0 t \sin \Delta\omega t)
\end{aligned}$$

und

$$x_2 = A \cos(\omega_0 - \Delta\omega)t - A \cos(\omega_0 + \Delta\omega)t.$$

Als Endresultat ergibt sich für x_1 und x_2

$$x_1 = [2A \cos(\Delta\omega t)] \cos \omega_0 t$$
$$x_2 = [2A \sin(\Delta\omega t)] \sin \omega_0 t. \tag{6.69}$$

Die Bewegung ist *keine* reine Sinusfunktion, da jede Koordinate durch das *Produkt* von zwei sinusartigen Funktionen der Zeit gegeben ist. Die eine der Funktionen hat jedoch die Frequenz $\Delta\omega$ und ändert sich langsam mit der Zeit, während die andere die Frequenz ω_0 zwischen den beiden Normalfrequenzen hat und sich daher schnell ändert. Wir können uns daher vorstellen, daß sich beide Massen mit der Frequenz ω_0 bewegen, aber daß ihre Amplitude zwischen Null und $2A$ variiert. Diese Auslegung ist durch die eckigen Klammern in den Gln. (6.69) angedeutet. Außerdem hat x_2 die Amplitude Null, wenn die Amplitude von x_1 ein Maximum ist (d.h. $\cos \Delta\omega t = \pm 1$) und umgekehrt. Am Anfang steht Masse 2 still und Masse 1 schwingt mit der Amplitude $2A$. Diese Amplitude nimmt mit der Zeit ab und wird schließlich Null, wenn $\Delta\omega t = \pi/2$. Zu diesem Zeitpunkt schwingt Masse 2 mit der Amplitude $2A$, während Masse 1 ruht. In Bild 6.35 sind x_1 und x_2 als Funktionen der Zeit graphisch dargestellt.

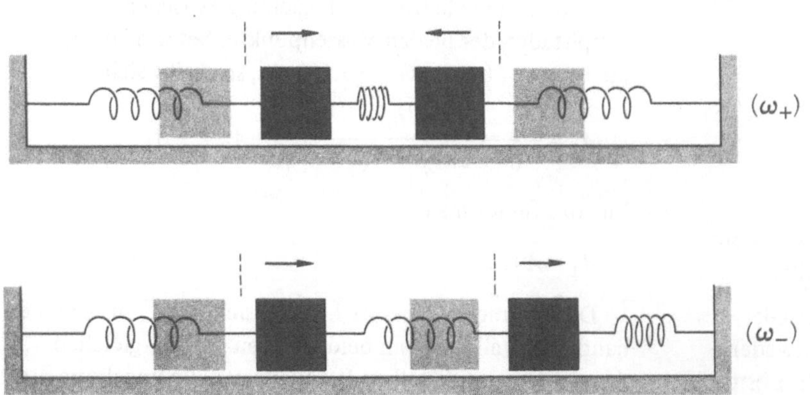

(ω_+)

(ω_-)

Bild 6.34

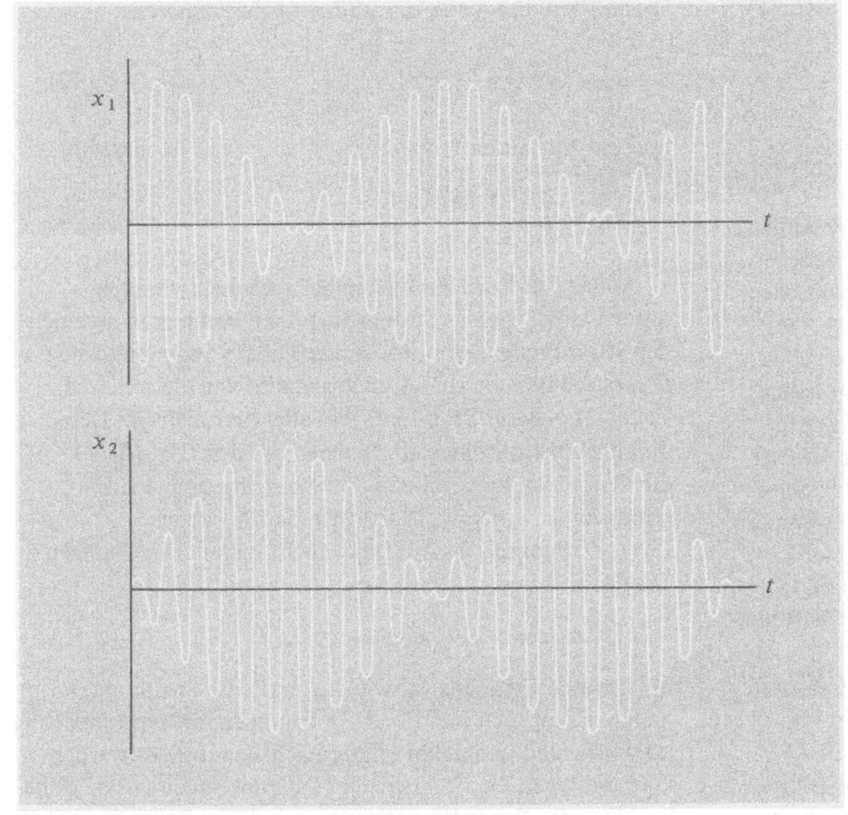

Bild 6.35

Energiesatz. Wir können auch die Energie der einzelnen Massen im Laufe der Bewegung untersuchen. Zur Zeit $t = 0$ hat Oszillator 1 die gesamte Energie. Über die Kopplung durch die Feder k' wird auf Oszillator 2 stetig solange Energie übertragen, bis dieser die gesamte Energie erhalten hat. Dann wandert die Energie wieder zu Oszillator 1 zurück. Die Zeitspanne, die die Energie benötigt, um von 1 nach 2 zu gelangen und zrück, nennt man *Austauschzeit* t_{ex}. Sie ist durch die Beziehung $\Delta\omega\, t_{ex} = \pi$ gegeben.

Die Kreisfrequenz des periodischen Energieaustausches ist

$$\omega_{ex} = \frac{2\pi}{t_{ex}} = 2\,\Delta\omega. \tag{6.70}$$

Elektrisches Analogon. Mit Hilfe der elektromechanischen Analogie, die wir in den Experimenten ES-1 bis ES-4 besprochen haben, können wir das elektrische Analogon zweier gekoppelter harmonischer Oszillatoren herleiten. Jede Kombination von Masse und Feder wird eine Kombination von Spule und Kondensator und die Kopplungsfeder wird ein Kopplungskondensator. Der Schaltkreis in Bild 6.36 stellt diese elektrische Analogie dar. Um zu verifizieren, daß es sich tatsächlich um das Analogon des eben besprochenen mechanischen Systems handelt, schreiben wir den Kirchhoffschen Satz für die Spannungen

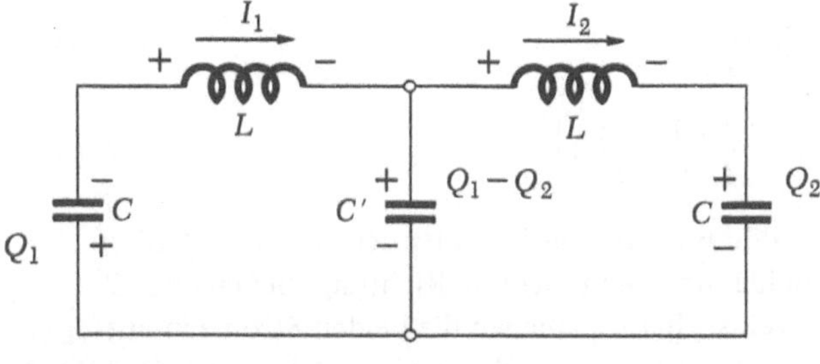

Bild 6.36

der beiden Stromkreise an. Die verschiedenen Ladungen und Ströme sind wie im Bild bezeichnet. Die Ladung am Kopplungskondensator C' ist $\pm (Q_1 - Q_2)$ und die entsprechende Spannung ist $\pm (Q_1 - Q_2)/C'$. Die Ströme sind durch $I_1 = dQ_1/dt$ und $I_2 = dQ_2/dt$ gegeben. Die Spannungen an den Spulen sind $L\,dI_1/dt = -L\,d^2Q_1/dt^2$ und ebenso für I_2. Damit ergeben sich für die Stromkreise die Gleichungen

$$-\frac{Q_1}{C} - L\,\frac{d^2Q_1}{dt^2} + \frac{Q_2 - Q_1}{C'} = 0$$

$$-L\,\frac{d^2Q_2}{dt_2} - \frac{Q_2}{C} - \frac{Q_2 - Q_1}{C'} = 0$$

oder   (6.71)

$$L\frac{d^2Q_1}{dt^2} = -\frac{Q_1}{C} + \frac{Q_2-Q_1}{C'}$$

$$L\frac{d^2Q_2}{dt^2} = -\frac{Q_2}{C} - \frac{Q_2-Q_1}{C'}\ .$$

Die letzten beiden Gleichungen haben genau dieselbe Form wie die Gln. (6.61) für gekoppelte harmonische Oszillatoren und es gelten dieselben elektromechanischen Analogien wie in den früheren Experimenten: $L \leftrightarrow m$, $1/C \leftrightarrow k$, $Q \leftrightarrow x$ und $I \leftrightarrow v$. Alles was wir oben über die gekoppelten harmonischen Oszillatoren gesagt haben, gilt daher auch für die gekoppelten LC-Resonanzkreise. Dazu gehören insbesondere die Beschreibung der Normalschwingungen, die Energieübertragung, wenn beide Schwingungsformen vorhanden sind, und das Verhalten, wenn die beiden Teile des Systems ungekoppelt sind. Der Fall $k' = 0$ entspricht hier einem unendlich großen Kopplungskondensator C'. Ein solcher Kondensator hat die Eigenschaft, daß seine Spannung Null ist, egal wieviel Ladung man ihm zuführt. Für einen Kondensator gilt allgemein $U = Q/C$, daher ist hier U gleich Null für jeden endlichen Wert von Q. Daher wirkt C' wie ein Kurzschluß und die beiden LC-Kreise werden entkoppelt. Die Bedingung für schwache Kopplung ist erfüllt, wenn C' viel größer ist als C. Wenn man nicht die obige Überlegung anstellt, erscheint dies paradox.

Die Normalfrequenzen sind

$$\omega_- = \left(\frac{1}{LC}\right)^{1/2} \tag{6.72a}$$

$$\omega_+ = \left[\frac{1}{L}\left(\frac{1}{C}+\frac{2}{C'}\right)\right]^{1/2}\ . \tag{6.72b}$$

Wie in Bild 6.37 gezeigt ist, entspricht ω_- dem Fall, in dem beide Ströme in dieselbe Richtung fließen und C' stromfrei ist. Bei ω_+ fließen die beiden Ströme in entgegengesetzter Richtung. Wenn $C' \gg C$, kann Gl. (6.72) in eine Taylorreihe entwickelt werden:

$$\omega_+ = \left(\frac{1}{LC}\right)^{1/2}\left(1+2\frac{C}{C'}\right)^{1/2}$$

$$= \left(\frac{1}{LC}\right)^{1/2}\left(1+\frac{C}{C'}-\frac{1}{4}\frac{C^2}{C'^2}+...\right)\ .$$

Die mittlere Frequenz ω_0 ist dann näherungsweise

$$\omega_0 = \left(1+\frac{C}{2C'}\right)\left(\frac{1}{LC}\right)^{1/2} \tag{6.73}$$

und die Austauschfrequenz $\omega_{ex} = \omega_+ - \omega_-$ ist ungefähr

$$\omega_{ex} \approx \frac{C}{C'}\left(\frac{1}{LC}\right)^{1/2} = \frac{C}{C'}\,\omega_0. \tag{6.74}$$

Außer den Normalschwingungen können wir auch untersuchen, wie das System anspricht, wenn man an einen der Stromkreise eine sinusförmige äußere Spannung anlegt. Dieses Problem behandelt man genauso wie die früheren Fälle mit äußerer Spannung, was aber hier nicht im Detail durchgeführt werden soll. Zu jener von den Gln. (6.71), die dem Stromkreis, an den die Spannungsquelle angeschlossen ist, entspricht, fügt man den Ausdruck $U(t) = U_0 \cos\omega't$ hinzu. Dann sucht man nach Lösungen der Form

$$x_1 = A_1 \cos\omega't, \quad x_2 = A_2 \cos\omega't, \tag{6.75}$$

die dieselbe Frequenz ω' wie die angelegte Spannung haben. Es ergeben sich für A Gleichungen, die jetzt nicht homogen sind und daher immer nach A aufgelöst werden können. Wenn die Frequenz der äußeren Spannung ω' nahe bei einer der Normalfrequenzen ω_+ oder ω_- liegt, ergeben sich interessante Resonanzphänomene. Bei diesen Frequenzen kann der Generator die Energie mit größter Effizienz an das System abgeben. Genauso wie ein Bub, der einen anderen Buben schaukelt, die Energie am aller effektivsten überträgt, wenn er sich beim Stoßen nach der natürlichen Frequenz der Schaukelbewegung richtet. Ist die treibende Frequenz mit der natürlichen Frequenz des Systems synchron, so spricht man von Resonanz. Diese wurde in einfacherem Zusammenhang bereits in Experiment ES-3 behandelt.

6.5.2. Experiment

1. Freie Schwingungen. Um das Verhalten der gekoppelten LC-Kreise zu studieren, schlagen wir das in Bild 6.38 gezeigte Schaltschema vor. Genau wie in Experiment ES-3 werden die Schwingungen durch den Rechteckgenerator angeregt. Infolge des Widerstands sind die Schwingungen gedämpft und nehmen ab. Am 270-Ω-Widerstand entsteht ein kleiner Spannungsabfall, der am Oszillographen

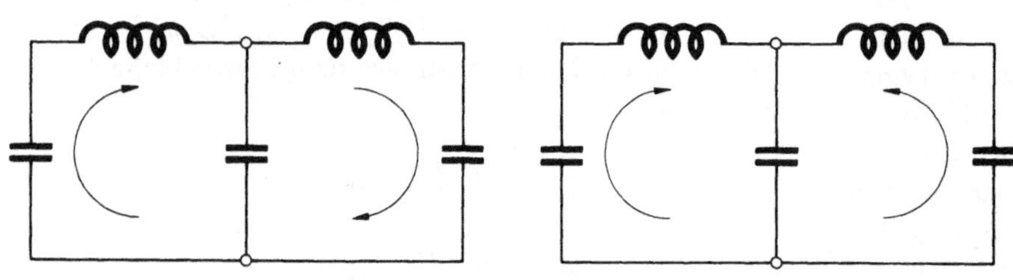

<table>
<tr><td>(a) gleichläufige Schwingung</td><td>(b) gegenläufige Schwingung</td><td>Bild 6.37</td></tr>
</table>

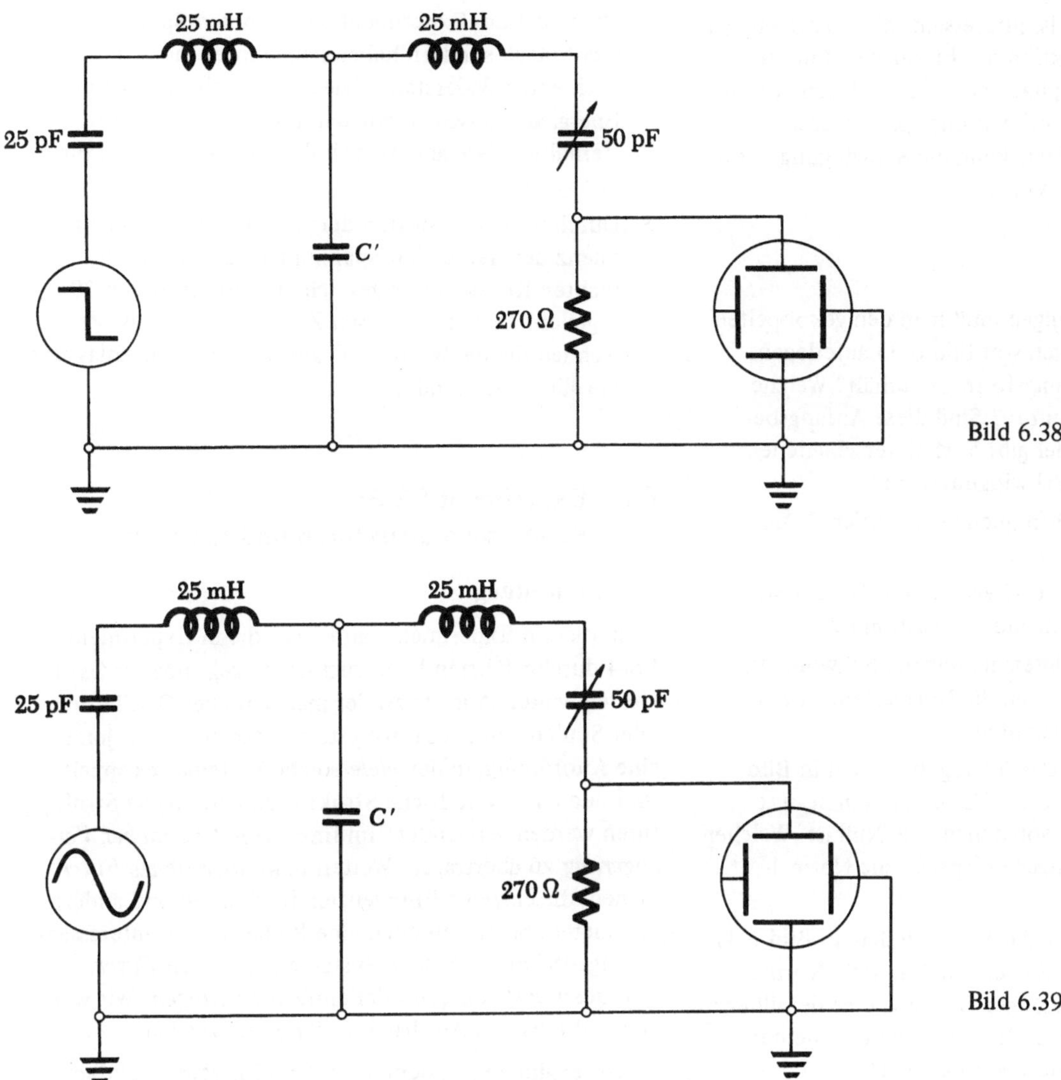

Bild 6.38

Bild 6.39

beobachtet werden kann. Anstatt eines 25-pF-Kondensators verwenden wir einen 50-pF-Drehkondensator, damit die beiden ungekoppelten Oszillatoren in der Frequenz genau aufeinander abgestimmt werden können. Die vom Hersteller zugelassenen Abweichungen bedingen oft beträchtliche Unterschiede zwischen zwei Komponenten, die nominell den gleichen Wert haben. Für C' empfehlen wir 500 pF.

Zum Abstimmen der beiden Schaltkreise verstellen Sie den Drehkondensator so lange bis der Frequenzunterschied ein Minimum ist. Messen Sie die Austauschfrequenz mit dem Oszillographen und vergleichen Sie das Ergebnis mit dem aus Gl. (6.74) errechneten Wert. Messen Sie auch ω_0, indem Sie die Anzahl der Schwingungen zählen, die einer Periode der Rechteckwelle entsprechen. Vergleichen Sie das Ergebnis mit dem aus Gl. (6.74) ermittelten Wert. Verwenden Sie auch Kopplungskondensatoren C' mit 200 pF und 0,001 μF. Was geschieht, wenn C' kurzgeschlossen wird, was, wenn er vollständig entfernt wird?

2. **Erzwungene Schwingungen.** Untersuchen Sie mit dem Schaltschema von Bild 6.39 wie das System auf eine sinusförmige äußere Spannung anspricht. Halten Sie die Spannung des Generators konstant und messen Sie die Schwingungsamplitude als Funktion der Frequenz. Sie sollten zwei Maxima finden, von denen das eine bei ω_- das andere bei ω_+ liegt. Messen Sie diese Frequenzen für verschiedene Werte von C' und vergleichen Sie mit den aus Gln. (6.72) berechneten Werten. Vergleichen Sie den beobachteten Frequenzunterschied mit der aus der Verlagerung der Energie bestimmten Austauschfrequenz.

Für die Schwingungsform mit der Frequenz ω_- haben die Ströme wie in Bild 6.37a gezeigt, die gleiche Phase und der Strom durch C' ist immer Null. Für die Schwingungsform ω_+ ist die Phase wie in Bild 6.37b, und der Strom durch C' ist daher doppelt so groß wie in einem der beiden Kreise. Schaltet man einen Widerstand mit C' in Serie, so wird daher nur die Schwingungsform mit ω_+ und nicht jene mit ω_- gedämpft. Es ist interessant, die Auswirkungen auf die Amplitude als Funktion der Frequenz zu untersuchen. Welche Resonanzspitze ändert sich? Welchen Einfluß hat dieser Widerstand auf den Energieaustausch zwischen den beiden Kreisen? Wie kann die Schwingungsform mit ω_- gedämpft werden? Versuchen Sie es!

6.5.3. Fragen

1. Welche Anfangsbedingungen muß man den gekoppelten harmonischen Oszillatoren von Bild 6.33 auferlegen, damit man die Schwingungsform ω_+ erhält? Welche für die Schwingungsform ω_-? Sind diese Anfangsbedingungen eindeutig, oder gibt es viele verschiedene Möglichkeiten für jede Schwingungsform?

2. Warum ist die Austauschfrequenz ω_{ex} gleich $2\,\Delta\omega$ und nicht einfach gleich $\Delta\omega$?

3. Warum sind die beiden LC-Kreise, wenn $\Delta\omega$ ein Minimum ist, am besten aufeinander abgestimmt?

4. Wie kann man bei der Untersuchung der Schwingung von gekoppelten Oszillatoren die Normalfrequenz ω_- dämpfen, ohne ω_+ zu dämpfen?

5. Geben Sie das mechanische Analogon zu dem in Bild 6.40 gezeigten Schaltkreis an. Dieses System besitzt drei Normalfrequenzen, von denen eine Null ist. Welchen physikalischen Bedingungen entspricht die Normalfrequenz Null?

6. Geben Sie das elektrische Analogon zu dem in Bild 6.41 gezeigten mechanischen System an. Wie viele Normalfrequenzen hat dieses? Können Sie ohne eine detaillierte Berechnung die Form oder die Frequenz irgendeiner dieser Normalschwingungen vorhersagen?

7. Die in diesem Experiment verwendeten Spulen sind nicht ideal, sondern haben neben ihrer Induktivität auch einen Widerstand. Wie ändert sich dadurch der Energieaustausch verglichen mit dem idealisierten Verhalten? Wie ändern sich dadurch die sinusförmigen Schwingungen?

8. Durch welche Funktion der Amplitude und der Frequenz der treibenden Spannung ist der Strom im rechten Kondensator des Schaltkreises in Bild 6.39 gegeben? Leiten Sie diesen Zusammenhang ab. Verwenden Sie die Werte L, C und C' und vernachlässigen Sie alle Widerstände.

6.6. Experiment ES-5: Periodische Strukturen und Leitungen

6.6.1. Einleitung

In diesem Experiment führen wir die in Experiment ES-4 durchgeführten Untersuchungen gekoppelter Oszillatoren weiter. Anstatt zweier mechanischer Oszillatoren oder Spulen-Kondensator-Systeme betrachten wir jetzt eine Anordnung, in der *viele* solche Systeme gekoppelt sind und eine periodische Struktur bilden. Solche Strukturen werden verwendet, um Impulse mit *zeitlicher Verzögerung* zu übertragen. Weiterhin können sie als *Filter* dienen, die einzelne Frequenzen durchlassen und andere blockieren. Sie haben noch eine Reihe anderer interessanter Eigenschaften. Solche Systeme nennt man *Filter*, *Verzögerungsleitungen* oder einfach *Leitungen*. Wir werden meistens den Ausdruck *Leitung* verwenden.

Wir beginnen mit dem in Bild 6.42 gezeigten einfachen mechanischen Beispiel einer periodischen Struktur, da es einfacher ist, das Verhalten dieser Systeme zu verstehen, wenn man sie veranschaulichen kann. Eine Anzahl gleicher Massen, die sich reibungsfrei längs einer Geraden bewegen können, werden durch eine Reihe gleicher Federn k verbunden. Die beiden Massen an den Enden sind nur halb so groß. Wenn wir sie mitrechnen, können wir das System

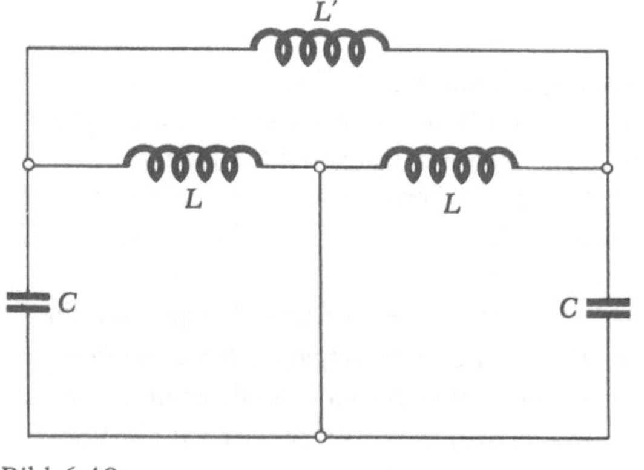

Bild 6.40

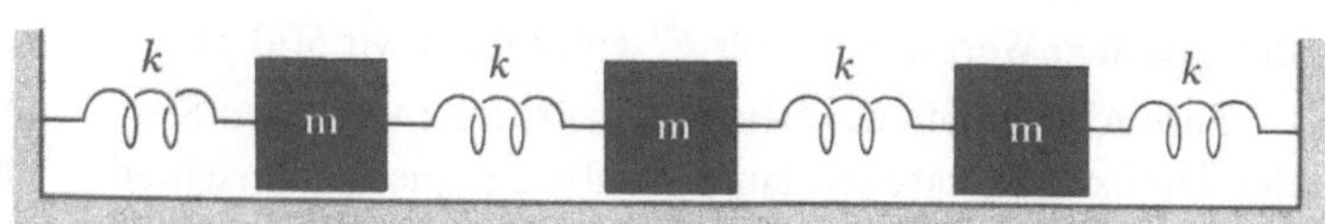

Bild 6.41

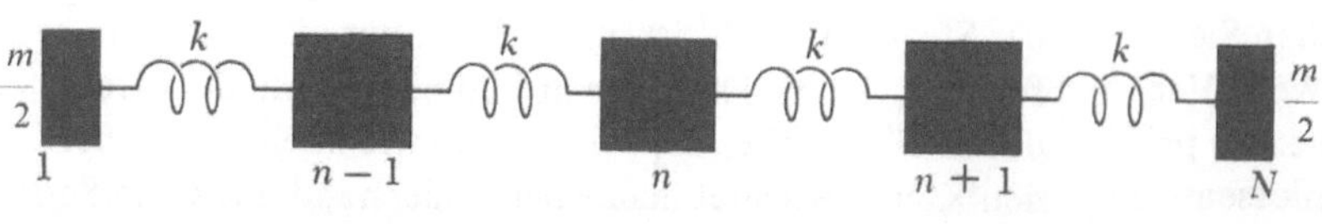

Bild 6.42

als eine Reihe von Teilsystemen auffassen, von denen jedes aus einer Feder und aus zwei Halbmassen besteht. Fügt man die beiden Enden zusammen, so entsteht eine völlig periodische *Ringstruktur*.

Verschiebt man eine Masse am Ende der Linie und läßt sie dann wieder in die Gleichgewichtslage zurückkehren, so setzt sich diese *Bewegung* durch die ganze Linie fort. Wenn sie das andere Ende erreicht, verschwindet sie nicht, sondern wird *reflektiert* und wandert längs der Leitung wieder zurück. Verbindet man die Federn an den Enden anstatt mit festen Wänden mit Stoßdämpfern, so kann man die Welle teilweise oder ganz absorbieren und die Reflexion ausschalten. Beim elektrischen Analogon dieses Systems sind die Reflexionen oder die Ausschaltung von Reflexionen oft von größter Bedeutung.

Die Analyse des Bewegungsablaufs führen wir genauso wie in Experiment ES-4 durch. Wir verwenden $\Sigma \mathbf{F} = m\mathbf{a}$, um eine Differentialgleichung für die Verschiebung x_n jeder Masse aus ihrer Gleichgewichtslage zu finden. Der Index n läuft von 1 bis N, wenn es insgesamt N Massen gibt. Die Differentialgleichung für die n-te Masse enthält nicht nur x_n sondern auch x_{n-1} und x_{n+1} wegen der Kopplung durch die Feder. Die Gleichung einer typischen Masse, die sich nicht an den Enden des Systems befindet, lautet

$$m\ddot{x}_n = -k(x_n - x_{n-1}) + k(x_{n+1} - x_n)$$
$$= k(x_{n-1} - 2x_n + x_{n+1}). \tag{6.76a}$$

Die Massen an den Enden müssen getrennt behandelt werden, für sie gilt

$$\frac{1}{2} m\ddot{x}_1 = k(x_2 - x_1), \tag{6.76b}$$

$$\frac{1}{2} m\ddot{x}_N = -k(x_N - x_{N-1}). \tag{6.76c}$$

Wir wollen annehmen, daß die Lösungen dieser Gleichungen einer Schwingung entsprechen, die am einen Ende des Systems ausgelöst wird und sich dann mit konstanter

Geschwindigkeit und ohne Formänderung ausbreitet. Die Bedingungen für die Gültigkeit dieser Annahme, die eine Einschränkung der Allgemeinheit darstellt, werden wir später besprechen. Symbolisch kann man diese Annahme folgendermaßen darstellen: Erfährt die n-te Masse bei einer Schwingung, die sich nach rechts ausbreitet, eine Verschiebung, die sich als Funktion der Zeit wie $x_n(t)$ verändert, so führt die $n + 1$-te Masse zu einer späteren Zeit $t + T$ genau dieselbe Verschiebung aus. Darin ist T die Zeit, die die Schwingung benötigt, um die Entfernung zwischen den Ruhelagen zweier benachbarter Massen zurückzulegen. Dieser Sachverhalt ist in Bild 6.43 graphisch dargestellt. Wir machen also den Ansatz

$$x_{n-1}(t) = x_n(t + T)$$
$$x_{n+1}(t) = x_n(t - T). \tag{6.77}$$

Um diesen Ansatz zu vereinfachen, drücken wir Funktionen $x_n(t \pm T)$ mit Hilfe ihrer Taylorentwicklungen durch x_n und seine Zeitableitungen aus:

$$x_n(t + T) = x_n(t) + \dot{x}_n(t)\,T + \frac{1}{2}\ddot{x}_n(t)\,T^2 + \dots$$
$$x_n(t - T) = x_n(t) - \dot{x}_n(t)\,T + \frac{1}{2}\ddot{x}_n(t)\,T^2 + \dots . \tag{6.78}$$

Ersetzt man in Gln. (6.78) n durch $(n-1)$ oder $(n+1)$, so erhält man die entsprechenden Ausdrücke für $x_{n-1}(t + T)$ und $x_{n+1}(t + T)$. Im folgenden nehmen wir an, daß außer den ersten drei Termen alle Terme in diesen unendlichen Reihen vernachlässigbar klein sind. Diese Näherung ist zulässig, wenn die Zeit, die die gesamte Schwingungsanregung benötigt, um einen vorgegebenen Punkt zu passieren, im Vergleich zu T lang ist. Unter dieser Annahme ändert sich jedes x während des Zeitintervalls T nur sehr wenig. Dann ist der Unterschied zwischen $x_n(t)$ und $x_n(t + T)$ klein, und die Reihe konvergiert rasch. Diese Annahme hängt mit der früheren Annahme, daß sich die Schwingungen ohne ihre Form zu ändern mit konstanter Geschwindigkeit ausbreiten, eng zusammen.

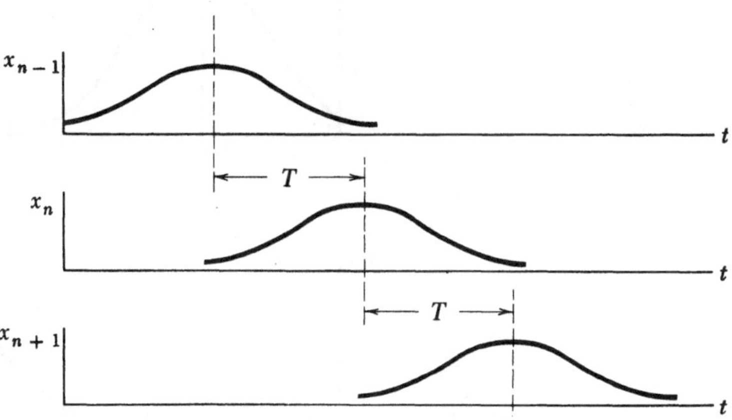

Bild 6.43

Setzt man den Lösungsansatz Gln. (6.77) unter Verwendung der Reihenentwicklungen Gln. (6.78) in Gl. (6.76a) ein, so ergibt sich

$$
\begin{aligned}
m\ddot{x}_n &= -k\,[x_n(t+T) - 2x_n(t) + x_n(t-T)] \\
&= -k\,[x_n(t) + \dot{x}_n(t)\,T + \tfrac{1}{2}\ddot{x}_n(t)\,T^2 - 2x_n(t) \\
&\quad + x_n(t) - \dot{x}_n(t)\,T + \tfrac{1}{2}\ddot{x}_n(t)\,T^2] \\
&= -k\,[\ddot{x}_n(t)\,T^2].
\end{aligned}
\tag{6.79}
$$

Auf der rechten Seite haben wir alle Ausdrücke mit T^3 und höheren Potenzen von T vernachlässigt, da sie laut Voraussetzung viel kleiner als die Terme mit T^2 sind.

Diese Gleichung macht keine Aussage über die Bewegung der Massen relativ zueinander. Die Form der Schwingung ist aber durch die Anfangsbedingungen festgelegt. Aus der Gleichung läßt sich entnehmen, daß unsere ursprüngliche Annahme (Gln. (6.77)) über die Form der Lösungen mit den Gesetzen der Mechanik verträglich ist. Weiterhin finden wir aus Gl. (6.79), daß die Zeit T, die die Verzögerung längs des Abstands zweier Gleichgewichtslagen angibt, nach den Gesetzen für harmonische Oszillatoren durch

$$
T = \left(\frac{m}{k}\right)^{1/2}
\tag{6.80}
$$

gegeben ist. Natürlich gelten diese Ausführungen genauso für eine Schwingung, die sich nach links anstatt nach rechts ausbreitet. In diesem Fall kehren sich die Vorzeichen in den Gln. (6.77) um und entsprechend ergeben sich im ersten Teil von Gl. (6.79) Änderungen. Aber das Endergebnis ist das gleiche. Da die Bewegungsgleichungen linear sind, ist jede *Summe* der Lösungen wieder eine Lösung. Die Bewegung kann sich also aus einer Überlagerung von Schwingungen, die sich in entgegengesetzte Richtungen ausbreiten, aufbauen. Dies tritt bei Reflexion der Schwingung an einem Ende ein.

Reflexionen. Ohne Dämpfung ist die Bewegungsgleichung der Masse $m/2$ mit der Koordinate x_N, die sich am rechten Ende befindet, durch Gl. (6.76c) gegeben. Wie schon früher erwähnt, ist es oft zweckmäßig, an den Enden Energie zu absorbieren, um die reflektierte Welle zu verhindern oder wenigstens zu verändern. Fügen wir zu Gl. (6.76c) die veränderliche Dämpfungskraft $-b\dot{x}_N(t)$ hinzu, so ergibt sich die Bewegungsgleichung

$$
\frac{1}{2}\,m\ddot{x}_N = -k\,(x_N - x_{N-1}) - b\dot{x}_N.
\tag{6.81}
$$

Mit dieser Gleichung kann man die Reflexion der Schwingung am Ende des Systems untersuchen. Betrachten wir die in Bild 6.44 gezeigten Verhältnisse. Zur Zeit $t - T$ passiert das Maximum der Schwingung mit der Amplitude eins den Punkt $x_N - 1$ und kehrt nach teilweiser Reflexion zur Zeit $t + T$ mit der Amplitude B wieder zurück. Dadurch wird die Verschiebung x_N eine Überlagerung der einfallenden und der reflektierten Schwingungen, die die Amplitude A hat. Wegen dieser Überlagerung hängt x_{N-1} zur Zeit t sowohl mit x_N zur Zeit $t + T$ als auch zur Zeit $t - T$ zusammen. Ohne reflektierte Schwingung würde analog Gl. (6.77) einfach

$$
x_N(t+T) = A\,x_{N-1}(t)
\tag{6.82}
$$

gelten. Die reflektierte Schwingung allein würde

$$
x_{N-1}(t) = \left(\frac{B}{A}\right) x_N(t-T)
\tag{6.83}
$$

liefern. Der Faktor $1/A$ in diesem Ausdruck hat dieselbe Ursache wie der Faktor A in der vorhergehenden Gleichung. Den wahren Wert von x_{N-1} erhalten wir, wenn wir beide Gln. (6.82) und (6.83) nach $x_{N-1}(t)$ auflösen und die Ergebnisse addieren.

$$
x_{N-1}(t) = \frac{1}{A}\,x_N(t+T) + \frac{B}{A}\,x_N(t-T).
\tag{6.84}
$$

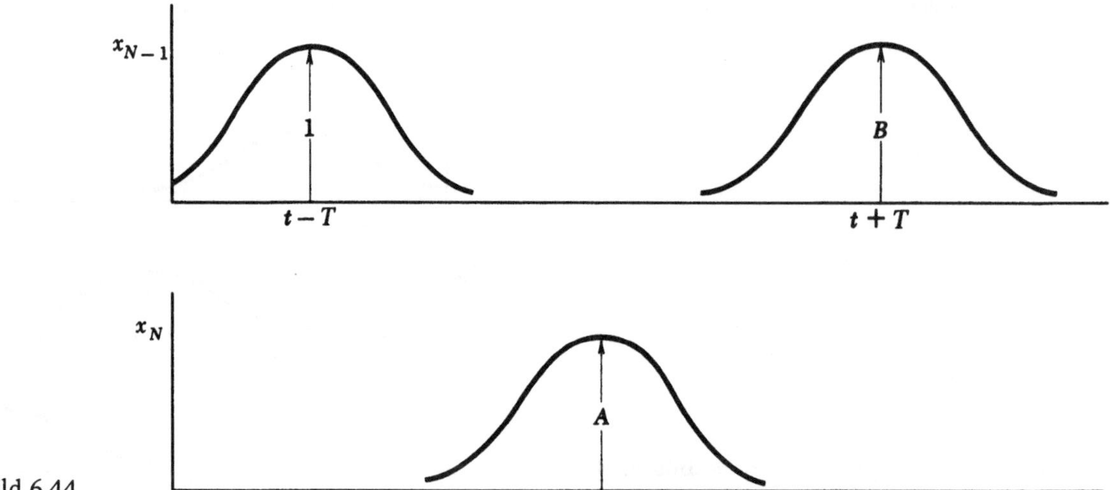

Bild 6.44

Die zu den Gln. (6.77) analoge Beziehung zwischen x_N und x_{N-1} lautet daher

$$A x_{N-1}(t) = x_N(t + T) + B x_N(t - T). \qquad (6.85)$$

Um die Konstanten A und B zu bestimmen, fordern wir, daß diese geometrische Beziehung mit der Bewegungsgleichung (6.81) für die Masse am Ende verträglich ist. Auf der rechten Seite von Gl. (6.85) verwenden wir wieder die Taylorentwicklung und erhalten

$$A x_{N-1}(t) = (1 + B) x_N(t) + (1 - B) T \dot{x}_N(t)$$
$$+ \frac{1}{2} (1 + B) T^2 \ddot{x}_N(t) + \dots . \qquad (6.86)$$

Setzt man dies in Gl. (6.81) ein und bricht die Entwicklung nach den Termen der Ordnung T^2 ab, so ergibt sich

$$\frac{1}{2} m \ddot{x}_N = - k x_N + k \frac{1 + B}{A} \, x_N + k \frac{1 - B}{A} T \dot{x}_N$$
$$+ k \frac{1 + B}{2A} T^2 \ddot{x}_N - b \dot{x}_N. \qquad (6.87)$$

Wenn unsere Annahme über die Beziehung zwischen Anfangsschwingung und reflektierter Schwingung mit der Bewegungsgleichung verträglich sein soll, muß Gl. (6.87) unabhängig von der Form der Schwingung erfüllt sein. Das ist nur möglich, wenn Gl. (6.87) identisch erfüllt ist und die Koeffizienten jeder Ableitung auf beiden Seiten gleich sind. Durch Gleichsetzen der Koeffizienten erhält man

$$\frac{1}{2} m = k \frac{1 + B}{2A} T^2$$
$$0 = k \frac{1 - B}{A} T - b \qquad (6.88)$$
$$0 = - k + k \frac{1 + B}{A} \, .$$

Die dritte Gleichung besagt, daß $A = B + 1$ gilt, wie nach Bild 6.44 zu erwarten ist. Zusammen mit der ersten Gleichung erhalten wir daraus $T^2 = m/k$. Eliminiert man nun A aus der zweiten Gleichung, so ergibt sich

$$k \frac{1 - B}{1 + B} T = b \quad \text{oder} \quad B = \frac{1 - b/kT}{1 + b/kT} \, . \qquad (6.89)$$

Setzt man schließlich in Gl. (6.89) $T = (m/k)^{1/2}$ ein, so folgt

$$B = \frac{1 - b/(mk)^{1/2}}{1 + b/(mk)^{1/2}} \qquad A = B + 1 . \qquad (6.90)$$

Darin ist der Reflexionskoeffizient B durch die Parameter des Systems ausgedrückt.

Einige Spezialfälle sind von Interesse. Ist die Dämpfungskonstante b gleich Null, so wird $B = 1$ und die Schwingungen werden vollständig reflektiert. In diesem Fall gilt $A = 2$ und die Verschiebung der Masse am Ende ist doppelt so groß wie die Amplitude der einlaufenden Schwingung. Ist die Gleichung $b = kT = (mk)^{1/2}$ erfüllt, so verschwindet B. In diesem Fall wird die Schwingung vollständig durch die Dämpfung absorbiert und es gibt keine reflektierte Schwingung. Die Verschiebung der Masse am Ende ist dann nicht größer als die der anderen Massen. Wenn b sehr groß wird, nähert sich der Reflexionskoeffizient B dem Wert -1 und A wird Null. Dann *ändert* die Schwingungsamplitude ihr Vorzeichen und die Masse am Ende bewegt sich überhaupt nicht. Wir sehen also, daß die Reflexion von der Größe von b kritisch abhängt.

Elektrisches Analogon. Jetzt können wir das elektrische Analogon dieses Systems mit Hilfe der Analogien zwischen m und L, k und $1/C$ sowie zwischen b und R behandeln. Aus diesen folgt, daß das Schaltschema in Bild 6.45 das gesuchte elektrische Analogon ist, was wir im folgenden noch an Hand der Differentialgleichungen beweisen wollen.

Mit den im Bild angegebenen Bezeichnungen wenden wir den Kirchhoffschen Satz auf jenen Stromkreis an, in dem die Kondensatoren die Ladungen Q_{n-1} und Q_n tragen, an. Daraus ergibt sich

$$\frac{Q_{n-1}}{C} - \frac{Q_n}{C} = L \dot{I}_n. \qquad (6.91)$$

Ähnlich folgt für den Stromkreis mit den Ladungen Q_n und Q_{n+1}:

$$\frac{Q_n}{C} - \frac{Q_{n+1}}{C} = L \dot{I}_{n+1} . \qquad (6.92)$$

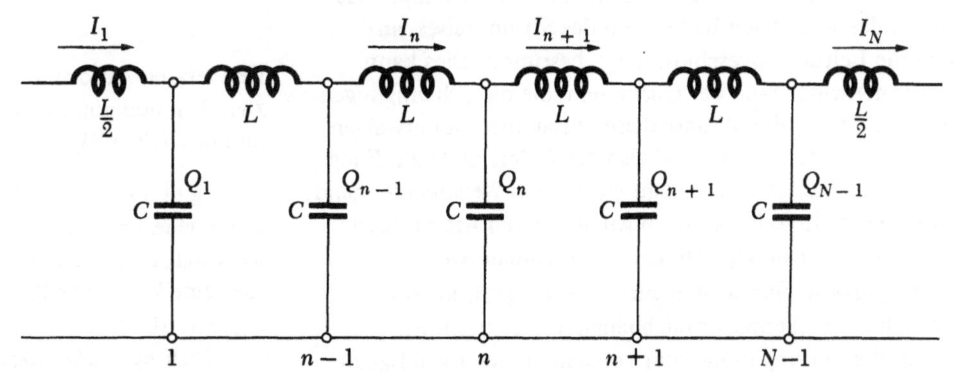

Bild 6.45

Der Kirchhoffsche Satz für die Ströme liefert für den Verzweigungspunkt oberhalb Q_n

$$\dot{Q}_n = I_n - I_{n+1} \quad \text{oder} \quad \ddot{Q}_n = \dot{I}_n - \dot{I}_{n+1}. \qquad (6.93)$$

Löst man die Gln. (6.91) und (6.92) nach den Ableitungen der Ströme auf und setzt diese in Gl. (6.93) ein, so erhält man

$$L\ddot{Q}_n = \frac{1}{C}(Q_{n-1} - 2Q_n + Q_{n+1}). \qquad (6.94)$$

Diese Gleichung hat genau dieselbe Form wie Gl. (6.76a), was die Richtigkeit der Analogie bestätigt.

Um die Untersuchung abzuschließen müßte man nur noch die Gleichungen für die Enden aufstellen und mit den Gln. (6.76c) und (6.81) vergleichen. Da diese Rechnungen im weiteren nicht benötigt werden, wollen wir sie nicht im einzelnen ausführen. Der Leser kann sie als Übungsaufgabe durchführen.

Die wichtigsten Ergebnisse der Untersuchung am mechanischen System sind die Gln. (6.80) und (6.90). In der Sprache des elektrischen Analogons lauten sie

$$T = (LC)^{1/2}, \qquad (6.95)$$

$$B = \frac{1 - R/(L/C)^{1/2}}{1 + R/(L/C)^{1/2}}. \qquad (6.96)$$

Als Bedingung für die vollständige Absorption der Schwingungen durch den Widerstand R am Ende, folgt aus Gl. (6.96)

$$R = \left(\frac{L}{C}\right)^{1/2}. \qquad (6.97)$$

Die Größe $(L/C)^{1/2}$ hat die Dimension eines Widerstands und wird *Wellenwiderstand* des Systems genannt. Dann und nur dann findet keine Reflexion am Ende der Leitung statt, wenn der Widerstand am Ende gleich dem Wellenwiderstand ist.

Reflexionen vom anderen Ende der Leitung ($n = 1$ anstatt $n = N$) wurden nicht besprochen, aber in diesem System ist keine Richtung ausgezeichnet. Eine reflektierte Schwingung, die in Bild 6.45 von rechts nach links wandert, kann am linken Ende der Leitung zum zweitenmal reflektiert werden. Bei dieser Reflexion ist die Amplitude durch den effektiven Widerstand des Stromkreises, an den die Leitung angeschlossen ist, bestimmt. Dies kann der Innenwiderstand der Quelle sein, die die Schwingungen an die Leitung abgibt, oder dieser zusammen mit etwaigen anderen Widerständen. Sind also die Widerstände am Ende der Übertragungsstrecke nicht gleich dem Wellenwiderstand, so treten mehrfache Reflexionen auf, deren Amplituden bei jeder Reflexion gemäß Gl. (6.96) abnehmen.

Dispersion. Nun wollen wir zur Frage zurückkehren, ob sich ein Wellenpaket unabhängig von seiner Form durch die Leitung immer mit konstanter Geschwindigkeit

und ohne Formänderung ausbreitet. Am einfachsten behandelt man diese Frage an Hand der Ausbreitung sinusförmiger Wellen. Mit Hilfe der Fourieranalyse kann jede Schwingung als Summe sinusförmiger Schwingungen dargestellt werden. Wenn alle sinusförmigen Komponenten sich mit derselben Geschwindigkeit ausbreiten, erwarten wir dies auch von allen Teilen des Wellenpakets. Dies haben wir am Anfang dieses Kapitels angenommen. Stellt sich aber heraus, daß die Geschwindigkeit der sinusförmigen Wellen von ihrer Frequenz abhängt, so wird sich das Wellenpaket im allgemeinen nicht mit einer einheitlichen Geschwindigkeit ausbreiten.

Wir wollen also eine sinusförmige Lösung in der Form

$$Q_n = Q_0 \cos \omega(t - nT) \qquad (6.98)$$

ansetzen, die konstante Phasendifferenz zwischen den einzelnen Abschnitten der Leitung besitzt, und überprüfen, ob sie eine Lösung darstellt. Außerdem wollen wir die Zeitverzögerung T pro Abschnitt berechnen. In Gl. (6.98) ist Q_0 eine Amplitudenkonstante, die für alle Ladungen gleich groß angenommen wurde. Weiter haben wir angenommen, daß die Schwingung der n-ten Ladung gegenüber derjenigen der ersten Ladung um die Zeit nT verzögert ist. Setzt man Gl. (6.98) in Gl. (6.94) ein, so ergibt sich

$$\begin{aligned}
-LC\omega^2 Q_0 \cos \omega(t - nT) = {} & Q_0 \cos \omega[t - (n+1)T] \\
& - 2Q_0 \cos \omega(t - nT) \quad (6.99) \\
& + Q_0 \cos \omega[t - (n-1)T].
\end{aligned}$$

In diesem Ausdruck zerlegen wir die Kosinusfunktionen in Produkte von zwei Kosinus- und zwei Sinusfunktionen von ωT und $\omega(t - nT)$. Daraus folgt eine Gleichung mit dem gemeinsamen Faktor $Q_0 \cos \omega(t - nT)$.

$$\begin{aligned}
-LC\omega^2 Q_0 \cos \omega(t - nT) = {} & Q_0 \cos \omega(t - nT) \cos \omega T \\
& + Q_0 \sin \omega(t - nT) \sin \omega T \\
& - 2Q_0 \cos \omega(t - nT) \\
& + Q_0 \cos \omega(t - nT) \cos \omega T \\
& - Q_0 \sin \omega(t - nT) \sin \omega T \\
LC\omega^2 = {} & 2(1 - \cos \omega T) \\
= {} & 4 \sin^2 \frac{\omega T}{2}. \qquad (6.100)
\end{aligned}$$

Den letzten Ausdruck erhält man mit den Beziehungen zwischen den goniometrischen Funktionen des einfachen und des halben Winkels.

Es gibt also Lösungen in der Form von Gl. (6.98), bei denen jede Ladung mit der gleichen Frequenz sinusförmig schwingt. Zwischen den einzelnen Abschnitten besteht aber eine konstante Phasendifferenz, die durch $\varphi = \omega T$ gegeben ist. Die zeitliche Verzögerung T pro Abschnitt ist jedoch *nur näherungsweise* durch Gl. (6.95) gegeben.

Auch ist sie im allgemeinen von der Frequenz abhängig. Wenn die dem Reziprokwert von ω entsprechende Zeitspanne verglichen mit der Verzögerung T pro Abschnitt *lang* ist, so ist ωT sehr klein und somit auch die Phasendifferenz zwischen zwei benachbarten Abschnitten. In diesem Fall kann der Sinus in Gl. (6.100) in eine Potenzreihe entwickelt werden. Behält man nur den ersten Term dieser Reihe, so folgt

$$LC\omega^2 = 4\left(\frac{\omega T}{2}\right)^2 \quad \text{oder} \quad T = (LC)^{1/2}.$$

Also ist T nur im Grenzfall niedriger Frequenzen von der Frequenz unabhängig und durch Gl. (6.95) gegeben. Umgekehrt hat die Frequenz die obere Grenze

$$LC\omega^2 = 4 \quad \text{oder} \quad \omega = \frac{2}{(LC)^{1/2}}, \qquad (6.101)$$

da der Sinus nicht größer als eins werden kann. Wenn die Frequenz höher ist als dieser kritische Wert, hat Gl. (6.94) *keine* sinusförmigen Lösungen der Form von Gl. (6.98) mehr.

Bild 6.46 zeigt T als Funktion von ω gemäß Gl. (6.100). Wie aus dem Bild hervorgeht, ist T für niedrige Frequenzen von ω unabhängig und gleich $(LC)^{1/2}$. Mit wachsendem ω nimmt auch T zu und erreicht schließlich bei der Grenzfrequenz den Wert $\pi(LC)^{1/2}/2$. Dieser Frequenz entspricht die *Schwingungsdauer* $2\pi/\omega$ oder $\pi(LC)^{1/2}$, die doppelt so lang ist wie die Verzögerungszeit pro Abschnitt bei der Grenzfrequenz.

Sinuswellen, deren Schwingungsdauer kleiner als die doppelte Verzögerungszeit pro Abschnitt ist, können sich nicht mehr durch das System ausbreiten. Man beachte, daß die Grenzfrequenz doppelt so groß ist wie die Resonanzfrequenz eines einfachen LC-Kreises mit denselben Werten von L und C wie die Abschnitte der Leitung.

Daraus geht hervor, daß sich ein Wellenpaket nur dann ohne Deformation durch die Leitung ausbreitet, wenn seine wichtigsten Frequenzanteile verglichen mit der Grenzfrequenz klein sind. Andernfalls tritt eine Verzerrung auf.

Liegen die Hauptanteile über der Grenzfrequenz, so wird das Wellenpaket stark verzerrt und in der Intensität vermindert. Alle Erscheinungen wie Verzerrung des Wellenpakets und Amplitudenverminderung, die von der Abhängigkeit der Geschwindigkeit von der Frequenz herrühren, nennt man *Dispersion*. Ähnliche Erscheinungen treten in anderen Zweigen der Physik auf, die Wellenphänomene behandeln, wie in der Akustik, Optik und Quantenmechanik.

Leitungen. Es ist aus Gl. (6.101) ersichtlich, daß man die Grenzfrequenz erhöhen kann, indem man die Werte von L und C in den einzelnen Abschnitten verringert. Vermindert man zum Beispiel sowohl L als auch C auf die Hälfte, so erhöht sich die Grenzfrequenz auf das Doppelte ihres früheren Wertes, während der Wellenwiderstand unverändert bleibt. Dies legt eine Leitung nahe, bei der die Induktivität und die Kapaziätt *kontinuierlich* über die ganze Länge verteilt sind. Eine solche Leitung hätte wahrscheinlich gar keine Grenzfrequenz und wäre völlig dispersionsfrei.

Innerhalb gewisser Grenzen kann ein solches System auch tatsächlich verwirklicht werden. Im Prinzip stellt jedes Leiterpaar ein solches System dar. So hat zum Beispiel ein Paar gerader paralleler Leiter eine bestimmte Kapazität pro Längeneinheit und auch eine bestimmte Induktivität. Letztere ist mit der Änderung des magnetischen Flusses zwischen zwei Segmenten der beiden Leiter verbunden. In Bild 6.47 ist das Prinzip dieser Leitung schematisch dargestellt. In der Praxis werden Leitungen oft in der Form koaxialer Zylinder hergestellt. Der äußere Leiter stellt dabei eine elektrostatische Abschirmung für den Raum zwischen den Leitern dar, so daß die Leitung durch die Streufelder anderer in der Nähe befindlicher Leiter nicht gestört wird. Eine solche Leitung nennt man Koaxialleitung.

Die obigen Ergebnisse für die aus einzelnen Schwingungskreisen bestehende Verzögerungsleitung können direkt für die kontinuierliche Leitung übernommen werden, wenn man L und C als Induktivität und Kapazität pro Längeneinheit interpretiert. Der Wellenwiderstand ist immer noch durch Gl. (6.97) gegeben und die Verzögerungszeit T wird jetzt die Verzögerung pro Längeneinheit. Der reziproke Wert dieser Größe ist die Ausbreitungsgeschwindigkeit in Länge pro Zeiteinheit ausge-

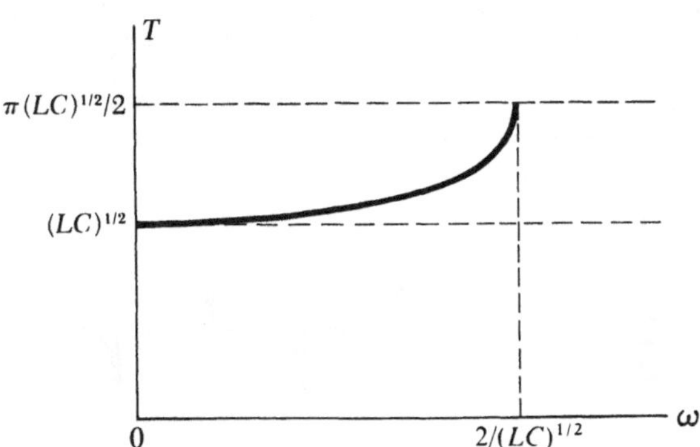

Bild 6.46

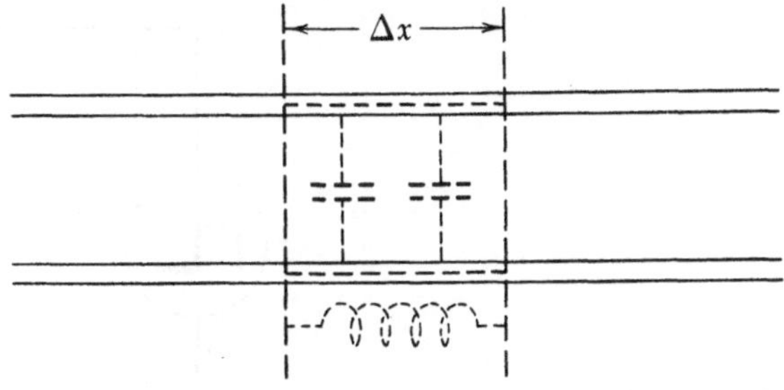

Bild 6.47

drückt. Im Idealfall ist die Leitung völlig frei von Dispersion und die Ausbreitungsgeschwindigkeit von der Frequenz unabhängig.

Aus zwei Gründen erreichen wirkliche Leitungen niemals dieses idealisierte Verhalten. Erstens weil Leiter immer einen gewissen Widerstand haben, der zur Dissipation von Energie führt und zweitens weil der Raum zwischen den Leitern durch ein dielektrisches Material ausgefüllt ist. Die dielektrischen Eigenschaften sind immer frequenzabhängig. Bei hohen Frequenzen wandelt das Dielektrikum elektrische Energie in Wärme um und verhält sich daher wie ein Parallelwiderstand. Auch die Frequenz von Koaxialstrecken hat daher immer eine obere Grenze. Aber durch sorgfältige Wahl des Materials, kann diese Grenze bis auf 10^{10} Hz und mehr angehoben werden.

Mit einfachen Mitteln der elektromagnetischen Theorie kann gezeigt werden, daß die Induktivität und die Kapazität pro Längeneinheit für eine Leitung aus koaxialen Zylindern, deren innerer den Radius a und deren äußerer den Radius b hat, durch

$$L = \frac{\mu}{2\pi} \ln \frac{b}{a} , \quad C = \frac{2\pi\epsilon}{\ln(b/a)} \qquad (6.102)$$

gegeben ist. Die Ausbreitungsgeschwindigkeit ist daher

$$u = \frac{1}{(LC)^{1/2}} = \frac{1}{(\mu\epsilon)^{1/2}} \cdot \qquad (6.103)$$

Sie ist von den Abmessungen der Leiter unabhängig und nur durch die elektrischen und magnetischen Eigenschaften (ϵ und μ) des Materials zwischen den Leitern bestimmt. Unterscheiden sich ϵ und μ nur wenig von den Werten für das Vakuum, so ist die Ausbreitungsgeschwindigkeit nahezu gleich der Vakuumlichtgeschwindigkeit $c = (\mu_0\epsilon_0)^{-1/2}$. Ist hingegen die Dielektrizitätskonstante ϵ viel größer als eins, d.h. $\epsilon > \epsilon_0$ so ist u kleiner als c.

Der Wellenwiderstand $R = (L/C)^{1/2}$ ist

$$R = \frac{1}{2\pi}\left(\frac{\mu}{\epsilon}\right)^{1/2} \ln \frac{b}{a} . \qquad (6.104)$$

Durch Verändern des Verhältnisses der Radien der Leiter b/a, kann man daher den Wellenwiderstand beeinflussen.

Der Behandlung dieser Leitung kann man auch eine Untersuchung der Felder zwischen den Leitern und die Ausbreitung von Wellen in diesem Bereich zugrunde legen. Die Zwischenschritte verlaufen dann anders, aber die Schlußfolgerungen über die Ausbreitungsgeschwindigkeit und den Wellenwiderstand sind die gleichen.

6.6.2. Experiment

1. Ausbreitung von Wellenpaketen. Um die Ausbreitung von Wellenpaketen in der Leitung experimentell zu untersuchen, brauchen wir eine Quelle für Wellenpakete. Am einfachsten erzeugt man Wellenpakete mit einem Rechteckgenerator und einem RC-Kreis, wie dies in Bild 6.48 gezeigt ist. Die Eigenschaften dieser Anordnung lassen sich mit der in Experiment ES-1 verwendeten Methode ermitteln. Wenn die Zeitkonstante des RC-Kreises verglichen mit der Periode der Rechteckwelle sehr kurz ist, fließt durch den Widerstand nur für sehr kurze Zeit am Anfang jeder Halbperiode Strom. Es ergibt sich eine Reihe von Impulsen mit wechselndem Vorzeichen. Die Dauer des Impulses ist natürlich proportional RC. Wünscht man, daß alle Impulse das gleiche Vorzeichen haben, so muß man mit dem Widerstand einen Gleichrichter in Serie schalten.

Übertragung und Reflexion von Impulsen können mit dem in Bild 6.49 gezeigten Schaltschema untersucht werden. In dieser Schaltung wird der Eingangsimpuls, der Ausgangsimpuls und der reflektierte Impuls durch die Vertikalablenkung des Oszillographen angezeigt, wobei die Horizontalablenkung mit dem Rechteckwellengenerator synchronisiert ist. Den Widerstand am Eingang der Leitung macht man gleich dem Wellenwiderstand, um Reflexionen von diesem Ende der Leitung auszuschalten.

Messen Sie die Gesamtverzögerungszeit (NT) der Leitung. Bestimmen Sie aus NT und der Anzahl der Abschnitte die Verzögerungszeit T pro Abschnitt. Stellen Sie den Endwiderstand R_L so ein, daß er mit dem Wellenwiderstand übereinstimmt und die Reflexionen verschwinden. Trennen Sie R_L vom Schaltkreis und messen Sie seinen Widerstand mit einem Ohmmeter, um den Wellenwiderstand zu erhalten. Berechnen Sie die Werte von L und C aus dieser Messung und der Verzögerungszeit pro Abschnitt.

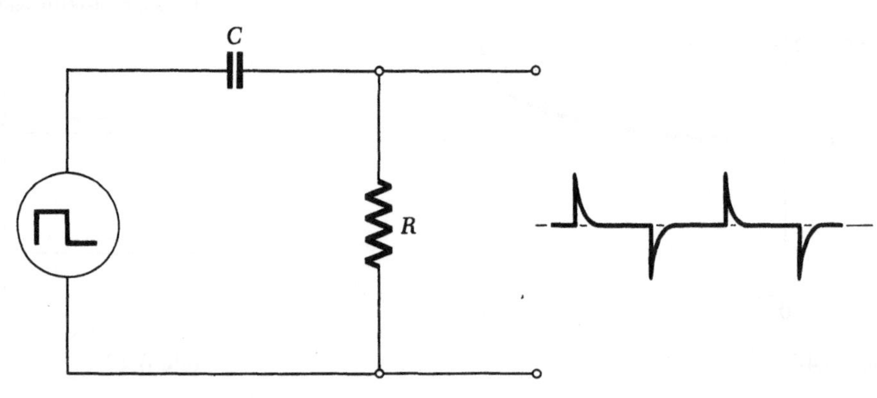

Bild 6.48

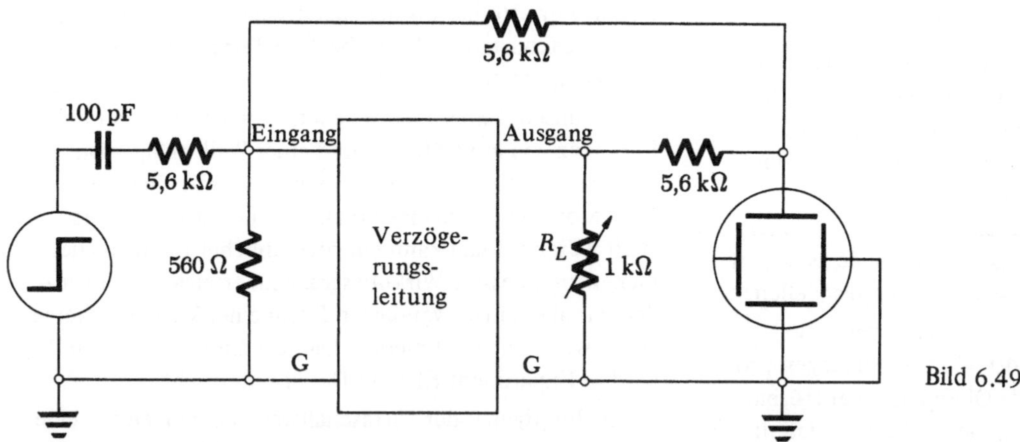

2. Änderung in Abhängigkeit von R_L. Verändern Sie den Endwiderstand R_L und messen Sie die Amplitude des Ausgangssignals als Funktion von R_L. Tragen Sie die Ausgangsamplitude als Funktion von R_L graphisch auf. Machen Sie dasselbe für den reflektierten Impuls. Vergleichen Sie Ihre Ergebnisse mit den Vorhersagen von Gl. (6.96).

3. Vielfache Reflexion. Tauschen Sie den 560-Ω-Eingangswiderstand gegen einen viel kleineren oder viel größeren Widerstand aus, um Reflexionen von der Eingangsseite der Übertragungsstrecke beobachten zu können. Treten Vielfachreflexionen auf? Entfernen Sie für diese Beobachtung den 5,6-kΩ-Widerstand, der das Eingangssignal zum Oszillographen leitet. Wie hängen die Phasenbeziehungen der reflektierten Impulse von den Widerständen an den Enden ab? Warum sind die übertragene und die reflektierte Amplitude etwas kleiner als erwartet?

4. Spannungsverminderung. Man kann zeigen, daß die Spannungsverminderung pro Abschnitt dem Quotienten aus Serienwiderstand pro Abschnitt und dem Wellenwiderstand proportional ist. Dieser Widerstand rührt hauptsächlich vom Widerstand der Spulen her. Messen Sie den Serienwiderstand der Leitung. Bestimmen Sie aus diesem Wert und der Anzahl der Abschnitte den Widerstand pro Abschnitt und berechnen Sie die zu erwartende Spannungsverminderung bis auf einen konstanten Faktor. Ermitteln Sie die Proportionalitätskonstante, indem Sie diesen Wert mit der beobachteten Spannungsverminderung vergleichen.

5. Grenzfrequenz. Berechnen Sie die obere Grenzfrequenz der Leitung. Kann man die Grenzfrequenz experimentell beobachten?

6. Koaxialleitung. Alle oben angeführten Experimente können mit der Koaxialleitung wiederholt werden. Beobachten Sie die Übertragung und die Reflexion für verschiedene Werte des Endwiderstandes, von denen einige größer und andere kleiner als der Wellenwiderstand sind. Welche Ähnlichkeiten stellen Sie mit der aus einzelnen Abschnitten bestehenden Verzögerungsleitung fest? Was für Unterschiede bestehen?

6.6.3. Fragen

1. Wir wollen annehmen, daß die Widerstände an beiden Enden der Übertragungsstrecke viel *größer* als der Wellenwiderstand Z sind. Erörtern Sie die Polarität aufeinanderfolgender Impulse, die am Ausgangsende nach 0, 2, 4, 6, ... Reflexionen ankommen. Was geschieht, wenn beide Endwiderstände verglichen mit Z sehr *klein* sind? Wenn der eine groß ist und der andere klein?

2. Zeigen Sie, daß die Größe $b\,(mk)^{-1/2}$ in Gl. (6.90) dimensionslos ist.

3. Zeigen Sie, daß die Größe $(L/C)^{1/2}$ die Dimension eines Widerstands hat.

4. In der in einzelne Abschnitte unterteilten Verzögerungsleitung sind die einzelnen Spulen oft auf einen gemeinsamen Kern gewickelt. Es besteht daher zwischen den Abschnitten etwas induktive Kopplung. Wie wirkt sich das auf die Ausbreitung der Impulse aus?

5. Leiten Sie die Ausdrücke in den Gln. (6.102) für die Induktivität und die Kapazität pro Längeneinheit einer Koaxialleitung ab.

6. Zeigen Sie, daß die Verzögerung T pro Abschnitt an der Grenzfrequenz den Wert $\pi(LC)^{1/2}/2$ annimmt.

7. Zeigen Sie, daß die charakteristische Impedanz einer Koaxialstrecke in SI-Einheiten durch $Z = 60 \ln(b/a)\,\Omega$ gegeben ist. Ist der Koeffizient 60 das exakte Resultat oder eine Näherung? Wie groß ist die Abweichung vom exakten Ergebnis, wenn letzteres der Fall ist?

8. Leiten Sie einen analytischen Ausdruck für die Gestalt des Impulses, der durch die Kombination von RC-Kreis und Rechteckgenerator erzeugt wird, ab. Hat der Impuls wirklich genau diese Gestalt? Was geschieht, wenn die Ecken der Rechteckwelle ein wenig abgerundet sind?

9. Sind die Phasen- und die Gruppengeschwindigkeit für Impulse auf einer aus Abschnitten zusammengesetzten Verzögerungsleitung gleich oder verschieden? Welche von beiden ist größer und warum?

7. Akustik und Flüssigkeiten (AF)

7.1. Einleitung

Die ersten drei Experimente dieser Reihe befassen sich mit der Wellenausbreitung in Luft und Flüssigkeiten. Verschiedene Wellenphänomene, die mit sichtbarem Licht oder Mikrowellen demonstriert werden können, werden auch bei akustischen Wellen beobachtet, die natürlich nicht elektromagnetischer Natur sind. Wir werden dabei Ähnlichkeiten, aber auch wichtige Unterschiede zwischen akustischen und elektromagnetischen Wellen feststellen.

Um Wellen geringer Wellenlänge zu erhalten, muß bei Frequenzen von etwa 40 kHz (40 000 Schwingungen pro Sekunde) gearbeitet werden. Die Obergrenze der Hörbarkeit für das menschliche Ohr liegt bei 20 kHz, so daß diese Wellen im *Ultraschallbereich* liegen. Dennoch bezeichnet man sie oft als *Schall,* obwohl sie für den Menschen unhörbar sind. Einige Tiere haben aber einen Hörfrequenzbereich, der sich weit höher hinauf erstreckt als jener des Menschen.

Verschiedene Interferenz- und Beugungseffekte mit Schall sind den Beobachtungen bei elektromagnetischen Wellen völlig analog. Da Schallwellen in Gasen longitudinal und nicht transversal sind, treten allerdings keine Polarisationsphänomene auf. In Festkörpern können akustische Wellen entweder longitudinal oder transversal oder auch eine Kombination beider sein, so daß hier Polarisationseffekte beobachtet werden.

Die letzten drei Experimente dieser Serie behandeln die Strömung von Flüssigkeiten, hauptsächlich von Luft und Wasser. Wir beginnen mit der Betrachtung einer idealisierten Flüssigkeit, in der alle Effekte der Viskosität völlig fehlen. Von hier aus gehen wir zur viskosen und schließlich zur turbulenten Strömung über. Jede dieser Beobachtungen können wir durch grundlegende physikalische Prinzipien erklären.

7.2. Experiment AF-1: Akustische Wellen

7.2.1. Einleitung

Gase können bekanntlich als Medium zur Ausbreitung mechanischer Wellen dienen. Die dabei auftretenden Abweichungen vom Gleichgewicht sind kurzzeitige Druckschwankungen, wobei Bereiche verringerter und vergrößerter Gasdichte aufeinander folgen. Die Ausbreitung von Wellen in Gasen wird in vielen Lehrbüchern diskutiert und soll hier nicht im Detail behandelt werden. Für ein ideales Gas, in dem Verdichtungen und Verdünnungen adiabatisch erfolgen, ist die Ausbreitungsgeschwindigkeit u gegeben durch

$$u = \left(\frac{\gamma R T}{m}\right)^{1/2}, \tag{7.1}$$

wobei γ das Verhältnis der spezifischen Wärmen ($\gamma = c_p/c_v$), R die Gaskonstante, T die absolute Temperatur und m die Molekülmasse des Gases ist.

Für unsere Experimente benützen wir Wellen mit einer Frequenz von etwa 40 kHz und einer Wellenlänge von rund 1 cm. Solche Wellen können leicht mit einem Sinusgenerator und einem elektro-akustischen Wandler hergestellt werden. Dazu kann ein gewöhnlicher Lautsprecher dienen; um bessere Wirkungsgrade zu erreichen, verwenden wir aber einen Wandler in Form einer kleinen Scheibe von etwa 2 cm Durchmesser. Die Kennlinie dieses Wandlers wird in Experiment EI-5 im Detail untersucht.

Als Empfänger der Ultraschallwellen benützen wir einen zweiten Wandler. Bei relativ geringen Entfernungen (d.h. weniger als 1 m) ist die Wellenamplitude groß genug, um im Empfänger ein Signal auszulösen, das einem Oszillographen zugeführt werden kann.

Stehen Sender und Empfänger einander im Abstand L frontal gegenüber, wirkt jeder teilweise als Reflektor, und eine stehende Welle bildet sich zwischen ihnen aus. Die Amplitude der stehenden Welle ist maximal, wenn jede der beiden Scheiben nahe einem Knoten ist. Das ist der Fall, wenn die Entfernung ein ganzzahliges Vielfaches einer halben Wellenlänge ist, also

$$L = n\,\frac{\lambda}{2} = \frac{nu}{2f}, \tag{7.2}$$

wobei n eine ganze Zahl ist. Daher kann man durch Änderung des Abstands und gleichzeitiger Beobachtung der periodischen Änderungen der Amplitude die Wellenlänge direkt messen.

Eine alternative Vorgangsweise zur Messung der Wellenlänge besteht darin, den Sender an den Vertikaleingang des Oszillographen und den Empfänger an den Horizontaleingang zu legen. Die beiden Signale unterscheiden sich in der Phase um einen Betrag, der direkt proportional zur Entfernung zwischen den Wandlern ist. Wenn wir eine Entfernung finden, für die die beiden Signale in Phase sind, und dann den Empfänger weiterbewegen, bis die Signale wieder in Phase sind, haben wir ihn um eine Distanz von genau einer Wellenlänge bewegt.

7.2.2. Experiment

1. Amplitudenveränderungen. Schalten Sie die Wandler wie Bild 7.1 zeigt. Der 10-kΩ-Widerstand dient dazu, einen 50-Hz-Brummton zu unterdrücken, der sonst möglicherweise an den Eingang des Oszillographen gelangen könnte. Abgeschirmte Drähte sind für die Verdrahtung erforderlich, um eine elektromagnetische Kopplung zwischen den beiden Schaltkreisen zu vermeiden.

Die Empfindlichkeit von Sender und Empfänger zeigt eine scharfe Resonanz nahe einer Frequenz von 40 kHz. Stellen Sie Sender und Empfänger einander gegenüber und

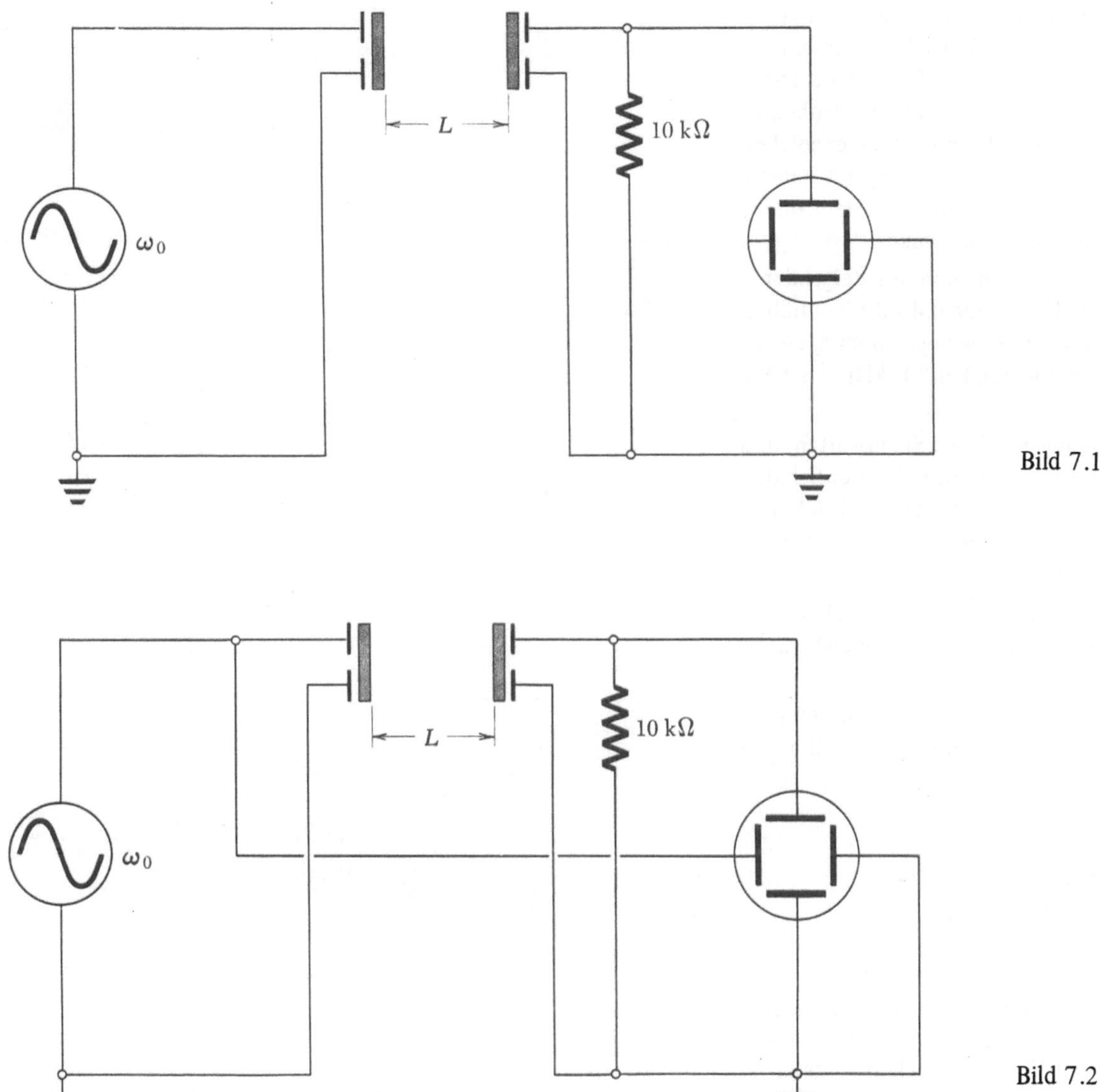

variieren Sie die Frequenz, bis die Resonanzfrequenz gefunden ist. Dann lassen Sie den Sinusgenerator bei dieser Frequenz fest eingestellt, wobei Sie von Zeit zu Zeit prüfen sollten, ob das System nicht von der Resonanzfrequenz weggedriftet ist.

Nun bewegen Sie den Empfänger entlang der Achse und beobachten die Änderung des Signals. Messen Sie die Wellenlänge so genau wie möglich, und berechnen Sie damit und aus der Frequenz die Geschwindigkeit der Welle. Vergleichen Sie Ihr Resultat mit der Vorhersage gemäß Gl. (7.1).

2. Phasenänderung. Ändern Sie nun die Anschlüsse des Oszillographen gemäß Bild 7.2. Verdrehen Sie den Empfänger etwas, so daß die reflektierte Welle nicht zum Sender zurückkehrt. Bewegen Sie den Empfänger entlang der Achse und beobachten Sie nun die Veränderung der relativen Phase der beiden Signale. Messen Sie wieder die Wellenlänge und vergleichen Sie das Ergebnis mit dem vorhergehenden. Bewegen Sie den Empfänger über eine Strecke von mehreren Wellenlängen, um die Genauigkeit zu steigern.

7.2.3. Fragen

1. Bei welcher der beiden Frequenzen, 40 kHz oder 60 Hz, stellt elektromagnetische Kopplung zwischen den beiden Kreisen ein ernsteres Problem dar? Warum? Bei welcher Frequenz ist die Abschirmung der Drähte wichtiger?

2. Erklären Sie, wie die obige Anordnung als Thermometer verwendet werden könnte. Welche Temperaturänderungen sind noch nachweisbar, wenn Sie 10 Wellenlängen mit einer Genauigkeit von 0,2 mm vermessen können (d.h. 0,02 mm pro Wellenlänge)? Dabei soll die Frequenz konstant bleiben.

3. Manche Orgelpfeifen werden so konstruiert, daß in ihnen eine longitudinale stehende Welle mit einem Wellenbauch an jedem Ende der Pfeife entsteht. Die Länge der Pfeife beträgt dann eine halbe Wellenlänge. Wie ändert sich die Tonhöhe (Frequenz) einer solchen Pfeife mit der Temperatur? Welcher Temperaturanstieg hat einen Anstieg der Tonhöhe von einem Halbton (etwa 5 % Frequenzänderung) zur Folge?

4. Das Metall der Orgelpfeife dehnt sich mit steigender Temperatur aus und ändert so ebenfalls die Tonhöhe. Ist dieser Effekt wichtiger oder weniger wichtig als die Änderung der Schallgeschwindigkeit? Erklären Sie Ihre Antwort!

5. Unter welchen Bedingungen würden Sie erwarten, daß die Verdichtungen und Verdünnungen bei der Schallausbreitung *nicht* adiabatisch sind? Wie wird sich in diesem Fall die Schallgeschwindigkeit von der Vorhersage gemäß Gl. (7.1) unterscheiden?

6. Welches Gas hat die größte Schallgeschwindigkeit? Um welchen Faktor ist sie größer als die Schallgeschwindigkeit in Luft?

7. Luft ist hauptsächlich ein Gemisch von zweiatomigen Gasen. Welche Werte von γ und m sollten in Gl. (7.1) für Luft verwendet werden?

7.3. Experiment AF-2: Schallbeugung und -interferenz

7.3.1. Einleitung

Viele klassische Beugungs- und Interferenzexperimente, die ursprünglich mit Licht durchgeführt wurden, können in einfacher Weise auch mit Ultraschallwellen ausgeführt werden. Eines der schönsten ist das Doppelspaltexperiment, mit dem *Thomas Young* im Jahre 1802 in überzeugender Weise die Wellennatur des Lichts nachwies. Die Versuchsanordnung zeigt Bild 7.3. Für Werte von θ, für die der Wegunterschied von den Spalten zum Empfänger Null oder ein ganzzahliges Vielfaches der Wellenlänge ist, findet konstruktive Interferenz statt, und ein Intensitätsmaximum wird beobachtet. Beträgt die Wegdifferenz dagegen ein halbzahliges Vielfaches der Wellenlänge, dann entsteht ein Minimum. Die entsprechenden Bedingungen sind daher:

Maximum: $d \sin \theta = n \lambda$ \hfill (7.3a)

Minimum: $d \sin \theta = (n + \tfrac{1}{2}) \lambda,$ \hfill (7.3b)

wobei n eine ganze Zahl ist.

Eine andere Anordnung ist der „Lloydsche Spiegel" (Bild 7.4). Die reflektierende Oberfläche erzeugt ein virtuelles Bild der Quelle. Mit Hilfe des Empfängers können die Knoten im Interferenzbild untersucht werden, das durch die einfallende und die reflektierte Welle gebildet wird.

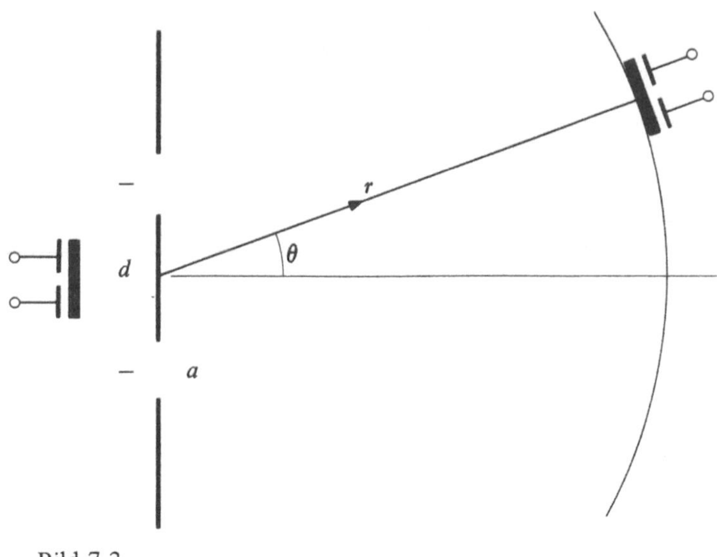

Bild 7.3

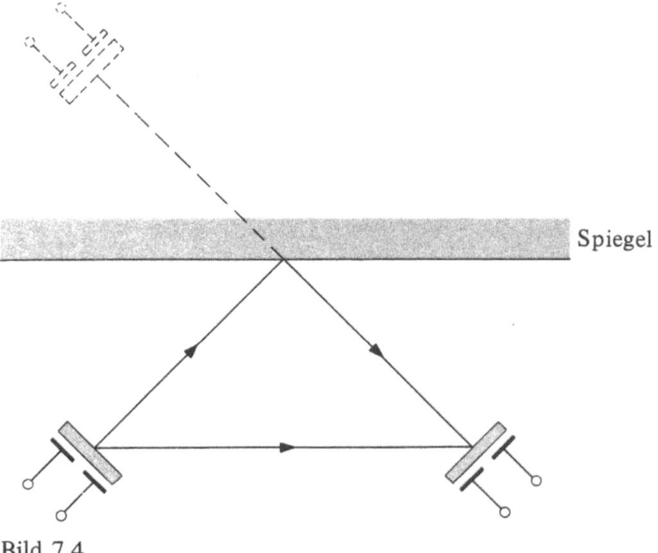

Bild 7.4

Beugungseffekte können ebenfalls beobachtet werden. Das einfachste Beispiel ist die in Bild 7.5 gezeigte Strahlungsverteilung des Senders selbst, die folgermaßen zustande kommt: Nehmen wir der Einfachheit halber an, daß sich alle Punkte der Oberfläche der Senderscheibe in Phase bewegen (was in Wirklichkeit nicht der Fall ist), so ist die Strahlung an Punkten neben der Achse doch eine Superposition von Wellen, die unterschiedliche Entfernungen von der Quelle zurückgelegt haben. Dadurch treten Phasenunterschiede auf. Die Berechnung dieses Interferenzbildes ist kompliziert, es kann aber experimentell untersucht werden.

Ein viel einfacheres Beugungsexperiment ergibt sich, wenn man den in Bild 7.6 gezeigten engen Einzelspalt als Quelle benützt. Destruktive Interferenz tritt auf, wenn

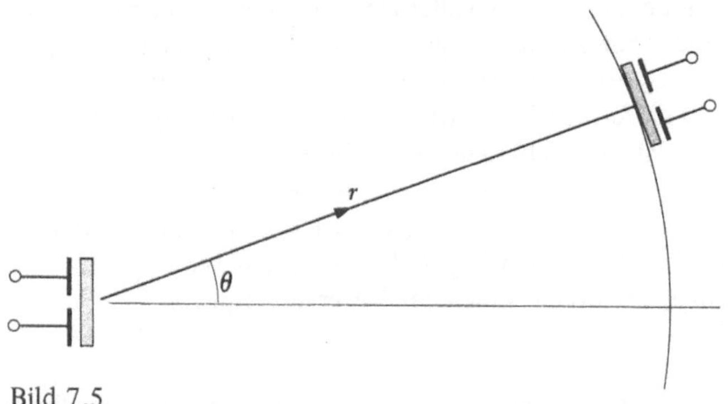

Bild 7.5

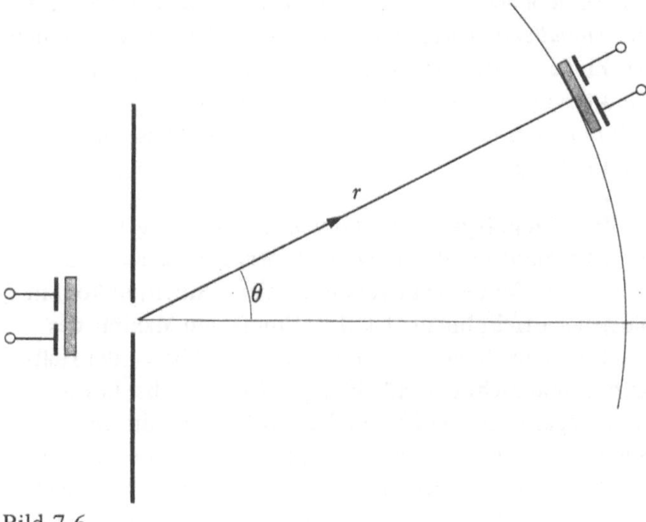

Bild 7.6

die Strahlung von der einen Hälfte des Spalts die Strahlung der anderen Hälfte auslöscht. Die Bedingung dafür ist bei einem Spalt der Breite a

$$\frac{a}{2}\sin\theta = (n + \tfrac{1}{2})\lambda, \qquad n = 0, \pm 1, \pm 2, \ldots \qquad (7.4)$$

7.3.2. Experiment

Verbinden Sie den Sender mit dem Sinusgenerator und den Empfänger mit dem Vertikaleingang des Oszillographen, wobei Sie genau wie in Experiment AF-1 abgeschirmte Drähte verwenden. Stellen Sie den Generator auf die Resonanzfrequenz des Empfängers ein.

1. Die Strahlungsverteilung. Mit der in Bild 7.5 gezeigten Anordnung kann nun die Strahlungsverteilung des Senders bestimmt werden. Um verläßliche Messungen zu erhalten, müssen Sie den Empfänger stets zur Quelle richten und die Entfernung konstant lassen. Das Experiment sollte so weit wie möglich von reflektierenden Oberflächen entfernt ausgeführt werden, um störende Reflexionen auszuschalten. Es ist zweckmäßig, den Empfänger mit Klebeband auf einem Lineal zu befestigen, das um einen Zapfen drehbar ist. Ein Winkelmesser unter dem Lineal ermöglicht

das Ablesen des Drehwinkels (es kann aber auch der Sender verdreht werden). Ist die Strahlungsverteilung symmetrisch bezüglich der Achse?

2. Die Beugung am Einzelspalt. Benützen Sie dieselbe Anordnung wie vorher, aber fügen Sie in Bild 7.6 noch eine Spaltblende hinzu. Sie können mit einem ziemlich weiten Spalt beginnen, etwa $a = 3\lambda$, und dann beobachten, wie sich das Beugungsbild ändert, wenn der Spalt enger gemacht wird. Lokalisieren Sie die Minima der Verteilung und vergleichen Sie ihre Positionen mit den Vorhersagen der Gl. (7.4).

3. Die Interferenz am Doppelspalt. Zur Erzeugung von Interferenzen benützen wir die Doppelspalt-Anordnung des Bildes 7.3. Um die Komplikationen zu verringern, die von der Beugung an den Spalten herrühren, sollte die Breite der einzelnen Spalte von der Größenordnung einer Wellenlänge oder etwas kleiner gewählt werden, wobei die Spalte einige Wellenlängen voneinander entfernt sind. Ein kräftiges Interferenzbild kann leicht beobachtet werden. Vermessen Sie die Lage möglichst vieler Maxima und Minima und vergleichen Sie das Ergebnis mit den Vorhersagen der Gln. (7.3). Umgekehrt kann man diese Messungen auch verwenden, um die Wellenlänge der Strahlung zu bestimmen, wie im ursprünglichen Youngschen optischen Zweispaltexperiment.

4. Der Lloydsche Spiegel. Stellen Sie für das Lloydsche Spiegelexperiment den Sender einige Wellenlängen entfernt vor einer vertikalen reflektierenden Platte auf und messen Sie die Knoten des Interferenzbildes, wie in Bild 7.4 gezeigt ist. Man kann auch die Tischplatte als Spiegel benützen.

Ist nach der Lage der Knotenlinien zu schließen, daß der durch den Spiegel erzeugte virtuelle Sender in Phase oder außer Phase mit dem wirklichen Sender ist? Die Elongationen in den einzelnen Wellen sind rein longitudinal. Welche Richtung der Elongationen an der reflektierenden Oberfläche folgt aus dem beobachteten Knotenbild? Ist dies eine allgemeine Randbedingung für eine reflektierende Oberfläche? Welches Experiment könnten Sie ausführen, um direkt zu zeigen, daß Schall in Luft longitudinal und nicht transversal ist?

7.3.3. Fragen

1. Bewegen sich alle Oberflächenpunkte des Senders in Phase? Bewegen sie sich mit derselben Amplitude? Vergleichen Sie das Ergebnis mit dem Verhalten, das im Experiment EI-5 diskutiert wurde.

2. Wenn beim Einzelspalt-Experiment der Spalt zu eng ist, beobachtet man kein Intensitätsminimum. Was ist der kleinste Wert für a, bei dem ein Minimum zwischen $0°$ und $90°$ entsteht?

3. Eine Schallwelle wird von einer starren Oberfläche reflektiert. Ist die reflektierte Welle bei Punkten nahe

der Oberfläche gleichphasig oder gegenphasig zur einfallenden Welle? Erklären Sie die Antwort.

4. Dreht man den Detektor um 90° um eine Achse senkrecht zur Scheibenfläche, würde sich dann sein Verhalten ändern? Vergleichen Sie diese Situation mit der entsprechenden für einen elektromagnetischen Detektor.

5. Kann man die akustische Anordnung verwenden, um ein Michelson-Interferometer zu bauen?

7.4. Experiment AF-3: Akustische Interferometrie

7.4.1. Einleitung

Bei Verwendung mehrerer Sender oder Empfänger erhalten wir neue und interessante akustische Erscheinungen. Das einfachste Beispiel (Bild 7.7) ist im Prinzip nur eine Variation des Doppelspalt-Experiments AF-2. Wir können die Strahlungsverteilung sowohl in der Ebene der Bilder als auch in Punkten oberhalb und unterhalb dieser Ebene untersuchen.

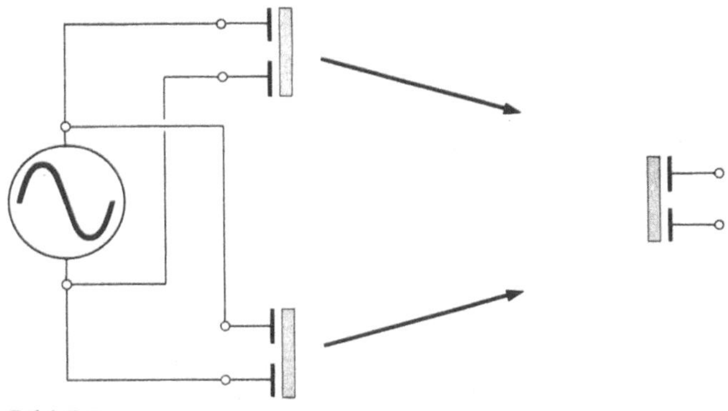

Bild 7.7

Eine interessante Änderung ergibt sich, wenn die beiden Sender mit Signalen leicht differierender Frequenzen ω_1 und ω_2 erregt werden. In einem von beiden Sendern gleich weit entfernten Punkt wird das resultierende Signal die bekannte Schwebungserscheinung zeigen (Bild 7.8). Das Signal variiert rasch mit einer Frequenz, die gleich dem Mittelwert von ω_1 und ω_2 ist, d.i. $\frac{1}{2}(\omega_1 + \omega_2)$, während die Frequenz, die der *einhüllenden* Kurve (gestrichelte Linie) entspricht, gleich der Differenzfrequenz $\Delta\omega = \frac{1}{2}(\omega_1 - \omega_2)$ ist.

Verschieben wir den Detektor, so daß er um eine halbe Wellenlänge näher an der einen Quelle liegt als an der anderen, so beobachten wir Schwebungen, bei denen die Phase der *einhüllenden* Kurve um einen Viertelzyklus verschoben ist. Zu den Zeiten, zu denen beide Signale an äquidistanten Punkten momentan in Phase waren, sind die Signale nämlich nunmehr um eine halbe Periode außer Phase, was zur Auslöschung führt.

Zwei Empfänger. Wir *addieren* nun die Ausgänge von zwei Empfängern, die individuelle Wegunterschiede zu den beiden Sendern aufweisen. In dieser Situation kommt als neuer Effekt hinzu, daß die Minima und Maxima des resultierenden Signals durch die relativen Phasen der Hüllkurven und nicht der individuellen Signale selbst bestimmt sind. Sogar wenn die Phasen der Oszillatoren, die die Signale ω_1 und ω_2 erzeugen, in zufälliger Weise variieren, würde sich die *relative* Phase der beiden Hüllkurven nicht ändern. Die *resultierende* Hüllkurve kann mit Hilfe der in Bild 7.9 gezeigten üblichen Empfängerschaltung beobachtet werden. Dabei sind die Werte für R und C so gewählt, daß am Ausgang nur die Spannung auftritt, die der niederfrequenten Hüllkurve entspricht, nicht aber die hohen Frequenzen der beiden Sender.

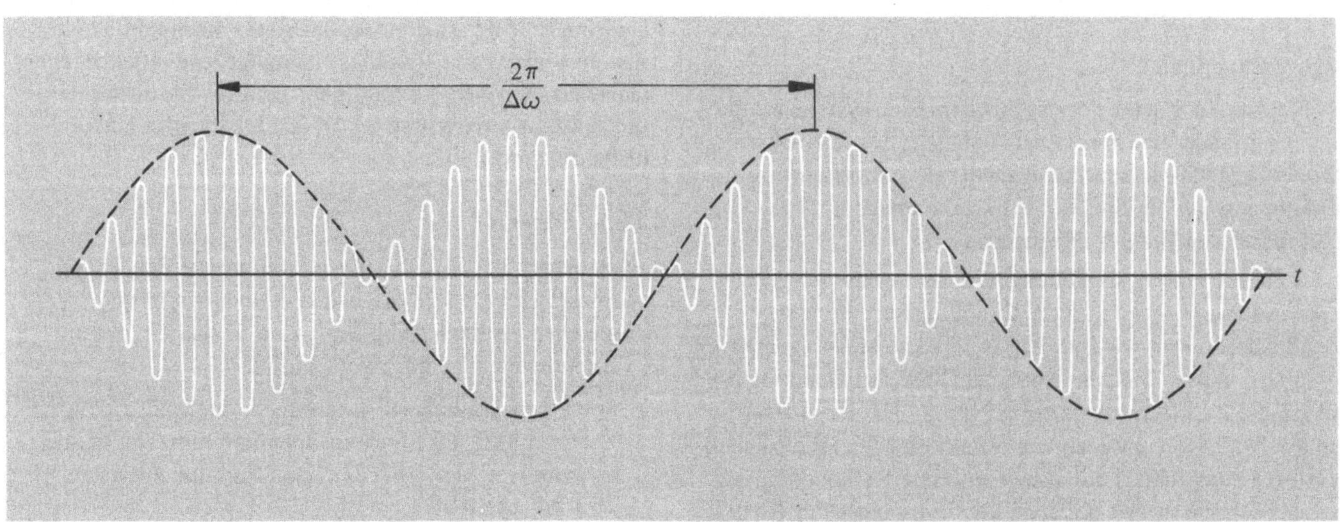

Bild 7.8

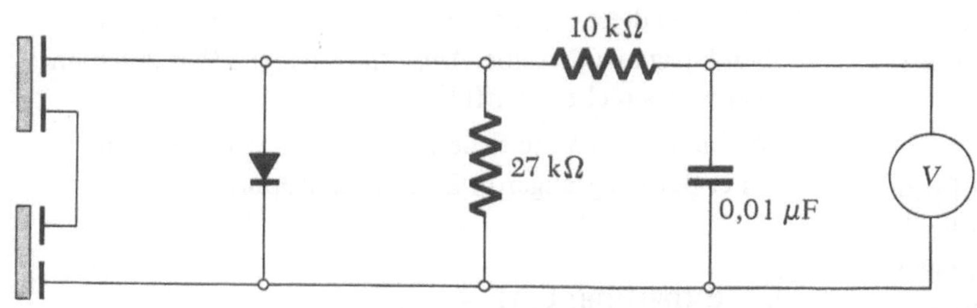

Bild 7.9

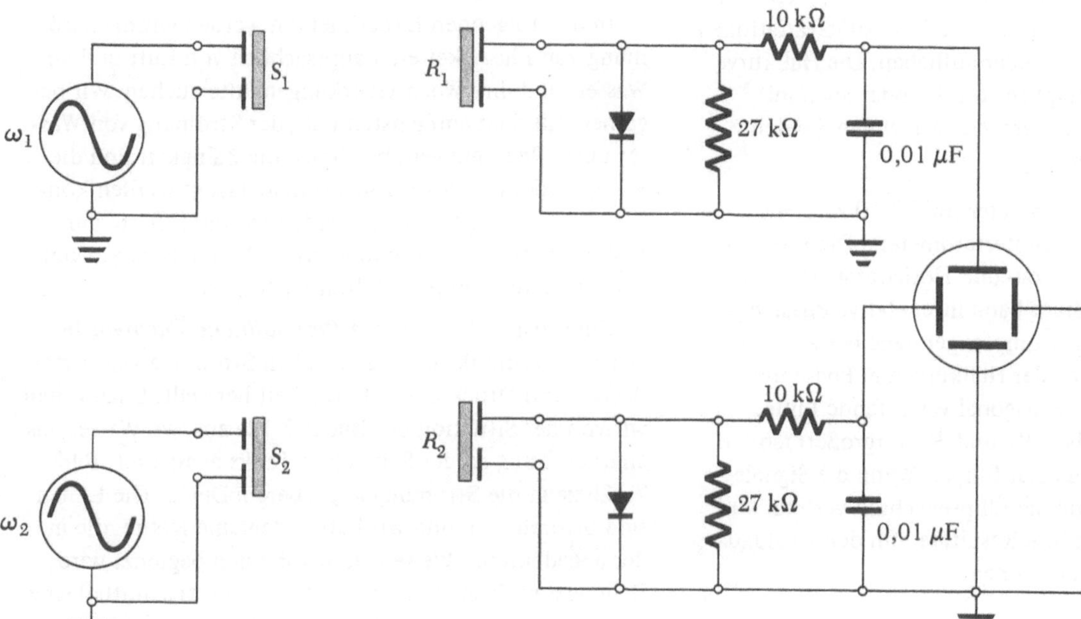

Bild 7.10

Es ist auch möglich, die Einhüllenden der beiden Signale separat zu messen und dann die relative Phase dieser Signale zu ermitteln (Bild 7.10). In abgewandelter Form ist diese Anordnung die Grundlage des *Brown-Twiss-Interferometers,* mit dem *Brown* und *Twiss* im Jahre 1954 den Winkeldurchmesser von Sternen bestimmten, die starke Radioquellen sind. Dazu vergleichen Sie die relativen Phasen der niederfrequenten Schwankungen des Radiosignals, die mit räumlich getrennten Empfängern gemessen wurden.

7.4.2. Experiment

1. Schwebungen. Speisen Sie zwei Sender mit zwei Sinusgeneratoren unterschiedlicher Frequenz. Untersuchen Sie die entstehende Strahlungsverteilung mit einem Empfänger, wobei Sie die Schwebungen der Signale beobachten (Bild 7.8). Wie variiert die Verteilung in Abhängigkeit vom Wegunterschied zu den beiden Quellen?

2. Überlagerung von Schwebungen. Beobachten Sie die Überlagerung der Schwebungssignale mit zwei Empfängern (Bild 7.11). Wie verändert sich die Amplitude der ein-

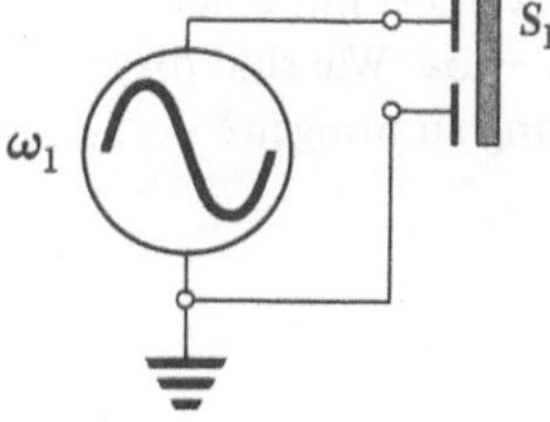

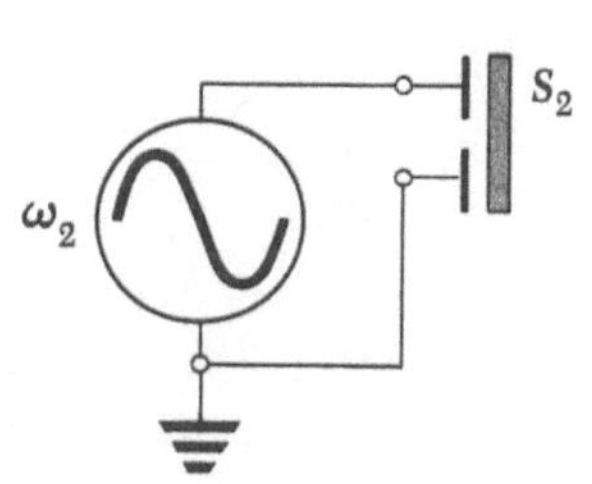

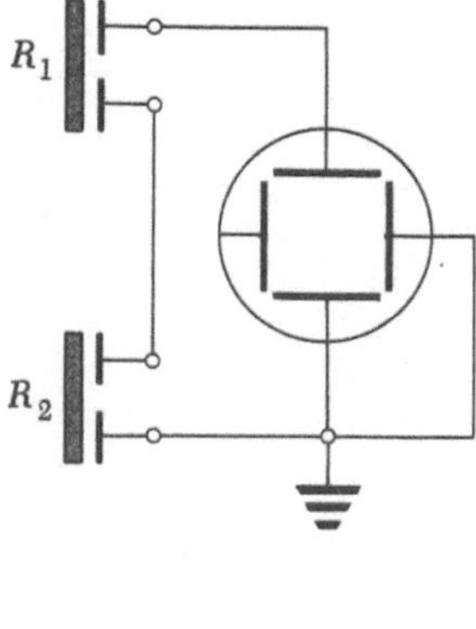

Bild 7.11

hüllenden Kurven, wenn der Abstand der Empfänger geändert wird? Gibt es konstruktive oder destruktive Interferenz, wenn sie nahe beieinander sind? Hängt dies von der Polung der Empfänger ab?

3. Messung der Einhüllenden. Bestimmen Sie die Form der Hüllkurve, indem Sie die Summe der Signale der beiden Empfänger gemäß Bild 7.9 ermitteln. Um Veränderungen der Intensität zu messen, bringen Sie die beiden Empfänger R_1 und R_2 nahe zusammen und schwenken Sie die beiden Quellen S_1 und S_2 vor den Empfängern. Durch Vergrößerung des Abstands zwischen R_1 und R_2 können Sie einen Abstand finden, für den die Intensitätsvariationen von den beiden Quellen einander aufheben. Die Hüllkurve kann auf einem Oszillographen verfolgt oder auch mit einem Voltmeter gemessen werden. Berechnen Sie den Abstand zwischen S_1 und S_2.

4. Brown-Twiss-Interferometer. Bild 7.10 zeigt die Schaltung des Brown-Twiss-Interferometers. Die Empfängersignale steuern die Vertikal- und Horizontalauslenkung eines Oszillographen. Daraus kann ihre relative Phase bestimmt werden. Stehen die Empfänger nahe beisammen, so sind die Veränderungen der Hüllkurven in Phase und der Oszillograph zeigt eine diagonal verlaufende Linie. Wird der Abstand zwischen R_1 und R_2 vergrößert, so öffnet sich diese Linie zu einer Ellipse. Wenn die Signale 90° außer Phase sind, sind die Ellipsenachsen vertikal und horizontal. Benützen Sie ihre Resultate, um den Abstand zwischen S_1 und S_2 zu berechnen.

7.4.3. Fragen

1. Wenn zwei Signale mit den Frequenzen ω_1 und ω_2 addiert werden, ist die Frequenz der Hüllkurve $\frac{1}{2}(\omega_1 - \omega_2)$, aber die Intensität variiert mit einer doppelt so großen Frequenz $\omega_1 - \omega_2$. Wie sind diese beiden Beobachtungen in Einklang zu bringen?

2. Ist es bei diesen Experimenten nötig, daß die beiden Sendersignale dieselbe *Amplitude* haben? Was geschieht, wenn dies nicht zutrifft?

3. Wie ändern sich die experimentellen Resultate, wenn einer der Empfänger in Bild 7.9 umgepolt wird?

7.5. Experiment AF-4: Flüssigkeitsströmungen

7.5.1. Einleitung

In den folgenden Experimenten werden wir die Strömung von Flüssigkeiten, hauptsächlich von Luft und von Wasser, und ihre Wechselwirkungen untersuchen. Wir beginnen mit dem einfachsten Fall, der Strömung von Wasser unter Bedingungen, bei denen die Zähigkeit und die Kompressibilität des Wassers vernachlässigt werden können. Im Experiment AF-5 werden wir die Effekte der Viskosität betrachten, und in AF-6 die Luftströmungen, bei denen die Kompressibilität wichtig ist.

Zunächst wollen wir das *Bernoullische Theorem* beweisen, das die Beziehung zwischen Strömungsgeschwindigkeit und Druck in der Flüssigkeit herstellt. Dazu gehen wir von der Situation des Bildes 7.12a aus, wo Wasser aus einer Öffnung an der Seite eines Tanks ausströmt. Bild 7.12b zeigt die Strömung in größerem Detail. Die Linien sind Stromlinien, und wir betrachten eine Röhre, die in der angedeuteten Weise von Stromlinien begrenzt wird. Beim ersten Schnitt hat die Röhre die Querschnittsfläche A_1 und beim zweiten Schnitt (innerhalb der Öffnung) die Fläche A_2. Während sich die Flüssigkeit beim Punkt 1 um eine kleine Strecke ds_1 verschiebt, schiebt sie sich bei 2 um eine Strecke ds_2 vor. Bei einer inkompressiblen Flüssigkeit müssen die beiden entsprechenden Volumina einander gleich sein:

$$A_1 \, ds_1 = A_2 \, ds_2. \tag{7.5}$$

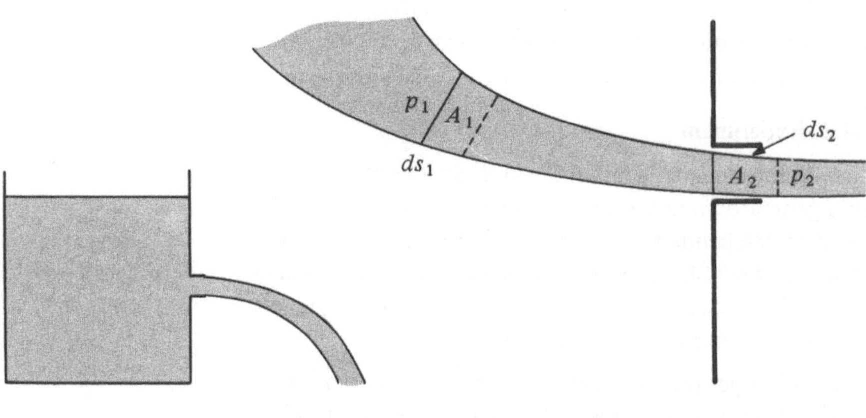

Bild 7.12   (a)   (b)

Während dieser Verschiebung beträgt die an der Flüssigkeit zwischen den beiden Querschnitten verrichtete Arbeit

$$dW = p_1 A_1 ds_1 - p_2 A_2 ds_2, \tag{7.6}$$

wobei p_1 und p_2 die Drücke an den beiden Enden der Röhre sind. Diese Arbeit ist der Energieänderung (kinetische plus potentielle) der Flüssigkeit in der Röhre gleichzusetzen. Wenn wir die Strömungsgeschwindigkeiten mit v_1 und v_2 bezeichnen, finden wir, daß die kinetische Energie der Flüssigkeit beim Eintritt in die Röhre bei Punkt 1 gegeben ist durch

$$\tfrac{1}{2} m_1 v_1^2 = \tfrac{1}{2} \rho A_1 ds_1 v_1^2.$$

Die kinetische Energie der Flüssigkeit in Punkt 2 ist durch einen entsprechenden Ausdruck gegeben, so daß die Änderung der kinetischen Energie während der Verschiebung gleich ist

$$dE = \tfrac{1}{2} \rho A_2 ds_2 v_2^2 - \tfrac{1}{2} \rho A_1 ds_1 v_1^2. \tag{7.7}$$

Ähnlich ist die Änderung der *potentiellen* Energie durch die Änderung der Vertikalkoordinate y bestimmt und gegeben durch

$$\begin{aligned} dE_p &= m_2 g y_2 - m_1 g y_1 \\ &= \rho g A_2 y_2 ds_2 - \rho g A_1 y_1 ds_1. \end{aligned} \tag{7.8}$$

Die gesamte Energieänderung ist die Summe der Gln. (7.7) und (7.8). Indem wir diese Summe der Gl. (7.6) gleichsetzen und Gl. (7.5) benützen, um den gemeinsamen Faktor $A\,ds$ wegzudividieren, erhalten wir

$$p_1 + \tfrac{1}{2} \rho v_1^2 + \rho g y_1 = p_2 + \tfrac{1}{2} \rho v_2^2 + \rho g y_2. \tag{7.9}$$

Dieses Resultat kann etwas allgemeiner ausgedrückt werden: Der Ausdruck

$$p + \tfrac{1}{2} \rho v^2 + \rho g y \tag{7.10}$$

ist entlang jeder Stromlinie konstant. Wenn wir annehmen, daß alle Stromlinien die obere Wasserfläche normal schneiden, ist es einfach zu zeigen, daß der Ausdruck in Gl. (7.10) tatsächlich in der ganzen Flüssigkeit konstant ist. Um dieses Resultat zu beweisen, bemerken wir, daß überall auf der oberen Wasserfläche Gl. (7.10) den Wert

$$p_1 + \frac{1}{2} \rho \left(\frac{dy_1}{dt} \right)^2 + \rho g y_1 \tag{7.11}$$

hat, wobei dy_1/dt die Geschwindigkeit ist, mit der sich der Flüssigkeitsspiegel senkt, und p_1 der Atmosphärendruck ist. Für jeden Punkt in der Flüssigkeit folgt aus Gl. (7.9)

$$(p - p_1) + \frac{1}{2} \rho v^2 + \rho g (y - y_1) = \frac{1}{2} \rho \left(\frac{dy_1}{dt} \right)^2. \tag{7.12}$$

Die Bahnkurve des Wasserstrahls. Schließlich wenden wir Gl. (7.12) an, um die Ausflußbahn der Flüssigkeit nach dem Durchtritt durch die Öffnung zu ermitteln. Differenzieren nach der Zeit ergibt

$$\frac{dv}{dt} = -\left(\frac{g}{v} \right) \frac{dy}{dt} = g \sin \theta, \tag{7.13}$$

wobei θ der Winkel zwischen der Strömungsrichtung der Horizontalen ist (Bild 7.13). Weiterhin benötigen wir eine Gleichung für die Änderung der Geschwindigkeitsrichtung. Nach Bild 7.13 ist die transversale Kraft auf die Längeneinheit der Röhre gleich $\rho g \cos \theta$. Die Transversalbeschleunigung kann daher geschrieben werden als

$$\rho v \left(\frac{d\theta}{dt} \right) = \rho g \cos \theta, \tag{7.14}$$

wobei wir angenommen haben, daß keine transversalen Kräfte auf die Begrenzung des Röhrensegments von Bild 7.13 wirken. Die Gln. (7.13) und (7.14) stimmen mit den Bewegungsgleichungen eines freien Teilchens überein. Die Bahnkurve des austretenden Wasserstrahls entspricht daher der Bahn eines Wassertröpfchens, das dieselbe Anfangsgeschwindigkeit hat. Wenn y_0 und x_0 die Koordinaten der Öffnung sind und der Strahl eine Anfangsgeschwindigkeit

$$v_0 = \left[2g(y_1 - y_0) + \left(\frac{dy_1}{dt} \right)^2 \right]^{1/2} \tag{7.15}$$

in horizontaler Richtung hat, ist die Bewegung durch

$$x = x_0 + v_0 t, \quad y = y_0 - \tfrac{1}{2} g t^2 \tag{7.16}$$

gegeben. Durch Elimination der Zeit erhalten wir als Gleichung des Strahls

$$(x - x_0)^2 + \frac{2 v_0^2}{g} (y - y_0) = 0. \tag{7.17}$$

Gl. (7.17) stellt eine Parabel dar. Durch Messung der Bahnkurve des austretenden Flüssigkeitsstrahls kann in den folgenden Experimenten die Ausflußgeschwindigkeit v_0 für verschiedene Höhen y_1 des Wasserspiegels bestimmt werden.

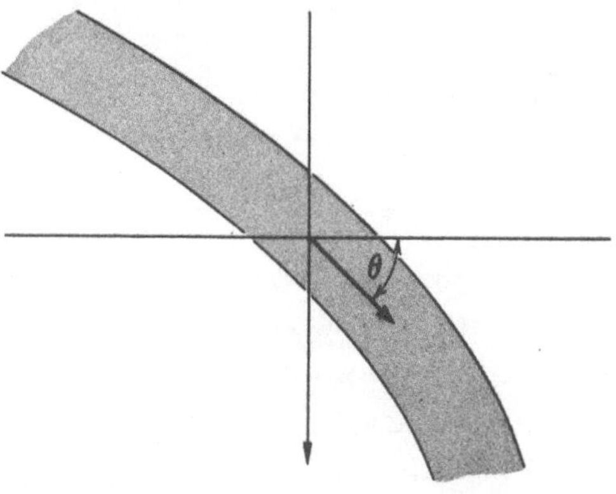

Bild 7.13

Eine zweite Möglichkeit, das Torricellische Gesetz Gl. (7.15) zu testen, besteht darin, das Absinken des Flüssigkeitsspiegels im Vorratstank zu untersuchen. Dazu eliminieren wir v_0 zwischen den Gln. (7.15) und (7.28) (im experimentellen Abschnitt) und erhalten

$$\frac{dy}{dt} = \frac{A_0}{A_1} \left[2g(y - y_0)\right]^{1/2}, \qquad (7.18)$$

wobei wir angenommen haben, daß A_0 klein im Vergleich zu A_1 ist.

Durch Integration von Gl. (7.18) erhalten wir die Höhe y als Funktion der Zeit:

$$(y - y_0)^{1/2} = (y_1 - y_0)^{1/2} - \left(\frac{g}{2}\right)^{1/2} \frac{A_0}{A_1} t, \qquad (7.19)$$

wobei y_1 die Höhe der Flüssigkeitsoberfläche für $t = 0$ ist. Nach der Zeit

$$t = (\sqrt{2} - 1) \frac{A_1}{A_0} \left(\frac{y_1 - y_0}{g}\right)^{1/2} \qquad (7.20)$$

sinkt $y - y_0$ auf den halben Wert ab.

Die Oberflächenspannung. Beim ersten Experiment wird sich zeigen, daß die Flüssigkeit nicht bis auf y_0 absinkt, sondern auf einem fast 1 cm höheren Niveau zur Ruhe kommt. Die Ursache dafür ist die Oberflächenspannung, die auch den Flüssigkeitsspiegel in Kapillarröhren ansteigen läßt. Ist R der Radius der Flüssigkeitsoberfläche an der Ausgußöffnung und r der Radius dieser Öffnung (Bild 7.14), dann beträgt der Überdruck in der Flüssigkeit

$$p = \frac{2\gamma}{R}, \qquad (7.21)$$

wobei γ die Oberflächenspannung ist (γ ist gleich der Energie pro Flächeneinheit der Wasser-Luft-Trennfläche). Dieser Überdruck wird durch einen Anstieg der Flüssigkeit im Vorratsbehälter kompensiert:

$$p = \rho g(y_1 - y_0). \qquad (7.22)$$

Gleichsetzen der Gln. (7.21) und (7.22) liefert für den Krümmungsradius

$$R = \frac{2\gamma}{\rho g(y_1 - y_0)}. \qquad (7.23)$$

Wird der Vorratsbehälter allmählich gefüllt, so steigt y_1 und R wird kleiner. Unterschreitet R einen kritischen Wert, so ist die in Bild 7.14 gezeigte Situation nicht mehr stabil und die Flüssigkeit beginnt zu fließen.

Diesen kritischen Punkt können wir folgendermaßen bestimmen: Beim Einsetzen oder Aufhören der Flüssigkeitsströmung ist die Ausströmgeschwindigkeit vernachlässigbar klein. Gleichgewicht tritt ein, wenn die Kraft der Oberflächenspannung

$$F_\gamma = 2\pi r \gamma \qquad (7.24)$$

gleich der Druckkraft im Ausströmrohr

$$F_p = \pi r^2 p \qquad (7.25)$$

ist. Gleichsetzen dieser Ausdrücke liefert

$$p = \rho g(y_1 - y_0) = \frac{2\gamma}{r}. \qquad (7.26)$$

7.5.2. Experiment

1. Die Ausflußkurve. Bringen Sie an einer möglichst tiefen Stelle eines geeigneten Vorratsbehälters eine Ausflußröhre mit etwa 2 mm Durchmesser an. Füllen Sie den Behälter bis zu irgendeiner Anfangshöhe y_1.

Aus Gl. (7.17) kann man v_0 berechnen

$$v_0 = (x_2 - x_0) \left[\frac{g}{2(y_0 - y_2)}\right]^{1/2}, \qquad (7.27)$$

wobei y_2 die Wasserhöhe im Aufnahmebehälter und x_2 die Koordinate ist, bei der der Strahl die Oberfläche trifft (Bild 7.15). Berechnen Sie v_0 für verschiedene Werte von y_0. Wenn A_1 die Fläche des Vorratsbehälters und $A_0 = \pi r^2$ die Fläche der Öffnung ist, gilt

$$\frac{dy_1}{dt} = \frac{A_0}{A_1} v_0. \qquad (7.28)$$

Für $A_0/A_1 \ll 1$ kann dy_1/dt vernachlässigt werden.

Bestimmen Sie v_0 für Ausflußöffnungen in verschiedenen Höhen und tragen Sie die Ergebnisse als Funktion von $(y_1 - y_0)$ auf doppeltlogarithmischem Papier auf. Liegen Ihre Meßpunkte auf einer Geraden? Welche Neigung hat sie?

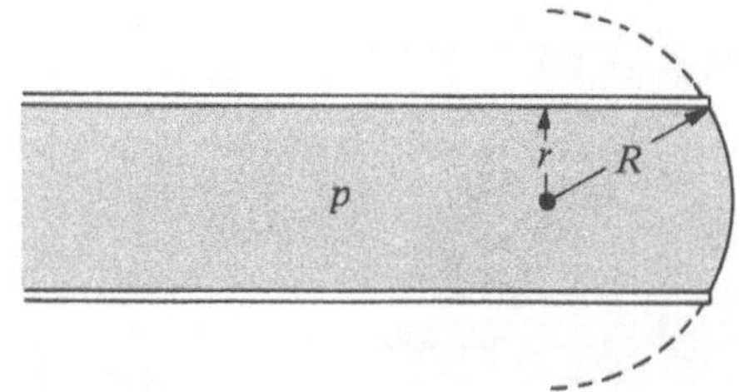

Bild 7.14

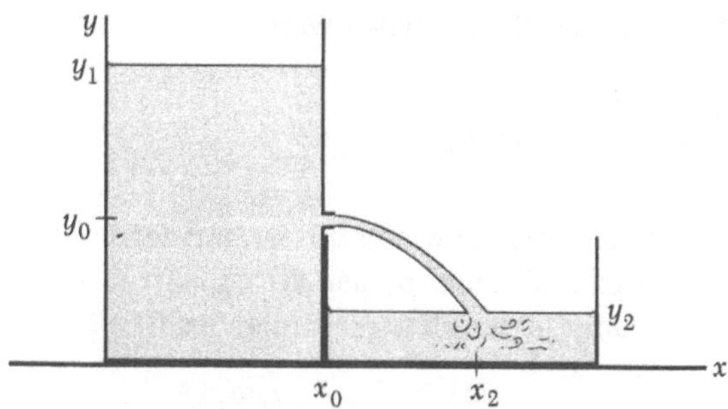

Bild 7.15

2. Das Absinken der Flüssigkeit. Füllen Sie den Vorratsbehälter (Bild 7.15) bis zu einer Anfangshöhe y_1 mit Wasser. Bestimmen Sie die Zeit, die nötig ist, damit $y_1 - y_0$ auf seinen halben Anfangswert abfällt und berechnen Sie daraus mit Gl. (7.20) A_0. Wie stimmt dieser Wert mit einer visuellen Abschätzung überein? Warum liefert die Rechnung einen etwas zu kleinen Wert für die Fläche A_0 der Öffnung? Wiederholen Sie die Messung mit einer anderen Höhe für y_1 und bestimmen Sie nochmals A_0. Finden Sie eine systematische Variation in A_0?

3. Oberflächenspannung. Finden Sie jene Höhe $y_1 - y_0$ bei der das Wasser zu fließen aufhört. Schätzen Sie den Krümmungsradius R und benützen Sie Gl. (7.23), um die Oberflächenspannung γ zu berechnen. Sie können auch y_1 langsam anheben, bis das Wasser gerade zu fließen beginnt. Benützen Sie auch diese Bedingung, um γ zu bestimmen.

Der Tabellenwert für die Oberflächenspannung einer Wasser-Luft-Grenzfläche bei 18 °C ist 0,07305 N/m. Wie gut stimmen Ihre Resultate mit diesem Wert überein? Welche Ihrer Bestimmungen ist verläßlicher? Wenn das Wasser einmal zu fließen begonnen hat, wird es weiterfließen, sogar wenn der Druck unter den Wert von Gl. (7.26) absinkt. Warum?

Wiederholen Sie Ihre Messungen der Oberflächenspannung mit Wasser, dem ein Waschmittel beigefügt wurde. (Etwa 0,6 cm³ pro Liter Wasser ergeben meßbare Änderungen von γ.)

4. Tropfenbildung. Wie Sie bemerken werden, scheint der Wasserstrahl, wenn er ein gewisses Stück gefallen ist, fein zu zersprühen. Tatsächlich bilden sich große Tropfen, aber die Tropfen bewegen sich zu schnell, als daß man sie klar sehen könnte. Mit einem Stroboskop kann man die Wasserbewegung „anhalten" und die Tropfenbildung bei verschiedenen Höhen der Ausflußöffnung und bei verschiedenen Ausflußgeschwindigkeiten beobachten. Warum zerfällt der Wasserstrahl in Tropfen?

5. Abflußwirbel. Betrachten Sie den Abflußwirbel, der sich an der Abflußröhre des Auffangbehälters bildet. Während das Wasser auf das Loch zufließt, wächst seine Geschwindigkeit. Bei Vernachlässigung von Zähigkeitskräften erwarten wir, daß die Drehimpulsdichte

$$L = \rho v r \qquad (7.29)$$

konstant bleibt, so daß die Azimutalgeschwindigkeit wie $1/r$ anwächst. Zusätzlich gibt es eine Radialgeschwindigkeit, die ebenfalls wie $1/r$ wächst, während die Stromlinien konvergieren (Bild 7.16). Die kinetische Energie des Wassers ist dann proportional zu $1/r^2$:

$$E_k = \frac{1}{2}\rho v_2 = \frac{C}{r^2} . \qquad (7.30)$$

Bild 7.16

Nach der Bernoullischen Gleichung ist die Summe von kinetischer und potentieller Energie eine Konstante

$$\tfrac{1}{2}\rho v^2 = \rho g(y_2 - y), \qquad (7.31)$$

wobei y_2 die Höhe der freien Wasseroberfläche ist.

Eliminiert man v aus den Gln. (7.30) und (7.31), so erhalten wir als Gleichung der Wasseroberfläche

$$r = \frac{k}{(y_2 - y)^{1/2}} . \qquad (7.32)$$

Vergleichen Sie die Kontur der Oberfläche im Auffangbehälter mit Gl. (7.32). Wie vergleichen sich radiale und azimutale Energien? Finden Sie, daß die Flüssigkeit einheitlich in einem Sinn rotiert? Warum?

7.5.3. Fragen

1. Ist Wasser wirklich inkompressibel? Schlagen Sie den Wert für den Kompressionsmodul von Wasser nach und bestimmen Sie die maximale prozentuale Volumenänderung in diesem Experiment.

2. Würden Sie erwarten, daß die Oberflächenspannung mit der Temperatur variiert? Erklären Sie Ihre Antwort!

3. Sehr heißes Wasser, das aus einem Hahn fließt und in einen Abfluß hineinspritzt, erzeugt ein anderes Geräusch als kaltes Wasser. Warum?

4. Es ist behauptet worden, daß das Wirbeln von Wasser in einem Abflußwirbel etwas mit der Drehung der Erde zu tun hat. Könnte der Corioliseffekt etwas mit diesem Phänomen zu tun haben? Schätzen Sie die Stärke der Corioliskraft auf ein Wasserelement (etwa 0,01 cm³), das sich auf den Abfluß zubewegt, grob ab. Gibt es andere Ursachen für das Auftreten des Drehimpulses?

5. Variiert die Oberflächenspannung von Wasser merklich mit der Temperatur? Ist dieser Effekt bei der Messung der Oberflächenspannung von Bedeutung?

7.6. Experiment AF-5: Strömung viskoser Flüssigkeiten

7.6.1. Einleitung

Die Untersuchung der Bewegung eines Gleiters auf einer Luftkissenfahrbahn hat gezeigt, daß Newtonsche Flüssigkeiten scherender Bewegung eine Kraft entgegensetzen, die proportional dem Geschwindigkeitsgradienten ist. Daher erfährt der Gleiter eine Kraft

$$F = -\eta A \frac{dv}{dy} , \qquad (7.33)$$

wobei A die Berührungsfläche, dv/dy der Geschwindigkeitsgradient und η die Viskosität der Luft ist, die bei 18 °C den Wert $1{,}872 \cdot 10^{-5}$ kg/m $\cdot$ s hat. Wasser von 20 °C hat eine Viskosität

$$\eta = 1{,}002 \cdot 10^{-3} \text{ kg/m} \cdot \text{s}$$

also etwa den 50-fachen Wert der Viskosität von Luft.

In diesem Experiment beginnen wir mit der Untersuchung der Strömung von Wasser durch eine Röhre und bestimmen in dieser Weise seine Viskosität. Bild 7.17 zeigt einen Querschnitt durch eine Röhre, durch die Wasser strömt. Wenn p der Druck beim Eingang und L die Länge der Röhre ist, entspricht der Gl. (7.33) für den Fall zylindrischer Symmetrie

$$rp = -\eta L \frac{d}{dr}\left(r\, \frac{dv}{dr}\right) . \qquad (7.34)$$

Wir lösen Gl. (7.34) und erhalten für das Geschwindigkeitsprofil der Flüssigkeit

$$v = \frac{(a^2 - r^2)}{4\eta L} . \qquad (7.35)$$

Die gesamte Durchflußmenge durch die Röhre erhalten wir durch Integration über den Querschnitt:

$$Q = \int_{0}^{a} v\, 2\pi r\, dr = \frac{\pi p a^4}{8\eta L} . \qquad (7.36)$$

Gl. (7.36) wird *Poiseuillesche Formel* genannt.

Wir benützen dieselbe experimentelle Anordnung wie in Experiment AF-4, wobei wir aber die Ausflußöffnung durch eine Röhre ersetzen. Da die Strömung proportional zum Druck ist, erwarten wir, daß die Höhe der Flüssigkeit im Vorratsbehälter mit der Zeit exponentiell abnimmt. Wir schreiben für den Druck

$$p = \rho g(y - y_0) \qquad (7.37)$$

und für die Ausflußmenge

$$Q = -A\, \frac{dy}{dt} . \qquad (7.38)$$

Indem wir p und Q aus Gl. (7.36) eliminieren, erhalten wir

$$\frac{dy}{dt} = -\frac{y - y_0}{\tau} , \qquad (7.39)$$

wobei $\tau = 8\,\eta L A\,(\pi a^4 \rho g)$ die charakteristische Ausströmzeit ist.

Die Beobachtung der Strömung durch eine Röhre zeigt, daß die Bernoullische Gleichung in dieser Situation nicht angewendet werden kann. Da der Querschnitt der Flüssigkeit konstant ist, muß die Geschwindigkeit in der Röhre gleichförmig sein. Im Gegensatz zur Bernoullischen Gleichung kann ein Druckabfall ohne Geschwindigkeitszuwachs auftreten. Diese Diskrepanz rührt von der Tatsache her, daß wir die Zähigkeit bei der Herleitung des Bernoullischen Theorems vernachlässigt haben. Man kann einfach den Druckabfall durch viskose Kräfte der Bernoullischen Gleichung hinzufügen. Betrachten wir die in Bild 7.18 gezeigte Situation. Den Druckabfall in der Röhre erhält man durch Lösen der Gl. (7.36) nach p:

$$p = \frac{8\eta L Q}{\pi a^4} .$$

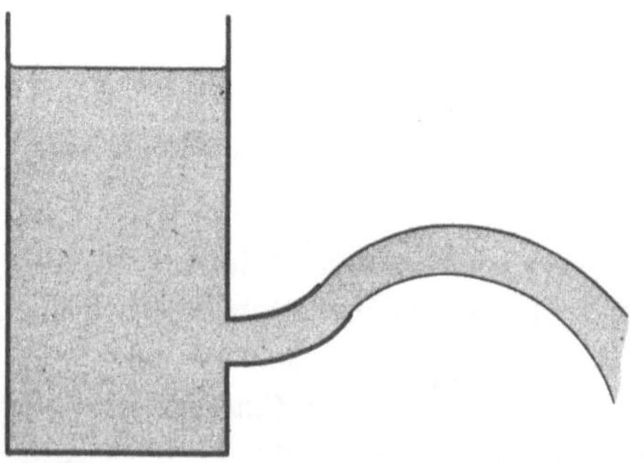

Bild 7.18

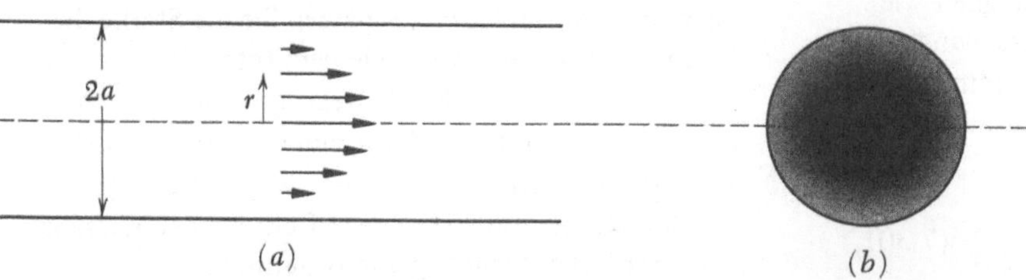

Bild 7.17

Addieren wir diesen Term zur Bernoullischen Gleichung, erhalten wir für die Strömungsgeschwindigkeit aus einer Öffnung bei y_0:

$$\frac{1}{2}\rho v_0^2 = \rho g(y_1 - y_0) - \frac{8\eta L Q}{\pi a^4} \, . \qquad (7.40)$$

Die Ausflußmenge ist gegeben durch

$$Q = \pi a^2 v_0 , \qquad (7.41)$$

und wir können Gl. (7.40) in der Form

$$\frac{1}{2} v_0^2 + \left(\frac{8\eta L}{\rho a^2}\right) v_0 = g(y_1 - y_0) \qquad (7.42)$$

schreiben. Wenn wir den Strahl aufwärts richten, steigt er bis zu einer Höhe y_2 an, die durch

$$g(y_2 - y_0) = \tfrac{1}{2} v_0^2 \qquad (7.43)$$

gegeben ist. Indem wir v_0 aus den Gln. (7.42) und (7.43) eliminieren, finden wir die Viskosität

$$\eta = \frac{\rho a^2}{8L} \, \frac{g(y_1 - y_2)}{[2g(y_2 - y_0)]^{1/2}} . \qquad (7.44)$$

Oszillationen. Mit einer Röhre der in Bild 7.19 gezeigten Form kann man das *oszillatorische* Verhalten der Flüssigkeit studieren. Gäbe es keine Zähigkeit, so wäre die Bewegungsgleichung für die Flüssigkeitsoberfläche

$$M\frac{d^2 y}{dt^2} = -2\rho A g y , \qquad (7.45)$$

wobei $M = \rho A L$. Diese Gleichung ist dieselbe wie die für eine an einer Feder befestigten Masse (siehe die Experimente M-4 und M-5) und hat die Lösung

$$y = y_0 \cos 2\pi f t, \quad f = \frac{1}{2\pi}\left(\frac{2g}{L}\right)^{1/2} . \qquad (7.46)$$

Die Viskosität bewirkt eine zusätzliche Kraft, die gegen die Flüssigkeitsströmung gerichtet ist:

$$F = -8\pi\eta L \frac{dy}{dt} \, . \qquad (7.47)$$

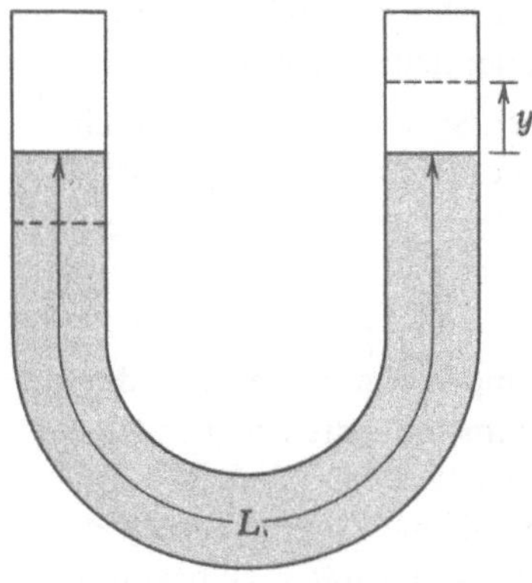

Bild 7.19

Bei Abwesenheit der Gravitationskraft würde die Flüssigkeitsbewegung mit einer charakteristischen Zeit

$$\tau = \frac{M}{8\pi\eta L} = \frac{\rho A}{8\pi\eta} \qquad (7.48)$$

abklingen. Versetzen wir die Flüssigkeit in Schwingungen, so klingt deren Amplitude exponentiell ab, wobei die Dämpfung dieses Oszillators durch seine Güte Q (siehe Experimente M-4 und M-5) charakterisiert wird.

$$Q = 2\pi f \tau . \qquad (7.49)$$

Man bestimmt Q aus der Anzahl der Schwingungen, nach denen die Amplitude auf den Bruchteil $1/\sqrt{2}$ ihres Anfangswertes abgefallen ist, mit Hilfe der Relation

$$Q = 8{,}86\, n . \qquad (7.50)$$

Theorie des Luftkissengleiters. Wir können nun die Wirkungsweise des Luftkissengleiters analysieren, den wir in den Experimenten M-1 bis M-5 benützt haben. Wir werden berechnen, wie der Abstand zwischen dem Fahrzeug und der Schiene von der Masse des Gleiters und dem Einlaßdruck der Luft auf die Schiene abhängt.

Beschriebe die Bernoullische Gleichung die Luftströmung zwischen Gleiter und Schiene, so könnte der Gleiter nicht schweben: Da die Luft in einen Bereich atmosphärischen Druckes strömt, müßte die rasch bewegte Luft unter dem Gleiter Unterdruck aufweisen, so daß er auf die Schiene gepreßt werden sollte (hydrodynamisches Paradoxon!). Die Situation entspricht vielmehr der Strömung einer zähen Flüssigkeit durch eine Röhre, bei der ebenfalls der Einlaßdruck größer als der Auslaßdruck ist.

Um das Gleiterproblem zu diskutieren, vereinfachen wir die Geometrie auf die in Bild 7.20 gezeigte Situation. Wir stellen uns vor, daß der Luftstrom aus zwei Schlitzen in der Mitte der Fahrspur ausströmt und nicht aus kleinen Löchern. Dadurch können wir die Strömung eindimensional behandeln.

Wir setzen die Gesamtfläche der Schlitze, die durch den Gleiter bedeckt wird, gleich A_0 und die Fläche des Gleiters gleich A. Die Entfernung zwischen dem Gleiter und der Schiene sei d. Die Gleichgewichtsbedingung des Gleiters ist

$$mg = \frac{1}{\sqrt{2}} \left[\tfrac{3}{4}(p_1 - p_2)A\right]. \qquad (7.51)$$

Der Druck p_1 oberhalb des Schlitzes kann mit der Strömung in Beziehung gebracht werden, da die Geschwindigkeit am Schlitz die Relation

$$\tfrac{1}{2}\rho v^2 + p_1 = p_0 \qquad (7.52)$$

erfüllt. Daraus folgt für den Gesamtfluß

$$Q = A_0 v = A_0 \left[\frac{2(p_0 - p_1)}{\rho}\right]^{1/2} . \qquad (7.53)$$

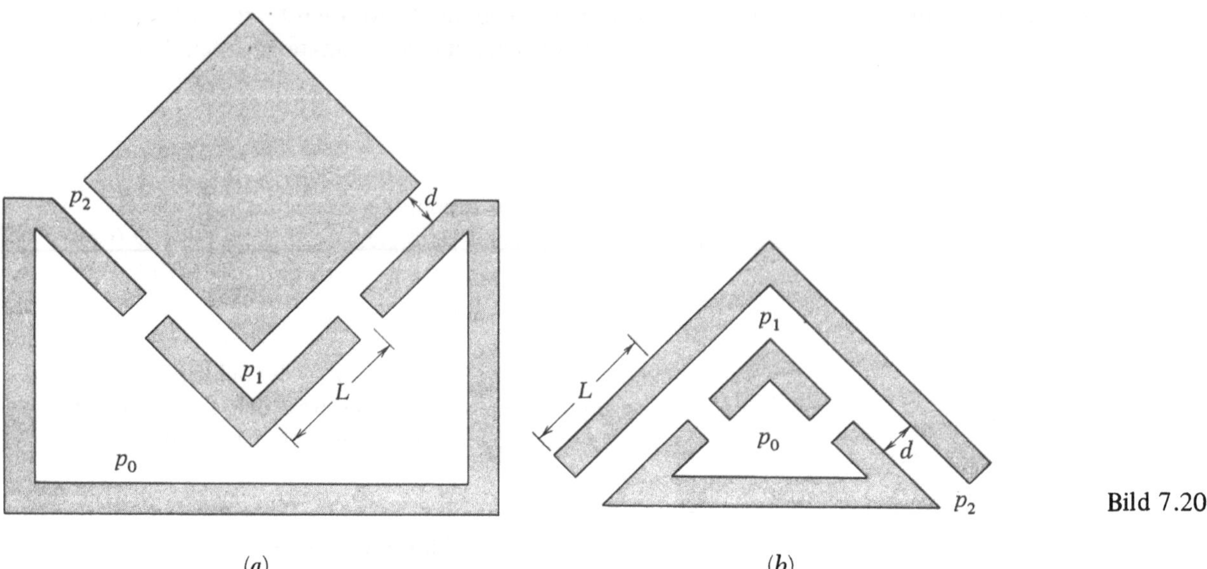

Bild 7.20

Schließlich können wir den Fluß zwischen Gleiter und Schiene durch die Druckdifferenz $p_1 - p_2$ ausdrücken:

$$Q = \frac{d^3 A}{24\,\eta L^2}\,(p_1 - p_2). \tag{7.54}$$

Um Q zu eliminieren, setzen wir die Gln. (7.53) und (7.54) gleich. Setzen wir das Ergebnis in Gl. (7.51) ein, so können wir p_1 eliminieren. Unser Endresultat für den Abstand d ist

$$d^3 = 18\,\eta L^2\,\frac{A_0}{mg\sqrt{\rho}}\left[(p_0 - p_2) - \frac{4\sqrt{2}}{3A}\,mg\right]^{1/2}. \tag{7.55}$$

Als typische Werte nehmen wir

$$p_0 - p_2 = 0{,}1 \text{ bar}$$
$$A = 100 \text{ cm}^2$$
$$L = 3 \text{ cm}$$
$$m = 0{,}12 \text{ kg}$$
$$A_0 = 0{,}02 \text{ cm}^2 \text{ (10 Löcher mit je 0,05 cm}$$
$$\text{Durchmesser)}$$

und setzen sie in Gl. (7.55) ein. Wir erhalten für den Abstand

$$d = 0{,}034 \text{ cm},$$

was größenordnungsmäßig mit dem beobachteten Wert übereinstimmt. Beachten Sie, daß es nach Gl. (7.55) einen Schwellenwert für das Schweben des Gleiters gibt:

$$p_0 - p_2 = \left(\frac{4\sqrt{2}}{3A}\right) mg \approx 2 \cdot 10^{-3} \text{ bar}.$$

Für höhere Drücke wächst der Abstand d ziemlich langsam, und zwar wie die sechste Wurzel aus dem Druck oberhalb des Schwellenwerts. Beachten Sie, daß bei Annahme eines genau schienenparallelen Gleiters der Schwellendruck von der Fläche der Schlitze unabhängig ist.

Tatsächlich ist der Gleiter nicht vollkommen plan, auch ist er nicht vollständig ausbalanciert; dadurch wird der Schwellendruck beträchtlich größer als der oben erhaltene Wert und beträgt näherungsweise 0,1 bar. Dieses Ungleichgewicht vergrößert die Reibung, die vor allem von Gleiterteilen mit kleinem d herrührt.

7.6.2. Experiment

1. Das Ausströmen der Flüssigkeit. Verbinden Sie Vorrats- und Aufnahmetank mit einer 15 cm langen Röhre und füllen Sie den Vorratstank bis zu einem Niveau y_1. Nach welcher Zeit $t_{1/2}$ ist die Höhe der Flüssigkeit über der Ausströmröhre auf den halben Wert abgesunken? Berechnen Sie die Viskosität aus der charakteristischen Ausströmzeit τ

$$\tau = \frac{t_{1/2}}{\ln 2} = 1{,}443\,t_{1/2}.$$

Zusammen mit einem Partner können sie jede Sekunde Daten aufnehmen und das Absinken der Flüssigkeit als Funktion der Zeit auf halblogarithmischem Papier auftragen. Erwarten Sie ein exponentielles Absinken?

2. Die Ausflußkurve. Lassen Sie die Flüssigkeit durch ein etwa 15 cm langes biegsames Rohr nach oben ausströmen (Bild 7.18). Bestimmen Sie y_0, y_1 und y_2 und berechnen Sie daraus die Viskosität.

3. Oszillationen. Regen Sie in einem Heberrohr Oszillationen an, entweder durch Pumpen von Wasser oder durch Verschieben des Rohrs. Bestimmen Sie die Frequenz der Schwingung und vergleichen Sie diese mit Gl. (7.46). Bestimmen Sie Q und berechnen Sie die Relaxationszeit τ. Benützen Sie Gl. (7.48), um die Viskosität η zu bestimmen.

4. Viskositätsänderungen. Die Viskosität von Wasser kann erhöht werden, indem man mikroskopische Teilchen hinzufügt. Die im allgemeinen verwendeten Materialien sind:

Methylzellulose. Ein hochpolymerisiertes Molekül in Gestalt einer aufgewickelten Kette aus Zellulose, deren Hydroxyl-Oberflächengruppen durch Methylgruppen ersetzt wurden.

Kieselerde (Silicagel). Sie besteht aus kolloidalen Kieselsäureteilchen (SiO_2), die in der Flamme gebildet werden.

Stellen Sie eine Suspension von Methylzellulose in Wasser her. Etwa 20 cm^3 pro Liter Wasser steigern die Viskosität erheblich. Wiederholen Sie die früheren Messungen und tragen Sie $y - y_0$ als Funktion der Zeit auf halblogarithmischem Papier auf. Erhalten Sie eine Gerade? Wie ändert sich das Verhalten der Flüssigkeit? Wie müssen Sie Gl. (7.39) modifizieren, um ein nicht-exponentielles Verhalten zu erhalten? Flüssigkeiten, bei denen die Scherungsspannungen nicht proportional zu den Deformationen sind, heißen *nicht-Newtonsche Flüssigkeiten.*

Bestimmen Sie die Viskosität einer Suspension von 50 g Kieselerde pro Liter Wasser. Ist dies eine Newtonsche Flüssigkeit?

5. Aufsteigen von Blasen. Eine Kugel, die sich langsam durch eine viskose Newtonsche Flüssigkeit bewegt, erfährt einen Widerstand, der durch das Stokessche Gesetz gegeben ist:

$$F = 6\pi\eta a v, \tag{7.56}$$

wobei a der Radius der Kugel und v ihre Geschwindigkeit ist. Eine Blase erfährt eine Auftriebskraft

$$F = \rho g v = \frac{4\pi a^3}{3}\rho g. \tag{7.57}$$

Durch Gleichsetzen von Gl. (7.56) und Gl. (7.57) erhalten wir die Geschwindigkeit, mit der die Blase aufsteigt:

$$v = \frac{2}{9}\frac{\rho g}{\eta} a^2. \tag{7.58}$$

Die Geschwindigkeit sollte also mit dem Quadrat des Radius anwachsen. Mit einem porösen Stein können Sie kleine Blasen in der Methylzellulosesuspension erzeugen und die Geschwindigkeit ihres Aufsteigens messen. Welche Abweichungen von Gl. (7.58) erwarten Sie nach ihren Erfahrungen mit der Strömung durch eine Röhre?

6. Turbulente Strömung. Für große Geschwindigkeiten und große Blasen bricht Gl. (7.58) zusammen, weil sich hinter der Kugel eine turbulente Strömung entwickelt. Ein Maß für das Verhältnis von kinetischer Energie zu Scherungsenergie ist die Reynoldsche Zahl

$$Re = \frac{\rho v^2}{\eta v/a} = \frac{\rho v}{\eta a}. \tag{7.59}$$

Nur für Reynoldssche Zahlen kleiner als 1 kann man erwarten, daß Gl. (7.58) gilt. Wenn wir η/ρ aus den Gln. (7.58) und (7.59) eliminieren, so folgt

$$v = \left(\frac{2Rega}{9}\right)^{1/2}. \tag{7.60}$$

Als Bedingung für nicht-turbulente Bewegung fordern wir, daß Re kleiner als 1 ist:

$$v < \left(\frac{2ga}{9}\right)^{1/2}. \tag{7.61}$$

Bei welchem Radius entwickelt sich bei Ihren Experimenten mit Blasen turbulente Strömung? Wie klein muß eine Blase in reinem Wasser sein, damit ihr Aufsteigen nicht-turbulent erfolgt? Durch Elimination der Geschwindigkeit aus den Gln. (7.58) und (7.59) erhalten wir für die Reynoldsche Zahl einer aufsteigenden Blase

$$Re = \frac{2g}{9}\left(\frac{\rho}{\eta}\right)^2 a^3. \tag{7.62}$$

Substituieren Sie den Wert für η von reinem Wasser und berechnen Sie die obere Grenze für den Radius bei dem Re kleiner als 1 ist. Sie können einige Messungen an kleinen Luftblasen ausführen, die Sie in Wasser mit einem porösen Stein erzeugen. Es ist leicht zu verifizieren, daß der Widerstand beträchtlich größer ist, als dies durch Gl. (7.56) vorhergesagt wird.

In Experiment AF-6 werden wir den Luftwiderstand untersuchen, wobei die Reynoldssche Zahle weit größer als 1 ist.

7.6.3. Fragen

1. Sollte man eine große Röhre oder viele kleine Röhren verwenden, um einen maximalen Flüssigkeitsstrom durch eine gegebene Querschnittsfläche zu erreichen? Warum? Was sind die relativen Vorteile von runden und quadratischen Röhren?

2. Nehmen Sie an, daß in einer nicht-Newtonschen Flüssigkeit der Reibungswiderstand nicht durch Gl. (7.56) gegeben ist, sondern proportional zu v^2 ist. Ist in diesem Fall die Blasengeschwindigkeit wie in Gl. (7.58) proportional zu a^2 oder proportional zu einer anderen Potenz von a?

3. Ist der Luftdurchsatz einer Luftkissenschiene bei ruhendem oder bei bewegtem Gleiter größer?

4. Wie variiert die Viskosität von Wasser mit der Temperatur? Welche bekannten Erscheinungen können Sie zur Illustration dieser Veränderlichkeit heranziehen?

7.7. Experiment AF-6: Turbulente Strömung

7.7.1. Einleitung

In diesem Experiment werden wir den Fall eines leichten Objekts mit großer Oberfläche studieren, um zu untersuchen, unter welchen Bedingungen die Reibungskräfte durch die Stokessche Formel

$$F = 6\pi\eta a v \qquad (7.63)$$

gegeben sind und wann Abweichungen von diesem Gesetz auftreten.

Die in Experiment M-3 diskutierte Reibung des Gleiters auf der Luftkissenschiene gibt uns erste Hinweise auf die Gültigkeitsgrenze von Gl. (7.63). Im Experiment M-3 stellen wir nämlich fest, daß die Zähigkeit eine Reibungskraft

$$F = ma = -\eta A \frac{v}{d} \qquad (7.64)$$

hervorruft, wobei A die Berührungsfläche, m die Masse des Gleiters und d der Abstand zwischen Gleiter und Schiene ist, das heißt die Distanz, über die sich die Geschwindigkeit ändert. Aus Gl. (7.64) berechnet man, daß der Gleiter nach einer Strecke

$$x = \frac{md}{\eta A} v \qquad (7.65)$$

zur Ruhe kommt, wenn er mit der Anfangsgeschwindigkeit v gestartet wurde.

Kleine Reynoldssche Zahlen. Wenn sich eine Kugel durch ein Gas bewegt (Bild 7.21), so müssen Teile des Gases auf eine Geschwindigkeit v beschleunigt werden, die mit der Geschwindigkeit der Kugel vergleichbar ist, damit das Gas die Kugel umströmen kann.

Der Impuls des Gases muß durch Viskosekräfte dissipiert werden. Dabei erlauben es die Relationen

$$m \to \rho a^3, \quad A \to a^2, \quad d \to a$$

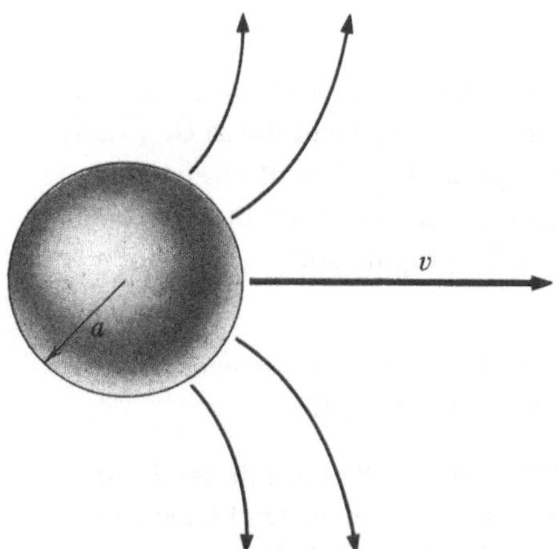

Bild 7.21

eine Analogie zwischen dem Gleiter auf der Luftkissenschiene und dem Gas herzustellen. Die Distanz x, nach der das Gas zum Stillstand kommt beträgt

$$x = \frac{\rho a^2 v}{\eta} \, . \qquad (7.66)$$

Ein Maß der Turbulenz im Gas ist das Verhältnis von x zum Radius a der Kugel; dies ist die *Reynoldssche Zahl*

$$Re = \frac{x}{a} = \frac{\rho a v}{\eta} \, . \qquad (7.67)$$

Wir sehen, daß für die Reynoldssche Zahl nicht die Viskosität, sondern das Verhältnis von Viskosität zur Dichte ausschlaggebend ist. Diese Größe wird als *kinematische Viskosität* bezeichnet. In Tabelle 7.1 geben wir die Viskosität, Dichte und kinematische Viskosität einiger Materialien bei Raumtemperatur an.

Tabelle 7.1

Stoff	Viskosität η kg/m·s	Dichte ρ kg/m³	kinematische Viskosität Re m²/s
Glycerin (20 °C)	1,49	1260	$1,183 \cdot 10^{-3}$
Luft (18 °C)	$1,827 \cdot 10^{-5}$	1,2047	$1,516 \cdot 10^{-5}$
Wasser (20 °C)	$1,002 \cdot 10^{-3}$	998,2	$1,004 \cdot 10^{-3}$

Die Tabelle zeigt, daß die kinematische Viskosität der Luft größer als die des Wassers ist. Folglich tritt turbulente Strömung bei der Bewegung eines Objektes durch die Luft erst bei höherer Geschwindigkeit ein als bei der Bewegung durch Wasser.

Große Reynoldssche Zahlen. Gl. (7.63) beschreibt die Reibungskraft nur, wenn die kinetische Energie vernachlässigbar ist, die auf das Gas übertragen wird, wenn also die Reynoldssche Zahl *klein* gegen 1 ist. Im Grenzfall *großer* Reynoldsscher Zahlen können wir die Viskosität des Gases bei der Berechnung der Reibung vernachlässigen und einfach die Impulsübertragung auf das Gas betrachten. Wenn sich ein Objekt der Fläche A durch ein Gas bewegt und dabei seine eigene Geschwindigkeit auf das Gas überträgt, so ist die retardierende Kraft gleich der zeitlichen Änderung der Impulsübertragung:

$$F = \frac{dp}{dt} = -v \frac{dm}{dt} = -\rho A v^2 \, . \qquad (7.68)$$

Tatsächlich wird die Kraft etwas kleiner sein, weil die Luft teilweise um die Kanten des Objekts herumgleitet. In diesem Experiment werden wir daher A als effektiven Querschnitt betrachten, der kleiner als der geometrische Querschnitt sein kann [1].

---

[1] Dieser Effekt wird üblicherweise durch den Luftwiderstandsbeiwert beschrieben (A.d.Ü.)

Bevor wir die Messung des effektiven Querschnitts A diskutieren, lösen wir die Bewegungsgleichung einer Masse, die mit einer Reibungskraft der Form von Gl. (7.68) fällt:

$$m \frac{dv}{dt} = mg - \rho A v^2. \qquad (7.69)$$

Diese Gleichung kann durch Integration exakt gelöst werden, und wir erhalten für eine aus der Ruhe startende Masse:

$$v = v_0 \tanh \frac{gt}{v_0}, \qquad (7.70)$$

wobei $v_0 = (mg/\rho A)^{1/2}$.

Für kleine Zeiten ist der hyperbolische Tangens von der Größenordnung seines Arguments, und wir erhalten

$$v = g t, \qquad (7.71)$$

was reibungsfreier Bewegung entspricht.

Im Grenzfall großer Zeiten nähert sich der hyperbolische Tangens dem Wert Eins, und die Geschwindigkeit erreicht den Grenzwert:

$$v = v_0. \qquad (7.72)$$

Für Zwischenwerte der Zeit können wir den hyperbolischen Tangens entwickeln. In zweiter Ordnung ist

$$\tanh z \sim z \left(1 - \frac{z^2}{6} + \dots\right). \qquad (7.73)$$

Durch Entwicklung von Gl. (7.70) erhalten wir

$$v \sim g t \left[1 - \frac{(gt/v_0)^2}{6}\right]. \qquad (7.74)$$

Durch Integration ergibt sich:

$$x \sim \frac{1}{2} g t^2 \left[1 - \frac{(gt/v_0)^2}{12}\right]. \qquad (7.75)$$

Die Fallzeit aus dem Ruhezustand bis zu einer Distanz x ist dann

$$t \sim \left(\frac{2x}{g}\right)^{1/2} \left[1 + \frac{(gt/v_0)^2}{24}\right] = \left(\frac{2x}{g}\right)^{1/2} \left[1 + \frac{gx}{12v_0^2}\right]. \qquad (7.76)$$

Substitution des Wertes v_0 aus Gl. (7.70) ergibt

$$t = \left(\frac{2x}{g}\right)^{1/2} \left(1 + \frac{\rho A x}{12m}\right). \qquad (7.77)$$

Beachten Sie, daß der Korrekturterm das Verhältnis der von der Querschnittsfläche A überstrichenen Luftmasse zur Masse m des fallenden Objekts ist.

7.7.2. Experiment

1. Der Fallschirm. Um den Einfluß des Luftwiderstands möglichst groß zu machen, verwenden wir Objekte mit großem Querschnitt und kleiner Masse, z.B. einen Spielzeugfallschirm. Auch sollte die zur Verfügung stehende Fallstrecke so groß wie möglich sein. Um die Distanz abzuschätzen, die der Fallschirm bis zur Erlangung seiner konstanten Endgeschwindigkeit durchfallen muß, bestimmen Sie seine Masse und seine Querschnittsfläche und berechnen Sie daraus die Distanz $12m/\rho A$. Erst nach dieser Strecke sollten Zeitmessungen durchgeführt werden. Lassen Sie den Fallschirm aus großer Höhe fallen und bestimmen Sie die Fallzeit für den letzten Meter der Fallstrecke. Vergleichen Sie den aus der Endgeschwindigkeit

$$v_0 = \left(\frac{mg}{\rho A}\right)^{1/2}$$

berechneten Querschnitt A mit dem geometrischen Querschnitt. Fügen Sie weitere Masse hinzu (z.B. Bleischrot) und bestimmen Sie wiederum die Endgeschwindigkeit v_0. Ist v_0 tatsächlich zur Quadratwurzel der Masse proportional? (Für Stokessche Dämpfung wächst die Endgeschwindigkeit *linear* mit der Masse.)

2. Die Reynoldssche Zahl. Schließlich berechnen wir die Reynoldssche Zahl für den eben betrachteten Fall. Indem wir den Ausdruck für die Grenzgeschwindigkeit in Gl. (7.67) einsetzen, erhalten wir

$$Re = \frac{1}{m} \left(\frac{\rho m g}{\pi}\right)^{1/2}. \qquad (7.78)$$

Für $m = 5g$ ist $Re = 7600$. Das Verhältnis der Luftwiderstandskraft zu der Stokesschen Kraft

$$\frac{\rho A v^2}{6 \pi \eta a v} = \frac{\rho a v}{6 \eta} \qquad (7.79)$$

ist gerade ein Sechstel der Reynoldsschen Zahl.

7.7.3. Fragen

1. Diskutieren Sie das Ausmaß der Turbulenz bei der Bewegung der Luft unter dem Gleiter auf einer Luftkissenbahn. Wie weit gilt das Stokessche Gesetz?

2. Ist die *Form* eines Objekts für die Bestimmung der Widerstandskraft bei der Bewegung des Objekts durch eine Flüssigkeit qualitativ wichtiger, wenn die Strömung hochturbulent ist, oder wichtiger, wenn sie nicht turbulent ist? Erklären Sie dies!

3. Diskutieren Sie den Grad der Turbulenz beim Fall von Regentropfen durch die Luft.

4. Impliziert die Bezeichnungsweise *kinematische Viskosität*, daß die gewöhnliche Viskosität *nicht* kinematischer Natur ist? Geben Sie eine Erklärung.

5. In welchem Ausmaß ist Ihrer Meinung nach die Strömung von Wasser um ein sich bewegendes Unterseeboot turbulent?

8. Mikrowellenoptik (MO)

8.1. Einleitung

In dieser Reihe von Experimenten werden Sie die Eigenschaften und das Verhalten elektromagnetischer Wellen mit einer Wellenlänge von etwa 3 cm studieren. Der Ausdruck *Mikrowelle* bezeichnet üblicherweise elektromagnetische Wellen im Wellenlängenbereich von etwa 0,1 cm bis 10 cm, was im elektromagnetischen Spektrum zwischen ultrakurzen Radio- und Fernsehwellen am einen Extrem und dem tiefen Infrarot am anderen Extrem liegt.

Der Ausdruck *Optik* ist angezeigt, weil viele Phänomene, die man mit sichtbarem Licht beobachtet, mit Mikrowellen dupliziert werden können; wegen des Unterschiedes der Wellenlängen ist der Maßstab natürlich ein anderer.

Die wichtigsten Apparate zur experimentellen Untersuchung von Mikrowellen sind ein Sender und ein Empfänger. Gewöhnliche Radio- und Fernsehsender enthalten üblicherweise Oszillatoren, die LC-Resonanzkreise mit Transistor- oder Röhrenverstärkern benützen. Es gibt verschiedene Gründe, warum es nicht günstig ist, solche Oszillatoren für Frequenzen zu konstruieren, die größer sind als einige Hundert Megahertz (1 MHz = 10^6 Hz = 10^6 Schwingungen/s). Eine Hauptschwierigkeit besteht in der kleinen, aber unvermeidlichen Kapazität zwischen den Elektroden und den Verbindungsleitungen bei Röhren und Transistoren. Da der Wechselstromwiderstand von Kondensatoren umgekehrt proportional der Frequenz ist, wirken solche Streukapazitäten bei genügend hohen Frequenzen als Kurzschlüsse. Eine zweite Schwierigkeit ergibt sich, wenn die Laufzeit der Elektronen durch das Gerät mit der Periode des Hochfrequenzsignals vergleichbar wird.

Man vermeidet diese Schwierigkeiten, indem man die Kapazitäten zwischen den Elektroden und die Elektronenlaufzeiten als wesentliche Elemente der Geräte ausnützt. Das Gerät, das in diesen Experimenten als Oszillator verwendet wird, wird als *Reflex-Klystron* bezeichnet (Bild 8.1).

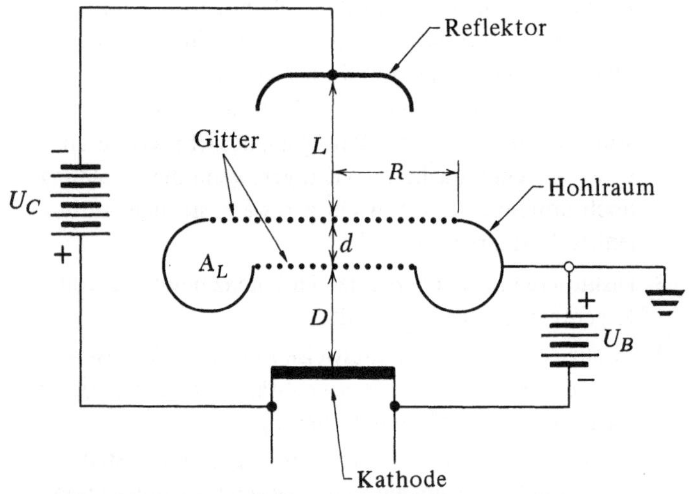

Bild 8.1

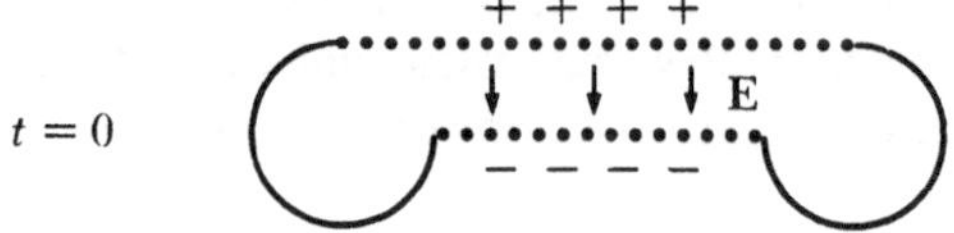

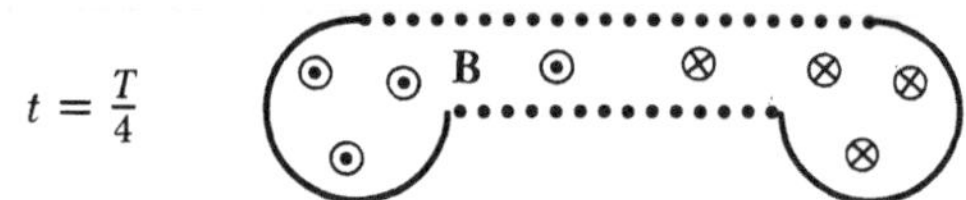

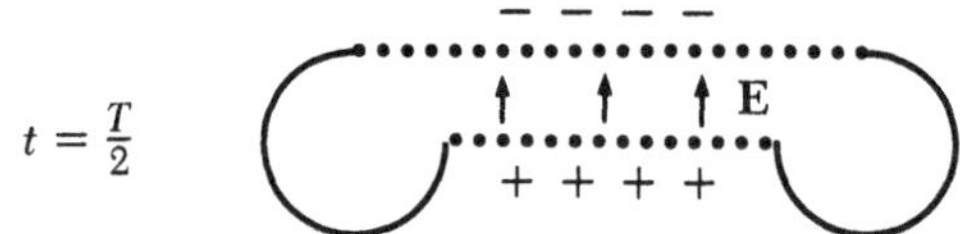

Bild 8.2

In diesem Gerät ist der konventionelle LC-Resonanzkreis durch ein kreiswulstförmiges Gebilde ersetzt, das man als *Hohlraum* bezeichnet. Die beiden Gitter wirken als Platten eines Kondensators, und der umgebende Torus als eine Spule mit einer Windung. Wenn das Gerät arbeitet, fließt Ladung von einem Gitter über die Außenfläche des Hohlraums hin zum anderen und zurück. Das Gerät wirkt als LC-Resonanzkreis. Der oszillierende Strom wird von oszillierenden elektrischen und magnetischen Feldern zwischen den Gittern und innerhalb des Hohlraums begleitet. Diese bestehen hauptsächlich aus einem elektrischen Feld zwischen den Gittern und einem magnetischen Feld innerhalb des Torus (Bild 8.2). Wenn Ladung und Strom sinusartig oszillieren, dann tun dies auch die Felder. Da Ladung und Strom um eine Viertelperiode außer Phase sind, erwarten wir, daß auch elektrisches und magnetisches Feld um eine Viertelperiode außer Phase sind. Bild 8.2 zeigt den ungefähren Feldverlauf sowie die Ladungen und Ströme während verschiedener Abschnitte der Periode.

Schwingungen in einem LC-Resonanzkreis halten nicht für immer an, sondern werden durch den Energieverlust am immer vorhandenen Widerstand gedämpft. Dieses Phänomen wurde im Detail im Experiment ES-3 studiert. Ähnlich werden die Schwingungen im Klystron durch den Energieverlust durch Strahlung und durch Ströme in der Hohlraumwand gedämpft. Das Problem besteht nun darin, Energie den oszillierenden Feldern zuzuführen, um diese Verluste zu kompensieren und die Schwingung aufrecht-

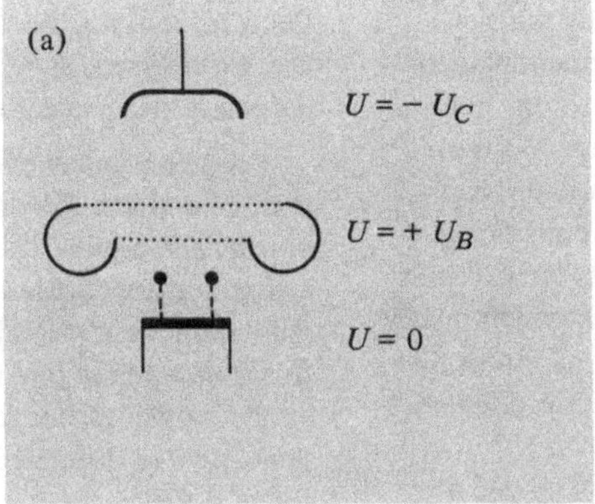

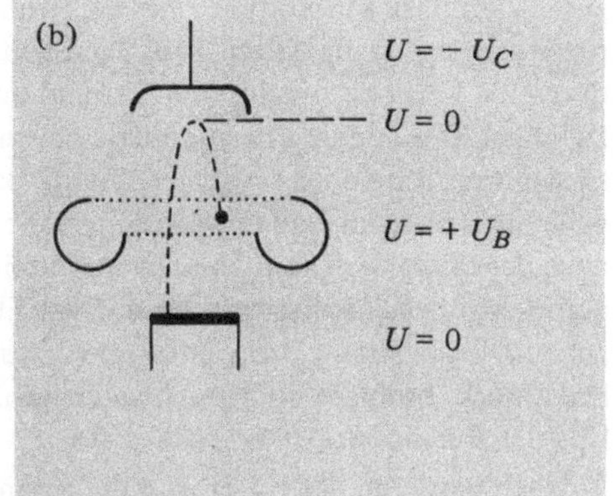

Elektronen werden von einer geheizten Oxidkathode emittiert und gegen die Anode beschleunigt.

Sie treten durch die Anodengitter hindurch in die Driftregion, von wo sie durch die Gitter zurückgestoßen werden.

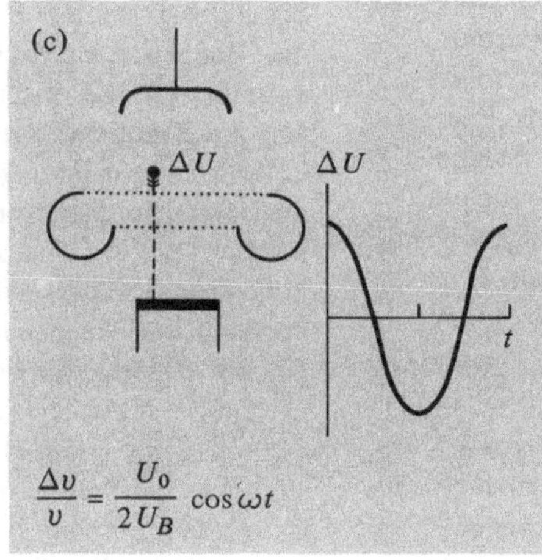

$$\frac{\Delta v}{v} = \frac{U_0}{2 U_B} \cos \omega t$$

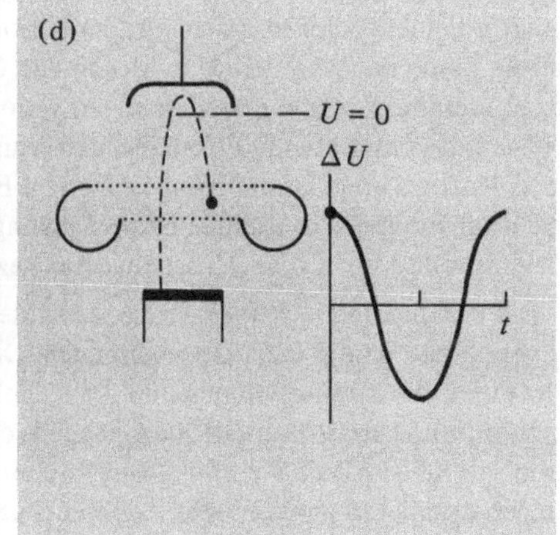

Schwingt die Resonanzanordnung, sind die Elektronen *geschwindigkeitsmoduliert,* wenn sie vor den Gittern austreten.

Elektronen, die die Gitter bei $t = 0$ passieren, werden beschleunigt und gelangen weiter, bevor ihre Bewegung umgekehrt wird; sie kehren *später* zurück.

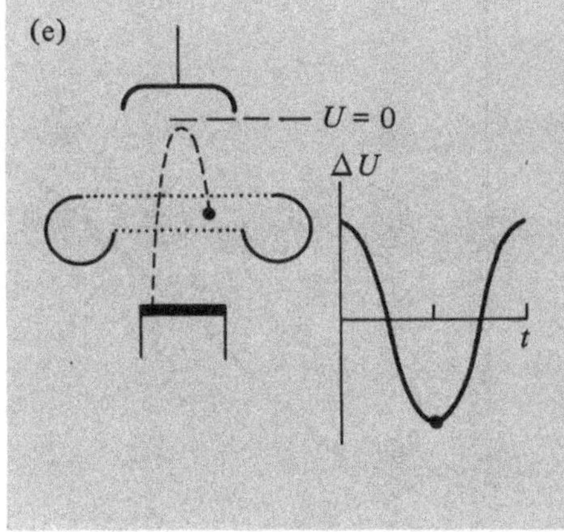

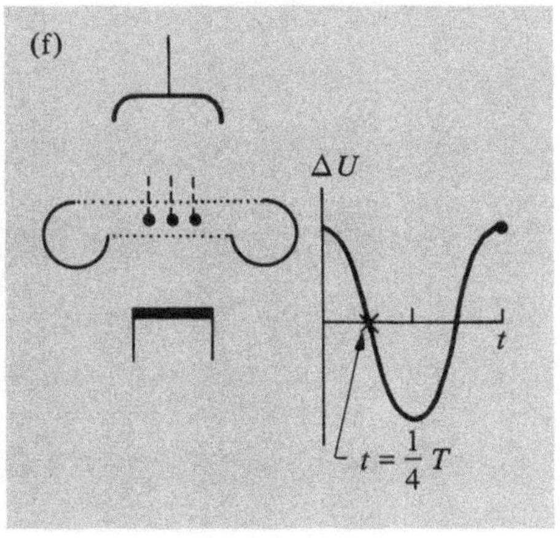

Bild 8.3

Elektronen, die die Gitter bei $t = T/2$ passieren, werden verzögert und gelangen vor ihrer Umkehr nicht so weit; sie kehren *früher* zurück,

Daher bilden sich *Elektronenpakete* um die $t = T/4$-Elektronen aus. Diese Pakete können bei ihrer Rückkunft den Hohlraum erneut anregen.

zuerhalten. Das wird mittels eines Elektronenstrahls erreicht, der durch die Gitter läuft. Die Elektronen werden durch die Kathode ständig emittiert und durch das Feld zwischen Kathode und Hohlraum beschleunigt. Während sie das Wechselfeld zwischen den Gittern passieren, werden einige Elektronen beschleunigt, andere verzögert, je nach der Phase der Oszillation im Augenblick der Ankunft der Elektronen. Als Ergebnis eilen einige Elektronen relativ zur *mittleren* Strahlgeschwindigkeit voraus und einige bleiben zurück. Dadurch bilden sich an einigen Positionen entlang des Strahls *Elektronenpakete* aus.

Nach Passieren der Gitter wird der gesamte Strahl gestoppt und seine Laufrichtung durch das negative Potential der Reflektorelektrode umgekehrt (daher der Ausdruck *Reflex*-Klystron). Der Strahl kehrt zu den Gittern in Form einer Reihe von Elektronenpulsen zurück, die gerade mit der Oszillationsfrequenz ankommen. Wenn die Reflektorspannung geeignet justiert wird, kehren die Pulse gerade zu einem solchen Zeitpunkt der Periode zurück, daß sie durch das Wechselfeld zwischen den Gittern verzögert werden. Die von den Elektronen verlorene Energie geht auf das oszillierende Feld über, und man erhält so einen Mechanismus für die Einspeisung von Energie mit korrekter Frequenz und Phase in die Schwingungen. Die Wirkungsweise ist in Bild 8.3 schematisch gezeigt.

Der entscheidende Faktor ist die *Zeit,* die die Elektronenpakete für die Rundreise benötigen. Diese ist ihrerseits durch die Strahlspannung und die Reflektorspannung bestimmt, und so ist es nicht überraschend, daß das Klystron nur bei gewissen Kombinationen dieser beiden Spannungen oszillieren wird. Es gibt jedoch bei gegebener Strahlspannung verschiedene mögliche Werte für die Reflektorspannung, die die korrekte Phasenrelation ergeben. Die Wirkungsweise des Klystrons wird im Detail im Experiment MO-3 untersucht.

Um Mikrowellenenergie aus dem Klystron zu entnehmen, wird eine kleine Kopplungsschleife in den Hohlraum eingebracht. Die oszillierenden Magnetfelder im Hohlraum induzieren in dieser Schleife eine Spannung. Der resultierende Mikrowellenstrom fließt in einem Koaxialkabel zu einer Ausgangsantenne, die in einen Wellenleiter und schließlich in den Ausgangstrichter strahlt. Die Abstrahlung von diesem Trichter ist in geeigneter Entfernung ungefähr eine ebene Welle.

Mikrowellenempfänger nützen ein Prinzip aus, das amplitudenmodulierten Radioempfängern ähnlich ist. Wir benützen eine Halbleiterdiode, die vorzugsweise in eine Richtung leitet. Bei Mikrowellenfrequenzen wirkt die Eigenkapazität der Diode so, daß sie das gleichgerichtete Signal filtert und die Endspannung der Diode eine von der Amplitude des Mikrowellensignals abhängige Gleichspannung ist. Die Ansprechkennlinie einer typischen Mikrowellendiode zeigt Bild 8.4. Bei kleinen Amplituden ist die Diodenspannung ungefähr proportional zur *Mikrowellenintensität* (Leistung pro Einheitsfläche). Diese ist ihrerseits proportional zur Amplitude des E-Feldes. Bei höheren Amplituden wird die Diodenspannung etwa proportional zur Amplitude. Diese Spannung wird mit einem Röhrenvoltmeter oder mit einem Oszillographen gemessen. Die Diode ist nur für die Komponente des E-Feldes parallel zu ihrer Achse empfindlich und kann daher auch zur Bestimmung der Polarisation der Wellen dienen. Die Diode ist in einem Empfangstrichter angebracht, der den Raumwinkel für den Empfang begrenzt.

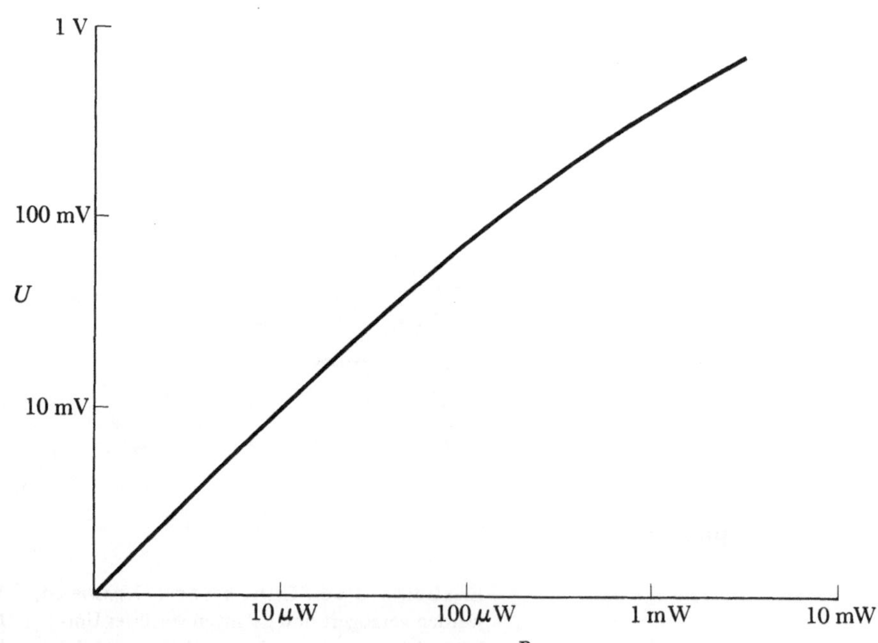

Bild 8.4

8.2. Experiment MO-1:
Erzeugung und Reflexion von Mikrowellen

8.2.1. Einleitung

In den folgenden Experimenten verwenden wir ein Niederspannungs-Klystron, das bei einer Frequenz von etwa 9 GHz arbeitet, was einer Wellenlänge von rund 3 cm entspricht. Bild 8.5 zeigt den Anschluß des Klystrons an das Netzgerät.

Die Wellenlänge der Mikrowellen wird am einfachsten mit stehenden Wellen bestimmt, die durch die Anordnung in Bild 8.6 erzeugt werden. Die Welle wird von jedem Gitter teilweise durchgelassen und teilweise reflektiert, so daß zwischen den Gittern eine Überlagerung von Wellen in beiden Richtungen entsteht, also eine *stehende Welle*.

Um die Situation im Detail zu analysieren, repräsentieren wir die Wirkung jedes Gitters durch einen Durchlässigkeitskoeffizienten t und einen Reflexionskoeffizienten r, die folgendermaßen definiert sind: Fällt eine Welle der Amplitude E_i auf den Schirm ein, hat die durchgelassene Welle die Amplitude tE_i und die reflektierte Welle rE_i. Wenn der Schirm keine Leistung *absorbiert* (was der Fall ist, wenn er ein guter Leiter ist), dann muß die gesamte Leistung in der durchgelassenen und der reflektierten Welle jener in der einfallenden Welle gleich sein, also

$$|r|^2 + |t|^2 = 1. \tag{8.1}$$

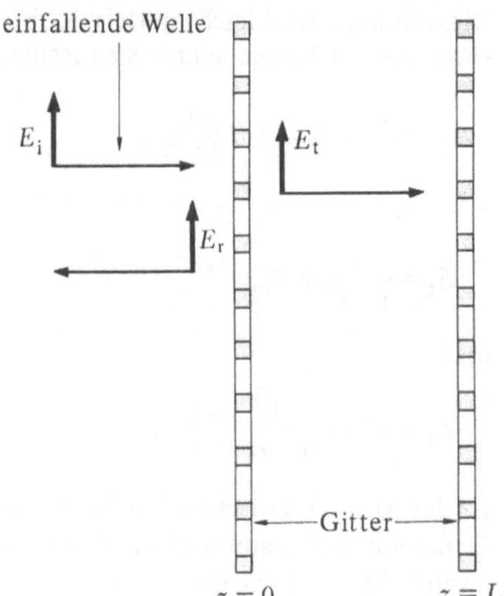

Bild 8.6

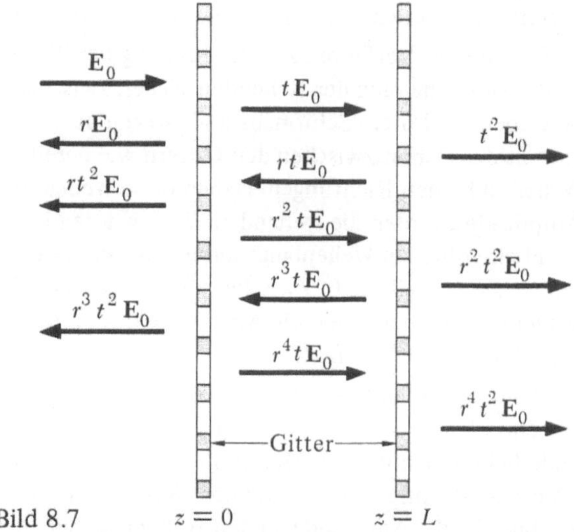

Bild 8.7

Nun betrachten wir die Vielfachreflexionen, die beim Vorhandensein von *zwei* Schirmen auftreten (Bild 8.7). Die vom zweiten Schirm durchgelassene Welle ist eine Überlagerung von Wellen, die mehrere „innere Reflexionen" erfahren haben. Im allgemeinen werden diese Partialwellen nicht alle in Phase sein, weil ihre gesamten Weglängen verschieden sind, und es findet teilweise destruktive Interferenz statt. Wenn jedoch der Abstand zwischen den Schirmen ein ganzzahliges Vielfaches von $\lambda/2$ ist, dann unterscheiden sich die Weglängen um ganzzahlige Vielfache von λ, und alle durchgelassenen Wellen sind in Phase. In diesem Fall können wir die Amplitude der gesamten durchgelassenen Welle durch einfache Addition der Partialamplituden finden. Wir erhalten

$$E_t = t^2 E_0 + r^2 t^2 E_0 + r^4 t^2 E_0 + \ldots +$$
$$= (1 + r^2 + r^4 + \ldots)\, t^2 E_0. \tag{8.2}$$

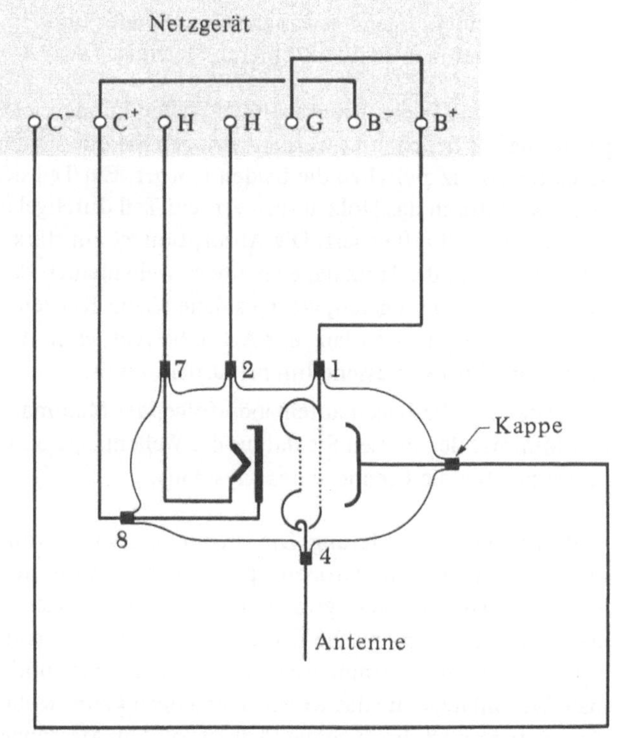

Bild 8.5 H Heizung, G Erdung

Diese Summe wird leicht mittels der Formel für die Summe einer unendlichen geometrischen Reihe ausgewertet:

$$1 + \alpha + \alpha^2 + \dots + = \frac{1}{1 - \alpha}, \qquad (8.3)$$

was durch Division verifiziert werden kann. Wir finden

$$E_{\mathrm{t}} = \frac{1}{1 - r^2}\, t^2 E_0 \qquad (8.4)$$

und

$$E_{\mathrm{r}} = r\left(1 + \frac{1}{1 - r^2}\, t^2\right) E_0. \qquad (8.5)$$

Ist der Abstand zwischen den Gittern ein ganzzahliges Vielfaches von $\lambda/2$, dann wird die Welle *vollständig* durch das zweite Gitter durchgelassen. Andernfalls wird ein Teil der Energie an den Sendetrichter zurückreflektiert. Wenn man den zweiten Schirm hin- und zurückbewegt, erreicht die durchgelassene Intensität ein Maximum, wenn immer der Gitterabstand etwa $n\lambda/2$ ist, wobei n eine ganze Zahl ist.

Ein anderes Verfahren zur Bestimmung der Wellenlänge ist die Untersuchung der stehenden Wellen zwischen den Schirmen bei festem Schirmabstand. Wegen der Reflexionen enthält das Gebiet zwischen den Gittern wie bereits erwähnt Wellen in beiden Richtungen. Haben diese Wellen dieselbe Amplitude, werden die stehenden Welle Knoten im Abstand einer halben Wellenlänge aufweisen. In diesen Punkten ist die Amplitude 0. Zwischen diesen Knoten gibt es Wellenbäuche, bei denen die Amplitude das doppelte der Einzelamplituden beträgt.

Wenn die reflektierte Welle eine kleinere Amplitude als die einfallende Welle hat, dann erreicht die Gesamtamplitude bei den Knoten ein Minimum, aber nicht 0. Ist die „Vorwärts"-Amplitude A und die „Rückwärts"-Amplitude B, dann ist die Amplitude an den Wellenbäuchen $A + B$ und an den Knoten $A - B$. Der Abstand der Knoten und der Bäuche ist derselbe wie im Fall gleicher Amplituden.

8.2.2. Experiment

1. Arbeitsweise des Klystrons. Um das Klystron in Betrieb zu nehmen, schließen Sie das Netzgerät wie in Bild 8.5 an. Zuerst schalten Sie die Heizung ein und warten etwa eine Minute. Mit den Reglern $+B$ und $-C$ etwa in der Mitte ihres Bereichs legen Sie nun Arbeitsspannungen an. Justieren Sie $+B$ auf 300 V und die $-C$ auf etwa 100 V. Der Strahlstrom sollte etwa 25 mA haben. Verbinden Sie das Röhrenvoltmeter mit dem Empfänger und stellen Sie den Empfangstrichter gegenüber dem Ausgangstrichter des Klystrons auf. Sollte das Röhrenvoltmeter auf Wechsel- oder Gleichstrom gestellt werden?

Variieren Sie, während Sie das Voltmeter beobachten, die Reflektorspannung $(-C)$ und beobachten Sie, wie der Mikrowellenausgang variiert. Indem Sie $-C$ von 100 ... 200 V variieren, können Sie verschiedene Maxima und Minima des Ausgangs beobachten, die den Bedingungen entsprechen, daß der Elektronenstrahl mit geeigneter Phase zum Hohlraum zurückkehrt, um die Schwingungen zu verstärken oder sie aufzuheben. Justieren Sie $-C$ bis etwa -150 V auf maximale Ausgangsleistung.

Erforschen Sie durch Hin- und Herbewegen des Empfangstrichters die Richtcharakteristik des Sendetrichters. Wie variiert die Intensität mit dem Abstand vom Sendetrichter?

2. Polarisation. Zeigen Sie durch Änderung der Orientierung des Empfangstrichters, daß die Mikrowellen linear polarisiert sind. Bestimmen Sie die Polarisationsebene durch Beobachtung der Orientierung der Diode im Empfänger. Messen Sie das Empfangssignal als Funktion des Winkels des Empfangstrichters. Können Sie vorhersagen, welche funktionelle Abhängigkeit bestehen sollte?

Metallgitter wirken auf Mikrowellen wie Polarisationsfilter bei einem Lichtstrahl. Der Durchlaß durch das Gitter ist beinahe 100 %, wenn der **E**-Vektor senkrecht zu den Schlitzen steht, aber viel weniger als 100 %, wenn er parallel dazu liegt. Können Sie dieses Verhalten aufgrund der in den Gittern induzierten Ströme verstehen? Verifizieren Sie dieses Verhalten der Gitter experimentell.

Kreuzen Sie nun Sende- und Empfangstrichter (im Winkel von 90° zueinander), so daß kein Signal empfangen wird. Unter welchen Bedingungen wird ein Gitter zwischen den beiden Trichtern ein Signal im Empfänger hervorrufen? Was wird die Polarisation dieses Signals sein? Prüfen Sie Ihre Vorhersagen experimentell.

Ist es möglich, die Polarisationsebene der Mikrowellen zu ändern, indem irgend etwas zwischen Sender und Empfänger gebracht wird? Probieren Sie einiges aus.

3. Stehende Welle. Die stehenden Wellen können folgendermaßen beobachtet werden: Bringen Sie ein dünnes Stück Sperrholz zwischen die beiden Körper. Ein Teil der Welle wird durch das Holz absorbiert, ein Teil durchgelassen und ein Teil reflektiert. Die Absorption ist am stärksten, wenn sich das Holz nahe an einem Wellenbauch befindet, und am geringsten, wenn es nahe einem Knoten ist. Wird daher das Holz entlang der Achse bewegt, variiert die im Detektor gemessene Intensität periodisch.

Messen Sie die Lagen aufeinanderfolgender Maxima und Minima. Bestimmen Sie daraus die Wellenlänge und berechnen Sie die Frequenz des Klystrons.

4. Frequenzveränderung. Die Frequenz des Klystrons variiert etwas (von der Größenordnung von 1 %) mit der Reflektorspannung, aber größere Frequenzänderungen können durch mechanische Änderung des Gitterabstands erreicht werden. Bestimmen Sie die maximale und minimale Wellenlänge, die das Klystron erzeugen kann, wobei die Leistung noch hoch genug bleiben soll, um Messungen zu ermöglichen.

8.2.3. Fragen

1. Was geschieht mit den Elektronen des Strahls, nachdem sie reflektiert wurden und zum zweiten Mal die Gitter passieren?

2. Warum wird das Klystron nur bei gewissen Kombinationen von Strahlspannung und Reflektorspannung oszillieren?

3. Welcher elektrische Effekt wird durch die Änderung des Gitterabstands im Klystron erreicht? Warum ändert dies die Frequenz?

4. Ist es möglich, zirkular polarisierte Mikrowellen zu erzeugen?

5. Beweisen Sie, daß stehende Wellen, die durch Wellen der Amplitude A und B mit entgegengesetzten Laufrichtungen erzeugt werden, die maximale und minimale Amplitude $A + B$ und $A - B$ haben.

8.3. Experiment MO-2: Interferenz und Beugung

8.3.1. Einleitung

Die Ausdrücke *Interferenz* und *Beugung* wurden ursprünglich zur Beschreibung von Abweichungen von der geometrischen Optik (geradlinige Lichtausbreitung) verwendet. Das berühmteste Beispiel (und historisch eines der wichtigsten) ist das Doppelspaltexperiment, das von *Thomas Young* im Jahre 1802 ausgeführt wurde; dieses Experiment war die wichtigste Stütze für die Wellentheorie des Lichts und ermöglichte auch die erste Bestimmung der Wellenlängen von Licht.

Wegen der kleinen Wellenlängen des sichtbaren Lichts $(4 \ldots 7 \cdot 10^{-7}\,\mathrm{m})$ kann man Interferenzeffekte nur beim Passieren des Lichts durch sehr enge Blenden oder an den Details einer Schattengrenze sehen. Die größere Wellenlänge der Mikrowellen ermöglicht es, Interferenz und Beugung mit Geräten makroskopischer Dimensionen zu beobachten. In diesem Experiment werden Sie in der Lage sein, daß Youngsche Doppelspaltexperiment mit Mikrowellen zu wiederholen. Eine Anzahl verwandter Phänomene kann ebenfalls beobachtet werden.

Nehmen Sie an, eine Metallplatte mit zwei dünnen Schlitzen wird senkrecht zu einem Mikrowellenstrahl aufgestellt (Bild 8.8). Die Spalte wirken dann gemäß dem Huygensschen Prinzip als Sekundärquellen für Strahlung, und die Intensität der Strahlung an irgendeinem Punkt jenseits der Platte ist durch die relative Phase der Wellen bestimmt, die von diesen beiden Quellen ausgehend dort ankommen. Diese ergibt sich wieder durch die Differenz

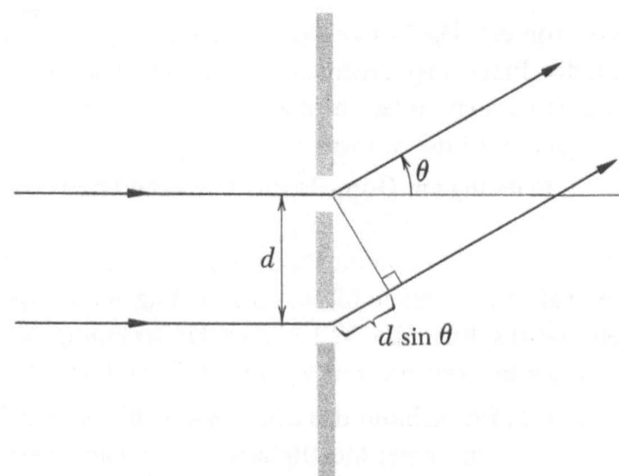

Bild 8.8

der Weglängen. Ist die Differenz Null oder ein ganzzahliges Vielfaches der Wellenlänge, verstärken die beiden Wellen einander. Wenn die Differenz ein halbzahliges Vielfaches der Wellenlänge ist, heben die beiden Wellen einander auf.

Ausgedrückt durch den in dem Bild auftretenden Winkel θ sind die Bedingungen für konstruktive und destruktive Interferenz:

$$\text{konstruktiv: } d \sin\theta = n\lambda \qquad n = 0, \pm 1, \pm 2, \ldots$$
$$\text{destruktiv: } \quad d \sin\theta = (n + \tfrac{1}{2})\lambda \quad n = 0, \pm 1, \pm 2, \ldots . \tag{8.6}$$

Die Intensität der Strahlung ist proportional zum *Quadrat* der maximalen elektrischen Feldstärke; daher ist die Intensität an den Punkten konstruktiver Interferenz viermal so groß (und nicht zweimal) wie jene der Einzelquellen. Diese Relation kann experimentell überprüft werden.

Wenn die Blendenöffnung nicht klein gegen die Wellenlänge ist, dann gibt es eine Phasendifferenz zwischen Teilwellen, die von verschiedenen Teilen jeder Blende ausgehen. In diesem Fall berechnet man die Strahlungsverteilung, indem man das Huygenssche Prinzip benützt und die Beiträge der verschiedenen Elemente der Blende unter Berücksichtigung der Phasendifferenzen addiert. Dabei ist gewöhnlich über die Breite der Spalte zu integrieren. Derartige Rechnungen werden in den meisten Lehrbüchern diskutiert und sollen hier nicht wiederholt werden. Für einen einzelnen langen Spalt der Breite a ist die Strahlungsintensität gegeben durch

$$I = I_0 \, \frac{\sin^2(\Phi/2)}{(\Phi/2)^2} \, , \tag{8.7}$$

wobei $\Phi = (2\pi/\lambda)\,a \sin\theta$ und I_0 die Intensität in der Richtung $\theta = 0$ ist.

8.3.2. Experiment

1. Betrieb des Klystrons. Verbinden Sie das Klystron mit dem Netzgerät und den Empfänger mit dem Röhrenvoltmeter wie in Experiment MO-1 und schalten Sie das

Klystron ein. Die Winkelauflösung des Empfängers kann um den Preis einer verminderten Empfindlichkeit verbessert werden, indem man einen engen Spalt über die Öffnung des Empfangstrichters montiert.

2. Beugung am Doppelspalt. Lokalisieren Sie bei eingeschobener Doppelspaltplatte die Lage des zentralen Maximums und so vieler Maxima und Minima auf jeder Seite als nur möglich. Messen Sie die Lagen und berechnen Sie aus ihnen die Wellenlänge der Strahlung. Vergleichen Sie Ihr Resultat mit jenem von Experiment MO-1.

3. Empfindlichkeit des Empfängers. Blockieren Sie einen Spalt mit einer Metallplatte und messen Sie die Intensität direkt vor dem offenen Spalt. Vergleichen Sie dies mit der Intensität des zentralen Maximums beim Doppelspaltexperiment. Was können Sie daraus über die Empfindlichkeit des Empfängers in diesem Intensitätsbereich schließen, d.h., ist die Spannung proportional zu E, E^2, oder zu irgend etwas was anderem?

4. Beugung am Einzelspalt. Montieren Sie eine breite Blende ($a > \lambda/2$); lokalisieren und messen Sie möglichst viele Minima und Maxima. Messen Sie die Intensität als Funktion des Winkels für mindestens zwei oder drei Punkte zwischen dem zentralen Maximum und dem ersten Minimum auf einer Seite und zwischen dem ersten und zweiten Minimum. Ist die Beugungsfigur symmetrisch? Vergleichen Sie die Lage der Maxima und Minima mit den Vorhersagen von Gl. (8.7), indem Sie die aus dem Doppelspaltexperiment bestimmte Wellenlänge benützen. Tragen Sie die Intensität gegen den Winkel in einem Diagramm auf.

Sie können noch die Beugungsmuster untersuchen, die von verschiedenen anderen Kombinationen von Spalten mit unterschiedlichen Breiten und Abständen gebildet werden.

5. Axialsymmetrische Blenden. Messen Sie die Veränderung der Intensität der Wellen entlang der Achse für eine axialsymmetrische Blendenanordnung (Bild 8.9). Fällt eine ebene Welle von links ein, dann strahlen alle Punkte der Blendenebene in Phase. Die Bedingung für konstruktive Interferenz an einem Punkt der Achse ist

$$(r^2 + l^2)^{1/2} - l = n\lambda \qquad n = 0, 1, 2, \dots \qquad (8.8)$$

und für destruktive Interferenz lautet sie

$$(r^2 + l^2)^{1/2} - l = (n + \tfrac{1}{2})\lambda \qquad n = 0, 1, 2, \dots . \qquad (8.9)$$

In der Praxis wird die Intensität des äußeren Rings verschieden von jener des inneren Rings sein, und die destruktive Interferenz wird als *Intensitätsminimum* anstatt als Intensität Null erscheinen.

6. Fresnelsche Zonenplatte. Eine Erweiterung dieses Gedankens ist die Fresnelsche Zonenplatte. Zur Illustration betrachten wir eine kreisförmige Blende wie in Bild 8.10. Die Wellen von Punkten mit wachsendem Abstand r vom Zentrum kommen im Achsenpunkt P mit einer Phasenverschiebung an, die mit r relativ zur Strahlung vom Zentrum anwächst. Wir zeichnen Kreise, die sukzessive Phasenänderungen um Vielfache von π (Halbperioden)

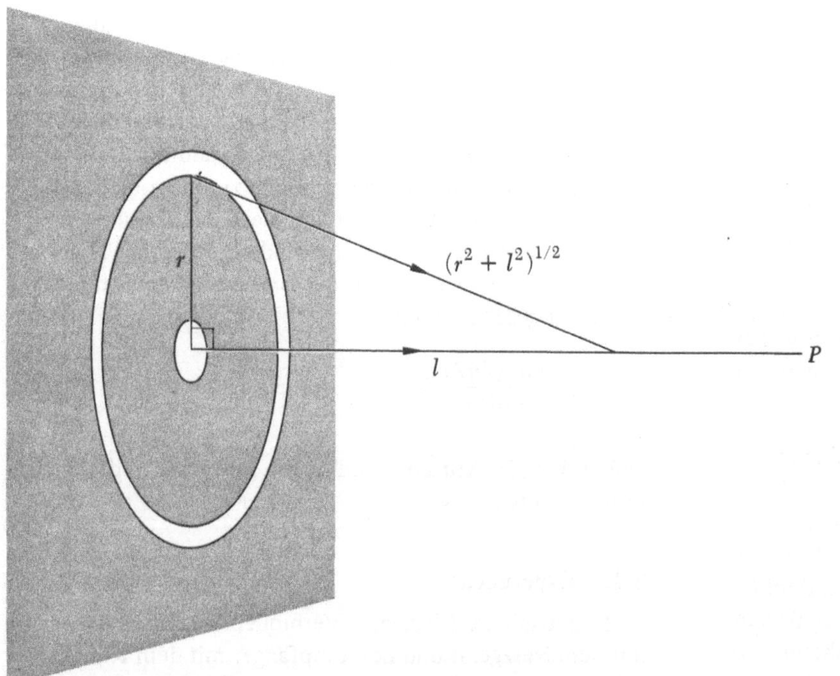

Bild 8.9

relativ zur Phase in der Mitte repräsentieren. Der Radius r_n eines solchen Kreises muß die Bedingung erfüllen

$$(l^2 + r_n^2)^{1/2} - l = \frac{n\lambda}{2}$$

oder

$$r_n = \left(\frac{n^2\lambda^2}{4} + n\lambda l \right)^{1/2}. \tag{8.10}$$

Diese Kreise unterteilen die Blende in eine Anzahl von Ringen. Bei P wird *im Mittel* die Strahlung von einem Ring um eine Halbperiode gegenüber der Strahlung der beiden anliegenden Ringe außer Phase sein, und es findet teilweise destruktive Interferenz statt. Wenn wir nun alternierende Ringe blockieren, wie in dem Bild gezeigt, wird die von den verbleibenden Ringen stammende Interferenz im Mittel konstruktiv sein, und das Ergebnis ist ein *Anwachsen* der Intensität im Punkt P. Da die Bedingung für konstruktive Interferenz für einen bestimmten Wert von l aufgestellt wurde, kann man nicht erwarten, daß die Interferenz bei fixierter Blendenanordnung für verschiedene Werte von l konstruktiv ist. Daher wird, wenn der Empfänger entlang der Achse bewegt wird, ein scharfes Maximum in einer Entfernung l von der Zonenplatte zu sehen sein. Die Wirkung einer solchen *Fresnelsche Zonenplatte* einer Sammellinse ähnlich.

8.3.3. Fragen

1. Sollte das **E**-Feld der einfallenden Welle bei den Beugungs- und Interferenzexperimenten mit Spalten parallel oder senkrecht auf die Längsrichtung der Spalte stehen? Erklären Sie Ihre Antwort.

2. Zeigen Sie, daß die Intensität des zentralen Maximums beim Doppelspaltexperiment viermal so groß wie die Intensität bei einem Einzelspalt derselben Dimension ist.

3. Es ist bei sichtbarem Licht üblich, zwischen Fraunhofer- und Fresnel-Beugung zu unterscheiden. Ist diese Unterscheidung für Mikrowellen relevant? Erklärung!

4. Nehmen Sie an, die Ebene mit den rechteckigen Spalten steht nicht senkrecht auf der Achse des Apparates, sondern ist um einen Winkel gekippt. Wie wird dies das resultierende Interferenzbild beeinflussen?

5. Nehmen Sie beim Experiment mit den Kreisringblenden an, daß die Blenden nahe genug am Sendetrichter angeordnet sind, so daß die einfallende Welle nicht als eine ebene Welle, sondern als eine expandierende Kugelwelle angesehen werden muß. Wie wird das die Interferenzfigur entlang der Achse qualitativ beeinflussen?

6. Eine Fresnelsche Zonenplatte soll nicht mit einer einfallenden ebenen Welle, sondern mit der Kugelwelle einer Punktquelle in einer Entfernung d von der Zonenplatte verwendet werden. Wie sind die Ringe anzuordnen?

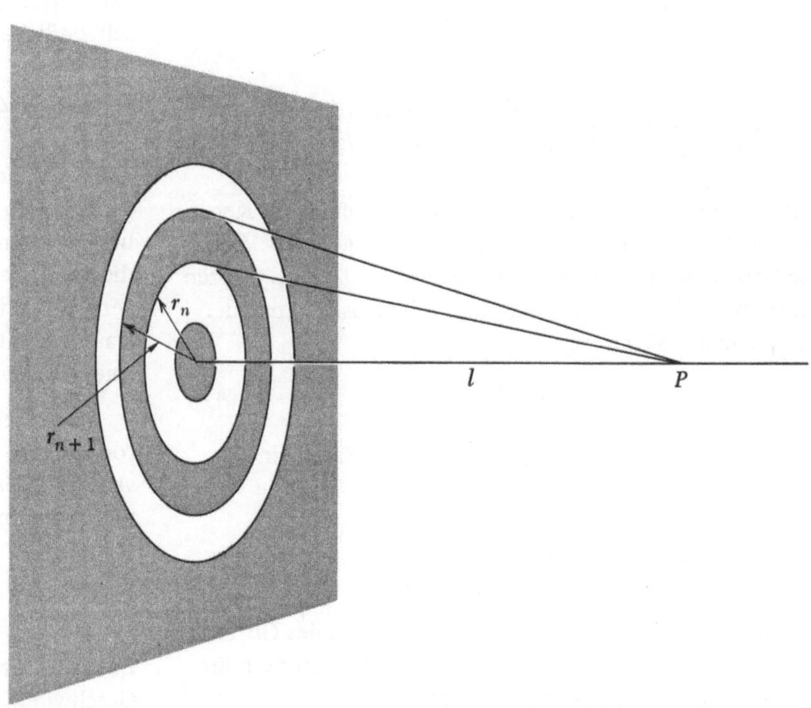

Bild 8.10

8.4. Experiment MO-3:
Das Klystron

8.4.1. Einleitung

In diesem Experiment werden Sie die Wirkungsweise des Klystrons genauer als in Experiment MO-1 untersuchen und seine verschiedenen Arbeitsbereiche beobachten.

Wie in der Einleitung 8.1 erklärt, ist das Herzstück des Klystrons ein kreiswulstförmiger Hohlraum, der die Funktionen eines LC-Resonanzkreises hat; die Resonanzfrequenz dieses Hohlraums bestimmt die Frequenz der Schwingungen. Die Berechnung dieser Frequenz aus der Geometrie des Hohlraums ist mit einiger Genauigkeit nur schwierig auszuführen, aber man kann eine grobe Abschätzung unter Benützung der bekannten Relation $\omega = (1/LC)^{1/2}$ erhalten, indem man die Gitter als einen Kondensator und die Hohlraumwand als eine Induktionsspule mit einer einzigen Windung ansieht. Wenn die Fläche der Gitter A_C und ihr Abstand d ist (siehe Bild 8.1), dann ist die Kapazität durch

$$C = \frac{\epsilon_0 A_C}{d} \qquad (8.11)$$

gegeben. Die Induktivität eines toroidalen Solenoids mit dem Mittenkreisradius R, der Querschnittsfläche A_L und n Windungen (hier ist $n = 1$) ist

$$L = \frac{\mu_0 A_L n^2}{2\pi R} \; . \qquad (8.12)$$

Daher ist die Resonanzfrequenz des Hohlraumes näherungsweise durch

$$\omega = \left(\frac{\epsilon_0 A_C}{d} \, \frac{\mu_0 A_L}{2\pi R} \right)^{-1/2}$$

$$= \frac{1}{(\mu_0 \epsilon_0)^{1/2}} \, \left(\frac{2\pi R d}{A_L A_C} \right)^{1/2} = c \left(\frac{2\pi R d}{A_L A_C} \right)^{1/2} \qquad (8.13)$$

gegeben. Bei dem in diesen Experimenten benützten Klystron haben A_L und A_C die Größenordnung $\frac{1}{2}$ cm^2, R die Größenordnung 1 cm, und d ist etwa 0,1 cm. Einsetzen dieser Werte in Gl. (8.13) ergibt als rohe Abschätzung der Frequenz des Klystrons

$$\omega = 5 \cdot 10^{10} \, \text{s}^{-1}, \qquad f = 8 \, \text{GHz}. \qquad (8.14)$$

Die entsprechende Strahlung hat im freien Raum eine Wellenlänge λ von

$$\lambda = \frac{c}{f} = 3 \, \text{cm}. \qquad (8.15)$$

Die Resonanzfrequenz kann durc Variieren des Gitterabstands d justiert werden. Annäherung der Gitter erhöht die Kapazität und erniedrigt die Frequenz.

Wesentlich für das Arbeiten des Klystrons ist, daß der Elektronenstrahl die durch den Widerstand der Hohlraumwand und durch Abstrahlung verlorene Energie ersetzen muß. Dazu muß der Elektronenstrahl, der vom oszillierenden Feld während seines ersten Durchgangs durch die Gitter „paketiert" wurde, nach der Reflexion mit geeigneter Phase zu den Gittern zurückkehren, um die Oszillationen zu verstärken. Wir untersuchen nun im Detail die Bedingungen, unter denen dies geschieht.

Zur Vereinfachung nehmen wir an, daß alle Elektroden als Ebenen behandelt werden können, deren Dimensionen viel größer als die Abstände zwischen den Elektroden sind. In diesem Fall sind die Felder zwischen benachbarten Elektroden nahezu homogen. Die Elektronen werden von der Kathode emittiert und durch die Spannung U_B beschleunigt, erreichen das erste Gitter mit einer Geschwindigkeit v_0 und der entsprechenden kinetischen Energie $\frac{1}{2} m v_0^2$, die durch

$$\frac{1}{2} m v_0^2 = e U_B \qquad (8.16)$$

gegeben ist. Zwischen den beiden Gittern herrscht eine oszillierende Spannung ΔU

$$\Delta U = U_0 \sin \omega t, \qquad (8.17)$$

die die kinetische Energie der Elektronen um einen Betrag $e\,\Delta U$ ändert. Wenn ΔU klein gegenüber U_B ist, dann ist die entsprechende Änderung der Energie ungefähr

$$e\,\Delta U = \Delta \left(\tfrac{1}{2} m v^2 \right) = m v_0 \Delta v. \qquad (8.18)$$

Daher verlassen die Elektronen das zweite Gitter mit Geschwindigkeiten, die von der Zeit gemäß

$$v = v_0 + \Delta v = v_0 + \frac{e}{m v_0} \, U_0 \sin \omega t \qquad (8.19)$$

abhängen. Jene Elektronen, die zwischen den Gittern hindurchlaufen, während ΔU positiv ist, werden beschleunigt und entnehmen Energie aus dem Hochfrequenzfeld. Jene, die die Gitter passieren, während ΔU negativ ist, werden verzögert und geben Energie an das Hochfrequenzfeld ab. Da der Elektronenstrom konstant ist, gleichen sich diese Energieänderungen fast aus.

Im Gebiet zwischen dem zweiten Gitter und dem Reflektor bewegen sich die Elektronen unter dem Einfluß eines verzögernden Feldes E, gegeben durch $E = (U_B + U_C)/L$ und erfahren eine Beschleunigung

$$a = -\frac{eE}{m} = -\frac{e}{m} \, \frac{U_B + U_C}{L} \; . \qquad (8.20)$$

Ein Elektron, das vom zweiten Gitter zur Zeit t_0 mit einer Geschwindigkeit $v_0 + \Delta U$ ausgeht, hat einen Ort und eine

Geschwindigkeit, die durch die üblichen Gleichungen für die Bewegung mit konstanter Beschleunigung beschrieben werden:

$$v = (v_0 + \Delta v) - \frac{e}{m} \frac{U_B + U_C}{L} (t - t_0) \qquad (8.21)$$

$$z = (v_0 + \Delta v)(t - t_0) - \frac{1}{2} \frac{e}{m} \frac{U_B + U_C}{L} (t - t_0)^2 , \qquad (8.22)$$

wobei wir $z = 0$ als Position des zweiten Gitters angenommen haben.

Um die Zeit zu bestimmen, zu der das Elektron an das Gitter *zurückkehrt*, setzen wir in Gl. (8.22) $z = 0$ und lösen nach $t - t_0$ auf. Wir finden

$$t - t_0 = 2 (v_0 + \Delta v) \frac{m}{e} \frac{L}{U_B + U_C} . \qquad (8.23)$$

Dies bedeutet, daß Elektronen mit positivem Δv — was einem positiven ΔU entspricht — *später* als jene mit negativem Δv an das Gitter zurückkehren. Dieser Unterschied in der Tour-Retour-Zeit ist für die Entstehung der Elektronenpakete im Strahl verantwortlich. Um zu verstehen, wie dies zustandekommt, betrachten wir Elektronen, die die Gitter passieren, während ΔU in fallender Richtung durch Null hindurchgeht. Elektronen, die etwas früher durchlaufen, werden beschleunigt, so daß sie länger brauchen, um zurückzukehren, und bleiben daher zurück. Jene, die etwas später durchlaufen, werden verzögert, benötigen somit eine kürzere Zeit zur Wiederkehr und holen daher auf. Daher wird die Elektronendichte im Strahl in der Nachbarschaft jener Elektronen angehoben, die die Gitter passieren, wenn ΔU Null ist und abnimmt. Ein ähnliches Argument zeigt, daß die Dichte *verringert* wird, wenn ΔU Null ist und anwächst.

Sollen die Elektronenpakete die maximale Energie an die Hohlraumoszillationen abgeben, müssen die Pakete

durch die Gitter zurückkehren, wenn ΔU seinen maximalen positiven Wert hat, so daß sie durch das Hochfrequenzfeld verzögert werden und daher möglichst viel Energie abgeben. Es ist möglich, die gesamte Durchlaufzeit gleich dreiviertel einer Periode T der Schwingungen zu machen. Aber derselbe Effekt wird auch erreicht, wenn die Durchlaufzeit diesen Wert um ein ganzzahliges Vielfaches der Periode übertrifft; die Phasenbeziehung ist dann dieselbe. Daher ist die Energieregeneration der Hohlraumschwingungen maximal, wenn die durch Gl. (8.23) mit $\Delta v = 0$ gegebene Durchlaufzeit gleich $(n + \frac{3}{4})$ mal der Periode T ist, wobei n eine ganze Zahl ist. Die Bedingung für eine maximale Energierückführung ist also

$$\frac{2 m v_0}{e} \frac{L}{U_B - U_C} = (n + \tfrac{3}{4}) \, T, \qquad n = 0, 1, 2, \dots . \quad (8.24)$$

Wenn wir schließlich v_0 durch U_B mittels Gl. (8.16) ausdrücken, erhalten wir die notwendige Beziehung zwischen U_B und U_C:

$$4 \frac{(U_A \, U_B)^{1/2}}{U_B + U_C} = n + \frac{3}{4}, \qquad n = 0, 1, 2, \dots , \qquad (8.25)$$

wobei U_A eine Abkürzung für die Größe

$$U_A = \frac{m L^2}{2 e T} \qquad (8.26)$$

ist, eine Charakteristik des Klystrons.

Zu jedem Wert von U_B gibt es verschiedene Werte von U_C, die vom Wert von n abhängen. Daher ergibt Gl. (8.25) eine Familie von Kurven (eine für jeden Wert von n), die man die *Schwingungstypen* (*Moden*) nennt. Typische Kurven zeigt Bild 8.11.

Gl. (8.25) gibt die Bedingung für die maximale Energierückführung an die Hohlraumschwingungen. Aber sogar wenn diese Bedingung nicht exakt erfüllt ist, erfolgt eine

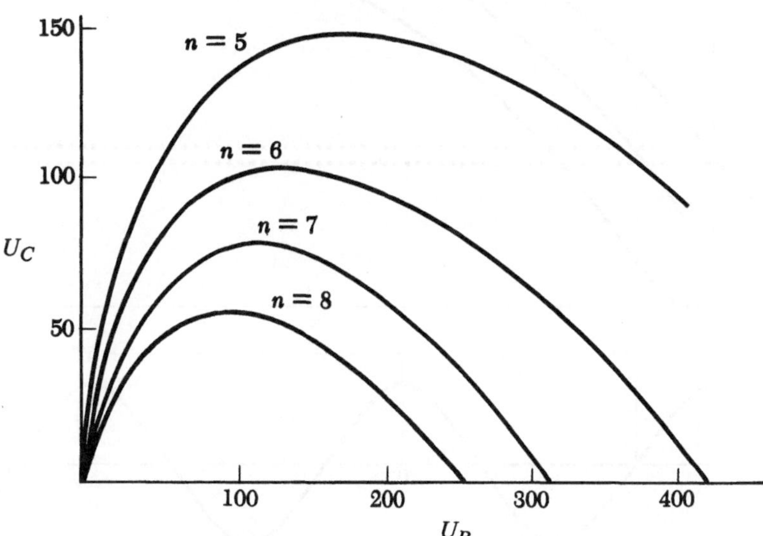

Bild 8.11

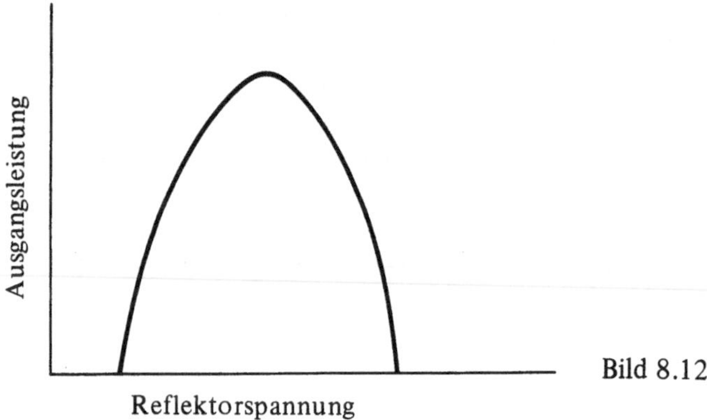

Bild 8.12

gewisse Energierückführung, vorausgesetzt, die Elektronenpakete kommen während der positiven Hälfte des ΔU-Zyklus an. Der Unterschied ist nur, daß weniger Energie zurückgeführt wird und so die Amplitude der Schwingungen nicht denselben Wert wie für optimales U_C erreicht.

Mit anderen Worten, für jeden Schwingungstyp und für einen gegebenen Wert von U_B existiert ein *Bereich* von Werten für U_C, für den Schwingungen aufrechterhalten werden. Man erhält die maximale Ausgangsleistung, wenn U_C nahe dem Zentrum dieses Bereichs liegt. Bild 8.12 zeigt ein Diagramm der Ausgangsleistung als Funktion der Reflektorspannung für einen speziellen Schwingungstyp und für einen festen Wert von U_B. Die Punkte, bei denen die Leistung Null erreicht, sind jene Punkte, wo die Elektronenpakete nahezu eine Viertelperiode mit ΔU außer Phase sind und nicht mehr genügend Energie zur Kompensation der Verluste rückführen können.

Das Verständnis der Elektronenbewegung im Klystron wird durch das sogenannte Appelgate-Diagramm erleichtert (Bild 8.13). Es ist ein graphischer Fahrplan für Elektronen, die zu verschiedenen Zeiten während des ΔU-Zyklus die Gitter passieren, der auch entlang der Zeitachse gezeigt ist. Wie die Kurven zeigen, ist die gesamte Durchlaufzeit für ein Elektron am größten, das von den Gittern zu einer Zeit maximalem positiven ΔU startet und am geringsten, wenn ΔU seinen minimalen negativen Wert hat. Das Diagramm zeigt auch die Paketierung der Elektronen in der Nähe jener, die die Gitter passieren, wenn ΔU Null und abnehmend ist, wie bereits diskutiert.

Die Kennlinien des Klystrons für einen festen Wert von U_B werden in Bild 8.14 im Detail gezeigt.

8.4.2. Experiment

1. Die Leistung des Klystrons. Die Abhängigkeit der Ausgangsleistung des Klystrons von U_B und U_C, mißt man, indem man U_C bei konstantem U_B periodisch variiert und beobachtet, wie die Ausgangsleitung mit U_C variiert. Dazu legt man den Empfänger an den Vertikaleingang eines Oszillographen und benützt die Horizontalablenkspannung um U_C zu variieren. Für $U_B = 100$ V und U_C erwarten wir im Bereich zwischen -50 V und -150 V die Schwingungstypen des Bildes 8.11 mit $n = 8, 7, 6$ und 5. Dabei erreicht die Ausgangsleistung nahe dem Zentrum jedes Schwingungstyps ein Maximum (Bild 8.12). Die Kurve auf dem Bildschirm sollte also ähnlich den in Bild 8.14 sein.

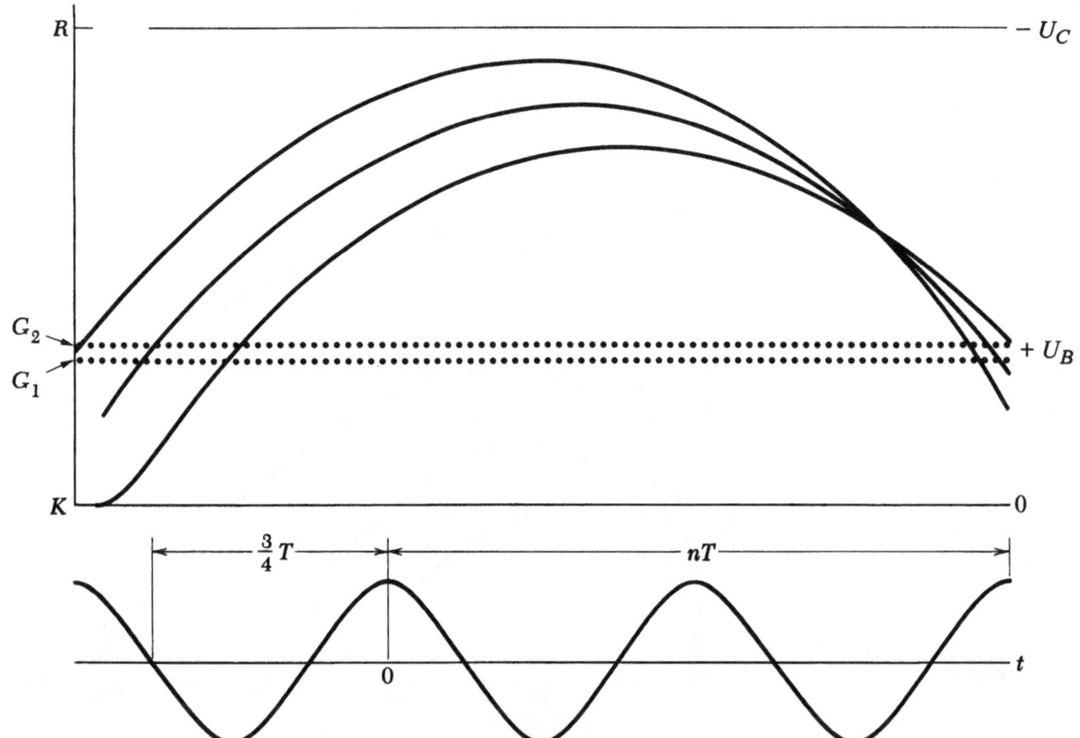

Bild 8.13

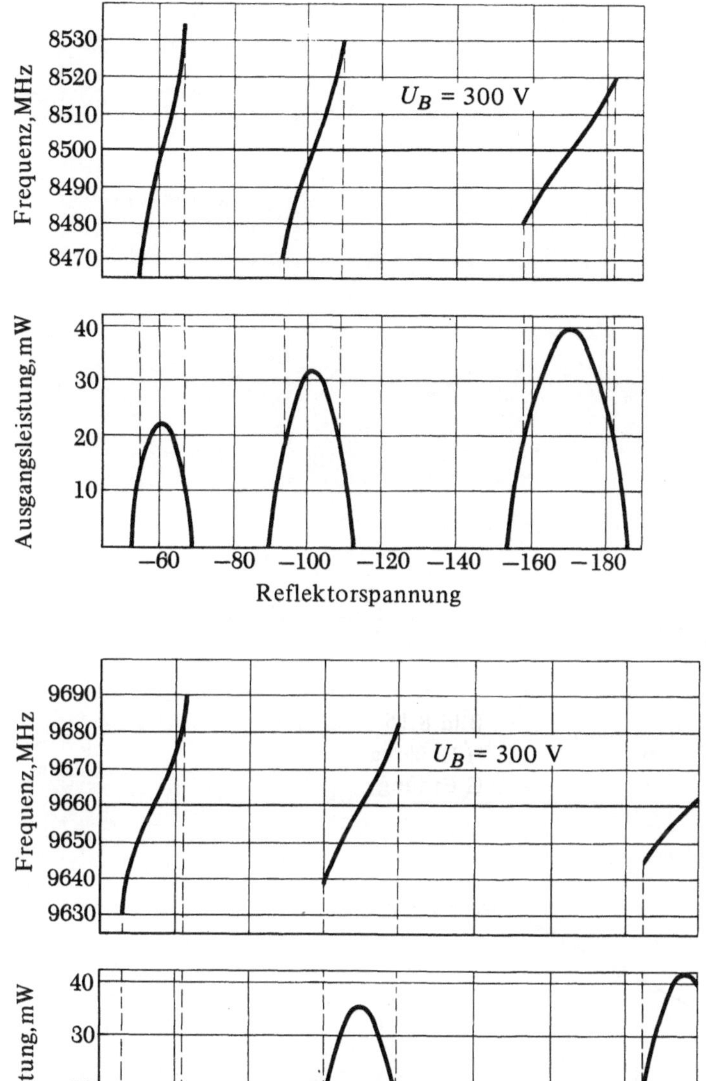

Bild 8.14

Um die gewünschte Variation von U_C zu erreichen, kann der Schaltkreis Bild 8.15 benützt werden. Heizung, Kathode und Gitter werden wie in Experiment MO-1 geschaltet, aber der Reflektor wird nicht direkt an C angeschlossen. Stattdessen ist er dorthin über einen 1-MΩ-Widerstand verbunden, an dem die Kippspannung des Oszillographen liegt. Daher ist die momentane Reflektorspannung die Summe der Netzgerätspannung C und der Kippspannung. Der Kondensator isoliert den Kippgenerator von der Gleichspannung des Netzteils, bietet aber bei den benützten Zeitablenkfrequenzen einen vernachlässigbaren Widerstand.

2. Klystron Schwingungstypen. Durch Reduktion der Horizontalablenkung des Oszillographen kann die Amplitude der Kippspannung am Klystron verringert werden. Durch Justieren der Reflektorspannung am Netzgerät (Knopf C) kann eine der Schwingungstypen auf dem Oszillographenschirm zentriert werden. Da das Zentrum dem momentanen Kippspannungswert Null entspricht, sind die Werte von U_B und U_C dann jene für das Zentrum der entsprechenden Schwingungstype. Nun kann U_B schrittweise variiert werden, wobei die Schwingung durch entsprechende Änderungen in U_C zentriert gehalten wird. So erhält man die Daten für einen Schwingungstyp und durch Wiederholung dieses Vorgangs eine Familie von Kurven ähnlich Bild 8.11.

3. Äquivalente Trajektorien. Die Näherungen bei der Herleitung von Gl. (8.25), besonders die Annahme eines gleichförmigen Feldes zwischen den Gittern und dem Reflektor, lassen keine genaue Übereinstimmung der experimentellen Kurven mit der Rechnung erwarten. Einige Eigenschaften der Schwingungstypen sind jedoch von den Details der Feldkonfiguration unabhängig. Dies kann man benutzen, um n für jeden Schwingungstyp zu bestimmen. Dazu zeichnet man in das Diagramm U_B gegen U_C eine Linie geeigneter Steigung k (Bild 8.16).

$$U_C = k\,U_B. \tag{8.27}$$

Substituieren wir dies in Gl. (8.25), so folgt

$$n + \frac{3}{4} = \frac{4\,U_A^{1/2}}{1+k}\;\frac{1}{U_B^{1/2}}\;. \tag{8.28}$$

Diese Gleichung bestimmt die Schnittpunkte der Geraden mit den U_B-U_C-Kurven, die den Schwingungstypen entsprechen. Gl. (8.28) zeigt, daß $U_B^{-1/2}$ proportional zu $(n + \frac{3}{4})$ ist. Tragen wir daher die Werte von $U_B^{-1/2}$ für die in Bild 8.16 gezeigten Schnittpunkte in Bild 8.17 mit dem Horizontalabstand gleich 1 auf, sollte sich eine Gerade ergeben. Aus der Forderung, daß die Gerade die Horizontalachse im Punkt $-\frac{3}{4}$ schneiden soll, kann n für jeden Schwingungstyp bestimmt werden.

Es kann sich herausstellen, daß die Linearität dieses Diagramms viel besser ist als die Übereinstimmung von Bild 8.11 mit Gl. (8.25). Der Grund ist, daß sich die Elektronentrajektorien nicht ändern, wenn U_B und U_C im gleichen Verhältnis verändert werden; die Elektronen kehren *genau* an derselben Stelle um. Diese Feststellung gilt unabhängig von den Details der Geometrie. Daher ist die gesamte Durchlaufzeit zur Geschwindigkeit v_0 proportional, mit der die Gitter verlassen werden; diese ist ihrerseits proportional zu $U_B^{1/2}$. Da die Durchlaufzeiten für die verschiedenen Schwingungstypen in den Verhältnissen $n + \frac{3}{4}$ stehen müssen, schließen wir, daß die in Bild 8.17 gezeigte lineare Abhängigkeit von den Details der Feldform unabhängig ist.

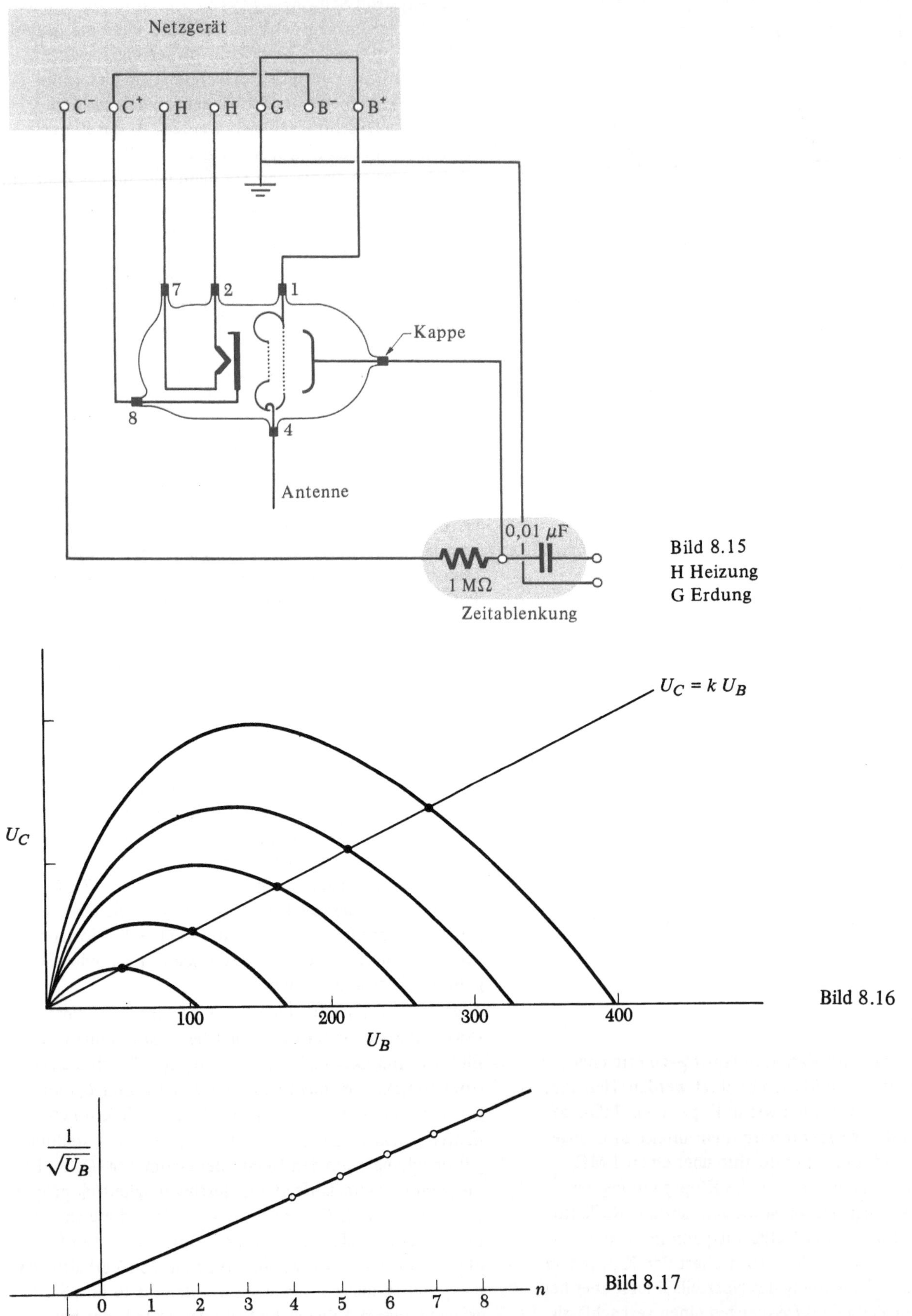

Bild 8.15
H Heizung
G Erdung

Bild 8.16

Bild 8.17

4. Bestimmung von *L*. Benutzen Sie die Daten, die Sie aus Ihrem Bild 8.17 entsprechendem Diagramm entnehmen, um U_A und daraus den Abstand L zwischen den Gittern und dem Reflektor zu berechnen. Vergleichen Sie mit dem Ergebnis Messungen an einem zerlegten Klystron, wenn ein solches zur Verfügung steht.

8.4.3. Fragen

1. Die Frequenz des Klystrons variiert ganz leicht (Größenordnung etwa 50 MHz), wenn U_C innerhalb derselben Schwingungstypen verändert wird. Warum sollte diese Variation auftreten?

2. Welche minimale Kippfrequenz muß benutzt werden, wenn der Effekt des Kondensators vernachlässigbar sein soll, der den Kippgenerator und den Reflektor koppelt?

3. Wenn alle Abmessungen eines resonanten Hohlraums verdoppelt würden, wie würde sich dann die Frequenz und wie die Wellenlänge ändern?

4. Was ist die Phase des Magnetfelds im Hohlraum relativ zu den an die Gitter zurückkehrenden Elektronenpaketen?

5. Wenn der Maximalwert von ΔU zwischen den Gittern 10 V beträgt, was ist dann die Größenordnung für den maximalen *Strom*, der entlang der Hohlraumwände zwischen den Gittern fließt? Welche Größenordnung hat der Maximalwert von B im Hohlraum?

8.5. Experiment MO-4: Die Ausbreitung von Mikrowellen

8.5.1. Einleitung

Die folgenden Experimente behandeln einige weitere Aspekte der Ausbreitung von Mikrowellen, wie zirkulare und elliptische Polarisation, Ausbreitung in Wellenleitern usw. Wir verwenden den gleichen Sender und Empfänger für Mikrowellen wie zuvor.

Wellenleiter. Im Experiment MO-3 haben wir die vom Klystrontrichter emittierten Mikrowellen als näherungsweise ebene Wellen betrachtet. Wir stellen nun den Sender zwischen zwei parallele leitende Platten, die einen *Wellenleiter* bilden (Bild 8.18) und untersuchen die entstehenden Wellen. Die Platten verändern die Gestalt der Welle, da sie Randbedingungen auferlegen. Bei idealen Leitern muß die zur Oberfläche parallele Komponente $E_\parallel$ von **E** an der Oberfläche verschwinden. Die Komponente $E_\perp$ senkrecht zur Oberfläche ist dagegen von Null verschieden und proportional zur Oberflächenladungsdichte. Die Randbedingungen lauten also

$$E_\parallel = 0, \quad E_\perp = \frac{\sigma}{\epsilon_0} . \tag{8.29}$$

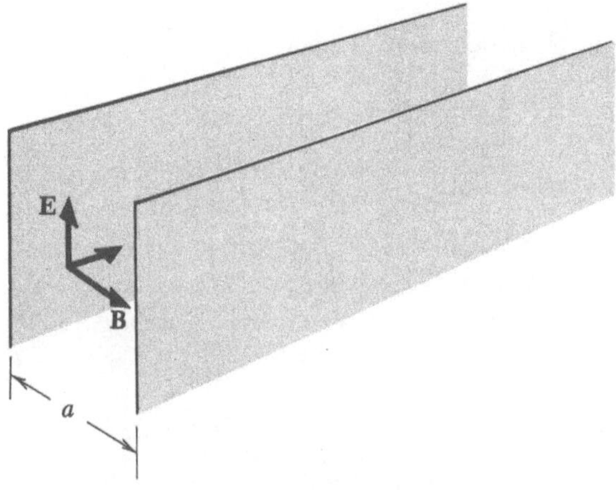

Bild 8.18

Wellenleiter sind auch von praktischer Bedeutung. Die Übertragung von Wechselströmen hoher Frequenz durch Drähte ist wegen der Abstrahlungsverluste und des Hauteffektes — die Ströme fließen nur an der Leiteroberfläche — schwierig. Das Abstrahlungsproblem kann in gewissen Frequenzbereichen durch die Verwendung von Koaxialkabeln gelöst werden, deren Leiter die Form koaxialer Zylinder haben, so daß die Felder auf das Gebiet zwischen den Leitern beschränkt sind und nicht in den Raum entweichen. Bei extrem hohen Frequenzen absorbiert jedoch das zur Abstützung des Zentralleiters benötigte Dielektrikum zunehmend Energie.

Bei Mikrowellen, deren Wellenlänge unter 10 cm liegt, ist die Verwendung von Wellenleitern möglich. Die Welle breitet sich in einem hohlen meist rechtwinkligen Rohr aus. Im allgemeinen sind viele Feldkonfigurationen möglich, aber wenn die Dimensionen im Verhältnis zur Wellenlänge richtig gewählt sind, kann der Wellenleiter so ausgelegt werden, daß nur ein Wellentyp möglich ist. Die Untersuchung der Wellenausbreitung zwischen parallelen leitenden Platten zeigt bereits die wichtigsten Züge der Wellenausbreitung in einem Wellenleiter.

Wir untersuchen zwei Möglichkeiten: Das **E**-Feld der Welle kann senkrecht zu den Seitenflächen des Kanals oder parallel dazu sein. Im ersten Fall besteht kein Hindernis für die Ausbreitung der Welle, als ob der Kanal nicht vorhanden wäre. Das **E**-Feld induziert zeitveränderliche Oberflächenladungen auf den Seitenflächen, aber im Zwischengebiet ist die Welle noch immer eine gewöhnliche ebene Welle, die sich mit derselben Geschwindigkeit und derselben Wellenlänge wie im Vakuum ausbreitet.

Ist **E** parallel zu den Seitenflächen, ergibt sich eine ganz andere Situation. Da eine ebene Welle die Eigenschaft hat, daß **E** in jeder Ebene senkrecht zur Ausbreitungsrichtung denselben Momentanwert besitzt, würde eine ebene Welle nicht die Bedignung erfüllen, daß $E_\parallel$ an den Begrenzungsflächen verschwindet. Daher kann sich eine ebene Welle

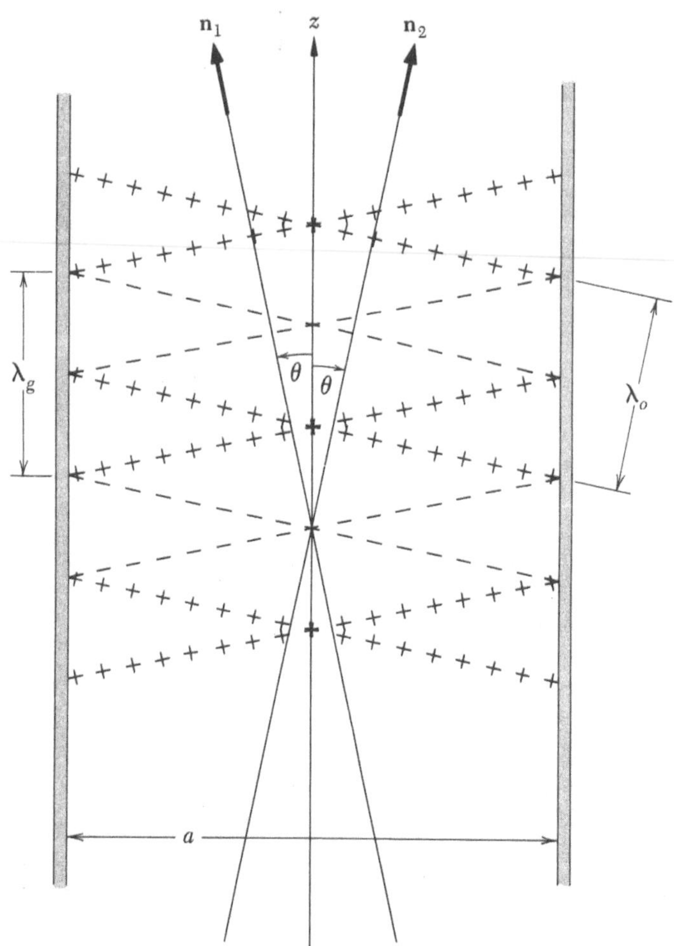

Bild 8.19

Amplitude jeder der beiden ebenen Wellen ist. Wegen des Winkels zwischen den Ausbreitungsrichtungen der beiden Wellen nimmt ihr Phasenunterschied mit dem Abstand zur Mittellinie zu, bis schließlich ein Punkt erreicht wird, wo sie genau um eine Halbperiode außer Phase sind, so daß ihre Summe in jedem Moment gleich Null ist. Wenn diese Punkte auf den Begrenzungsflächen liegen, dann erfüllt die superponierte Welle die Randbedingung, daß $E_\parallel$ auf der Grenzfläche verschwindet. Im Verlauf der Zeit verschiebt sich die ganze Figur den Wellenleitern entlang, und die Bedingung ist stets erfüllt.

Wie das Bild zeigt, ist der notwendige Wert von θ durch die Breite a des Kanals und durch λ_0 bestimmt. λ_0 ist seinerseits durch die Frequenz der Welle in der üblichen Weise festgelegt:

$$\lambda_0 = \frac{c}{f}. \tag{8.30}$$

Unter Bezugnahme auf Bild 8.19 erhalten wir die Relation

$$\frac{\lambda_0}{2a} = \sin\theta. \tag{8.31}$$

Da $\sin\theta$ nicht größer als eins sein kann, ist die Ausbreitung dieses Wellentyps nur möglich, wenn die durch Gl. (8.30) gegebene Wellenlänge im freien Raum kleiner als die doppelte Breite des Wellenleiters ist. Das ergibt eine *untere Grenze* für die Frequenz der Wellen im Wellenleiter. Ist umgekehrt die Frequenz fixiert, kann aber a justiert werden, was im vorliegenden Experiment der Fall sein wird, dann erwarten wir Wellenausbreitung nur, wenn

$$a > \frac{\lambda_0}{2}. \tag{8.32}$$

Die Wellenlänge λ_g der in Bild 8.19 gezeigten zusammengesetzten Welle, also der Abstand benachbarter Maxima von E, ist übrigens nicht gleich λ_0, sondern beträgt

$$\lambda_g = \frac{\lambda_0}{\cos\theta}. \tag{8.33}$$

Eliminieren wir θ aus Gln. (8.31) und (8.33) mittels der Beziehung $\sin^2\theta + \cos^2\theta = 1$ und lösen nach λ_g auf so folgt

$$\lambda_g = \frac{\lambda_0}{[1 - (\lambda_0/2a)^2]^{1/2}} \tag{8.34}$$

oder

$$\frac{f^2}{c^2} = \frac{1}{\lambda_0^2} = \frac{1}{\lambda_g^2} + \frac{1}{4a^2}. \tag{8.35}$$

Auch die Ausbreitungsgeschwindigkeit der zusammengesetzten Welle ist von Interesse. Da jede der beiden Einzelkomponenten eine Lösung der Maxwellschen Gleichungen im Vakuum ist, breitet sich jede der beiden Einzel-

dieser Polarisation im Wellenleiter nicht ausbreiten. Welche Wellentypen erfüllen an der Oberfläche $E_\parallel = 0$ und können sich daher auch im Wellenleiter ausbreiten?

Die Natur der Wellen im Wellenleiter ergibt sich aus der Beobachtung, daß die Bedingung $E_\parallel = 0$ auch für die *Reflexion* von Wellen an leitenden Oberflächen gilt. Nehmen Sie an, eine Welle tritt in den Wellenleiter unter einem Winkel θ ein und wird sukzessive an den beiden Seiten reflektiert. Eine derartige Welle kann als Superposition zweier ebener Wellen derselben Wellenlänge und Polarisation aufgefaßt werden, die sich horizontal unter den Winkeln θ und $-\theta$ bezüglich der Richtung der Wellenleiter ausbreiten. Diese Superposition ist in Bild 8.19 schematisch gezeigt.

Das Bild zeigt Wellenfronten mit aufeinanderfolgenden Wellenbäuchen (angedeutet durch ++++) und Wellentälern (angedeutet durch −−−−). Die Superposition der beiden Wellen ergibt eine Welle, die sich entlang des Wellenleiters ausbreitet. Entlang der Mittellinie der Figur addieren sich die E-Felder zu einer Amplitude, die doppelt so groß wie die

wellen mit der Geschwindigkeit $c = \lambda_0 f$ aus. Daher ist die Ausbreitungsgeschwindigkeit u entlang des Kanals für die zusammengesetzte Welle durch

$$u = \lambda_g f = \frac{c}{[1 - (\lambda_0/2a)^2]^{1/2}} \qquad (8.36)$$

gegeben. Dies sieht alarmierend aus, da diese Geschwindigkeit größer als c ist und daher scheinbar das Grundpostulat der Relativitätstheorie verletzt. Wir erinnern aber daran, daß die Geschwindigkeit, mit der Information übertragen werden kann, nicht die *Phasengeschwindigkeit* (die wir soeben ausgerechnet haben) ist, sondern die *Gruppengeschwindigkeit,* die davon völlig verschieden ist, wenn die Geschwindigkeit, wie im vorliegenden Fall, von der Frequenz abhängt. In dieser Hinsicht wirkt der Wellenleiter wie ein dispergierendes Medium, in dem die Phasengeschwindigkeit für verschiedene Frequenzen verschieden ist.

Genauer gesagt ist die Phasengeschwindigkeit u im allgemeinen durch

$$u = \lambda_g f \qquad (8.37)$$

gegeben, während die Gruppengeschwindigkeit v

$$v = \frac{df}{d(1/\lambda_g)} \qquad (8.38)$$

ist. Wenn wir Gl. (8.35) nach $1/\lambda_g$ differenzieren und obige Relationen verwenden, finden wir

$$v = c \left[1 - \left(\frac{\lambda_0}{2a} \right)^2 \right]^{1/2}, \qquad (8.39)$$

was zeigt, daß die Gruppengeschwindigkeit v stets *kleiner* als c ist, obwohl die Phasengeschwindigkeit der Welle im Wellenleiter stets größer als c ist. Wir sehen auch, daß $uv = c^2$ unabhängig von λ_0 ist.

Polarisation. Wenn der Sendetrichter um seine Achse gedreht wird, so daß **E** mit der Vertikalen einen Winkel ϕ bildet, kann die resultierende Welle als eine horizontal polarisierte Welle beschrieben werden. Sie breitet sich mit der Vakuumlichtgeschwindigkeit c aus, überlagert mit einer vertikal polarisierten Welle, die sich mit der für den Wellenleiter charakteristischen Geschwindigkeit u ausbreitet, wie eben diskutiert. Daher hat der Wellenleiter dieselbe Eigenschaft, die in einem anisotropen Kristall als *Doppelbrechung* bezeichnet wird, d.h., die Ausbreitungsgeschwindigkeiten für verschiedene Polarisationszustände sind unterschiedlich.

Während die beiden Komponenten beim Eintritt in den Wellenleiter in Phase sind, werden sie sich im allgemeinen beim Verlassen desselben, wegen der verschiedenen Ausbreitungsgeschwindigkeiten, in ihrer Phase unterscheiden. Sind die Bedingungen so gewählt, daß die Phasendifferenz $\pi/2$ beträgt und sind die Amplituden gleich, ist das Ergebnis eine zirkular polarisierte Welle, die dadurch

charakterisiert ist, daß das resultierende **E**-Feld konstanten Betrag hat und mit der Winkelgeschwindigkeit $\omega = 2\pi f$ um die Ausbreitungsrichtung *rotiert*. Beträgt die Phasendifferenz 180°, wird die resultierende Welle im rechten Winkel zur einfallenden Welle linear polarisiert sein. Dazwischen tritt elliptische Polarisation ein. Diese verschiedenen Polarisationszustände können experimentell beobachtet werden.

8.5.2. Experiment

1. Bestimmung der Wellenlänge im Wellenleiter. Verbinden Sie das Klystron mit dem Netzgerät und den Empfänger mit dem Röhrenvoltmeter wie in Experiment MO-1. Um die Wellenausbreitung mit **E** senkrecht zu den leitenden Platten zu untersuchen, drehen Sie Sender und Empfänger in geeigneter Weise. Zur Messung der Wellenlänge λ_g dient die in Bild 8.20 gezeigte Anordnung, bei der ein weiteres Plattenpaar zu den Gittern von Experiment MO-1 hinzugefügt wurde. Wieder erhalten wir maximale durchgelassene Intensität, wenn der Abstand zwischen den Gittern ein ganzzahliges Vielfaches von $\lambda_g/2$ ist. Suchen Sie verschiedene Kombinationen von Gitterabstand $\lambda_g/2$ und Leitplattenabstand a, die maximale durchgelassene Intensität ergeben. Dazu können Leitplatten verschiedener Länge verwendet werden. Die Gitter müssen die Leitplatten nicht wirklich berühren, so daß Sie verschiedene Durchlaßbedingungen mit denselben Leitplatten erhalten können.

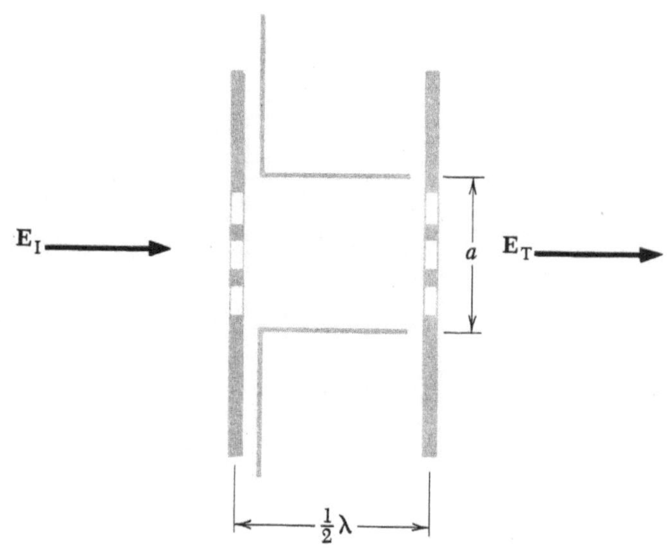

Bild 8.20

2. Die Abschneidefrequenz. Um Ihre Daten mit Gl. (8.35) zu vergleichen, tragen Sie $1/\lambda_g$ als Funktion von $\frac{1}{2} a$ auf, diese Punkte sollten auf einem Kreis mit Radius $1/\lambda_0$ liegen.

Beachten Sie, daß λ_g zunimmt, wenn der Wellenleiter schmäler wird, und unendlich wird, wenn sich a dem Wert $\lambda_0/2$ nähert. Unterschreitet a diesen kritischen Wert, so kann sich die Welle nicht ausbreiten, wie wir bereits festgestellt haben.

3. Elliptische Polarisation. Zur Erzeugung elliptisch polarisierter Wellen orientieren Sie den Sendetrichter unter einem Winkel von 45° zur Vertikalen. Justieren Sie den Abstand a zwischen den Leitplatten, bis die Intensität des Signals von der Orientierung des Empfängers unabhängig wird. Dies ist für Zirkularpolarisation charakteristisch. Reduzieren Sie a weiter, bis bei parallelen Trichtern kein Signal, bei orthogonal gerichteten Trichtern maximales Signal auftritt. Die Phasenverschiebung ist dann 180°. Weitere Reduktion von a ergibt Zirkularpolarisation mit Phasenverschiebung 270° usw.

8.5.3. Fragen

1. Welchen Einfluß hat der stets vorhandene elektrische Widerstand der Wellenleiter auf die Randbedingung Gl. (8.29)?
2. Welche experimentelle Anordnung entspricht bei Mikrowellen einem optischen $\lambda/4$-Plättchen?
3. Wie können Sie entscheiden, ob eine zirkular polarisierte Welle rechts- oder linkspolarisiert ist?
4. Welche Anordnung des Sender- und Empfängertrichters liefert elliptisch polarisierte Wellen, wie können sie nachgewiesen werden?
5. Gibt es *unpolarisierte* Mikrowellenstrahlen? Wie unterscheidet sich die Situation von der bei sichtbarem Licht?
6. Zeigen Sie, daß das Produkt aus Phasen- und Gruppengeschwindigkeit im Wellenleiter gleich c^2 ist.
7. Gl. (8.39) kann in der Form

$$v = c \cos \theta$$

geschrieben werden. Interpretieren Sie diese Beziehung!

9. Laser-Optik (LO)

9.1. Einleitung

In dieser Reihe von Experimenten werden wir verschiedene grundlegende Eigenschaften des Lichts, seiner Ausbreitung und seiner Wechselwirkung mit Materie studieren. Die verwendete Lichtquelle ist ein Helium-Neon-Laser. Das Licht dieser Quelle ist elektromagnetische Strahlung wie jedes Licht, unterscheidet sich aber von dem normaler Quellen (wie etwa der Sonne oder einer elektrischen Glühlampe) in einigen wichtigen Punkten. Normales Licht ist eine Mischung von verschiedenen Wellenlängen mit den dazugehörigen Frequenzen. Demgegenüber ist Laser-Licht fast *monochromatisch,* d.h., es enthält nur eine bestimmte, genau bekannte Wellenlänge [632,8 nm für den Helium-Neon(He-Ne)-Laser]. Ferner zeigt normales Licht eine schnelle und zufällige Änderung in der Phase, während Laser-Licht eine bestimmte Phasenrelation über längere Zeitintervalle und Distanzen behält; diese Eigenschaft wird *Kohärenz* genannt und ist wesentlich für die Beobachtung der verschiedenen Interferenzeffekte, die wir in den folgenden Experimenten studieren werden.

Wie ein Laser grundsätzlich arbeitet, wird im Experiment AP-1 besprochen und soll uns hier nicht weiter beschäftigen. In einer normalen Lichtquelle sind die einzelnen Atome die fundamentalen Quellen; ein Atom erhält einen Energieüberschuß durch thermische oder elektrische Anregung und strahlt dann für eine Zeit (typische Größenordnung von 10^{-8} s) bis es seine Energie verloren hat. In Abhängigkeit von den jeweiligen Energieniveaus erhalten die Atome unterschiedliche Anregungsenergie. Die resultierende Strahlung ist daher eine ungeordnete Mischung der Strahlung der einzelnen Atome. Beim Laser werden dagegen viele Atome in den *gleichen* Energiezustand angeregt. Durch einen Prozeß, der stimulierte Emission genannt wird, ist die Strahlung des Systems in Frequenz und Phase *synchronisiert.* Daher ist Laserlicht kohärenter und viel genauer monochromatisch als normales Licht und stellt somit eine bessere Näherung zu den einfachen sinusartigen ebenen elektromagnetischen Wellen dar, die oft in Lehrbüchern diskutiert werden.

Im Experiment LO-1 untersuchen wir im Rahmen der geometrischen Optik Reflexion und Brechung von Laserlicht an einer Trennfläche zweier Medien mit unterschiedlichem Brechungsindex. Experiment LO-2 diskutiert die Erzeugung und die Eigenschaften von linear und zirkular polarisiertem Licht. Experimente LO-3 und LO-4 behandeln explizit die Wellennatur des Lichts. Es werden verschiedene Beispiele von Interferenz und Beugung von kohärentem Licht studiert. Abschließend, im Experiment LO-5, werden wir eine besonders interessante Anwendung von kohärenter Beugung kennenlernen: die Verwendung von Hologrammen zur Speicherung und Rekonstruktion dreidimensionaler Bilder.

Warnung!

Der He-Ne-Laser, den wir in diesem Experiment verwenden, erzeugt ungefähr 0,6 mW (Milliwatt) Strahlungsleistung über eine Fläche von ca. 2 mm², was einen Energiefluß von 0,03 W/cm² bedeutet. Zum Vergleich ist der Energiefluß der Sonne ungefähr 0,135 W/cm². Wie das direkte Sonnenlicht, kann auch ein genügend intensiver Laserstrahl bleibende Schädigungen der Retina hervorrufen. Schauen Sie daher **niemals** direkt in einen fokussierten Laserstrahl oder in sein Spiegelbild!

9.2. Experiment LO-1: Reflexion und Brechung von Licht

9.2.1. Einleitung

Reflexion und Brechung werden am besten in der Sprache der geometrischen Optik diskutiert. Die geometrische Optik gibt eine brauchbare Beschreibung des Verhaltens von Linsen und Spiegeln in Situationen, wo die Dimension des Systems groß gegenüber der Wellenlänge des Lichts ist, so daß Interferenz und Beugungseffekte vernachlässigt werden können. In dieser Näherung ist die Lichtausbreitung genau geradlinig.

In der geometrischen Optik wird die Lichtausbreitung durch *Strahlen* beschrieben, die in einem homogenen optischen Medium gerade Linien sind, und deren Verhalten an Grenzflächen zwischen zwei Medien durch einfache Gesetze beschrieben wird: das Reflexionsgesetz und das Brechungsgesetz. Das Reflexionsgesetz besagt, daß der reflektierte Strahl mit der Normalen zur Fläche den gleichen Winkel bildet wie der einfallende Strahl (Bild 9.1) und daß die beiden Strahlen koplanar mit der Normalen zur Fläche sind. Das Brechungsgesetz besagt, daß die Winkel des einfallenden und des gebrochenen Strahls durch die Relation

$$n_1 \sin \alpha = n_2 \sin \beta \qquad (9.1)$$

verbunden sind, wobei n_1 und n_2 die Brechungsindizes der beiden optischen Medien sind. Im allgemeinen wird der Strahl an der Grenzfläche zwischen zwei durchsichtigen Medien teilweise durchgehen und teilweise reflek-

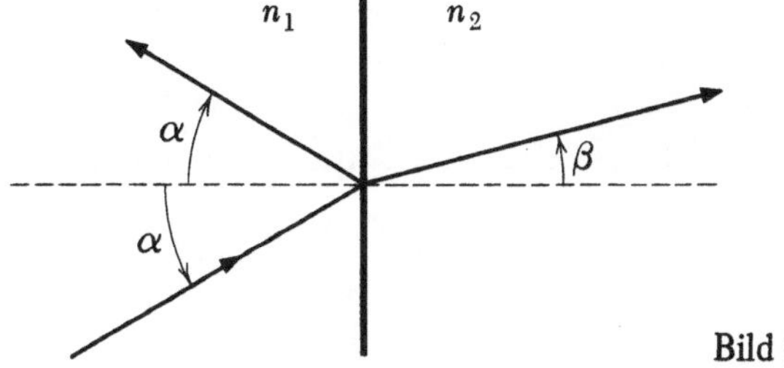

Bild 9.1

tiert werden. Ist jedoch die Fläche ein Spiegel, dann wird natürlich nur der reflektierte Strahl vorkommen.

Diese Gesetze der geometrischen Optik genügen, um das Verhalten von Linsen und Spiegeln zu studieren, falls die Beugungs- und Interferenzeffekte vernachlässigt werden können. Sie können als empirische Gesetze angesehen werden und bilden vielleicht die einfachste aller physikalischen Theorien. Diese Gesetze können jedoch aus der elektromagnetischen Theorie *abgeleitet* werden, indem man von den Maxwellschen Feldgleichungen ausgeht und das Verhalten von ebenen elektromagnetischen Wellen an Grenzfläche studiert. Der Laserstrahl mit einem Durchmesser von ca. 1 mm ist eine gute physikalische Näherung zu dem abstrakten Begriff eines *Lichtstrahls.*

Verwenden wir eine dicke Glasplatte, kann man mehrfache Reflexion beobachten, die in Bild 9.2 gezeigt wird. *d* sei die Dicke der Platte, dann beträgt der seitliche Abstand zwischen benachbarten Strahlen, bei Durchgang oder Reflexion

$$a = \frac{2d \sin \alpha \cos \alpha}{(n^2 - \sin^2 \alpha)^{1/2}} \, . \tag{9.2}$$

Die Ableitung dieser Formel lassen wir Ihnen als Übungsaufgabe. Die Formel kann nach *n* aufgelöst werden und man kann den Brechungsindex des Materials bestimmen, indem man *d* und *a* mißt.

Der Brechungsindex eines Materials ist immer etwas von der Wellenlänge abhängig. Wir geben einige typische Werte von *n* für den langwelligen Bereich des sichtbaren Spektrums:

Material	n
Luft	1,000 276
Wasser	1,333
geschmolzenes Glas	1,458
Plexiglas	1,49
Kronglas	1,515
Flintglas	1,57 ... 1,88
Diamant	2,417

Für das Vakuum gilt per Definition $n = 1$.

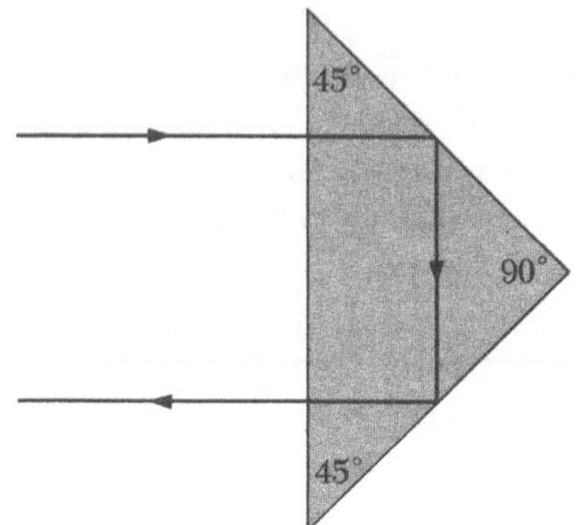

Bild 9.3

Gl. (9.1) läßt sich unabhängig davon, welches der beiden Medien das optisch dichtere ist, anwenden. Ist das erste Medium weniger dicht als das zweite, so wird der Strahl zur Normalen hin gebrochen, anderenfalls weg von der Normalen. Ein interessanter Grenzfall ist die Situation, bei der Gl. (9.1) einen Winkel von 90° für den gebrochenen Strahl ergibt. Dies tritt ein, wenn der Einfallswinkel durch

$$\alpha = \text{arc} \sin \frac{n_2}{n_1} \tag{9.3}$$

gegeben ist. Ist der Einfallswinkel *größer* als dieser kritische Wert, so gibt es keinen reellen Wert für β, für den die Gl. (9.1) erfüllt ist. In diesem Fall gibt es keinen gebrochenen Strahl und der einfallende Strahl wird total reflektiert; es ist daher nicht überraschend, daß dieses Phänomen *interne Totalreflexion* genannt wird.

Diese Totalreflexion kann einfach unter Benutzung eines 45°-45°-90°-Dreiecks-Prisma beobachtet werden (Bild 9.3). Man beachte, daß nach zwei inneren Reflexionen der Strahl parallel zu der ursprünglichen Richtung austritt, selbst wenn diese Richtung nicht normal zur Prismenfläche ist. In diesem Fall jedoch muß die interne Reflexion nicht total sein.

Die Gesetze der Reflexion und der Brechung sind auch die Grundlage für die Analyse von Linsen. Obwohl wir das Verhalten von Linsen hier nicht im Detail untersuchen wollen, werden wir einige einfache Beispiele diskutieren,

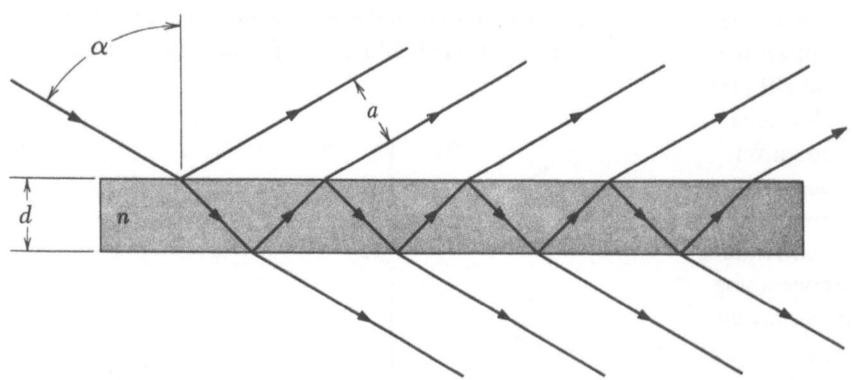

Bild 9.2

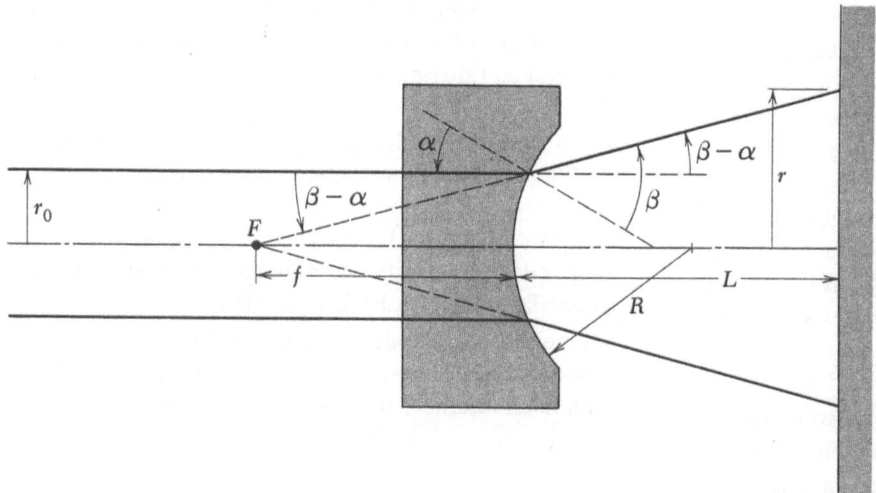

Bild 9.4

die in den weiteren Experimenten dieser Serie brauchbar sein werden. Zuerst betrachten wir eine plankonkave Linse (Bild 9.4). Strahlen, die anfangs parallel zur optischen Achse sind, werden nach Verlassen der Linse divergent, so als ob sie von dem Punkt F, dem *Brennpunkt* der Linse, ausgingen. Der Abstand f zwischen F und der Linse wird *Brennweite* der Linse genannt. Man kann zeigen, daß die Brennweite einer plankonkaven Linse durch

$$f = \frac{R}{n-1} \tag{9.4}$$

gegeben ist, wobei R der Krümmungsradius der sphärisch konkaven Fläche und n der Brechungsindex des Materials ist. Die Ableitung dieser Formel ist in den meisten Lehrbüchern zu finden.

In Bild 9.4 sehen wir, daß der Tangens des Winkels $\beta - \alpha$ entweder durch r_0/f oder durch $(r - r_0)/L$ (falls wir die Dicke der Linse gegenüber den anderen Dimensionen vernachlässigen) ausgedrückt werden, was zu der Relation

$$r = r_0 \left(1 + \frac{L}{f}\right) \tag{9.5}$$

führt. Daher vergrößert sich der Radius des Laser-Strahls linear mit L so, als ob er von einer Punktquelle im Brennpunkt F herrührte. Da ferner r proportional zu r_0 ist, vergrößert sich der Strahl gleichförmig. Falls der ursprüngliche Strahl eine gleichförmige Intensität über seinen Querschnitt hat, so behält der divergierende Strahl diese Eigenschaft.

Durch Messungen des Durchmessers des divergierenden Strahls bei verschiedenen Abständen, kann man die Brennweite f der Linse und den ursprünglichen Durchmesser r_0 des Strahls ermitteln. Der Wert von f kann mit dem errechneten Wert aus Gl. (9.4) verglichen werden oder man kann diese Gleichung verwenden, um den Brechungsindex

n der Linse zu ermitteln. Dazu benötigt man den Wert von R. Man kann R einfach mittels Reflexion des Laserstrahls messen (Bild 9.5). Aus dem Bild sehen wir

$$\sin\theta = \frac{a}{R}, \tag{9.6}$$

so daß R durch Messung der Größen a und 2θ einfach bestimmt werden kann.

Die Eigenschaften einer plankonvexen Linse sind gerade gegenteilig zu denen einer plankonkaven Linse. Die konvexe Linse fokussiert einen parallelen Strahl in einem Punkt. Ein divergenter Strahl wird weniger divergent, parallel oder konvergent, je nach der Stellung der Linse. Ist der Abstand von der Scheinquelle eines divergenten Strahls (d.i. der Punkt, von dem der Strahl zu divergieren scheint) gleich der Brennweite der konvexen Linse, dann ist der entstehende Strahl parallel und hat den gleichen Durchmesser wie der divergente Strahl beim Eintritt in die Linse. Wenn daher ein paralleler Laserstrahl durch ein Paar von Linsen, eine konkave und eine konvexe geht, vergrößert sich sein Durchmesser. Diese Vergrößerung illustriert auch (wenn auch in einer etwas unüblichen Art) das Grundprinzip des Fernrohrs von *Galilei.*

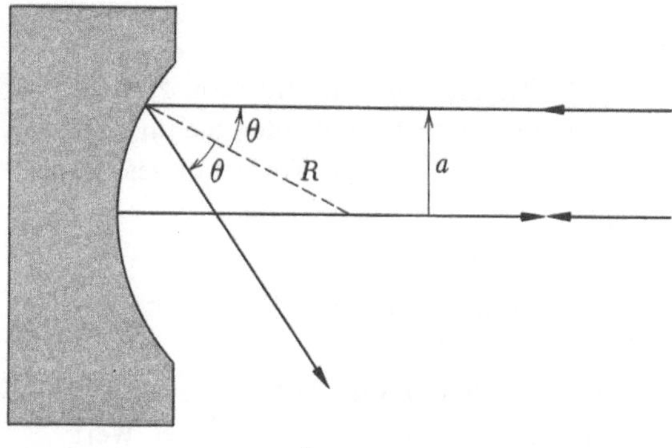

Bild 9.5

9.2.2. Experiment

1. Mehrfache Reflexion. Halten Sie eine dicke Glasplatte in einen Laserstrahl, und beobachten Sie die zu beiden Seiten austretenden mehrfachen Strahlen. Messen Sie den Abstand zwischen benachbarten Strahlen und den Winkel zwischen dem Strahl und der Flächennormalen. Verwenden Sie Gl. (9.2), um den Brechungsindex des Materials zu bestimmen. Wiederholen Sie dies für wenigstens zwei verschiedene Winkel. Ersetzen Sie das Glas durch eine Plexiglasplatte und wiederholen Sie die Messungen, um wieder den Brechungsindex zu bestimmen.

2. Interne Totalreflexion. Geben Sie ein 45°-45°-90° Prisma in den Strahl, wie Bild 9.3 zeigt, und bestimmen Sie, ob Totalreflexion eintritt, wenn der Strahl normal zur Prismenfläche eintritt. Verändern Sie den einfallenden Winkel bis die Totalreflexion aufhört und messen Sie den kritischen Winkel. Kann diese Information dazu dienen den Brechungsindex des Prismas zu bestimmen?

3. Divergente Strahlen. Halten Sie eine plankonkave Linse in den Strahl und messen Sie den Durchmesser r als Funktion der Distanz L von der Quelle für verschiedene Werte von L. Tragen Sie r als Funktion von L auf und bestimmen Sie daraus r_0 und f mittels Gl. (9.5).

4. Bestimmung von *n*. Bestimmen Sie den Krümmungsradius R der konkaven Oberfläche mit der Methode, die in Bild 9.5 wiedergegeben ist. Verwenden Sie diesen Wert von R und den vorher erhaltenen Wert von f, um zusammen mit Gl. (9.6) den Brechungsindex der Linse zu bestimmen.

5. Das Galileische Fernrohr. Messen Sie die Brennweite der plankonvexen Linse mit der plankonkaven Linse im Strahl, indem Sie die Position feststellen, für die der austretende Strahl parallel (weder divergierend noch konvergierend) ist. Die Brennweite ist dann durch die Summe des Abstandes der Linsen und der Brennweite der konkaven Linse gegeben. Können Sie dies beweisen?

6. Bestimmung von *n*. Mit der vorhergehenden Methode messen Sie den Krümmungsradius der konvexen Oberfläche. Bestimmen Sie den Brechungsindex der Linse mit diesem Wert von R und dem eben erhaltenen Wert von f.

9.2.3. Fragen

1. Lösen Sie Gl. (9.2), um n als Funktion von a zu erhalten. Was für einen Wert für a würden Sie im Grezfall n gleich 1 erwarten? Gibt die Formel dieses Resultat?

2. Leiten Sie Gl. (9.2) her.

3. Kann man in der Situation von Bild 9.2 interne Totalreflexion beobachten? Warum?

4. In der Situation von Bild 9.3 sei der einfallende Strahl senkrecht zur Fläche, finden Sie den kleinsten Wert von n für interne Totalreflexion.

5. Die Innenseiten eines hohlen Würfels sind mit Spiegeln belegt. Zeigen Sie, daß ein Lichtstrahl, der in eine Ecke gerichtet ist (aber nicht genau auf den Eckpunkt), drei Reflexionen erfährt und parallel zum einfallenden Strahl austritt, unabhängig davon wie seine Richtung ist. Eine Anordnung von hundert solchen kleinen Eckreflektoren wurden bei der Apollo 11 Landung auf den Mond gebracht. Laserpulse, die von dieser Anordnung reflektiert wurden, konnten auf der Erde mittels großer Teleskope beobachtet werden.

6. Nehmen Sie an, daß das Prisma, mit dem Sie Totalreflexion beobachten, sich im Wasser befindet. Würde dann noch interne Totalreflexion auftreten?

9.3. Experiment LO-2: Polarisation von Licht

9.3.1. Einleitung

Wie jede elektromagnetische Strahlung breitet sich Licht im Vakuum aus, wobei das elektrische und das magnetische Feld in jedem Punkt senkrecht aufeinander und senkrecht zur Ausbreitungsrichtung stehen. Falls außerdem jedes Feld stets parallel zu einer Ebene liegt, bezeichnet man die Welle als *linear polarisiert*. Die Ebene des **E**-Feldes wird als Polarisationsebene bezeichnet, da in den meisten Wechselwirkungen elektromagnetischer Strahlung mit Materie das **E**-Feld gegenüber dem **B**-Feld die stärkere Wechselwirkung ergibt.

Es ist zweckmäßig, das elektrische Feld durch zwei transversale Komponenten E_x und E_y zu beschreiben, wie in Bild 9.6, wo die Ausbreitungsrichtung aus dem Blatt heraus zum Leser zeigt. Falls nur eine Komponente ungleich Null ist, dann ist die Welle in der entsprechenden Ebene linear polarisiert. Haben die x- und y-Komponenten dagegen gleiche Amplitude, aber völlig unkorrelierte

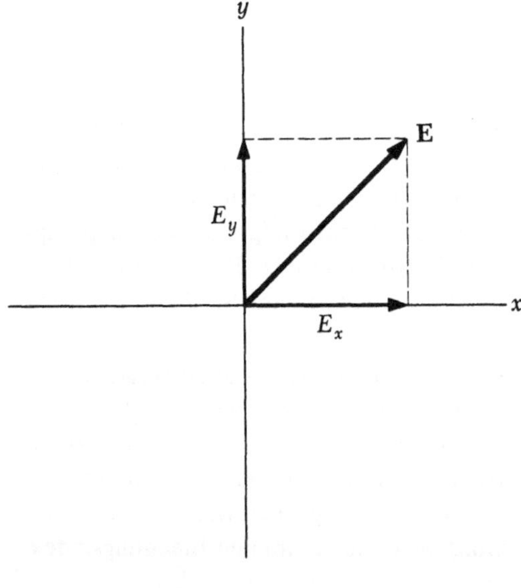

Bild 9.6

Phasen, dann ist die Welle *unpolarisiert.* Unpolarisiertes Licht ist ein statistischer Begriff und bedeutet völlige Zufälligkeit der relativen Phasen der beiden Komponenten, so daß keine Vorhersage über die resultierende Richtung möglich ist. Sind jedoch die *x*- und *y*-Komponenten *in Phase* und haben sie gleiche Amplitude, dann entsteht eine linear polarisierte Welle, die im Winkel von 45° zur *x*- und *y*-Achse polarisiert ist.

Linear polarisiertes Licht wird am einfachsten durch selektive Absorption an Polaroidfolien vom H-Typ erzeugt. Dieses Material steht in großen Blättern zur Verfügung. Es wird durch Absorption von Jod in gedehnten Folien von Polyvinylalkohol hergestellt. Dabei bildet sich polymerisiertes Jod, dessen Lichtabsorption von der Polarisationsrichtung abhängt. Für die Komponente in Dehnungsrichtung ist die Absorption etwa hundertmal größer als für die dazu senkrechte Komponente. Ausreichend dicke Folien erzeugen praktisch vollständig linear polarisiertes Licht.

Eine andere Möglichkeit, linear polarisiertes Licht zu erzeugen, geht vom *Brewsterschen Gesetz* aus. Fällt eine Welle schräg auf die Grenzfläche zweier Medien, so wird sie im allgemeinen teilweise durchgehen und teilweise reflektiert. Stehen aber reflektierter und durchgehender Strahl senkrecht aufeinander (Bild 9.7), so wird der Anteil der Welle mit **E** parallel zur Zeichenebene vollständig durchgelassen. Die reflektierte Komponente ist dann unabhängig von der Polarisation der einfallenden Welle senkrecht zur Zeichenebene linear polarisiert.

Die obigen Bedingungen sind für den *Brewsterschen Winkel* erfüllt. Das Brechungsgesetz ergibt für $\beta = \frac{\pi}{2} - \alpha$

$$n = \frac{\sin\alpha}{\sin\left(\frac{\pi}{2}-\alpha\right)} = \frac{\sin\alpha}{\cos\alpha} = \tan\alpha. \qquad (9.7)$$

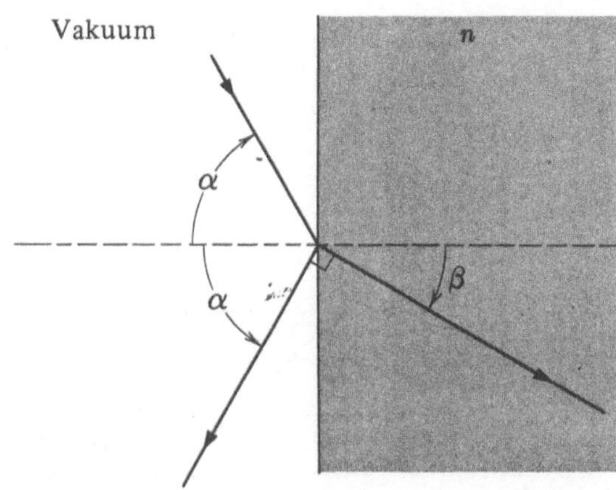

Bild 9.7

Ähnlich leicht zeigt man, daß für innere Reflexion vollständige Polarisation eintritt, wenn

$$n = \cot\alpha. \qquad (9.8)$$

Das Brewstersche Gesetz läßt sich aus der Theorie des Elektromagnetismus herleiten und ist ein Spezialfall der sogenannten *Fresnelschen Gleichungen,* die die Amplitude der durchgehenden und der reflektierten Welle allgemein als Funktion des Einfallwinkels und der Polarisation der einfallenden Welle ausdrückt. Die Ableitung ist zwar einfach, aber etwas lang, und wir wollen sie daher hier im Detail nicht diskutieren. Wir geben vielmehr ein einfaches Argument, warum es einen Winkel gibt, bei dem eine in der Einfallsebene polarisierte Welle vollständig durchgeht. Diese Begründung zeigt Bild 9.8. Für eine fast senkrecht einfallende Welle, die an einem dichteren Medium reflektiert wird, ist die Richtung von **E** in der reflektierten Welle umgedreht (Bild 9.8a). Dies folgt aus der Forde-

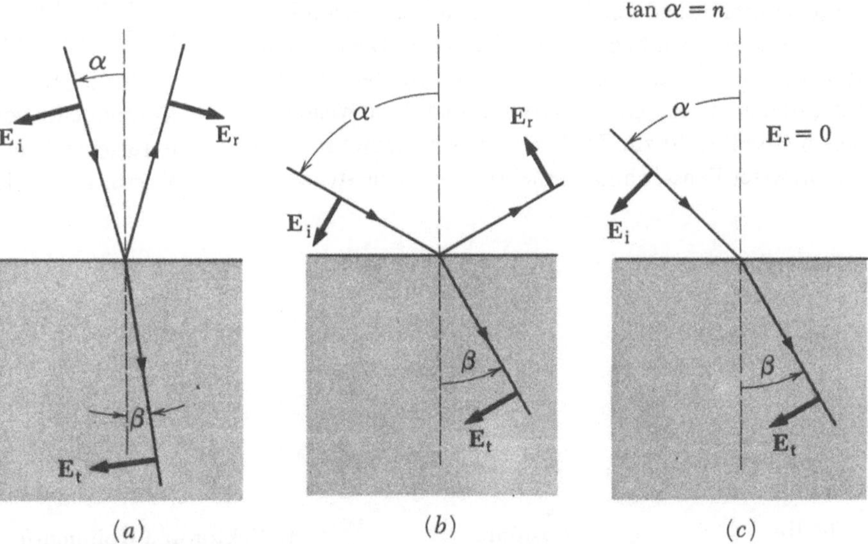

Bild 9.8   (a)   (b)   (c)

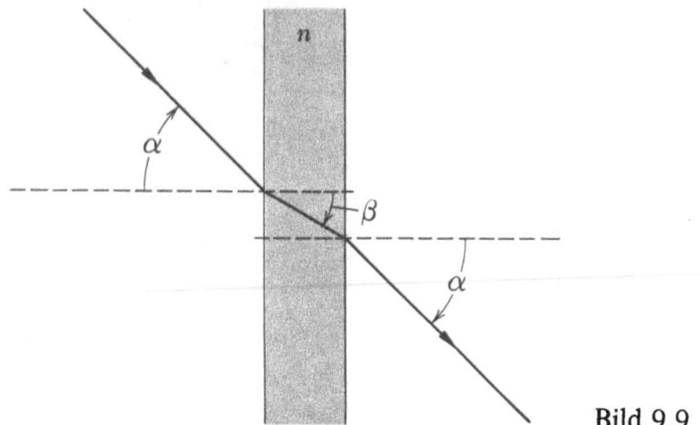

Bild 9.9

rung, daß die parallele Komponente von **E** stetig durch die Grenzfläche geht. Ähnlich ist für eine *streifend* einfallende und in der Zeichenebene polarisierte Welle der **E**-Vektor der reflektierten Welle (Bild 9.8b). Nehmen Sie nun an, daß der Einfallswinkel stetig zwischen 0 ... 90° variiert. Für kleine Winkel zeigt **E** der reflektierten Welle von der Normalen weg, für große Winkel zur Normalen hin. Daher muß es einen Winkel geben, wo diese Komponente durch Null geht und bei diesem kritischen Winkel wird die Welle vollständig durchgehen.

Nehmen Sie nun an, daß das Dielektrikum in unserer Diskussion eine Glasplatte mit endlicher Dicke ist, und ferner, daß das Licht unter dem Brewsterschen Winkel einfällt (Bild 9.9). Die Komponente mit **E** in der Zeichenebene wird von der ersten Grenzfläche vollständig durchgelassen. Da für den Brewsterschen Winkel $\tan \alpha = n$ und $\beta = \frac{\pi}{2} - \alpha$, erfüllt der Einfallswinkel an der *zweiten* Grenzfläche auch das Brewstersche Gesetz, Gl. (9.8). Daher wird diese Komponente der Welle vollständig ohne jede Reflexion an den Grenzflächen durchgelassen. So eine Anordnung nennt man *Brewster-Fenster*.

Häufig haben Gas-Laser an den beiden Enden Brewster-Fenster (Bild 9.10). Eine Welle, die sich entlang der Laserachse ausbreitet und mit **E** in der Zeichenebene, wird vollständig von den Fenstern durchgelassen. Die äußeren Reflektoren erzeugen die stehenden Wellen, die für das Funktionieren des Lasers notwendig sind. Eine Welle mit einem **E** senkrecht zur Zeichenebene wird teilweise durch die Brewster-Fenster hinausreflektiert und eine stehende

Welle mit dieser Polarisation kann sich daher nicht ausbilden. Folglich ist das austretende Licht in der Zeichenebene linear polarisiert. Manche Laser verwenden innerhalb der gasgefüllten Röhre Spiegel und keine Brewster-Fenster. Solche Laser oszillieren gleichzeitig in beiden Polarisationszuständen und erzeugen daher unpolarisiertes Licht.

Bei *zirkular* polarisiertem Licht liegt der **E**-Vektor nicht in einer Ebene sondern hat konstante Länge und rotiert in der Ebene senkrecht zur Ausbreitungsrichtung. Vereinbarungsgemäß wird eine Welle *rechts zirkular polarisiert* genannt, wenn der **E**-Vektor in Bild 9.6 gegen den Uhrzeigersinn rotiert (d.h., der Drehsinn ist für die Blickrichtung *gegen* die Ausbreitungsrichtung definiert).

Zirkular polarisiertes Licht kann durch die x- und y-Komponenten von **E** dargestellt werden. Diese Komponenten sind stets gleich groß, haben aber eine Phasendifferenz von 90°, so wie eine Kreisbewegung eines Teilchens als Überlagerung von zwei einfachen harmonischen Bewegungen senkrecht zueinander mit einer Phasendifferenz von 90° dargestellt werden kann. Für eine rechts zirkular polarisierte Welle hinkt in Bild 9.6 die y-Komponente von **E** der x-Komponente um eine Viertelperiode nach, für links zirkular Polarisation eilt sie um denselben Wert voraus.

Zirkular polarisiertes Licht kann man mittels eines Materials erzeugen, dessen Brechungsindex unterschiedlich für die beiden Komponenten von **E** ist. Fällt eine mit 45° zur x- und y-Achse linear polarisierte ebene Welle auf derartiges Material, so sind die x- und y-Komponenten von **E** beim Eintritt in das Material *in Phase*. Da aber diese Komponenten in dem Material unterschiedliche Ausbreitungsgeschwindigkeiten haben, entwickelt sich beim Durchgang der Welle eine Phasendifferenz. Hat die Platte eine geeignete Dicke, so treten die beiden Komponenten mit einer Phasendifferenz von 90° aus, was für zirkulare Polarisation benötigt wird. Derartige Platten werden als $\lambda/4$-Plättchen bezeichnet.

Wenn die Phasendifferenz zwischen der x- und y-Komponente von **E** nicht gleich 90° ist, oder wenn sie unterschiedliche Amplitude haben, beschreibt der **E**-Vektor keinen Kreis, sondern eine Ellipse. Das Licht

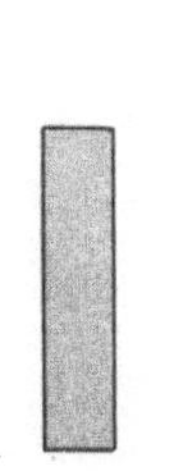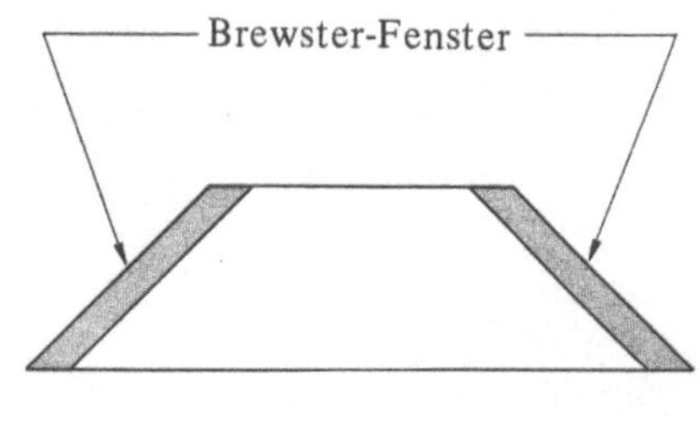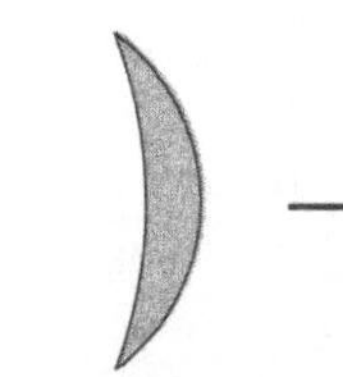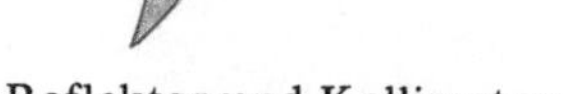

Bild 9.10

wird dann als *elliptisch polarisiert* bezeichnet. Diesen Fall kann man auch als kohärente Überlagerung von linear und zirkular polarisierte Wellen ansehen.

Der Prozeß der Depolarisierung, d.h. die Umwandlung von polarisierten Licht in unpolarisiertes, ist etwas schwieriger. Wie oben erklärt, ist es dazu notwendig, willkürliche Phasendifferenzen zwischen den Komponenten von **E** einzuführen. Dies wird am besten durch Verwendung von Material erreicht, das über die Wellenfläche inhomogen und anisotrop ist, um die notwendige Willkür in den Phasendifferenzen zu erzeugen. Für unsere Experimente genügt normales Wachspapier als effektiver Depolarisator.

9.3.2. Experiment

1. Polarisation. Projizieren Sie den Laserstrahl auf einen Bildschirm. Bringen Sie ein Stück H-Typ-Polaroid in den Laserstrahl und beobachten Sie die Variation in der Intensität, wenn der Polarisator in der Ebene senkrecht zum Strahl gedreht wird. Falls es eine Orientierung gibt, für die der Strahl ausgelöscht wird, ist das Licht des Lasers bereits linear polarisiert. Für einen unpolarisierten Strahl sollte die Intensität durch Einbringen eines Polarisators um den Faktor zwei verringert werden, jedoch unabhängig von der Orientierung des Polarisators sein. Warum?

2. Auslöschung. Um zu zeigen, daß der Strahl nach Verlassen des Polarisators tatsächlich linear polarisiert ist, halten Sie einen zweiten Polarisator zwischen den ersten und den Schirm. Bei festgehaltenem ersten Polarisator drehen Sie den zweiten. Es muß eine Orientierung des zweiten Polarisators geben, für die der Strahl ausgelöscht wird.

3. Drei-Polarisatoren-Experiment. Bei zwei Polarisatoren in „gekreuzter" Stellung bringen Sie einen dritten Polarisator zwischen die beiden ursprünglichen. Beachten Sie, daß der Strahl jetzt teilweise durchgeht. Für welche Stellung des mittleren Polarisators ist der durchgehende Strahl am stärksten? Können Sie erklären warum bei Einbringen eines dritten Polarisators das Licht den Schirm erreichen kann?

4. Das Brewstersche Gesetz. Um das Brewstersche Gesetz zu beobachten, montieren Sie in den linear polarisierten Strahl eines Lasers eine Glasplatte, die sich um eine vertikale Achse drehen läßt (Bild 9.11). Drehen Sie das Glas bis zu einer Stellung, bei der der reflektierte Strahl verschwindet. Versuchen Sie dies mit verschiedenen Stellungen des Polarisators, bis Sie diese Bedingung erreichen. Ist das einfallende Licht dann in der Bildebene polarisiert? Messen Sie den Brewster-Winkel mit einem Winkelmesser und berechnen Sie mittels Gl. (9.7) den Brechungsindex des Glases.

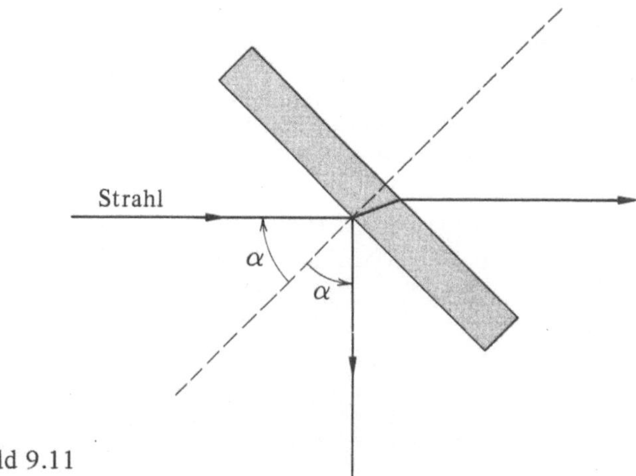

Bild 9.11

5. Polarisation des reflektierten Lichts. Die Glasplatte sei in Position des Brewster-Winkels aber ohne das ursprüngliche Polarisationsfilter. Bringen Sie nun einen Polarisator in den reflektierten Strahl und zeigen Sie, daß er linear polarisiert ist. Wiederholen Sie diese Beobachtung für den durchgehenden Strahl. Warum ist der durchgehende Strahl nicht vollständig polarisiert?

6. Zirkulare Polarisation. Wie oben erwähnt läßt sich zirkular polarisiertes Licht aus linear polarisiertem, unter Verwendung eines λ/4-Plättchens, erzeugen. Die Phasendifferenz beim Durchgang der zur Dehnungsrichtung parallelen Komponente von **E** unterscheidet sich von derjenigen der senkrechten Komponente. Die meisten Plastikfolien, die ausgewalzt werden, zeigen diese Anisotropie.

Man kann zirkular polarisiertes Licht identifizieren, indem man ein zweites λ/4-Plättchen verwendet, das eine zusätzliche Phasendifferenz von ±90° erzeugt (abhängig von seiner Orientierung). Dadurch werden die zwei Komponenten entweder wieder in Phase gebracht oder um 180° verschoben. Falls die Achsen der beiden λ/4-Plättchen parallel sind, beobachten Sie, daß das durchgehende Licht linear polarisiert und senkrecht zu der ursprünglichen Polarisation ist. Können Sie diese Beobachtung erklären?

7. Depolarisation. Bringen Sie ein Blatt Wachspapier zwischen ein Paar von Polarisatoren und beobachten Sie, wie die durchgehende Intensität sich mit dem Winkel des zweiten Polarisators ändert. Was schließen Sie aus dieser Beobachtung über den Polarisationszustand des Lichts, das durch das Wachspapier hindurchgeht?

8. Analyse der Polarisation. Ein Lichtstrahl läßt sich stets als eine Überlagerung von einer zirkular polarisierten, linear polarisierten und einer unpolarisierten Komponente darstellen. Eine systematische Methode zur Analyse eines

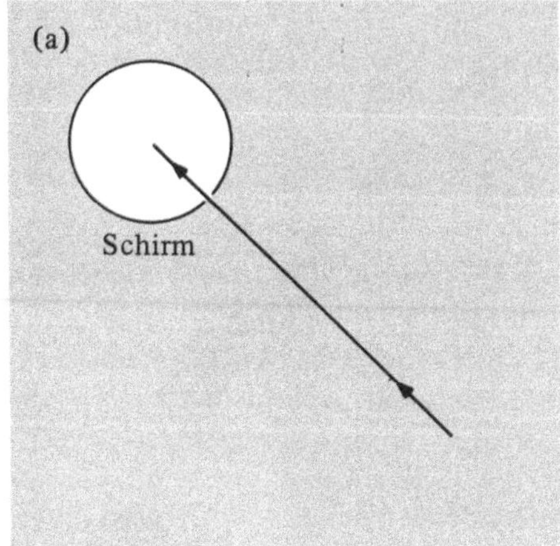

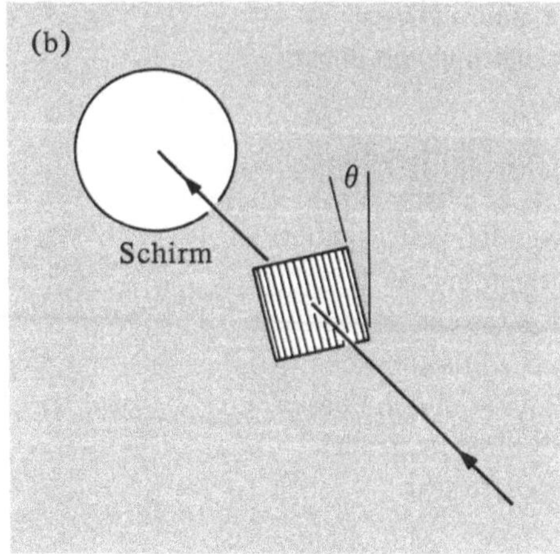

Um einen unbekannten Photonenstrahl zu untersuchen ...

finden Sie zuerst die Stellung eines Polarisators für maximale Durchlässigkeit.

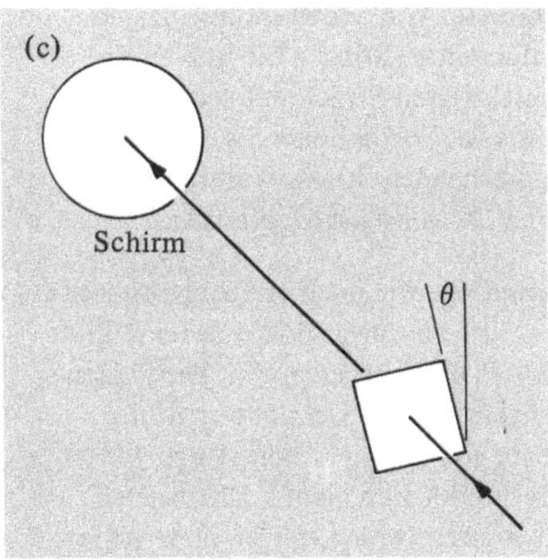

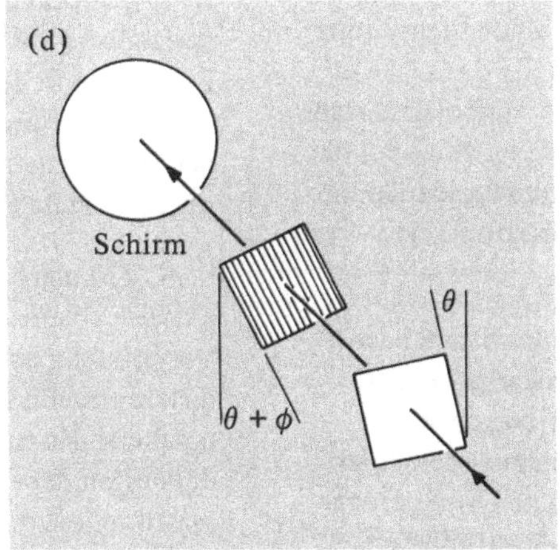

Bringen Sie ein $\lambda/4$-Plättchen in diese Position ...

und finden Sie mittels eines Analysators die neue Stellung für maximale Durchlässigkeit.

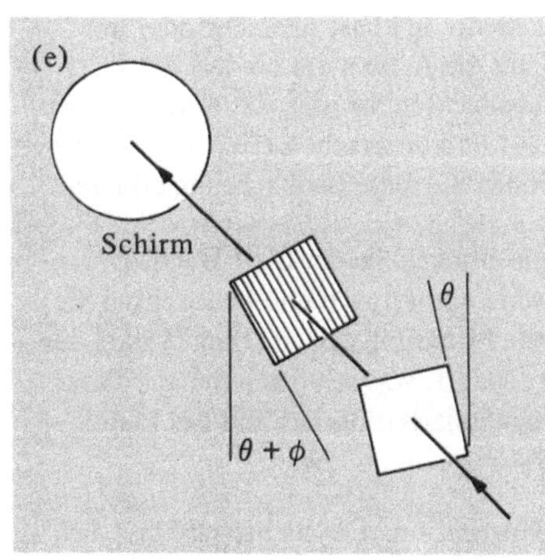

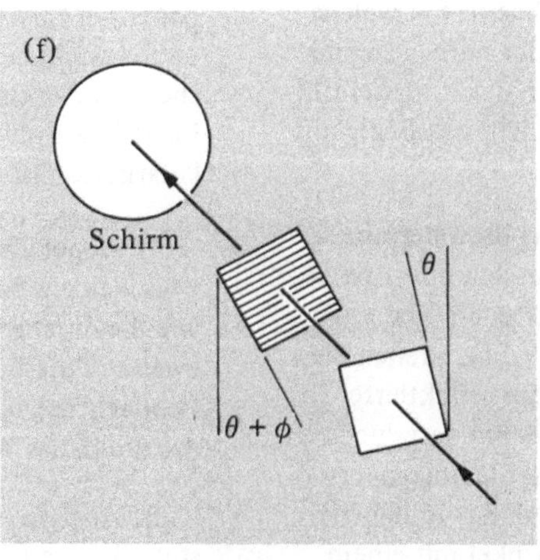

Bild 9.12

Messen Sie den durchgehenden Fluß mit dem Analysator in dieser Stellung ...

und drehen Sie um 90°.

Strahls mit unbekannter Zusammensetzung wird in Bild 9.12 schematisch gezeigt. Wie hängen die Winkel θ und φ und die beiden Messungen der Intensität mit dem Polarisationszustand des Strahls zusammen.

9.3.3. Fragen

1. Werden Polarisationseffekte bei Schallwellen in Luft beobachtet? In Festkörpern?

2. Diskutieren Sie das Brewstersche Gesetz in Verbindung mit der Nützlichkeit von Polaroid-Sonnenbrillen zur Verminderung starker Lichtreflexe von Wasser- oder Straßenflächen.

3. Kann man der Achse eines Polarisationsfilters eine Richtung entsprechend einem Pfeil zuordnen? D.h., wird bei einer Drehung um 180° um die Strahlrichtung die Wirkung geändert?

4. Wie ist die Wirkung eines $\lambda/2$-Plättchens (wie ein $\lambda/4$-Plättchen, nur doppelt so dick) auf einen linear polarisierten Strahl?

5. Geht unpolarisiertes Licht durch einen idealen Polarisator, dann ist die durchgehende Intensität genau halb so groß wie die einfallende. Warum?

6. Nehmen Sie an, daß Licht auf einen Stoß von Glasplatten unter dem Brewsterschen Winkel trifft, wobei der Stoß aus vielen einzelnen Platten besteht. Man findet, daß sowohl das durchgehende, wie auch das reflektierte Licht linear polarisiert ist. Wie unterscheidet sich dieses Resultat von dem mit einer Platte erzielten. Warum?

7. Wie könnte man einen rechts zirkular polarisierten Strahl in einen links zirkular polarisierten verwandeln? Würde dieselbe Methode einen links zirkular polarisierten Strahl in einen rechts polarisierten verwandeln?

9.4. Experiment LO-3: Beugung von Licht

9.4.1. Einleitung

Unter *Beugung* versteht man Phänomene, bei denen Licht oder andere Strahlen Abweichungen von der geradlinigen Ausbreitung, die von dem vereinfachten Modell der geometrischen Optik vorausgesagt wird, aufweisen. Bei Untersuchungen von Beugungsphänomenen muß stets eine vollständigere Beschreibung verwendet und die *Wellennatur* des Lichts berücksichtigt werden. Typisch dafür sind Situationen, bei denen der Lichtstrahl auf ein Hindernis mit Öffnungen oder Kanten trifft. Dadurch entsteht hinter dem Hindernis eine Beugungswelle, die auf einem Bildschirm ein Beugungsbild entstehen läßt.

Die Berechnung der wichtigsten Eigenschaften von einfachen Beugungsbildern werden in den meisten Lehr-

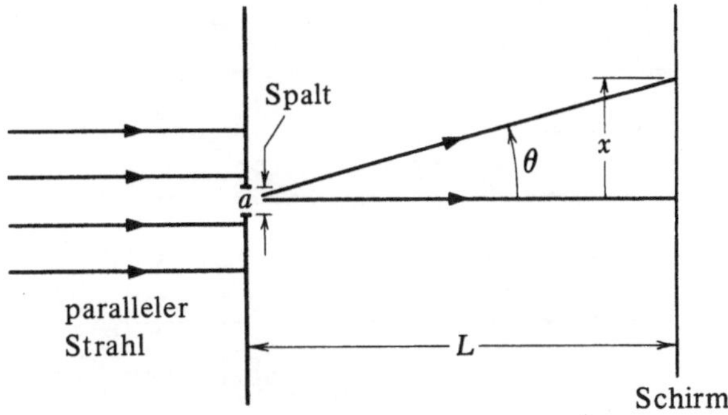

Bild 9.13

büchern behandelt, und wir brauchen sie daher hier nicht im Detail zu besprechen. Üblicherweise gründen sich diese Rechnungen auf das Huygenssche Prinzip. Es besagt, daß, wenn Licht von einer Öffnung ausgeht, die einzelnen Punkte der Öffnung als Sekundärquellen von Strahlung angesehen werden können. Ist der einfallende Strahl eine ebene Welle (ein paralleler Strahl), dann sind alle diese Quellen in Phase, vorausgesetzt, die Ebene der Öffnung ist senkrecht zur Strahlrichtung. Die Strahlen von diesen sekundären Quellen laufen zum Beobachtungsschirm und erreichen diesen mit Phasen, die von dem Abstand der einzelnen Punkte der Öffnung zu dem betrachteten Punkt am Schirm abhängen.

Die einfachste Anordnung zur Beobachtung von Beugung ist eine lange schmale Öffnung oder ein Spalt der Breite a (Bild 9.13). Wird die Öffnung durch eine ebene Welle beleuchtet, dann zeigt der Schirm ein Maximum der Intensität in der geradlinigen Richtung, da in dieser Richtung alle sekundären Quellen des Spalts äquidistant vom Schirm (wir nehmen an, daß der Abstand zum Schirm viel größer als die Spaltöffnung ist) sind und die entsprechenden Wellen den Schirm in Phase erreichen. Bewegen wir uns von diesem Punkt weg, so wird der Abstand zu der einen Seite des Spalts größer als zu der anderen Seite und es ergeben sich entsprechende Phasendifferenzen. *Vollständige Auslöschung* findet in Punkten statt für die

$$a \sin \theta = n\lambda, \quad n = 1, 2, \ldots \tag{9.9}$$

gilt. Zwischen diesen Punkten mit Nullintensität gibt es andere Gebiete mit einem Maximum an Intensität, die aber nicht so hell wie das zentrale Maximum sind. (Warum?) Wie Gl. (9.9) zeigt, ist der Abstand zwischen benachbarten Minima im Beugungsbild umgekehrt proportional zur Spaltbreite a, aber direkt proportional zur Wellenlänge λ.

Eine ähnliche Anordnung, aber einfacher zu analysieren, sind zwei Spalte im Abstand b voneinander (Bild 9.14). Falls wir die Spaltbreite vernachlässigen können, erhält man *konstruktive* Interferenz zwischen der Strahlung der

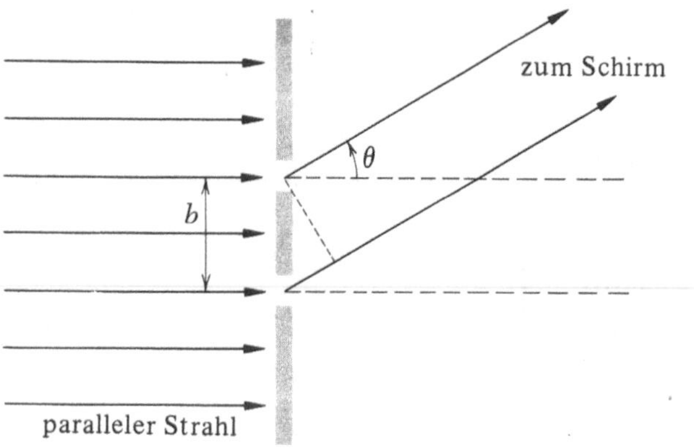

Bild 9.14

beiden Spalte, wenn also der Wegunterschied Null oder ein Vielfaches der Wellenlänge ist, d.h. wenn

$$b \sin \theta = n\lambda, \quad n = 0, 1, 2, \dots \qquad (9.10)$$

destruktive Interferenz oder Auslöschung stattfindet, wenn der Wegunterschied ein halbzahliges Vielfaches der Wellenlänge ist, oder wenn

$$b \sin \theta = (n + \tfrac{1}{2})\lambda, \quad n = 0, 1, 2, \dots . \qquad (9.11)$$

Beachten Sie, daß der Abstand im Beugungsmuster wieder umgekehrt proportional zu *b,* aber direkt proportional zu λ ist.

Eine Erweiterung der Doppelspaltanordnung ist die Verwendung mehrerer äquidistanter Spalte. Die Phasenbeziehungen sind genau wie die bei der Doppelspaltanordnung, und ebenso sind die Positionen der Maxima und Minima die gleichen wie vorher. Der Unterschied besteht darin, daß die Maxima *schärfer* als vorher sind, d.h., die Intensität fällt viel schneller zu beiden Seiten eines Maximums ab. Vereinfacht ist der Grund dafür der, daß etwas außerhalb eines Maximums die Wellen der angrenzenden Spalte nur eine sehr kleine Phasendifferenz haben, und daher der Abfall in der Intensität nur schwach ist. Gibt es jedoch viele äquidistante Spalte, dann nimmt die Phasendifferenz der weiter außenliegenden schneller zu und es entwickelt sich destruktive Interferenz. Eine Anordnung

vieler äquidistanter Spalte wird *Beugungsgitter* genannt. Die Intensitätsverteilung für ein Gitter mit n Spalten wird in vielen Lehrbüchern berechnet.

Eine interessante Variation ist die Verwendung einer quadratischen oder rechteckigen Anordnung von Öffnungen wie sie Bild 9.15a zeigt. Die Intensität der Beugungsmaxima ergibt sich am einfachsten durch eine Überlegung in zwei Schritten: Zunächst stellen wir die Anordnung als eine Serie von parallelen Reihen von Öffnungen dar (Bild 9.15c), die zwei Möglichkeiten für die quadratische Anordnung zeigt. Wieder nehmen wir an, daß der Abstand zum Schirm viel größer als der Abstand der Öffnungen untereinander ist und bemerken, daß in jedem Punkt einer Ebene senkrecht zu den Reihen die Strahlung von allen Öffnungen einer bestimmten Reihe in Phase ist. Weiterhin fragen wir uns, unter welchen Bedingungen die Strahlung von benachbarten Reihen *ebenfalls* in Phase ist, so daß die Strahlung *aller* Öffnungen in Phase ist. Es ist klar, daß dies der Fall sein wird, wenn der Wegunterschied zwischen benachbarten Reihen ein ganzes Vielfaches der Wellenlänge ist. Daher besteht z.B. das Beugungsbild für die quadratische Anordnung zum Teil aus einer Reihe von Punkten maximaler Intensität, die wie in Bild 9.16 angeordnet sind, wobei die Lage der Punkte durch die Bedingung

$$a \sin \theta = n\lambda, \quad n = 0, 1, 2, \dots \qquad (9.12)$$

gegeben ist. Eine andere Wahl der Reihen, z.B. die 45°-Diagonale, führt zu einem geänderten Abstand zwischen den Reihen und daher zu anderen Reihen von Punkten. Eine kurze Überlegung zeigt, daß in jedem Fall die Reihe der Punkte senkrecht zu der entsprechenden Reihe von Öffnungen ist. Daher ist das Beugungsbild durch die Struktur der Anordnung der Öffnungen eindeutig bestimmt. Genau die gleiche Untersuchung kann für die hexagonale Anordnung, wie sie in Bild 9.15b gezeigt ist, durchgeführt werden.

Die vorangegangene Untersuchung ist sehr ähnlich der, die man für Beugung von Röntgenstrahlen benutzt. Dazu verwendet man Röntgenstrahlen, deren Wellenlänge von der Größenordnung des Atomabstands in einem Kristall ist. Die einzelnen Atome streuen die Strahlung und üben

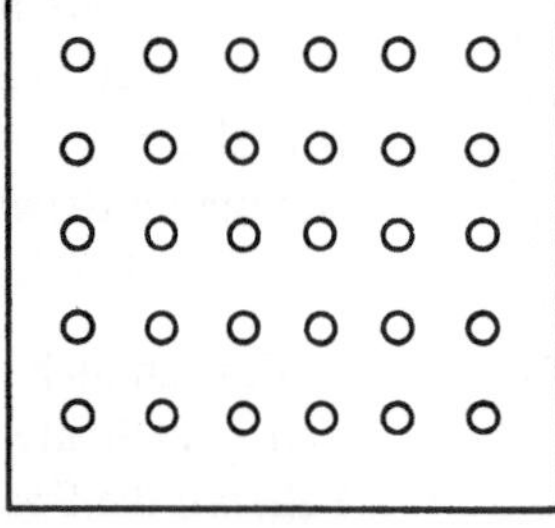 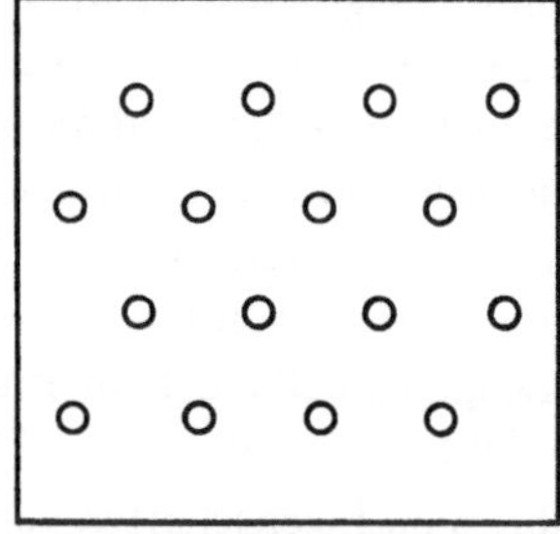 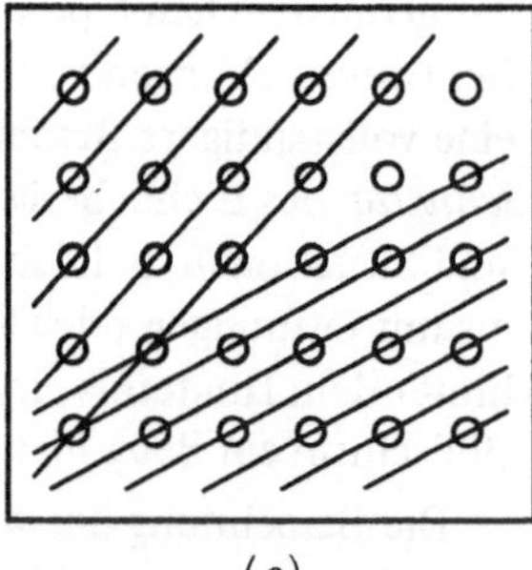

Bild 9.15   *(a)*   *(b)*   *(c)*

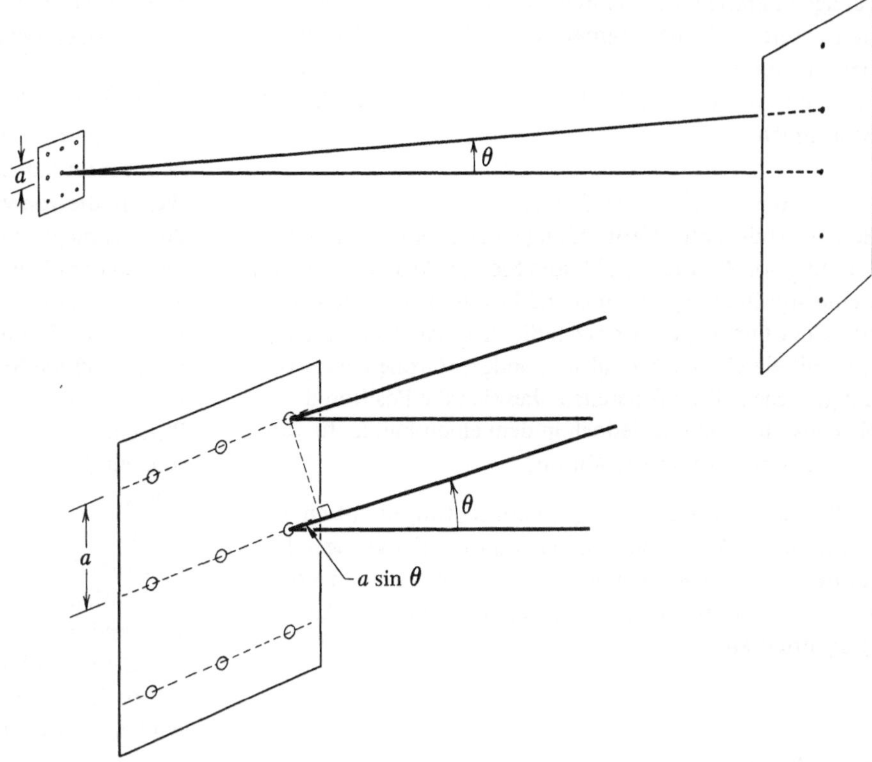

Bild 9.16

damit die gleiche Funktion aus, wie die Öffnungen in den eben besprochenen Anordnungen. Die Form des entstehenden Beugungsbildes ist für die Struktur des verwendeten Kristalls charakteristisch. Die Röntgenbeugung ist ein extrem wichtiges Werkzeug, dem wir fast alle unsere Kenntnisse über die Kristallstruktur von Festkörpern, sowie Information über die Struktur von Flüssigkeiten, Polymere und anderen Anordnungen von Atomen verdanken.

9.4.2. Experiment

1. Beugung am Einzelspalt. Richten Sie den Laserstrahl auf einen Spalt und messen Sie die Positionen x_n der Intensitätsminima des Beugungsbildes. Berechnen Sie die entsprechenden Werte von $\tan \theta_n$, unter Verwendung von $\tan \theta_n = x_n/L$. Einer trigonometrischen Tabelle entnehmen Sie die entsprechenden Werte von $\sin \theta_n$ und tragen Sie in einem Diagramm $\sin \theta_n$ als Funktion von n auf. Ziehen Sie die beste Gerade durch die Punktewerte. Aus diesem Diagramm und Gl. (9.9) bestimmen Sie den Wert von a/λ. Ermitteln Sie die Spaltbreite a unter Verwendung des Wertes von λ für den He-Ne-Laser.

Falls die Spaltbreite größer als etwa 0,1 mm ist, kann man durch Beleuchten mit einem divergierendem Laserstrahl, die Breite des Spalts direkt bestimmen, indem man den Schatten beobachtet, der durch die Spaltkanten erzeugt wird. Dazu stellen Sie eine konkave Linse kurzer Brennweite direkt vor den Laser. Bringen Sie den Spalt in den divergenten Strahl so nahe wie möglich an die Linse. Sie sollten jetzt die vergrößerte Abbildung des Spalts am Schirm sehen. Durch die Messung der Breite der Abbildung, des Abstands zum Schirm und der Brennweite der Linse sind Sie in der Lage, die Spaltbreite zu berechnen. Andererseits kann man auch die Vergrößerung dadurch ermitteln, daß man den Durchmesser des ungestörten Laserstrahls am Schirm mit dem des Strahls in der Ebene des Spalts vergleicht. Wie gut stimmt die so ermittelte Spaltbreite mit dem errechneten Wert aus dem Beugungsbild überein?

Ersetzen Sie den Spalt durch einen mit anderer Breite und beobachten Sie die qualitative Veränderung des Bildes. Sie können die obigen Messungen mit dem neuen Spalt oder auch mit anderer Bildschirmentfernung L wiederholen.

2. Die Beugung am Doppelspalt. Richten Sie den Laserstrahl auf eine Doppelspaltanordnung und wiederholen Sie den obigen Vorgang. Verwenden Sie Gl. (9.10), um den Wert von b/λ zu bestimmen, und ermitteln Sie den Spaltabstand. Wie hängt das Muster vom Abstand b zwischen den Spalten, wie von der Breite a der einzelnen Spalte ab? Verstehen Sie den Effekt, der durch die Veränderung der Spaltbreiten entsteht?

3. Das Beugungsgitter. Richten Sie einen Laserstrahl auf verschiedene Gitteranordnungen, um den Effekt einer immer größeren Anzahl von Spalten zu beobachten. Für genügend grobe Gitter sollten Sie mit einem divergierenden Laserstrahl eine vergrößerte Abbildung des Gitters erhalten. Auf diese Weise können Sie die Spaltbreite, den Abstand zwischen den Spalten und die Anzahl der Spalte bestimmen.

4. Anordnungen von Öffnungen. Beobachten Sie das Beugungsbild unter Verwendung einer quadratischen Anordnung von Öffnungen. Messen Sie den Abstand in einer Reihe von Beugungsmaxima und bestimmen Sie den Abstand der Öffnungen. Ersetzen Sie diese Anordnung durch eine mit gleichem Abstand aber anderer Größe von Öffnungen. Sie sollten feststellen, daß sich die Position der Maxima nicht ändert, jedoch in dem einen Fall mehr von dem Muster sichtbar ist. Warum?

Wiederholen Sie die obigen Beobachtungen mit einer hexagonalen Anordnung von Öffnungen. Für genügend grobe Anordnungen können Sie wieder mit dem divergierenden Laserstrahl ein vergrößertes Abbild der Anordnung erhalten.

9.4.3. Fragen

1. Nehmen Sie an, daß ein Spalt und der Raum zwischen ihm und dem Schirm in Wasser getaucht wird. Wie verändert sich das Beugungsbild?

2. Ist das Doppelspalt-Beugungsbild gleich der Überlagerung zweier Einzel-Spaltbilder mit gleicher Spaltbreite und gleichen Abstand?

3. Angenommen eine plankonkave Linse wird in den Laserstrahl vor den Spalt gebracht, so daß das Licht am Spalt divergiert. Welchen qualitativen Effekt wird dies auf das Beugungsbild haben?

4. Nehmen Sie an, daß in einem Doppelspalt-Beugungsexperiment der eine Spalt von *einem* Laserstrahl und der andere von einem *anderen* Laserstrahl beleuchtet wird. Würde das Beugungsbild das gleiche wie vorher sein? Ein Laserstrahl werde durch einen Spiegel in zwei Teile aufgespalten, die jeweils einen der Spalte beleuchten. Ist dies äquivalent zu der Verwendung von zwei Lasern? Erklären Sie dies!

5. Nehmen Sie an, daß der Laserstrahl durch eine gewöhnliche Glühbirne mit Linsen ersetzt wird, um einen parallelen Strahl zu erhalten. Wie würde das Beugungsbild von einem Gitter aussehen?

6. Ein Spalt wird direkt vor einen divergenten Laserstrahl gebracht, der durch eine konkave Linse mit einer Brennweite von $-1{,}5$ cm erzeugt wird. Wie breit muß der Spalt sein, damit man einen einigermaßen ausgeprägten Schatten erhält? (Nehmen Sie als Kriterium, daß der Winkel unter dem der Spalt gesehen wird, größer sein muß als der Beugungswinkel.)

9.5. Experiment LO-4: Interferenz von Licht

9.5.1. Einleitung

Die Beugungseffekte, die wir in Experiment LO-3 beobachtet haben, resultierten aus der Interferenz von Wellen, die von verschiedenen Punkten der Wellenfront der ursprünglichen Welle ausgingen. Beispielsweise haben wir bei dem Doppelspalt-Experiment davon Gebrauch gemacht, daß die Wellen beim Verlassen der Spalte in *Phase* sind. Diese wohl bestimmte Phase kommt wiederum daher, daß die Spalte zur Quelle äquidistant sind, und daß verschiedene Punkte der Wellenfront stets eine bestimmte Phasenrelation zueinander haben. Das Auftreten einer solchen Phasenbeziehung wird *räumliche Kohärenz* genannt.

In diesem Experiment machen wir von einer ähnlichen Eigenschaft Gebrauch: von einer bestimmten Phasenrelation entlang der *Ausbreitungsrichtung* der Welle. Unter Verwendung einer Anordnung von Spiegeln trennen wir den Laserstrahl in zwei Strahlen auf und richten die Spiegel so, daß die Strahlen unterschiedliche Längen durchlaufen bis sie wieder zusammentreffen. Um Interferenz zwischen den zusammmentreffenden Strahlen zu erhalten, muß eine bestimmte Phasenrelation entlang der Ausbreitungsrichtung bestehen, da die beiden Wellen unterschiedliche Entfernungen durchlaufen. So eine Beziehung wird *zeitliche Kohärenz* genannt. Eine reine Sinuswelle mit einer bestimmten Frequenz (eine Idealisierung, die in Wirklichkeit nicht erreicht werden kann) wäre sowohl räumlich, als auch zeitlich kohärent.

Das Michelson-Interferometer ist eine zweckmäßige Anordnung, um durch zeitliche Kohärenz entstehende Interferenzeffekte zu beobachten (Bild 9.17). Das Interferometer wurde von *Albert Michelson* erfunden, der erste genaue Messungen der Lichtgeschwindigkeit durchgeführt hat und auch zeigte, daß die Lichtgeschwindigkeit

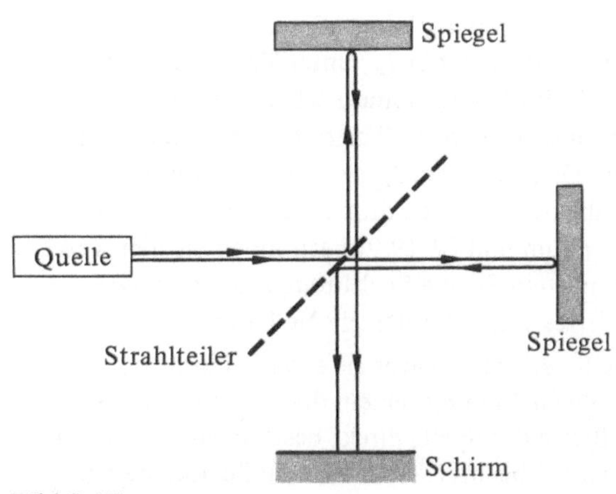

Bild 9.17

von der Ausbreitungsrichtung unabhängig ist. Diese Aussage ist einer der Grundpfeiler der Relativitätstheorie. Als Strahlteiler verwendete *Michelson* einen halbdurchlässigen Spiegel, wodurch bei einem Einfallswinkel von 45° die durchgehende und die reflektierte Welle etwa gleiche Amplituden haben. Interferenzeffekte werden untersucht, indem man das Bild einer ausgedehnten Quelle im Interferometer beobachtet. Wir erwarten konstruktive Interferenz, wenn die Differenz der gesamten Weglängen der beiden Strahlen entweder gleich Null oder ein ganzes Vielfaches der Wellenlänge ist, hingegen Auslöschung, falls sie ein halbzahliges Vielfaches der Wellenlänge ist.

Wegen des hohen Grades an Bündelung und der großen Intensität des Laserstrahls ist es möglich, die Interferenzbilder auf einen Schirm zu projizieren, anstatt im Interferometer zu beobachten. Dadurch können mehrere Personen gleichzeitig beobachten und Messungen des Interferenzbildes direkt am Schirm machen. Ferner ist es leichter ein *reelles* Interferenzbild zu diskutieren, als das *virtuelle* Bild im Interferometer.

Warnung!

Wir erinnern Sie nochmals daran, daß Sie nicht durch das Interferometer in den fokussierten Laserstrahl schauen dürfen. Sie können jedoch ungefährdet auf einen divergierenden Strahl schauen.

Das Interferenzbild zeigt sich am Schirm als eine Reihe von hellen und dunklen Ringen. Um die Herkunft dieser Ringe zu verstehen, ist es nützlich die Funktion der Spiegel durch *Bilder* darzustellen. Die Spiegel geben zwei virtuelle Bilder einer Punktquelle an Stellen, wie sie in Bild 9.18 gezeigt werden. Das Licht jedes Strahls, das auf dem Schirm auftrifft, scheint also von der entsprechenden virtuellen Quelle herzurühren. Die Positionen der virtuellen Quellen sind durch die gesamte Weglänge der beiden Strahlen von der Quelle bis zum Schirm bestimmt. Natürlich sind die beiden virtuellen Quellen kohärent.

Nehmen Sie an, daß die beiden Spiegel so gestellt sind, daß die am Schirm auftreffenden Strahlen genau parallel sind und die gleiche optische Weglänge haben. Wird dann ein Spiegel um eine Distanz d nach vor oder zurück bewegt, so werden die virtuellen Quellen um den Abstand $2d$ separiert. Betrachten Sie jetzt das Licht, das von den zwei virtuellen Quellen kommt, und den Schirm (mit einem gesamten Abstand L von den virtuellen Quellen) in einem Abstand r vom Zentrum erreicht, wie dies in Bild 9.18 gezeigt wird. Konstruktive Interferenz tritt auf, falls die Wegdifferenz durch

$$2d \cos \theta = n\lambda, \quad n = 0, 1, 2, \ldots \tag{9.13}$$

gegeben ist, wobei $\cos \theta$ durch $1 - r^2/2L^2$ angenähert werden kann, falls die Quelle und das Bild am Schirm klein gegenüber L sind. In diesem Fall können wir erwarten, daß das Interferenzbild eine Anzahl von konzentrischen hellen Ringen aufweist, deren Radien r_n durch

$$2d \left(1 - \frac{r_n^2}{2L^2}\right) = n\lambda \tag{9.14}$$

gegeben sind. Wenn r_n und r_{n+1} die Radien benachbarter Kreise sind, erhält man aus Gl. (9.14)

$$r_n^2 - r_{n+1}^2 = \frac{\lambda L^2}{d}. \tag{9.15}$$

Falls einer der Spiegel etwas geneigt wird, sieht man nicht das Zentrum der Ringe, sondern einen Bereich außerhalb des Zentrums.

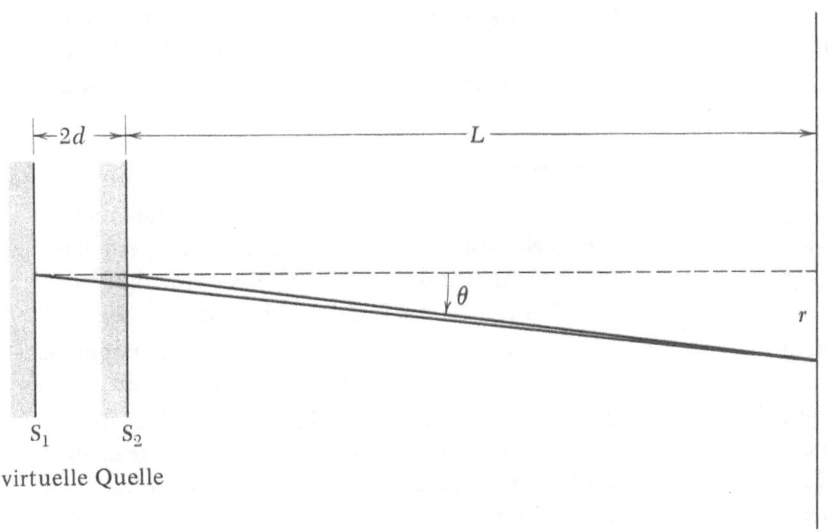

Bild 9.18

Wird einer der Spiegel über eine Distanz λ/2 vor oder zurück bewegt, so ändert sich die optische Weglänge um λ und verursacht eine Verschiebung im Beugungsmuster, so daß jeder Ring die Stellung des benachbarten annimmt. Durch Verschieben der Spiegel um eine gemessene Entfernung und Zählen der Ringe erhält man die Wellenlänge. Dies gibt auch einen Anhaltspunkt über die Ausdehnung der zeitlichen Kohärenz. Um wieviel kann die Weglänge differieren, ohne daß die zur Bildung von Ringen notwendige Kohärenz verloren geht?

Einige interessante Variationen des Michelson-Interferometers erhält man durch Einbringen von Polarisatoren an verschiedenen Stellen. Untersuchungen über diese Erweiterungen überlassen wir dem Studierenden.

9.5.2. Experiment

1. Das Michelson-Interferometer. Richten Sie den Laserstrahl auf das Michelson-Interferometer und projizieren Sie auf einen Schirm. Falls der Strahlteiler nicht nur eine einzige reflektierende Oberfläche hat, können Sie eine Anzahl von zusätzlichen Flecken sehen. Adaptieren Sie die Orientierung des verstellbaren Spiegels, bis sich die beiden hellsten Flecke überdecken. Es kann sein, daß Sie ein Flimmern in der Überdeckung sehen. Was ist die Ursache? Bringen Sie nun eine Zerstreuungslinse direkt vor den Laser. (Es kann notwendig sein, die Position der Linse zu justieren, um die Mitte des Beugungsbildes auszuleuchten.) Jetzt sollten Sie eine Anzahl von kreisförmigen Ringen sehen, deren Zentrum auf dem Schirm liegt. Falls das Zentrum der Ringe nicht sichtbar ist, müssen Sie durch vorsichtiges Richten des Spiegels den Mittelpunkt der Ringe auf den Schirm bringen.

Messen Sie mit einer Zentimeterskala und notieren Sie die Radien von aufeinanderfolgenden hellen oder dunklen Ringen; bestimmen Sie durch Subtraktion der Quadrate die rechte Seite von Gl. (9.15).

Messen Sie vorsichtig den Abstand zwischen dem Strahlteiler und den beiden Spiegeln des Interferometers und berechnen Sie den Abstand d. Sie sollten diese Messung sehr genau ausführen. Ferner ist es notwendig festzustellen, wie groß der Lichtweg durch den Strahlteiler ist. Es ergibt einen Unterschied, ob die Strahlen von der gleichen oder von gegenüberliegenden Flächen des Strahlteilers reflektiert werden. Ist der Weg *im Glas* für beide Strahlen gleich? Falls nicht, so müssen Sie den Brechungsindex des Glases kennen oder eine Platte einführen, die den Unterschied kompensiert. Zum Schluß bestimmen Sie die gesamte Weglänge L des Lichts von der virtuellen Quelle hinter der Zerstreuungslinse bis zum Schirm. Setzen Sie alle Daten in Gl. (9.15) ein und berechnen Sie $r_n^2 - r_{n+1}^2$. Vergleichen Sie Ihre Rechnung mit dem beobachteten Ringabstand. Falls diese Werte nicht einigermaßen über-

einstimmen, haben Sie wahrscheinlich einen Fehler bei der Bestimmung von d gemacht und sollten den Lichtweg überprüfen.

2. Die Interferenz von polarisiertem Licht. Falls Ihr Laser innere Spiegel besitzt, wird der Strahl wie in Experiment LO-2 besprochen unpolarisiert sein. Verläßt der Strahl jedoch die Entladungsröhre durch ein Brewster-Fenster, ist er linear polarisiert.

Für einen unpolarisierten Strahl halten Sie vor jeden der reflektierenden Spiegel einen Polarisator. Sind die Achsen der Polarisatoren parallel, erwarten wir eine Verminderung der Intensität um den Faktor 2, aber keine Änderung im Muster der Ringe. Warum? Was passiert, wenn die Achse des einen Polarisators gedreht wird bis beide Achsen senkrecht zueinander stehen? Geben Sie eine Erklärung! Mit den beiden Polarisatoren in *gekreuzter* Stellung bringen Sie einen dritten Polarisator direkt vor den Laser, mit seiner Polarisationsachse 45° gegenüber den anderen beiden geneigt. Geben Sie schließlich einen vierten Polarisator unmittelbar vor den Schirm. Was passiert, wenn Sie die Achse dieses Polarisators drehen? Können Sie das alles erklären?

Falls Ihr Laserstrahl linear polarisiert ist, müssen die oben beschriebenen Experimente anders durchgeführt werden. Um die Polarisationsebene des Strahls zu ermitteln, geben Sie einen Polarisator vor den Laser und drehen Sie die Polarisationsrichtung bis der Strahl ausgelöscht wird. Nun setzen Sie *gekreuzte* Polarisatoren vor die beiden Spiegel des Interferometers mit der Achse 45° gegen die Ebene des Laserstrahls. Das Interferenzbild sollte verschwinden. Warum? Geben Sie einen dritten Polarisator vor den Schirm und drehen Sie die Polarisationsachse. Was beobachten Sie? Warum?

3. Zirkulare Polarisation. Durch die Verwendung von Achtel- oder Viertel-Wellenlängenplättchen zusätzlich zu den linearen Polarisatoren können Sie zirkular polarisiertes Licht herstellen und Interferenzen zwischen links und rechts zirkular polarisiertem Licht studieren. Der Entwurf solcher Experimente sei Ihrer Erfindungsgabe überlassen.

9.5.3. Fragen

1. Nehmen Sie an, daß der Strahlteiler den Strahl nicht in zwei gleichstarke Strahlen aufspaltet, sondern daß der eine heller als der andere ist. Was würde dies für einen Einfluß auf das Interferenzbild haben?

2. Erklären Sie, wieso eine Verschiebung der Zerstreuungslinse die hellen Ringe des Beugungsbildes ändert.

3. Warum bleibt das Zentrum des Beugungsbildes bei einer Verschiebung der Zerstreuungslinse ungeändert. Beachten Sie, daß die Lage des Mittelpunkts festbleibt und daß wenig oder gar keine Verschiebung der Ringe auftritt.

4. Wie ist der Polarisationszustand des reflektierten Strahls, wenn ein rechts zirkular polarisierter Strahl von einem Spiegel reflektiert wird?

5. Ein linear polarisierter Strahl geht durch ein $\lambda/4$-Plättchen, das mit seiner Achse um $45°$ zu der Polarisationsrichtung geneigt ist. Danach wird der Strahl an einem Spiegel reflektiert und geht nochmals durch das Plättchen. Wie ist der Polarisationszustand des resultierenden Strahls?

6. Nehmen Sie an, daß in Frage 5 das $\lambda/4$-Plättchen durch ein $\lambda/8$-Plättchen ersetzt wird. Wie ist nun die Polarisation des Strahls?

7. Nehmen Sie an, daß ein Behälter, der evakuiert oder mit Gas gefüllt werden kann, sich vor einem der Spiegel befindet. Wie könnte eine solche Anordnung zur genauen Messung des Brechungsindex eines Gases benutzt werden, wenn n nur sehr wenig von eins abweicht.

8. Anstelle der Projektion von reellen Bildern kann man das Michelson-Interferometer benützen, um virtuelle Bilder von ausgedehnten Quellen zu erhalten. Erklären Sie, warum eine ausgedehnte Quelle verwendet werden muß, um virtuelle Interferenzringe zu beobachten.

9.6. Experiment LO-5: Holographie

9.6.1. Einleitung

Holographie ist die Technik der Speicherung und Wiedergabe von dreidimensionalen Bildern eines dreidimensionalen Objekts. Im Vergleich dazu zeichnet die normale Photogaphie stets nur zweidimensionale Bilder. Die Linse einer Kamera formt das Bild des zu photographierenden Objekts. Ist das Objekt eben und die Linse aberrationsfrei, so ist das Abbild ebenfalls eben und kann auf einem photographischen Film in der Bildebene festgehalten werden. Im allgemeinen aber ist das Bild dreidimensional. Bildteile in der Filmebene werden ohne Verzerrung aufgenommen, Bildteile vor oder hinter dieser Ebene sind unscharf. Z.B. wird das Abbild eines Punktes durch einen konvergierenden Lichtkegel erzeugt. Ist das Bild auf die Filmebene „fokussiert", dann konvergiert der Lichtkegel auf dieser. Ansonsten durchsetzt der Lichtkegel die Filmebene in einem Kreis, der als „Zerstreuungskreis" bekannt ist. Jedenfalls wird der dreidimensionale Charakter des Bildes nicht auf dem Film aufgezeichnet. Was aufgenommen wird ist zweidimensional, so wie das von einem Diaprojektor projizierte Bild auf einen Schirm.

Die Holographie hingegen ergibt tatsächlich echte dreidimensionale Bilder mit all den dazugehörenden Eigenschaften, die ein solches Bild haben sollte. Das Bild zeigt, aus unterschiedlichen Richtungen betrachtet, die verschiedenen Seiten des abgebildeten Objekts. Die Betrachtung aus verschiedenen Entfernungen ergibt auch eine Änderung in der Perspektive. Tatsächlich scheint für jemanden, der noch nie ein Hologramm gesehen hat, dieses Phänomen unglaublich.

Zunächst beschreiben wir die einfachste Anordnung, um ein Hologramm zu erzeugen und das Bild zu reproduzieren. Danach geben wir eine halbquantitative, aber nicht strenge Ableitung, wie und warum solche Bilder entstehen. Wie wir sehen werden, erhält man im allgemeinen sowohl ein reelles als auch ein virtuelles Bild. Die Grundanordnung, um ein Hologramm zu erzeugen, ist in Bild 9.19a gezeigt. Ein Laserstrahl breitet sich durch geeignete Linsen aus, wird geteilt, so daß ein Teil direkt auf den Film gelangt, während der andere Teil das aufzunehmende Objekt beleuchtet. Das von diesem Objekt gestreute Licht gelangt ebenfalls auf den Film. Da das Licht sowohl zeitlich wie auch räumlich sehr gut kohärent ist, steht das direkte und das gestreute Licht in jedem Punkt auf dem Film in einer bestimmten Phasenbeziehung zueinander. Ein Interferenzbild entsteht, das aufgenommen wird.

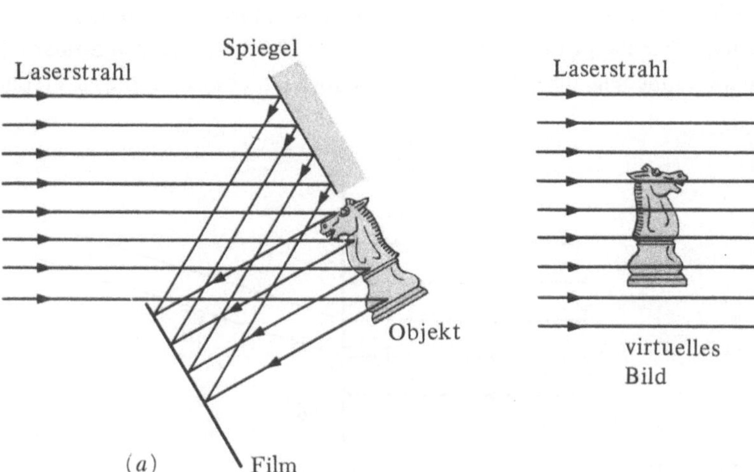

Bild 9.19   (a)   (b)

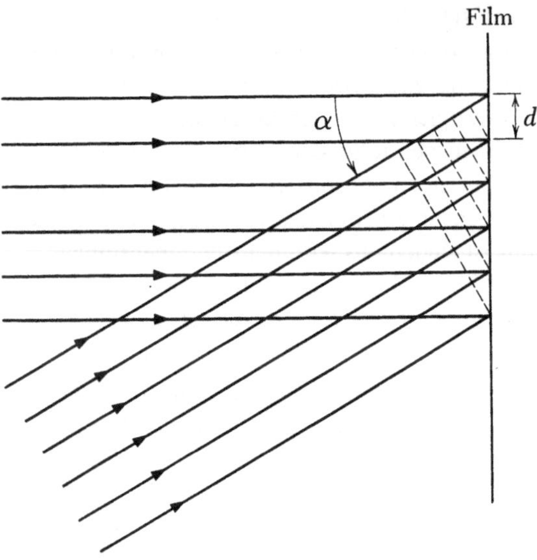

Bild 9.20

Bei der Reproduktion werden die Bilder einfach dadurch erzeugt, daß man das Laserlicht durch den entwickelten Film projiziert, wie in Bild 9.19b gezeigt. Man erhält ein virtuelles Bild an der Stelle des ursprünglichen Objekts. Ein reelles Bild erscheint spiegelbildlich dazu auf der gegenüberliegenden Seite des Films. Das virtuelle Bild kann direkt beobachtet werden oder man erzeugt unter Verwendung einer Sammellinse ein reelles Bild auf einem Schirm. Das reelle Bild kann nicht direkt beobachtet werden, sondern entweder wieder durch Projektion auf einen Schirm oder durch Erzeugen eines zweiten Bildes mittels einer Sammellinse.

Um zu verstehen, wie ein Hologramm entsteht, betrachten wir zunächst eine vereinfachte Situation. Nehmen Sie an, daß zwei kohärente parallele Strahlenbündel (ebene Wellen) auf einen Film einfallen, der eine senkrecht und der andere unter einem Winkel α (Bild 9.20). Selbstverständlich entsteht ein Interferenzbild auf dem Film. Die gestrichelten Linien senkrecht zu den Strahlen mit dem Einfallswinkel stellen die aufeinanderfolgenden Wellenfronten α im Abstand einer Wellenlänge dar. Diese Linien schneiden die Linie, die die Filmebene darstellt,

in Punkten, wo die beiden Wellen genau in Phase sind, so daß maximale konstruktive Interferenz stattfindet. Dazwischen liegen die Punkte maximaler Auslöschung. Etwas Überlegen zeigt, daß die Intensität der resultierenden Welle eine sinusartige Funktion der Position am Film ist, wobei der Abstand d der aufeinanderfolgenden Maxima durch

$$d \sin \alpha = \lambda \qquad (9.16)$$

gegeben ist. Nachdem der Film belichtet und entwickelt ist, sind die dunkelsten Stellen die der maximalen Intensität des Beugungsbildes und die hellsten jene der Minima. Nun machen wir ein Positiv auf einem transparenten Film, der hell und dunkel umkehrt. (Wie wir später sehen werden, ist dies eigentlich nicht notwendig, trägt jedoch zum besseren Verständnis bei.)

Das abgebildete Interferenzbild besteht aus einer Reihe von Gebieten von maximaler Durchlässigkeit entsprechend den Interferenzmaximas mit einem Abstand d, der durch Gl. (9.16) gegeben ist. Nun projizieren wir den Laserstrahl durch dieses Filmmuster. Was ist das Resultat? Wir bemerken, daß unsere Anordnung der eines Beugungsgitters ähnlich ist. Fällt ein paralleler Strahl senkrecht auf ein Gitter mit dem Gitterabstand d, und ist die Spaltbreite gegenüber d sehr schmal, erhält man ein Interferenzbild mit den Maxima

$$d \sin \theta = n\lambda, \quad n = 0, \pm 1, \pm 2, \pm 3, \dots , \qquad (9.17)$$

wobei θ der Winkel zur Normalen ist (Bild 9.21). Der Unterschied zu einem gewöhnlichen Gitter ist, daß in unserer Situation die Durchlässigkeit nicht abrupt von Null zu einem Maximum ansteigt, sondern sich graduell, genauer sinusartig, ändert. Es ist nicht sofort einsichtig, was dieser Unterschied für Konsequenzen im Interferenzbild hat. Es stellt sich heraus — und wir geben dafür keinen Beweis — daß im wesentlichen nur die Maxima für $n = 0$ und $n = \pm 1$ der Gl. (9.17) auftreten. Die Maxima höherer Ordnung sind nicht vorhanden. Der vollständige Beweis dieser Behauptung überschreitet den Rahmen dieses Buches, jedoch mit etwas Kenntnis über Fourier-Reihen kann man sich dies plausibel machen: Jede periodische Welle läßt sich als Überlagerung von Sinuswellen darstellen, deren Frequenzen ein ganzzahliges Vielfaches einer Grundfre-

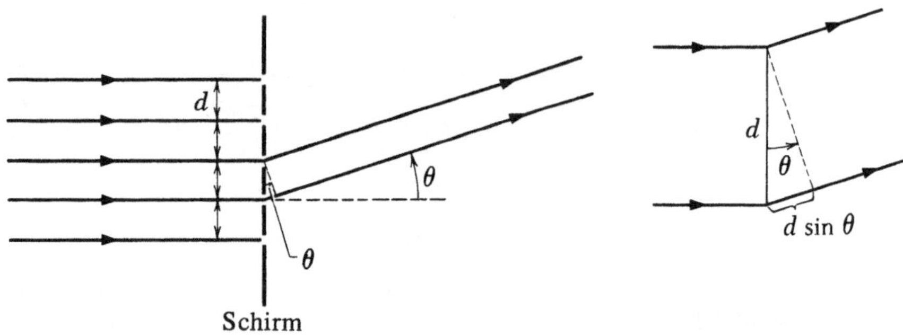

Bild 9.21

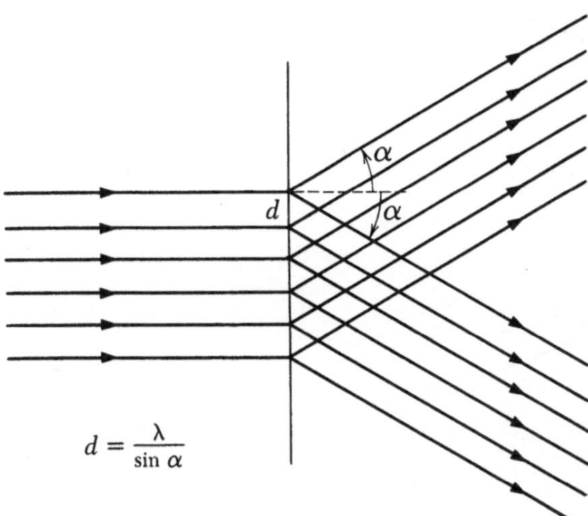

$$d = \frac{\lambda}{\sin \alpha}$$

Bild 9.22

quenz sind. Eine „rechteckige" Welle enthält alle möglichen Vielfachen der Grundfrequenz, während eine Sinuswelle natürlich nur die Grundfrequenz enthält. Um es kurz zu machen: Das Beugungsbild stellt eine Fourieranalyse des Gitters dar. Dem normalen Spaltgitter entspricht eine rechteckige „Welle" und enthält daher alle möglichen harmonischen Frequenzen, entsprechend den Beugungsmaximas aller Ordnungen. Das „sinusartige" Gitter enthält nur Maxima erster Ordnung, entsprechend der Grundfrequenz in der Fourieranalyse.

Daher entsteht als Beugungsbild unseres sinusartigen Gitters ein Paar paralleler Strahlenbündel mit dem Winkel α zu beiden Seiten der Normalen, wie dies in Bild 9.22 dargestellt ist.

Nun betrachten wir eine geänderte Situation: die Interferenz einer senkrecht einfallenden ebene Welle mit der Kugelwelle einer Punktquelle. Der Abstand der Punktquelle zum Film sei viel größer als die Wellenlänge. Wieder entwickeln wir den Film mit dem Beugungsbild und projizieren mit Laserlicht. Wie sieht das Interferenzbild jetzt aus?

Betrachten Sie ein kleines Gebiet des Films um den Punkt a in Bild 9.23. Das betrachtete Segment der Kugelwelle kann als eben angesehen werden, falls wir uns auf kleine Winkel beschränken. Dann kennen wir aber das Resultat aus unserer vorhergehenden Überlegung. In Bild 9.23 haben wir einige Strahlen eingezeichnet, und wir können dieses Argument auch für andere Punkte auf dem Film wiederholen, so z.B. für den Punkt b.

Faßt man diese Überlegungen zusammen, so erkennt man, daß die Strahlen zwei Bilder erzeugen (Bild 9.24). Das eine Bild, wo die Strahlen tatsächlich konvergieren, ist ein reelles. Es befindet sich im gleichen Abstand zum Film den die Quelle hatte, jedoch auf der gegenüberliegenden Seite. Das andere ist ein virtuelles Bild, dessen Strahlen von der ursprünglichen Position der Quelle zu kommen scheinen. Dies sind die oben angegebenen Abbildungen, zumindest die von Punkten.

Nehmen Sie nun an, daß das Objekt nicht aus einer, sondern aus vielen Punktquellen besteht. Da ein Interferenzbild durch die Summe der Amplituden der einzelnen Komponenten entsteht, ist es klar, daß das Prinzip der linearen Superposition nicht nur für die Abbildung am Film, sondern auch für die Wiedergabe gilt. Dies bedeutet, daß das endgültige Bild mehrerer Punktquellen die Summe der Bilder der einzelnen Quellen ist. Dies vervollständigt

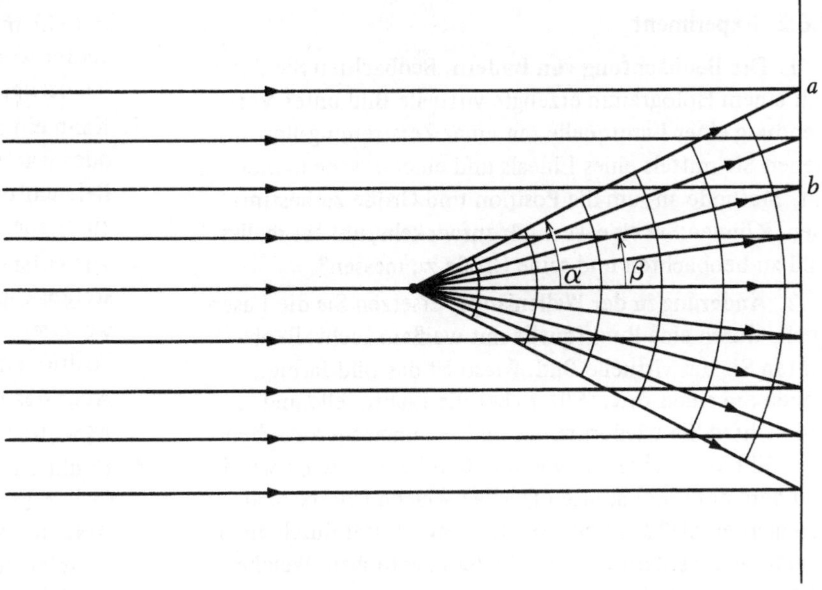

Bild 9.23

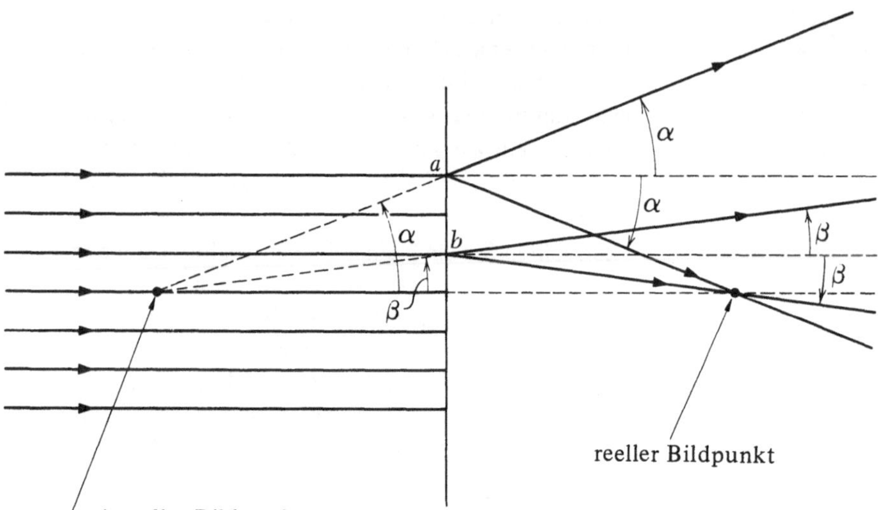

Bild 9.24

unser Argument, daß eine solche Anordnung tatsächlich dreidimensionale Bilder ergibt.

Die Grundidee der Holographie wurde 1947 von *Gabor* entwickelt, was jedoch damals wenig Interesse hervorgerufen hat, weil es große Schwierigkeiten bereitete, eine genügend kohärente Quelle zu finden. Mit der Erfindung des Lasers (1960) stand extrem kohärentes Licht zur Verfügung und die Holographie wurde praktisch verwirklicht. Obwohl unsere Ausführungen sich hier auf monochromatisches Licht beschränken, führt eine Weiterentwicklung der gleichen Grundidee zu Farbbildern, die sowohl die Farbe als auch die räumlichen Eigenschaften des Objekts wiedergeben. Das dreidimensionale Fernsehen und viele andere interessante Anwendungen werden zur Zeit entwickelt.

9.6.2. Experiment

1. Die Beobachtung von Bildern. Beobachten Sie das von einem Hologramm erzeugte virtuelle Bild unter Verwendung einer Laserquelle mit einer Zerstreuungslinse. Geben Sie mittels eines Lineals und einer Taschenlampe eine Methode an, um die Position und Größe zu bestimmen. Können Sie eine Technik entwickeln, um ein reelles Bild zu beobachten und seine Größe zu messen?

2. Änderung in der Wellenlänge. Ersetzen Sie die Laserquelle durch eine Punktquelle mit weißem Licht. Beobachten Sie das virtuelle Bild. Wieso ist das Bild farbig? Geben Sie einen roten Filter über die Lichtquelle und beobachten Sie wiederum das Bild. Können Sie zwischen dem Bild unterscheiden, das von dem Laser erzeugt wurde und dem der inkohärenten Quelle? Welche Unterschiede beobachten Sie? Ersetzen Sie den roten Filter durch einen blauen und wiederholen Sie die Beobachtungen. Welche Unterschiede stellen Sie fest?

3. Die Größe des Hologramms. Machen Sie in einen Karton eine Öffnung von ca. 1 cm und betrachten Sie das virtuelle Bild durch diese Öffnung. Bewegen Sie die Öffnung über das Hologramm. Welchen Unterschied im virtuellen Bild, falls überhaupt, können Sie beobachten? Machen Sie mit zwei Karten einen schmalen Spalt und beobachten Sie das Hologramm durch diesen Spalt. Was passiert mit dem Bild, wenn die Spaltbreite schmaler und schmaler gemacht wird? Bei welcher Breite beginnt sich die Qualität des Bildes zu verschlechtern? Womit steht diese Spaltbreite in Zusammenhang?

9.6.3. Fragen

1. Ein Hologramm möge durch einen Laser mit einer Wellenlänge von 600 nm (orange) erzeugt und dann mit einem Laser von 500 nm (grün) Wellenlänge beobachtet werden. Wie werden sich diese Bilder von jenen bei oranger Beleuchtung unterscheiden?

2. Kann ein reelles Bild direkt beobachtet werden? Warum oder warum nicht? Hängt diese Schwierigkeit mit der Beleuchtung des Objekts bei Erzeugung des Hologramms zusammen?

3. Wie entsteht ein Hologramm im Vergleich zu einer stereoskopischen „dreidimensionalen" Photographie, wo zwei Kameras Aufnahmen von etwas verschiedenen Positionen machen? Diese Bilder werden von jedem Auge des Beobachters getrennt gesehen. Was sind die wesentlichen Unterschiede der beiden Methoden?

4. Ergibt ein „negatives" und ein „positives" Hologramm (d.h. schwarz und weiß umgekehrt) die gleichen Bilder? Beachten Sie, daß eine Änderung in der Phase des „vergleichenden Strahls" um 180° schwarz und weiß im Hologramm austauschen würden.

10. Atomphysik (AP)

10.1. Einleitung

In dieser Serie von Experimenten werden verschiedene grundlegende Konzepte der Quantenmechanik untersucht, die für das Verständnis der Struktur und der Eigenschaften von Atomen von zentraler Bedeutung sind. Dazu gehören die Existenz von atomaren Energieniveaus, die Teilchennatur der elektromagnetischen Strahlung und die Wellennatur von Teilchen.

Im Experiment AP-1 beginnen wir mit dem Studium von Atomspektren, die ja viel zur ursprünglichen Motivation für die Entwicklung der Quantenmechanik beitrugen. Die Analyse und Interpretation der Spektren geben eine starke Stütze für die Existenz diskreter Energieniveaus in Atomen und für das Konzept des Photons. Im Experiment AP-4 werden wir die Ionisierungsenergie von Atomen messen.

Die Experimente AP-2 und AP-3 behandeln den photoelektrischen Effekt, der noch mehr direkte Evidenz für die Teilchennatur der Strahlung gibt als das Studium von Spektren.

Im Experiment AP-5 demonstrieren wir schließlich die Welleneigenschaften von Elektronen durch Beobachtung ihrer Beugung an einem Kristallgitter.

10.2. Experiment AP-1: Atomspektren

10.2.1. Einleitung

In diesem Experiment studieren wir die Beziehung zwischen Atomspektren und Energieniveaus von Atomen. Während der gesamten Entwicklung der Quantenmechanik haben Atomspektren eine zentrale Rolle gespielt. Das Problem des Ursprungs der Atomspektren stand am Beginn der Quantenmechanik, und in späteren Jahren war die Analyse von Spektren eines der wichtigsten analytischen Werkzeuge bei der Untersuchung atomarer und molekularer Strukturen.

Die Grundidee bei der Beziehung zwischen Atomstruktur und Spektren ist die Existenz diskreter Energieniveaus in Atomen. Ein Atom in einem Zustand mit der Energie E_1 kann in einen Zustand mit niedrigerer Energie E_2 übergehen, indem es ein Photon emittiert, dessen Energie $(E_1 - E_2)$ beträgt. Die Energie des Photons wiederum ist mit seiner Frequenz f und seiner Wellenlänge λ über die bekannte Plancksche Relation

$$E_1 - E_2 = hf = \frac{hc}{\lambda} \qquad (10.1)$$

verbunden, wobei c die Lichtgeschwindigkeit und h die Plancksche Konstante ist. Umgekehrt kann ein Atom von einem Zustand niedrigerer Energie in einen Zustand höherer Energie angehoben oder durch Absorption eines Photons *angeregt* werden, dessen Energie gleich der Energiedifferenz der beiden Zustände ist.

Das Wasserstoffatom ist das einfachste aller Atome. Es besteht aus einem einzigen Elektron und einem einzigen Proton. Daher ist es nicht überraschend, daß das Spektrum von Wasserstoff entsprechend einfach ist. Die elementare Quantenmechanik zeigt, daß die Energieniveaus E_n des Wasserstoffatoms durch

$$E_n = -\left(\frac{e^2}{4\pi\epsilon_0}\right)^2 \frac{m}{2n^2\hbar^2} \qquad (10.2)$$

gegeben sind, wobei e die Elektronladung, ϵ_0 die Dielektrizitätskonstante des Vakuums, $\hbar = h/2\pi$ und n eine positive ganze Zahl ist, die man *Hauptquantenzahl* nennt. Der tiefste Energiezustand oder Grundzustand ist der Zustand mit $n = 1$. Die Energie $E = 0$ (mit $n = \infty$) gehört zu einem Zustand, in dem das Elektron vollständig vom Proton getrennt wurde und in Ruhe ist.

Wäre das Proton unendlich schwer, so wäre die Masse m in Gl. (10.2) einfach die Elektronenmasse. Man kann zeigen, daß die Korrektur für die endliche Masse m_p des Protons darin besteht, daß man die Elektronenmasse m durch die reduzierte Masse μ des Systems ersetzt, die durch

$$\frac{1}{\mu} = \frac{1}{m} + \frac{1}{m_\mathrm{p}} \qquad (10.3)$$

definiert ist. Diese Änderung bewirkt eine Verringerung aller Energiebeträge um etwa 0,05 % im Vergleich zu den Werten für $m_\mathrm{p} = \infty$.

Die Linien im Wasserstoffspektrum entsprechen allen möglichen Übergängen zwischen Energieniveaus. Die Wellenlängen dieser Linien sind nach den Gln. (10.1) und (10.2) durch

$$\frac{1}{\lambda} = \frac{E_1 - E_2}{hc} = \left(\frac{e^2}{4\pi\epsilon_0}\right)^2 \frac{\mu}{4\pi\hbar^3 c} \left(\frac{1}{n_2^2} - \frac{1}{n_1^2}\right) \qquad (10.4)$$

gegeben, wobei n_1 und n_2 die Quantenzahlen des Anfangs- und Endzustands bezeichnen. Die Kombination von Konstanten außerhalb der Klammer in Gl. (10.4) wird oft als Rydberg-Konstante bezeichnet (abgekürzt R_H), nach *J. R. Rydberg,* einem der Pioniere der Atomspektroskopie. Der Index H (für Wasserstoff) unterscheidet sie von der entsprechenden Konstanten, die m statt μ enthält, und die mit R_∞ bezeichnet wird. Der numerische Wert der Rydberg-Konstante, der durch spektroskopische Messungen sehr genau bestimmt wurde, ist

$$R_\mathrm{H} = \left(\frac{e^2}{4\pi\epsilon_0}\right)^2 \frac{\mu}{4\pi\hbar^3 c} = 1{,}096\,775\,7 \cdot 10^{-7}\,\mathrm{m}^{-1}.$$

Daher sind die Wellenlängen des Wasserstoffspektrums

$$\frac{1}{\lambda} = R_\mathrm{H}\left(\frac{1}{n_2^2} - \frac{1}{n_1^2}\right). \qquad (10.5)$$

Insbesondere ergeben Übergänge von höheren Anfangszuständen zum Endzustand $n = 2$ Wellenlängen im sichtbaren Bereich des Spektrums. Diese Wellenlängen sind durch

$$\frac{1}{\lambda} = R_\mathrm{H} \left(\frac{1}{2^2} - \frac{1}{n^2} \right) = R_\mathrm{H} \left(\frac{n^2 - 4}{4n^2} \right) \qquad (10.6)$$

$$n = 3, 4, 5, \ldots$$

gegeben.

Diese Serie von Linien nennt man die *Balmer-Serie*, nach *Johann Balmer*, der Gl. (10.6) im Jahre 1885 empirisch entdeckte, lange bevor ihre Relation zur Struktur des Wasserstoffatoms verstanden war. Tabelle 10.1 zeigt die bemerkenswerte Übereinstimmung zwischen den beobachteten und den aus der Balmer-Formel berechneten Wellenlängen. Diese Tabelle zeigt auch die übliche spektroskopischen Bezeichnungen dieser Linien.

Tabelle 10.1

Linie	n	$\lambda_{\text{beobachtet}}$, nm	$\lambda_{\text{berechnet}}$, nm
H_α	3	656,279 (rot)	656,280
H_β	4	486,1327 (blaugrün)	486,133
H_γ	5	434,047 (blau)	434,048
H_δ	6	410,474 (violett)	410,175
H_ϵ	7	397,007 (ultraviolett)	397,008
H_ξ	8	388,906 (ultraviolett)	388,906

Für komplexere Atome ist es schwierig, die Energieniveaus zu berechnen, sie können aber aus den Spektren abgeleitet werden. In jedem Fall besteht eine direkte Zuordnung zwischen einer Spektrallinie und dem Übergang von einem Energiezustand in einen anderen.

Der Helium-Neon-Laser. Die Beziehung zwischen Energieniveaus und Spektren bildet eine Grundlage der Wirkungsweise des He-Ne-Lasers, den Sie vielleicht für die Experimente zur Laser-Optik verwendet haben. Der Laser ist eine interessante Anwendung dieser Ideen. Wir besprechen daher zuerst kurz die Wirkungsweise des Lasers.

Die Bedeutung des Lasers rührt davon her, daß viele Atome aus demselben angeregten Zustand *synchron* in ihren Grundzustand zurückkehren. Dadurch ergeben sich zwischen den Beiträgen zur Strahlung wohlbestimmte Phasenbeziehungen, die von den einzelnen Atomen stammen. Das Laser-Licht wird daher mit definierter Phasenrelation emittiert, die für lange Zeiten oder über eine entsprechende Entfernung entlang des Lichtwegs aufrechterhalten bleibt. Die Existenz dieser langdauernden Phasenrelation wird *Kohärenz* genannt. Üblicherweise strahlen Atome dagegen unabhängig voneinander — jedes für eine Zeit der Größenordnung 10^{-8} s — ohne Korrelationen zwischen den Phasen der verschiedenen Atome. Die Phase der Strahlung variiert dann schnell und in zufälliger Weise.

Die Synchronisierung der Ausstrahlung einer großen Anzahl von Atomen ist aufgrund der *stimulierten Emission* möglich. In einem angeregten Zustand emittiert jedes Atom mit bestimmter Wahrscheinlichkeit (pro Zeiteinheit) ein Photon und geht dabei in einen Zustand niedrigerer Energie über. Ist aber bereits Strahlung derselben Frequenz vorhanden, dann steigt die Übergangswahrscheinlichkeit. Photonen der gleichen Energie sind „gerne unter sich". Ein Photon gegebener Energie wird wahrscheinlicher emittiert, wenn bereits Photonen dieser Energie in der Nachbarschaft vorhanden sind. Photonen sind „Herdentiere"!

In der Praxis wird das Gas zwischen parallele oder konkave Spiegel gebracht, so daß das Licht hin- und zurückreflektiert wird, und sich zwischen den Spiegeln eine stehende Welle ausbildet. Diese stehende Welle stimuliert die Emission von Atomen im Gebiet zwischen den Spiegeln. Macht man einen der Spiegel beispielsweise nur halb reflektierend, so kann man einen Teil der Energie als einen nach außen gehenden Strahl entnehmen. Die Energie in der stehenden Welle wird ständig durch die Emission der Atome ergänzt, falls eine kontinuierliche Versorgung mit Atomen im angeregten Zustand zur Verfügung steht.

Im He-Ne-Laser wird die anfängliche Anregung erreicht, indem man ein elektrisches Feld quer durch das Gas anlegt, das eine Glimmentladung verursacht. Einige wenige Atome werden ionisiert, und die Ionen und Elektronen tragen den Entladungsstrom. Die Elektronen können ihrerseits mit den Gasatomen zusammenstoßen und sie in verschiedene angeregte Zustände versetzen. Allerdings reicht diese Population angeregter Atome nicht aus, um eine stehende Welle genügender Amplitude für die stimulierte Emission aufrechtzuerhalten. Gewöhnlich muß man ein Mittel finden, um die Elektronenstoßanregung auf die benötigten Energieniveaus zu kanalisieren. Beim He-Ne-Laser wird dies durch ein glückliches Zusammentreffen der Energieniveaus ermöglicht, die in Bild 10.1 gezeigt sind.

Ein typischer Helium-Neon-Laser enthält Helium von etwa 133 Pa Druck und Neon von etwa 13,3 Pa Druck. Elektronenstöße versetzen einige Heliumatome in den 2^1S-Zustand, wie im Bild angedeutet, und in höhere Zustände, aus denen einige Atome in den 2^1S-Zustand kaskadenförmig zurückfallen. Gewöhnlich würde ein Atom in einem derartigen angeregten Zustand rasch ein Photon der Energie 20,61 eV emittieren und in den Grundzustand zurückfallen. Das ist hier nicht möglich, da eine Auswahlregel gerade diesen Übergang verbietet. Der Grund für die Auswahlregel ist die Erhaltung des Drehimpulses; sowohl der angeregte Zustand als auch der Grundzustand haben den Gesamtbahndrehimpuls Null, so daß es nicht möglich ist, ein Photon zu emittieren, das ja zumindest eine Einheit an Drehimpuls tragen muß. Ein derartiger Zustand, in dem ein radiativer Zerfall durch eine Auswahlregel verboten wird, wird ein *metastabiler Zustand* genannt.

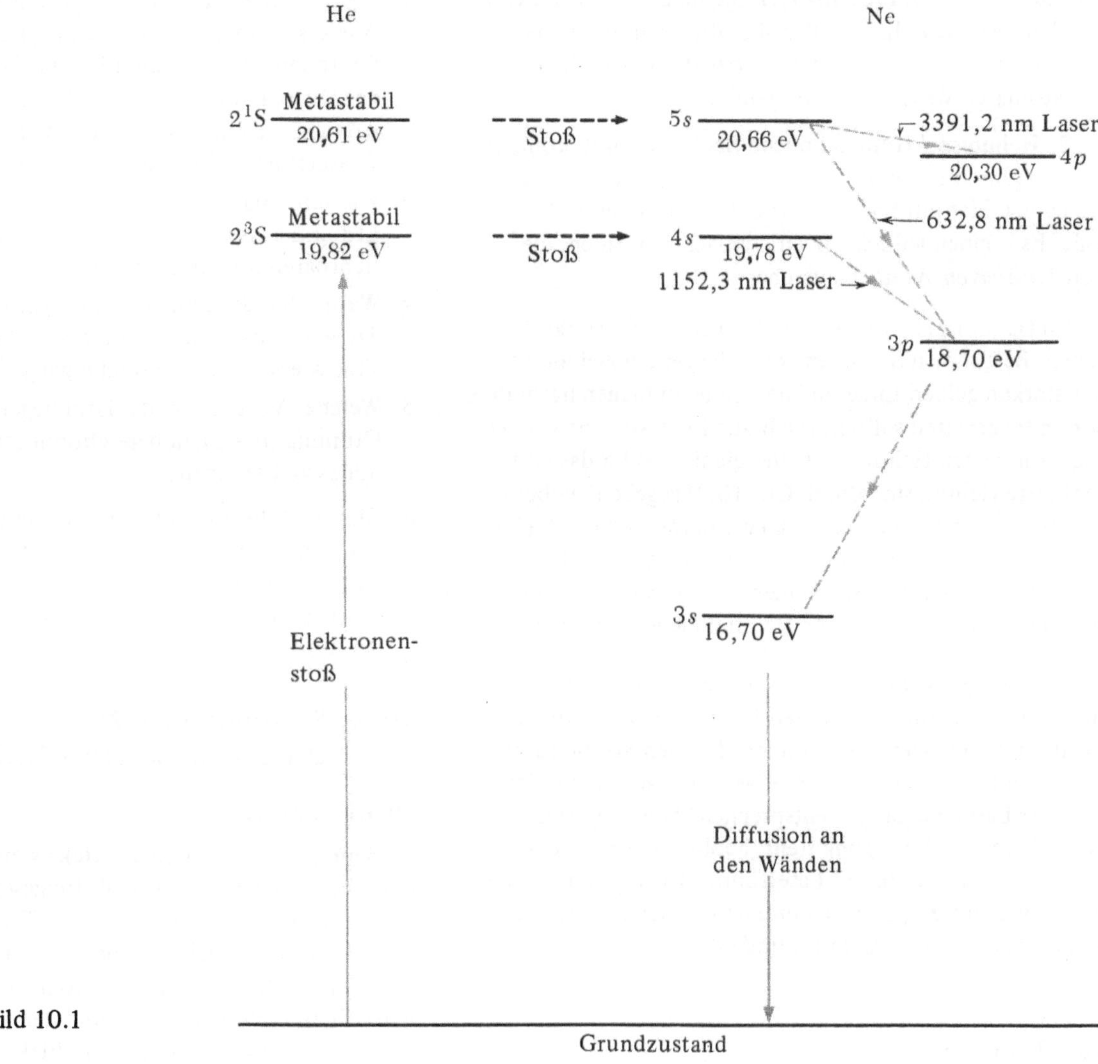

Bild 10.1

Die Heliumatome können jedoch Energie über einen anderen Mechanismus verlieren. Da Neon ein Energieniveau besitzt, das beinahe exakt gleich dem $2\,^1S$-Niveau von Helium ist, kann ein Energie austauschender Stoß zwischen einem angeregten Heliumatom und einem nicht angeregten Neonatom stattfinden, der das Heliumatom im Grundzustand und das Neonatom in einem angeregten Zustand hinterläßt. Dieser spezielle Zustand ist wiederum metastabil. Das Neonatom kann aufgrund von Auswahlregeln wieder nicht direkt in den Grundzustand zerfallen, aber es kann in den $3p$-Zustand übergehen, und dieser Übergang erzeugt die Laserwirkung. Unter Lichtaussendung gehen die Neonatome dann vom $3p$-Zustand in das metastabile $3s$-Niveau über und zerfallen von dort aus in den $2p$-Grundzustand, üblicherweise durch Zusammenstoß mit der Wand des Gasbehälters. Dabei ist wichtig, daß der $3p \rightarrow 3s$-Übergang schnell vor sich geht. Eine nennenswerte Anzahl von Atomen im $3p$-Zustand würde nämlich die Laserstrahlung *absorbieren* und die Laserwirkung verhindern.

10.2.2. Experiment

Die Wellenlängen von Spektrallinien können mit einem Beugungsgitter gemessen werden. Fällt Licht der Wellenlänge λ senkrecht auf ein Gitter mit dem Strichabstand a, dann hat das resultierende Beugungsbild starke Intensitätsmaxima bei den von der Einfallsrichtung aus gemessenen Winkeln θ mit

$$a \sin \theta = n\lambda, \quad n = 1, 2, 3, \dots . \tag{10.7}$$

1. Das Wasserstoffspektrum. Durch Messen der Winkel für die verschiedenen Spektrallinien und Benutzen des bekannten Wertes der Gitterkonstante a kann man die Wellenlängen im Wasserstoffspektrum berechnen und mit den Werten in Tabelle 10.1 vergleichen. Umgekehrt kann man auch das Spektrometer kalibrieren, indem man die Balmer-Wellenlängen als bekannt annimmt und mit ihr die Gitterkonstante bestimmt.

Sie sollten die Messungen einige Male wiederholen, um einen Eindruck davon zu bekommen, wie reproduzierbar die Resultate sind. Identifizieren Sie möglichst viele Fehlerquellen. Welche Fehlerquellen sind die wichtigsten? Ist das Spektrum des *molekularen* Wasserstoffs zusätzlich zu dem des atomaren Wasserstoffs vorhanden?

2. Heliumspektrum. Ähnliche Beobachtungen können mit Helium- und Neon-Glimmröhren ausgeführt werden. Da es sich hier um Edelgase handelt, gibt es keine Moleküle. Es können jedoch Linien beobachtet werden, die von *ionisierten* Atomen ausgehen.

Im Heliumspektrum werden Sie etwa sechs starke Linien sehen. Bestimmen Sie deren Wellenlängen, wobei Sie bei der starken gelben Linie und der Linie im blauen besonders sorgfältig arbeiten sollten. Die blaue Linie stammt vom einfach ionisierten Helium. Die Energieniveaus für das einfach ionisierte Helium sind durch Gl. (10.2) gegeben, wobei e^2 durch $2e^2$ ersetzt werden muß (warum?), und in Gl. (10.3) statt der Masse des Wasserstoffkerns diejenige des Heliumkerns einzusetzen ist. Bestimmen Sie die Anfangs- und Endzustände, die der blauen Heliumlinie entsprechen.

3. Neonspektrum. Beobachten Sie das Neonspektrum und wählen Sie die intensivsten Linien aus. Bestimmen Sie die Wellenlängen dieser Linien. Können Sie die Linien herausfinden, die den $5s \rightarrow 3p$-Laserübergängen und den $3p \rightarrow 3s$-Laserübergängen entsprechen? Wenn ein Helium-Neon-Laser zur Verfügung steht, beobachten Sie die Strahlung, die an der *Seite* der Laserröhre austritt. Können Sie das beobachtete Spektrum deuten? Können Sie die blaue Linie des ionisierten Heliums finden?

10.2.3. Fragen

1. Wie können Sie sicher sein, daß die Linien, die Sie im Wasserstoffspektrum beobachten, vom atomaren und nicht vom molekularen Wasserstoff stammen? Welche Unterschiede würden Sie für das molekulare Wasserstoffspektrum erwarten?

2. Wie vergleicht sich die Energie zur Dissoziierung eines Wasserstoffmoleküls mit den typischen Energien von Photonen des sichtbaren Lichts? Schlagen Sie den Wert der Dissoziationsenergie in einem Handbuch nach. Können Sie einen Spektralbereich vorhersagen, in dem Wasserstoff undurchsichtig sein sollte?

3. Wie sollte das Spektrum von doppelt ionisiertem Lithium aussehen? Welche Übergänge würden im sichtbaren Spektrum liegen?

4. Warum hat die Emissionslinie, die dem Übergang $3p \rightarrow 3s$ entspricht, im Laserstrahl nicht dieselbe Intensität wie jene des „Laserübergangs" $5s \rightarrow 3p$?

5. Welcher Vorteil könnte darin liegen, statt der ersten Ordnung ($n = 1$), höhere Ordnungen des Beugungsbildes zu benutzen?

6. Gibt es Hinweise, daß der „bekannte" Wert der Gitterkonstante a falsch ist? Wenn ja, berechnen Sie den korrekten Wert und geben Sie den wahrscheinlichen prozentuellen Fehler dieses Werts an.

10.3. Experiment AP-2:
Der photoelektrische Effekt

10.3.1. Einleitung

Beim photoelektrischen Effekt werden Elektronen aus der Oberfläche eines Materials freigesetzt, wobei die Absorption von Licht die notwendige Energie liefert. Bild 10.2 zeigt die einfachste experimentelle Anordnung zur Messung des Effekts. Eine Kathode wird mit monochromatischem Licht beleuchtet und der durch die Photoemission verursachte Strom von Elektronen aus der Kathode als Funktion der Spannung gemessen.

Dabei erhält man folgende Ergebnisse:

- Die kinetische Energie der Photoelektronen (bestimmbar aus der Größe der Gegenspannung, die erforderlich ist, den Elektronenfluß von der Kathode zur Anode

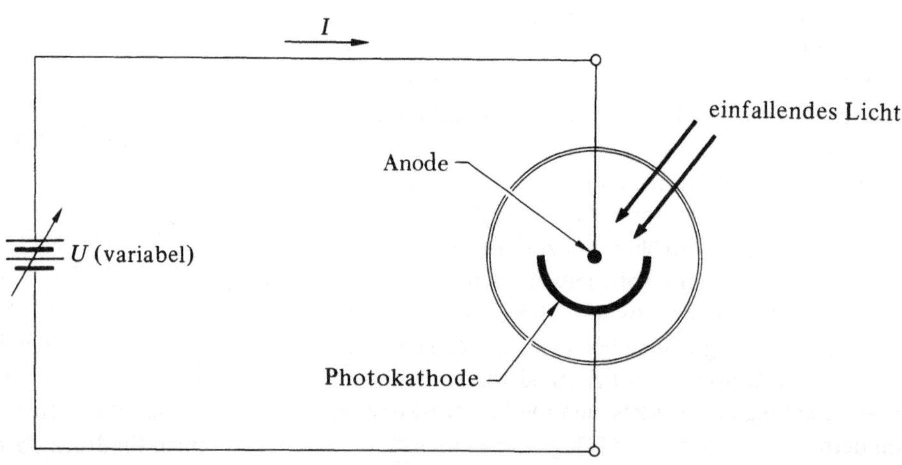

Bild 10.2

vollständig zu stoppen) ist von der *Intensität* des Lichts unabhängig, ist aber eine lineare Funktion der *Frequenz* der Strahlung.

- Es existiert eine maximale Wellenlänge, jenseits der keine Photoemission stattfindet. Sie hängt von der Beschaffenheit der Oberfläche ab.
- Der Sättigungsphotostrom ist zur Lichtintensität direkt proportional.

Diese experimentellen Tatsachen wurden zuerst im Jahre 1905 von *Einstein* verstanden und als Folge der Quantisierung der elektromagnetischen Energie gedeutet, die *Planck* fünf Jahre zuvor postuliert hatte. Ein Photon der Energie $E = hf$, das Strahlung der Frequenz f entspricht, wird von einem Elektron in der Kathode absorbiert. Um das Elektron von der Oberfläche zu entfernen, ist ein *Arbeitsaufwand W* (die Ablösearbeit für das Material) erforderlich. Das Elektron tritt daher mit der kinetischen Energie

$$\tfrac{1}{2} m v^2 = hf - W \tag{10.8}$$

aus dem Metall aus. Erhöhung der Intensität steigert die *Anzahl* der Photonen und daher die Anzahl der Photoelektronen, aber nicht die *Energie* jedes Elektrons.

Dementsprechend ist eine negative Spannung U_0 zum Abstoppen des Elektronenflusses erforderlich, bei dem die potentielle Energie $e U_0$ gleich der anfänglichen kinetischen Energie des Elektrons ist:

$$e U_0 = hf - W. \tag{10.9}$$

U_0 ist also eine lineare Funktion der Frequenz, wie auch experimentell beobachtet wird. Die Messung von U_0 als Funktion der Frequenz erlaubt es also, sowohl h als auch W zu bestimmen (Bild 10.3).

Die ersten Experimente zum photoelektrischen Effekt wurden mit Alkalimetall-Kathoden durchgeführt, die eine niedrige Ablösearbeit und eine relativ hohe photoelektrische Ausbeute (Verhältnis von emittierten Elektronen zu absorbierten Photonen) aufweisen. Sogar in diesem Fall betrug die Ausbeute nur etwa 0,1 %, und die durch

mäßige Lichtintensitäten ausgelösten Photoströme lagen im Mikroamperebereich.

Moderne Photozellen benutzen häufig eine Photokathodenoberfläche aus Cäsiumantimonid und haben Ausbeuten von etwa 20 % und gleichzeitig eine niedrige Ablösearbeit. Der Nachteil dieser Oberflächen für das gegenwärtige Experiment ist ihre ziemlich ungleichmäßige Ablösearbeit, so daß der Photostrom für negative Potentiale nicht scharf abgeschnitten ist. Doch auch hier können h und W mit einer Genauigkeit von etwa 10 ... 20 % bestimmt werden. Bild 10.4 zeigt photoelektrische Ausbeuten als Funktion der Wellenlänge für drei kommerziell verfügbare Photooberflächen.

In der Praxis werden I, U-Diagramme nicht genau wie Bild 10.5 aussehen, sondern eher wie Bild 10.6. Anstatt eines scharfen Abschneidens des Stroms bei einer gewissen Spannung U_0 zeigt der Strom für negative Werte von U einen kleinen negativen Sättigungswert, der durch die Photoemission von der *Anode* verursacht wird. Es verdampfen nämlich kleine Mengen des Photokathodenmaterials und können an der Anodenoberfläche abgelagert werden. Wenn dann Licht die Anode trifft, wirkt auch sie wie eine Photokathode. Dieser Effekt kann vermindert werden, indem man die Zelle so abschirmt, daß kein direktes Licht die Anodendrähte trifft; etwas Streulicht wird aber unvermeidlich sein.

Der gemessene Strom $I(U)$ ist die Summe des Kathoden- und Anodenstroms, während nur der Kathodenstrom $I_0(U)$ selbst benötigt wird. Die Aufspaltung in die beiden Anteile kann unter der vereinfachenden Annahme bewerkstelligt werden, daß der Anodenstrom dieselbe Abhängigkeit von U wie der Kathodenstrom hat, abgesehen von einem konstanten Faktor α und einem Vorzeichenwechsel bei U wegen der vertauschten Rollen der beiden Elektroden. Wir nehmen also an, daß der Gesamtstrom $I(U)$ durch den Kathodenstrom $I_0(U)$ folgendermaßen ausgedrückt werden kann:

$$I(U) = I_0(U) - \alpha I_0(-U), \tag{10.10}$$

wobei α eine Konstante (viel kleiner als 1) ist und das Verhältnis von „Vorwärts"- und „Rückwärts-Sättigungsstrom" bei fixer Intensität und Frequenz angibt.

Gl. (10.10) drückt $I(U)$ durch $I_0(U)$ aus. Da $I(U)$ die direkt meßbare Größe und $I_0(U)$ die zu bestimmende Größe ist, wollen wir diese Gleichung für $I_0(U)$ lösen. Dazu ersetzen wir zuerst U durch $-U$ und multiplizieren mit α:

$$\alpha I(-U) = \alpha I_0(-U) - \alpha^2 I_0(U). \tag{10.11}$$

Nun addieren wir die Gln. (10.10) und (10.11), dividieren durch $(1 - \alpha^2)$ und erhalten

$$I_0(U) = \frac{I(U) + \alpha I(-U)}{1 - \alpha^2}. \tag{10.12}$$

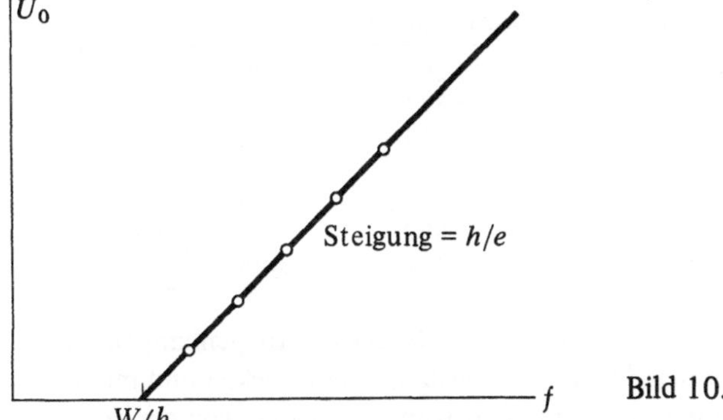

Bild 10.3

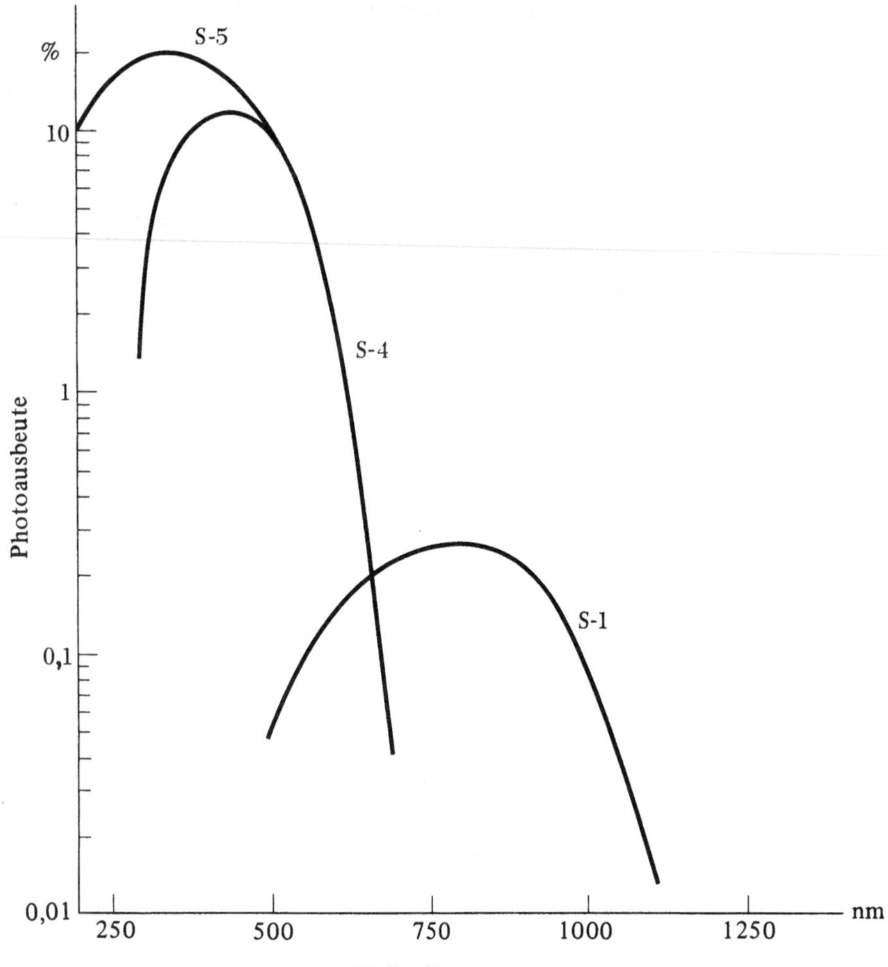

Bild 10.4

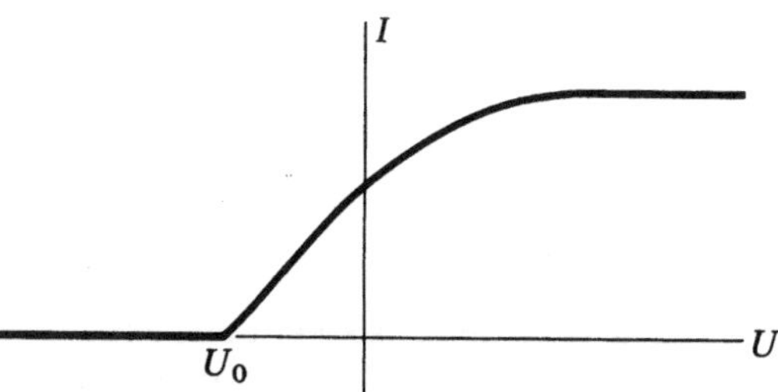

Bild 10.5

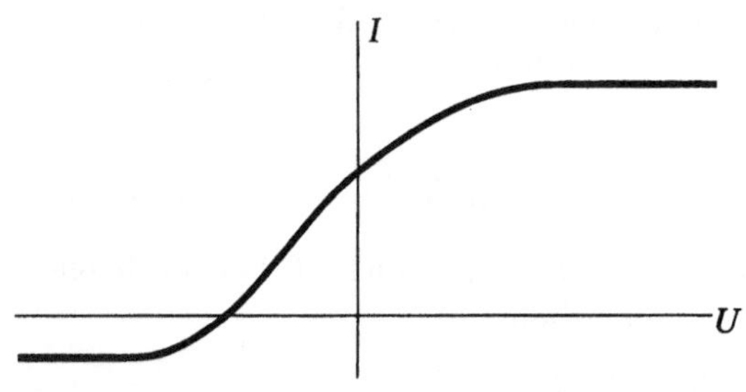

Bild 10.6

10.3.2. Experiment

Mit einer Quecksilberbogenlampe können Spektrallinien in einem weiten Wellenlängenbereich erzeugt werden, um den photoelektrischen Effekt zu studieren. Die relative Intensität der Linien hängt zwar von der Konstruktion der Lampe ab, doch sind die in Tabelle 10.2 angegebenen Linien stets am stärksten.

Tabelle 10.2

Wellenlänge, nm	Wellenzahl, cm^{-1}	Farbe
579,065	17,269	gelb
576,959	17,332	gelb
546,074	18,313	grün
435,835	22,950	blau
404,656	24,713	violett
365,015	27,397	nahes ultraviolett
253,652	39,424	ultraviolett

Es gibt viele Typen von Quecksilberbogenlampen, die bei verschiedenen Quecksilberdampfdrücken und mit verschiedenen Leistungsaufnahmen arbeiten, von einigen wenigen Watt für eine kleine Niederdrucklampe bis zu einigen Kilowatt für Hochdruck-Quecksilberlampen, wie sie zur Straßenbeleuchtung verwendet werden.

Für unsere Zwecke kann z.B. eine 4-W-Quecksilberlampe dienen, die oft zur Keimtötung verwendet wird. Diese Lampe enthält außer Quecksilber, dessen Dampfdruck bei Raumtemperatur sehr niedrig ist, auch Argon von einigen hundert Pascal Gasdruck. Die Entladung beginnt im Argon, aber mit zunehmender Erwärmung der Lampe steigt der Quecksilberdampfdruck bis zu 0,9 bar an. Die Elektronen für die Initialzündung der Argonentladung werden thermisch von einem Wolframfaden zwischen den Elektroden emittiert. Wegen der negativen Temperaturcharakteristik der Entladung muß die Lampe in Serie mit einem hochohmigen Widerstand benutzt werden (wie bei gewöhnlichen Fluoreszenzlampen). Die Lampe ist aus Glas gefertigt, das bis zu einer Wellenlänge von etwa 185 nm durchlässig ist, und die 254-nm- und 365-nm-Linien werden mit sehr geringer Absorption durchgelassen.

Eine andere allgemein erhältliche Quecksilberlampe ist die Hochdruck-Quecksilberlampe, die hauptsächlich für Beleuchtungszwecke verwendet wird. Diese Lampen enthalten eine Quarzglas-Bogenröhre, die von einem Glaskörper umgeben ist. In typischen Fällen schneidet die äußere Glasröhre die Strahlung bei Wellenlängen kleiner als 300 nm ab, so daß die Ausbeute an kurzwelligem Ultraviolett ziemlich beschränkt ist, obwohl diese Lampen die 365-nm-Quecksilberlinie tatsächlich erzeugen.

Üblicherweise befindet sich an jedem Ende der Quarzglasröhre eine Hauptelektrode und eine Starterelektrode. Wenn Spannung angelegt wird, findet die Entladung zuerst zwischen der Hauptelektrode und der anliegenden Starterelektrode statt. Die Stromstärke bei dieser Entladung wird durch eine Reihe von Widerständen im Lampenkörper begrenzt. Hat diese Hilfsentladung eine genügende Menge von Ionen und Elektronen erzeugt,

springt der Bogen auf die Arbeitselektroden über. Lampen dieser Art arbeiten gewöhnlich mit Wechselstrom, der durch einen hochohmigen Transformator zur Verfügung gestellt wird. Diese Transformatoren haben eine hohe Startspannung und ihr Innenwiderstand kompensiert den negativen Widerstand des Bogens.

> **Warnung!**
>
> Wegen der hohen Intensität des ultravioletten Lichts des Quecksilberbogens darf man *niemals* direkt in den Bogen blicken, die Augen könnten bleibend geschädigt werden.

Um einzelne Spektrallinien zu isolieren, verwendet man verschiedene Filter. Beispielsweise blockiert ein gewöhnliches Glasfilter die ultravioletten Linsen, läßt aber die Linien von 405 nm an aufwärts durch. Ein grünes Filter blockiert die blauen und violetten Linien, läßt aber die grünen und gelben durch. Das grüne Filter selbst könnte vielleicht die UV-Linien nicht genügend blockieren, so daß möglicherweise ein zusätzliches Glasfilter nötig ist. Eine geeignete farblose Plastikfolie blockiert Strahlung unterhalb 280 nm, aber die 365-nm-Linie wird durchgelassen. Das kann mit manchen US-Briefmarken überprüft werden, deren fluoreszierende Farbe unter kurzwelligen Ultraviolett-Linien aufleuchtet, nicht aber unter der 365-nm-Linie. Einige andere Briefmarken, insbesondere die von Dänemark, fluoreszieren auch unter der 365-nm-Linie.

1. Bestimmung von h. Um die nötige variable Spannung zur Verfügung zu haben und auch Spannung und Strom an der Photozelle messen zu können, dient der Schaltkreis von Bild 10.7. Das Instrument zur Messung von U_2 muß ein hochohmiges Voltmeter mit mindestens 11 MΩ innerem Widerstand sein; dieses Instrument mißt

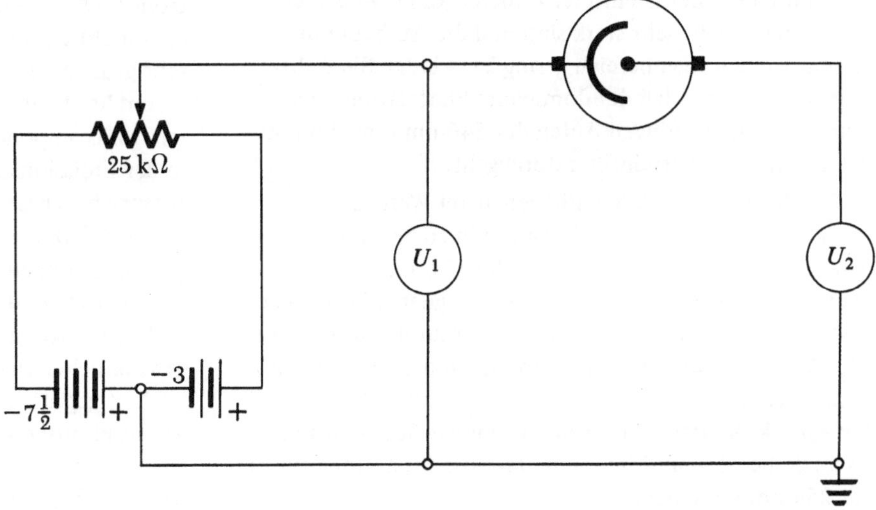

Bild 10.7

den durch die Photozelle fließenden Strom. Für U_1 kann man ein gewöhnliches niederohmiges Voltmeter verwenden, das man die ganze Zeit im Schaltkreis beläßt (der Strom ändert sich merklich, wenn dieses Voltmeter ausgebaut wird). Steht nur das hochohmige Instrument zur Verfügung, so kann es für U_1 und U_2 verwendet werden, indem man eine Leitung einmal an das eine, einmal an das andere Ende der Photozelle legt. In diesem Fall ändert sich U_1 nicht merklich, wenn die Verbindung zum Voltmeter verändert wird. Beachten Sie, daß die Photozellenspannung durch $U = U_1 - U_2$ und der Photozellenstrom I durch $I = U_2/R$ gegeben ist, wobei R der innere Widerstand des Voltmeters ist.

Bringen Sie einen Streifen undurchsichtigen Klebebandes an der Zelle an, der die Anode gegen direkten Lichteinfall abschirmt. Messen Sie sorgfältig die Kennlinie für die grüne 546-nm-Linie! Variieren Sie U_1 in Stufen von 0,1 V von -3 V bis $+3$ V, wobei U_2 für jeden Wert von U_1 gemessen wird. Berechnen Sie die Werte von U und I. Aus dem Verhältnis von Vorwärts- und Rückwärtssättigungsstrom bestimmen Sie den Wert von α. Berechnen Sie mittels Gl. (10.12) I_0 für die verschiedenen Werte von U. Tragen Sie diese Werte in ein Diagramm ein. Bestimmen Sie daraus die Einsetzspannung U_0 für diese Spektrallinien.

Ersetzen Sie das grüne Filter durch ein dunkelblaues Filter und wiederholen Sie Messungen und Analyse für die blaue 436-nm-Linie. Benutzen Sie die Resultate dieser Linie und der grünen Linie sowie Gl. (10.9), um den Wert der Größe hc/e und den Wert von W zu bestimmen. Der heute übliche Wert von hc/e ist

$$\frac{hc}{e} = 1{,}239\,86 \pm 0{,}000\,01 \cdot 10^{-6} \text{ Vm}.$$

Berechnen Sie Ihren experimentellen Wert für h unter Benutzung der üblichen Werte für c und e und vergleichen Sie ihn mit dem üblichen Wert.

2. Gelbe Linien. Sie könnten nun ähnliche Messungen für die gelbe 577-nm- und 579-nm-Linie ausführen, die man mit einem Bernsteinfilter isolieren kann. Weil aber diese Linien nicht sehr stark sind und die Ausbeute in diesem Wellenlängenbereich gering ist, würden Sie wahrscheinlich finden, daß der dominante Photostrom noch immer von dem geringen Anteil der 546-nm-Linie kommt, der durch das Bernsteinfilter durchgeht.

3. Ultraviolette Linien. Ein genauerer Wert für hc/e kann mit den 254-nm und 365-nm-Linien bestimmt werden, da deren Wellenlängenunterschied beträchtlich ist. Sie können diese Messung mit einer geeigneten Photozelle ausführen, wobei die 7,5-V-Batterie vermutlich durch eine 22,5-V-Batterie ersetzt werden muß, um den höheren Photonenenergien gerecht zu werden. Unfiltriertes Licht der 4-W-Quecksilberlampe enthält sowohl die 365-nm-Linie, als auch die 254-nm-Linie. Eine farblose Plastikfolie filtert die 254-nm-Linie heraus.

10.3.3. Fragen

1. Auf welche Wellenlängen spricht eine Photokathode an, deren Material eine Ablösearbeit von 2 eV hat?

2. Nennen Sie Vor- und Nachteile der in Bild 10.4 gezeigten Ausbeute-Kennlinien!

3. Welcher Fehler entsteht in U_0 durch Vernachlässigung der Anodenemission? Wie würde dies den Meßwert für h beeinflussen?

4. Ist α für unterschiedliche Spektrallinien verschieden? Welche Gründe könnte es dafür geben?

5. Berechnen Sie die Anzahl der Photoelektronen, die pro Sekunde von der mit grünem Licht beleuchteten Photozelle ausgehen. Wie viele Photonen treffen die Kathode pro Sekunde, wenn man eine Photoausbeute von 5 % annimmt? Welcher Bruchteil der gesamten Eingangsleistung wird in der grünen Linie emittiert?

6. Warum steigt der Strom nicht sofort auf seinen Sättigungswert an, wenn die Anode bezüglich der Kathode positiv ist? Was geschieht mit den Elektronen, die die Kathode nicht erreichen?

7. Wie gut ist die Annahme, daß Kathoden- und Anodenemissionsstrom ähnliche Abhängigkeiten von U haben? Welche Argumente sprechen für einen unterschiedlichen Stromverlauf?

10.4. Experiment AP-3: Der Photomultiplier und das Photonenrauschen

10.4.1. Einleitung

Im Experiment AP-2 untersuchten wir die Photoemission von Elektronen. Jedes Photoelektron resultiert aus der Absorption eines einzelnen Photons, aber die tatsächlich beobachtete Größe ist der mittlere *Emissionsstrom*, der gleich der Elektronenladung e, multipliziert mit der mittleren Anzahl r der pro Einheitszeit emittierten Elektronen, ist. Wegen der geringen Größe der Elektronenladung entspricht ein makroskopisch beobachtbarer Strom einer sehr großen Anzahl von Elektronen pro Sekunde. Dieser Strom hat trotz seines konstanten Mittelwerts eine Wechselstromkomponente, die den zufälligen Schwankungen in der Emissionsrate der Elektronen von der Photokathode entspricht. Diese Stromschwankungen, wegen ihres Ursprungs *Photonenrauschen* (*Photokathodenrauschen*) genannt, können mit einer geeigneten Ausrüstung direkt beobachtet werden.

Der Photomultiplier ist ein Gerät, das im Vergleich zur gewöhnlichen Photozelle eine stark vergrößerte Empfindlichkeit gegenüber einfallenden Photonen besitzt. Daher ist das Photonenrauschen mit einem Photomultiplier viel leichter zu beobachten. Das Grundprinzip seiner Arbeitsweise ist folgendes: Nachdem Photoelektronen aus der

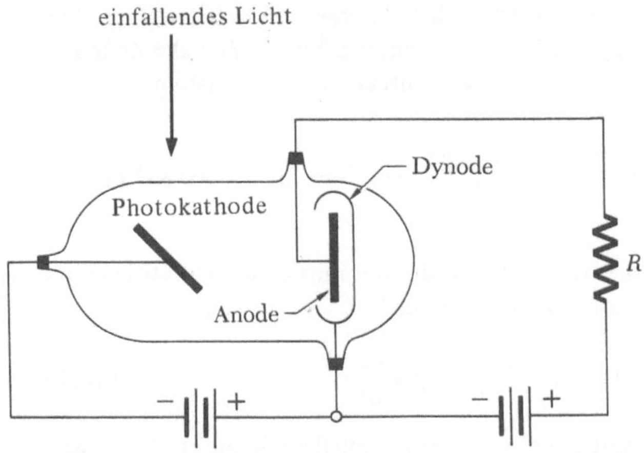

Bild 10.8

Kathode freigesetzt wurden, werden sie gegen eine Zwischenelektrode beschleunigt, die man als *Dynode* bezeichnet. Ist die Spannung zwischen Kathode und Dynode groß genug, erreicht jedes Elektron die Dynode mit genug kinetischer Energie, um einige Elektronen herauszuschlagen. Diese Sekundärelektronen werden dann durch eine Zusatzspannung gegen die Anode beschleunigt. Die Anordnung ist in Bild 10.8 schematisch gezeigt. Der Strom im Widerstand R, der dem Fluß der Sekundärelektronen von der Dynode zur Anode entspricht, ist größer als derjenige der primären Photoelektronen.

Je nach Dynodenmaterial und Beschleunigungsspannung ist ein Multiplikationsfaktor von 10 oder mehr möglich. Weiterhin ist die Ausbeute an Sekundärelektronen pro Primärelektron nicht konstant. Ist der *durchschnittliche* Vervielfachungsfaktor etwa 4, kann die Ausbeute während eines wesentlichen Bruchteils der Gesamtzeit 3 oder 5 betragen. Die Anzahl der Sekundärelektronen pro Primärelektron genügt einem statistischen Verteilungsgesetz, das durch die spezielle Situation bestimmt wird. In vielen Fällen ist eine Poisson-Verteilung eine hinreichende Näherung. Die Anzahl der *primären* Elektronen, die während eines gegebenen Zeitintervalls emittiert werden, genügt analog zur statistischen Beschreibung des radioaktiven Zerfalls ebenfalls einer Poisson-Verteilung.

Die durch die Dynode bewirkte Elektronenvervielfachung kann in mehreren Schritten wiederholt werden, indem verschiedene Dynoden mit sukzessive höheren Spannungen verwendet werden. Beträgt der Multiplikationsfaktor etwa 4, ergibt ein einzelnes primäres Elektron an der ersten Dynode 4 Elektronen, 4^2 oder 16 an der zweiten, 4^3 oder 64 an der dritten usw., so daß bei Verwendung mehrerer Dynoden die gesamte Stromvervielfachung sehr groß sein kann. Mit n Dynoden und einem Faktor δ pro Dynode ist der Multiplikationsfaktor insgesamt δ^n. Eine typische Anordnung zeigt Bild 10.9. Der Elektronenstrom einer Cäsium-Antimonid-Photokathode wird durch 9 Dynoden vervielfacht, die ebenfalls mit Cäsium-Antimonid überzogen sind.

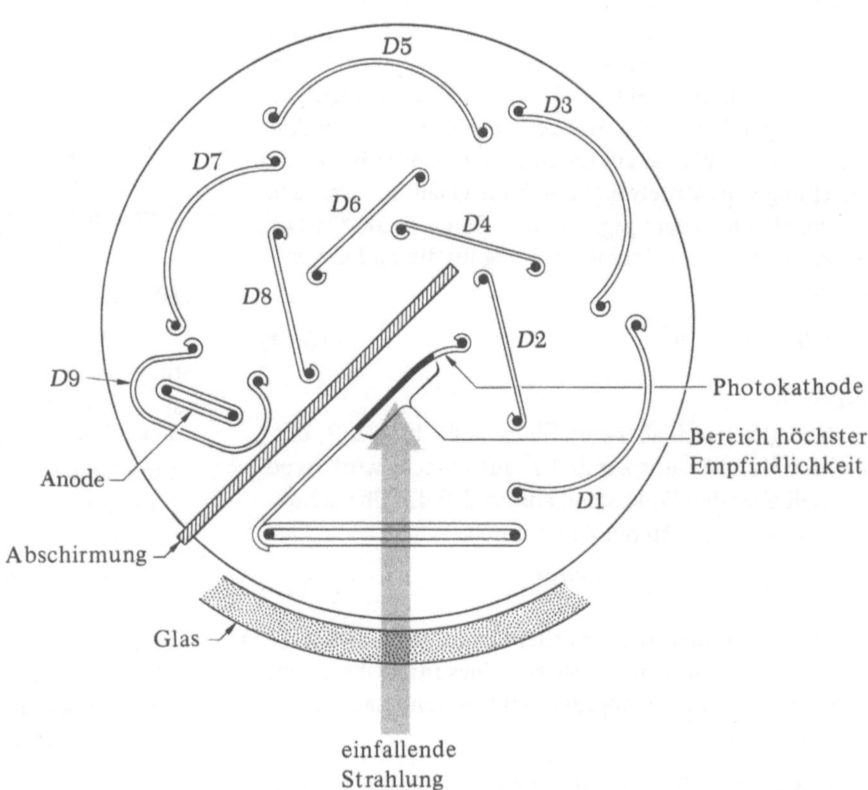

Bild 10.9

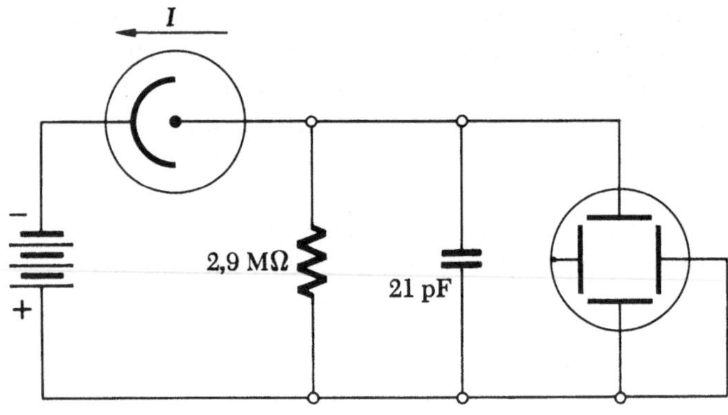

Bild 10.10

Es ist von Interesse, die zufälligen Stromschwankungen im Detail zu untersuchen. Wir betrachten zuerst die Situation von Bild 10.10, wo eine gewöhnliche Photozelle benutzt wird. Wenn die mittlere Emissionsrate der Photoelektronen r Elektronen pro Zeiteinheit beträgt und die Ladung jedes Elektrons e ist, dann ist der mittlere Strom durch R gleich $I = er$, die Spannung U an R und C ist $U = erR$, und die mittlere Ladung des Kondensators beträgt

$$\overline{Q} = erRC. \qquad (10.13)$$

In einem Zeitintervall Δt ist die *mittlere* Anzahl der emittierten Elektronen $r\,\Delta t$, entsprechend einer Ladung $er\,\Delta t$. Da aber die Anzahl der emittierten Elektronen in diesem Zeitintervall einer Poisson-Verteilung genügt, wie oben ausgeführt, ist die *Standardabweichung* dieser Anzahl (d.h. die Wurzel aus der mittleren quadratischen Abweichung vom Mittelwert) durch die Quadratwurzel aus der mittleren Anzahl gegeben, d.h. durch $(r\,\Delta t)^{1/2}$. Die entsprechende Standardabweichung für die *Ladung* ist durch

$$\Delta Q = e\,(r\,\Delta t)^{1/2} \qquad (10.14)$$

gegeben.

Nun gleich sich aber eine Überschußladung ΔQ, die auf den Kondensator zur Zeit t' aufgebracht wird, exponentiell über den Widerstand aus, so daß die Überschußladung zu einer späteren Zeit t durch

$$\Delta Q(t) = \Delta Q(t')\,\mathrm{e}^{-(t-t')/RC} \qquad (10.15)$$

gegeben ist. Daher ist das mittlere Ladungsquadrat $[\Delta Q(t)]^2$ zur Zeit t, das von einer während eines Intervalls Δt zu einer früheren Zeit t' angehäuften Überschußladung stammt, durch

$$[\Delta Q(t)]^2 = e^2 r\,\Delta t\,\mathrm{e}^{-2(t-t')/RC} \qquad (10.16)$$

gegeben. Um schließlich das *gesamte* mittlere Überschußladungsquadrat zu finden, müssen wir über alle Zeiten t', die früher als t liegen, integrieren und erhalten:

$$[\Delta Q(t)]^2 = e^2 r \int_{-\infty}^{t} \mathrm{e}^{-2(t-t')/RC}dt' = \frac{1}{2}\,e^2 r RC \qquad (10.17)$$

Daher ist die Wurzel aus der mittleren quadratischen Ladungsschwankung durch

$$\Delta Q = \left(\frac{rRC}{2}\right)^{1/2} e = \left(\frac{RC}{2r}\right)^{1/2} I \qquad (10.18)$$

gegeben, wobei $I = er$ der mittlere Strom ist. Die zugehörige Spannungsschwankung am RC-Glied ist

$$\Delta U = \frac{\Delta Q}{C} = \left(\frac{R}{2rC}\right)^{1/2} I. \qquad (10.19)$$

Für typische Werte, wie etwa $I = 10\ \mu\mathrm{A}$, $R = 2{,}9\ \mathrm{M}\Omega$, $C = 20\ \mathrm{pF}$, erwarten wir eine Rauschspannung von der Größenordnung 0,3 mV. Da die Ablenkempfindlichkeit von typischen Oszillographen in der Größenordnung von 10 mV/cm liegen, würden wir eine zusätzliche Verstärkung um einen Faktor der Größenordnung 100 benötigen, um dieses Rauschen direkt zu sehen. Die Elektronenvervielfachung im Photomultiplier macht das Photonenrauschen aber leichter sichtbar. In diesem Fall wird das Rauschen, das mit der zufallsverteilten Photoemission von Elektronen einhergeht, um ein zusätzliches Rauschen vermehrt, das von den Fluktuationen der Ausbeute an den verschiedenen Dynoden kommt. Das Gesamtrauschen folgt im wesentlichen den Gln. (10.18) und (10.19), wobei aber I der endgültige *Anodenstrom* und nicht der primäre *Kathodenstrom* ist und ein Faktor $\delta/(\delta-1)$ hinzukommt, wobei δ die mittlere Vervielfachung pro Dynode ist. Die Herleitung dieses Faktors soll unterbleiben, da vor allem die Abhängigkeit von R, C und der Zählrate wesentlich ist.

10.4.2. Experiment

1. Die Bestimmung von ΔQ. Bild 10.11 zeigt die Schaltung des Photomultipliers. Eine Kette von 1-$\mathrm{M}\Omega$-Widerständen am Sockel der Röhre dient als Spannungsteiler, wobei die Elektronenkanone des Oszillographen die Spannung für die Photokathode liefert. Die Spannung zwischen der letzten Dynode und der Anode wird dem Netzgerät entnommen, da größere Stromstärken benötigt werden.

Berechnen Sie zunächst übungshalber den Strom in den Widerständen des Spannungsteilers als Funktion des Kathodenstromes I_0 und von δ. Bedenken Sie, daß der 10-kΩ-Widerstand im Nebenschluß zur Eingangskapazität des Oszillographen liegt. Bei einer Eingangskapazität von 21 pF beträgt die Zeitkonstante

$$\tau = RC = 10\ \mathrm{k}\Omega \cdot 21\ \mathrm{pF} = 210\ \mathrm{ns}.$$

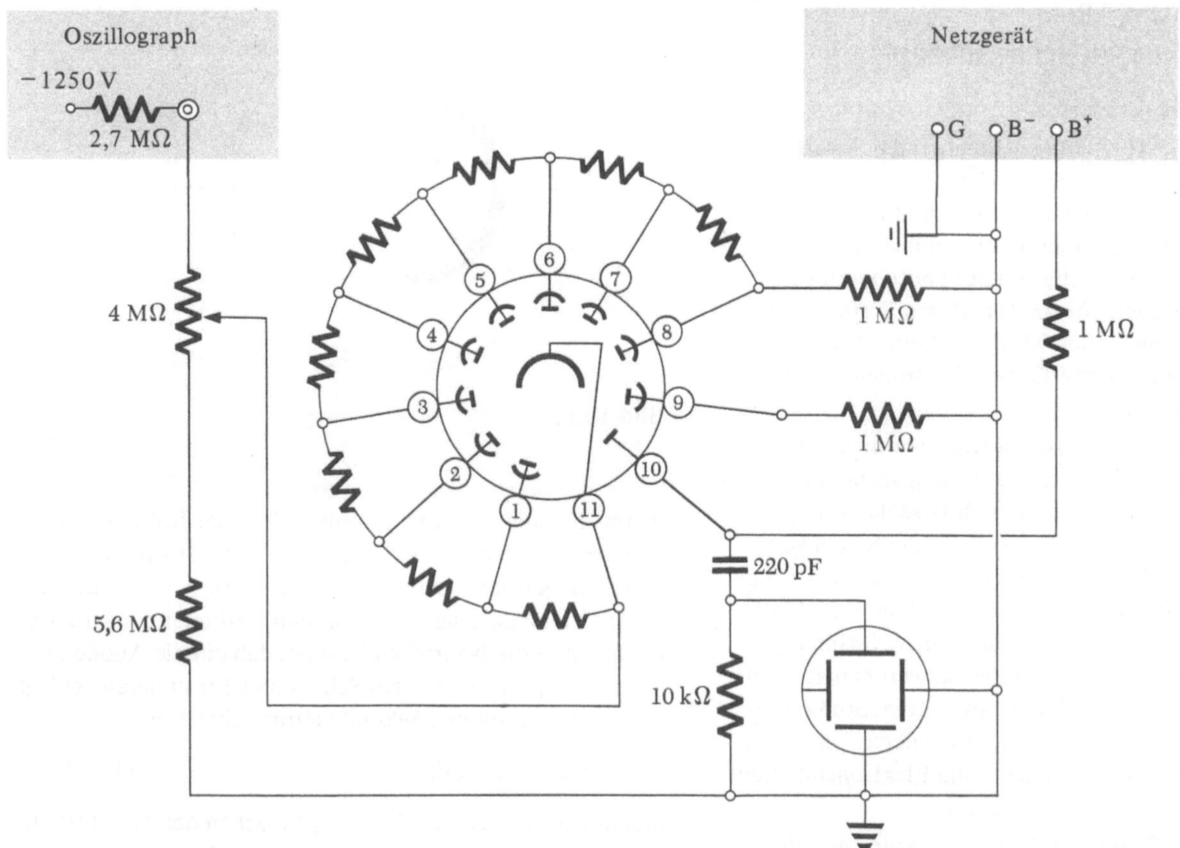

Bild 10.11

Wie im Experiment AP-2 kann der Photomultiplier mit der 546-nm-Linie des Quecksilbers angeregt werden. Die Lichtintensität, die die Photokathode trifft, sollte durch eine Blende so beschränkt werden, daß der Anodenstrom 10 μA nicht überschreitet. Anderenfalls wird der Spannungsteiler zu stark belastet und die Spannungen an den Enddynoden fallen. Dadurch sinkt δ und der Photomultiplier verhält sich nichtlinear.

Berechnen Sie aus dem Spannungsabfall an dem in Serie mit der Anode liegenden 1-MΩ-Widerstand den Strom $I = re\,\delta^n$. Schätzen Sie auch die Rauschspannung am Oszillographen ab, wobei die Wurzel aus dem mittleren Spannungsquadrat erfahrungsgemäß etwa ein Viertel der scheinbaren Spitzen-Spitzen-Amplitude ist. Berechnen Sie daraus ΔQ.

2. Bestimmung von r und δ. Benutzen Sie Gl. (10.18) oder Gl. (10.19) mit dem Faktor $\delta/(\delta - 1)$, um die Zählrate r und den mittleren Multiplikationsfaktor δ zu berechnen. Wie groß ist die aus δ^n berechnete Gesamtausbeute? Wie viele Photonen werden innerhalb eines Zeitintervalls der Größe RC registriert?

3. Änderung von δ. Wiederholen Sie Ihre Messungen für eine Anzahl unterschiedlicher Spannungen, die an das Dynodennetzwerk gelegt werden. Bestimmen Sie die Zählrate r und den mittleren Multiplikationsfaktor δ für jeden Wert der Spannung. Tragen Sie δ als Funktion der Spannung zwischen den Dynoden auf.

4. Direkte Bestimmung von δ. Durch Vergleich des Anodenstroms mit jenem an der letzten Dynode können Sie δ direkt bestimmen. Vergleichen Sie Ihr Resultat mit dem Wert von δ, der aus dem Rauschen bestimmt wurde.

10.4.3. Fragen

1. Die Quantenausbeute der Photokathode in der Nähe der grünen Quecksilberlinie ist etwa 5 %. Daher ist der berechnete Wert von r nur 5 % des Photonenstroms. Würden Sie erwarten, daß die reduzierte Ausbeute ein zusätzliches Rauschen verursacht, oder wird das Rauschen bereits vollständig durch die obige Diskussion erfaßt? Erklären Sie Ihre Antwort.

2. Wie groß ist der Spannungsimpuls, der durch ein einzelnes Photon an der Eingangskapazität des Oszillographen erzeugt wird?

3. Welche zusätzliche Verstärkung wäre nötig, damit einzelne Photonen beobachtet werden könnten? Wäre eine solche Beobachtung ausführbar?

10.5. Experiment AP-4: Ionisierung durch Elektronen

10.5.1. Einleitung

Im Experiment AP-2 untersuchten wir die Strom-Spannung-Kennlinie einer Photozelle, die mit Licht verschiedener Wellenlänge beleuchtet wurde. Besondere Aufmerksamkeit richteten wir auf die Kennlinie für kleine *negative* Spannungen, die die von der Photooberfläche emittierten Elektronen *abbremsen*. Durch Bestimmung der Einsetzspannung fanden wir die Relation zwischen der Maximalenergie der emittierten Elektronen und der Wellenlänge des Lichts.

Im vorliegenden Experiment werden wir die Kennlinien der Photozelle für mäßige Beschleunigungsspannungen studieren. Wir werden finden, daß für Beschleunigungsspannungen von einigen Volt oder mehr der Strom von der Spannung unabhängig ist und nur von der Lichtmenge abhängt. Dann untersuchen wir die Kennlinie einer Photozelle, die etwas Edelgas enthält. Für positive Spannungen wird hier zunächst ein ähnlicher Plateauwert erzielt, dem aber einige steile Anstiege des Stroms folgen. Stoßionisation von Gasatomen durch hinreichend energetische Elektronen haben nämlich hohe Ionen- und Elektronendichten zur Folge und lassen den Strom ansteigen.

Aus der Strom-Spannung-Kennlinie können wir die *Ionisationsenergie* der Gasatome bestimmen. Gehen wir mit der Spannung schließlich über die Arbeitsspannung gasgefüllter Photodioden hinaus, die üblicherweise bei etwa 90 V liegt, so wächst die Ionenvervielfachung stark an, was schließlich zu einer *selbständigen Entladung* in der Röhre führt.

Um die Gründe für die Entstehung einer Entladung zu verstehen, betrachten wir zwei Prozesse: 1. Das Anwachsen des Röhrenstroms als Folge der Gasionisation und 2. die Erzeugung von Sekundärelektronen als Folge von Stößen positiver Ionen auf die Photokathode. In Bild 10.12 sind schematisch die verschiedenen Elektronenströme gezeigt. Der Strom i_0 ist der anfängliche Strom, der durch die auf die Kathode einfallenden Photonen erzeugt wird. Der Strom i_s ist der sekundäre Strom der zusätzlichen Elektronen, die durch das Bombardement der Kathode durch positive Gasionen freigesetzt werden. i ist der gesamte Elektronenstrom, der die Anode erreicht. Wenn α der Elektronenmultiplikationsfaktor infolge der Ionisierung im Elektronenstrom ist, können wir schreiben

$$i = \alpha\,(i_0 + i_s), \tag{10.20}$$

wobei α von der Spannung an der Röhre abhängt. Unterhalb der ersten Schwelle ist α gleich 1. Bei normalen Betriebsspannungen liegt es zwischen 5 und 10 und kann über den normalen Spannungen noch höher liegen. Unter stationären Bedingungen müssen Kathoden und Anoden-

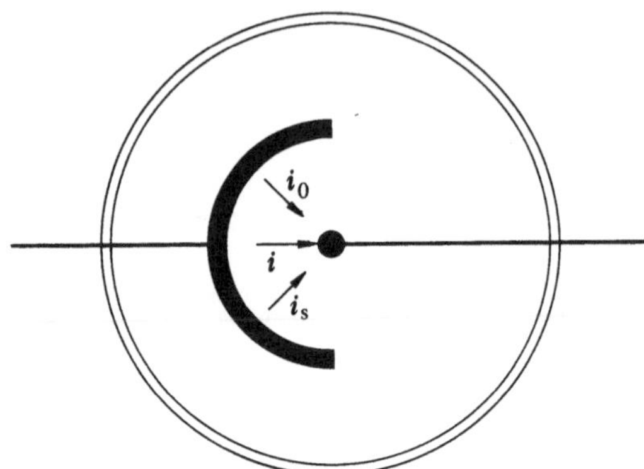

Bild 10.12

strom einander gleich sein, wenn sich in der Röhre keine Ladung anhäufen soll. Daher muß es einen Strom positiver Ionen zur Kathode geben, der gleich $i - (i_0 + i_s)$ ist, gerade die Differenz zwischen Anoden- und Kathoden-Elektronenstrom. Ist γ die Wahrscheinlichkeit, daß ein die Anode erreichendes positives Ion ein Sekundärelektron herausschlägt, so können wir für den Sekundärstrom schreiben

$$i_s = \gamma\,[i - (i_0 + i_s)]. \tag{10.21}$$

Indem wir den Sekundärstrom i_s zwischen den Gln. (10.20) und (10.21) eliminieren, erhalten wir für den Anodenstrom

$$i = \frac{\alpha}{1 - \gamma\,(\alpha - 1)}\,i_0. \tag{10.22}$$

Für niedrige Spannungen an der Röhre ist α nahe bei 1, γ ist klein, und der Nenner ist nur wenig kleiner als 1. Wenn wir aber die Spannung anwachsen lassen, wachsen sowohl α als auch γ. Bei genügend hoher Spannung nähern wir uns der Bedingung

$$\alpha = 1 + \frac{1}{\gamma}, \tag{10.23}$$

unter der der Nenner gegen Null geht, was die Möglichkeit eines Stromflusses auch dann impliziert, wenn i_0 gleich Null ist. Hat einmal eine Entladung eingesetzt, baut sich eine Raumladung auf, die sogar bei Lichteinfall den Röhrenstrom stabilisiert. Wie Sie beobachten werden, erzeugt die Entladung ihre eigenen Photoelektronen. Dieser Prozeß ist vor dem Einsetzen der Entladung nicht wichtig, und er wurde in der obigen Diskussion auch vernachlässigt.

10.5.2. Experiment

1. Kennlinien von Vakuum-Photozellen. Der in Bild 10.13 gezeigte Schaltkreis dient zur Bestimmung der Kennlinie einer Vakuum-Photozelle. Als Lichtquelle können Sie eine Lampe oder Tageslicht verwenden, nicht aber Leuchtstoffröhren, deren Licht mit einer Periode von 100 Hz schwankt und dadurch die Kennlinien auf dem Oszillographen verwischt.

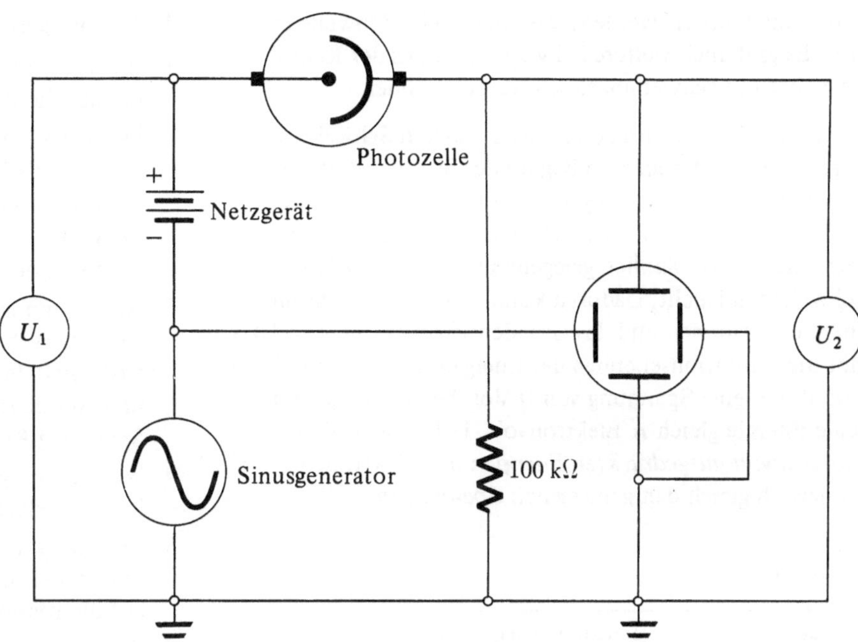

Bild 10.13

Mit dem in Bild 10.13 gezeigte Schaltkreis können durch Variation der Amplitude des Sinussignals und der Ausgangsspannung U_1 des Netzgeräts verschiedene Bereiche der Kennlinie untersucht werden. Nach Abschalten der Sinusspannung kann U_1 und auch der Strom durch die Photozelle (aus dem Spannungsabfall am 100-kΩ-Widerstand) gemessen werden. Die Spannung an der Photozelle ergibt sich als Differenz zwischen U_1 und U_2.

Nehmen Sie die Strom-Spannung-Kennlinie der Photozelle auf, und bestimmen Sie die Spannung, für die der Strom den halben Maximalwert erreicht. Warum ist eine mäßige Vorwärtsspannung zur Sättigung des Photostroms erforderlich? Was geschieht bei geringeren Spannungen mit den Elektronen, die die Anode nicht erreichen?

Berechnen Sie die Anzahl der Elektronen, die die Anode pro Sekunde erreichen, aus dem Sättigungsstrom. Ermitteln Sie den einfallenden Photonenstrom unter der Annahme einer Photoausbeute von 0,1 % (d.h. nur 0,1 % der einfallenden Photonen setzen Elektronen frei). Schätzen Sie den Lichtfluß in Watt pro Quadratmeter.

2. Kennlinien einer gasgefüllten Photozelle. Ersetzen Sie die Vakuum-Photozelle durch eine gasgefüllte Photozelle. Hierbei sollten sich die drei in Bild 10.14 gezeigten Bereiche der Kennlinie ergeben. Bei niedrigen Spannungen verlaufen die Kennlinien der gasgefüllten und der Vakuum-Photozellen ähnlich. Oberhalb der Schwellenspannung U_A tritt ein zusätzlicher Beitrag zum Strom auf, der bei Sättigung den Strom verdoppeln würde. Oberhalb einer zweiten Schwellenspannung steigt der Strom schneller an. Bestimmen Sie diese Schwellenspannungen, reduzieren Sie dann die Amplitude des Sinussignals, wobei Sie die Schwellenregion auf dem Oszillographen zentriert halten. Messen Sie

nun an der Photozelle für jede der beiden Schwellen die Spannungen U_1 und U_2 und bestimmen Sie daraus die Spannung $U = U_1 - U_2$.

Die Kennlinie in Bild 10.14 ist folgendermaßen zu interpretieren: Für Spannungen unterhalb der Schwelle behindern Stöße gegen die Gasmoleküle den Fluß der Elektronen zur Anode geringfügig, haben aber sonst wenig Einfluß. Wenn die Energie der Elektronen zur Ionisation der Gasatome ausreicht, wird der Photostrom verdoppelt, da für jedes anfängliche Photoelektron nun *zwei* Elektronen die Anode erreichen können. Das beim Stoß gebildete Ion driftet zur Photokathode und wird dort neutralisiert. Bei ausreichender Energie kann es auch sekundäre Elektronen auslösen und so eine weitere Vervielfachung des Stroms bewirken.

Sowohl das anfängliche Elektron als auch das durch Ionisation erzeugte werden zur Anode beschleunigt. Bei ausreichender Anodenspannung können dabei weitere

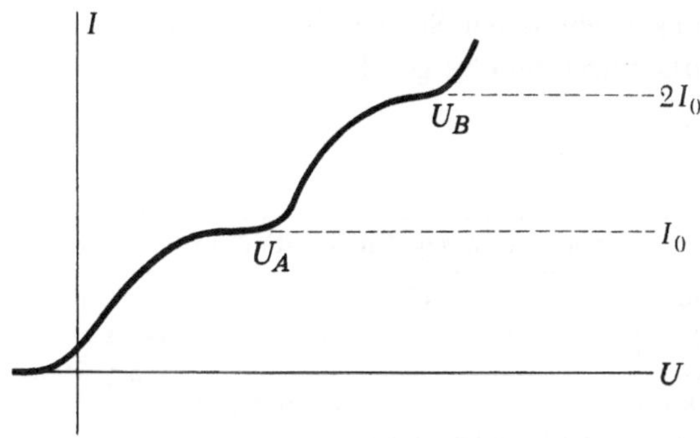

Bild 10.14

Gasatome ionisiert werden, was eine zweite Schwelle ergibt. Es gibt auch weitere Schwellen, die aus der Kennlinie aber nur schwer abgelesen werden können.

Um die Ionisationsenergie aus der ersten Schwelle zu berechnen, muß man zum Beginn des Stromanstiegs zurück extrapolieren. Im allgemeinen ist es einfacher, die *Differenz* der beiden Schwellenspannungen zu bestimmen, indem man ähnlich gelegene Punkte auf beiden Schwellen aufsucht. Dadurch können Sie die Ionisationsenergie bestimmen und das Gas identifizieren. Tabelle 10.3 gibt die Ionisationsenergien der Edelgase an. Wird ein Elektron durch eine Spannung von n Volt beschleunigt, so ist seine Energie gleich n Elektronvolt. Daher sind die in *Elektronvolt ausgedrückten Energien* der Elektronen numerisch gleich den gemessenen *Spannungen*.

Tabelle 10.3

Gas	Ionisationsenergie, eV
Helium (He)	24,46
Neon (Ne)	21,47
Argon (Ar)	15,68
Krypton (K)	13,93
Xenon (Xe)	12,08
Radon (Rn)	10,698

3. Die Glimmentladung. Steigern Sie die Spannung an der Photozelle, bis Sie ein schwaches Glimmen im Dunkeln entdecken. Dazu sind etwa 250 V erforderlich. Beachten Sie, daß der Strom weiterhin fließt, obwohl kein Licht von außen auf die Photooberfläche fällt. Steht ein Spektrometer zur Verfügung, dann messen Sie die Wellenlängen des emittierten Lichts! Tabelle 10.4 gibt eine Liste der Wellenlängen der stärksten Linien, die in einer Glimmentladung von jedem der Edelgase emittiert werden. Was schließen Sie daraus hinsichtlich des Gases in der Photozelle? Stimmt diese Identifikation mit jener überein, die Sie durch Bestimmung der Ionisierungsenergie durchführten?

Es könnte sein, daß die Entladung zu schwach ist, um ein Linienspektrum zu bestimmen. Sie sollten das Gas identifizieren können, indem Sie die *Farbe* mit edelgasgefüllten Entladungsröhren vergleichen.

Tabelle 10.4

Gas	charakteristische Glimmentladungs-Linien (nm)
Helium (He)	468,6 587,6
Neon (Ne)	540,0 585,2 640,2
Argon (Ar)	696,5 706,7 750,4 811,5
Krypton (K)	557,0 587,1
Xenon (Xe)	450,1 462,4 467,1
Radon (Rn)	468,2 482,6

10.5.3. Fragen

1. Im Experiment AP-2 war es wichtig, die Wellenlänge der auf die Photokathode einfallenden Strahlung zu betrachten. Warum ist dies im vorliegenden Experiment weniger wichtig?

2. Warum ist die Spannung, bei der sich der erste Sprung im Strom ereignet, nicht einfach gleich dem Ionisationspotential des Gases?

3. Angenommen, der Gasdruck in der Photozelle wird vergrößert, bis die mittlere freie Weglänge eines Elektrons viel kleiner als die Distanz zwischen Kathode und Anode ist. Welchen Effekt hätte das auf die Strom-Spannung-Kennlinie?

4. Welche Energiequelle verursacht die Anfangsionisierung in einer selbständigen Glimmentladung?

5. Eine gasgefüllte Photozelle enthalte zwei Gase mit verschiedener Ionisationsenergie. Welchen Einfluß hat dies auf die Kennlinie?

6. Warum steigt der Strom bei einer selbständigen Glimmentladung nicht unbegrenzt an?

10.6. Experiment AP-5: Elektronenbeugung

10.6.1. Einleitung

Als *Louis de Broglie* im Jahre 1924 die Welleneigenschaften von Teilchen postulierte, war der Dualismus Welle-Teilchen für Licht bereits gut bekannt. *De Broglie* vermutete, daß dieser Dualismus auch für Materie gültig sei und die bekannten Teilchen unter geeigneten Umständen wellenartiges Verhalten aufweisen würden. Dazu verallgemeinerte er den von den Photonen bekannten Zusammenhang zwischen Wellenlänge λ und Impuls p

$$\lambda = \frac{h}{p}, \tag{10.24}$$

wobei die Plancksche Konstante $h = 6{,}625\,6 \cdot 10^{-34}$ Js bereits aus dem photoelektrischen Effekt und anderen Experimenten bekannt war.

Die ersten direkten Beweise für die Wellennatur der Teilchen wurden im Jahre 1927 von *Davisson* und *Germer* erhalten. Sie reflektierten einen Strahl langsamer Elektronen an einem Nickel-Einkristall und fanden, daß ihre Resultate als Beugung von Elektronenwellen durch das Kristallgitter verstanden werden konnte. Auch Experimente mit schnellen Elektronen (*G. P. Thomson*, 1928) bestätigten *de Broglies* Hypothese. *Thomson* sandte einen Elektronenstrahl durch dünne Filme aus Aluminium, Gold und Platin und beobachtete auf einem Fluoreszenzschirm ringförmige Beugungsfiguren. Aus den Durchmessern der Ringe berechnete er die Wellenlänge λ der Elektronen. Das Ergebnis kann leicht mit der de Broglie Beziehung verglichen werden, da der Impuls p der Elektronen mit der Beschleunigungsspannung U gemäß

$$eU = \frac{1}{2} mv^2 = \frac{p^2}{2m} \qquad (10.25)$$

zusammenhängt. Berechnete und gemessene Wellenlängen stimmten innerhalb von 1 % überein.

Wir benützen hier Thomsons Methode und richten einen Elektronenstrahl auf einen polykristallinen dünnen Film. Die Intensitätsmaxima im Beugungsbild folgen aus der Betrachtung verschiedener Scharen von Gitterebenen.

Konstruktive Interferenz an einer gegebenen Schar paralleler Gitterebenen findet statt, wenn Einfalls- und Reflexionswinkel gleich sind und wenn die Wegdifferenz zwischen benachbarten Ebenen ein ganzzahliges Vielfaches der Wellenlänge beträgt. Bild 10.15 zeigt, daß diese Bedingung erfüllt ist, wenn

$$2d \sin \theta = n\lambda, \qquad (10.26)$$

wobei λ die Wellenlänge, d die Distanz zwischen benachbarten Gitterebenen und n eine ganze Zahl ist, welche die *Ordnung* des Reflexes genannt wird. Gl. (10.26) wird als *Braggsches Gesetz* bezeichnet; es ist mit der Bedingung für konstruktive Interferenz bei der Röntgenbeugung durch ein Kristallgitter identisch. Der Winkel θ ist in Bild 10.15 gezeigt; der Winkel zwischen dem einfallenden und dem gebeugten Strahl ist gleich 2θ.

Eine nützliche Uminterpretation von Gl. (10.26) erhält man, indem man beide Seiten durch n dividiert:

$$2 \frac{d}{n} \sin \theta = \lambda. \qquad (10.27)$$

Dies bedeutet, daß die Bedingung für einen Reflex n-ter Ordnung an Ebenen mit einem Abstand d dieselbe ist wie jene für einen Reflex erster Ordnung an Ebenen mit dem Abstand d/n, was der Fall wäre, wenn es zwischen den wirklichen Gitterebenen $n - 1$ zusätzliche dazwischenliegende Ebenen gäbe. Für eine gegebene Schar paralleler Gitterebenen gibt es nur einen Winkel, für den die Braggsche Bedingung erfüllt ist. Wird ein geeignet orientierter Kristall um die Richtung des einfallenden Strahls gedreht, wird sich der gebeugte Strahl ebenso drehen. Daher erwarten wir für eine pulverförmige oder polykristalline Probe mit zufallsorientierten Kristallen eine ringförmige Beugungsfigur mit dem halben Öffnungswinkel 2θ.

Wenn die Struktur eines Kristalls bekannt ist, gibt es eine systematische Methode, die Abstände d zwischen benachbarten Gitterebenen zu finden. Wir werden diese Frage im Detail für zweidimensionale Gitter untersuchen und dann die entsprechenden Relationen für dreidimensionale Gitter angeben. Bild 10.16 zeigt ein quadratisches Gitter mit dem Gitterabstand a. Die mit A bezeichnete

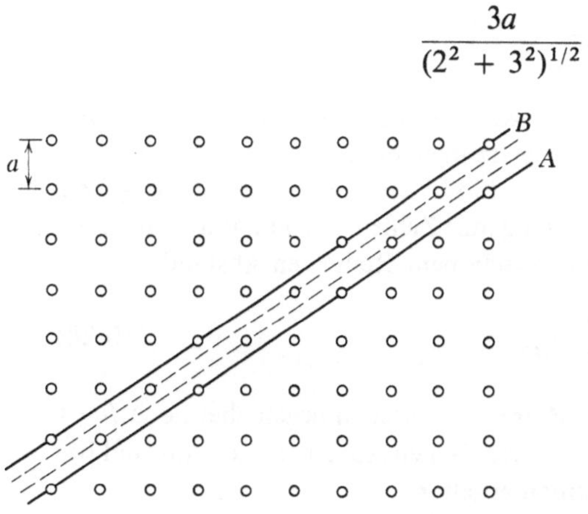

$$\frac{3a}{(2^2 + 3^2)^{1/2}}$$

Bild 10.16

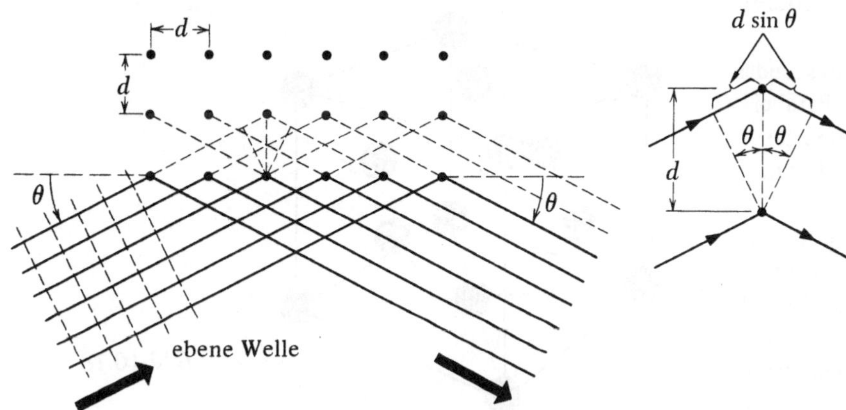

ebene Welle

$d \sin \theta$

Bild 10.15

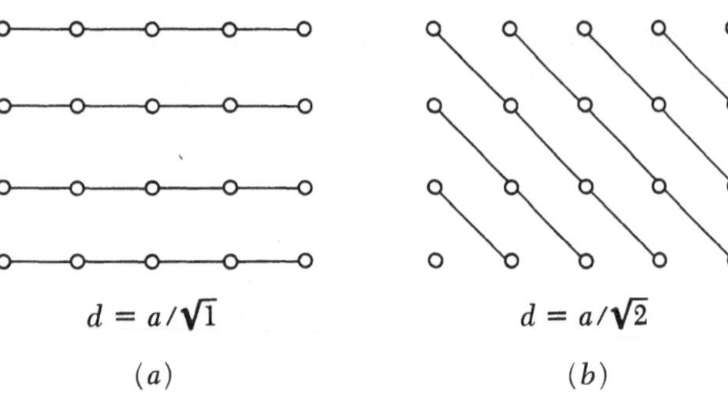

$$d = a/\sqrt{1}$$

(a)

$$d = a/\sqrt{2}$$

(b)

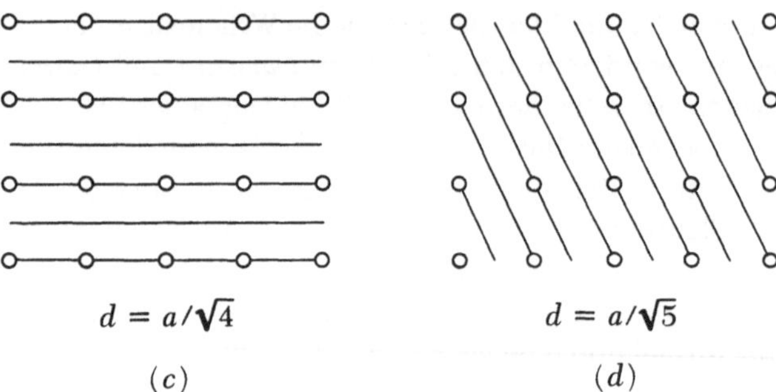

$$d = a/\sqrt{4}$$

(c)

$$d = a/\sqrt{5}$$

(d)

Bild 10.17

Reihe hat die Eigenschaft, daß jeder ihrer Gitterplätze drei Einheiten rechts und zwei Einheiten oberhalb des vorhergehenden Platzes liegt. Die mit B bezeichnete Reihe ist dazu parallel, aber vertikal verschoben. Der Normalabstand dieser Reihen ist, wie man leicht sieht,

$$\frac{3a}{(2^2 + 3^2)^{1/2}} \; .$$

Zwischen ihnen befinden sich aber noch zwei andere parallele, äquidistant gelagerte Reihen, die durch die gestrichelten Linien des Bildes angedeutet sind. Daher ist der Abstand zwischen benachbarten Reihen tatsächlich

$$\frac{a}{(2^2 + 3^2)^{1/2}} \; .$$

Dieses Ergebnis kann leicht verallgemeinert werden: Liegt jeder Gitterplatz in einer gegebenen Reihe h Einheiten rechts und k Einheiten oberhalb des vorhergehenden (h und k sind ganze Zahlen), dann hat die um eine Einheit vertikal verschobene Reihe den Abstand

$$d = \frac{ha}{(h^2 + k^2)^{1/2}} \tag{10.28}$$

von der ersten Reihe. Dazwischen liegen aber noch $h - 1$ äquidistante parallele Reihen, so daß wir als Abstand benachbarter Reihen erhalten

$$d = \frac{a}{(h^2 + k^2)^{1/2}} \; . \tag{10.29}$$

Das Zahlenpaar (h, k) nennt man *Miller-Indizes*. Jedes solche Paar spezifiziert eindeutig eine Schar von Parallelreihen, und in jedem Fall ist der Abstand benachbarter Reihen durch Gl. (10.29) gegeben. Einige Beispiele sind in Bild 10.17 gezeigt.

Wir bemerken, daß der Reflex *erster* Ordnung für die Ebenen $(h, k) = (2,0)$ identisch mit dem Reflex *zweiter* Ordnung für $(h, k) = (1,0)$ ist. Wir stellen uns der Einfachheit halber immer vor, daß es sich um einen Reflex erster Ordnung handelt, obwohl das zu fiktiven Zwischenebenen führen könnte.

Bringen wir nun ein zusätzliches Atom in den Mittelpunkt jedes der Quadrate in Bild 10.17; ein derartiges Gitter könnte man „quadrat-zentriert" nennen. Für die Parallelebenenschar der Bilder 10.17a und 10.17d würden diese zusätzlichen Atome in der Mitte zwischen den Ebenen liegen und die Reflexe jener Atome aufheben, die in den angegebenen Ebenen liegen. Für die Ebenenscharen der Bilder 10.17b und 10.17c liegen die zusätzlichen Atome aber in den Ebenen und verstärken die Reflexe. Allgemein entsprechen die Reflexe für ein quadrat-zentriertes Gitter den Werten von d, die durch Gl. (10.29) gegeben sind, vorausgesetzt h und k sind entweder beide gerade (wie bei der dritten Ebenenschar) oder beide ungerade (wie in der zweiten Ebenenschar). Anderenfalls findet keine konstruktive Interferenz statt.

Die Verallgemeinerung auf drei Dimensionen ist einfach und soll nicht im Detail diskutiert werden. Für eine Ebenenschar, die durch ein Tripel von Miller-Indizes (h, k, l) gegeben ist, beträgt der Abstand benachbarter Ebenen

$$d = \frac{a}{(h^2 + k^2 + l^2)^{1/2}} \; , \tag{10.30}$$

wobei h, k und l ganze Zahlen sind. Wenn wir noch zusätzliche Atome in die Mittelpunkte jeder Würfelseitenfläche setzen (Bild 10.18), nennt man das resultierende Gitter *kubisch-flächenzentriert*. Die Bedingung für kon-

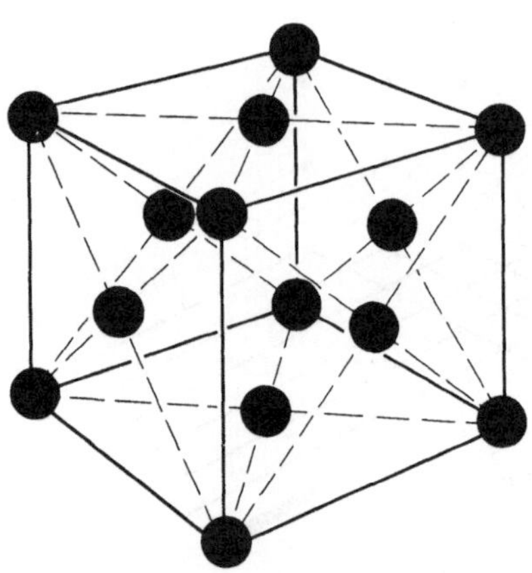

Bild 10.18

struktive Interferenz ist, daß h, k und l entweder alle gerade oder alle ungerade sein müssen. Die erlaubten Reflexe für ein kubisch-flächenzentriertes Gitter sind in Tabelle 10.5 gegeben.

Tabelle 10.5

h, k, l	$h^2 + k^2 + l^2$	$(h^2 + k^2 + l^2)^{1/2}$
1 1 1	3	1,732
2 0 0	4	2,000
2 2 0	8	2,828
3 1 1	11	3,317
2 2 2	12	3,464
4 0 0	16	4,000
3 3 1	19	4,359
4 2 0	20	4,472
4 2 2	24	4,899
5 1 1, 3 3 3	27	5,196
4 4 0	32	5,657

Schließlich können die Beugungswinkel durch die Miller-Indizes ausgedrückt werden, indem man die Gln. (10.27) und (10.30) kombiniert:

$$\sin \theta = \frac{\lambda}{2d/n} = \frac{\lambda/2a}{(h^2 + k^2 + l^2)^{1/2}} \cdot \qquad (10.31)$$

10.6.2. Experiment

Wir verwenden eine Elektronenbeugungsröhre, in deren Strahl verschiedene eingebaute Targets gebracht werden können, z.B. ein polykristalliner Aluminiumfilm oder ein hexagonaler, pyrolitischer Graphit-Einkristall. Derartige Einkristalle werden durch Anlagerung aus der Gasphase gewonnen und weisen ziemlich vollkommene Kristallstruktur auf. Um hinreichende Elektronenintensitäten beim Durchgang durch die Filme zu erzielen, müssen Spannungen von etwa 10 kV benützt werden. Dabei sind Vorsichtsmaßregeln zu beachten:

Warnung

Berühren Sie keine Verbindungsdrähte an der Spannungsversorgung oder der Röhre. Die Spannungen können tödlich wirken. Der Elektronenstrom darf 10 μA nicht überschreiten, da die eingebauten Targets sonst infolge Überhitzung zerstört werden.

---

1. Elektronenbeugung an Aluminium. Bevor Sie das Netzgerät einschalten, müssen Sie überprüfen, ob die Hochspannungs-Regelung auf „aus" gedreht ist. Nach einigen Minuten Vorwärmzeit kann dann die Hochspannung einreguliert werden. Bei defokussiertem Elektronenstrahl steigern Sie die Intensität allmählich und suchen eine Stelle am Target, die aus Aluminium besteht. Fokussieren Sie den Strahl nun und messen Sie die Ringdurchmesser. Wenn Sie die Spannung verändern wollen, muß der Strahl zunächst defokussiert werden. Dann stellen Sie die Spannung und die Strahlposition neu ein. Nach Beendigung der Messung müssen zuerst die Hochspannung und dann das Netzgerät ausgeschaltet werden.

2. Bestimmung von h. Aus den gemessenen Ringdurchmessern und dem bekannten Wert des Abstands L des Targets vom Schirm berechnen Sie nun die Werte von $\sin \theta$ für jede Spannung. Aus

$$\frac{1}{\sin^2 \theta} = \frac{2a}{\lambda} (h^2 + k^2 + l^2) \qquad (10.32)$$

können Sie die Miller-Indizes für jeden Satz von Ringen bestimmen. Bei gegebener Gitterkonstante

$$a = 0,404\,1 \text{ nm}$$

von Aluminium können Sie die de Broglie Wellenlänge λ und das Produkt λp bestimmen. Vergleichen Sie das Ergebnis mit dem Tabellenwert von h!

10.6.3. Fragen

1. Welche Energie hat ein Photon, dessen Wellenlänge gleich der eines 100-eV-Elektrons ist? Welchem Bereich des elektromagnetischen Spektrums entspricht ein derartiges Photon?

2. Wie groß ist die Wellenlänge eines „thermischen Neutrons", also eines Neutrons mit der Energie $3\,kT/2$, wobei k die Boltzmann-Konstante und T die Umgebungstemperatur ist?

3. Welche Aufschlüsse gibt das Beugungsbild von pyrolitischem Graphit über die Kristallstruktur? Welches Beugungsbild würde gewöhnlicher, pulverisierter Graphit liefern?

4. Wie wird die Energie der Elektronen des Strahls durch die Ablösearbeit des Kathodenmaterials beeinflußt? Hat die Ablösearbeit des *Targets* einen Einfluß? Geben Sie eine Erklärung!

5. Könnten *Protonen* für Kristallbeugungsexperimente verwendet werden? Welche Energien wären geeignet? Welche Schwierigkeiten könnten sich ergeben, die bei Elektronenbeugung nicht vorhanden sind?

11. Kernphysik (KP)

11.1. Einleitung

In den folgenden Experimenten studieren wir einige Eigenschaften der Atomkerne, vor allem den Zerfall unstabiler Kerne. Verschiedene Instrumente dienen dabei zum Nachweis der Emission von Zerfallsprodukten aus Atomkernen. Mit einem Geiger-Müller-Zählrohr und einem Szintillationszähler können wir radioaktive Zerfallsraten und die Eigenschaften der emittierten α-, β- und γ-Teilchen untersuchen. Ferner werden wir stabile Kerne durch Beschuß mit Neutronen radioaktiv (instabil) machen. Wenn dabei ein Kern ein Neutron absorbiert und zerfällt, so kann die Art und die Energie der Zerfallsprodukte zur Identifizierung des ursprünglichen Kerns dienen.

11.2. Experiment KP-1: Das Geiger-Müller-Zählrohr

11.2.1. Einleitung

Die Experimente dieser Reihe behandeln die Registrierung zweier sehr häufiger radioaktiver Zerfallsprodukte, nämlich β- und γ-Strahlen. Das dafür gebräuchliche Geiger-Müller(G-M)-Zählrohr wollen wir hier untersuchen. Später werden wir auch die radioaktiven Quellen und ihre Zerfallsprodukte im Detail untersuchen, aber eine kurze Beschreibung der Zerfallsarten ist hier angebracht. Die Thallium-204-Quelle emittiert β-Teilchen, das sind hochenergetische Elektronen mit einer Maximalenergie von 0,77 MeV. Beim Zerfall von Cäsium-137 werden β-Strahlen mit der Maximalenergie 0,52 MeV emittiert, wobei Barium-137-Kerne in einem angeregten Zustand entstehen. Der Bariumkern geht unter Aussendung eines 0,66-MeV-γ-Quants, also eines hochenergetischen Photons, in den Grundzustand über.

Es gibt viele unterschiedliche Teilchendetektoren mit charakteristischen Vor- und Nachteilen. Geladene Teilchen werden üblicherweise durch ihre Ionisation registriert, die sie in einer Ionisationskammer, einem Proportionalzähler, einem G-M-Zählrohr oder einem Elektronenvervielfacher erzeugen; man kann sie aber auch durch die Anregung von Phosphor feststellen, der nachher Photonen emittiert. Neutrale Teilchen beobachtet man üblicherweise indirekt, durch Registrierung ionisierender Teilchen, die sie unter geeigneten Bedingungen erzeugen. Photonen im sichtbaren Bereich (und im Ultravioletten, wenn die Hülle der Photozelle für die gewünschte Wellenlänge transparent ist) können mit einem Photomultiplier nachgewiesen werden. Nukleare γ-Strahlen werden durch ihre Konversion in Elektronen beim photoelektrischen Effekt (in Materialien hoher Ordnungszahl, für γ bis zu einigen Hundert Kilovolt), durch den Compton-Effekt (0,1 ... 3 MeV) oder durch Paarerzeugung (mehr als 1 MeV) nachgewiesen. Langsame Neutronen werden in einer Bortrifluorid-Ionisationskammer oder einem Proportionalzähler nachgewiesen. Andere Detektoren sind die Nebelkammer, die Blasenkammer und die Funkenkammer sowie photographische Emulsionen. Einer der einfachsten Detektoren, das Geiger-Müller-Zählrohr wird in diesem Experiment studiert.

Das Geiger-Müller-Zählrohr. Ein G-M-Zählrohr ist ein edelgasgefüllter leitender Zylinder mit einem feinen Wolframdraht längs seiner Achse (Bild 11.1). Passiert ein ionisierendes Teilchen das Gas, setzt es Elektronen frei. Die Elektronen werden zum zentralen Draht gezogen, der an einer positiven Spannung liegt. Während sich die Elektronen der zentralen Anode annähern, können sie genügend Energie gewinnen, um zusätzliche Ionisierung hervorzurufen; die Ionisationsenergie von Argon ist 15,68 eV. Die auf diese Weise erzeugten Sekundärelektronen werden ihrerseits beschleunigt und können eine zusätzliche Ionisierung hervorrufen.

Die ziemlich schweren positiven Ionen bewegen sich viel langsamer als die Elektronen und reduzieren die Feldstärke rund um die Anode. Man könnte erwarten, daß sich die Entladung selbst löscht, wenn die Spannung an der Röhre nicht zu hoch ist. Es können jedoch Photonen, die von dem angeregten Gas um die Anode herum emittiert werden, die umgebende Kathode treffen, zusätzliche Elektronen herausschlagen und so die Entladung aufrechterhalten. Um diese Photonen zu absorbieren, enthalten die meisten Zählrohre etwa 10 % eines Löschgases. Eine organische Verbindung wie Äthylalkohol wird bei Argonfüllungen verwendet. Wird Neon als Edelgas benutzt, kann ein Halogen als Löschgas dienen. Das Löschgas absorbiert die Photonen und dissoziiert dabei. Bei jedem Löschprozeß werden einige 10^{10} Moleküle dissoziiert. Da sich Äthylalkohol nicht wiederbildet, hat ein derartiges G-M-Zählrohr eine beschränkte Lebensdauer, gewöhnlich etwa 10^8 Impulse. Die Halogene können rekombinieren, so daß ein Halogen-Rohr eine unbeschränkte Lebensdauer hat.

Typischerweise wird ein G-M-Zählrohr in einem Schaltkreis verwendet, der die Anzahl der Entladungen innerhalb eines bestimmten Zeitintervalls zählt. Die Zählrate hängt von der angelegten Spannung in der in Bild 11.2 gezeigten Weise ab. Unterhalb einer Minimalspannung, der *Einsetzspannung,* findet keine Zählung statt. Diese Minimalspannung ist eine Funktion des Gasdrucks und des Anodendurchmessers und kann zwischen 500 V und 900 V liegen. Mit steigender Spannung nimmt die Zählrate zu, bis der *Plateaubereich* erreicht ist, in dem die Zählrate relativ unempfindlich gegen Spannungsänderungen ist und nur um etwa 3 ... 5 % anwächst, wenn die Spannung um 100 V steigt. Rohre mit organischem Löschgas haben üblicherweise ein flacheres Plateau als Halogen-Rohre. Steigert man die Spannung über den Plateaubereich hinaus, so kann das Zählrohr zu einer kontinuierlichen Entladung übergehen. Dies muß besonders bei Rohren mit organischem Löschgas vermieden werden, da sich das Gas dabei rasch erschöpft.

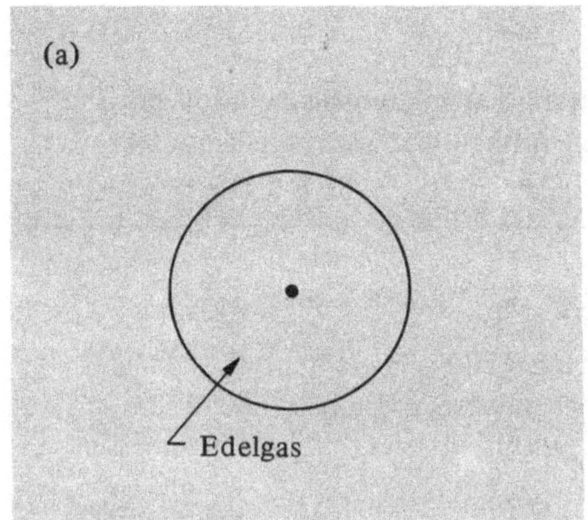

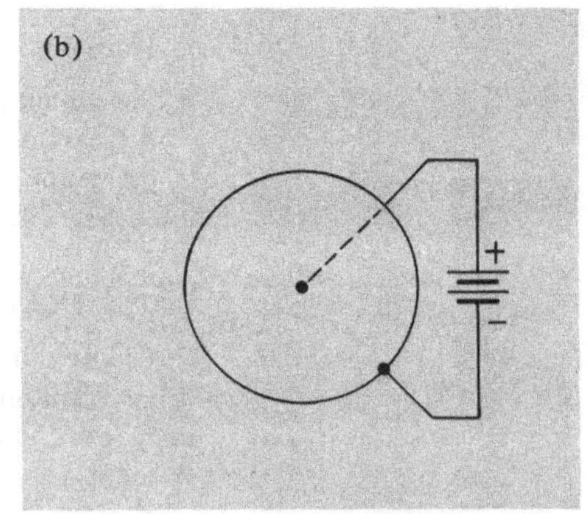

Ein Geiger-Müller-Zählrohr ist ein edelgasgefüllter leitender Zylinder mit einem dünnen
Draht längs seiner Achse.

Der zentrale Draht (Anode) wird auf
positives Potential gebracht.

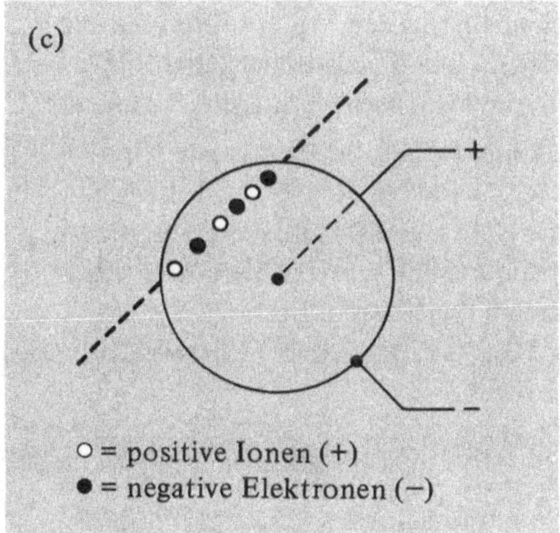

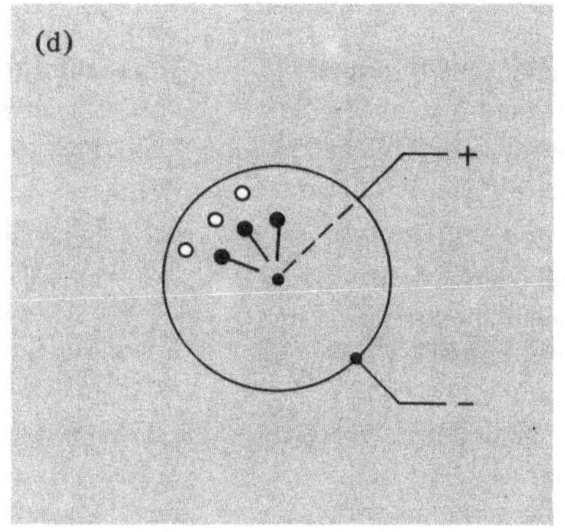

Wenn ein Beta- oder Gammateilchen das
Zählrohr passiert, ionisiert es Edelgasatome.

Die Elektronen bewegen sich rasch zur
Anode, die schweren Ionen langsamer zum
Zylinder außen.

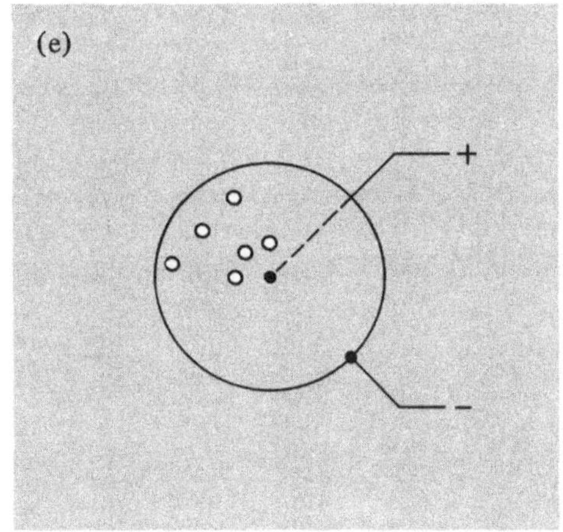

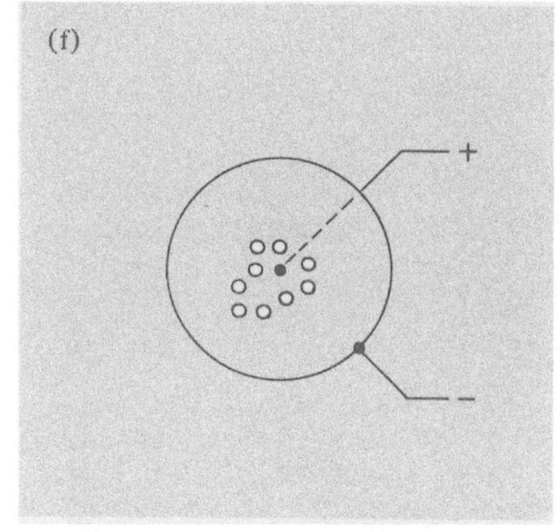

Bild 11.1

Die anfänglich entstandenen Elektronen
ionisieren weitere Atome und erzeugen
eine „Elektronenlawine".

Die „Lawine" wird durch Anhäufung
positiver Ionen um die Anode gestoppt
(Schwächung des elektrischen Feldes).

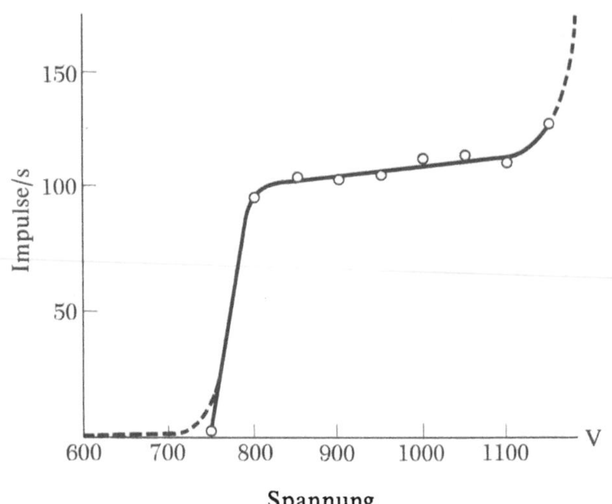

Bild 11.2

Gesundheitsrisiken durch Strahlung. Die Intensität einer radioaktiven Quelle kann durch die Anzahl der Zerfälle pro Sekunde charakterisiert werden. Die übliche Einheit ist die *reziproke Sekunde* (1/s), d.h. ein Zerfall pro Sekunde.

Bei der Abschätzung des Gesundheitsrisikos, das durch Strahlung verursacht wird, ist vor allem die Ionisation im Körpergewebe ausschlaggebend. Ein Richtwert für die zulässige Obergrenze der Strahlenbelastung sind $8 \cdot 10^{10}$ Ionenpaare pro Gramm Körpergewebe und pro Arbeitstag. Dies entspricht etwa einer Absorption von 10^6 β-Teilchen oder 10^8 γ-Quanten mit einer Energie von 1 MeV pro Quadratzentimeter Körperoberfläche und pro Arbeitstag. Wenn Sie auch mit den Strahlern nicht mehr als notwendig hantieren, können Sie im Praktikum nur einen Bruchteil dieser Grenzwerte abbekommen.

Warnung

Sie sollten β-Strahler nicht zu nahe an das Auge bringen, da die Hornhaut dadurch beschädigt werden kann.

11.2.2. Experiment

Die Kennlinien eines Halogen-gelöschten G-M-Zählrohrs sollen untersucht werden. Dabei sollen die Impulsform, die Ladung pro Impuls und die Totzeit gemessen werden.

1. Die Impulsform. Bauen Sie den Schaltkreis von Bild 11.3. Die Hochspannungsversorgung des Oszillographen dient dabei als Spannungsquelle für das G-M-Zählrohr. Ein Begrenzungswiderstand im Oszillographen verhindert ernste elektrische Schläge, dennoch ist Vorsicht am Platz. Überprüfen Sie alle Verbindungen, bevor Sie den Oszillographen einschalten. Auch sollten Sie alle Kondensatoren entladen, bevor sie aus der Schaltung entnommen werden, um elektrische Schläge zu vermeiden.

Stellen Sie am Oszillographen die langsamste Kippfrequenz und die höchste Empfindlichkeit ein. Bringen Sie eine Quelle in die Nähe des Zählrohrs und vergrößern Sie die angelegte Spannung langsam, bis Sie negative Impulse am Oszillographen registrieren. Erhöhen Sie die Spannung um etwa 50 V, um das Zählrohr in seine Plateau-Region zu bringen.

Wenn Sie die Kippfrequenz des Oszillographen auf etwa 1 kHz erhöhen, sollte die Impulsform sichtbar werden. Skizzieren Sie die Impulsform sorgfältig. Im Idealfall sollte die Impulshöhe gleich der Differenz zwischen Einsetzspannung und Arbeitsspannung sein. Wegen der Belastung des Spannungsteilers durch den 1-MΩ-Widerstand und die Eingangskapazität des Oszillographen wird

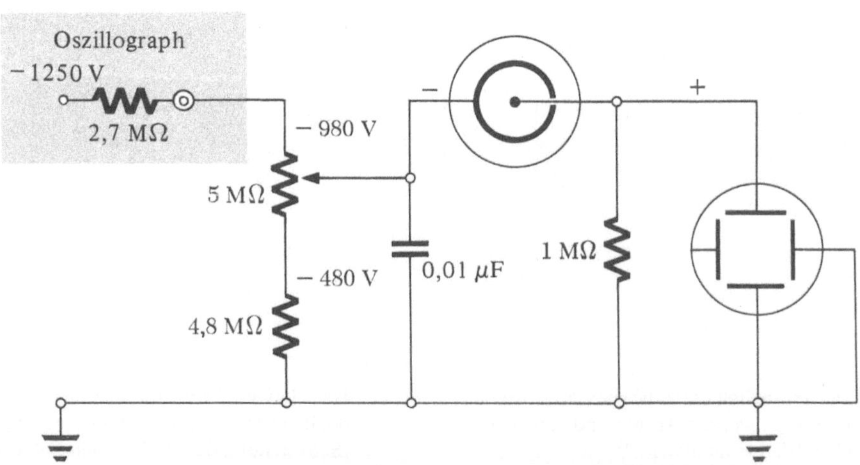

Bild 11.3

jedoch ein wesentlich reduzierter Impuls beobachtet. In welcher Zeit fällt der Impuls von der Maximalamplitude auf Null ab?

2. Anzahl der Ionenpaare pro Impuls. Um die Ladung zu bestimmen, die pro Impuls durch den Zähler strömt, legen Sie einen 0,002-μF-Kondensator parallel zum 1-MΩ-Widerstand, Sie sollten nun eine kleine negative Stufe v statt des Impulses beobachten. Da die RC-Abklingzeit (etwa 2 ms) viel länger als die Anstiegszeit des Impulses ist, können Sie während dieser Zeit den Widerstand vernachlässigen. Die Ladung im Kondensator beträgt dann

$$Q = Cv, \qquad (11.1)$$

wobei Gl. (11.1) gerade die Definition der Kapazität ist. Messen Sie v. Sie sollten dabei mit niedriger Zählrate arbeiten, um eine Impulsverzerrung zu vermeiden, die durch Totzeiteffekte hervorgerufen wird (siehe Punkt 4). Berechnen Sie die Ladungsmenge Q, die pro Impuls durch das Zählrohr geht. Wie viele Ionenpaare werden pro Impuls gebildet?

3. Die Zählrate. Ein Transistor-(oder Röhren-)Voltmeter kann zur Messung der Zählrate verwendet werden, indem man es anstelle des Oszillographen in Bild 11.3 einbaut. Die Zählrate hängt mit der gemessenen Spannung U gemäß

$$r = \frac{1}{Q} = \frac{U}{RQ} \qquad (11.2)$$

zusammen, wobei die Belastung durch das Voltmeter (mehr als 10 MΩ) vernachlässigt wurde. Welche maximale Zählrate können Sie mit der Cs-137-Quelle erhalten?

4. Direkte Messung der Totzeit. Benutzen Sie den Schaltkreis Bild 11.3 und stellen Sie eine möglichst hohe Zählrate her. Untersuchen Sie das Signal auf dem Oszillographen, wobei Sie eine Ablenkzeit von 1,5 ns verwenden. Die Signalform sollte Bild 11.4 ähneln, wo auf den syn-

chronisierten Impuls kleinere Impulse folgen. Beachten Sie, daß das Zählrohr für etwa 100 μs nach dem ersten Impuls nicht anspricht. Diese Zeit nennt man Totzeit τ. Der nachfolgende allmähliche Anstieg erklärt sich folgendermaßen: Stellen Sie sich zwei Elektronen vor, die das Zählrohr nacheinander durchlaufen. Das erste Elektron zündet das Rohr, ruft einen Impuls in voller Höhe hervor und triggert die Zeitablenkung des Oszillographen. Dringt das zweite Elektron vor dem Ablaufen der Totzeit τ ein, gibt es keinen zweiten Impuls. Für Zeiten, die größer als τ sind wird ein zweiter Impuls erzeugt, der um so höher ist, je größer der zeitliche Abstand der beiden Impulse ist. Eine hohe Zählrate ist notwendig, damit die Impulse während der Erholungszeit kommen. Wegen einer nicht perfekten Triggerung des Oszillographen werden die Erholungsimpulse durch viele Hintergrundimpulse verschleiert. Manchmal werden die Erholungsimpulse durch Justieren der Fokussierungsregelung leichter sichtbar.

5. Indirekte Messung der Totzeit. Bei hohen Zählraten spricht das Zählrohr während eines bedeutenden Teils der Zeit nicht an und die scheinbare Zählrate ist zu niedrig. Nehmen Sie an, daß r_0 Teilchen pro Sekunde in ein Zählrohr mit Totzeit τ eindringen und r Impulse pro Sekunde registriert werden. In jeder Sekunde ist das Zählrohr während einer Zeit $r\tau$ tot. Das bedeutet, daß nur der Bruchteil $1 - r\tau$ der Impulse gezählt wird; wenn die Zählrate der ankommenden Teilchen um dr_0 anwächst, ist die tatsächliche Zunahme dr der Impulse durch

$$dr = (1 - r\tau)dr_0 \quad \text{oder} \quad dr_0 = \frac{dr}{1 - r\tau} \qquad (11.3)$$

gegeben. Durch Integration findet man:

$$r = (1 - e^{-r_0\tau})/\tau. \qquad (11.4)$$

Beachten Sie, daß $r = r_0$, wenn r viel kleiner als $1/\tau$ ist. Ist aber r_0 viel größer als $1/\tau$, ist $1/\tau$ die höchste Zählrate.

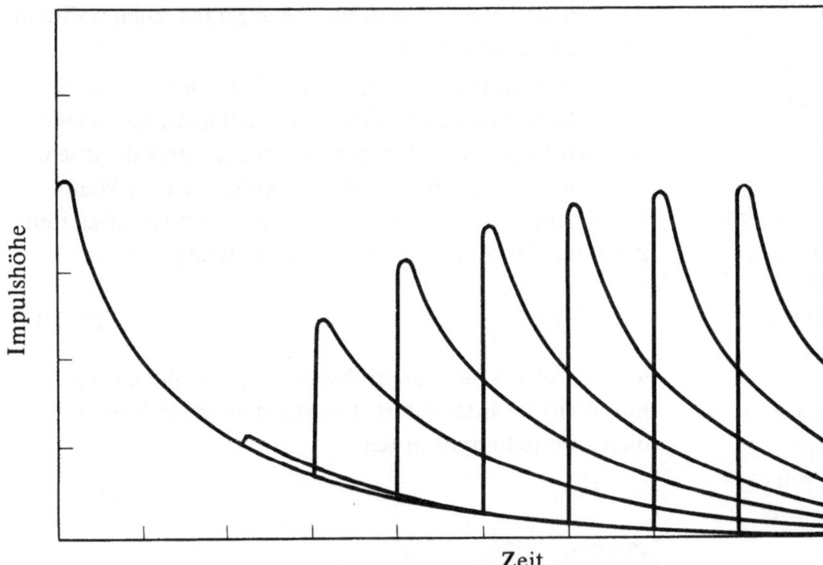

Bild 11.4

Bestimmen Sie eine effektive Totzeit des Zählrohrs, indem Sie die 3 Proben einmal gemeinsam und einmal getrennt zählen. Bezeichnen Sie die Proben mit A und B; zählen Sie zuerst mit Probe A unter Verwendung des Voltmeters wie bei Punkt 3. Nähern Sie dann auch die Probe B und zählen Sie A und B gemeinsam. Schließlich entfernen Sie A und zählen nur B. Dieses Vorgehen macht es unnötig, die Probe in eine reproduzierbare Lage zu bringen. Beachten Sie, daß die Zählrate $r(A + B)$ deutlich kleiner als $r(A) + r(B)$ ist. Die folgende Analyse gestattet eine Bestimmung der Totzeit τ. $r_0(A)$ und $r_0(B)$ seien die tatsächlichen Aktivitäten. Für die Probe A ist

$$1 - r(A)\,\tau = e^{-r_0(A)\tau}. \tag{11.5}$$

Für die Proben A und B zusammen ist

$$1 - r(A + B)\,\tau = e^{-[r_0(A) + r_0(B)]\tau}, \tag{11.6}$$

und schließlich ist für die Probe B allein

$$1 - r(B)\,\tau = e^{-r_0(B)\tau}. \tag{11.7}$$

Aus diesen drei Gleichungen können $r_0(A), r_0(B)$ und τ bestimmt werden. Da das Produkt der Gln. (11.5) und (11.7) gleich Gl. (11.6) ist, folgt

$$[1 - r(A)\,\tau]\,[1 - r(B)\,\tau] = 1 - r(A + B)\,\tau. \tag{11.8}$$

Auslösung nach τ ergibt

$$\tau = \frac{r(A) + r(B) - r(A + B)}{r(A)\,r(B)}. \tag{11.9}$$

Bestimmen Sie τ auf diese Weise und vergleichen Sie das Ergebnis mit der direkten Beobachtung am Oszillographen. Sie können nur eine qualitative Übereinstimmung erwarten, wenn das Röhrenvoltmeter verwendet wird. Die Zählrate bei der Röhrenvoltmetermethode hängt von der Impulshöhe und auch von der Anzahl der Impulse ab. Bei hohen Zählraten ist bei der Messung mit den Röhrenvoltmeter die Erholungszeit wichtig. Die effektive Totzeit ist dann länger als für die direkte Messung.

Wenn ein Zählgerät vorhanden ist, wiederholen Sie die indirekte Totzeitmessung. Da der Impuls größer sein muß als ein Mindestwert, der den Zähler auslöst, ist die mit dem Zähler gemessene Totzeit länger als der Wert, der aus der Oszillographenspur gefunden wird. Da aber der Impuls nicht maximal sein muß (Triggerimpuls bei der Oszillographenmethode), um als vollständiger Impuls gezählt zu werden, sollte die mit dem Zähler bestimmte Totzeit kürzer als die mit dem Röhrenvoltmeter bestimmte sein. Schätzen Sie, welche Variation im gemessenen Wert der Totzeit erwartet werden kann. Wie vergleichen sich ihre experimentellen Resultate?

11.2.3. Fragen

1. Erklären Sie die Rolle des Löschgases in einem Geiger-Müller-Zählrohr. Erklären Sie, warum das Löschgas für übergroße Spannungen an einem G-M-Rohr das Löschgas kontinuierlicher Entladungen nicht verhindert.

2. Erklären Sie, warum die Einsetzspannung vom Anodendurchmesser abhängt.

3. Erklären Sie, warum bei einem unbelasteten G-M-Rohr die Ausgangsimpulse gleich der Differenz zwischen Einsetz- und Arbeitsspannung sein sollten. Erklären Sie, warum die ohmsche und die kapazitive Belastung des Zählrohrs diese Spannung reduzieren.

4. Erklären Sie Gl. (11.3). Wie wäre die darauffolgende Diskussion zu modifizieren, wenn ein radioaktiver Hintergrund vorhanden ist?

5. Lösen Sie Gl. (11.4) nach r_0. Tragen Sie $r_0\tau$ gegen $r\tau$ in einem Diagramm auf!

11.3. Experiment KP-2: Radioaktiver Zerfall

11.3.1. Einleitung

In diesem Experiment benützen wir das G-M-Zählrohr als Detektor für radioaktive Zerfälle. Wir werden uns für die Messung der *Schwankungen* in der Anzahl der Ereignisse in einem Zeitintervall interessieren. Wenn das Zeitintervall genügend lang und die Zählrate genügend niedrig ist, können wir einzelne Ereignisse zählen. Für höhere Zählraten können wir einen Zähler oder auch eine Integriervorrichtung für die aus dem Zählrohr kommende Gesamtladung verwenden. Im vorliegenden Experiment werden wir auch eine einfache Variante dieser Techniken verwenden. Zusätzlich zur Zählung während einer bestimmten Zeitperiode werden wir die Impulse durch ein Filter mit der Zeitkonstanten $\tau = RC$ leiten. Wie wir sehen werden, entsprechen die Schwankungen gerade jenen während des Zeitintervalls $\Delta t = \frac{1}{2}\,\tau$.

Ein radioaktives Element enthält gewöhnlich eine sehr große Anzahl instabiler Kerne. Die Zerfallswahrscheinlichkeit jedes Kerns in einem gegebenen Zeitintervall ist sehr klein. Wie in Experiment MS-5 diskutiert, ist die Wahrscheinlichkeit für n Zerfälle innerhalb eines spezifizierten Zeitintervalls durch die Poisson-Verteilung gegeben

$$P_a(n) = \frac{a^n e^{-a}}{n!}, \tag{10.10}$$

wobei a gleich der *durchschnittlichen* Anzahl von Ereignissen $(\bar{n})$ im Intervall ist. Die Standardabweichung σ dieser Verteilung ist durch

$$\sigma^2 = a \tag{11.11}$$

gegeben.

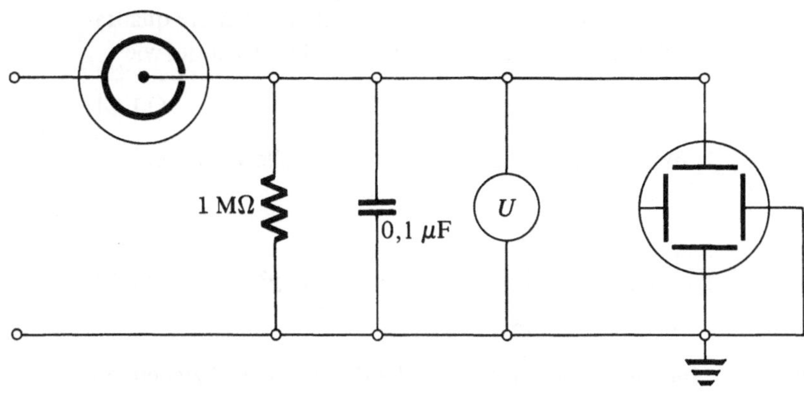

Bild 11.5

Für große $\bar{n}$ nähert sich die Poissonverteilung Gl. (11.10) der Normal- oder Gauß-Verteilung, die durch Gl. (1.67) des Kapitels 1 gegeben ist:

$$P(n) = (2\pi\sigma)^{-1/2} \, e^{-(n-\bar{n})/2\sigma^2}, \qquad (11.12)$$

wobei $\sigma = (\bar{n})^{1/2}$ die Standardabweichung ist, die allgemein definiert durch

$$\sigma^2 = \sum_n (n-\bar{n})^2 \, P(n)$$

wird. Wird die Gauß-Verteilung als Näherung für die Poisson-Verteilung verwendet, so gilt $a = \bar{n} = \sigma^2$.

Wir betrachten nun die Langzeit-Ladungsschwankungen, die als Spannungsschwankungen am Oszillographen beobachtet werden, wobei der Eingang wie in Bild 11.5 verdrahtet ist. Grob gesprochen können wir erwarten, daß die beobachteten Spannungsschwankungen den Variationen in der Ladungsakkumulation während einer Zeitkonstante des Schaltkreises, $\tau = RC$, entsprechen. Unter diesen Umständen wird die Ladungsschwankung von der Größenordnung

$$\Delta Q \approx (\bar{n})^{1/2} \, q = (r\tau)^{1/2} \, q \qquad (11.13)$$

sein, wobei q die Ladung pro Impuls und r die Zählrate ist. Die Spannungsschwankung ist durch

$$\Delta U = \frac{\Delta Q}{C} \qquad (11.14)$$

gegeben. Da die mittlere Spannung am Schaltkreis durch

$$U = rqR \qquad (11.15)$$

gegeben ist, erhalten wir für das Verhältnis ΔU zu U

$$\frac{\Delta U}{U} \approx (r\tau)^{-1/2}. \qquad (11.16)$$

Die obige Behandlung ist in zweierlei Hinsicht ungenau. Erstens beschäftigen wir uns hier nicht wirklich mit Schwankungen in einem bestimmten Zeitintervall. Vielmehr haben

wir ein System, das exponentiell abklingt. In Gl. (11.26) werden wir zeigen, daß die geeignete Standardabweichung der Ladung durch

$$\Delta Q = \left(\frac{r\tau}{2}\right)^{1/2} q \qquad (11.17)$$

gegeben ist. Zweitens fragt sich, wie viele Standardabweichungen wir berücksichtigen, wenn wir die Amplitude der Schwankungen von Spitze zu Spitze abschätzen? Das ist größtenteils eine Frage der menschlichen Reaktion und des menschlichen Gedächtnisses. Eine Anzahl von Studien haben gezeigt, daß etwa 4 Standardabweichungen angemessen sind. Dies bedeutet, daß ein Maß für die relativen Schwankungen durch

$$\frac{4\,\Delta U}{U} = 4 \left(\frac{2}{r\tau}\right)^{1/2} \qquad (11.18)$$

gegeben ist.

Ladungsschwankungen. In diesem Experiment untersuchen wir zufällige Ereignisse in zweierlei Weise. Bei der ersten Art zählen wir die Anzahl der Ereignisse, die innerhalb eines Zeitintervalls Δt stattfinden. Wir finden eine Normal- oder Gauß-Verteilung für die Wahrscheinlichkeit, n Ereignisse im Intervall Δt zu beobachten, wenn 1. keine Grenze für die Anzahl der möglichen Ereignisse besteht und 2. die im Durchschnitt beobachtete Anzahl der Ereignisse groß ist. Die Wurzel aus der mittleren quadratischen Abweichung vom Mittelwert, die Standardabweichung, ist einfach gleich der Quadratwurzel aus der mittleren Anzahl von Ereignissen $\bar{n}$, die im Intervall Δt vorkommen.

Wenn man an einem wirklichen Experiment interessiert ist, etwa der Integration von Ladung aus einem G-M-Zählrohr, ist die Standardabweichung der Ladung durch

$$\Delta Q = (r \, \Delta t)^{1/2} \, q \qquad (11.19)$$

gegeben, wobei r die mittlere Zählrate und q die pro Ereignis gesammelte Ladung ist.

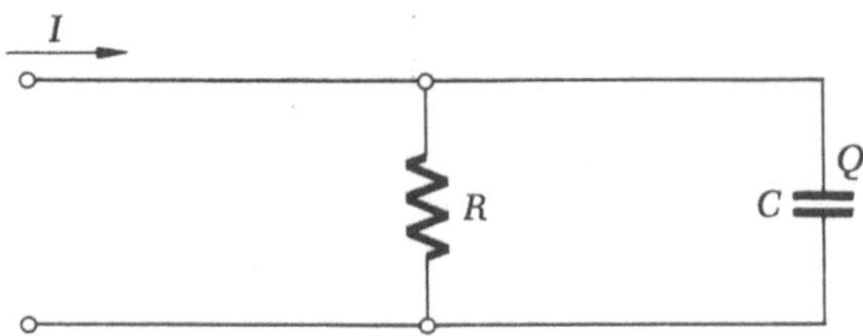

Bild 11.6

Wir stellen nun folgende leicht geänderte Frage. Statt Ereignisse zu zählen, senden wir die Ladungsinkremente q durch ein RC-Glied (Bild 11.6). Wenn r die mittlere Zählrate ist, was ist die Wurzel aus der mittleren quadratischen Ladungsschwankung am Kondensator?

Der Strom I, der in das Filter fließt, wird eine zufällige Funktion der Zeit von der in Bild 11.7 gezeigten Form sein. Hier ist q die Ladung pro Ereignis und $\bar{I} = rq$ der mittlere Strom. Was ist die mittlere Ladung auf dem Kondensator C? Da die Spannung am Kondensator und am Widerstand gleich ist, haben wir

$$\frac{\bar{Q}}{C} = \bar{I}R = rqR. \tag{11.20}$$

Indem wir Gl. (11.20) nach $\bar{Q}$ auflösen, erhalten wir

$$\bar{Q} = r\tau q, \tag{11.21}$$

wobei $\tau = RC$ die Zeitkonstante des Filters ist. Als nächstes berechnen wir die mittlere quadratische Abweichung der Ladung ΔQ^2 vom Mittelwert $\bar{Q}$. In einem kurzen Zeitintervall Δt bei t', wie in Bild 11.7, erhalten wir eine mittlere quadratische Abweichung

$$\Delta Q^2(t') = rq^2 \Delta t. \tag{11.22}$$

Da eine Ladung auf dem Kondensator nach der Gleichung

$$Q(t) = Q(t')\,e^{-(t-t')/\tau} \tag{11.23}$$

abnimmt, können wir erwarten, daß die mittlere quadratische Ladung, die in Δt bei t' angehäuft wurde, wie

$$\Delta Q^2(t) = rq^2 \Delta t\, e^{-2(t-t')/\tau} \tag{11.24}$$

abklingt. Schließlich müssen wir über alle vergangenen Zeitinkremente integrieren und erhalten

$$\Delta Q^2 = rq^2 \int_{-\infty}^{t} e^{-2(t-t')/\tau}\, dt' = \frac{1}{2} r\tau q^2. \tag{11.25}$$

Indem wir aus Gl. (11.25) die Quadratwurzel ziehen, erhalten wir die Standardabweichung der Ladung

$$\Delta Q = \left(\frac{r\tau}{2}\right)^{1/2} q \tag{11.26}$$

und sehen, daß die Standardabweichung der Ladung für ein exponentielles Filter mit der Zeitkonstanten τ die gleiche ist wie für das Intervall $\Delta t = \tau/2$.

Ausgangssignale des Untersetzers eines Zählgeräts. Ein Problem, das wir experimentell untersuchen können, ist das der Ausgangssignale am Untersetzer eines Zählers. Stellen wir uns vor, daß die Impulse wie in Bild 11.8 mit einer mittleren Rate r in einen Zähler gelangen und diesen mit einer mittleren Rate r/S verlassen. Sind die Ausgangsimpulse zufallsverteilt? Das heißt, können sie durch eine Poisson-Verteilung charakterisiert werden? Was ist die Standardabweichung der Ladung, wenn die Impulse an ein Filter mit der Zeitkonstante $\tau = RC$ gelangen?

Zunächst ist die Wahrscheinlichkeit für n Eingangsimpulse während einer Zeit Δt nach Gl. (11.10) durch

$$P_{\text{ein}}(n) = \frac{(\bar{n})^n\, e^{-n}}{n!} \tag{11.27}$$

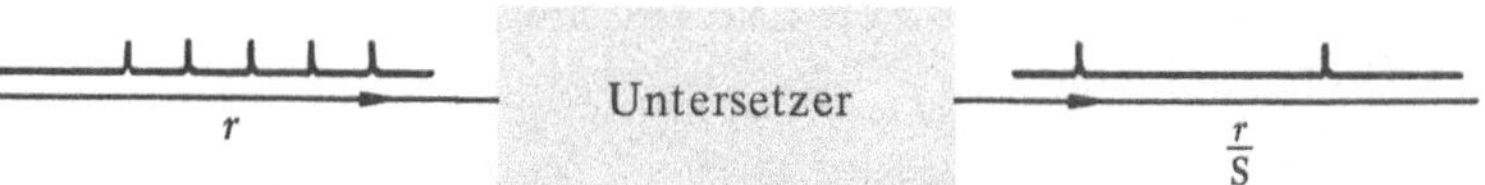

Bild 11.8

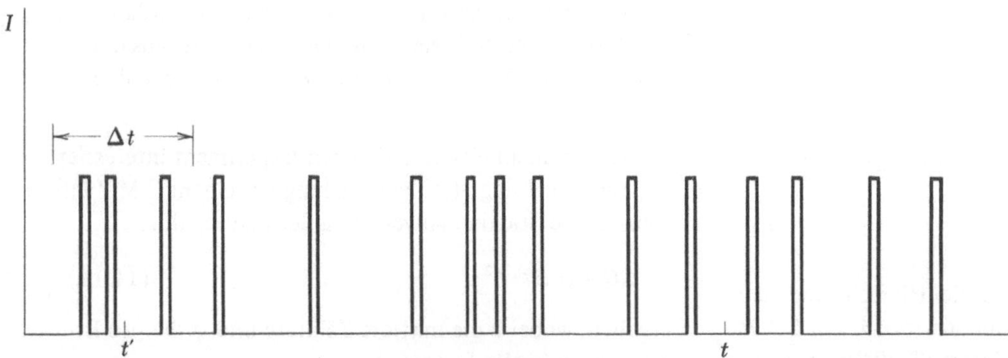

Bild 11.7

gegeben, wobei $\bar{n}$ gleich $r\,\Delta t$ ist. Nun muß die Wahrscheinlichkeit für m Ausgangsimpulse während desselben Zeitintervalls gleich der Summe der Wahrscheinlichkeiten für $mS, \dots , (m + 1)S$ Eingangsimpulse sein:

$$P_{\text{aus}}(m) = \sum_{n=mS}^{(m+1)S-1} \frac{(\bar{n})^n\,e^{-n}}{n!} \, . \qquad (11.28)$$

Wenn S genügend klein ist, so daß $P_{\text{ein}}(n)$ über das Intervall $\Delta n = S$ genügend langsam variiert, können wir Gl. (11.28) in der Form

$$P_{\text{aus}}(m) = S\,e^{-\overline{m}S}\frac{(\overline{m}S)^{mS}}{(mS)!} \qquad (11.29)$$

schreiben. Schließlich erhalten wir für große Δt und $\overline{m}S$ eine Gauß-Verteilung

$$P_{\text{aus}}(m) = (2\pi\sigma)^{-1/2}\,e^{-(m-\overline{m})^2/2\sigma^2}\,, \qquad (11.30)$$

wobei

$$\sigma = (\overline{m}/S)^{1/2} = (\bar{n})^{1/2}/S.$$

Beachten Sie, daß die Standardabweichung der Ausgangsimpulse nicht gleich $(\overline{m})^{1/2}$ wie für zufallsverteilte Impulse ist, sondern gleich $(\overline{m}/S)^{1/2}$. Daher sind die Ausgangsimpulse gleichmäßiger verteilt als zufällige Impulse es sein würden.

Mit einem Untersetzen können Sie verifizieren, daß die Ladungsfluktuationen durch

$$\Delta Q = \left(\frac{r\tau}{2}\right)^{1/2}\frac{q}{S} \qquad (11.31)$$

gegeben sind, wobei r die Eingangsimpulsrate ist.

11.3.2. Experiment

1. Poisson-Verteilung. Stellen Sie den Schaltkreis von Bild 11.3 zusammen. Bringen Sie eine ^{137}Cs-Quelle mit einer Aktivität von $3{,}7\cdot 10^5\,\text{s}^{-1}$ in die Nähe des Zählrohrs und erhöhen Sie die Spannung am Zählrohr bis Anzeigen auf dem Oszillographen sichtbar werden. Nun erhöhen Sie die Spannung etwa um 50 V. Das bringt Sie in den Plateaubereich des Zählrohrs. Stellen Sie den Oszillographen auf seine längste Zeitablenkdauer und entfernen Sie die ^{137}Cs-Quelle genügend weit vom Zählrohr, so daß die mittlere Zählrate am Oszillographen etwa eine Anzeige pro Sekunde beträgt. Bestimmen Sie die Anzahl der Anzeigen in aufeinanderfolgenden 10-s-Intervallen, wobei Sie etwa 50 solche Intervalle durchzählen.

Fertigen Sie ein Histogramm Ihrer Beobachtungsdaten an, in dem die Häufigkeit von n Anzeigen (das ist die Anzahl der Intervalle, in denen gerade n Anzeigen beobachtet werden) als Funktion von n aufgetragen ist. Benützen Sie Ihre Daten, um $\bar{n}$ zu berechnen. Berechnen Sie Werte der Poisson-Verteilung, in der Sie dieses $\bar{n}$ als a verwenden,

für alle Werte von n, die Sie beobachtet haben. Multiplizieren Sie jeden Wert der Verteilung, die ja Wahrscheinlichkeiten für die verschiedenen Werte von n angibt, mit 50, um die entsprechenden erwarteten Häufigkeiten zu erhalten, und tragen Sie diese zum Vergleich mit den experimentellen Ergebnissen in das Histogramm ein.

2. Längere Intervalle. Indem Sie die Anzeigen während aufeinanderfolgender 10-s-Intervalle addieren, können Sie Daten für 25 20-s-Intervalle erhalten. Tragen Sie das entsprechende Histogramm auf und darin auch zum Vergleich die erwartete Häufigkeit. Beachten Sie, daß die Verteilung um so schärfer um $\bar{n}$ konzentriert ist, je größer $\bar{n}$ wird.

3. Langzeit-Schwankungen. Um ein bequemes Beispiel für Langzeit-Schwankungen zu haben, bauen Sie den Schaltkreis von Bild 11.5 auf. Bringen Sie die ^{137}Cs-Quelle genügend nahe an das Zählrohr, so daß ein merklicher Sprung im Oszillographensignal sichtbar ist. Bestimmen Sie die relative Schwankungsamplitude für einen großen Bereich von Zählraten und Zeitkonstanten und vergleichen Sie Ihre Beobachtungen mit Gl. (11.18).

11.3.3. Fragen

1. Der Parameter a in der Poisson-Verteilung (11.10) wird durch Berechnung von $\bar{n}$ aus den Daten geschätzt. Wie verläßlich ist dieses Ergebnis? Das heißt, was ist die Standardabweichung, die man für a auf diese Weise erhält?

2. Warum ist es bei der Beurteilung der mit einem Oszillographen beobachteten Spitze-zu-Spitze-Amplitude der Ladungsschwankungen sinnvoll, diese als etwa gleich viermal der Standardabweichung der Ladungsfluktuation zu setzen?

3. Wenn die mittlere Anzahl von Zerfällen, die in einem gewissen Zeitintervall gezählt werden, gleich $\bar{n}$ ist, wie groß ist die Wahrscheinlichkeit dafür, daß in jedem Intervall zumindest $2\bar{n}$ Zerfälle beobachtet werden?

11.4. Experiment NP-3: Der Szintillationszähler

11.4.1. Einleitung

In diesem Experiment untersuchen wir die Eigenschaften eines Geräts, das ein besonders wirkungsvoller Detektor für Gammastrahlen ist. Obwohl das Geiger-Müller-Zählrohr als Detektor für Gammastrahlen verwendet werden kann, ist seine Nachweiswahrscheinlichkeit ziemlich gering, nur etwa $0{,}5 \dots 1{,}5\,\%$, da die direkte Ionisation des Zählergases durch Gammastrahlen ziemlich gering ist. Ein Gammastrahl wird vor allem durch die von ihm hervorgerufene Aussendung eines Photoelektrons aus dem Hüllenmetall oder dem Glas des Zählrohres beobachtet. Da aber diese Umhüllung absichtlich ziemlich dünn gefertigt ist, um niederenergetischen Elektronen das Eindringen in die Kammer zu ermöglichen, ist die Anzahl der Photoelektronen entsprechend klein.

Ein *Szintillationszähler* zur Beobachtung von Gammastrahlen benützt einen großen Kristall aus Natriumjodid, dem eine kleine Menge von Thallium hinzugefügt wurde. Auf seinem Weg durch den Kristall erzeugt der Gammastrahl mit hoher Wahrscheinlichkeit ein Photoelektron. Dieses Elektron wird seinerseits einen hohen Grad von Ionisation im Kristall hervorrufen. Die meisten auf diese Weise erzeugten Sekundärelektronen rekombinieren und erzeugen Strahlung im Ultraviolett. Diese Strahlung wird im Kristall absorbiert. Bei vorhandener Thallium-Verunreinigung erreicht ein Teil der Strahlung die Thallium-Zentren und erzeugt angeregte Zustände der Thallium-Atome. Kehren die Thallium-Atome in den Grundzustand zurück, erzeugen sie blaues Licht. Da Natriumjodid für den gesamten sichtbaren Bereich durchlässig ist, kann dieses blaue Licht aus dem Kristall entweichen und durch einen Photodetektor registriert werden. Um rasches Ansprechen und hohe Empfindlichkeit zu erreichen, werden die Lichtimpulse gewöhnlich in einen Photomultiplier geleitet. Es ist eine wichtige Eigenschaft des Szintillationskristalls, daß die Anzahl der angeregten Thalliumzentren proportional

zur Gammastrahlenergie ist. Daher kann aus einer Analyse der Impulshöhenverteilung die Energieverteilung der Gammastrahlung bestimmt werden.

11.4.2. Experiment

1. Wirkungsweise eines Szintillators. Bauen Sie den Schaltkreis nach Bild 11.9 auf. Die verwendete Photozelle wird in Experiment AP-3 untersucht, und Sie können für eine Diskussion ihrer Wirkungsweise auf dieses Experiment zurückgreifen.

Ein thalliumaktivierter, etwa zentimeterdicker Natriumjodid-Kristall wird am Mantel der Photozelle angebracht. Eine dünne Schicht eines durchsichtigen Schmierfetts (Vaseline ist geeignet) zwischen Kristall und Mantel vermindert die Lichtstreuung. Die gesamte Anordnung wird dann lichtdicht abgeschirmt. Mit schwarzem Klebeband befestigtes schwarzes Photopapier ist für diesen Zweck geeignet.

Nach Anbringen dieser lichtdichten Hülle kann Spannung an die Photozelle gelegt werden. Die Impulse können am Oszillographen beobachtet und der Anodenstrom mittels eines Röhrenvoltmeters gemessen werden. Bringen Sie die ^{137}Cs-Quelle vor den Kristall. Welchen Bereich von

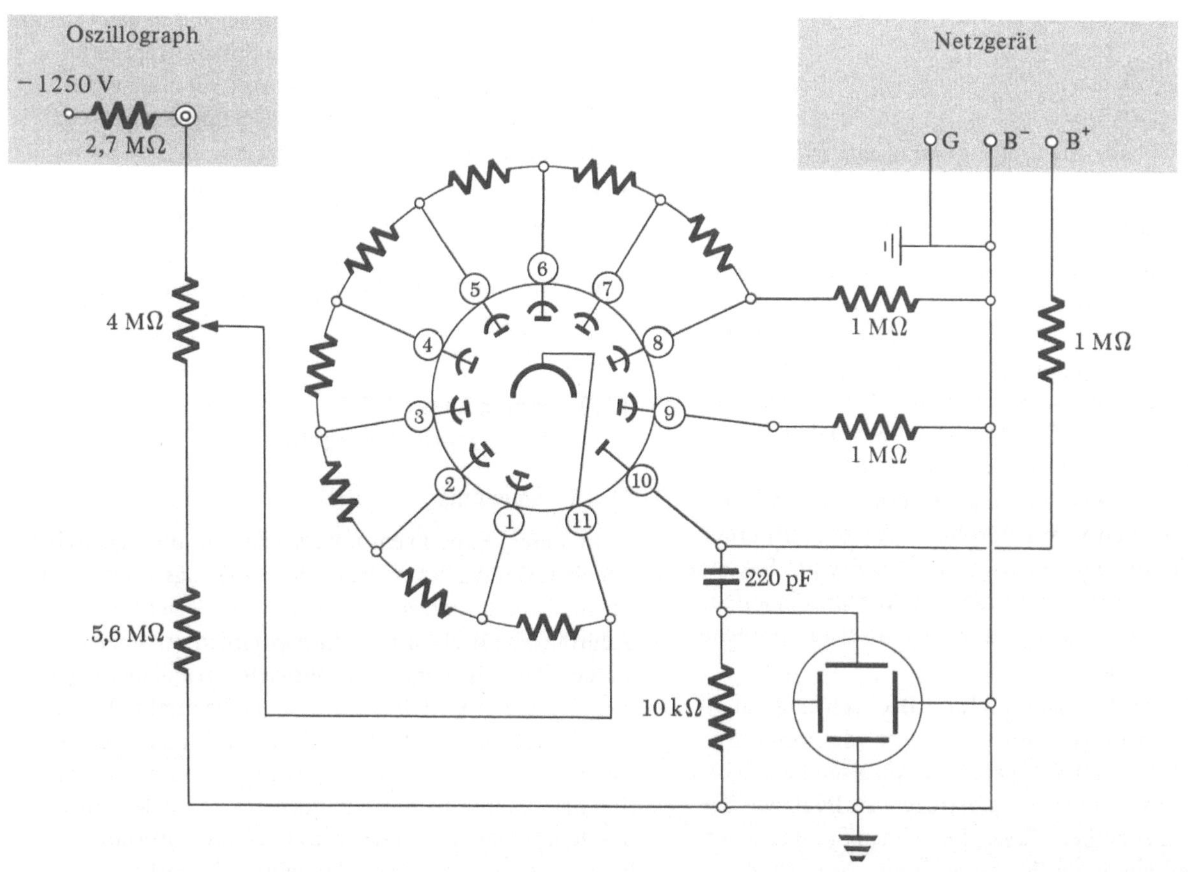

Impulshöhen beobachten Sie? Wie groß ist die Anzahl der registrierten Photonen, die pro registriertes γ-Quant in den Photomultiplier eintreten? Die Ausbeute eines Photomultipliers wird in Experiment AP-3 diskutiert. Ersetzen Sie die ^{137}Cs-Quelle durch ^{204}Tl. Erhalten Sie Ereignisse von der Thallium-Quelle?

2. Beobachtung von Pulsen. Versuchen Sie unter Benutzung eines Verfahrens ähnlich wie bei Experiment KP-1 für das Geiger-Müller-Zählrohr, einzelne Ausgangsimpulse des Photomultipliers zu beobachten. Wie groß ist die Dauer dieser Impulse? Wodurch ist sie bestimmt?

11.4.3. Fragen

1. Natriumjodid hat eine Dichte von 3,67 g/cm^3. Der photoelektrische Absorptionskoeffizient für die 0,66-MeV-Gammastrahlung von ^{137}Cs ist etwa 0,04 cm^2/g. Wie groß ist die Wahrscheinlichkeit dafür, daß ein Photoelektron durch ein γ-Quant beim Passieren des Kristalls erzeugt wird? Vergleichen Sie dies mit der Wahrscheinlichkeit dafür, daß ein Photoelektron in der 50 μm dicken Edelstahlhülle eines Geiger-Müller-Zählrohrs erzeugt wird.

2. Sie könnten einige Impulse von der ^{204}Tl-Quelle erhalten haben, die ein reiner Betastrahler ist. Wie kommen diese Impulse zustande? Wie können sie eliminiert werden?

11.5. Experiment KP-4: Beta- und Gammaabsorption

11.5.1. Einleitung

In diesem Experiment bestimmen wir die Absorption von Beta- und Gammastrahlen bei verschiedenen Dicken des absorbierenden Materials. Es gibt verschiedene Gründe, diese Bestimmung auszuführen. Erstens gibt es Gelegenheiten, wo man Beta- und Gammastrahlen abschirmen will und wissen möchte, welche Dicken von Absorbern dabei notwendig sind. Umgekehrt will man oft die Auswirkung einer Umhüllung (wie der Edelstahlhülle des Geiger-Müller-Zählrohrs) auf die Zählrate wissen. Oder man möchte die Wahrscheinlichkeit dafür kennen, daß ein Gammastrahl in Natriumjodid absorbiert wird. Die Reichweite eines Betateilchens oder der Absorptionskoeffizient für Gammastrahlung ist stark energieabhängig. Man kann daher auch die beobachtete Änderung der Zählrate benutzen, um die Anfangsenergie zu bestimmen.

11.5.2. Experiment

1. Absorption von β-Strahlen. Ordnen Sie ein Geiger-Müller-Zählrohr wie in Bild 11.3 an. Bringen Sie eine ^{204}Tl-Probe genügend nahe an das Zählrohr, so daß Sie eine Zählrate von etwa 1000 Impulsen/s erhalten. Bringen Sie Aluminium in verschiedenen Dicken zwischen die

Tabelle 11.1

Metall	Dichte g/cm^3	Dicke die 100 mg/cm^2 entspricht, cm
Al	2,70	0,037
Cu	8,92	0,011
Fe	7,86	0,013
Pb	11,34	0,009

Quelle und den Detektor. Der Absorber sollte nicht viel größer als der Detektor sein, damit keine zusätzlichen β-Strahlen in den Detektor gestreut werden. Die Dichten verschiedener Metalle sind in Tabelle 11.1 angegeben, ebenso wie die Materialdicke, die 100 mg/cm^2 entspricht.

Tragen Sie die Zählrate auf halblogarithmischem Papier als Funktion der Dicke des Absorbers auf (fügen Sie die Dicke der G-M-Umhüllung hinzu). Ist der Zerfall exponentiell?

Tatsächlich ist nicht zu erwarten, daß die β-Zählrate exponentiell ist. Ein β-Teilchen, das durch Materie hindurchgeht, verliert durch Ionisierung des Mediums beständig an Energie. Es ist nicht schwer zu zeigen, daß die Rate des Energieverlusts umgekehrt proportional zum Quadrat der Geschwindigkeit oder zur kinetischen Energie ist:

$$\frac{dE}{dx} = -\frac{k}{E} \; . \tag{11.32}$$

Durch Integration von Gl. (11.32) finden wir für die Teilchenenergie

$$E^2 = E_0^2 - 2kx, \tag{11.33}$$

wobei E_0 die anfängliche Energie ist. Nachdem das Elektron die Distanz

$$x_0 = \frac{E_0^2}{2k} \tag{11.34}$$

durchlaufen hat, ist die Energie gleich Null und das Elektron gestoppt worden. Bild 11.10 zeigt die Reichweite-Energie-Kurve für β-Strahlen. Beachten Sie, daß die Reichweite, obwohl proportional zum Quadrat der Energie für Energien unterhalb 0,1 MeV, für höhere Energien langsamer anwächst. Dies kommt daher, daß sich die Teilchengeschwindigkeit der Lichtgeschwindigkeit nähert, wenn die Energie über 0,1 MeV anwächst. Bei konstanter Geschwindigkeit nähert sich der Energieverlust pro Längeneinheit einer Konstanten, was eine Reichweite ergibt, die mit der Energie etwa linear anwächst.

Durch Differenzieren der experimentellen Daten können wir ein Diagramm für die Anzahl der Teilchen erhalten, die pro zusätzliche Dicke des Absorbers gestoppt werden. Unter Benutzung von Bild 11.10 kann dies in die Anzahl von Elektronen pro Energieeinheit umgewandelt werden.

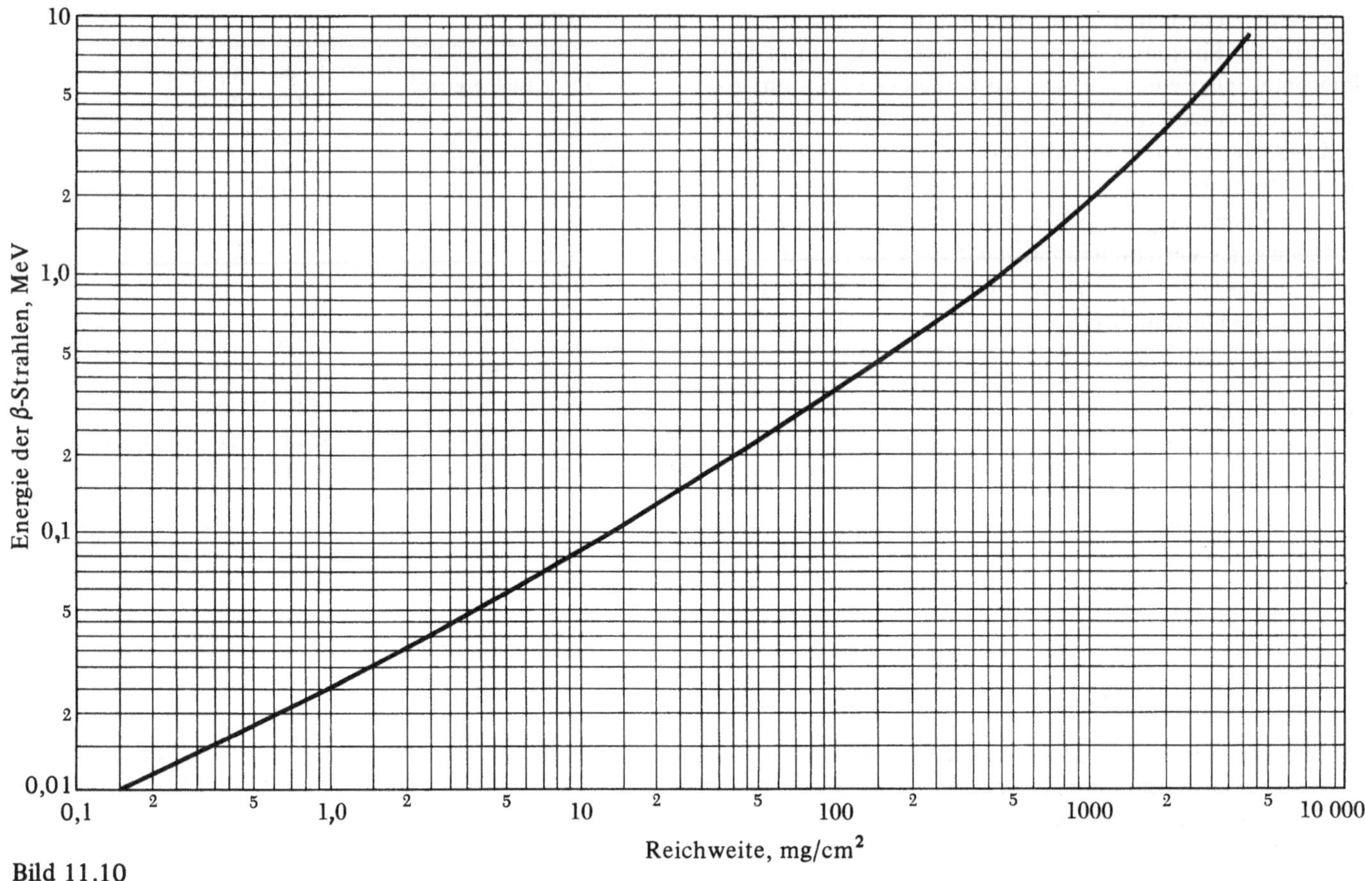

Bild 11.10

Fertigen Sie ein solches Diagramm an und bestimmen Sie das Energiespektrum der β-Strahlen von ^{204}Tl. Vergleichen Sie die Höchstenergie mit dem Tabellenwert 0,77 MeV.

2. Absorption von Gammastrahlen. Anders als β-Strahlen erzeugen γ-Strahlen entlang ihres Weges keine Ionisationsspur, sondern zeigen an einem einzelnen Punkt ihrer Bahn eine starke Reaktion. Daher können wir erwarten, daß γ-Teilchen entweder aus dem Strahl herausgestreut oder relativ wenig beeinflußt werden. Es gibt drei wichtige Streumechanismen für Gammastrahlen. Der erste ist die Compton-Streuung von Gammastrahlen durch atomare Elektronen. Bei einem solchen Streuprozeß wird das Gammateilchen aus der Vorwärtsrichtung gestreut und gibt Rückstoßenergie an das Elektron ab. Ein zweiter Prozeß ist die photoelektrische Absorption, bei der die gesamte γ-Energie auf das herausgeschlagene Elektron übertragen wird. Schließlich ist die Paarerzeugung ein Prozeß, der oberhalb der Schwellenergie von 1,02 MeV wichtig wird.

Bei niedrigen Energien ist photoelektrische Absorption der dominante Streuprozeß. Es gibt eine Zwischenregion um ein 1 MeV herum, wo Compton-Streuung dominiert. Bei noch höheren Energien ist Paarerzeugung der dominante Prozeß.

Um den Absorptionskoeffizienten für Gammastrahlen zu messen, benutzen wir eine ^{137}Cs-Quelle und den Szintillationszähler. Bauen Sie den Schaltkreis von Bild 11.9 und messen Sie die Zählrate als Funktion der Dicke von Blei zwischen Quelle und Szintillatorkristall. Bedenken Sie, daß die ^{137}Cs-Quelle auch ein Betastrahler ist. Bei kleinen Absorberdicken können Sie auch einige Betateilchen registrieren.

Ist I der γ-Fluß, dann ist die Abnahme von I beim Durchgang durch dx

$$dI = -\mu\,dx, \tag{11.35}$$

wobei μ der lineare Absorptionskoeffizient genannt wird. Durch Integration von Gl. (11.35) erhalten wir

$$I = I_0\,e^{-\mu x} \tag{11.36}$$

mit I_0 dem anfänglichen γ-Fluß.

Tragen Sie die beobachtete Zählrate als Funktion der Dicke von Blei auf halblogarithmischem Papier auf. Bestimmen Sie den linearen Absorptionskoeffizienten. Berechnen Sie den Massenabsorptionskoeffizienten μ_m aus der Relation

$$\mu_m = \frac{\mu}{\rho}, \tag{11.37}$$

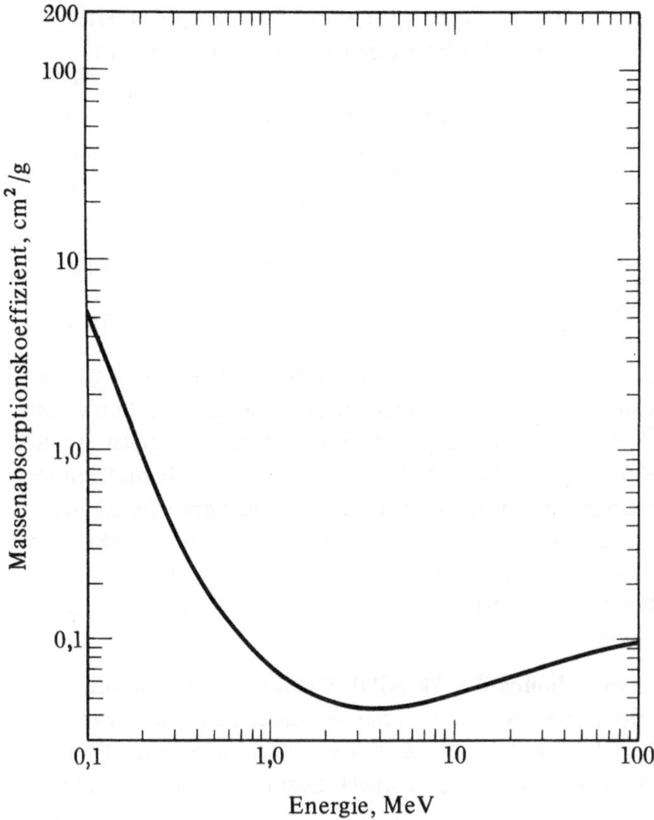

Bild 11.11

wobei $\rho = 11{,}34$ g/cm³ die Dichte von Blei ist. Finden Sie mittels Bild 11.11 die scheinbare γ-Energie und vergleichen Sie mit dem Tabellenwert 0,66 MeV.

3. Der Massenabsorptionskoeffizient. Sie können nun andere Gammastrahler bekannter Energie benutzen und so den Massenabsorptionskoeffizienten von Blei als Funktion der Energie bestimmen. Mit Hilfe des Geiger-Müller-Zählrohrs können Sie reine Gammastrahler ausmessen. Sie können auch damit die ^{137}Cs-Quelle untersuchen, werden aber wahrscheinlich finden, daß bei niedrigen Zählraten Elektronen dominieren.

11.5.3. Fragen

1. Warum erwartet man, daß die Zählrate für Gammastrahlen mit der Dicke exponentiell abnimmt, die Zählrate für Betateilchen aber nicht?

2. Wie könnte man zeigen, daß die Betateilchen, die einen Absorber verlassen, niedrigere Energie haben als die eintretenden Teilchen?

3. Wie könnten Sie zeigen, daß die ungestreuten Gammastrahlen dieselbe Energie haben wie die einfallenden?

4. Tragen Sie Aktivität gegen Absorberdicke für die β- und γ-Strahlen von ^{137}Cs im selben Diagramm auf. Reduzieren Sie die Gammaaktivität um dem Faktor

200, entsprechend der etwa 1 %igen Ausbeute eines G-M-Zählrohrs für Gammastrahlen. Bei welcher Absorberdicke sind die β- und γ-Aktivitäten gleich? Um welchen Faktor ist die Betaaktivität bei dieser Dicke vermindert?

5. Wie könnte man die Winkelverteilung der comptongestreuten γ-Strahlen messen?

6. Wie könnte man das Verhältnis e/m von β-Teilchen bestimmen?

7. Ersinnen Sie ein Experiment, um β-Strahlen magnetisch abzulenken und so ihre Energien zu bestimmen.

11.6. Experiment KP-5: Neutronenaktivierung

11.6.1. Einleitung

Neutronenaktivierung ist die Erzeugung von radioaktiven Quellen durch Absorption von Neutronen. Da eine radioaktive Quelle charakteristische α-, β- oder γ-Strahlung emittiert, kann man aus der Analyse dieser Strahlung die Quelle identifizieren. Daher kann man durch Neutronenaktivierung die Zusammensetzung einer Probe bestimmen. Aktivierung wird auch häufig verwendet, um geringe Spuren von Elementen nachzuweisen, die Neutronen stark absorbieren und dabei in hochradioaktive Kerne übergehen. Wie wir sehen werden, kann man bei bekanntem anfänglichen Neutronenfluß, bekanntem Aktivierungsquerschnitt, bekannten Lebensdauern und Zerfallsraten die Konzentration der Spurenelemente bestimmen. Neutronenaktivierung wird beispielsweise verwendet, um Spuren von Schießpulver aufzufinden.

Plutonium-Beryllium-Neutronenquelle. Eine übliche Neutronenquelle wird hergestellt, indem man ^{239}Pu mit feingemahlenem Berylliumpulver mischt. ^{239}Pu zerfällt durch spontane Spaltung unter Emission eines α-Teilchens (Heliumkern). Ein Bruchteil der α-Teilchen wird von den ^{9}Be-Kernen absorbiert, was zur Erzeugung eines angeregten Zustands von ^{13}C führt. Obwohl ^{13}C normalerweise stabil ist, kann ^{13}C unter Emission eines Neutrons in ^{12}C zerfallen. Die Kernreaktionen, die wir eben beschrieben haben, können geschrieben werden als:

$$^{239}_{94}\text{Pu} \rightarrow \text{Spaltungsprodukt} + {}^{4}_{2}\text{He} \tag{11.38}$$

$$^{9}_{4}\text{Be} + {}^{4}_{2}\text{He} \rightarrow {}^*{}^{13}_{6}\text{C} \tag{11.39}$$

$$^*{}^{13}_{6}\text{C} \rightarrow {}^{12}_{6}\text{C} + {}^{1}_{0}n \tag{11.40}$$

Beachten Sie, daß das Symbol * in den Gln. (11.39) und (11.40) andeutet, daß ^{13}C in einem angeregten Zustand gebildet wird. Beachten Sie auch, daß der untere Index die Ordnungszahl und der obere Index die Massenzahl andeutet. Massensumme und Ladungssumme müssen auf beiden Seiten der Gleichung einander gleich sein.

Eine Quelle mit einer Aktivität von $36{,}66 \cdot 10^9 \, \mathrm{s}^{-1}$ hat dieselbe Aktivität wie 1 g Radium, das ganz aus dem Isotop $^{226}_{88}\mathrm{Ra}$ besteht. Die Halbwertszeit ist 1,622 a. So errechnet sich die Aktivität von 1 g Radium zu

$$\frac{1}{226{,}025\,4} \cdot 6{,}023 \cdot 10^{23} \cdot \frac{0{,}693\,15}{1622 \cdot 3{,}156 \cdot 10^7} = 36{,}66 \cdot 10^9 \, \mathrm{s}^{-1},$$

wobei $1/226{,}025\,4$ der Bruchteil eines Mols ist, der einem Gramm entspricht; $6{,}023 \cdot 10^{23}$ ist die Anzahl der Kerne in einem Mol; $3{,}165\,4 \cdot 10^7$ ist die Anzahl der Sekunden in einem Jahr; $0{,}693\,15$ ist $\ln 2$, was bei Division durch die Halbwertszeit die Zerfallsrate pro Kern ergibt. Nun ist die Lebensdauer von $^{239}\mathrm{Pu}$ 24 360 Jahre oder etwa 15 mal so lang wie jene von $^{226}\mathrm{Ra}$. Da die Atommassen etwa dieselben sind, bedeutet dies, daß wir 15 g Plutonium benötigen, um $36{,}66 \cdot 10^9 \, \mathrm{s}^{-1}$ zu erhalten. Bei dieser Aktivität werden $1{,}5 \cdot 10^6$ Neutronen/s erzeugt. Daher kommt nur ein Neutron auf 20 000 erzeugte α-Teilchen.

Die Plutonium-Beryllium-Quelle wird von einer Bleiabschirmung umgeben, die jedes α-Teilchen absorbiert, das nicht durch das Berylliummetall eingefangen wurde. Das Blei absorbiert auch die meisten emittierten γ-Strahlen. Die Neutronen werden von Blei jedoch nur sehr wenig absorbiert und passieren die Bleiabschirmung. Die Wahrscheinlichkeit, daß ein Neutron von einem Kern eingefangen wird, hängt von der Energie des Neutrons ab und ist im allgemeinen um so größer, je geringer die Neutronenenergie ist. Um die Neutronenenergie möglichst stark zu reduzieren, wird die Quelle mit Paraffin oder Wasser umgeben. Als Folge inelastischer Stöße mit Protonen verlangsamen sich die Neutronen, bis sie eine mittlere Energie von 0,025 eV erreichen, was die mittlere thermische Energie bei Raumtemperatur ist. (Bei dieser Energie ist die wahrscheinlichste Neutronengeschwindigkeit 2 200 m/s). Das Abbremsen der Neutronen auf thermische Energien wird *Moderation* genannt. Neutronen werden in Paraffin innerhalb einer Distanz von etwa 4 cm moderiert.

Um eine adäquate Moderation und Abschirmung zu erreichen, sollte die $36{,}66 \cdot 10^9 \cdot \mathrm{s}^{-1}$-Quelle in die Mitte eines Moderators von etwa 60 cm Höhe und 45 cm Durchmesser gebracht werden. Die zu aktivierende Probe wird in einer Röhre in derselben Tiefe wie die Quelle angebracht.

Aktivierung von Silber. Natürlich vorkommendes Silber besteht aus 2 Isotopen, zu 51,82 % aus $^{107}\mathrm{Ag}$ und zu 48,18 % aus $^{109}\mathrm{Ag}$. Das Ausmaß, in dem ein Kern mit einem einfallenden Teilchen reagiert, kann mittels des Einfangquerschnitts beschrieben werden. Das bedeutet, daß ein einfallendes Teilchen, das innerhalb einer den Kern umgebenden Fläche dieser Größe ankommt, eingefangen wird. Der Einfangquerschnitt von $^{107}\mathrm{Ag}$ für thermische Neutronen ist zu $40 \cdot 10^{-24} \, \mathrm{cm}^2$ gemessen worden; $^{109}\mathrm{Ag}$ hat einen Einfangquerschnitt von $82 \cdot 10^{-24} \, \mathrm{cm}^2$ für thermische Neutronen. Wenn $^{107}\mathrm{Ag}$

ein Neutron einfängt, wird es in $^{108}\mathrm{Ag}$ umgewandelt. $^{108}\mathrm{Ag}$ hat eine Halbwertszeit von 145 s und zerfällt hauptsächlich unter Emission eines β-Teilchens in $^{108}\mathrm{Cd}$. Etwa 2 % der $^{108}\mathrm{Ag}$-Kerne zerfallen unter Emission eines Positrons in $^{108}\mathrm{Pd}$. $^{109}\mathrm{Ag}$ wird durch Neutroneneinfang in $^{110}\mathrm{Ag}$ umgewandelt. $^{110}\mathrm{Ag}$ zerfällt in 24 s unter Emission eines β-Teilchens in $^{110}\mathrm{Cd}$. Diese Reaktionen lauten:

$$^{107}_{47}\mathrm{Ag} + {}^{1}_{0}n \longrightarrow \cdot\, {}^{108}_{47}\mathrm{Ag} \longrightarrow {}^{108}_{48}\mathrm{Cd} + {}^{0}_{-1}\beta \quad (11.41)$$

$$^{109}_{47}\mathrm{Ag} + {}^{1}_{0}n \longrightarrow {}^{110}_{47}\mathrm{Ag} \longrightarrow {}^{110}_{48}\mathrm{Cd} + {}^{0}_{-1}\beta \quad (11.42)$$

Zusätzlich zu den oben beschriebenen Reaktionen gibt es eine kleine Wahrscheinlichkeit, daß isomere Zustände von $^{108}\mathrm{Ag}$ und $^{110}\mathrm{Ag}$ gebildet werden. Dies sind relativ stabile Kernzustände höherer Energie. Sie können ebenfalls unter β-Emission zerfallen, aber die Lebensdauern sind so viel länger, daß sie sehr wenig zu der beobachtenden Aktivität beitragen. In der folgenden Diskussion werden wir alle Reaktionen bis auf die in den Gln. (11.41) und (11.42) ignorieren.

Berechnung der Aktivität. Wie lange muß man die Silberfolie aktivieren, damit sie hinreichend aktiv wird? Hängt diese Zeit von der Stärke der Neutronenquelle ab? Wir können diese Frage durch Lösung der Gleichung für die Produktionsrate radioaktiver Kerne beantworten. Betrachten wir zunächst eine einzelne Kernart. Die Resultate können später kombiniert werden, um die Erzeugung verschiedener Kernarten zu beschreiben. n sei die Anzahl der Kerne in der Folie, σ der Einfangquerschnitt für thermische Neutronen und φ der Neutronenfluß (Teilchen pro Einheitsfläche und Sekunde). Ist N die Anzahl der radioaktiven Kerne, dann ist die Produktionsrate dieser Kerne durch

$$\frac{dN}{dt} = n\,\sigma\,\varphi \quad (11.43)$$

gegeben. Diese Kerne zerfallen aber innerhalb einer mittleren Zeit τ in den Grundzustand, wobei die Rate durch

$$\frac{dN}{dt} = -\frac{N}{\tau} \quad (11.44)$$

gegeben ist. Um beide Prozesse zu beschreiben, müssen wir die Gln. (11.43) und (11.44) addieren und erhalten

$$\frac{dN}{dt} = n\,\sigma\,\varphi - \frac{N}{\tau}\,. \quad (11.45)$$

Die Lösung von Gl. (11.45) unter der Anfangsbedingung $N = 0$ für $t = 0$ ist gleich

$$N = n\,\sigma\,\varphi\,\tau\,(1 - e^{-t/\tau}). \quad (11.46)$$

Beachten Sie, daß die Anzahl der erzeugten radioaktiven Kerne nicht unbeschränkt anwächst, sondern sich dem Wert $n\,\sigma\,\varphi\,\tau$ nähert. Während einer mittleren Zeit τ erhalten wir $1 - 1/e = 63{,}2 \%$ dieses Werts.

Wir stellen uns nun die folgende Frage: Wenn wir die Folie während einer Zeit T bestrahlen und dann aus dem Moderator entfernen, was ist der Ausdruck für die Aktivität $A = -dN/dt$, unmittelbar nachdem die Folie entfernt wurde? Zur Zeit T haben wir nach Gl. (11.46)

$$N_0 = n\,\sigma\,\varphi\,\tau\,(1 - e^{-T/\tau}). \tag{11.47}$$

Wenn die Probe aus dem Moderator entfernt ist, ist die Änderungsrate von N durch Gl. (11.44) gegeben, die gelöst werden kann, wobei wir

$$N = N_0\,e^{-t/\tau} \tag{11.48}$$

erhalten. Die Aktivität ist durch

$$A = -\frac{dN}{dt} = \frac{N_0}{\tau}\,e^{-t/\tau} \tag{11.49}$$

gegeben. Indem wir N_0 aus Gl. (11.47) einsetzen, erhalten wir schließlich

$$A = n\,\sigma\,\varphi\,(1 - e^{-T/\tau})\,e^{-t/\tau}. \tag{11.50}$$

Beachten Sie, daß gemäß Gl. (11.50) die anfängliche Aktivität von τ unabhängig ist, solange T viel größer als τ ist.

Schließlich können wir, wenn wir zwei Arten von Kernen mit den Anzahlen n_1 und n_2 haben, die Gesamtaktivität als

$$A = n_1\sigma_1\varphi(1 - e^{-T/\tau_1})\,e^{-t/\tau_1}$$
$$+ n_2\sigma_2\varphi(1 - e^{-T/\tau_2})\,e^{-t/\tau_2} \tag{11.51}$$

schreiben.

11.6.2. Experiment

1. Betaaktivität. In diesem Experiment wird die Betaaktivität der aktivierten Kerne als Funktion der Zeit gemessen, die der Aktivierung folgt, und auch als Funktion der Aktivierungszeit. Man kann einen Zähler oder den Schaltkreis in Bild 11.3, in dem der Oszillograph durch ein Röhrenvoltmeter ersetzt wurde, verwenden.

Bringen Sie den Silberzylinder für 5 min in eines der Probenlöcher des Moderators. In dieser Zeit — etwa die doppelte Halbwertszeit von ^{108}Ag — erreicht die Aktivität dieses Kerns $1 - (\frac{1}{2})^2 = \frac{3}{4}$ ihres Maximalwerts. Die Aktivität von ^{110}Ag wird im wesentlichen ihren Höchstwert erreichen.

Entfernen Sie den Zylinder aus dem Probenloch und starten Sie gleichzeitig eine Stoppuhr. Messen Sie alle 5 s die Zählrate, solange Sie in der Lage sind, eine merkliche Aktivität über dem Hintergrund zu beobachten. Etwa 10 min sollten ausreichen. Tragen Sie Ihre Ergebnisse auf halblogarithmischem Papier auf. Ist eine Totzeitkorrektur notwendig? Bestimmen Sie die Halbwertszeiten der beiden

radioaktiven Kerne. Finden Sie das Verhältnis ihrer ursprünglichen Aktivitäten. Nach Gl. (11.51) kann man

$$\frac{A_{108}}{A_{110}} = \frac{3}{4}\left(\frac{\sigma_{108}}{\sigma_{110}}\right)\frac{n_{108}}{n_{110}} = 0{,}37$$

erwarten. Vergleichen Sie Ihr Ergebnis mit diesem Wert. Warum könnte Ihr Ergebnis von diesem vorhergesagten Resultat abweichen?

Wiederholen Sie die Aktivierung für längere und kürzere Zeiten und stellen Sie fest, wie die Aktivitäten dabei variieren. Können Sie die Ergebnisse erklären?

2. Bestimmung des Neutronenflusses. Sorgfältige Messungen sollten es ermöglichen, den Neutronenfluß aus der beobachteten Aktivität zu berechnen. Umgekehrt sollten wir aus dem bekannten Neutronenfluß und der gemessenen Aktivität den Einfangquerschnitt berechnen können. Wir nehmen hier an, der Einfangquerschnitt sei bekannt, und wir versuchen, den Neutronenfluß zu messen.

Welchen Wert für den Fluß können wir erwarten? Wenn wir die ursprüngliche Neutronenerzeugungsrate mit $1{,}5 \cdot 10^6\,\mathrm{s}^{-1}$ annehmen, was geschieht letztlich mit diesen Neutronen? Sie diffundieren durch das Paraffin und entweichen schließlich in die Luft. Der Neutronenfluß seitlich aus dem Moderator wird $\varphi/6$ sein. (Wir erhalten einen Faktor 3, weil nur die Normalengeschwindigkeit zählt, und einen weiteren Faktor 2, weil es keine hineinlaufenden Neutronen gibt.) Ist S die Oberfläche des Moderators, gilt

$$\frac{S\varphi}{6} = 1{,}5 \cdot 10^6\,\mathrm{s}^{-1}.$$

Wenn wir den Moderator als 60 cm hohen Zylinder von 45 cm Durchmesser annehmen, ist $S = 10^5\,\mathrm{cm}^2$. Der berechnete Fluß in der Nähe der Oberfläche ist dann 90 Neutronen/$\mathrm{cm}^2 \cdot$ s.

Aus der beobachteten Aktivität eines der Silberisotope erhalten wir

$$\varphi = \frac{A}{n\,\sigma}. \tag{11.52}$$

Da wir A, n und σ kennen, können wir φ berechnen. Zur Bestimmung des Wertes von n müssen wir nur jene Kerne berücksichtigen, die wirklich durch das G-M-Zählrohr gezählt werden. Bedenken Sie, daß nur jene β-Teilchen gezählt werden, die innerhalb der Abstoppdistanz des Silberzylinders erzeugt werden. Man muß auch für den Raumwinkel, den die aktive Region des Zählrohrs einnimmt, korrigieren. Diese Abschätzungen können nur sehr grob gemacht werden. Sie können sie dennoch ausführen, um auf diese Art den Neutronenfluß zu bestimmen.

3. Andere Materialien. Zur Neutronenaktivierung können auch Indium und Gold verwendet werden. In Tabelle 11.2 sind die relevanten Informationen für diese

Tabelle 11.2

Isotope	Häufigkeit (%)	Lebensdauer	β-Energie MeV	Einfangquerschnitt der Neutronen	
				metastabil $10^{-24}\,\mathrm{cm}^2$	stabil $10^{-24}\,\mathrm{cm}^2$
$^{107}_{47}\mathrm{Ag}$	51,82				40
$^{108}_{47}\mathrm{Ag}$		2,4 min	1,77		
$^{109}_{47}\mathrm{Ag}$	48,18			2	82
$^{110}_{47}\mathrm{Ag}$		24 s	2,87		
$^{113}_{49}\mathrm{In}$	4,28			61	2
$^{114}_{49}\mathrm{In}$		72 s	1,98		
$^{114m}_{49}\mathrm{In}$		50 days			
$^{115}_{49}\mathrm{In}$	95,72			150	50
$^{116m}_{49}\mathrm{In}$		54 min	1,00		
$^{116}_{49}\mathrm{In}$		14 s	3,29		
$^{197}_{79}\mathrm{Au}$	100				99
$^{198}_{79}\mathrm{Au}$		64,8 h	0,96		

Materialien sowie für Silber zusammengefaßt. Schreiben Sie die Kernreaktionen für Indium und Gold auf. Welche Unterschiede würden Sie für die beobachteten Aktivitäten bei Verwendung von Indium oder Gold erwarten?

11.6.3. Fragen

1. Tragen Sie Gl. (11.51) für einige Anfangsaktivitäten und Lebensdauern auf halblogarithmischem Papier auf. Warum ist halblogarithmisches Papier zweckmäßig? Bestimmen Sie τ_1 und τ_2 getrennt aus der Gesamtkurve. Bestimmen Sie auch die Anfangsaktivitäten getrennt. Kann diese Trennung immer ausgeführt werden?

2. Erklären Sie, warum der senkrechte Neutronenfluß an der Oberfläche des Behälters $\frac{1}{6}$ des Flusses ist, der einige Zentimeter innerhalb herrscht.

3. Erklären Sie, warum bei Messungen der mittleren Zählrate mittels des Röhrenvoltmeters die relativen Anzeigeschwankungen zunehmen, wenn die Zählrate abnimmt. Wie können Sie die tatsächliche Zählrate aus der Größe der Schwankungen schätzen?

4. Geben Sie weitere Anwendungen der Neutronenaktivierung an. Wie groß ist die Empfindlichkeit der Methode? Wie vergleicht sie sich mit der spektroskopischen Analyse?

12. Halbleiterelektronik (HE)

12.1. Einleitung

Halbleiter sind Materialien, deren elektrische Eigenschaften zwischen denen von guten metallischen Leitern und guten Isolatoren liegen. Sie sind von technischer Bedeutung, weil sie die Grundlage vieler Bauelemente der Elektronik bilden, z.B. von Dioden, Transistoren, Photozellen, Teilchendetektoren und integrierten Schaltungen. Halbleiterbauelemente haben die gesamte Elektronik in den letzten fünfzehn Jahren völlig revolutioniert.

Die physikalischen Grundlagen für die Eigenschaften von Halbleitern werden in vielen Lehrbüchern diskutiert[1], so daß hier ein kurzer Überblick genügt. Die einfachsten Halbleiter sind die Elemente Silicium und Germanium. Die elektrische Leitfähigkeit dieser Materialien ist viel geringer als jene der meisten Metalle, wächst aber mit der Temperatur rasch an, anders als bei den Metallen, bei denen die Leitfähigkeit mit wachsender Temperatur fast immer *abnimmt*. Weiterhin können Verunreinigungen in Silicium oder Germanium, sogar in sehr kleiner Konzentration, die Leitfähigkeit enorm vergrößern.

Die Leitfähigkeit jedes Materials hängt von der Existenz von Elektronen ab, die sich mehr oder weniger frei innerhalb des Materials bewegen können. In Metallen gibt es viele bewegliche Elektronen, sogar bei tiefen Temperaturen. Germanium hat auf Grund seiner Kristallstruktur bei tiefen Temperaturen keine freien Elektronen. Jedes seiner Atome hat vier Valenzelektronen. Im Kristallgitter hat jedes Atom vier nächste Nachbaratome, die an den Ecken eines regulären Tetraeders sitzen. Jedes Valenzelektron nimmt an einer kovalenten Bindung mit einem der nächsten Nachbaratome teil, daher sind alle Valenzelektronen an einzelne Atome gebunden und können sich nicht frei bewegen. Es ist aber nur ein kleiner Energiebetrag notwendig, um eine dieser Bindungen aufzubrechen, 1,1 eV für Silicium und nur 0,7 eV für Germanium. Diese Energie kann aus der thermischen Bewegung stammen, daher brechen bei steigender Temperatur mehr und mehr Bindungen auf und Elektronen werden frei, die an der elektrischen Leitung teilnehmen. Die positiv geladenen Leerstellen oder *Löcher* können sich ebenfalls durch sukzessive Ersetzung benachbarter Elektronen bewegen, so daß auch sie zur elektrischen Leitfähigkeit beitragen. Daher steigt die Leitfähigkeit mit der Temperatur. Diese Art von Leitfähigkeit wird als *Eigenleitung* bezeichnet, um sie von der *Störstellenleitung* zu unterscheiden, die wir als nächstes diskutieren.

Werden einige Atome mit *fünf* Valenzelektronen, wie Arsen, hinzugefügt, so sind vier Elektronen an kovalenten Bindungen beteiligt, aber das fünfte ist nur sehr lose gebunden (Bindungsenergie der Größenordnung 0,01 eV) und kann sich sogar bei tiefen Temperaturen frei durch das Gitter bewegen. Eine derartige Verunreinigung wird als *Donator* oder *n*-Verunreinigung bezeichnet, da die Atome negative Ladungsträger abgeben. Die Leitfähigkeit eines *n*-Halbleiters bei gewöhnlichen Temperaturen ist hauptsächlich auf die Elektronen von *n*-Verunreinigungen zurückzuführen.

Ganz entsprechend kann eine Verunreinigung mit nur drei Valenzelektronen, wie Gallium, aus einem benachbarten Germaniumatom ein Elektron entnehmen, um die vier Bindungen zu komplettieren. Dies hinterläßt beim benachbarten Atom ein Loch, das durch das Kristallgitter wandern kann und so zur Leitfähigkeit beiträgt. Eine derartige Verunreinigung heißt *Akzeptor* und das entstehende Material wird als *p*-Halbleiter bezeichnet.

Übergänge. Es ist bemerkenswert, daß man in der Halbleitertechnologie Materialien herstellen kann, die in verschiedenen Bereichen unterschiedliche Verunreinigungen aufweisen, z.B. vom *n*-Typ an einem Ende stetig in einen *p*-Typ am anderen Ende übergehend. In diesem Fall haben wir an einem Ende einen Überschuß von Elektronen und am anderen einen Überschuß von Löchern. Beide streben danach, über die Grenzfläche hinweg in den gegenüberliegenden Bereich zu diffundieren, in der sie zu *Minoritätsträgern* werden. Das von dieser Umverteilung der Ladung herrührende elektrische Feld begrenzt jedoch das Ausmaß dieser Diffusion (Bild 12.1).

Wird an den Übergang ein elektrisches Feld angelegt, das von der *p*- zur *n*-Region weist, dann tendieren die resultierenden Kräfte dazu, die Löcher über die Grenzfläche in die *n*-Region und die Elektronen in Gegenrichtung in die *p*-Region zu treiben, was einen merklichen Stromfluß durch den Übergang bewirkt. Hat aber das **E**-Feld die entgegengesetzte Richtung, so werden sowohl die Elektronen als auch die Löcher von der Übergangsstelle weggedrängt, was zu einem vernachlässigbaren Strom führt. Ein elektrisches Feld von der *p*- zur *n*-Region unterstützt also den Diffusionsprozeß der Ladungsträger (Durchlaßrichtung), während die umgekehrte Richtung von **E** diese Diffusion *hemmt* (Sperrichtung). Daher weisen *pn*-Übergänge eine starke Richtungsabhängigkeit ihrer elektrischen Eigenschaften auf und wirken als Gleichrichter. Sie sind gute Leiter von *p* nach *n*, aber schlechte Leiter von *n* nach *p*. Die Eigenschaften von *pn*-Flächendioden werden im Experiment HE-1 untersucht.

Durch Kombination von zwei Übergängen in einer *pnp*- oder *npn*-Anordnung erhalten wir einen *Transistor*. Die Wirkungsweise eines Transistors beruht auf denselben Prinzipien wie die der Diode, aber die dritte Region eröffnet neue Möglichkeiten. Transistoren können als verschiedene Arten von *Verstärkern* benutzt werden. Die grundlegenden Eigenschaften und das Verhalten von Transistoren werden im Experiment HE-3 studiert. Einige ihrer Anwendungen auf elektronische Schaltkreise werden in den Experimenten HE-4 bis HE-6 untersucht.

---

[1] Berkeley Physik Kurs, Band 2, Elektrizität und Magnetismus, Vieweg

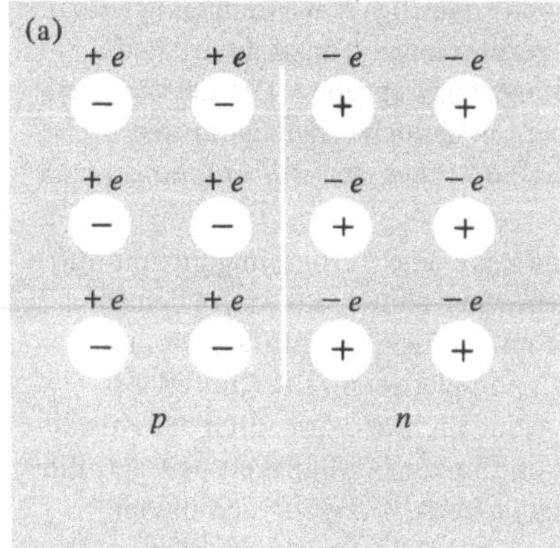

Matrix von über den Halbleiter verteilten Fremdatomen.

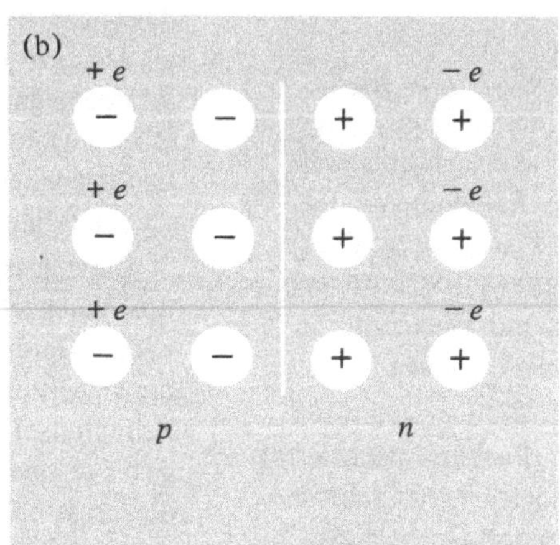

Elektronen und Löcher in der Nachbarschaft eines pn-Übergangs diffundieren durch die Übergangsstelle und rekombinieren.

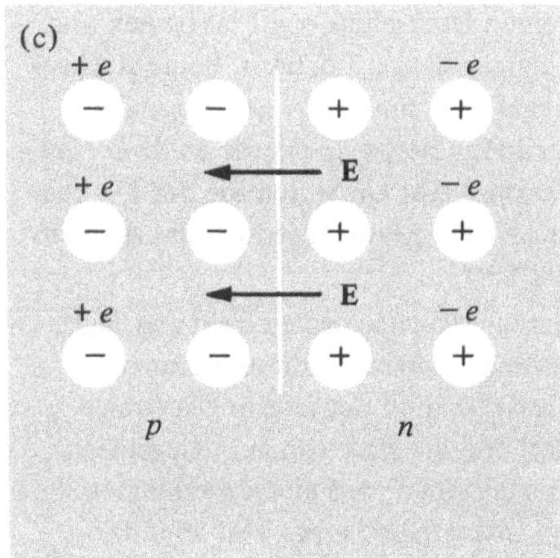

Das führt zum Aufbau eines elektrischen Feldes, das weitere Rekombination verhindert.

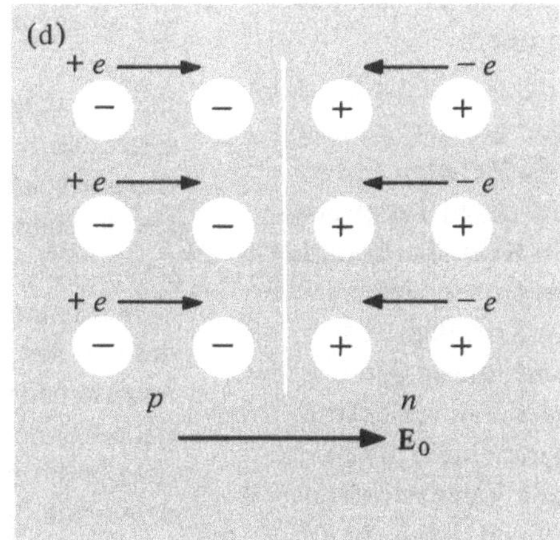

Legen wir ein elektrisches Feld in Durchlaßrichtung an, so erhalten wir einen großen Rekombinationsstrom.

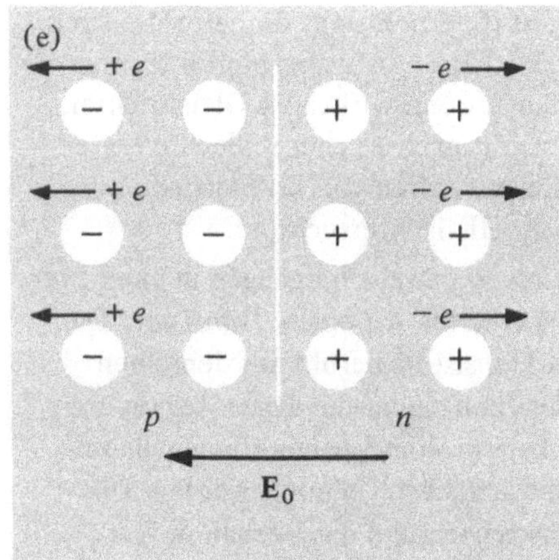

Anlegen eines Feldes in Sperrichtung liefert nur einen kleinen Strom, der von an der Übergangsstelle thermisch gebildeten Ladungsträgern stammt.

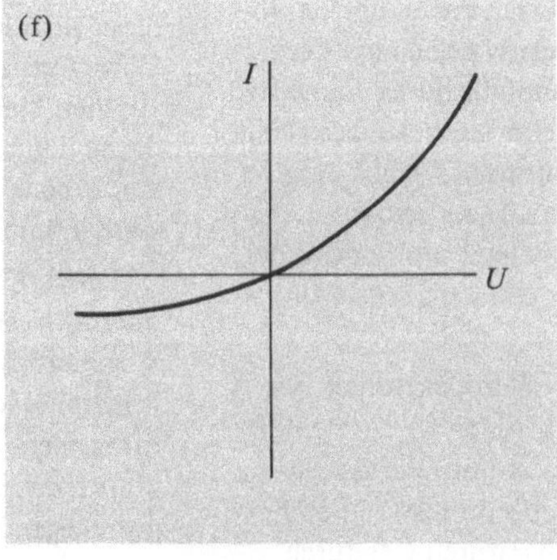

Bild 12.1

Daher ist das I, U-Diagramm eines pn-Übergangs stark asymmetrisch.

12.2. Experiment HE-1: Halbleiterdioden

12.2.1. Einleitung

Die einfachste Halbleiterdiode ist ein *pn*-Übergang. Man kann einen analytischen Ausdruck für die Spannung Strom-Beziehung dieses Bauelements herleiten. Dabei wird die Tatsache benutzt, daß eine gegebene Spannung am Kontakt einer bestimmten Elektronenenergie entspricht und die Anzahl der Elektronen mit dieser Energie durch die Maxwell-Boltzmann-Verteilung bestimmt ist. Es sollte daher nicht überraschend sein, daß der Ausdruck den Faktor $\exp(eU/kT)$ enthält, wobei e die Elektronenladung, U die Spannung, k die Boltzmann-Konstante und T die absolute Temperatur ist. Das Ergebnis dieser Herleitung, die wir hier nicht ausführen, ist

$$I = I_0 \, (e^{eU/kT} - 1), \tag{12.1}$$

wobei I_0 der maximale Sperrstrom für große negative U ist, eine für die spezielle verwendete Diode charakteristische Konstante. Daher sind die Kennlinien einer Diode stark temperaturabhängig, diese Abhängigkeit kann untersucht werden. Bild 12.2 zeigt Diagramme für Gl. (12.1) bei verschiedenen Temperaturen.

Die Ausdrücke *leitend* und *gesperrt* werden oft verwendet, um das Verhalten von Halbleiterelementen zu beschreiben. Leitend bezieht sich auf eine Spannung in Richtung begünstigten Stromflusses durch einen Übergang von der *p*- zur *n*-Region; gesperrt bezieht sich auf die umgekehrte Situation. Wir können eine gesperrte Flächen-

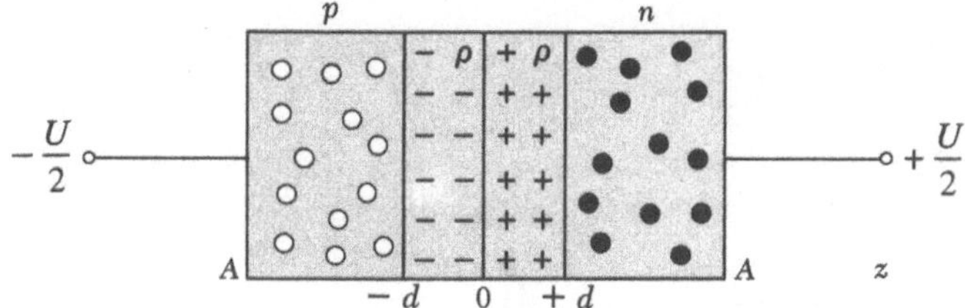

Bild 12.3

diode als elektronisch veränderlichen Kondensator verwenden, *Varaktor-Diode* (oder *Kapazitätsdiode*) genannt. Aus Bild 12.1 entnehmen wir, daß bei Vergrößerung der an die Diode angelegten Sperrspannung sowohl Elektronen als auch Löcher vom Übergang wegwandern und dadurch die Zwischenregion elektrisch geladen hinterlassen.

Betrachten wir die einfache Situation von Bild 12.3. Liegt eine Sperrspannung U an der Diode, dann haben sich die Elektronen und Löcher um eine Entfernung d von der Übergangsstelle zurückgezogen und hinterlassen ein Medium der Ladungsdichte $+\rho$ oder $-\rho$. Die Ladungsverteilung erinnert an einen Kondensator mit einer effektiven Ladung

$$Q = \rho A d. \tag{12.2}$$

Es muß nun die Beziehung zwischen U und d bestimmt werden. Die in Bild 12.3 gezeigte Situation ist anders als beim gewöhnlichen Plattenkondensator, wo das Feld zwischen den Platten homogen ist. Für die Flächendiode wächst das elektrische Feld linear bis zu einem Maximal-

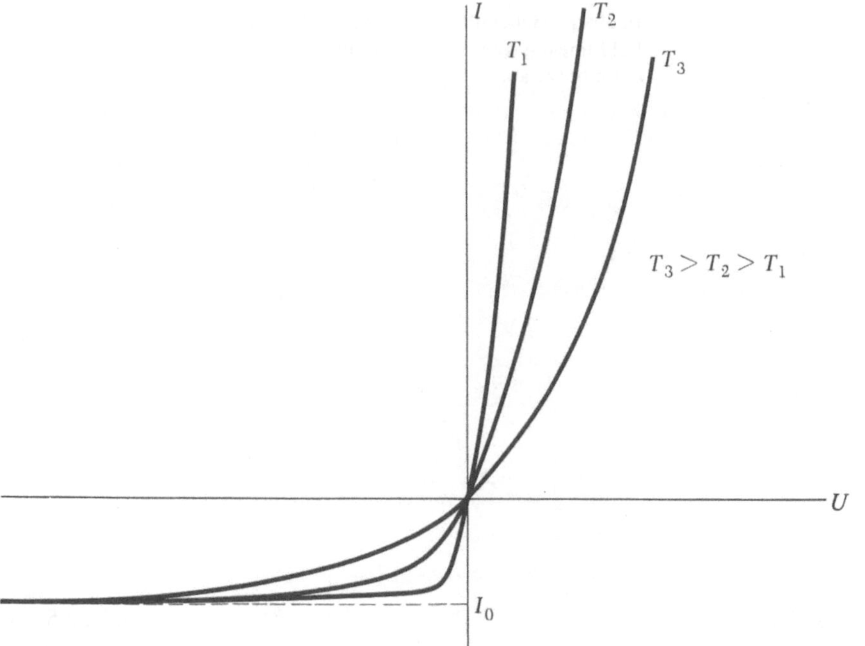

Bild 12.2

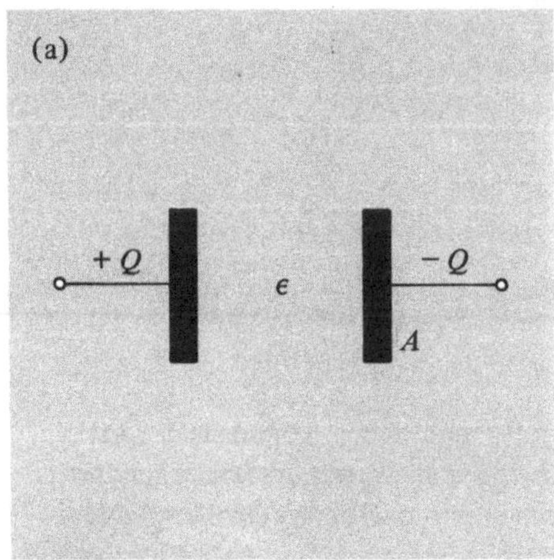

Bei einem gewöhnlichen Kondensator befinden sich die Ladungen $+Q$, $-Q$ auf zwei durch ein Medium mit Dielektrizitätskonstante ϵ getrennten Platten der Fläche A.

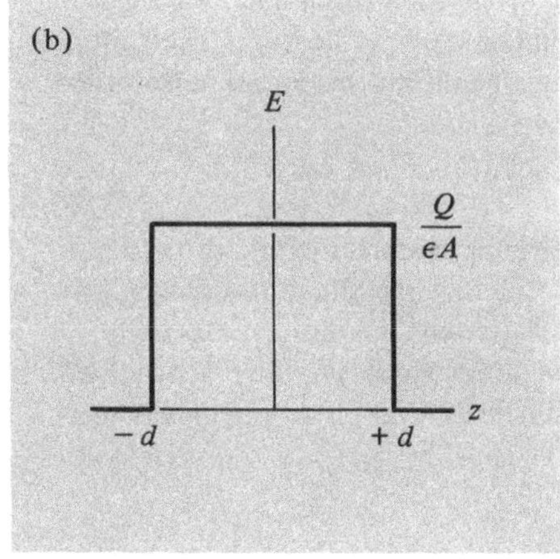

Bei einem gewöhnlichen Kondensator ist das elektrische Feld im Gebiet zwischen den Platten homogen.

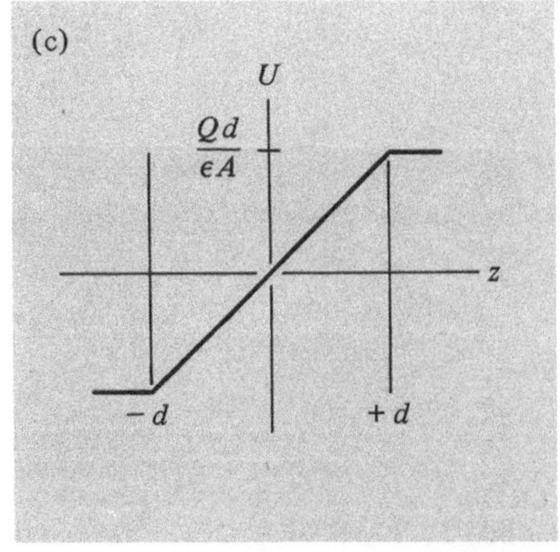

Bild 12.4

Bei einem gewöhnlichen Kondensator wächst das Potential zwischen den Platten linear an.

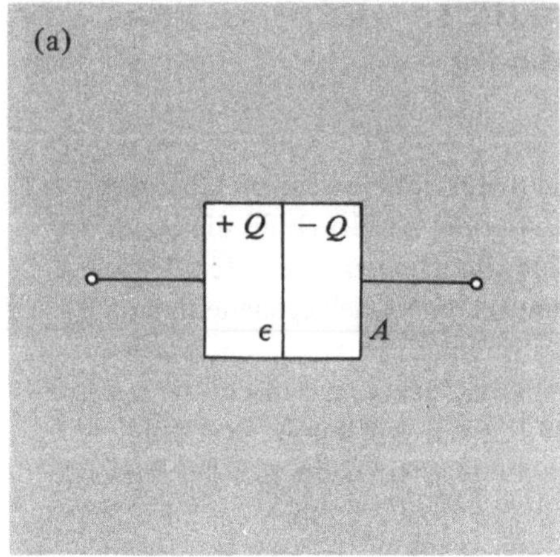

In einer gesperrten Flächendiode sind die Ladungen $+Q$, $-Q$ gleichmäßig verteilt.

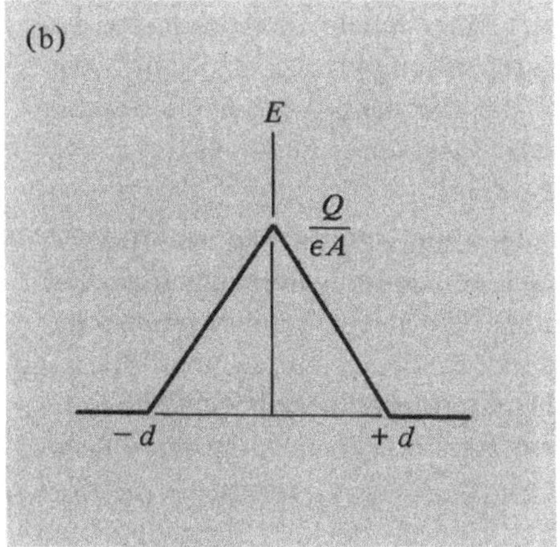

In einer Flächendiode steigt das elektrische Feld linear gegen die Mitte an und fällt dann linear ab.

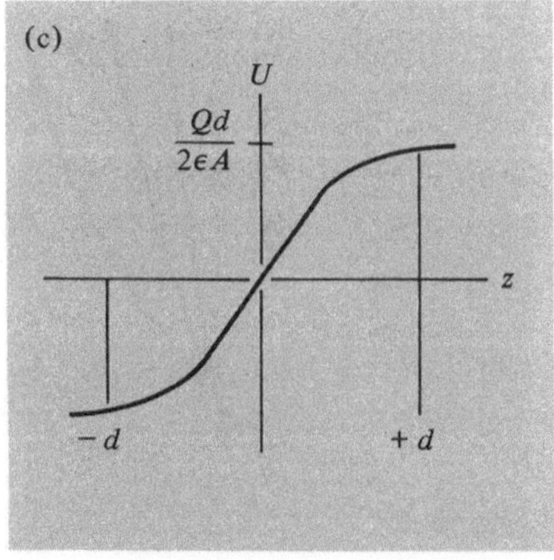

Bild 12.5

In der Flächendiode variiert das Potential parabolisch.

wert $Q/\epsilon A$ in der Mitte des Übergangs an (ϵ ist die Dielektrizitätskonstante) und nimmt bei $z = d$ auf Null ab. Die Konfiguration des Feldes und des Potentials für beide Fälle wird in den Bildern 12.4 und 12.5 verglichen. Die am Übergang liegende Spannung ist durch

$$U = -\int E\,dz = \frac{Qd}{\epsilon A} \qquad (12.3)$$

gegeben. Durch Eliminieren von d mittels Gl. (12.2) erhalten wir

$$U = \frac{1}{\epsilon\rho}\left(\frac{Q}{A}\right)^2. \qquad (12.4)$$

In den meisten Anwendungen der gesperrten Diode wird ein kleines Wechselstromsignal in Serie mit der Sperrspannung aufgeprägt. Unter diesen Umständen ist man an der *Kleinsignal-Kapazität* interessiert:

$$C_{\mathrm{v}} = \frac{dQ}{dU}. \qquad (12.5)$$

Auflösung von Gl. (12.4) nach Q ergibt

$$Q = A(\epsilon\rho U)^{1/2}. \qquad (12.6)$$

Durch Differenzieren von Gl. (12.6) nach U und Substituieren in Gl. (12.5) erhalten wir

$$C_{\mathrm{v}} = \frac{A}{2}\left(\frac{\epsilon\rho}{U}\right)^{1/2}. \qquad (12.7)$$

Die Bedeutung dieses Ergebnisses besteht darin, daß die Kapazität C bei Veränderung der Gleichspannung U für kleine Wechselspannungssignale wie $U^{-1/2}$ variiert. Daher haben wir einen durch eine Spannung gesteuerten variablen Kondensator vor uns!

12.2.2. Experiment

1. Dioden-Kennlinien. Zur Untersuchung des Verhaltens einer Halbleiter-Diode benutzen wir den Schaltkreis von Bild 12.6. Der Pfeil auf der Diode zeigt die *Durchlaßrichtung* an. Ein Voltmeter dient zum Messen der Spannung an der Diode und am Widerstand; den Strom erhält man aus der Spannung. Tragen Sie I als Funktion von U auf. Dann polen Sie die Diode um, damit Sie die andere Hälfte der Kennlinie erhalten, wobei Sie für die Spannung einen kleineren Maßstab benutzen können. Dieser Teil der Kurve kann verwendet werden, um I_0 in Gl. (12.1) zu bestimmen.

Die Daten können auch benutzt werden, um die Gültigkeit von Gl. (12.1) zu überprüfen. Es ist zweckmäßig, diese Gleichung folgendermaßen umzuformen:

$$e^{eU/kT} = \frac{I + I_0}{I_0}$$

$$\ln(I + I_0) = \frac{eU}{kT} + \ln I_0. \qquad (12.8)$$

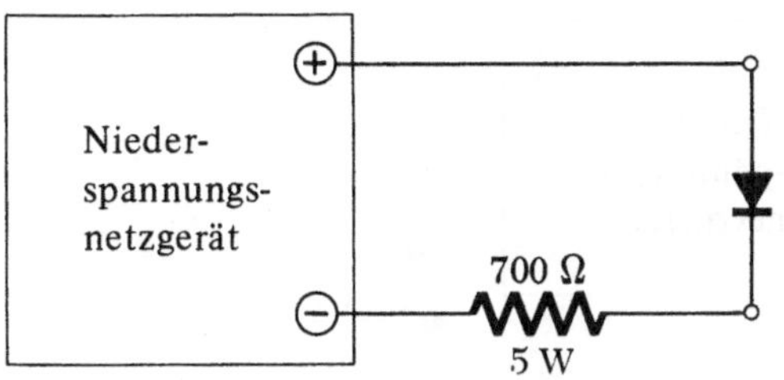

Bild 12.6

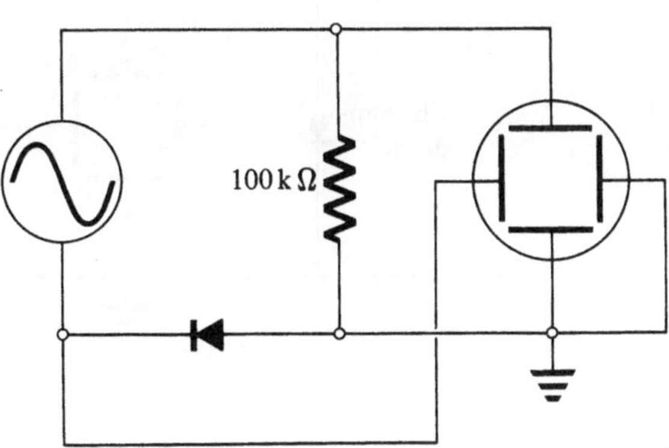

Bild 12.7

Wenn wir $(I + I_0)$ als Funktion von U auf halblogarithmischem Papier auftragen, und die logarithmische Skala für den Strom benutzen, dann sollte sich als Ergebnis eine gerade Linie ergeben. Der Abschnitt auf der Stromachse ist $\ln I_0$ und die Neigung ist e/kT. Bestimmen Sie aus diesem Diagramm und den bekannten Werten für e und T die Boltzmann-Konstante k und vergleichen Sie das Ergebnis mit dem Tabellenwert.

2. Tiefe Temperaturen. Sie können die Beobachtungen des Abschnitts 1 mit einer in flüssigem Stickstoff eingetauchten Diode wiederholen. Tragen Sie die Daten in dasselbe Diagramm wie die ersten Daten ein und beobachten Sie die Unterschiede. Fertigen Sie wieder ein halblogarithmisches Diagramm an und benützen Sie dieses Mal die Daten zur Bestimmung von T.

3. Kennlinien auf dem Oszillographen. Eine einfache, wenn auch weniger genaue Methode zur Demonstration der Diodenkennlinien ist es, die U, I-Kurve auf einem Oszillographen aufzuzeichnen (Bild 12.7). Dazu wird eine Wechselspannung an die Diode angelegt. Der Oszillograph zeigt den Strom als Funktion der Spannung an. Tauchen Sie die Diode wieder in flüssigen Stickstoff ein oder besprühen Sie sie mit Freon und beobachten Sie die Veränderung der Kennlinie.

4. Varaktor-Diode. Um die Eigenschaften einer Varaktor-Diode kennenzulernen, benützen wir die Diodenkapazität als Teil eines LC-Resonanzkreises und messen die Reso-

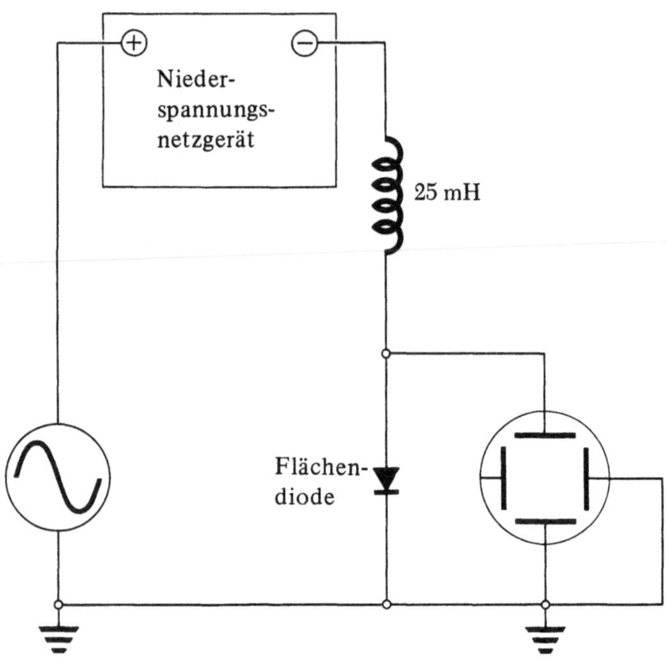

Bild 12.8

nanzfrequenz. Die Gleichspannungsquelle des Bildes 12.8 in Serie mit dem Sinusgenerator ergibt eine konstante Vorspannung U mit einer kleinen Wechselspannungskomponente.

Achtung

Überzeugen Sie sich, daß die Polung stimmt. Da sich kein Widerstand zur Strombegrenzung im Schaltkreis befindet, wird die Diode überlastet und durchbrennen, wenn Sie in Durchlaßrichtung angeschlossen ist.

Die Resonanzfrequenz wird durch Verändern der Frequenz und Suchen des maximalen Signals auf dem Oszillographen bestimmt. Ermitteln Sie die Resonanzfrequenz für verschiedene Werte der Vorspannung. Berechnen Sie die Kapazität für jeden dieser Werte nach der üblichen Relation

$$f = \frac{\omega}{2\pi} = \frac{1}{2\pi (LC)^{1/2}} \ . \qquad (12.9)$$

Bedenken Sie, daß diese Kapazität aus der Kontaktkapazität und der Oszillographen-Eingangskapazität in Parallelschaltung besteht. Wie können Sie diese zusätzliche Kapazität korrigieren?

Tragen Sie die Kapazität des Übergangs als Funktion von U auf. Tragen Sie auch C als Funktion von $U^{-1/2}$ auf. Welche Gestalt sollte dieses Diagramm haben, wenn Gl. (12.7) gilt?

12.2.3. Fragen

1. Wenn Elektronen in die p-Region einer Diode hineindiffundieren, warum rekombinieren sie dann nicht augenblicklich mit den Löchern dieser Region?

2. Gibt es eine Obergrenze für die Sperrspannung, die man an einem pn-Übergang anlegen darf? Was geschieht, wenn diese Grenze überschritten wird?

3. Wodurch ist die maximale Durchlaßspannung bestimmt, die man an eine Flächendiode anlegen darf? Der entscheidende Faktor ist Energiedissipation. (Warum?) Wie hängt dies mit der Maximalspannung zusammen?

4. Welche Vorteile haben Halbleiterdioden gegenüber Vakuumdioden? Welche Nachteile?

5. Was geschieht, wenn ein Varaktor irrtümlich verkehrt angeschlossen wird? Würde er als Varaktor funktionieren, wenn die Spannung auf einen nicht zerstörerischen Wert begrenzt wäre? Erklärung!

6. Halbleiterdioden verlieren ihre Wirkung bei höheren Temperaturen. Warum? Es gibt zumindest zwei Gründe, einer hat mit Gl. (12.1) zu tun, der andere ist auf die thermische Erzeugung von Löchern und Elektronen zurückzuführen, die zu einer inneren Leitfähigkeit führen.

7. Welche praktischen Anwendungen könnte eine Varaktor-Diode haben?

8. Der bei der Untersuchung der Varaktor-Wirkung benutzte Schaltkreis hat außer einem Serienwiderstand auch einen induktiven und kapazitiven Widerstand. Warum? Welche Auswirkung hat dies auf die Bestimmung der Übergangskapazität?

12.3. Experiment HE-2: Tunneldioden und Kipposzillatoren

12.3.1. Einleitung

In früheren Experimenten sind uns verschiedene Typen von *nichtlinearen* Schaltelementen begegnet. Ein nichtlineares Schaltelement ist definitionsgemäß eines, für das der Strom *nicht* proportional zur Spannung ist, im Gegensatz zu einem idealen Widerstand, für den das Ohmsche Gesetz gilt, bei dem also der Strom eine *lineare* Funktion der Spannung ist. Bild 12.9 zeigt zwei verschiedene Arten nichtlinearen Verhaltens.

Noch bemerkenswerter sind Schaltelemente, bei denen die U,I-Kurve Gebiete *negativen Anstiegs* hat; man nennt sie gewöhnlich Gebiete negativen Widerstands. Man unterscheidet zwischen zwei verschiedenen Arten negativen Widerstands. Typische Beispiele sind in Bild 12.10 gezeigt. Im vorliegenden Experiment untersuchen wir ein Beispiel jedes Typs; Typ I wird durch die Tunneldiode verkörpert, Typ II durch die Glimmröhre.

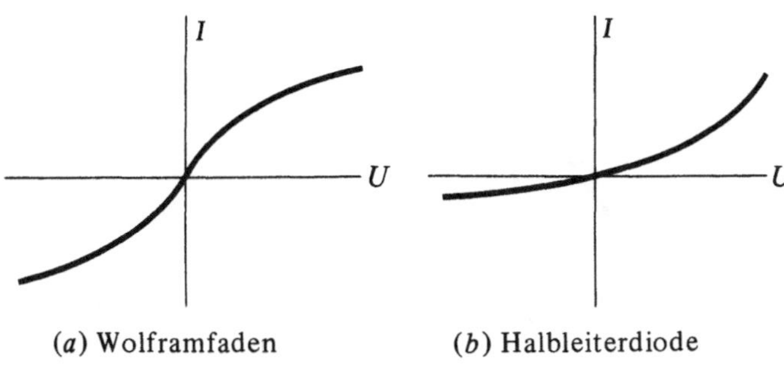

(*a*) Wolframfaden   (*b*) Halbleiterdiode

Bild 12.9

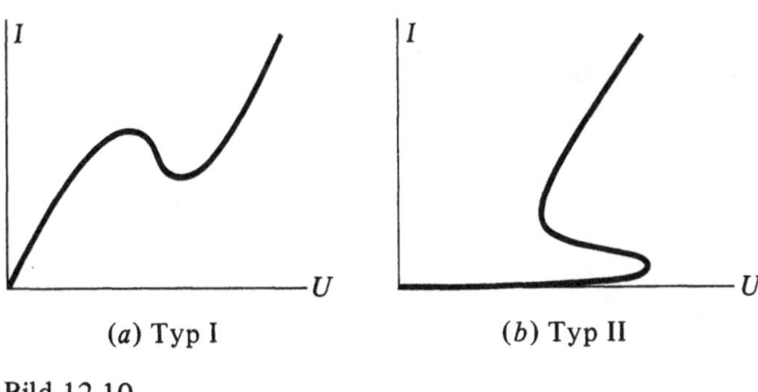

(*a*) Typ I   (*b*) Typ II

Bild 12.10

Tunneldioden. Eine Tunneldiode ist einer gewöhnlichen *pn*-Diode ähnlich. Die Unterschiede liegen in der Dicke des Übergangbereichs und in der Dichte der Verunreinigungen. Die Grundlage der Wirkungsweise einer Tunneldiode ist in Bild 12.11 gezeigt. Die Region negativen Widerstands der Kennlinie entsteht durch den „Tunnelstrom", der nur für kleine Durchlaßspannungen merklich ist.

Eine Tunneldiode werde in einen Schaltkreis mit einer Spannungsquelle und einem Serienwiderstand wie in Bild 12.12 eingebaut. Die Diodenkennlinie ergibt für die Diode *eine* Relation zwischen U und I. Die zweite folgt aus dem 2. Kirchhoffschen Gesetz:

$$U_0 = U + IR. \tag{12.10}$$

Tragen wir I als Funktion von U und die Kennlinie der Diode in ein Diagramm ein, so erhalten wir graphisch eine Simultanlösung der beiden Relationen für jeden gegebenen Wert von U_0 und R (Bild 12.13). Wachsendes U_0 bewirkt eine Parallelverschiebung der Geraden; variierendes R verändert die Neigung ohne Änderung des Abszissenabschnitts, wie man aus dem Bild sieht. Eine derartige Linie wird als zu den Werten U_0 und R gehörige *Arbeitsgerade* bezeichnet, der Widerstand R wird Last genannt.

Wir wollen versuchen, die U,I-Kennlinie des Schaltelements zu erhalten, indem wir U_0 allmählich erhöhen und U und I für jeden Wert von U_0 messen. Bild 12.14 zeigt eine Serie von Arbeitsgeraden für $R = 100\ \Omega$ und U_0 im

Bereich von 0 ... 0,8 V. Beachten Sie, daß bei Erhöhung von U_0 von 0 ... 0,3 V die Arbeitsgerade die Kennlinie in einem einzigen Punkt schneidet und der Strom allmählich ansteigt. In der Nähe von 0,4 V schneidet die Arbeitsgerade die Kennlinie in drei Punkten, so daß es drei Lösungen der U,I-Relationen gibt. Wenn U_0 0,5 V erreicht, schneidet die Arbeitsgerade die Kennlinie wieder nur in einem Punkt, und wir erhalten nur eine Lösung.

Ein Diagramm von I als Funktion von U_0 zeigt Bild 12.15. Beachten Sie den Spannungsbereich, wo zwei Werte für den Strom möglich sind. Die Stromstärke hängt hier davon ab, ob U_0 anwächst oder abnimmt. Wenn wir versuchen, die U,I-Kennlinie aus den Daten von Bild 12.15 zu rekonstruieren, sind wir nicht in der Lage, den Kennlinienabschnitt zwischen den beiden in Bild 12.14 gezeichneten Kreisen zu erhalten.

Neon-Glimmlampe. Ein zweiter Typ eines Schaltelements mit negativem Widerstand ist die bekannte Neon-Glimmlampe. Eine typische U,I-Kennlinie zeigt Bild 12.16. Wird die Spannung vom Wert Null weg erhöht, so fließt nur ein äußerst kleiner Strom, bis die **Zündspannung** erreicht ist, bei der genügend Gasatome ionisiert werden, um eine Glimmentladung aufrechtzuerhalten. Die hohe Ionendichte macht die Röhre zu einem guten Leiter, und die Spannung fällt schnell auf einen kleineren Wert ab, der nahezu von der Stromstärke unabhängig ist. Diese Unabhängigkeit macht derartige Röhren in modifizierter Form als Spannungsregler brauchbar. Wird die Spannung unter diesen Wert, die **Löschspannung**, abgesenkt, dann kann die Ionisierung nicht aufrechterhalten werden, und der Strom fällt auf den früheren kleinen Wert ab. Um die Entladung wieder zu zünden, muß die Spannung wieder auf die Zündspannung gebracht werden.

Kipposzillatoren. Beide Arten von Schaltelemente mit negativem Widerstand können verwendet werden, um einen Oszillator oder Wellengenerator einer bestimmten Art herzustellen, den man *Kipposzillator* nennt. Das einfachste Beispiel eines Kipposzillators ist ein gewöhnlicher Türsummer (Bild 12.17a). Wird der Schalter geschlossen, wächst der Strom im Schaltkreis exponentiell in einer charakteristischen Zeit L/R an, wie in Experiment ES-2 festgestellt wurde. Erreicht aber der Strom einen kritischen Wert, zieht das Magnetfeld der Spule den Kontakt auseinander, öffnet den Schaltkreis, der Strom fällt auf Null ab und der Zyklus beginnt von vorn (Bild 12.17b).

Ein analoges Beispiel eines Kipposzillators ist der in Bild 12.18 gezeigte Schaltkreis, der eine Drossel- und eine Tunneldiode enthält. Die Wirkungsweise ist die folgende:

Wird die Batterie angeschlossen, dann steigt der Strom durch die Tunneldiode an. Überschreitet er den in Bild 12.19 gezeigten Spitzenwert I_p, dann fällt die Spannung an der Diode auf U_2 ab. Die Bestandteile des Schaltkreises

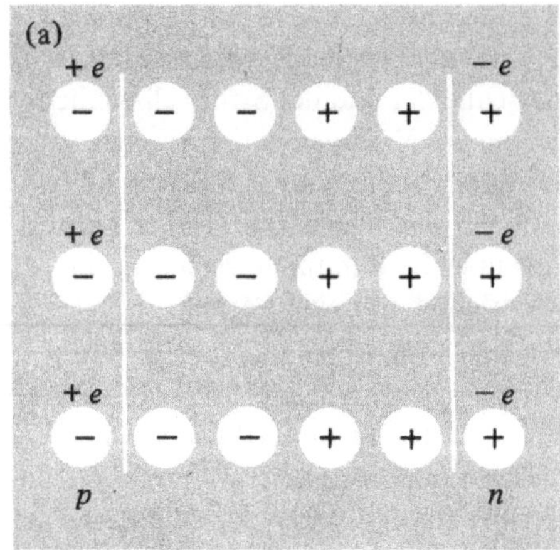

In einer gewöhnlichen Diode ist die Elektronen-
und Löcherdichte mäßig und die Verarmungs-
region ist breit.

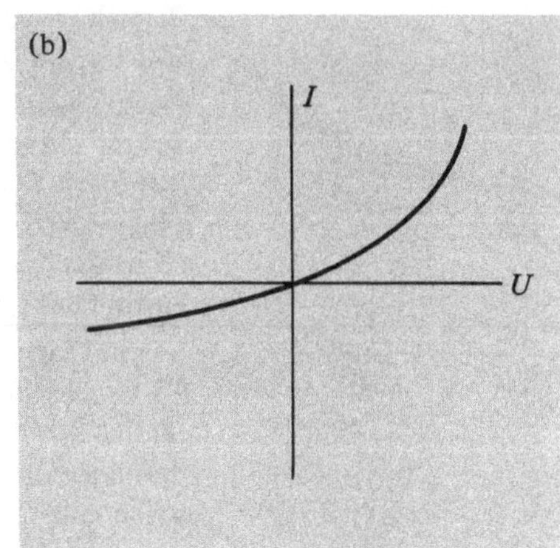

Der Durchlaßstrom ist von Rekombination,
der Sperrstrom von Erzeugung von Ladungsträgern begleitet.

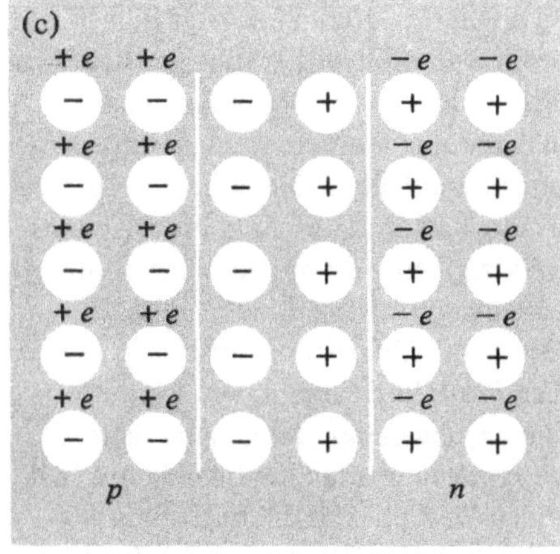

In einer Tunneldiode ist die Elektronen- und
Löcherdichte sehr hoch, und die Verarmungs-
region ist sehr schmal.

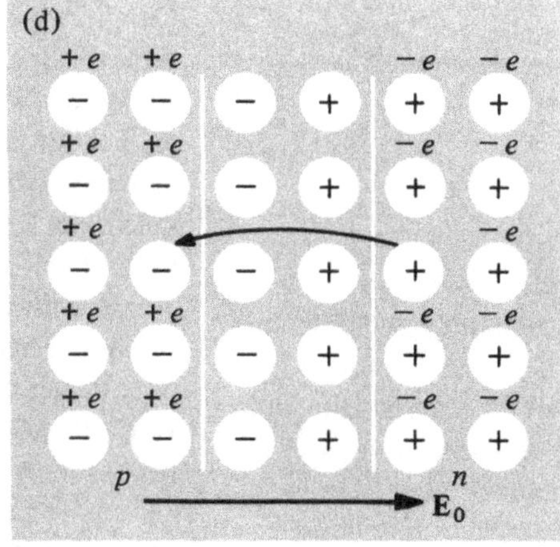

Bei einer kleinen angelegten Spannung können
Elektronen durch die Übergangsstelle treten
und mit Löchern rekombinieren.

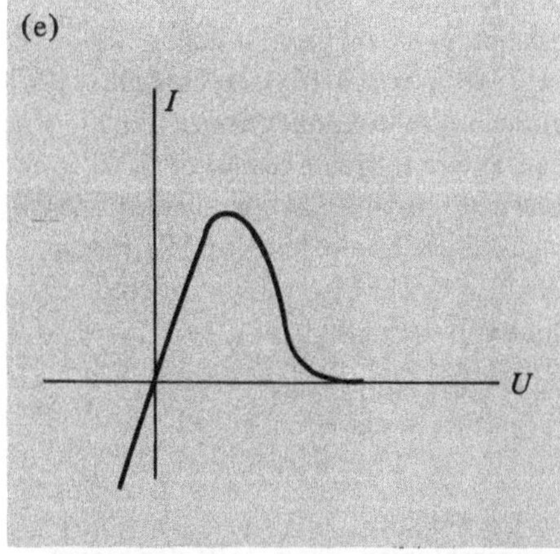

Dieses Tunneln von Ladungsträgern erzeugt
einen zusätzlichen Strom bei niedrigen
Spannungen.

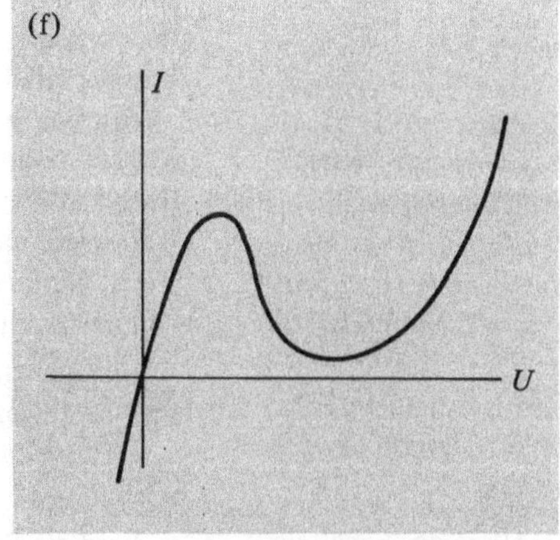

Die wirkliche Kennlinie der Tunneldiode ergibt sich aus Rekombinations- und Tunnelstrom.

Bild 12.11

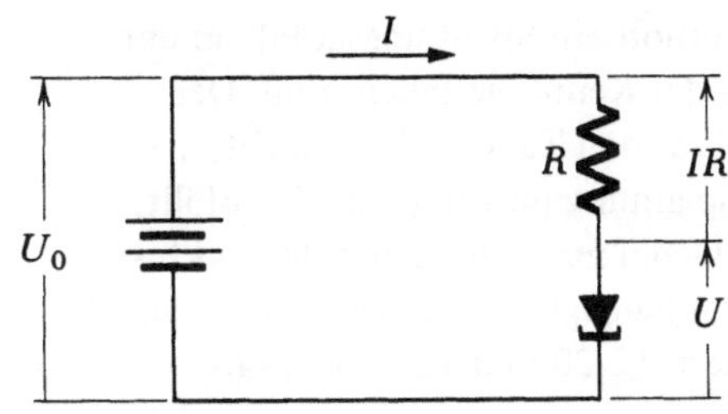

Bild 12.12

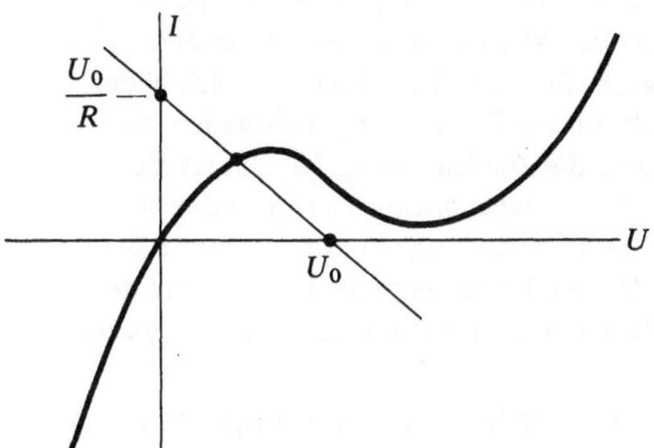

Bild 12.13

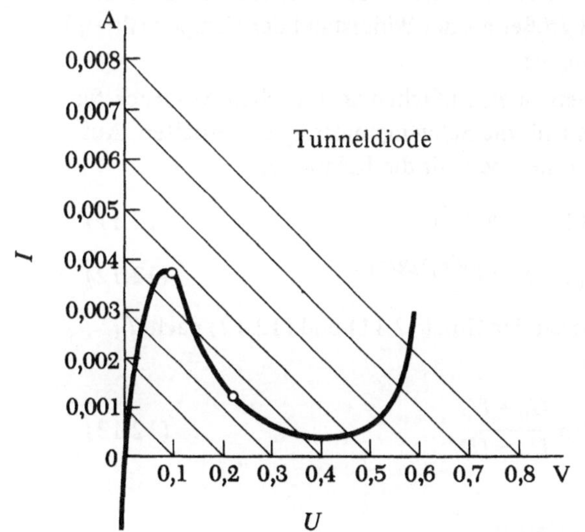

Bild 12.14

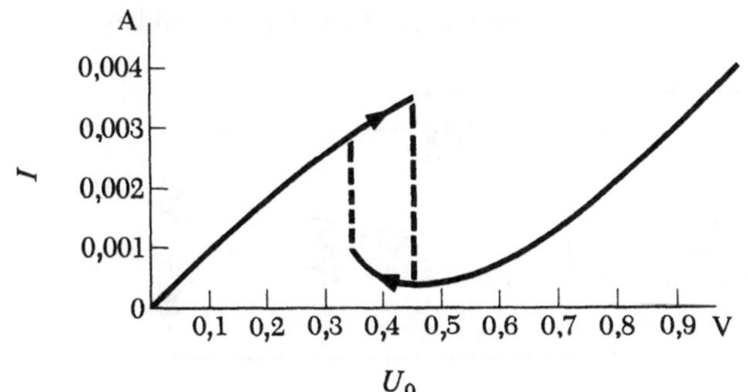

Bild 12.15

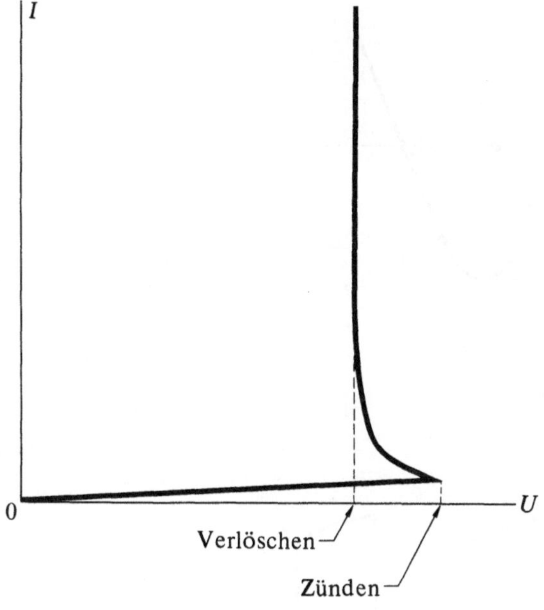

Bild 12.16

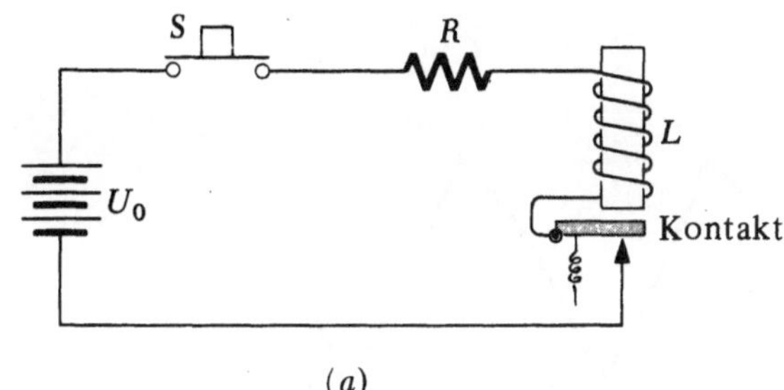

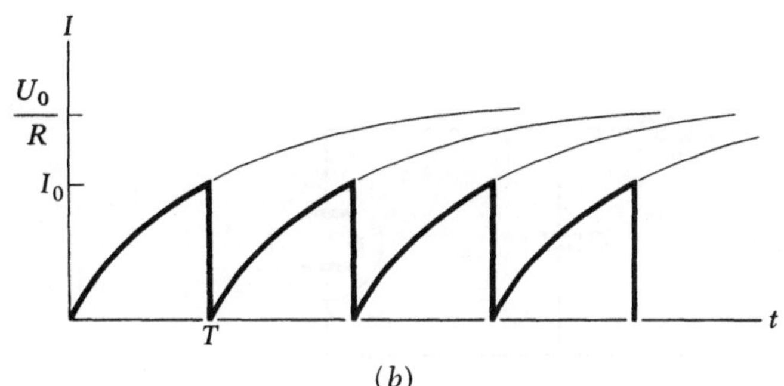

Bild 12.17

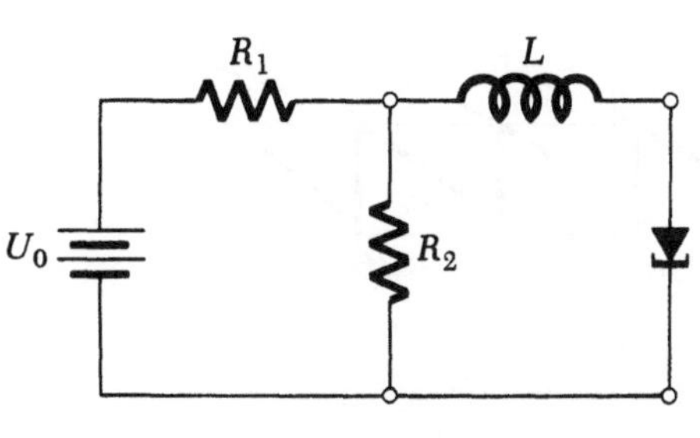

Bild 12.18

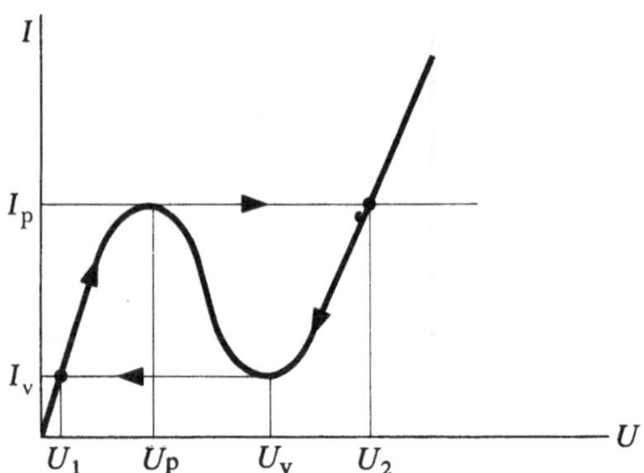

Bild 12.19

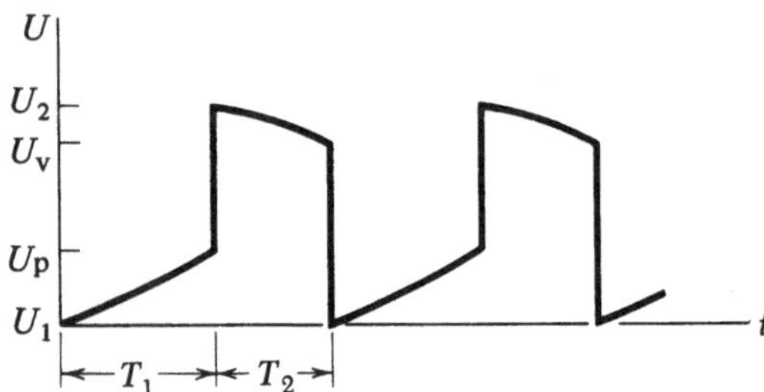

Bild 12.20

Bild 12.21

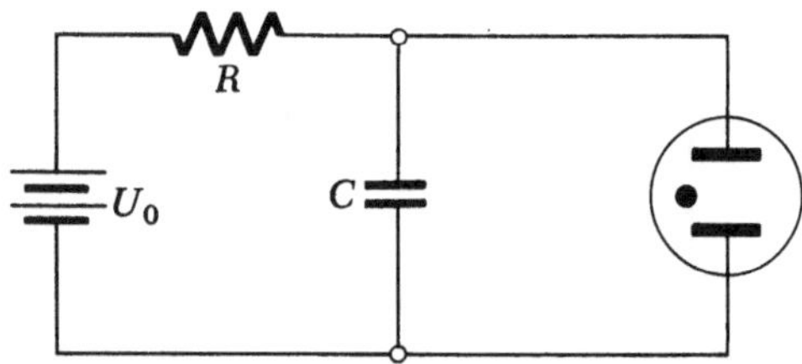

Bild 12.22

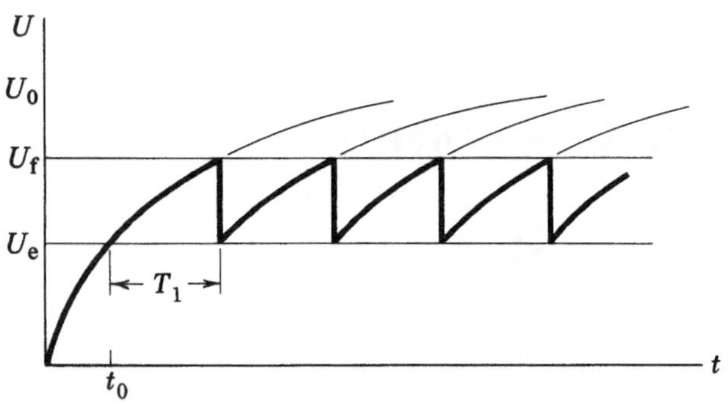

Bild 12.23

sind so gewählt, daß bei erhöhtem Spannungsabfall an der Diode der Strom entlang der Kennlinie fallen muß. Der Strom sinkt weiter ab, bis er den Talwert I_v erreicht, unterhalb welchem die Spannung unstetig auf U_1 abfällt. Nun beginnt der Strom wieder zu steigen, und der Zyklus wiederholt sich. Die Zeitabhängigkeit des Stroms und der Spannung ist in den Bildern 12.20 und 12.21 gezeigt.

Ein Kipposzillator kann auch mit einer Neon-Glimmlampe hergestellt werden (Bild 12.22). Die Theorie der Wirkungsweise dieses Bauelements ist aufgrund der nahezu idealen Kennlinie der Glimmlampe viel einfacher als jene der Tunneldiode. Wird die Spannung U_0 an den Schaltkreis gelegt, beginnt der Kondensator C sich über den Widerstand R auf das Potential U_0 aufzuladen. Erreicht die Spannung die Zündspannung U_f, zündet die Lampe und entlädt fast augenblicklich den Kondensator. Schließlich erreicht die Spannung am Kondensator die Löschspannung U_e, die Lampe entionisiert sich, und der Kondensator lädt sich über R wieder auf, und der Zyklus wiederholt sich.

Bild 12.23 zeigt die Zeitabhängigkeit der Spannung. Die Zeit T_1 für die Ladung des Kondensators über R ist gewöhnlich viel länger als die Entladungszeit über die Glimmlampe. Das rührt daher, daß der Reihenwiderstand R meist viel größer als der Widerstand der Lampe während der Entladung ist.

Wir können einen einfachen analytischen Ausdruck für T_1 und damit für die Schwingungsfrequenz erhalten. Aus Bild 12.23 entnehmen wir die Relationen

$$U_e = U_0(1 - e^{-t_0/RC}) \qquad (12.11)$$

$$U_f = U_0[1 - e^{-(t_0 + T_1)/RC}]. \qquad (12.12)$$

Durch Auflösen der Gln. (12.11) und (12.12) nach T_1 erhalten wir

$$T_1 = RC \ln \frac{U_0 - U_c}{U_0 - U_f}. \qquad (12.13)$$

12.3.2. Experiment

1. Tunneldiode. In diesem Experiment wird eine Niederstrom-Tunnel-Diode benutzt (Bild 12.24). Der Diodenstrom wird durch die Spannung am 10-Ω-Widerstand be-

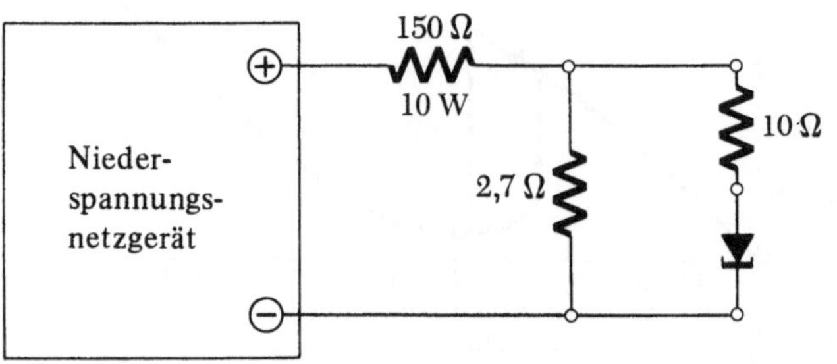

Bild 12.24

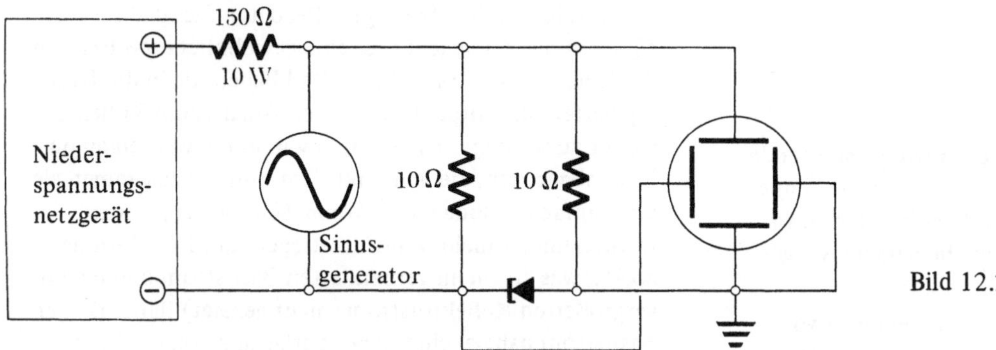

Bild 12.25

stimmt. Was bewirken die übrigen Widerstände? Man kann die Kennlinie auch mit dem Oszillographen aufnehmen. Der in Bild 12.25 gezeigte Schaltkreis kann für diesen Zweck benutzt werden. Spannungsquelle und Sinusgenerator zusammen liefern eine sinusartige Spannung mit von Null verschiedenem Mittelwert. Die Widerstände dienen demselben Zweck wie im vorhergehenden Schaltkreis. Sie können die Ablesung des Oszillographen mit dem Diagramm Ihrer direkten Messungen von U und I vergleichen.

2. Neon-Glimmlampe. Um die U, I-Kennlinie einer Neonlampe zu erhalten, dient der Schaltkreis in Bild 12.26. Spannungsquelle und Batterie in Serie liefern eine von etwa 45 ... 80 V variable Spannung. Sie werden damit nicht die volle Kennlinie dieses Bauelements erhalten. Können Sie das erklären? Welcher Serienwiderstand wäre erforderlich, um die volle Kennlinie zu bestimmen? Welche Art von Voltmeter wäre nötig? Bestimmen Sie für dieses Schaltelement den Bereich negativen Widerstands.

3. Dioden-Kipposzillator. Um mit einer Tunneldiode einen Kipposzillator herzustellen, bauen Sie den Schaltkreis von Bild 12.18:

$$U_0 = 3 \text{ V} \qquad R_1 = 22 \ \Omega$$
$$L = 24 \ \mu\text{H} \qquad R_2 = 2 \cdot 7 \ \Omega.$$

Beobachten Sie die Diodenspannung am Oszillographen; kalibrieren Sie die Vertikalachse, um die verschiedenen Spannungen zu messen, und vergleichen Sie Ihre Werte mit den Vorhersagen aus der Diodenkennlinie. Es ist auch interessant, mit dem Oszillographen die Spannung an der Drossel zu verfolgen.

4. Neonlampen-Oszillator. Der Neonlampen-Kipposzillator von Bild 12.22 arbeitet für R und C in einem großen Wertebereich. Es gibt jedoch für R einen Minimalwert. Können Sie ihn bestimmen? Messen Sie die Frequenz für jedes Wertepaar von R und C, indem Sie mittels eines Sinusgenerators Lissajous-Figuren erzeugen. Verwenden Sie die zuvor bestimmte Zünd- und Löschspannung, um mittels Gl. (12.13) einen Wert für die Frequenz zu berechnen, und vergleichen Sie diesen mit dem gemessenen Wert. Können Sie Gründe für Diskrepanzen angeben?

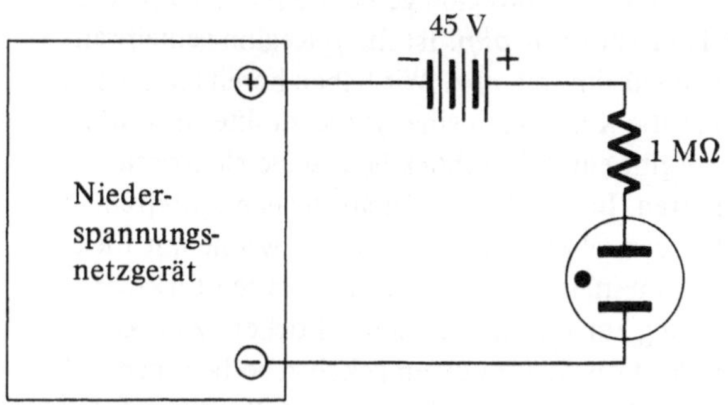

Bild 12.26

12.3.3. Fragen

1. Wie kann man die volle Kennlinie der Tunneldiode (einschließlich des Teils negativen Widerstands) erhalten?

2. Warum können Sie nicht die volle U, I-Kennlinie der Neonröhre erhalten? Welcher Serienwiderstand wäre nötig, um die volle Kennlinie zu erhalten? Welchen minimalen Innenwiderstand müßte das Voltmeter haben?

3. Welche Beschränkungen gibt es für die Frequenz, bei der jeder der beiden Kipposzillatoren funktionieren kann?

4. Erklären Sie die Aufgabe der verschiedenen Widerstände in Bild 12.24.

5. Wie groß ist der Minimalwert von R für einen mit einer Neon-Glimmröhre arbeitenden Kipposzillator?

6. Es gibt gasgefüllte Röhren (Thyratrons genannt), in denen eine dritte Elektrode eingebracht ist, mit der die Zündspannung der Röhre variiert werden kann. Welchen Effekt hätte es, wenn eine derartige Röhre anstelle der Neonröhre in einem Kipposzillator verwendet würde? Wofür könnte man ein derartiges Gerät einsetzen?

7. Haben Kipposzillatoren etwas mit der Horizontal-Zeitablenkung eines Oszillographen zu tun?

12.4. Experiment HE-3:
Der Transistor

12.4.1. Einleitung

In diesem Experiment untersuchen wir grundlegende Eigenschaften eines Flächentransistors und einige seiner Anwendungen in einfachen Verstärkerschaltungen. In späteren Experimenten dieser Reihe behandeln wir genauer einige Schaltbeispiele.

Man kann einen Flächentransistor als ein Paar von Flächendioden mit einer gemeinsamen n- oder p-Region auffassen. Wenn die n-Region gemeinsam ist, bezeichnen wir den Transistor mit pnp. Ist die p-Region gemeinsam, bezeichnen wir ihn mit npn. Wir haben bereits in Experiment HE-1 die Kennlinien eines pn-Kontaktes diskutiert. Bild 12.27 gibt einen Überblick über seine elektrische Eigenschaften. In der Durchlaßrichtung überschreiten die Löcher den Übergang zur n-Region, wo sie mit Elektronen rekombinieren. Ähnlich überschreiten Elektronen den Übergang zur p-Region, um mit Löchern zu rekombinieren. Wird die Spannung umgekehrt, so bewegen sich die Majoritätsträger von der Übergangsstelle weg auf ihre entsprechenden Seiten. Ein geringer Strom in Sperrrichtung verbleibt von jenen Ladungsträgern beider Vorzeichen, die innerhalb der Übergangsregion erzeugt werden.

Bild 12.28 zeigt das Verhalten eines Transistors. Ist der linke pn-Übergang in Durchlaßrichtung gepolt (Bild 12.28c), so werden Löcher in die zentrale Region oder *Basis* befördert. Die meisten dieser Löcher diffundieren durch die Basis hinweg zum Kollektorübergang. Einige Löcher rekombinieren auch mit Elektronen innerhalb der Basis und führen zu einem Stromfluß aus der Basis heraus. Der Kollektorübergang erhält eine Vorspannung in Sperrrichtung (Bild 12.28e), wodurch nur sehr wenige Elektronen zur Basis strömen.

Die übliche Bezeichnungsweise für einen Transistor ist in Bild 12.29 gezeigt. Es gibt drei Ströme, die man konventionellerweise als in das Schaltelement fließend betrachtet, und drei Spannungen, die wie im Bild definiert sind. Aus den Kirchhoffschen Gesetzen erhalten wir die Relationen

$$I_E + I_C + I_B = 0$$
$$U_{BE} + U_{CB} = U_{CE}.$$

Daher ist der elektrische Zustand des Schaltelements vollständig durch zwei Spannungen und zwei Ströme bestimmt. Der Pfeil an der Emitterleitung deutet die Injektion von Ladungsträgern durch den Emitter in die Basis an. Für einen pnp-Transistor ist die Richtung so wie gezeigt, für einen npn-Transistor wird die Pfeilrichtung umgekehrt.

Das Transistorverhalten kann auf verschiedene Weise dargestellt werden. Eine nützliche Art ist es, den Basisstrom als Funktion der Basis-Emitter-Spannung für verschiedene konstante Werte der Kollektor-Emitter-Spannung

wie in Bild 12.30 aufzutragen. Beachten Sie, daß für $U_{CE} = 0$ die Kurve jener für eine gewöhnliche pn-Flächendiode ähnelt. In diesem Spezialfall haben die in die Basis injizierten Minoritätsträger keinen Anlaß, zum Kollektor weiter zu wandern. Die meisten von ihnen werden an der Basis abgezogen, die dann mit dem Emitter zusammen als eine einfache Diode wirkt. Wenn U_{CE} gesteigert wird, werden immer mehr Minoritätsträger zum Kollektor gezogen, was zu einem verminderten Basisstrom und einem vergrößerten Kollektorstrom (nicht gezeigt) führt. Da der Basisstrom nahezu eine Exponentialfunktion der Spannung U_{CE} ist, bedeutet eine Reduktion des Basisstroms um einen konstanten Faktor einfach eine Verschiebung der Kurve nach rechts. Diese Kurven werden als *Eingangskennlinien* des Transistors bezeichnet.

Eine andere Reihe von Kennlinien, *Ausgangskennlinien* genannt, sind in Bild 12.31 gezeigt. Die spezielle Wahl der Variablen für diese Diagramme mag willkürlich erscheinen, aber ihre Nützlichkeit wird klar, wenn wir das Verhalten von Transistorverstärkern untersuchen. Diese Kurven haben eine enge Analogie zu den *Anodenkennlinien* einer Vakuumtriode oder einer Pentode. Es ist zu beachten, daß der Basisstrom gewöhnlich nur etwa 2 % des Emitterstroms ist, falls die Kollektor-Emitter-Spannung nahezu Null ist. Daher erreichen bei gewöhnlicher Arbeitsweise nahezu alle vom Emitter injizierten Minoritätsträger den Kollektor; die übrigen rekombinieren mit den Majoritätsträgern in der Basis und tragen zu I_B bei.

Das einfachste Beispiel eines Transistorverstärkers zeigt Bild 12.32. Die Eingangs- und Ausgangsströme sind nahezu gleich groß, aber Spannung und Widerstand auf der Ausgangsseite können viel größer sein als auf der Eingangsseite. Daher funktioniert dieser Schaltkreis als Spannungs- und Leistungsverstärker mit einer relativ geringen Eingangsimpedanz. Eingang und Ausgang liegen wie bei einem Röhrenschaltkreis mit geerdetem Gitter in Serie. Der Strom wird durch die kleine Eingangsspannung gesteuert.

12.4.2. Experiment

1. Transistorkennlinien. Um die Ausgangskennlinien eines Transistors zu messen, schlagen wir den in Bild 12.33 gezeigten Schaltkreis vor. Die Schaltung ist so angelegt, daß man alle Spannungen, einschließlich der zur Bestimmung der Ströme, mit einem einzigen hochohmigen Voltmeter messen kann. Der Masse-Anschluß ist mit dem Emitter verbunden, der den gemeinsamen Endpunkt zwischen Eingang und Ausgang dieses Schaltkreises bildet. Der Basisstrom wird mittels des 500-kΩ-Regelwiderstands justiert und die Kollektor-Emitter-Spannung an der rechten Batterie variiert. Die Batteriepolung ist für einen pnp-Transistor gezeigt, für einen npn-Transistor muß sie umgekehrt werden.

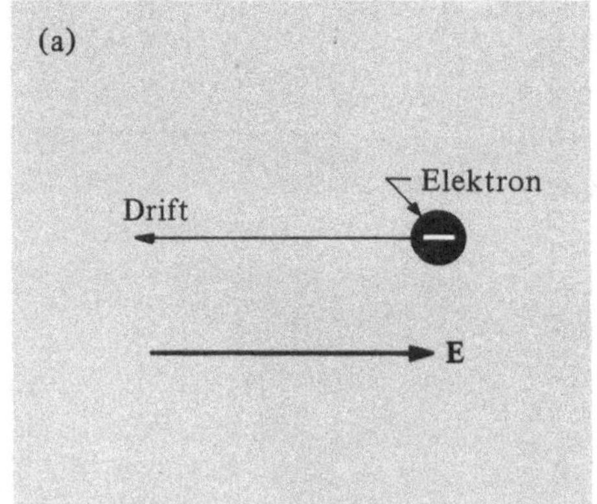

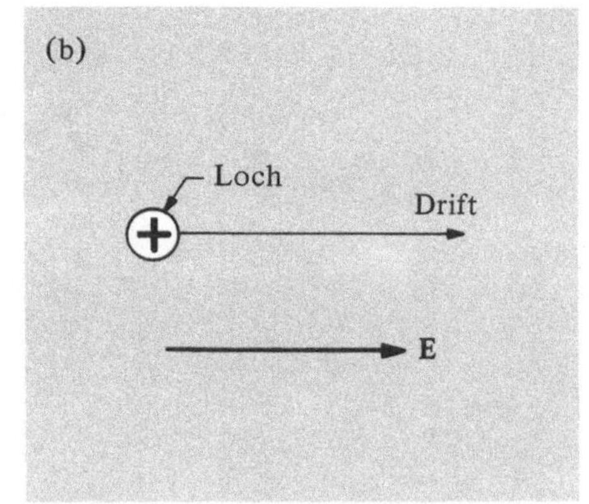

In Halbleitern gibt es zwei Arten von Ladungsträgern: Elektronen (negativ geladen) und ...

Löcher, die ein Elektronendefizit darstellen und sich verhalten, als hätten sie positive Ladung.

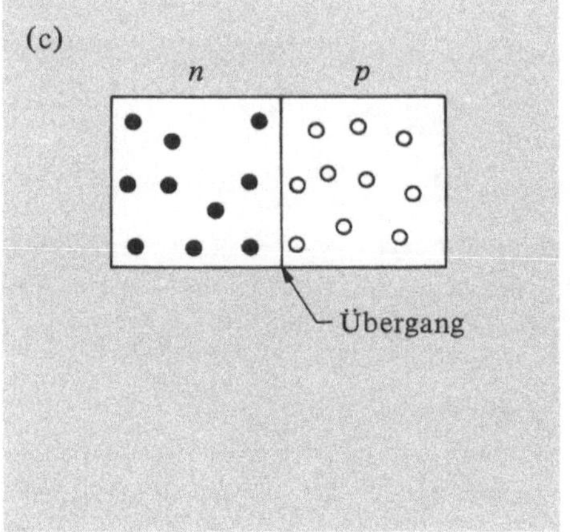

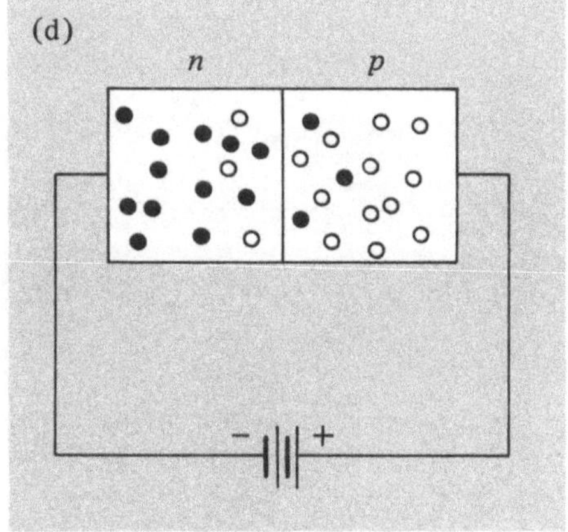

Eine *Übergangsstelle* trennt eine n-Region (die Majoritätsträger sind Elektronen) von einer p-Region (die Majoritätsträger sind Löcher).

Anlegen einer positiven Spannung an die p-Region verursacht einen starken „Durchlaß"-Strom über den Übergang hinweg. Elektronen fließen nach rechts, Löcher nach links.

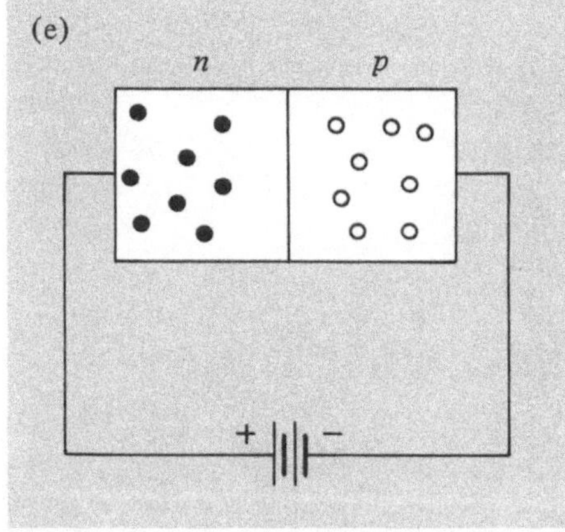

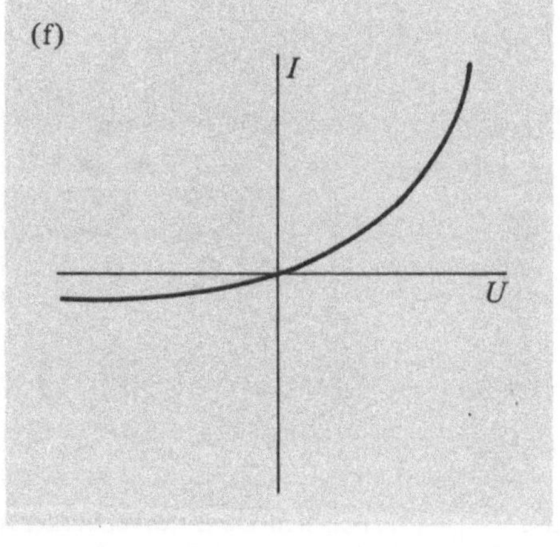

Bild 12.27

Anlegen einer negativen Spannung an die p-Region führt zu einem nur sehr schwachen „Sperrstrom".

Daher ist ein pn-Übergang ein Gleichrichter.

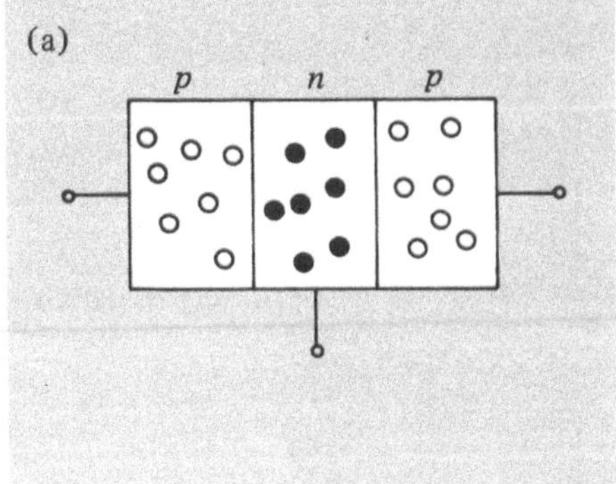

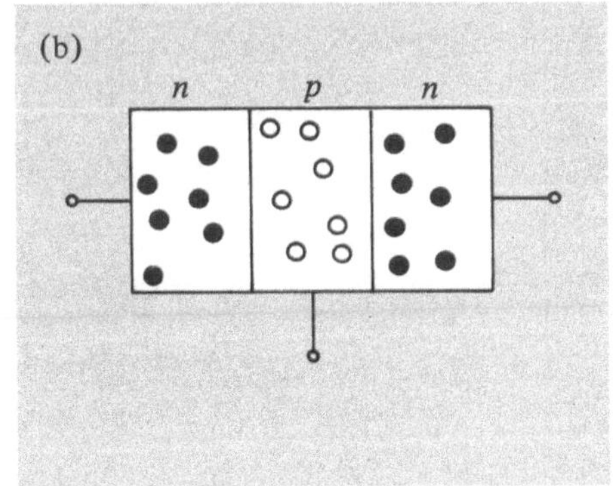

Ein Transistor entsteht aus einem Paar von pn-Übergängen, wobei entweder die n-Region in der Mitte liegt ...

oder aber die p-Region.

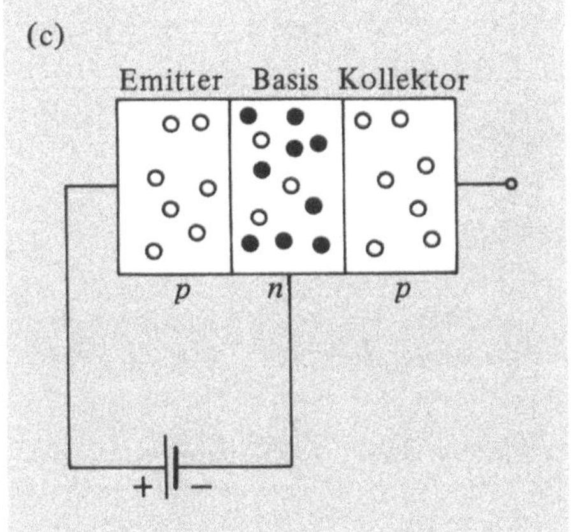

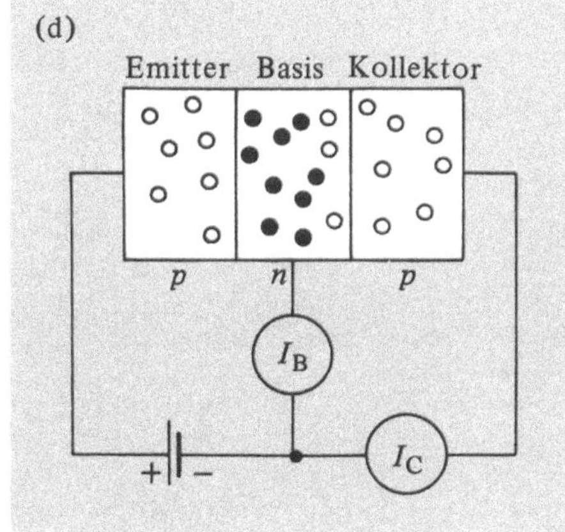

Polen wir den einen Übergang in Durchlaßrichtung, so werden Minoritätsträger in die Basis injiziert.

Diese diffundieren zum zweiten Übergang, wo sie gesammelt werden. Im Idealfall werden alle injizierten Träger gesammelt, es gibt keinen Basisstrom.

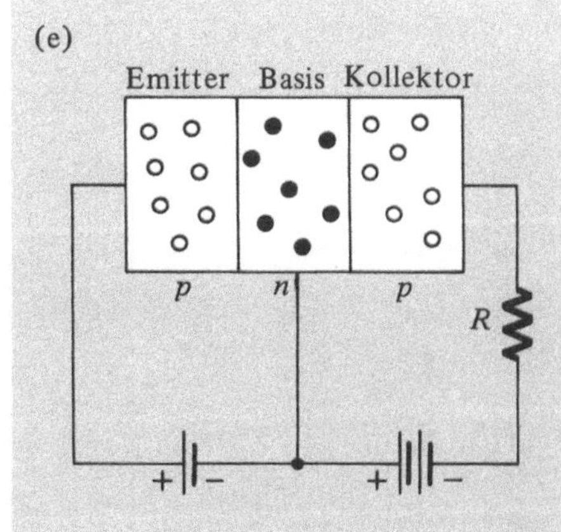

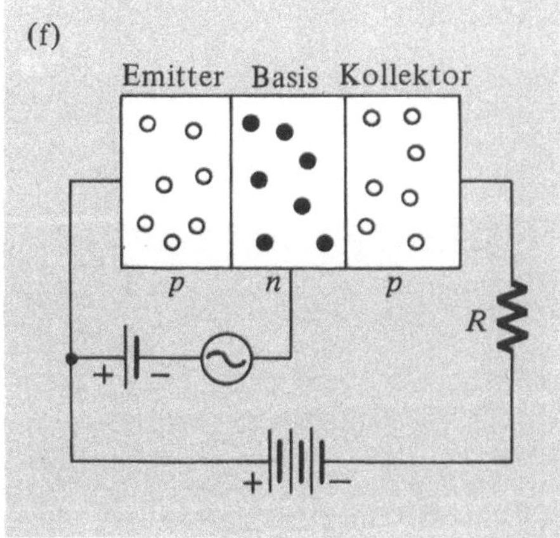

Bild 12.28

Einfügen eines Widerstands in den Kollektorkreis ergibt eine zum Emitterstrom proportionale Spannung. Der Kollektor wird mit einer Sperrspannung versehen, um eine Injektion über den Kollektorkontakt zu verhindern.

Im üblichen Transistorverstärker führt man ein Signal an die Basis und nimmt das verstärkte Signal am Kollektor ab.

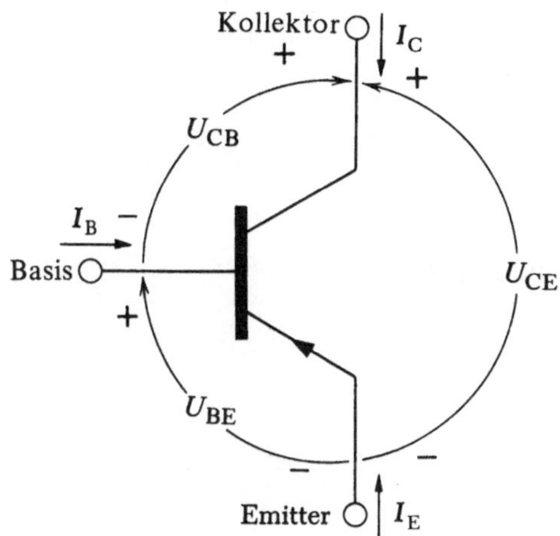

Bild 12.29

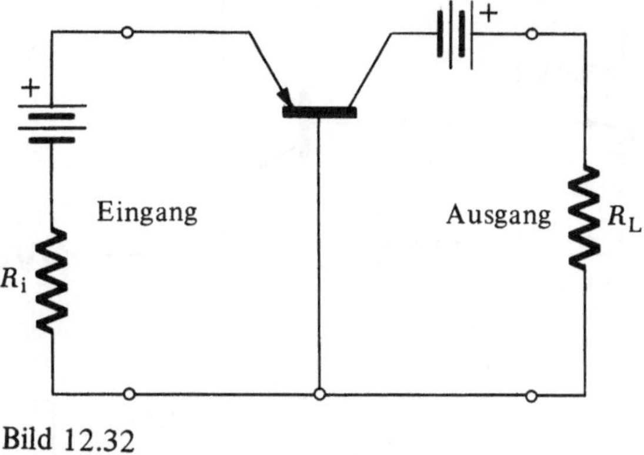

Bild 12.32

Bestimmen Sie unter Verwendung des Schaltkreises in Bild 12.33 Eingangs- und Ausgangskennlinien eines *pnp*-Transistors. Beachten Sie, daß Sie die Daten für beide Kurvenscharen gleichzeitig aufnehmen können. Vergleichen Sie die Resultate mit denen eines *npn*-Transistors.

2. Aufzeichnung am Oszillographen. Transistorkennlinien können leicht oszillographisch aufgezeichnet werden. Um beispielsweise Eingangskennlinien aufzunehmen, halten wir U_{CE} konstant, variieren U_{BE} periodisch und tragen U_{BE} auf der horizontalen Achse zusammen mit einer zu I_B proportionalen Spannung auf der vertikalen Achse auf. Durch Änderung von U_{CE} erhalten wir verschiedene Kurven. Ein Schaltkreis dafür ist in Bild 12.34 gezeigt. In ähnlicher Weise können die Ausgangskennlinien mittels des Schaltkreises in Bild 12.35 beobachtet werden. Beachten Sie, daß in den Bildern 12.34 und 12.35 der Sinusgenerator nicht geerdet sein darf. Dazu muß das Instrument von der Masse isoliert werden.

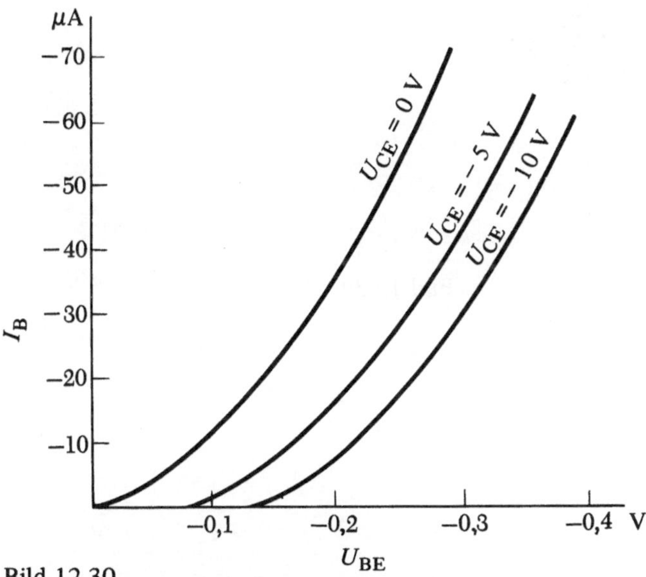

Bild 12.30

12.4.3. Fragen

1. Entsprechen in Bild 12.29 die positiven Richtungen von U_{BE} und U_{CB} der begünstigten Stromflußrichtung?

2. Kann bei der Messung der Ausgangskennlinien eines Transistors ein gewöhnliches 20 000-Ω/V-Multimeter zur Messung der Spannungen an den Widerständen in Bild 12.33 verwendet werden? Erklärung!

3. Wie groß ist die „Eingangsimpedanz" für den Schaltkreis in Bild 12.33? Wie stark steigt also I_B an, wenn U_{BE} leicht erhöht wird?

4. Welche Faktoren begrenzen die maximalen Spannungen und Ströme, die ein Transistor ohne Beschädigung verträgt?

5. Was bestimmt in einem *pnp*-Transistor die Leitfähigkeit des Materials in jeder Zone? Können Sie sich vorstellen, daß es irgendwelche Vorteile bringt, die beiden *p*-Gebiete mit verschiedenen Leitfähigkeiten auszustatten? Wie könnte man dieses erreichen?

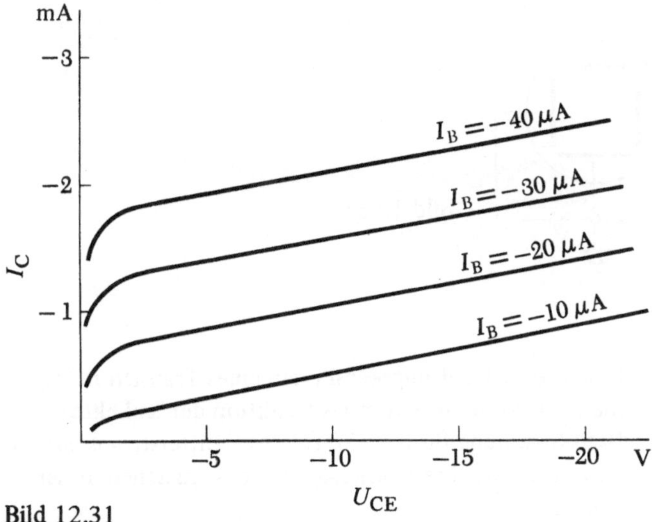

Bild 12.31

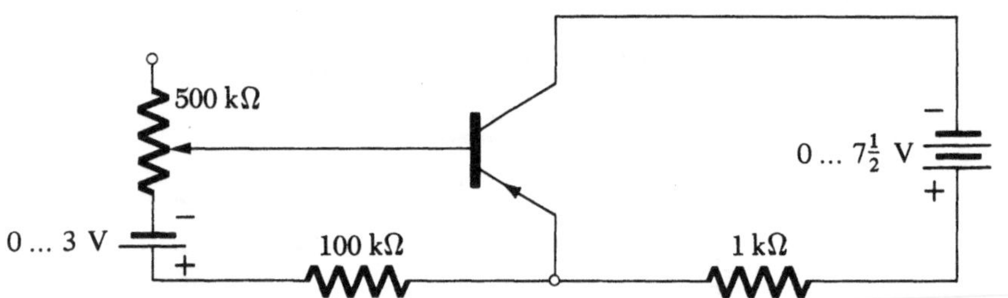

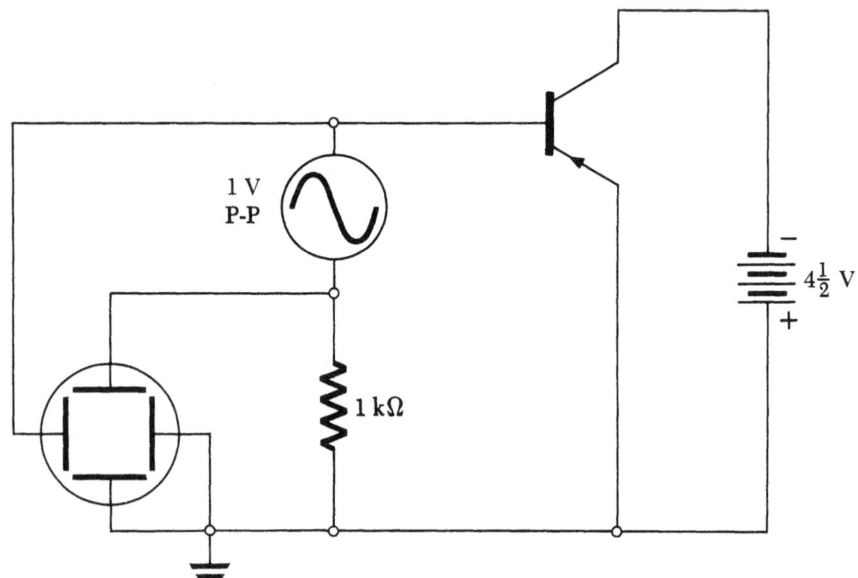

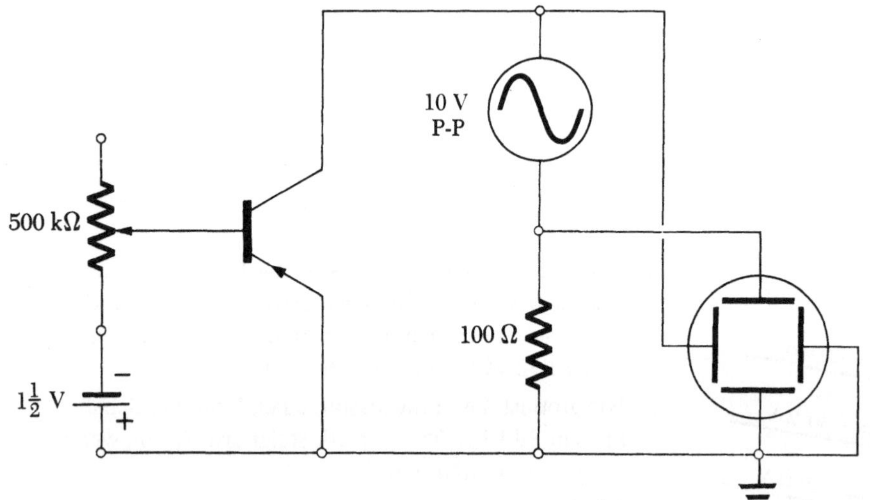

6. Wir nehmen an, im Schaltkreis von Bild 12.33 werde die 3-V-Batterie durch einen Sinusgenerator ersetzt. Wäre die Spannung am 1-kΩ-Ausgangswiderstand ebenfalls sinusförmig?

7. In den Basisschaltungskennlinien eines Transistors trägt man den Kollektorstrom als Funktion der Kollektor-Basis-Spannung für feste Werte des Emitterstroms auf. Skizzieren Sie Ihre Vorhersage für das Aussehen dieser Kurven.

12.5. Experiment HE-4:
Transistor-Verstärker

12.5.1. Einleitung

Ein Verstärker ist eine Vorrichtung, der die Spannung, den Strom oder die Leistung eines Signals vergrößert. Ein bekanntes Beispiel ist ein Plattenspieler, bei dem der Wandler des Tonabnehmers im typischen Fall eine Last von 50 kΩ mit einem Signal von 0,01 V anspeist, was eine Eingangsleistung von 10^{-11} W ergibt. Dieses Signal wird bei vergleichbarer Last mittels eines *Spannungsverstärkers* auf einige Volt verstärkt und dann zu einem *Leistungsverstärker* mit einem Endausgang von 10 ... 100 W an eine niederohmige Last (typischerweise 8 Ω) geleitet, wobei die Leistungsverstärkung insgesamt einen Faktor der Größenordnung 10^{12} oder 120 dB ausmacht.

Man kann die Funktion eines Verstärkers beschreiben, indem man das Verhältnis von Ausgang zu Eingang für Strom, Spannung oder Leistung angibt. Gewöhnliche Verstärker sind dafür ausgelegt, entweder Spannung oder Strom oder auch beides zu verstärken. Fast alle Verstärker vergrößern die Leistung. Man spricht daher von Spannungs-, Strom- oder Leistungsverstärkung. Die Verstärkung wird oft in Dezibel ausgedrückt, das wie in Experiment EI-2 als zehnfache Zehnerlogarithmus des Ausgang-Eingang-Verhältnisses definiert ist.

Andere wichtige Kennzahlen eines Verstärkers sind die Ausgangs- und Eingangsimpedanz, die genauso wie für die Instrumente definiert wird, die im Kapitel 3, Elektronische Instrumente, untersucht werden, und das Frequenzverhalten, d.i. die Abhängigkeit der Verstärkung von der Frequenz. Bei nahezu allen Verstärkern fällt die Verstärkung bei genügend niedrigen und hohen Frequenzen ab. Einige Verstärker ist für ein gleichmäßiges Verhalten über ein breites Frequenzband ausgelegt, andere für ein scharfes Verstärkungsmaximum bei einer bestimmten Frequenz. Letztere werden gewöhnlich als *Resonanzverstärker* bezeichnet.

Natürlich kann ein Verstärker Leistung nicht aus dem Nichts herbeizaubern. Man benötigt irgendeine Leistungsquelle, oft eine Batterie oder eine Anordnung, die die Netzspannung gleichrichtet. Es ist die grundlegende Funktion des Verstärkers, diese Gleichstromleistung in eine Ausgangsleistung zu verwandeln, die durch den Eingang gesteuert wird.

Sehr häufig soll durch einen Verstärker, ein variierendes Eingangssignal in ein Ausgangssignal umgewandelt werden, das in jedem Augenblick proportional zum Eingangssignal ist. Ein derartiger Verstärker wird als *Linearverstärker* bezeichnet. Wir könnten einen Schaltkreis ähnlich dem in Bild 12.33 (Experiment HE-3) betrachten, bei dem die Eingangsspannung von 3 V durch eine variable Spannung ersetzt wurde, wie etwa die Sinusspannungsquelle in

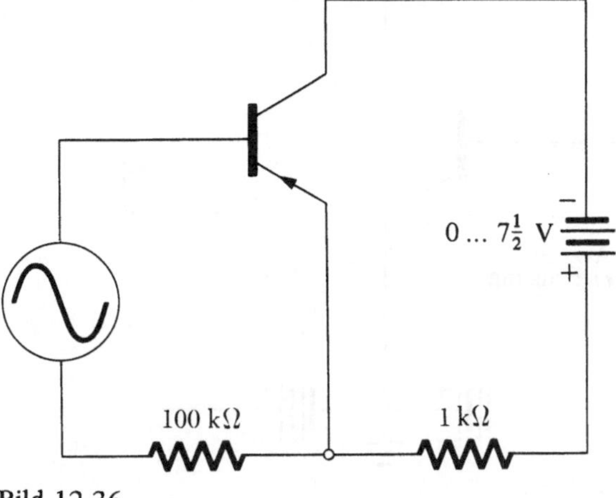

Bild 12.36

Bild 12.36. Hier ist der Ausgang zum Eingang allerdings nur dann proportional, wenn die Eingangsspannung negativ ist; nur dann kann der Emitter Ladungsträger in die Basis injizieren. Ist der Eingang positiv, ist der Emitter-Basis-Übergang gesperrt, und keine Injektion kann stattfinden.

Man addiert daher eine konstante Vorspannung zum Eingang, die zusammen mit der variablen Spannung immer die richtige Richtung hat. Daher existiert sogar in Abwesenheit eines Eingangsignals ein gewisser Eingangs-(Basis)-Strom, dem auch ein Ausgangs-(Kollektor)-Strom entspricht. Diese Werte werden *Arbeitspunktströme* genannt. Die mit einem Wechselstrom-Eingangssignal verbundenen zusätzlichen Ströme sind dann als temporäre Abweichungen auf die eine oder andere Seite dieses „Arbeitspunkts" zu betrachten. Das maximale Eingangssignal, das verzerrungsfrei verstärkt werden kann, hängt vom Arbeitspunkt ab. Oft werden in den Schaltbildern die Vorspannungen weggelassen, insbesondere wenn nur die Wechselspannungskomponenten der Signale analysiert werden; sie sind aber für den Betrieb des Verstärkers wesentlich. Es gibt grundsätzlich drei Möglichkeiten, einen Transistor als Verstärker zu benutzen. Bild 12.37 zeigt die *Emitterschaltung*, bei der die beiden Masse-Anschlüsse von Eingang und Ausgang mit dem Emitter verbunden sind. Das Eingangssignal wird zwischen Basis und Emitter angelegt und das Ausgangssignal vom Kollektor abgenommen. Dieser Schaltkreis ergibt eine Stromverstärkung der Größenordnung fünfzig. Der Lastwiderstand R kann auch beträchtlich höher als der Eingangswiderstand sein, was in einer Leistungsverstärkung von einigen Tausend resultiert.

Bild 12.38 zeigt eine *Basisschaltung*. Hier sind Eingangs- und Ausgangsstrom nahezu gleich groß, aber der Ausgangswiderstand kann einige Vielfache des Eingangswiderstands betragen. Diese Schaltung hat eine viel niedrigere Eingangsimpedanz als die Emitterschaltung und ist üblicherweise nur dann zweckmäßig, wenn man mit einer Last sehr hoher Impedanz arbeitet.

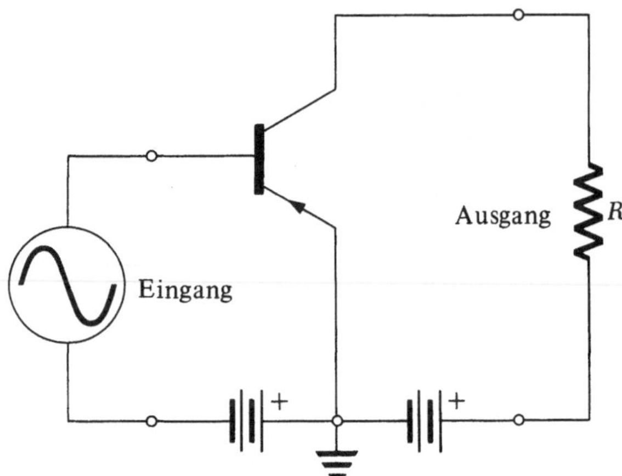

Bild 12.37

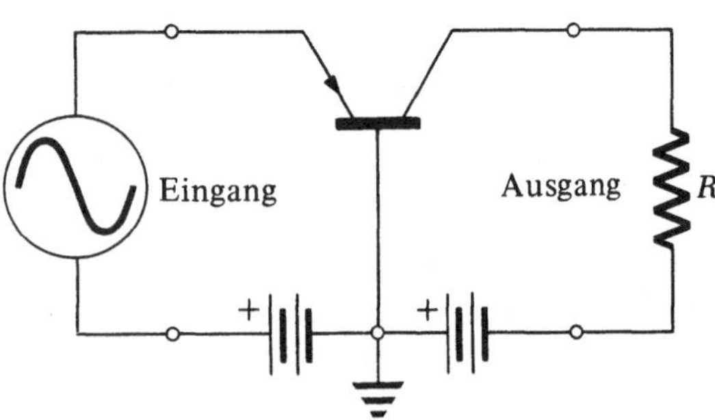

Bild 12.38

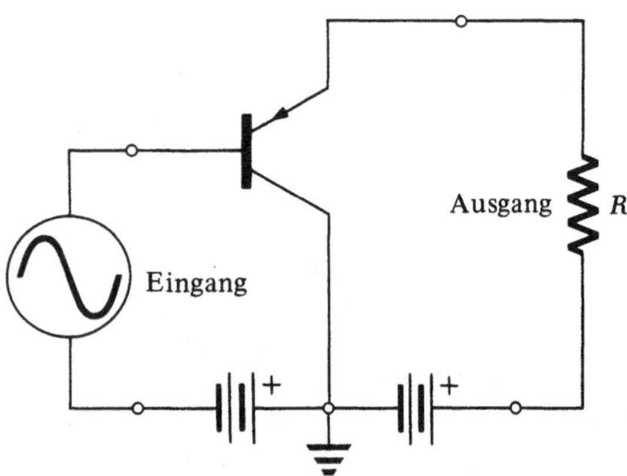

Bild 12.39

Schließlich hat die in Bild 12.39 gezeigte *Kollektor-schaltung* eine Spannungsverstärkung von eins, aber der Ausgangswiderstand kann wesentlich niedriger als der Eingangswiderstand sein, was eine beträchtliche Leistungsverstärkung bedeutet.

In den Bildern 12.37 bis 12.39 sind die Quellen für die Vorspannungen durch einzelne Batterien dargestellt. In der Praxis wird jedoch die Eingangsvorspannung häufig

von der Ausgangsvorspannungsquelle abgezweigt, wie wir im experimentellen Abschnitt 12.5.2 sehen werden.

Alle Transistorverstärker haben eine obere Grenzfrequenz. Häufig ist der Hauptgrund dafür die Eingangskapazität des Transistors. Bei niederen Frequenzen verhalten sich die Eingänge wie ein ohmscher Widerstand (Eingangswiderstand), bei höheren Frequenzen aber entsprechen sie einem Widerstand und einer Kapazität in Parallelschaltung. Die effektive Eingangskapazität kann man messen, indem man jene Frequenz ermittelt, bei der die Verstärkung auf $1/\sqrt{2}$ ihres Niederfrequenzwertes abfällt. Bei dieser Frequenz ist die Impedanz $1/\omega C$ des Kondensators gleich der des Widerstands, die bei niedrigen Frequenzen gemessen wird.

Graphische Analyse. Unter Verwendung der im Experiment HE-3 ermittelten Transistorkennlinien können quantitative Berechnungen der Eingangs- und Ausgangsimpedanzen und der Verstärkung eines Transistors angestellt werden. Als Beispiel betrachten wir den Schaltkreis in Bild 12.40. In diesem Bild sind die Vorspannungen weggelassen. Die folgende Analyse bezieht sich vollständig auf die Wechselstromkomponenten der Spannungen und Ströme. *Beachten Sie:* Diese Komponenten werden mit *kleinen Buchstaben* bezeichnet, um sie von den Gleichstromwerten zu unterscheiden, die mit *Großbuchstaben* bezeichnet werden. Die Eingangsquelle ist als ein Spannungsgenerator u_s dargestellt, der in Serie mit einem Widerstand R_s liegt und den inneren Widerstand der Quelle darstellt, der in Wirklichkeit die Ausgangsimpedanz eines anderen Verstärkers oder eines Wandlers irgendeiner Art sein kann. Die Last sei ein Widerstand R_L.

Das Kirchhoffsche Gesetz liefert uns zwei Relationen zwischen den verschiedenen Spannungen und Strömen. Für die Eingangsstromschleife erhalten wir

$$u_\mathrm{be} = u_\mathrm{s} - i_\mathrm{b} R_\mathrm{s} \qquad (12.14)$$

und für die Ausgangsschleife

$$u_\mathrm{ce} = - i_\mathrm{c} R_\mathrm{L}. \qquad (12.15)$$

Für die Eingangsseite gibt uns die in Bild 12.30 gezeigte und in Bild 12.41 wiederholte Eingangskennlinie eine zusätzliche Relation zwischen u_be und i_b, die vom Wert von u_ce abhängt. Wir erinnern uns daran, daß u_be und i_b Abweichungen von den Gleichstromwerten U_BE und I_B darstellen, tragen den Arbeitspunkt in Bild 12.41 ein und zeichnen Gl. (12.14) graphisch als gerade Linie (Arbeitsgerade) mit der Neigung R_s ein, die nicht durch den Arbeitspunkt hindurchgeht, sondern nach links um eine Strecke u_s parallelverschoben ist. Daher sind für einen gegebenen Wert von u_s die wirklichen Werte von u_be und i_b durch den Schnitt der Arbeitsgeraden mit der Kennlinie für den entsprechenden Wert von u_ce bestimmt.

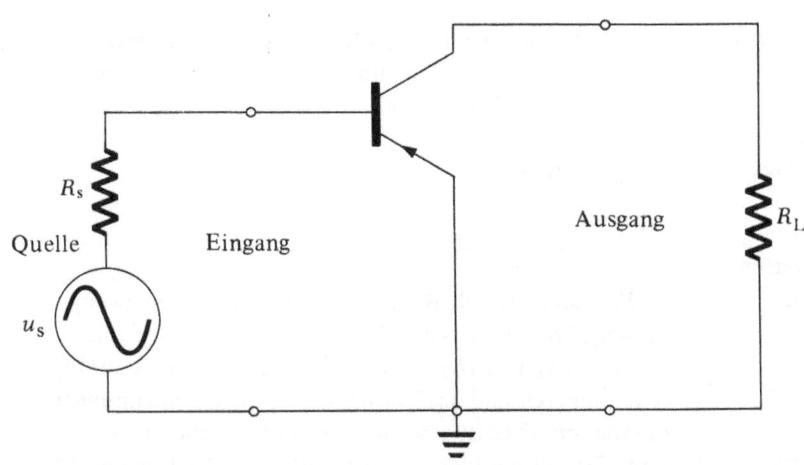

Bild 12.40

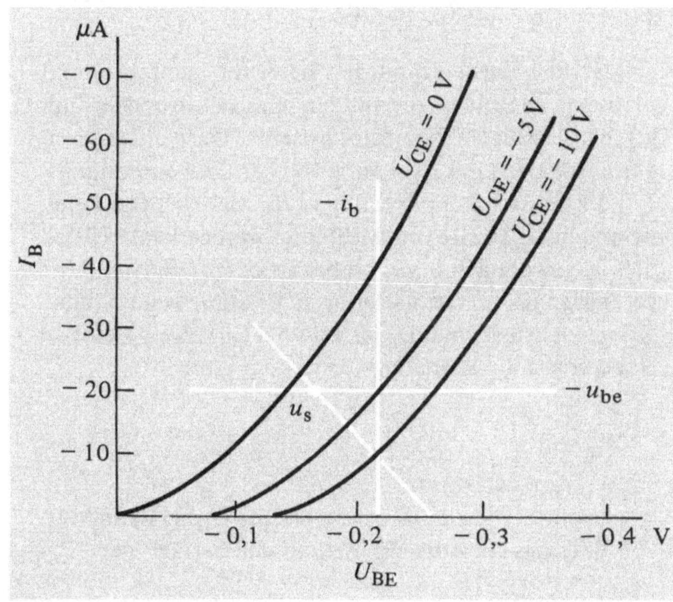

Bild 12.41

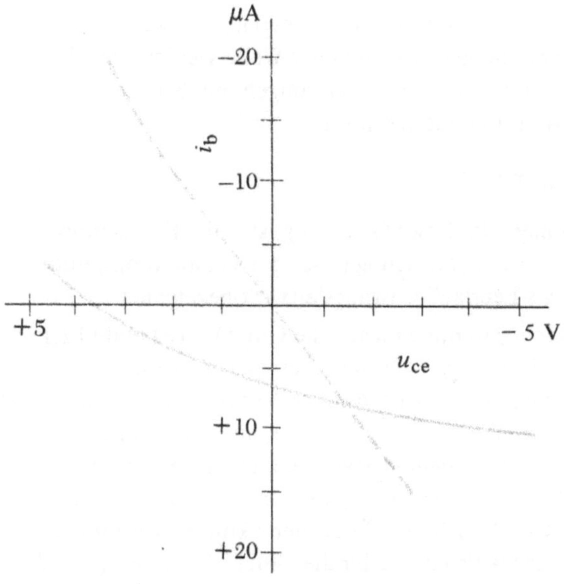

Bild 12.43

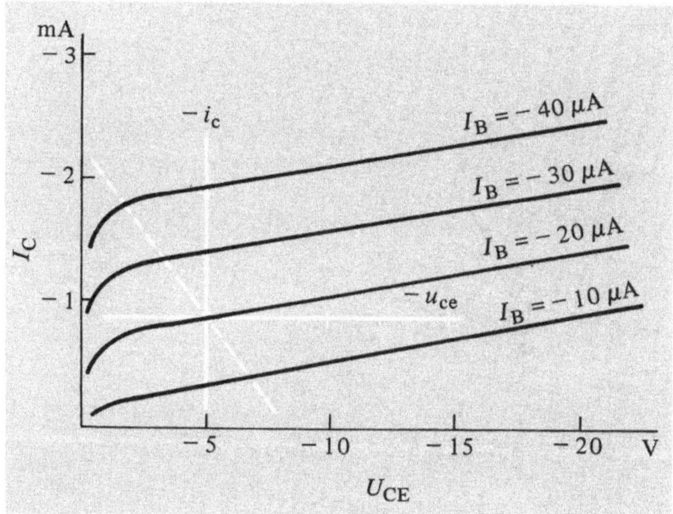

Bild 12.42

Das Problem besteht nun darin, daß wir den Wert von u_ce *nicht* kennen, da er wahrscheinlich mit der Eingangsspannung variiert. Dennoch ergibt die obige Analyse eine Beziehung zwischen i_b und u_ce. Diese Relation ist als dicke Linie in Bild 12.43 eingezeichnet. Wir können nun eine weitere Relation zwischen diesen beiden Variablen finden, indem wir die Ausgangsseite des Schaltkreises analysieren. Bild 12.42 zeigt die Ausgangskennlinien und wir haben auch die Gl. (12.15) entsprechende Linie eingezeichnet. Die Schnittpunkte dieser Ausgangsarbeitsgeraden mit den Ausgangskennlinien ergeben eine zweite Relation zwischen i_b und u_ce; diese Relation ist in Bild 12.43 als gestrichelte Linie eingezeichnet. Schließlich ergibt der Schnitt dieser beiden Kurven die Werte von i_b und u_ce, die zu einem gegebenen Wert von u_s gehören.

Diese graphische Analyse ist in der Praxis etwas mühevoll, und es ist zweckmäßig, eine näherungsweise analytische Darstellung der in den Bildern 12.41 und 12.42 enthaltenen Informationen zu verwenden. Wir gehen folgendermaßen vor: Bei Bild 12.41 stellen wir fest, daß u_{be} mit wachsendem I_b wächst, aber mit wachsendem (d.h. weniger negativem) u_{ce} abnimmt. Es ist daher sinnvoll, für kleine Abweichungen von den Gleichstromwerten die Wechselstromkomponente u_{be} als lineare Funktion von u_{ce} und i_b folgendermaßen anzusetzen:

$$u_{be} = + r_i\, i_b - \frac{1}{\mu}\, u_{ce}. \tag{12.16}$$

In dieser Gleichung sind r_i und μ Parameter zur Anpassung dieser Gleichung an die empirischen Kurven, die hier durch gleichmäßig angeordnete gerade Linien angenähert werden. Die Größe r_i wird als die Kurzschluß-Eingangsimpedanz und $1/\mu$ als Leerlaufspannungsrückwirkung bezeichnet. In ähnlicher Weise werden die Kleinsignal-Komponenten der Spannungen und Ströme in Bild 12.42 durch die Relation

$$i_c = \beta i_b + y_0 u_{ce} \tag{12.17}$$

approximiert. In dieser Gleichung ist β die Kurzschluß-Vorwärtsstromübertragung (oder die Verstärkung), und y_0 wird als Leerlauf-Ausgangsleitwert bezeichnet.

Wörtlich genommen legen die Gln. (12.16) und (12.17) nahe, das Kleinsignal-Verhalten eines Transistors in Emitterschaltung durch einen *Ersatzschaltkreis* wie in Bild 12.44 darzustellen, der aus Widerständen, einer Spannungsquelle und einer Stromquelle besteht, wobei die beiden letzteren durch Endspannungen oder -ströme gesteuert werden. Nach Feststellung dieser Äquivalenz können wir nun diesen Ersatzschaltkreis — oder die Gln. (12.16) und (12.17), die dieselbe Information enthalten — verwenden, um alle nötigen Werte des Verstärkers, wie Spannungs-, Strom-

oder Leistungsverstärkung, Eingangs- und Ausgangsimpedanzen, zu berechnen. Typische Werte für die Parameter des Ersatzschaltkreises sind

$$r_i = 2700\ \Omega, \quad \frac{1}{\mu} = 3 \cdot 10^{-4}$$

$$y_0 = 1{,}5 \cdot 10^{-5}\ \Omega^{-1} \quad \text{und} \quad \beta = 50.$$

Wir berechnen als Beispiel die Spannungsverstärkung $A_u = u_{ce}/u_{be}$ für diesen Schaltkreis. Dazu lösen wir die Gln. (12.15), (12.16) und (12.17) simultan, um i_b und i_c zu eliminieren und das Verhältnis der beiden Spannungen zu erhalten. Dies ist eine einfache algebraische Prozedur, deren Details wir hier nicht wiederholen. Das Ergebnis ist

$$A_u = \left(\frac{(y_0 R_L + 1)\, r_i}{\beta R_L} - \frac{1}{\mu} \right)^{-1}. \tag{12.18}$$

Man kann in Berechnungen dieser Art häufig Approximationen anwenden, die auf den relativen Größenordnungen der beteiligten Parameter basieren. Beispielsweise ist der Lastwiderstand R_L häufig von der Größenordnung $1 \dots 5$ kΩ, so daß das Produkt $y_0 R_L$ viel kleiner als eins ist und in Gl. (12.18) vernachlässigt werden kann. Überdies ist gewöhnlich μ viel größer als β, so daß dann βR_L gegenüber μr_i vernachlässigt werden kann, wenn r_i und R_L vergleichbar sind. Daher wird bei Gültigkeit dieser Näherungen die Spannungsverstärkung einfach

$$A_u = \beta\, \frac{R_L}{r_i}\ . \tag{12.19}$$

Allgemein ist die *Leistungsverstärkung G* das Verhältnis von Eingangs- zu Ausgangs*leistung* und beträgt hier

$$G = \frac{u_{ce}^2/R_L}{u_{be}^2/R_{in}}\ . \tag{12.20}$$

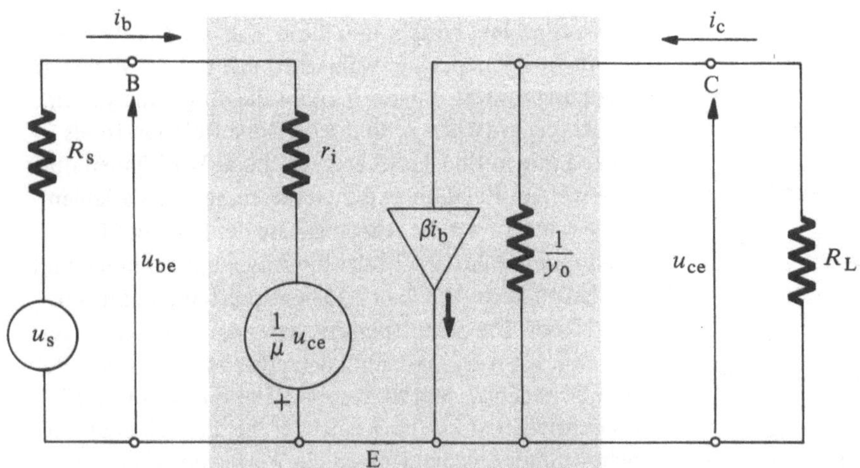

Bild 12.44

Bei Gültigkeit der obigen Näherungen wird unter Benutzung von Gl. (12.19) die Leistungsverstärkung

$$G = \frac{\beta^2 R_{\mathrm{L}}}{r_{\mathrm{i}}} \ .$$

$$(12.21)$$

Es gibt natürlich Fälle, in denen diese Näherungen nicht gelten. Die Berechnungen werden dann komplizierter, aber dieselben allgemeinen Methoden, wie auch die Kleinsignal-Ersatzschaltungen, können noch immer verwendet werden. Für genügend starke Signale werden die Gln. (12.16) und (12.17) inadäquat, und man muß zu einer graphischen Analyse Zuflucht nehmen. In diesem Fall ist der Verstärker nicht mehr linear, da Ausgangsspannung und -strom nicht mehr zum Eingang proportional sind; ein Sinussignal erfährt dann eine harmonische Verzerrung.

Für die anderen Typen von Schaltkreisen, wie für die Basis- und Kollektorschaltungen, die früher diskutiert wurden, sind andere Arten von Ersatzschaltungen manchmal günstiger. Die für die Parameter des Ersatzschaltkreises benutzte Terminologie ist nicht einheitlich, und bei einigen Handbüchern muß die Symbolik sorgfältig übersetzt werden.

12.5.2. Experiment

1. Emitterschaltung. Eine typische Emitterschaltung ist in Bild 12.45 gezeigt. Der Bequemlichkeit halber benutzen wir dieselbe Batterie, um den Arbeitspunkt für den Eingangs- und den Ausgangskreis festzulegen. Justieren Sie den 500-kΩ-Regelwiderstand auf einen Kollektorstrom von etwa 1 mA. Messen Sie die Spannung U_{CE} des Kollektors gegenüber dem Emitter und die Spannung U_{BE} der Basis gegenüber dem Emitter. Bestimmen Sie den Basisstrom aus einer Messung der Spannungen im Eingangskreis. Beachten Sie die Werte von U_{BE}, U_{CE}, I_{C} und I_{B}, die den Arbeitspunkt des Transistors festlegen. Sie können den Schaltkreis in Bild 12.46 benützen, um einen Signalstrom in die Basis einzuspeisen.

2. Eingangswiderstand. Messen Sie das Eingangssignal u_{be} an der Basis des Transistors für ein 400-Hz-Eingangssignal. Berechnen Sie den scheinbaren Eingangswiderstand r_{i} der Basis. Messen Sie die Signalspannung u_{ce} am Kollektor und berechnen Sie dann die Stromverstärkung $\beta = (i_{\mathrm{c}}/i_{\mathrm{b}})$.

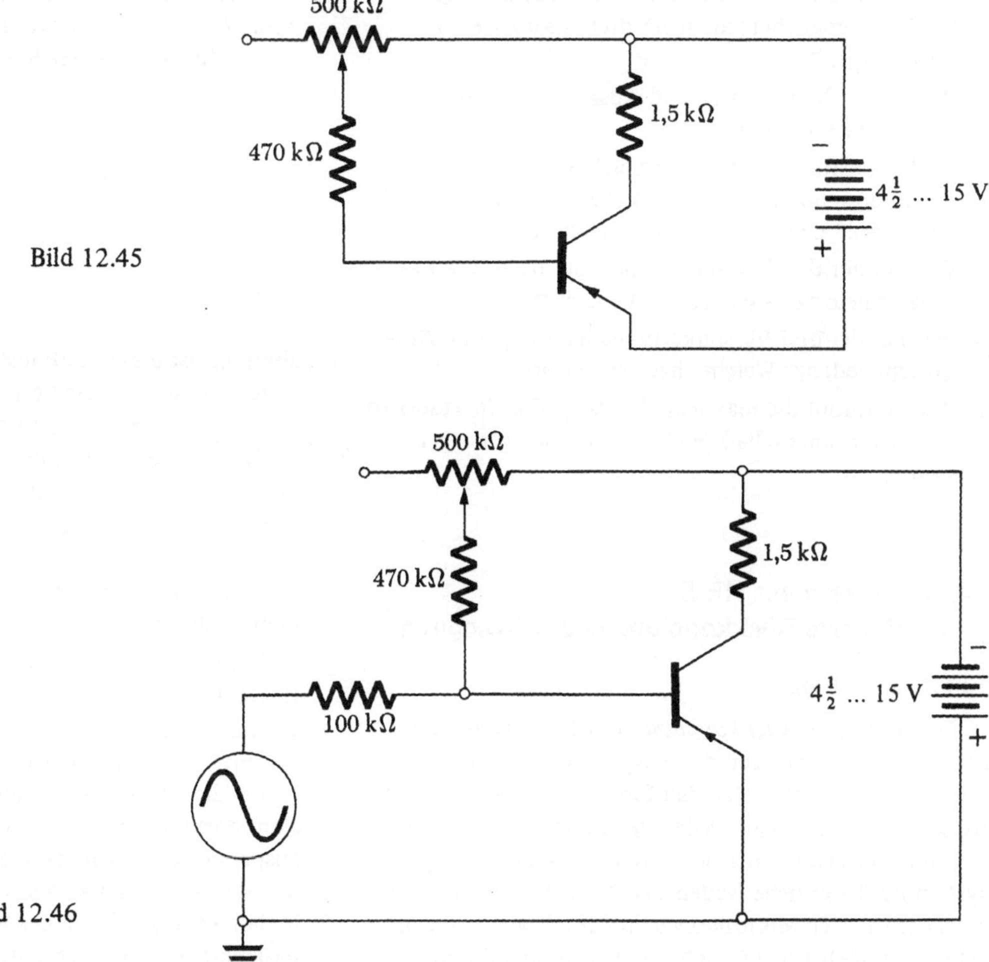

Bild 12.45

Bild 12.46

3. Stromverstärkung. Messen Sie nun die Stromverstärkung als Funktion der Frequenz. Bei welcher Frequenz fällt die Verstärkung auf $1/\sqrt{2}$ ihres Niederfrequenzwertes ab? Messen Sie unter Benutzung einer der in Experiment EI-4 beschriebenen Techniken die Frequenzabhängigkeit der Phasenverschiebung von β. Interpretieren Sie diese Beobachtungen als effektive Eingangskapazität, wie in der Einleitung zu diesem Experiment diskutiert, und bestimmen Sie den Wert dieser Kapazität.

4. Eingangs- und Ausgangsimpedanzen. Machen Sie die nötigen Beobachtungen, um die Eingangs- und Ausgangsimpedanzen der Emitterschaltung zu bestimmen. Wie hängen sie mit den Parametern zusammen, die im Ersatzschaltkreis des Bildes 12.44 auftreten?

12.5.3. Fragen

1. Angenommen, die Eingangsspannung der Emitterschaltung dieses Experiments ist ein Sinussignal mit einem Effektivwert von 1 V. Welche Vorspannung ist nötig, wenn dieses Signal ohne Verzerrung verstärkt werden soll? Nun sei angenommen, die Vorspannung betrage nur die Hälfte dieses Werts; skizzieren Sie das entstehende Ausgangssignal!

2. Was ist die relative *Phase* von Eingang und Ausgang für Sinussignale bei jedem der drei diskutierten Verstärkertypen?

3. Berechnen Sie Eingangs- und Ausgangsimpedanzen für die Emitterschaltung.

4. Ist die Leistungsverstärkung gleich dem Produkt aus Spannungs- und Stromverstärkung? Niemals? Immer? Manchmal? Unter welchen Bedingungen?

5. Welcher der drei Verstärkertypen hat die größte Eingangsimpedanz? Welcher hat die kleinste?

6. Welcher der drei Verstärkertypen hat die größte Ausgangsimpedanz? Welcher hat die kleinste?

7. Was bestimmt die maximale Leistung, die ein Transistorverstärker ohne schädigende Überlastung vertragen kann?

12.6. Experiment HE-5: Positive Rückkopplung und Schwingung

12.6.1. Einleitung

Der Ausdruck *Rückkopplung* bezieht sich auf jede Situation, in der ein Teil des Ausgangs eines Systems, wie etwa eines Verstärkers, an den Eingang *rückgekoppelt* ist. Rückkopplung kann entweder eine Plage oder aber auch ein nützliches Phänomen sein. Wenn in einem Verstärkersystem für öffentliche Reden zuviel Schall von den Lautsprechern zu den Mikrophonen zurückgelangt, ist das Ergebnis ein höchst unangenehmes Heulen oder Pfeifen.

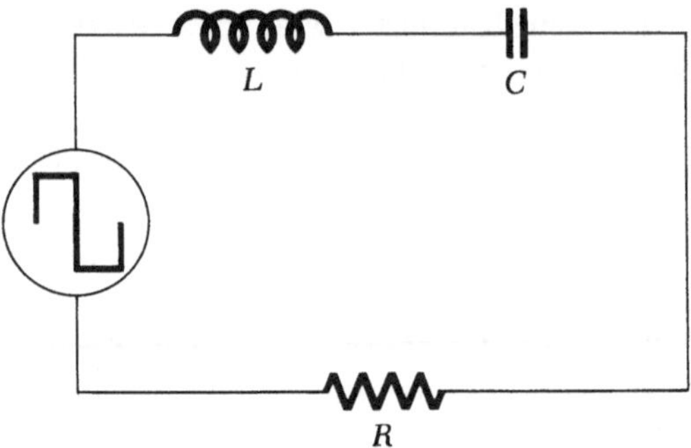

Bild 12.47

Rückkopplung in einem Verstärkerkreis kann andererseits die Eigenschaften des Verstärkers in nützlicher Weise ändern. In diesem Experiment betrachten wir die Anwendung von Rückkopplung in einem *Schwingkreis*, der eine Sinusspannung erzeugt. In Experiment HE-6 studieren wir Rückkopplung in etwas allgemeinerer Weise und untersuchen einige ihrer möglichen Auswirkungen auf die Verstärkerqualität, wie das Frequenzverhalten und die Verstärkung.

Um in die Grundidee eines Oszillators einzuführen, kehren wir zu dem in Bild 12.47 gezeigten Schaltkreis zurück, der im Detail in Experiment ES-3 untersucht wird. Wir entdecken dort, daß während jeder Halbperiode der Rechteckswelle der Kreis eine gedämpfte Schwingung mit der Frequenz

$$\omega = \left(\frac{1}{LC} - \frac{R^2}{4L^2} \right)^{1/2} \qquad (12.22)$$

ausführt, wobei die Amplitude mit der Zeitkonstante

$$\tau_0 = \frac{2L}{R} \qquad (12.23)$$

abklingt. Ist diese Zeitkonstante im Vergleich zur Periode $2\pi/\omega$ sehr groß, dann beträgt die Frequenz ungefähr $\omega = (LC)^{-1/2}$. Für $R = 0$ ist die Frequenz genau gleich $(LC)^{-1/2}$, und die Abklingkonstante ist unendlich, die Schwingungen halten unbeschränkt und ohne Verzögerung an. In Wirklichkeit befindet sich immer irgendein Widerstand im Stromkreis, insbesondere in den Windungen der Drossel. Daher ist der Fall $R = 0$ physikalisch nicht realisierbar.

Nehmen wir nun an, daß wir irgendeine Möglichkeit finden können, die durch den Widerstand R (der den *gesamten* Widerstand dieses Stromkreises repräsentiere) dissipierte Energie zu ersetzen. Wenn dies möglich ist, halten die Schwingungen unbegrenzt an. Der Trick besteht darin, Energie synchron mit den Schwingungen einzuspeisen. Wenn wir etwas Strom aus dem Kreis entnehmen, ihn verstärken und an den Kreis zurückführen, wird Energie in den Schaltkreis in einer Weise eingespeist, die durch den momentanen Strom gesteuert und daher automatisch mit

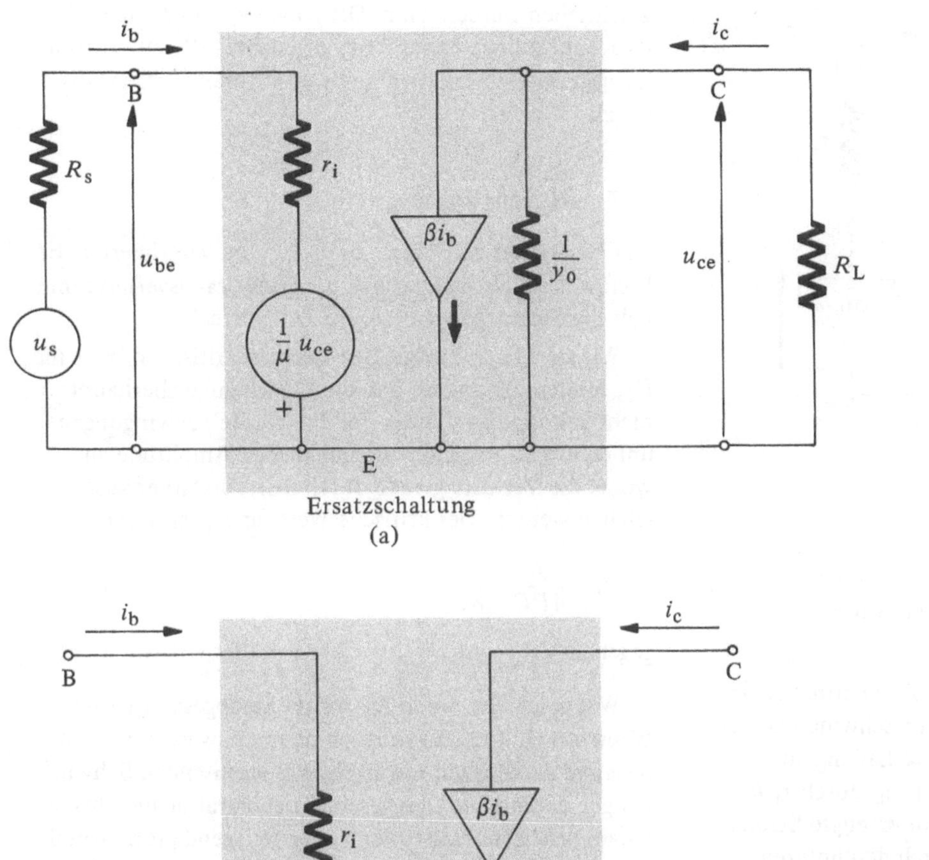

Ersatzschaltung
(a)

Näherungs-Ersatzschaltung
(b)

Bild 12.48

ihm synchronisiert ist. Ein Transistorverstärker kann gerade dafür verwendet werden, wie wir sehen werden.

Bevor wir zu den Details der Schaltungen übergehen, kehren wir kurz zu dem Ersatzschaltbild eines Transistors zurück, das in Experiment HE-4 diskutiert wurde und hier als Bild 12.48a reproduziert ist. Dieses Schaltbild kann oft noch weiter vereinfacht werden, indem man einige Näherungen macht. Zunächst hat für viele gebräuchliche Transistoren der Widerstand $1/y_0$ einen Wert von rund $100\ \text{k}\Omega$. Hat der Schaltkreis, an den Emitter und Kollektor angeschlossen sind, einen viel kleineren Widerstand (was oft der Fall ist), dann ist der durch $1/y_0$ gehende Strom vernachlässigbar. Da ferner $1/\mu$ meist sehr klein ist (Größenordnung 10^{-4}), ist gewöhnlich die Spannung u_{ce}/μ gegenüber Spannung $i_b r_i$ am Widerstand r_i zu vernachlässigen. Mit diesen anscheinend drastischen und doch sinnvollen Näherungen reduziert sich das Ersatzschaltbild auf die

einfache Anordnung des Bildes 12.48b. So wie der ursprüngliche Ersatzschaltkreis stellt auch dieses Schaltbild das Verhalten der Wechselstromkomponenten der Spannungen und Ströme dar, die Gleichstromkomponenten sind nicht enthalten. In dieser Näherung wird also der Transistor durch einen Widerstand r_i und einen durch den Eingangsstrom i_b mit dem Verstärkungsfaktor β gesteuerten Stromgenerator ersetzt.

Um dieses Bauelement in Verbindung mit dem LC-Resonanzkreis zu verwenden, muß der Eingang und der Ausgang an verschiedene Teile des Resonanzkreises angeschlossen werden — sonst wären Eingang und Ausgang identisch, und es könnte keine Verstärkung stattfinden. Oft benutzt man dazu einen *kapazitiven Spannungsteiler*. Man teilt C auf zwei Kondensatoren der Kapazität $2C$ in Serie auf; die effektive Kapazität ist dann immer noch C. Der Eingang wird an einen der beiden Kondensatoren

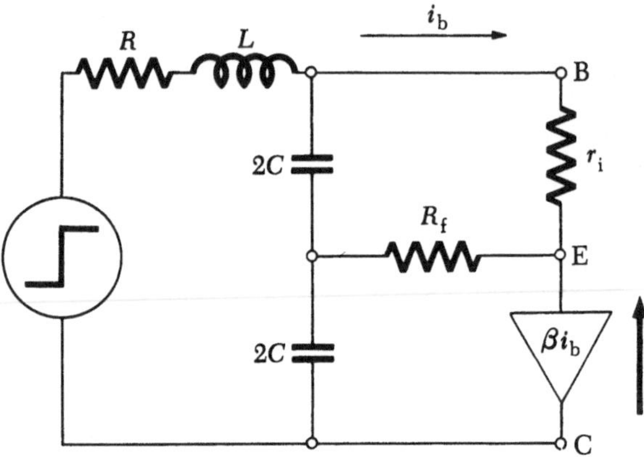

Bild 12.49

gelegt und der Ausgang speist den anderen an, wie in
Bild 12.49. Der Widerstand R_f regelt den Strom, der in
den Resonanzkreis rückgeführt wird.

Die Wirkungsweise kann qualitativ folgendermaßen verstanden werden: Während jenes Teils der Schwingung, bei
dem der obere Kondensator eine positive Ladung auf
seiner oberen Platte hat, fließt der Strom i_b durch r_i *in*
die Basis. Der durch den Stromgenerator erzeugte Strom
βi_b fließt durch R_f nach links und durch den unteren
Kondensator, wobei er die positive Ladung seiner oberen
Platte erhöht. Da dieser Kondensator wie der obere bereits
mit dieser Polarität geladen ist, trägt der Strom zur Ladung
bei und vermehrt die Energie des Resonanzkreises. Während
der anderen Hälfte des Zyklus sind alle Polaritäten umgekehrt, und es geschieht das gleiche.

Es ist möglich, diesen Schaltkreis im Detail zu analysieren, um quantitative Ausdrücke für die verschiedenen
Ströme und Ladungen zu erhalten und so die neue Frequenz und Abklingzeit zu bestimmen. Diese Analyse geben
wir hier nicht im Detail wieder, aber einige Ergebnisse sind
von besonderem Interesse. Ist die Dämpfung schwach, ist
die Frequenz noch immer $\omega = (LC)^{-1/2}$. Die Abklingzeit
τ, früher durch $\tau_0 = 2L/R$ gegeben, ist nunmehr von den
Verstärkerparametern abhängig:

$$\frac{1}{\tau} = \frac{R}{2L} - \frac{\beta - 1}{8\left[r_i + (\beta + 1)R_f\right]C} \, . \qquad (12.24)$$

Der zweite Term auf der rechten Seite wird sehr klein,
wenn der Stromverstärkungsfaktor β nur von der Größenordnung eins ist oder wenn entweder r_i oder R_f sehr groß
sind; Gl. (12.24) reduziert sich dann auf Gl. (12.23). Tatsächlich ist jedoch β gewöhnlich viel *größer* als eins, so
daß Gl. (12.23) näherungsweise als

$$\frac{1}{\tau} = \frac{R}{2L} - \frac{\beta}{8(r_i + \beta R_f)C} \qquad (12.25)$$

geschrieben werden kann. Oft haben r_i und R_f dieselbe
Größenordnung; damit ist r_i gegenüber βR_f zu vernachlässigen und wir erhalten den weiter vereinfachten Ausdruck

$$\frac{1}{\tau} = \frac{R}{2L} - \frac{1}{8R_f C} \, . \qquad (12.26)$$

Der Verstärker verringert somit $1/\tau$ und vergrößert τ. Er
kompensiert also tatsächlich die Widerstandsverluste und
hält die Schwingungen längere Zeit aufrecht.

Wie Gl. (12.26) zeigt, gibt es einen kritischen Wert für
R_f, für den $1/\tau = 0$, so daß die Schwingung überhaupt
nicht abklingt. In diesem Fall halten die Schwingungen
unbeschränkt mit ihrer ursprünglichen Amplitude an,
wobei die Verluste gerade durch den Verstärker ausgeglichen werden. Der kritische Wert für R_f ist durch

$$R_f = \frac{L}{4RC} = \frac{\tau_0}{8C} \qquad (12.27)$$

gegeben.

Was geschieht, wenn R_f weiter herabgesetzt wird?
Wenn wir Gl. (12.25) wörtlich nehmen, würden wir eine
negative Abklingzeit erwarten, was wachsenden Schwingungen entspricht. Dies geschieht auch tatsächlich bis zu
einem gewissen Punkt, wenn aber genügend große Amplituden erreicht werden, sinkt der Effektivwert von β, so
daß schließlich die Amplitude der Schwingungen begrenzt
bleibt.

12.6.2. Experiment

1. Abklingzeit. Bauen Sie den in Bild 12.50 gezeigten
Schaltkreis mit $L = 25$ mH und $2C = 0{,}05\ \mu$F. Der Rückkopplungswiderstand R_f kann ein 5-kΩ-Potentiometer
sein. Beachten Sie, daß ein *npn*-Transistor benutzt wird,
so daß der Rechtecksgenerator eine Doppelfunktion ausübt, indem er die Schwingungen des *LRC*-Kreises anregt
und dem Emitterübergang eine positive Spannung gibt.
Die Kollektorvorspannung stammt von der Batterie.

Bauen Sie den Schaltkreis zuerst ohne R_f und beobachten Sie das Abklingen der Schwingungen. Stellen Sie
die Amplitude des Rechtecksgenerators so ein, daß die
Spitzenspannung am Emitter etwa 2 V beträgt. Die *mittlere* Spannung am Emitter (gemessen mit einem Gleichstromvoltmeter) wird dann etwa 1 V sein.

Messen Sie die Abklingzeit τ_0 unter Benutzung der
ansteigenden Flanke des Rechteckimpulses. (Warum verwendet man nicht die andere Flanke?) Berechnen Sie
unter Benutzung von Gl. (12.23) den effektiven Widerstand R des Kreises. Entfernen Sie die Drossel aus der
Schaltung und messen Sie ihren Widerstand; können Sie
erklären, warum er nicht gleich dem soeben erhaltenen
Wert R ist?

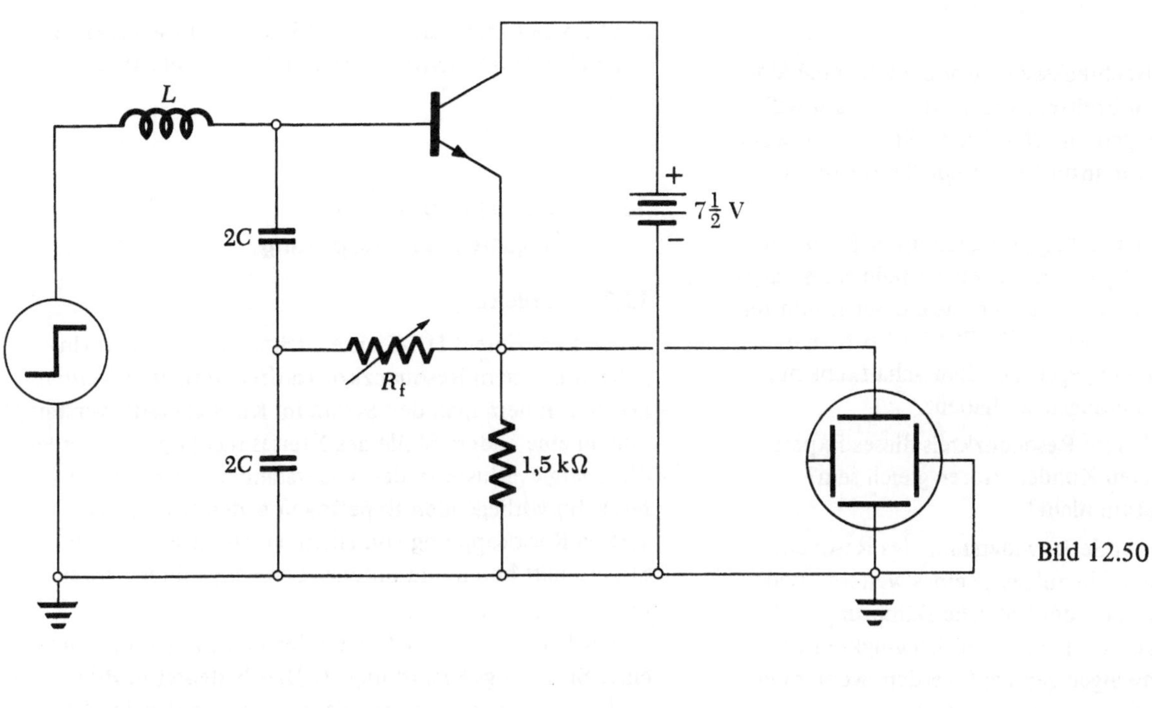

Bild 12.50

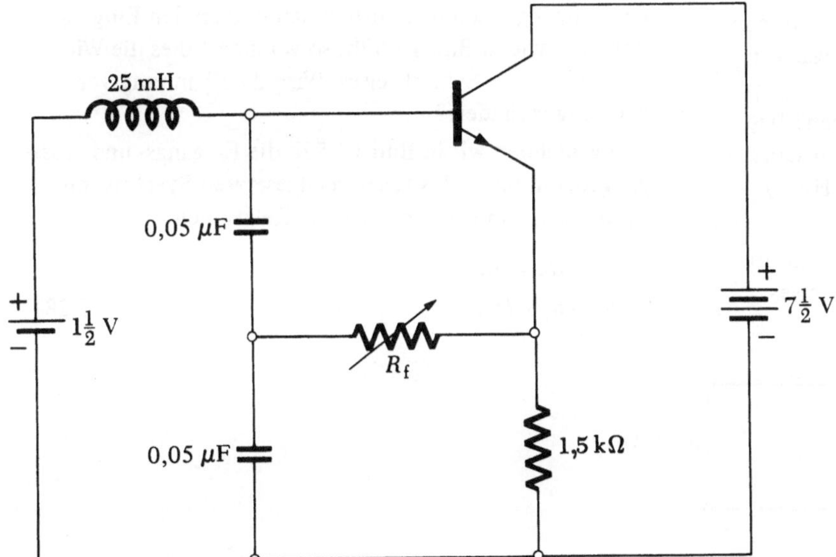

Bild 12.51

2. Kritische Rückkopplung. Bauen Sie die Drossel und auch R_f ein. Verringern Sie R_f allmählich und beobachten Sie die Dämpfung der Schwingungen. Finden Sie jenen Wert von R_f, für den die Dämpfung verschwindet. Entfernen Sie R_f, ohne die Einstellung zu verändern, und messen Sie seinen Widerstand. Vergleichen Sie dieses Resultat mit Gl. (12.27) unter Benutzung genäherter Werte für r_i und β.

3. Schwingung. Um einen kontinuierlichen arbeitenden Oszillator zu bauen, stellen Sie die in Bild 12.51 gezeigte Schaltung zusammen, in der der Rechtecksgenerator durch eine fixe $1\frac{1}{2}$-V-Batterie ersetzt wurde, die die positive Vorspannung für den Emitter liefert. Justieren Sie den Rückkopplungswiderstand R_f, bis der Kreis gerade zu schwingen beginnt. Der erforderliche Wert von R_f ist nun größer als vorher; können Sie dies erklären? Wodurch werden die Schwingungen zu Beginn angeregt?

Verringern Sie den Wert von R_f weiter und beobachten Sie die Form der Schwingungen. Bei genügend hohen Amplituden werden Sie vielleicht finden, daß die Schwingungsform verzerrt ist, was anzeigt, daß die Nichtlinearitäten im Transistor nun bedeutsam werden.

12.6.3. Fragen

1. Wie liefert der Rechtecksgenerator die geeignete Vorspannung für den Emitterübergang des Transistors? Welche Änderungen im Schaltkreis wären nötig, wenn ein *pnp*-Transistor anstatt eines *npn*-Transistors verwendet werden soll?

2. Kann man einen Schwingkreis auch unter Benutzung eines induktiven Spannungsteilers anstelle eines kapazitiven Teilers bauen? Zeichnen Sie ein Schaltbild für einen derartigen Schwingkreis. Welche Vorteile oder Nachteile könnte er gegenüber dem Schaltkreis mit kapazitivem Spannungsteiler haben?

3. Müssen die beiden im Resonanzkreis dieses Experiments verwendeten Kondensatoren gleich sein? Warum oder warum nicht?

4. Angenommen, der Serienwiderstand des Resonanzkreises wird durch Hinzufügung eines weiteren Widerstands vergrößert, bis der kritische Dämpfungswiderstand erreicht ist. Kann dann der Schwingkreis noch immer zum Schwingen gebracht werden, wenn man einen Rückkopplungsverstärker verwendet?

5. Oszillatoren werden manchmal diskutiert, indem man die Äquivalenz eines Verstärkers zu einem negativen Widerstand im Schaltkreis verwendet. Welche Eigenschaften würde ein negativer Widerstand haben? Wie könnte er in einem Resonanzkreis von Nutzen sein? Könnte man eine Tunneldiode (Experiment HE-2) als negativen Widerstand verwenden?

6. Ist die Vernachlässigung des Widerstands $1/y_0$ im Ersatzschaltkreis bei der Analyse des Schwingkreises dieses Experiments gerechtfertigt?

7. Wie hängt im Schaltkreis von Bild 12.51 die Maximalamplitude der Schwingungen mit der Emittervorspannung zusammen?

12.7. Experiment HE-6: Negative Rückkopplung

12.7.1. Einleitung

Im Experiment HE-5 untersuchten wir, wie Schwingungen in einem Resonanzkreis aufrechterhalten werden können. Indem man den Strom im Kreis abgreift, verstärkt und an eine andere Stelle des Kreises rückkoppelt, werden die Energieverluste an den Widerständen des Kreises ersetzt. Im vorliegenden Experiment gehen wir an das Thema Rückkopplung von einem etwas allgemeineren Standpunkt heran und untersuchen einige ihrer Anwendungen.

Wir betrachten zuerst einen Spannungsverstärker mit einer Spannungsverstärkung A. Dies bedeutet in Bild 12.52a, daß $u_2/u_1 = A$ ist. Wenn wir einen Bruchteil f der Ausgangsspannung entnehmen und an den Eingang koppeln, wie in Bild 12.52b, so verändert dies die Wirkungsweise des Schaltkreises. Wird die Spannungsverstärkung verändert?

Bezeichnen wir in Bild 12.52b die Eingangs- und Ausgangsspannungen des zusammengesetzten Systems mit u_i und u_0, dann gelten folgende Relationen:

$$u_0 = u_2 = Au_1$$
$$u_1 = u_i + fu_0. \tag{12.28}$$

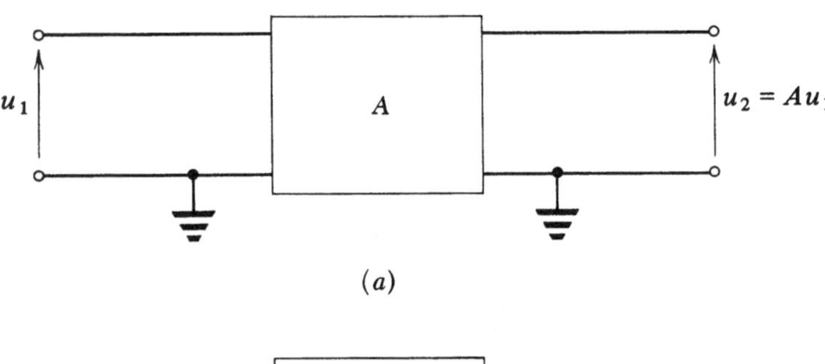

(a)

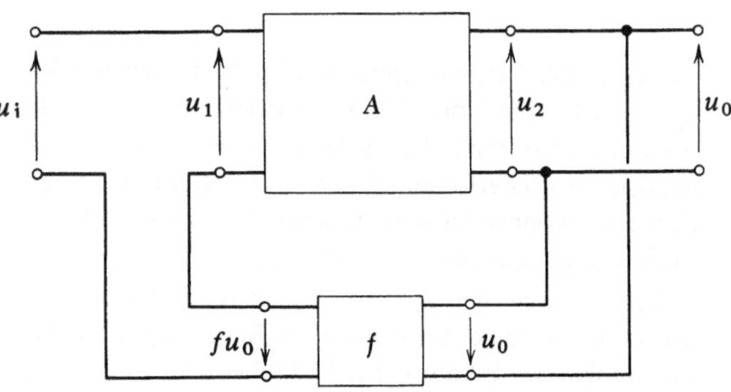

(b)

Bild 12.52

Wir kombinieren diese Gleichungen, um u_1 zu eliminieren, und lösen nach der Spannungsverstärkung $A' = u_0/u_i$ des zusammengesetzten Systems auf:

$$A' = \frac{A}{1 - fA} \; . \qquad (12.29)$$

Ist f positiv, vergrößert die Rückkopplung die Gesamtverstärkung des Systems, wie zu erwarten ist, da die Rückkopplung zum Eingang einen Bruchteil desselben hinzufügt. Wenn f groß genug ist, so daß fA sich dem Wert eins nähert, dann geht die Spannungsverstärkung gegen unendlich, und der Verstärker erzeugt sogar ein Ausgangssignal in Abwesenheit eines Eingangssignals. In einigen Fällen entspricht dies einer unerwünschten Instabilität, in manchen Fällen ist dies aber auch nützlich. Im Experiment HE-5 etwa resultieren die sich selbst aufrechterhaltenden Schwingungen aus dieser Rückkopplung. In diesem Fall erfüllt das Rückkopplungsnetzwerk mit dem Resonanzkreis die Bedingung $fA = 1$ nur bei einer bestimmten Frequenz, der Resonanzfrequenz des Kreises, so daß sich die „Instabilität" als Sinussignal dieser Frequenz manifestiert, was gerade der erwünschte Effekt ist.

Ist f negativ, wird A' kleiner als A; dies mag als unerwünschtes Ergebnis erscheinen, wenn der Verstärker als Spannungsverstärker verwendet werden soll. Es gibt aber auch Vorteile dieser Erscheinung. Wir wollen uns mit dem Frequenzverhalten des Systems beschäftigen. Das Frequenzverhalten des ursprünglichen Verstärkers kann durch die Größe $dA/d\omega$ charakterisiert werden, d.i. die Änderung der Verstärkung mit der Frequenz. Die entsprechende Größe für den rückgekoppelten Verstärker mit der Verstärkung A' gemäß Gl. (12.29) ist

$$\frac{\partial A'}{\partial \omega} = \frac{(1 - fA)(\partial A/\partial \omega) - A[-f(\partial A/\partial \omega)]}{(1 - fA)^2}$$

$$= \frac{1}{(1 - fA)^2} \frac{\partial A}{\partial \omega} \; . \qquad (12.30)$$

Für negative f ist dies offenkundig kleiner als $\partial A/\partial \omega$. Allerdings ist auch A' kleiner als A, so daß es auf die *relative* Änderung der Verstärkung ankommt:

$$\frac{1}{A'} \frac{\partial A'}{\partial \omega} = \frac{1}{1 - fA} \frac{1}{A} \frac{\partial A}{\partial \omega} \; . \qquad (12.31)$$

Wir sehen, daß die relative Änderung um den Faktor $(1 - fA)$ verringert und die entsprechende Grenzfrequenz um denselben Faktor vergrößert ist.

Negative Rückkopplung macht die Verstärkung A' gegenüber Änderungen einzelner Schaltkreisparameter weniger empfindlich, als es die ursprüngliche Verstärkung A ist. Angenommen, die Stromverstärkung β eines Transistors ändert sich. Durch eine Rechnung wie die obige für die Frequenz können wir zeigen, daß die relative Änderung von A' mit β kleiner als jene von A ist und

zwar wiederum um einen Faktor $(1 - fA)$. Daher hat der rückgekoppelte Verstärker die Stabilität gegenüber Änderungen der Schaltkreisparameter verbessert. In der Tat, wir sehen durch Umschreiben von Gl. (12.29) als

$$A' = \frac{1}{1/A - f} \; , \qquad (12.32)$$

daß für genügend großes A die Verstärkung A' nahezu unabhängig von A ist und nur von f abhängt. In diesem Fall ist die Stabilität des Verstärkers fast völlig durch die Stabilität des Rückkopplungsnetzwerkes bestimmt und nur sehr wenig von veränderlichen Transistorkenngrößen, Versorgungsspannungen usw. beeinflußt.

Fourier-Reihen. Das Frequenzverhalten eines Verstärkers, d.i. die Veränderlichkeit der Verstärkung mit der Frequenz, ist direkt mit seinem Impulsverhalten verbunden, d.i. das Ansprechen auf einen plötzlichen Impuls oder eine Rechteckswelle. Diese Beziehung wird in einem Spezialfall in Experiment ES-3 untersucht. Um den Zusammenhang herzuleiten, benutzen wir die Tatsache, daß *jede* periodische Welle als eine Superposition von Sinuswellen dargestellt werden kann, deren Frequenzen jene der periodischen Welle oder ganzzahlige Vielfache davon sind. Jede periodische Welle $f(t)$ mit der Periode T und der entsprechenden Kreisfrequenz $\omega = 2\pi/T$ kann als Reihe der Gestalt

$$f(t) = \sum_{n=1}^{\infty} a_n \sin n\omega t + \sum_{n=0}^{\infty} b_n \cos n\omega t \qquad (12.33)$$

dargestellt werden. Solche Reihen werden *Fourier-Reihen* genannt; die Darstellung einer komplizierten Wellenform durch eine Reihe von Sinusfunktionen ist eine sehr nützliche Technik. Wenn ein Musiker von Harmonischen oder Obertönen spricht, bezieht er sich auf die höherfrequenten Komponenten in der komplizierten Wellenform die dem Ton eines Musikinstruments entspricht. Diese Terminologie drückt die Grundidee der Fourieranalyse aus.

Wir müssen nun die Koeffizienten a_n und b_n bestimmen, die die Amplituden der verschiedenen Sinuskomponenten der komplizierten Welle darstellen. Wir illustrieren die Bestimmung dieser Koeffizienten an einem speziellen Beispiel, der Rechteckwelle (Bild 12.53). Diese Welle hat die Eigenschaft, daß für jeden Wert von t $f(t) = -f(-t)$ gilt, d.h., sie ist eine *ungerade* Funktion. Wir erwarten daher, daß alle Kosinus-Terme, die ja *gerade* Funktionen sind, verschwinden, also

$$f(t) = \sum_{n=1}^{\infty} a_n \sin n\omega t. \qquad (12.34)$$

Um die Koeffizienten a_n zu bestimmen, multiplizieren wir beide Seiten von Gl. (12.34) mit $\sin m\omega t$, wobei m

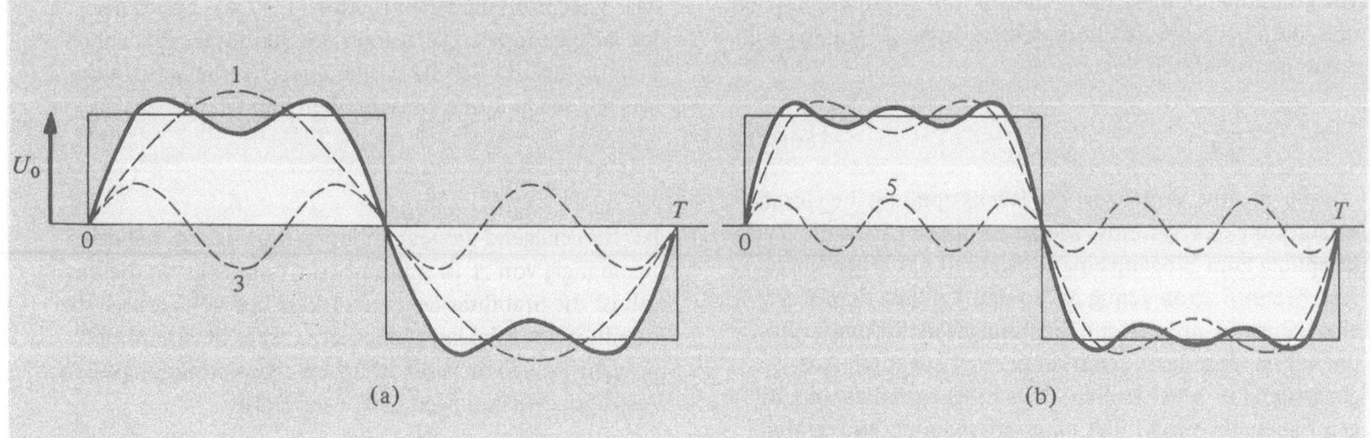

Bild 12.53

eine positive ganze Zahl ist, und integrieren von 0 bis T (oder $2\pi/\omega$).

Wir erhalten auf der linken Seite

$$\text{LS} = U_0 \int_0^{1/2\,T} \sin m\omega t\, dt - U_0 \int_{1/2\,T}^{T} \sin m\omega t\, dt$$

$$= \frac{U_0 T}{m\pi}[1 - \cos m\pi]. \tag{12.35}$$

Die rechte Seite ist

$$\text{RS} = \int_0^T \sum_{n=1}^{\infty} a_n \sin n\omega t \sin m\omega t\, dt. \tag{12.36}$$

Eine Integraltafel zeigt, daß alle Terme dieser Summe das Integral Null haben, ausgenommen demjenigen mit $m = n$. In diesem Fall erhalten wir einfach $a_m(T/2) = a_m(\pi/\omega)$. Indem wir dies Gl. (12.35) gleichsetzen und nach a_m auflösen, folgt

$$a_m = \frac{2U_0}{\pi m}(1 - \cos m\pi). \tag{12.37}$$

Daher ist die Fourier-Reihe für eine Rechteckwelle der Amplitude U_0 und der Kreisfrequenz ω

$$U(t) = U_0(\sin \omega t + \tfrac{1}{3} \sin 3\omega t + \tfrac{1}{5} \sin 5\omega t + \dots). \tag{12.38}$$

Wenn wir nun das Verhalten des Systems für einen sinusförmigen Eingang beliebiger Frequenz kennen und wissen, daß das System *linear* ist (d.h., der Ausgang ist eine lineare Funktion des Eingangs), dann können wir das Ansprechen auf ein zusammengesetztes Signal durch einfaches Addieren der „Systemantwort" auf die einzelnen (sinusförmigen) Fourier-Komponenten erhalten.

Impulsverhalten. Wir kommen nun auf das Impulsverhalten eines Transistorverstärkers und auf die Wirkung der Rückkopplung auf dieses Verhalten zurück. Dazu betrachten wir eine Emitterschaltung, wie jene von Experiment HE-4. Wie wir gesehen haben, kann das Verhalten des Transistors in dieser Situation durch einen Ersatzschaltkreis approximiert werden (Bild 12.54a). Jedoch kommt der Abfall der Verstärkung hohen Frequenzen der Anwesenheit einer effektiven Eingangskapazität gleich, wie sie durch Bild 12.54b dargestellt werden kann. Die Grenzfrequenz ist per definition die Frequenz, bei der die Verstärkung auf $1/\sqrt{2}$ ihres Wertes im Mittelgebiet abfällt. Dies geschieht, wenn die beiden parallelen Impedanzen gleiche Größe haben, d.h., wenn $r_i = 1/\omega c_i$. Dieses Paar von Impedanzen hat eine effektive Zeitkonstante $\tau = r_i c_i$. Durch Vergleich dieser beiden Relationen sehen wir, daß diese Zeitkonstante gerade der Reziprokwert der Grenzfrequenz

$$\tau = \frac{1}{\omega} \tag{12.39}$$

ist.

Das Ansprechen des Schaltkreises in Bild 12.54b auf einen stufenförmigen oder rechteckförmigen Eingangsstrom kann im Detail analysiert werden. Wir nehmen an, daß für $t < 0$ der Kondensator c_i keine Ladung trägt. Bei $t = 0$ leiten wir einen konstanten Strom i_s an die Basis. Was ist die Zeitabhängigkeit der Ladung Q_b? Die Erhaltung der Ladung liefert

$$i_s - i_b - \frac{dQ_b}{dt} = 0. \tag{12.40}$$

Das 2. Kirchhoffsche Gesetz ergibt

$$i_b\, r = \frac{Q_b}{c_i}. \tag{12.41}$$

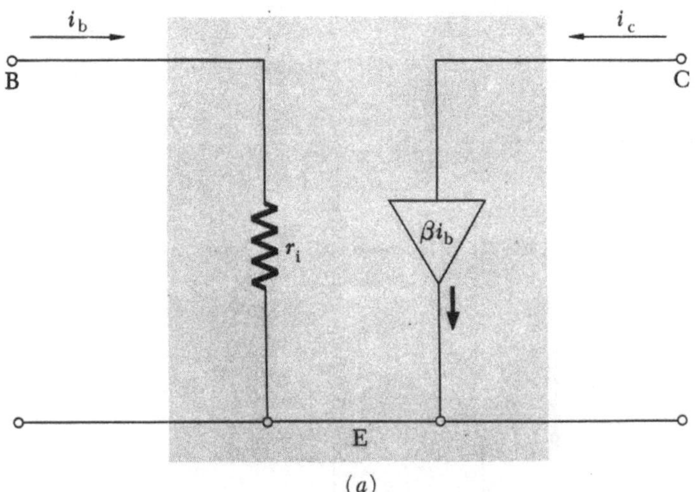

(a)

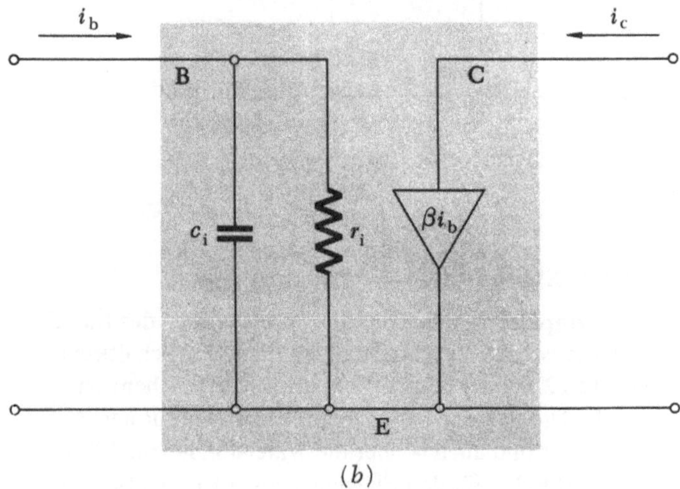

(b)

Bild 12.54

Durch Elimination des Stroms i_b aus den Gln. (12.40) und (12.41) erhalten wir

$$\frac{dQ_b}{dt} + \frac{1}{r_i c_i} Q_b = i_s. \qquad (12.42)$$

Das ist die bekannte Dämpfungsgleichung; ihre Lösung ist

$$Q_b = i_s \tau (1 - e^{-t/\tau}), \qquad (12.43)$$

wobei $\tau = r_i c_i$. Schließlich kombinieren wir die Gln. (12.40) und (12.43), benutzen die Relation $i_c = \beta_0 i$ und erhalten den Kollektorstrom

$$i_c = \beta_0 \frac{Q_b}{\tau} = \beta_0 i_s (1 - e^{-t/\tau}), \qquad (12.44)$$

wobei β_0 der Wert von β bei niedrigen Frequenzen ist. Wir sehen also, daß derselbe RC-Ersatzschaltkreis verwendet werden kann, um sowohl das Frequenzverhalten als auch das Impulsverhlalten zu beschreiben.

Woher stammt die in den Experimenten HE-4 und HE-6 beobachtete effektive Kapazität? Wie im Experiment HE-3 diskutiert, resultiert der den Kollektorübergang querende Strom aus einer Diffusion von Minoritätsträgern durch die Basis. Daher hängt der Kollektorstrom eigentlich nicht vom Emitter- oder Basisstrom ab, sondern vom Ausmaß der Minoritätsladung innerhalb der Basis. Wenn wir von einem *pnp*-Transistor sprechen, sind die Minoritätsträger Löcher. Wenn p für die Gesamtanzahl von Löchern in der Basis steht, können wir schreiben

$$e \frac{dp}{dt} = i_c + i_c - \frac{ep}{\tau}, \qquad (12.45)$$

wobei τ die Rekombinationszeit in der Basis ist. Um die elektrische Neutralität des Transistors zu garantieren, muß die Summe der drei Ströme gleich Null sein:

$$i_c + i_c + i_b = 0. \qquad (12.46)$$

Indem wir dies in Gl. (12.45) einsetzen, erhalten wir

$$i_b = - \left(e \frac{dp}{dt} + \frac{ep}{\tau} \right). \qquad (12.47)$$

Wir sehen also, daß der Basisstrom zwei Terme enthält. Der erste ist der Zunahme von Minoritätsladung innerhalb der Basis gleich und entgegengerichtet. Diese Komponente von Majoritätsträgern hält die elektrische Neutralität aufrecht. Der zweite Term ist dem Rekombinationsstrom gegengleich. Dieser Teil des Basisstroms ersetzt jene Majoritätsträger, die durch Rekombination verlorengegangen sind. Durch Vergleich der Gln. (12.42) und (12.47) sehen wir, daß $Q_b = - ep$ die kompensierende Majoritätsladung in der Basis und τ gleich der Rekombinationszeit von Minoritätsträgern innerhalb der Basis ist.

Negative Rückkopplung. Schließlich diskutieren wir die negative Rückkopplung und ihre Verwendung zur *scheinbaren* Verminderung der Abklingzeit. In Bild 12.55 ist ein Transistorverstärker mit einer Rückkopplung vom Kollektor zur Basis gezeigt. Diese Rückkopplung führt der Basis einen Zusatzstrom zu, der zur Kollektorspannung proportional ist. Wieder führen wir einen Signalstrom i_s an die Basis. Das Rückkopplungsnetzwerk ergibt einen Zusatzstrom

$$i_f = \frac{u_c}{R_f} = f i_c, \qquad (12.48)$$

wobei $f = R_L / (R_f + R_L)$ der rückgekoppelte Bruchteil des Kollektorstroms ist.

Wir modifizieren nun Gl. (12.42), so daß sie die Form

$$\frac{dQ_b}{dt} + \frac{1}{\tau} Q_b = i_s - f i_c \qquad (12.49)$$

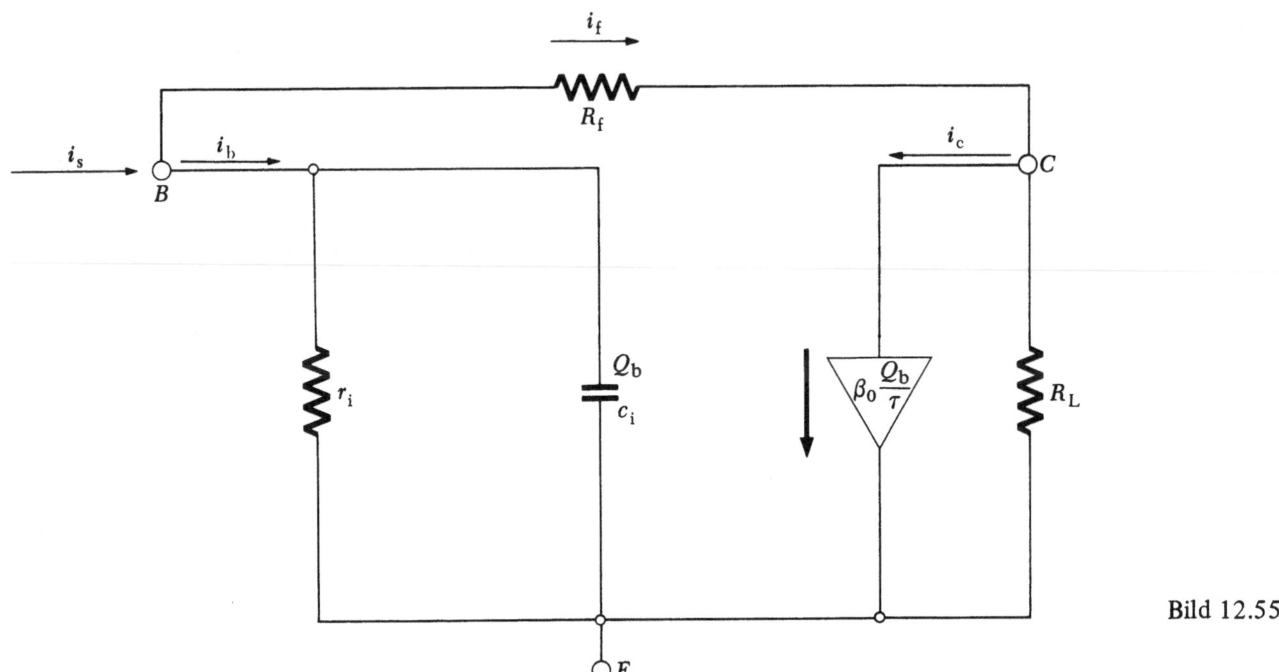

Bild 12.55

annimmt. Substituieren wir $i_c = \beta_0 Q_b/\tau$ wie in Gl. (12.44), so erhalten wir

$$\frac{dQ_b}{dt} + \frac{1 + f\beta_0}{\tau} Q_b = i_s. \qquad (12.50)$$

Die scheinbare Abklingzeit ist also um einen Faktor $(1 + f\beta_0)$ *verkürzt*. Wir lösen Gl. (12.50) für einen stufenförmigen Strom i_s und erhalten

$$i_c = \frac{\beta_0 Q_b}{\tau} = \frac{\beta_0 i_s}{1 + f\beta_0} (1 - e^{-(1 + f\beta_0)t/\tau}). \qquad (12.51)$$

Beachten Sie, daß die Stromverstärkung bei niedrigen Frequenzen um denselben Faktor reduziert wird wie die Abklingzeit. (Es gilt allgemein: Das Produkt aus Verstärkung und Bandbreite eines Verstärkers ist von der Rückkopplung unabhängig.)

Setzen Sie einen 6,8-kΩ-Widerstand für R_f ein. Wie groß ist der Rückkopplungsfaktor f? Messen Sie die Abklingzeit. Um welchen Faktor wird sie vermindert? Vergleichen Sie mit $1 + f\beta_0$. Aus der Stufenhöhe von u_{ce} erhalten Sie einen Vergleich für die Verstärkung bei niedrigen Frequenzen. Um welchen Faktor ist diese Verstärkung vermindert?

Wenn wir Gl. (12.51) nach der Zeit differenzieren, erhalten wir

$$\frac{di_c}{dt} = \frac{\beta_0 i_s}{\tau} e^{-(1 + f\beta_0)t/\tau}. \qquad (12.52)$$

Beachten Sie, daß der anfängliche Stromanstieg durch die Rückkopplung nicht beeinflußt wird.

12.7.2. Experiment

1. Impulsverhalten. Für die Untersuchung des Impulsverhaltens einer Emitterschaltung dient der Schaltkreis in Bild 12.56, der auch im Experiment HE-4 benutzt wurde. Die Batterie liefert den Gleichstrom für den Ausgangskreis und auch — über die Widerstände von 470 kΩ und 500 kΩ — für den Eingangskreis. Justieren Sie den 500-kΩ-Regelwiderstand auf einen Kollektorstrom von etwa 1 mA.

Beobachten Sie die am Kollektor auftretende Wellenform für den angedeuteten rechteckförmigen Eingang. Sieht sie den im Experiment ES-3 beobachteten Wellenform ähnlich? Messen Sie die Abklingzeit τ. Vergleichen Sie diesen Wert mit dem Wert, den man aus Gl. (12.39) und der in Experiment HE-4 beobachteten oberen Grenzfrequenz erhält.

2. Negative Rückkopplung. Modifizieren Sie nun den Schaltkreis durch Hinzufügen von R_f und des 0,5-μF-Kondensators wie in Bild 12.57. Der Rückkopplungswiderstand R_f führt einen zur Kollektorspannung proportionalen Strom an die Basis zurück. Der 0,5-μF-Kondensator blockiert Gleichstromkomponenten, so daß der Arbeitspunkt nicht verändert wird. Für Wechselstromkomponenten der hier benutzten Frequenzen wirkt dieser Kondensator wie ein Kurzschluß und kann ignoriert werden.

Beginnen Sie mit einem Wert $R_f = 6,8$ kΩ. Wie groß ist der Rückkopplungsfaktor f? Messen Sie wieder die Abklingzeit. Um welchen Faktor ist sie vermindert? Vergleichen Sie diesen Faktor mit der Größe $(1 + f\beta)$. Die

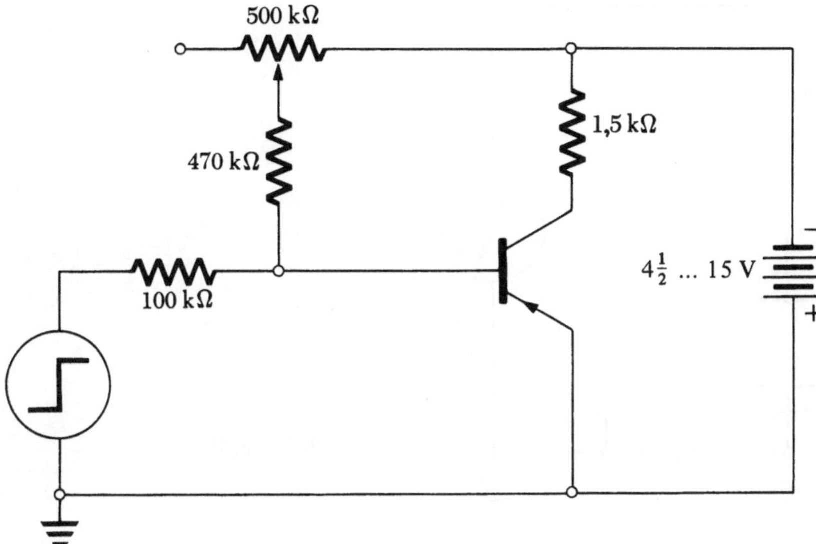

Bild 12.56

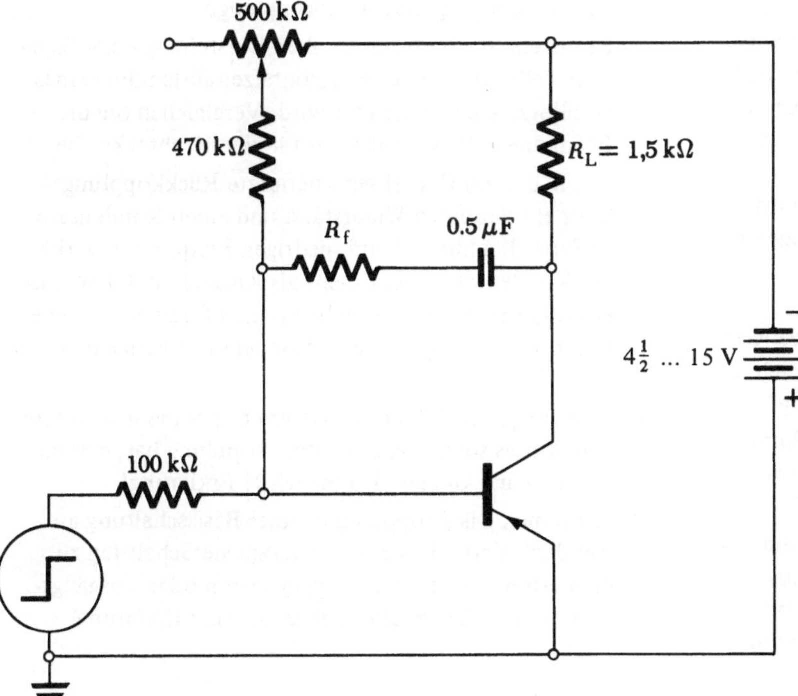

Bild 12.57

Verstärkung im mittleren Frequenzbereich kann auch gemessen werden, indem man die Sprungamplitude von u_{ce} mißt und mit dem Wert ohne Rückkopplung vergleicht. Um welchen Faktor ist die Verstärkung vermindert?

3. Frequenzabhängigkeit. Sie können nun andere Werte des Rückkopplungswiderstands R_f ausprobieren. Es ist auch interessant, die Frequenzabhängigkeit der Verstärkung negativer Rückkopplung zu messen und mit dem in Experiment HE-4 erhaltenen Resultaten zu vergleichen. Sind die Resultate mit jenen verträglich, die man aus dem Impulsverhalten erhält?

4. Fourier-Analyse. Die Darstellung eines Rechteckimpulses durch seine Fourierkomponenten kann unter Benutzung des Schaltkreises in Bild 12.58 experimentell untersucht werden. Wir betreiben einen LC-Serienresonanzkreis mit dem Ausgang eines Rechteckgenerators. Ein Sinussignal mit der Frequenz der Rechteckwelle wird an die Horizontalablenkung des Oszillographen und die Spannung am Kondensator an die Vertikalablenkung gelegt. Wenn die Frequenz der Rechteckwelle gleich der Resonanzfrequenz des LC-Kreises ist, weitet sich die Lissajous-Figur aus. Reduzieren wir die Frequenz des Rechtecksignals auf ein

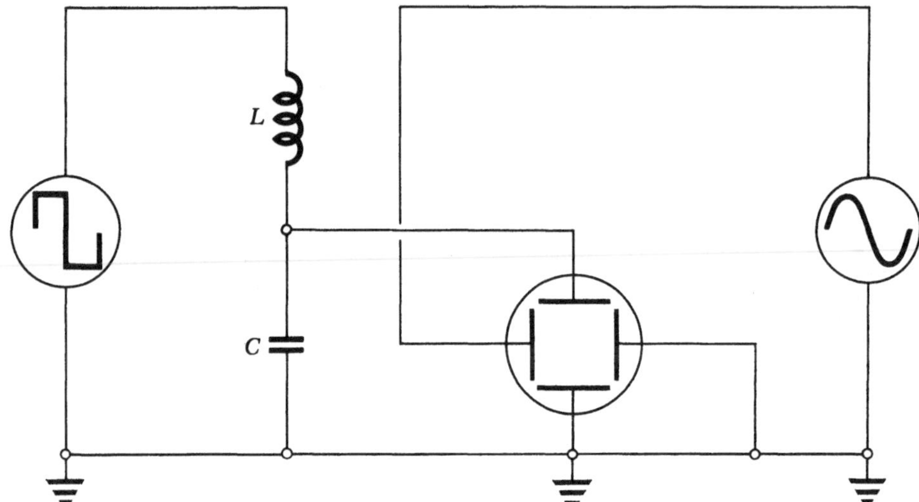

Bild 12.58

Drittel der Resonanzfrequenz des *LC*-Kreises, so beobachten wir ein zweites Resonanzmaximum mit einem Drittel der Amplitude des ersten Maximums. Man kann dieses Signal als Resonanz mit der dritten harmonischen Oberwelle der Rechteckwelle deuten. Nun kann man die Rechteckfrequenz auf ein Fünftel vermindern und ein Signal von einem Fünftel der Amplitude beobachten, usw. Das Sinussignal an der Horizontalablenkung wird angelegt, um die jeweilige Harmonische zu identifizieren.

12.7.3. Fragen

1. Nehmen Sie an, ein Verstärker habe eine positive Rückkopplung. Wie vergleicht sich sein Frequenzbereich mit jenem desselben Verstärkers ohne Rückkopplung?

2. Vermindert negative Rückkopplung die Auswirkung von Parameteränderungen im Rückkopplungskreis selbst? Erklärung!

3. Ein Verstärker sei nichtlinear in dem Sinn, daß ein Sinuseingang einen Ausgang liefert, der eine Sinuskomponente derselben Frequenz und eine Komponente der doppelten Frequenz aufweist. Dies ist ein Beispiel harmonischer Verzerrung. Welche Auswirkung hat hier eine negative Rückkopplung?

4. Ermitteln Sie die Fourierreihen-Darstellung einer Sägezahnwelle, wie sie zur Horizontalzeitauslenkung eines Oszillographen verwendet wird. Vergleichen Sie die Form dieser Reihe mit jener für eine Rechteckwelle.

5. Der in diesem Experiment benutzte Rückkopplungskreis enthält einen Widerstand und einen Kondensator in Serie. Bei hinreichend niedrigen Frequenzen wirkt der Kondensator nicht mehr als Kurzschluß für Wechselstromkomponenten. Welche Minimalfrequenz muß benutzt werden, damit dieser Kondensator vernachlässigbar ist?

6. Ist es möglich, daß der in diesem Experiment benutzte Schaltkreis soviel negative Rückkopplung hat, daß die Verstärkung kleiner als Eins wird? Erklärung!

7. Kann man Rückkopplung in einer Basisschaltung anwenden? Versuchen Sie eine mögliche Schaltung zu entwerfen. Sollte man Ausgangsstrom oder Ausgangsspannung rückkoppeln? Geben Sie eine Erklärung!

Konstanten

In der folgenden Tabelle finden Sie die physikalischen Konstanten,
die Sie bei Ihrer Arbeit benötigen werden. Da es bei praktischen
Rechnungen oft zweckmäßig ist, neben den SI-Einheiten auch
andere Einheiten, wie z.B. Elektronvolt (eV), zu verwenden, finden
Sie wichtige Konstanten und deren Produkte in der zweiten Tabelle
entsprechend ausgedrückt.

Naturkonstanten

Bezeichnung	Symbol	Betrag und Einheit
Lichtgeschwindigkeit	c	$2{,}998 \cdot 10^8 \, \text{m/s}$
Elementarladung	e	$1{,}602 \cdot 10^{-19} \, \text{C}$
Masse des Elektrons	m_e	$9{,}109 \cdot 10^{-31} \, \text{kg}$
Masse des Neutrons	m_n	$1{,}675 \cdot 10^{-27} \, \text{kg}$
Masse des Protons	m_p	$1{,}672 \cdot 10^{-27} \, \text{kg}$
Plancksche Konstante	h $\hbar = h/2\pi$	$6{,}626 \cdot 10^{-34} \, \text{Js}$ $1{,}054 \cdot 10^{-34} \, \text{Js}$
elektrische Feldkonstante	ϵ_0 $1/4\pi\epsilon_0$	$8{,}854 \cdot 10^{-12} \, \text{F/m}$ $8{,}988 \cdot 10^9 \, \text{m/F}$
magnetische Feldkonstante	μ_0	$4\pi \cdot 10^{-7}$
Boltzmannsche Konstante	k	$1{,}380 \cdot 10^{-23} \, \text{J/K}$
Gaskonstante	R	$8{,}314 \cdot 10 \, \text{J/mol K}$
Avogadrosche Konstante	N_A	$6{,}023 \cdot 10^{23} \, \text{mol}^{-1}$
Gravitationskonstante	G	$6{,}67 \cdot 10^{-11} \, \text{N} \cdot \text{m}^2/\text{kg}^2$

Andere nützliche Konstanten

Bezeichnung	Symbol	Betrag und Einheit
Plancksche Konstante	h	$4{,}136 \cdot 10^{-15}$ eV s
Boltzmannsche Konstante	k	$8{,}617 \cdot 10^{-5}$ eV/K
Coulombsche Konstante	$e^2/4\pi\epsilon_0$	$1{,}442$ eV $\cdot$ nm
Ruhenergie des Elektrons	$m_e c^2$	$0{,}5110$ MeV
Ruhenergie des Protons	$m_p c^2$	$938{,}3$ MeV
Energieäquivalent von 1 u		$931{,}5$ MeV
magnetisches Moment des Elektrons	$\mu = eh/2m$	$0{,}9273 \cdot 10^{-23}$ J/T
Bohrscher Radius	$a = 4\pi\epsilon \cdot \hbar^2/me^2$	$0{,}05292$ nm
Compton Wellenlänge des Elektrons	$\lambda_c = h/mc$	$2{,}426 \cdot 10^{-12}$ m
Feinstruktur-Konstante	$\alpha = e^2/4\pi\epsilon_0 \hbar c$	$1/137{,}0$
Klassischer Elektronenradius	$r_e = e^2/4\pi\epsilon_0 mc^2$	$2{,}818 \cdot 10^{-15}$ m
Rydberg Konstante	R_∞	$1{,}097 \cdot 10^{-6}$ m

Umrechnungsfaktoren

1 eV $= 1{,}602 \cdot 10^{-19}$ J

1 u $= 1{,}661 \cdot 10^{-27}$ kg